Moritzi, Alexander

Die Flora der Schweiz

Moritzi, Alexander

Die Flora der Schweiz

Inktank publishing, 2018

www.inktank-publishing.com

ISBN/EAN: 9783747762684

DIE

FLORA

DER

SCHWEIZ,

MIT BESONDERER BERÜCKSICHTIGUNG

IHRER

VERTHEILUNG NACH ALLGEMEIN PHYSISCHEN UND GEOLOGISCHEN MOMENTEN.

VON

A. MORITZI,

Professor der Naturgeschichte an der höhern Lehranstalt in Solothurn.

LEIPZIG,
VERLAGSBUREAU.
1847.

Vorwort.

Diese Schweizer-Flora hätte ich als eine zweite Auflage der im Jahr 1832 publicirten „Pflanzen der Schweiz", die längst vergriffen sind, erscheinen lassen können. Allein da ich bei dieser neuen Ausarbeitung nicht nur das System und den Inhalt wesentlich änderte, sondern auch von einem andern Gesichtspunkt ausging, der sogar einen neuen Titel nothwendig machte, so muss ich dieses Werk als ein durchaus verschiedenes dem botanischen Publikum übergeben. In den 12 Jahren, die seit dem Erscheinen der „Pflanzen der Schweiz" verflossen sind, habe ich vieles anders aufzufassen gelernt. Ich habe einen grossen Theil der Schweiz selbst bereist, mich längere Zeit auf drei ganz verschiedenen Punkten (Chur, Genf, Solothurn) aufgehalten und verschiedene schweizerische Herbarien sorgfältig durchgegangen. Besonders habe ich es mir angelegen sein lassen, die zweifelhaften Species unseres Vaterlandes mit authentischen Exemplaren und mit den von den ältern Autoren citirten Abbildungen zu vergleichen und dazu fand ich den besten Anlass während meines fünfjährigen Aufenthalts in Genf, wo ich DeCandolle's ausgezeichnetes Herbarium und dessen reichhaltige Bibliothek benutzen konnte.

Seit dem Erscheinen mehrerer von der Zürcherschen Schule ausgegangenen Arbeiten war es für den schweizerischen Floristen zur Aufgabe geworden, die durch trügliche Theorieen entstandene Verwirrung und Zersplitterung der Arten wieder zurecht zu legen. Es war um der leichtern Verständlichkeit willen nothwendig und auch besonders zu dem Zwecke wünschbar, um unsere Flora mit denen anderer Länder vergleichen zu können. Denn man begreift leicht, dass wenn man auf der einen Seite eine gegebene Pflanzengruppe in neun Species zerlegt, während der Botaniker des Nachbarlandes nur drei darin erkennen will, man zu unrichtigen Resultaten gelangt. Ich habe im Allgemeinen die Arten so abgegrenzt, wie sie in den neuesten und besten Floren erscheinen und wie sie am leichtesten gemerkt werden können; sodann habe ich die Zierpflanzen und cultivirten Arten von den eigentlich einheimischen ausgeschieden, damit auch hier der Willkühr nicht zu viel Spielraum gelassen werde. Auf diese Weise glaubte ich für die Pflanzengeographie die richtigsten Zahlen liefern zu können.

Im übrigen verweise ich auf das Buch selbst und hoffe, dass es billige Ansprüche befriedigen werde.

Solothurn, den 6. April 1844.

A. M.

Einleitung.

Die besondere Rücksicht, die bei dieser neuen Bearbeitung der Schweizer-Flora auf die Gebirgsformation genommen wurde, macht einige erläuternde Bemerkungen nothwendig.

Als man anfing, das Vorkommen der Pflanzen mit der Natur des Bodens, auf dem sie wachsen, in Verbindung zu setzen, glaubte man eine Zeitlang, dass jede Pflanze an Eine bestimmte Gebirgsart gewiesen sei. Allein bald gewahrte man den Irrthum, denn was der Eine auf dem Kalk fand, gab der Andere als auf dem Molasse wachsend an und was der Eine dem Granit zuschrieb, entdeckte ein Anderer auf den jüngsten Alluvionen. Die Widersprüche häuften sich bald so sehr, dass nun wieder Viele auf den Gedanken geriethen, die erwähnte Gesetzmässigkeit in dem Vorkommen der Pflanzen beruhe auf einseitigen Beobachtungen und sei im Grunde unrichtig. Allein auch dies war Irrthum so gut wie jenes.

Das Wahre an der Sache besteht darin, dass es Pflanzen gibt, die ein gewisses Accomodationsvermögen, eine gewisse angeborne Biegsamkeit besitzen, vermöge welcher sie auf jedem Gestein und Boden fortkommen können.

Auf der andern Seite gibt es eine gewisse Beschaffenheit oder Zusammensetzung des Bodens (was DeCandolle habitation oder Wohnort nannte), welche sich möglicher Weise auf jeder Gebirgsformation finden kann. So ist zum Beispiel klar, dass das Wasser überall Bäche, Teiche, Seen, Sümpfe und Schlammstellen bilden kann und dass somit Pflanzen, die auf solchen Stellen zu wachsen pflegen, auch überall anzutreffen sind. Ebenso finden wir auf jedem Gestein eine mehr oder weniger hohe Humusschichte, die aus zerfetzten und unzerfetzten, organischen und unorganischen Stoffen gebildet ist. Auf dieser werden sich nun alle Pflanzen niederlassen, welche nicht tiefe Wurzeln treiben, und so kömmt es, dass fast alle einjährigen Kräuter und mit ihnen viele perennirende überall angetroffen werden. Im Humus wird sich nun freilich ein Unterschied zeigen, der auf das Vorkommen der Pflanzen Einfluss haben muss. Derselbe wird bald mehr organische, bald mehr unorganische Bestandtheile enthalten und unter diesen letzteren werden bald die leichter auflöslichen, bald die unveränderlichen, bald die weichen und zerbröckelnden, bald die härteren und festeren vorherrschen, je nachdem die Unterlage dieser oder jener Gebirgsart angehört. Indem man aber die grosse Menge der Wasser-, Sumpf- und Humuspflanzen an das Gestein, auf dem man sie jedesmal fand, ausschliesslich gewiesen glaubte, stellte man neben die wirklichen Gebirgspflanzen alle jene genannten sporadischen Arten und bildete Kategorien, die sich in der Folge als ganz unhaltbar auswiesen. Um hievon ein nahe liegendes Beispiel zu geben, erwähne ich der sonst sehr schätzenswerthen Arbeit über den Canton Glarus von H. Prof. Heer. Derselbe vertheilte die gesammte Vegetation dieses Landes unter 2 Hauptrubriken, in Pflanzen, die auf dem Schiefergebirge (Flysch) und in solche, die auf reinem Kalke wachsen. Diese letztern fielen bedeutend magerer aus als die erstern, und dennoch getraue ich mir von wenigstens 3 Vierteln der erwähnten Kalkpflanzen nachzuweisen, dass sie auch auf Flysch gefunden werden. Bei solchen Widersprüchen wird man sich nicht verwundern, wenn man die ganze Gesetzmässigkeit für illusorisch erklärte.

Wir wollen jetzt die Gebirgsformation der Schweiz etwas näher ins Auge fassen. Im Nord-Osten derselben finden wir, von Basel an bis in den Canton Aargau sich erstreckend, die Keuper- oder Salzformation, welche von den Geologen als die älteste der in der Schweiz zu Tag kommenden Gebirgsarten angesehen wird. In ihr finden sich die grossen Salzlager, die in der Schweiz, freilich viel später als anderwärts, entdeckt wurden. Es scheint jedoch nicht, dass dieses Gestein eine eigenthümliche Vegetation besitze, denn obwohl die Baseler-Flora viel Eigenthümliches hat, so dürfen wir, wenn wir die Natur dieser Specialitäten genauer betrachten, sie nicht dem Gestein zuschreiben. Es rührt vielmehr von der geographischen Lage her, die ein Zusammentreffen der südlichen und nördlichen Flora Europas möglich macht. Fast alle der Baseler-Flora eigenthümliche Arten sind Wasser-, Sumpf- oder kleine Humuspflanzen, die man in den benachbarten Rheinländern und zwischen den Vogesen und dem Jura bis tief nach Frankreich hinein verfolgen kann.

Auf die Salzformation folgt die Juraformation, die in der Schweiz hauptsächlich durch das Juragebirge repräsentirt ist. Hier muss für den Nicht-Geologen ausdrücklich bemerkt werden, dass obwohl der Jura ein zusammenhängendes Gebirge bildet, einzelne Partien desselben aus Molasse bestehen und folglich viel jüngern Ursprungs sind; so unter anderem die Gegend um Boudry, Valengin, das Delsbergerthal etc. Sodann gehört ein nicht unbedeutender Theil des Juragebirgs der Kreide an, welche den Uebergang von der Juraformation zur Molassenformation vermittelt. Diese jedoch (die Kreide) unterscheidet sich in ihrer chemischen und mechanischen Zusammensetzung nicht vom eigentlichen Jura; dagegen ist ein beträchtlicher Unterschied in beider Beziehung zwischen ihm und dem Molasse, der nicht ohne Einfluss auf die Vegetation sein kann. Es that mir daher sehr leid, die Stellen, die im Juragebirge von der Molasse eingenommen werden, in der kleinen geologischen Karte nicht angeben zu können. Einige derselben hätte ich, als bekannt, wohl aufführen können, allein über andere fehlten zur Zeit noch bestimmte Daten, und da man vom Auslassen derselben leicht auf den Schluss gekommen wäre, dass sie gänzlich fehlen, so liess ich lieber alles weg. Ich begnüge mich daher hier damit, auf das Dasein von Molassestellen im Jura aufmerksam zu machen.

Das Gestein der Jura- und Kreideformation besteht in kohlensaurem Kalk, der sich am leichtesten durch sein Aufbrausen zu erkennen gibt, wenn er mit Salpetersäure begossen wird. Er ist theils compact und gleichförmig, theils körnig, wie wenn er aus vielen linsenförmigen Körpern zusammengebacken wäre (Oolith), theils mehr oder weniger mergelig. Andere Mineralien enthält er zwar auch, allein nur als seltene Einschlüsse und unbedeutende Einlagerungen, so dass dieselben von keinem Einfluss auf die Vegetation sind. Daher kommt es, dass die Jura-Vegetation einen mehr negativen als positiven Charakter hat, dass sie sich mehr durch das, was ihr fehlt, als durch das, was sie besitzt, auszeichnet. Dem Jura in der Schweiz sind nur wenige Pflanzen eigenthümlich, die ich an ihrer Stelle als solche bezeichnet habe, wie z. B. ***Daphne Cneorum***, ***Centranthes angustifolius***, ***Iberis saxatilis***, ***Androsace villosa*** etc., und von diesen befinden sich noch viele anderwärts auf andern Gebirgen. Dagegen fehlen dem Jura eine Menge Pflanzen, die in den Alpen in gleicher Höhe und unter gleichen physischen Einflüssen gedeihen; es gibt sogar solche, die von den Alpen herab bis in die Ebenen steigen, hier sich wieder über die Molassenberge ausbreiten und bis an den Fuss des Jura gehen, aber dann nicht weiter wollen. Dahin gehören: *Saxifraga aizoides* und *mutata Alnus viridis*, *Erica carnea*, *Sedum dasyphyllum*, *Aconitum Commarum* und andere. Es wäre zu weitläufig, hier alle Arten anzuführen, die dem Jura fehlen, aber in gleicher Höhe auf den Alpen gefunden werden. Man wird das hierauf Bezügliche im Buche selbst finden. Das Eigenthümliche dieser Vegetationsverhältnisse aber erkläre ich aus dem Umstande, dass die Jura-Kreideformation im Grunde nur aus einer mineralogischen Species besteht.

Wir kommen zu den Alpen. Ueber die Entstehungsart und Hebungsepoche dieses Gebirges bestehen unter den Geologen verschiedene Meinungen. Einige halten es für so jung oder noch jünger als die Molasse, weil man an verschiedenen Stellen molassenartiges Gestein an der Oberfläche findet. Andere setzen seine Hebung in die Kreideepoche zurück und stützen sich hiebei auf die Thatsache, dass über grosse Strecken ein Gestein verbreitet ist, das nach seinen organischen Einschlüssen mit der Kreide übereinstimmt. Beide Meinungen dürfen sich aber vereinigen lassen, wenn man mehr als eine Hebung annimmt, was denn auch wirklich von Vielen geschieht. Da man aber in den Alpen auch ein Gestein findet, das nicht geschichtet, sondern massig ist, das keine Versteinerung enthält und aus Körnern verschiedener Mineralien besteht, so nahm man früher an, dasselbe sei zu einer Zeit entstanden, als noch keine organische Wesen die Erde bewohnten, und belegte es mit dem Namen Urgebirge. Man hielt es demnach für die älteste Gebirgsformation und da ein Theil des Alpengebirgs von unten an bis auf die obersten Spitzen aus demselben besteht, so sah man diesen Theil der Schweiz als das älteste vom Wasser blossgelegte Land an. Hierüber sind in neuerer Zeit wichtige Zweifel erhoben worden, die besonders von der Aufeinanderfolge und den Uebergängen der geschichteten Gesteine mit den ungeschichteten hergenommen wurden. Es entstand sonach die Ansicht, dass das Alpengebirge, nachdem es im Wasser abgelagert und mit seinen organischen Ueberresten durch unterirdische Kräfte in die Höhe getrieben worden war, in einer spätern Zeit eine neue Veränderung erlitten habe. Bei dieser zweiten Revolution wäre es nicht nur weiter in die Höhe geschoben worden, sondern der untere Theil desselben wandelte sich auch, vermöge des von oben wirkenden Druckes oder vermittelst unterirdischen Feuers, dermassen um, dass die Schichtung und die Versteinerungen verschwanden und an die Stelle des untern Flötzgebirges das Urgebirge trat. Einige nehmen auch an, dass zu gleicher Zeit eine Umwandlung des obern Flötzgebirges durch das Meer stattgefunden habe, wodurch die ursprünglichen Schichten durcheinander geschwemmt und aus denselben neue abgesetzt wurden, in denen die Versteinerungen natürlich fast gänzlich verschwanden. Zu dieser Annahme wurde man besonders durch das kärgliche Auftreten der Versteinerungen in den östlichen Alpen geführt.

Es kann hier begreiflicherweise in keine nähere Erörterung dieser Fragen eingegangen werden. Dagegen will ich versuchen, einen fasslichen Ueberblick der petrologischen Merkmale dieser Gebirgskette zu entwerfen. Dieses wird am leichtesten gelingen, wenn ich von den beiden Hauptgegensätzen ausgehe und dann von Glied zu Glied fortschreitend die Vermittlungs- und Uebergangsformen so genau als möglich bezeichne.

Die Hauptgegensätze bilden im Alpengebirge ohne Zweifel der Granit und der Kalk. Ersterer ist ein mechanisches Gemenge von Quarz, Feldspath und Glimmer, letzterer ein mechanisch einfaches Mineral, ersterer ungeschichtet und petrefactenlos, letzterer geschichtet und häufig petrefactenführend, ersterer gewöhnlich schwer verwitternd, letzterer allmählig durch Wasser auflösbar. Durch diesen Gegensatz erhalten wir die Basis zweier Hauptparteien, die wir auch in der Folge bei den zusammengesetzten Gesteinsarten festhalten werden und die auch in unserer Karte deutlich abgegrenzt sind, nämlich auf der einen Seite das Kalk- oder Flyschgebirg und auf der andern das Massengebirg oder das sogenannte Urgebirg.

Der reine Kalk findet sich gewöhnlich stellenweise im Kalkgebirge als stockartige Einlagerungen in der eigentlichen Gebirgsmasse, die Professor Studer mit dem Namen Flysch bezeichnet hat. Der Flysch ist ein für das Auge homogenes Gestein und stimmt somit noch mit dem Kalke überein. Es besteht aus kohlensaurem Kalk, Thonerde und Kieselerde (Quarz). Die Adern, die dasselbe durchziehen, bestehen aus Quarz, was beim reinen Kalk natürlich nicht der Fall ist. Je nachdem der eine oder zwei dieser Bestandtheile vorherrschen, erhält das Gestein eine grössere oder geringere Festigkeit und wird somit auch der Einwirkung der atmosphärischen Einflüsse mehr oder weniger Widerstand entgegensetzen. Enthält der Flysch vielen Quarz und Kalk, so wird er dadurch zu einem kieselreichen Kalkschiefer, der wegen seiner Festigkeit als Baustein gut zu gebrauchen ist. Herrscht hingegen mehr der Thon vor, so wird der Flysch zu einem weichen Thonschiefer, wie er sich z. B. in den Glarner Schiefertafeln zeigt. Er kann sogar noch weicher werden und ist dann ein ganz mürbes Gestein, das sich zwischen den Fingern zerreiben und vom Wasser leicht wegspülen lässt. In diesem Zustande heisst man ihn Mergelschiefer.

Der Flysch enthält nicht selten auch noch andere Beimischungen. So gibt es solchen, der bedeutend Eisenoxydul enthält und daher eine röthliche oder braune Farbe annimmt. Anderer enthält Hornblende in beträchtlicher Menge, und wird so zu Hornblendeschiefer. Bei allen Abänderungen aber bemerken wir zwei Umstände, die ihn mehr auf die Seite des Kalks als auf die Seite des Granits hinweisen. Erstens ist sein Korn für das unbewaffnete Auge grösstentheils homogen und zweitens ist er immer geschichtet.

Im Flyschgebirge bemerken wir ferner nicht selten bedeutende Stöcke Dolomits oder Bitterkalks, die auf ganz ähnliche Weise wie der reine Kalk in die Hauptmasse eingelagert sind. Dieser Stein sieht im Durchschnitt wie der kohlensaure Kalk aus und ist eine chemische (nicht mechanische) Mischung von kohlensaurem Kalk und kohlensaurem Talk.

An seiner Eigenschaft durch Salpetersäure allmählig und ohne Brausen aufgelöst zu werden, unterscheidet man ihn am leichtesten vom Kalke.

Unter allen Variationen des Kalkgebirges scheinen mir für die Pflanzenwelt diese Einlagerungen von reinem Kalk am wichtigsten zu sein, weil sie wegen der Einfachheit in ihrer Zusammensetzung einen negativen oder ausschliessenden Einfluss auf die Vegetation haben. Ich muss auch hier wieder beklagen, dass der Stand der Geologie der Schweiz es mir nicht erlaubte, die Kalk- und Dolomitspitzen zu bezeichnen, die im Flyschgebirge in Menge angetroffen werden. Hoffentlich werden die Geologen nicht lange mehr auf sich warten lassen und dann können auch wir Botaniker wieder einen Schritt weiter gehen.

Das Kalkgebirg der Schweiz beherberget eine Menge Pflanzenspecies, die auf den anderen Gebirgen unseres Vaterlandes noch nicht gefunden worden sind. Darunter mögen manche sein, die nicht so wohl an das Gestein als an andere physische Zustände gebunden sind. Wie dem auch sei, so fand ich es zweckmässig, bei jeder Art diesen Umstand besonders anzugeben.

Im sogenannten Urgebirge unterscheiden wir auch zwei Hauptparthieen, die jedoch häufig unmerklich in einander übergehen. Es sind der massige und der geschichtete Theil. Ersterer wird von mehreren Gesteinarten gebildet, worunter jedoch der Granit vorherrscht. Nach ihm bildet der Syenit die grössten Parthieen. Derselbe ist ein krystallinisch-körniges Gemenge von Feldspath und Hornblende, in welchen ersterer gewöhnlich vorherrscht, und eine weisse oder weissliche Farbe hat. Der Syenit ist besonders gut an der Hornblende zu erkennen, die eine schwarzgrünliche Farbe und einen eigenthümlichen Bruch und Glanz hat. Wenn das Gestein durch Abänderung des Feldspathes eine graue oder grünliche Farbe annimmt, so wird es zum Grünstein oder Diorit, und wenn die Hornblende- und Feldspaththeile so klein und so innig mit einander verbunden sind, dass die einzelnen Theile mit blossem Auge nicht mehr zu unterscheiden sind, so entsteht daraus der Aphanit. Sehr verbreitet ist auch der Gneis, der die Bestandtheile des Granits enthält, allein nicht in derselben Anordnung. Statt gleichmässig gemengt zu sein, bildet der Glimmer, Feldspath und Quarz besondere Streifen und da vorzüglich der Glimmer leicht verwittert oder zerbröckelt, so erhält der Gneis eine Anlage zum schieferigen Gefüge. Denkt man sich im Gneis den Glimmer bedeutend vorherrschend, so hat man den Glimmerschiefer, der am blättrigen Gefüge und Glanz des Glimmers leicht zu erkennen ist. Dieser ist nun immer schieferig und geht durch Hinzukommen von Thon und andern schieferigen Substanzen häufig in Flysch über.

Es wäre ohne Zweifel wünschenswerth gewesen, wenn auf der kleinen geologischen Karte die Grenzen des geschichteten und ungeschichteten Urgebirges hätten angegeben werden können. Allein auch hierüber konnte ich keine genügenden Daten in den geologischen Karten finden.

Das Urgebirge wird von einer Anzahl von Pflanzenspecies bewohnt, die nur auf ihm vorkommen, so dass man durchaus immer sicher ist, diese Arten dort anzutreffen, und auf der andern Seite auch aus dem Vorkommen dieser Arten den Schluss ziehen kann, dass dort Urgebirge zu Tage bricht. Es ist mir mehr als einmal bei der Ausarbeitung dieser Flora vorgekommen, dass ich mich bei gewissen Localitätsangaben fragte: kommt dort auch noch Urgebirge vor? und nachher wirklich auch bei genauerer Untersuchung fand, dass dem so ist. Solche für diese Gebirgsart bezeichnende Pflanzen sind z. B. *Phyteuma pauciflorum*, *Aronicum Doronicum*, *Pedicularis rostrata* und *incarnata*, *Eritrichium nanum*, *Primula latifolia* u. a. m. Selbst in den Alluvionen des Urgebirgs, in den Wäldern und Wiesen, wo die Gebirgsbestandtheile wegen des vielen Humus bedeutend in den Hintergrund treten, erblickt man allerhand Pflanzen, die man anderswo vergebens sucht. So z. B. *Carex microglochin*, *Elaeocharis alpina*, *Laggeria borealis*, *Koeleria hirsuta*, *Juncus arcticus*, *Linnaea borealis* etc.

Der Serpentin tritt im Flyschgebirge stock- oder lagerweise auf. Wenn man ihn nicht schon an seiner grünlichen Farbe und an seiner Homogenetät in der Zusammensetzung erkennte, so würde uns der Mangel an Vegetation, der hier ganz auffallend ist, dieses Gestein hinlänglich bezeichnen. Stellen, die mit Serpentintrümmern bedeckt sind, beherbergen keine Pflanzen und gewähren einen schauerlichen Anblick. Das Volk gibt ihnen denn auch angemessene Namen, wie „todte Alp" und dergleichen, und knüpft allerhand Sagen an diese verlassenen Orte. Der Naturforscher aber erklärt das Verschwinden der Vegetation aus der Unveränderlichkeit des Gesteins.

Nächst dem Boden hat auch die Höhe bedeutenden Einfluss auf die Vegetation. Man muss sich jedoch hiebei nicht vorstellen, dass ein Unterschied von 20, 50 oder 100 Fuss von Belang sei und dass zur Feststellung des Vegetationsvermögens genaue Messungen vorausgesetzt werden. Es leuchtet schon an und für sich ein, dass für Sträucher und Bäume, die selbst 20 bis 100 Fuss hoch werden, ein solcher Unterschied nichts ausmacht; sodann ist eine sonnige oder schattige Lage, eine vor kalten Winden geschützte oder nicht geschützte Stelle, die südliche oder nördliche Seite des Gegirgs viel mehr als 2—300 Fuss Höhe anzuschlagen. Daher genügt es nach meiner Ansicht, wenn man die ganze vertikale Verbreitungslinie in sechs Abschnitte oder Regionen eintheilt und bei jeder Pflanze angibt, über welche dieser Theile sie sich ausbreitet. Diese sechs Regionen, die ich nach dem Vorgange älterer Botaniker angenommen habe, sind folgende:

1. Reg. oder Region der Ebene. Sie begreift den untersten Theil der Schweiz in sich, bis in eine Höhe von ungefähr 1600 Fuss.

2. Reg. oder Montane Region. Geht von der Grenze des Weinstocks an bis zur obern Kirschbaumgrenze, ungefähr 3500′ ü. M.

3. Reg. oder Subalpine Region. Geht bis zur Grenze der Rothtanne, also etwa 5000′ hoch.

4. Reg. oder Alpine Region. Sie umfasst das Gebiet der Alpenweiden, wo das Vieh in den Sommermonaten seine Nahrung findet, und geht bis 6500′ ü. M.

5. Reg. oder Nivale Region. Geht von der alpinen Region bis an die Schneelinie, die man in der Schweiz bei 8000′ Höhe annimmt.

6. Reg. oder Glaciale Region. Sie begreift die Bergspitzen, die über 8000′ hoch sind,

in sich, wo bisweilen an geschützten Stellen einige Alpenpflänzchen kümmerlich vegetiren.

Fast noch wichtiger als die Höhe ist die Natur des Wohnorts für das Gedeihen der Pflanzen. Die Wiesen haben ihre eigenen Gewächse und ebenso die Wälder, Aecker, Schuttstellen, der Felsenschutt, die Schneethälchen, die Torfe, Sümpfe, Wassergräben u. s. f. Auch hierauf habe ich Rücksicht genommen und bei jeder Art den Wohnort so genau als möglich war angegeben.

Wenn man nun zu allen diesen angeführten Anhaltspunkten noch die geographische Lage hinzunimmt und von jeder Art angibt, ob sie in den westlichen oder östlichen Cantonen oder ob sie am Süd- oder Nordabhange der Alpen oder jenseits dem Jura etc. vorkommt, so erhält man eine ziemlich vollständige Uebersicht über die Verbreitung und das Vegetationsvermögen jeder Pflanze.

Es folgt nun hier noch die systematische Uebersicht, nach welcher ich bei der Abfassung des Buchs gegangen bin. Es ist die nämliche, welche Endlicher seinem „Enchiridion botanicum" zu Grunde legte.

In Bezug auf die geologische Karte habe ich noch zu bemerken, dass die Juraformation bei Schönenwerd, Olten und Aarau auf das rechte Aarufer hinüber zieht. Ueberhaupt können auf derselben noch hie und da Unrichtigkeiten in den Details vorkommen, die aber für den botanischen Zweck nicht von Belang sind.

Nachtrag zur Einleitung.

(Pag. xv. l. 3.)

Wir kommen jetzt an die Molassenformation. Sie ist nicht nur wegen ihrer organischen Ueberreste, die mit den noch lebenden Organismen die meiste Aehnlichkeit haben, sondern auch vermöge ihrer Lagerungsverhältnisse und Bestandtheile als die jüngste unter den schweizerischen Gebirgsmassen anzusehen. Sie besteht aus zusammengebackenem Sand und Gerölle, in welchem man alle Gesteinsarten des Alpengebirgs erkennen kann. Wenn man sie mit dem darüber liegenden Diluvium vergleicht, welches ohne Zweifel durch Anschwemmung entstanden ist, so gewahrt man keinen anderen Unterschied als den der Festigkeit und grösseren Cohärenz, welche wohl vom Alter und dem Drucke, den die Molasse vom Diluvium erlitten, abzuleiten ist. Es ist demnach ausser Zweifel gestellt, dass die Molasse von fliessendem Wasser aus den Gesteinen der Alpen zusammengeschwemmt wurde. Wenn man hie und da Kalkbänke mit Meerthierüberresten findet, so mag dies daher kommen, dass hier noch einzelne Seewasserbecken zurückgeblieben sind, nachdem sich das übrige Land über die Wasserfläche gehoben hatte.

Wo die Molasse nur aus zusammengebackenem Sande besteht, bildet sie einen gräulichen oder grünlichen Sandstein, der locker und sehr leicht zu bearbeiten ist; derselbe wird daher überall in der mittlern Schweiz als Baustein benutzt.

*

Wo hingegen die Molasse aus gröberem Gerölle besteht, nimmt sie ein pudingartiges Aussehen an und heisst dann Nagelflue. Das Bindemittel ist entweder Thon oder durch Wasser infiltrirter Kalk.

Die Molassenformation überdeckt den ganzen mittleren Theil der Schweiz in Form wellenförmiger und abgerundeter Hügel und Berge, deren Höhe gegen den Jura zu stufenweise abnimmt. Ihre Schichten verlaufen nicht horizontal, sondern grösstentheils in gebogenen Linien, und da auch die Thäler, die zwischen ihnen liegen, nur in den wenigsten Fällen der Erosion zugeschrieben werden dürfen, so scheint es, dass seit der Ablagerung dieser Massen im Boden Bewegungen stattgefunden haben, die dieselben als Berge in die Höhe hoben.

Da dieses Gebirge sehr leicht verwittert und aus allen möglichen Steinarten zusammengesetzt ist, so eignet es sich auch als Aufenthaltsort für eine grosse Menge von Pflanzen. Daraus erklärt sich seine Fruchtbarkeit, die in der That in diesem Theile der Schweiz sehr gross ist, und auch der Mangel an besonders bezeichnende Pflanzen. Ich kenne keine einzige Pflanze, die der Molasse als Gebirgsart eigenthümlich wäre.

Natürliches Pflanzensystem.

A. Blühende Pflanzen.

Die Samen bilden sich in einer Blüthen- und Fruchthülle und bestehen aus verschiedenartigen Theilen.

A. Zweisamenlappige.

Die Samenkeimen mit zwei Lappen. In den Blüthen herrscht die Fünfzahl. Das Holz wächst von innen nach aussen und bildet Jahrringe. Die Blätter sind netzaderig.

a. Zweihüllige.

Die Blüthenhülle besteht aus zwei Kreisen, einem Kelch und einer Krone.

α. Getrenntkronige.

Die Krone besteht aus mehrern getrennten Blumenblättern.

1.	Klasse.	Leguminiferae.	1.	Fam.	Leguminosae	2
2.	„	Rosiflorae.	2.	„	Amygdaleae	27
			3.	„	Rosaceae	31
			4.	„	Pomaceae	47
3.	„	Calyciflorae.	5.	„	Lythrarieae	53
			6.	„	Halorageae	54
			7.	„	Onagrariae	55
4.	„	Gruinales.	8.	„	Balsamineae	61
			9.	„	Tropaeoleae	62
			10.	„	Oxalideae	62
			11.	„	Lineae	63
			12.	„	Geraniaceae	65
5.	„	Terebinthineae.	13.	„	Rutaceae	70
			14.	„	Terebinthaceae	72
			15.	„	Juglandeae	73

**

β. Verwachsenkronige.

Die Krone besteht aus einem Stück.

b. Einhüllige.

Die Blüthenhülle ist einfach.

B. Einsamenlappige.

Die Samen keimen mit einer Spitze. In den Blüthen herrscht die Dreizahl. Die Blätter sind parallelstreifig.

Phanerogamae.

Die Samen bilden sich in einer Blüthen- und Fruchthülle und bestehen aus verschiedenartigen Theilen.

Dicotyledoneae.

Die Samen keimen mit zwei Lappen. In den Blüthentheilen herrscht die Fünfzahl. Die Blätter sind netzaderig. Das Holz nimmt am äussern Theil des Baumes zu und bildet Jahrringe.

Dichlamydeae.

Die Blüthenhülle besteht aus zwei Kreisen, einem Kelch und einer Krone.

Dialypetalae.

Die Krone besteht aus mehrern nicht verbundenen Blumenblättern.

I. Klasse.

Leguminiferae.

Diese Klasse besteht bloss aus der folgenden Familie, und daher fällt ihr Charakter mit dem Familiencharakter zusammen.

Moritzi. 1

I. Familie.

Hülsenpflanzen (Leguminosae).

Papilionaceae.

Kelch einblätterig, fünfzähnig oder fünfspaltig, zuweilen zweilippig. Krone fünfblätterig, unregelmässig; das oberste Blumenblatt heisst die Fahne, die zwei seitlichen die Flügel und die zwei untersten, die häufig verwachsen sind, das Schiffchen oder der Kiel. (Selten sind alle 5 Blumenblätter mit einander verwachsen.) Staubgefässe 10, hinterhalb mit ihren Staubfäden zu einem Cylinder, der das Ovarium umgibt, verwachsen. Meist ist jedoch der oberste Staubfaden frei. Stempel einfach, aus einem Ovarium, einem Griffel und einer unter der Spitze stehenden Narbe bestehend. Frucht eine Hülse, d. i. ein einfächeriges Karpell mit einer seitlichen Samennaht (Placenta). Samen ohne Eiweiss (Albumen), aber gewöhnlich mit dicken Samenlappen (Cotyledonen).

Kräuter, Sträucher und Bäume mit einfachen, dreizähligen, gefiederten und gefingerten Blättern, an deren Basis zwei Afterblättchen (stipulae) stehen. Sie finden sich auf der ganzen Erde; in der Schweiz jedoch sind die mit regelmässigen Kronen nicht repräsentirt, sowie es auch hier keine grossen Bäume aus dieser Familie gibt. Die meisten Leguminosen sind für das Vieh eine gute Nahrung, und als solche besonders berühmt sind der *Klee*, die *Esparsette*, die *Luzerne*. Viele dienen auch dem Menschen als Speise, wohin besonders die ***Erbsen*** (Pisum), ***Bohnen*** (Phaseolus), ***Linsen***, das ***Johannisbrod*** zu rechnen sind. Einige sind officinell, wie das ***Süssholz*** (Glycyrrhiza), die ***Sennesblätter*** (Cassia), die ***Geisraute*** (Galega), etc. Mehrere ***Acacienarten*** Afrikas liefern das arabische Gummi. Andere geben Farbmaterial, wie die ***Indigopflanze*** (Indigofera), das ***Brasilienholz*** (Caesalpinia) und der ***Ginster***, und noch andere dienen als gutes Bauholz und zu Ziersträuchern in Gärten, so die ***Buschacacien*** (Robinia), die nicht mit den eigentlichen Gummi liefernden Acacien zu verwechseln sind. Die ***Mimosen*** sind reizbar und legen bei der leisesten Berührung die Blätter zusammen. Der Gesundheit nachtheilig soll unter den inländischen Arten bloss die Coronilla varia sein.

Erste Zunft (Loteae).

Die Samenlappen sind blattartig (nicht fleischig), und an sie legt sich das Würzelchen ungekrümmt an. Die Hülse ist zweiklappig. Die Blätter sind dreizählig oder ungrad gefiedert, selten einfach.

Genista.

Kelch etwas unregelmässig, zweilippig. Fahne der Krone zurückgebogen. Kiel (Schiffchen) von den Geschlechtsorganen abgebogen. Hülse länglich mehrsamig. — Sträucher oder Halbsträucher mit dreizähligen oder einfachen Blättern und gelben Blumen.

† Mit eingerolltem langem Griffel (Sarothamnus).

1. *G. Scoparia Lam.* ***Besenginster.*** Aeste eckig, Blätter einfach oder dreizählig, ungestielt. Hülsen am Rande behaart. — Ein mannshoher Strauch, der im Tessin und den italienischen Thälern Graubündens oft ganze Berg-

abhänge bedeckt, diesseits der Alpen aber nur selten vorkommt. Er findet sich hier bloss in der Waadt bei Buchillon und dem Signal d'Aumont und im Bezirk Aarwangen, wo er auf alpinem Diluvium an der Strasse nach der dürren Mühle und gegen Wangen in Menge vorkommt. Hier wird er aber nicht über 2 Fuss hoch. Steigt bis auf 3—4000 Fuss. Seine Aeste werden zu Besen benutzt. Blüht im Juni.

†† Mit mässig langem, nicht aufgerolltem Griffel.

2. *G. Halleri Reyn.* Behaart, aufliegend und ansteigend. Blätter schmal umgekehrt-eirund. Kelch und Hülse behaart. Spannehoch. — Selten, nur im Waadtländischen und Neuenburgischen Jura bei Lignerolles und La Chaux-de-Fonds.

3. *G. tinctoria L. Ginster.* Aeste eckig gestreift. Blätter lanzett, einfach, mit pfriemenförmigen Afterblättchen. Hülse kahl. 1—2 Fuss hoch. — In der Schweiz ziemlich häufig, zumal gegen den Rhein hin und am südlichen Fusse der Alpen, so wie in der westlichen Schweiz (Genf, Waadt, Neuenburg, Wallis). Fehlt am nördlichen Fusse der Alpen, kommt aber in der mittlern Schweiz (Bern) vor. Wird häufig zum Gelbfärben benutzt, und daher in manchen Gegenden fuderweise eingesammelt. Juni.

4. *G. ovata W. et K.* Hat ganz das Aussehen der vorigen und weicht nur durch stark behaarte, etwas breitere Blätter und behaarte Hülsen ab. Findet sich bloss bei Outre-Rhône im Wallis. Mai und Juni.

5. *G. sagittalis L.* Aeste häufig geflügelt, verflacht, gegliedert. Blätter eirund-lanzett. Blumen dicht traubig. Bildet spannenhohe Büsche und findet sich auf dem untern Theile des Jura von Genf bis Schaffhausen auf magern Triften, ferner auf der Molasse der Voirons und bei Guggisberg und Rüggisberg im Canton Bern. Blüht im Juni.

6. *G. pilosa L.* Stengel aufliegend, sehr ästig, spannehoch. Blätter schmal umgekehrt-eirund, seidenhaarig. Krone behaart. Auf Felsen im tiefern Jura vom Vuache bei Genf an bis Laufen, aber nicht sehr häufig. Mai und Juni.

7. *G. germanica L.* Stengel unterhalb mit Dornen besetzt, aufrecht, 1—3 Fuss hoch. Blätter eirund-lan-

zett oder lanzett, etwas behaart. Auf Wiesen, wo gemäht wird, erscheint die Pflanze dornenlos. Sommer. Am südlichen Fuss der Alpen, auf dem Jura von Genf bis Basel, in der Waadt und bei Wettingen.

8. *G. radiata L.* Stengel aufrecht, ästig, die letzten Aestchen nadelförmig. Blätter lineal, dreizählig. Blumen am Ende der Aeste kopfförmig zusammengestellt. 2 Fuss. Sommer. Bisher nur im mittlern Wallis, wo er in der Tiefe und montanen Region auf steinigen heissen Stellen wächst, gefunden.

Cytisus.

Kelch zweilippig. Fahne zurückgeschlagen. Kiel stumpf, die Geschlechtsorgane einschliessend. Hülse vielsamig, an der Basis verschmälert. Sträucher oder kleine Bäume mit dreizähligen Blättern und (bei uns) mit gelben Blumen.

1. *C. Laburnum L. Bohnenbaum.* Blätter langgestielt, dreizählig. Blüthen in hängende Trauben gestellt. Die obere Naht der Hülse nicht geflügelt. Ein schönes Bäumchen, das in der mont. Reg. auf den Bergen bei Genf (Salève und Jura) und im Canton Tessin (z. B. Monte Generoso) wild wächst, sonst aber häufig in Gartenanlagen angepflanzt wird. — Juni.

2. *C. alpinus Mill.* Hat ganz das Aussehen des vorigen; jedoch sind seine Blüthentrauben länger, während die einzelnen Blümchen kleiner sind. Die obere Naht der Hülse ist geflügelt. Auf dem Jura bei Genf (Thoiry) und des Waadtlandes (St. Cergues, Orbe), bei Aigle herum und im Unter-Wallis in der mont. und subalp. Reg. Juli. Das Holz von dieser und der vorigen Art wird zu Musik-Instrumenten gebraucht.

3. *C. nigricans L.* Blüthentrauben aufrecht, endstaudig. Kelch, Hülsen und Rücken der Blätter seidenhaarig. 1—4 Fuss. Auf dürren Stellen der italienischen Schweiz bis in d. mont. Reg. und am Rheine in der Gegend von Schaffhausen, wo er wirklich einheimisch ist. Sonst kömmt er hie und da verwildert vor. Juni und Juli.

4. *C. capitatus Jacq.* Zottig. Blumen köpfchenweise an der Spitze der Aeste. Wird durch Trocknen schwarz.

2 Fuss. Im Canton Tessin nicht selten, wo er auf steinigen Stellen der Ebene vorkommt.

5. *C. hirsutus L.* Zottig. Blumen zu 2—5, achselständig. Gleicht sonst der vorigen. 2 Fuss und darüber. Wird auch als im Tessin wachsend angegeben. Juni.

6. *C. emeriflorus Reich.* Blüthen einzeln stehend. Blättchen lanzett oder umgekehrt eirund-lanzett, fast kahl. Stengel ansteigend. 1 Fuss. Auf den Corni di Canzo, ausserhalb der Schweiz (Boissier), auf dem Berge Calbege, der sich ins Tessin'sche erstreckt (Diny, nach einer Mittheilung von Dr. Lagger).

— *C. sessilifolius L.* ist nirgends in der Schweiz wild zu finden, obwohl er hie und da verwildert vorkommt. Er muss aus der Schweizerflora gestrichen werden. Das gleiche gilt auch vom

Ulex europaeus L.

der bei Genf an ein paar Stellen vereinzelt vorkam, wo ehemals Hecken davon standen. Aber auch hier ist er ausgegangen.

Ononis.

Kelch fünfspaltig, bleibend: Lappen lineal. Fahne zurückgeschlagen, gestreift. Hülse aufgetrieben, meist rundlich oder eirund, wenigsamig. Perennirende Kräuter oder kleine Sträucher mit dreizähligen Blättern und blattartigen grossen Afterblättchen.

1. *O. spinosa L.* Ansteigender Stengel. Blättchen meist elliptisch. Blumen rosenroth, einzeln stehend. Die Aeste gehen in Dornen aus. Auf allen magern Triften der Ebene und mont. Region. 1 Fuss. Sommer.

2. *O. repens L.* Etwas höher als die vorige und ohne Dornen. Blättchen elliptisch. Auf Wiesen gemein.

3. *O. hircina Jacq.* 3 Fuss und darüber und ohne Dornen. Blättchen eirund. Die Blumen paarweise in den Blattachseln stehend. Ob die ächte O. hircina mit den grossen Melilotus-artigen Blättern in der Schweiz vorkommt, ist noch zweifelhaft. Ich habe unter diesem Namen bisher bloss grosse Exemplare des O. arvensis erhalten. Uebrigens können diese 3 Arten wohl auch als Va-

rietäten einer und derselben Art gelten, zumal diese, wie alle gemeinen Pflanzen, leicht das Aussehen ändern, je nachdem der Boden so oder anders beschaffen ist. Am Meeresstrande kommt diese Ononis mit fast runden Blättchen und stark behaartem Stengel vor.

4. *O. rotundifolia L.* Haarig, klebrig. Blättchen fast rund. Blüthen rosenroth. Stengel aufrecht. 2 Fuss. An Felsen und auf Flussgeschieben der Ebene und mont. Reg. in den C. Waadt, Wallis, Tessin und Graubünden, auch am Salève bei Genf, jedoch bloss stellenweise. Juni.

5. *O. Columnae All.* Kelchlappen eben so lang oder länger als Krone und Hülse. Afterblättchen lanzett oder pfriemenförmig. ½—1 Fuss. Blümchen gelb. Im mittlern Wallis und bei Bex und Aigle in der Ebene. Mai und Juni.

6. *O. Natrix L.* Haarig, klebrig. Blumenstiele einblumig mit einer Granne, länger als die Blätter. Blumenkronen gelb, doppelt länger als der Kelch. 1—2 Fuss. Im Wallis und bei Bex und Aigle, so wie auch an der Rhone bei Genf. Juni.

Anthyllis.

Kelch etwas bauchig, zur Fruchtzeit geschlossen, wollig. Hülse kurz, ein—dreisamig, vom Kelch eingeschlossen. Die inländischen Arten sind perennirende Kräuter mit gefiederten Blättern und kopfartig gestellten Blüthen.

1. *A. Vulneraria L.* Blätter ungleich gefiedert, das vorderste ungrade Blättchen bedeutend grösser als die hintern. Blumen gelb, ausnahmsweise roth oder blass schwefelgelb. Ueberall auf Wiesen und Weiden bis in die höchsten Theile des Jura und der Alpen (7000 Fuss hoch).

2. *A. montana L.* Blätter gleichmässig und vielpaarig gefiedert, seidenhaarig. Blumenköpfchen einfach (nicht doppelt, wie bei voriger). Blumen roth. ½ Fuss. Auf dem Salève bei Genf häufig, wo sie auch am Fusse des Bergs auf Felsen gefunden wird; auch auf der Dôle im Jura.

Medicago.

Kelch fünfspaltig oder fünfzähnig. Fahne zurückgeschlagen. Schiffchen an der Spitze gespalten oder ausgerandet. Hülse entweder sichelförmig gebogen oder schneckenartig gewunden, vielsamig. Bei uns Kräuter mit dreizähligen Blättern und kleinen gelben Blumen.

1. *M. sativa L. Luzerne.* Stengel aufrecht, bis 3 Fuss. Blumentrauben blau, länglich. Hülse dreimal gewunden. Wird vielfach angepflanzt und kommt daher so häufig vor, dass man sie für einheimisch ansehen kann. Merkwürdige Uebergänge oder Bastarde von dieser und der folgenden Art, mit gelbblauen Blumen und schwächer gewundenen Hülsen trifft man nicht selten an, wo beide Pflanzen vorkommen. Juni. ♃

2. *M. falcata L.* Stengel aufliegend und ansteigend, 2—3 Fuss. Blumentrauben gelb. Hülse sichelförmig gebogen. Kommt überall in der ebenen Schweiz vor und ist ebenfalls ein gutes Futterkraut. Juni. ♃

3. *M. lupulina L.* Stengel aufliegend, 1 Fuss lang und darüber. Blumen sehr klein, gelb, in eirunde Köpfchen gestellt. Hülsen nierenförmig, einsamig. Ueberall an Wegen und auf Wiesen. ⊙

4. M. *minima L.* Grauhaarig. Blümchen zu 3—7 in Köpfchen gestellt. Hülse 3—5 Mal gewunden, weichstachlig. In der westlichen Schweiz ziemlich überall, in der östlichen seltener (hie und da in Graubünden). 3 bis 6 Zoll. Juni. ⊙

5. M. *apiculata Willd.* Blüthenstiel vielblüthig. Hülsen 2—3 Mal gewunden, grubig-geadert mit Stacheln. Blumen gelb. Blättchen verkehrt-herzförmig. Selten im Getreide, wahrscheinlich mit fremden Samen eingeschleppt. Bei Montreux, Bex und bei Hinweil im Canton Zürich. Juni. ⊙

Trigonella.

Kelch fünfspaltig. Schiffchen stumpf. Hülse lineal, sechs—mehrsamig, sichelförmig gebogen. Kräuter mit dreizähligen Blättern, die getrocknet einen schabziegerartigen Geruch verbreiten.

1. *T. monspeliaca L.* Grau behaart. Stengel aufliegend, 4 Zoll lang. Blättchen verkehrt-eirund. Blüm-

chen gelb, in Dolden zusammengestellt. An einigen Stellen im heissen Theil von Wallis. Juni. ⊙

— *T. Foenum graecum L.* Im Süden als Futterkraut häufig angepflanzt. Wurde ehemals viel in den Kräuterthee gethan, hauptsächlich um den andern Kräutern einen Geruch zu geben. Soll bei Schaffhausen verwildert vorkommen.

— *T. coerulea Ser.* (*Schabziegerkraut.*) In Glarus, in der March und in den Bündner'schen Bauerngärten angepflanzt, an erstern Orten zur Schabziegerfabrikation benutzt.

Melilotus.

Kelch fünfzähnig. Schiffchen stumpf. Hülse fast kugelig, ein—zweisamig. Grosse ein—zweijährige Kräuter mit dreizähligen Blättern und weissen oder gelben in Trauben gestellten Blüthen.

1. *M. officinalis Willd.* Blumen gelb. Flügel und Kiel so lang als die Fahne. 2—3 Fuss. Hülsen kurzhaarig. Ueberall an feuchten Gräben und in Hecken der Ebene. Wird in den Apotheken gebraucht. Auch destillirt man ein wohlriechendes Wasser daraus.

2. *M. arvensis Wallr.* Blumen gelb. Flügel fast so lang als die Fahne, länger als der Kiel. Hülse kahl. In Bergäckern in der Waadt und bei Genf (Longirod, Gex, am Voirons).

3. *M. dentata Willd.* Blumen gelb. Flügel kürzer als die Fahne, länger als das Schiffchen. Afterblättchen am Grunde mit zwei langen Zähnen versehen. Bei Basel.

4. *M. vulgaris Willd. Wunderklee.* Blumen weiss. Flügel fast so lang als der Kiel, kurzer als die Fahne. 2—6 Fuss. Ueberall in der ebenen Schweiz wild, auch hie und da als Futterkraut angebaut.

Trifolium.

Kelch fünfzähnig, bleibend. Fahne verlängert. Kiel (Schiffchen) stumpf. (Die Krone bei einigen Arten einblätterig.) Hülse nicht länger als Kelch, ein—zweisamig, selten mehrsamig und länglich. Kräuter mit dreizähligen Blättern und angewachsenen Afterblättchen und kopfförmig gestellten Blüthen. Meistens Humuspflanzen.

† Roth- oder weissblühende Arten.

1. *T. rubens L.* Blumen roth, in eine walzige Aehre zusammengestellt. Kelchzähne zottig, unterster so lang als die einblätterige Krone. Blätter lanzett. 1—2 Fuss. An Halden der montanen Region. Bei Genf, in der Waadt, Berner Oberland, in Tessin, Graubünden, Zürich, Schaffhausen. Juni und Juli. ♃ Ein gutes Futter.

2. *T. alpestre L.* Blumen roth, in eine fast kugelige Aehre gestellt. Blumenblätter hinterhalb verwachsen, fast gleich lang. Blättchen lanzett. Nebenblättchen pfriemenförmig-lanzett. Stengel aufrecht. 1 Fuss. Kelch behaart. Bei Genf, in Wallis, Waadt, Graubünden und Tessin, in der mont. Region und der Ebene auf steinigen Stellen. Juli. ♃

3. *T. medium L.* Aehre ziemlich kugelig, etwas schlaff, roth. Blumenkrone einblätterig. Blättchen elliptisch. Stengel hin und her gebogen bis 3 Fuss hoch. Meist in Gebüsch von der Ebene an bis in die Höhe von 5000 Fuss. Bei Genf, in der Waadt, in Wallis, auf dem Gurten, bei Aarwangen, in Graubünden, ohne Unterschied der Formation. ♃

4. *T. pratense L. Klee.* Aehre eirund oder kugelig, gedrängt, roth. Blumenblätter hinterhalb verwachsen (so dass die Krone einblätterig wird), ungleich lang. Blättchen eirund. 1—1½ Fuss. Ueberall wild und angebaut. Auch in der alpinen Region. ♃

5. *T. ochroleucum L.* Aehre gestielt, länglich, endständig, ochergelb. Blumenblätter ungleich lang. Blättchen der untern Blätter verkehrt eirund, der obern länglich. 1½ Fuss. An dürren Stellen von Genf, Solothurn, Waadt, Zürich, in der Ebene. Sommer. ♃

6. *T. incarnatum L.* Aehre länglich, endständig, an der Basis ohne Blätter, hochroth, Kelchzähne fast gleich. Stengel gerade. 1—1½ Fuss. Wird hie und da angebaut; die Varietät mit weisslichen Blüthen (T. Molinerii) aber trifft man wild oder verwildert an. ☉

7. *T. arvense L.* Aehrchen eirund, später walzig, wegen der vielen Haare des Kelches ganz zottig. Blümchen klein, weiss, kürzer als die Kelchzähne. Stengel ästig, vielährig, ½—1 Fuss. In Aeckern fast überall. Juni. ☉

8. *T. scabrum L.* Blumenköpfchen achselständig, sitzend, eirund. Kelchzähne ungleich, später steif und gebogen. Blümchen weiss, klein. Stengel aufliegend, 3—4 Zoll lang. In der westlichen Schweiz nicht selten auf dürren Triften. Juni. ⊙

9. *T. striatum L.* Blüthenköpfchen end- oder achselständig. Blättchen verkehrt-eiförmig. Blüthen röthlich weiss. Stengel aufstrebend, ½—1 Fuss lang. Selten, bisher bei Genf, Basel und in der Waadt gefunden. ⊙

10. *T. saxatile All.* Blumenköpfchen end- und achselständig, filzig. Blättchen lanzett-keilförmig. Stengel aufliegend, 4—6 Zoll lang. Blüthen klein, weiss. Kommt im Gletschergerölle an mehrern Orten im Wallis, aber nur am Fusse des massigen Urgebirges vor. August. ♃

11. *T. fragiferum L.* Blumenköpfchen rund, fleischroth. Kelch sehr haarig, später blasig aufschwellend, so dass die Köpfchen das Aussehen einer Erdbeere erhalten. Stengel kriechend. Blättchen verkehrt-eiförmig. Kommt auf feuchten Wiesen der Ebene vor und ist fast in allen Kantonen zu finden. Juni. ♃

12. *T. alpinum L.* Blumenköpfchen schlaff, roth, auf einem wurzelständ'gen Schaft. Blumen die grössten des Geschlechts, nach dem Verblühen herabhängend. 4—6 Zoll. Auf den alpinen Weiden des Schiefer- und Urgebirgs, von 5—7000 Fuss ü. m. durch d. g. Alpenkette. August. ♃ Die Wurzel ist süss und kann statt Süssholz gebraucht werden.

13. *T. montanum L.* Köpfchen endständig, rund, weiss. Stengel einfach, aufrecht. Blättchen lanzett. Von der Ebene an bis in die alpine Region auf dürren Weiden und Wiesen, häufig in den Alpen und im Jura. Juni und Juli. ♃

14. *T. repens L.* Blumenköpfchen kugelig, weiss. Stengel kriechend. Blättchen rundlich oder breit eirund, fein gesägt. Auf allen Wiesen, wo er dichte Rasen bildet. Ein gutes Futterkraut. Mai—August. ♃

15. *T. pallescens Schreb.* Blumenköpfchen kugelig, aus gelblich-weissen Blümchen gebildet. Stengel ansteigend. Blättchen rundlich-eirund. Bei Zermatt in Wallis, nach Hegetschweiler auch auf dem Gotthard, also wie es scheint immer im Urgebirge. ♃

16. *T. caespitosum Reyn.* Blumenköpfchen kugelig, weisslich. Stengel rasenbildend, ziemlich aufrecht. Blättchen eirund-rundlich. Auf den höchsten Alpenweiden, durch die ganze Alpenkette. Sommer. ♃

17. *T. hybridum L.* Stengel hohl, ansteigend, kahl, getreift, 1—2 Fuss. Blumenköpfchen kugelig, weisslich, nach dem Verblühen, wie die vorigen, braun werdend. Blüthenstiele gestreift, doppelt so lang als das Blatt. Kelch kahl, kürzer als der Stiel, dreimal kürzer als die Krone. Bei Bellenz und Wallenstadt; die andern von Hegetschweiler angegebenen Standorte sind unverbürgt. Sommer. ♃

18. *T. elegans Savi.* Stengel nicht hohl, 1—2 Fuss, nach oben anschmiegend behaart, Kelch behaart, länger als sein haariger Stiel, dreimal kürzer als die rosenrothe oder weissliche Krone. Sonst wie vorige. Bei Cleven, Bellenz, Basel, Genf und in der Waadt. In letzterm Canton wurde er in den Jahren 1832 und 1833 aus fremden Samen in sogenannten künstlichen Wiesen angebaut, und gleichen Ursprung dürften auch die Pflanzen der andern genannten Orte haben.

†† Gelbblühende Arten.

19. *T. spadiceum L.* Stengel aufrecht, spannehoch. Blumenköpfchen walzig, eirund, sogleich nach dem Verblühen kastanienbraun werdend. Für die Schweiz selten, bisher nur in den waadtländischen Alpen und auf den savojischen Bergen um Genf herum gefunden. ♃ Wächst auf feuchten Wiesen der alp. Reg.

20. *T. badium Schreb.* Stengel ansteigend, rasenbildend, spannehoch. Blumenköpfchen kugelig, nach dem Verblühen braun werdend (aber nicht so dunkel als vorige Art). Auf allen Alpen in einer Höhe von 6—7000 Fuss. Sommer. ♃

21. *T. agrarium L.* Köpfchen eirund, im Alter gelbbraun. Stengel ästig, bis 1 Fuss und darüber lang. Kelchzähne kahl. Alle drei Blättchen des Blattes sitzend. Auf Aeckern und andern angebauten Stellen, nirgends häufig. Bei Genf, in der Waadt, in Graubünden, bei Bern, Thun Sommer. ☉

22. *T. procumbens Schreb.* Köpfchen eirund, wenig braun werdend. Stengel ästig, $1/2$—$1\frac{1}{2}$ Fuss lang, ge-

streckt. Das mittelste Blättchen gestielt. An Wegen, auf unbebauten Stellen häufig durch d. g. ebene und mont. Schweiz. Sommer. ⨀

23. *T. filiforme L.* Stengel dünn, $\frac{1}{2}$—1 Fuss, aufrecht oder ansteigend. Köpfchen klein, halbkugelig, blassgelb, 10—15blumig. Mittleres Blättchen gestielt. Nicht selten auf feuchten Stellen bei Genf, Bern, Solothurn, Chur, Basel, im C. Tessin, Zürich. ⨀

24. *T. patens Schreb.* Köpfchen halbkugelig, goldgelb, 8—15blumig. Fahne nicht gefurcht. Mittleres Blättchen gestielt. Im Tessin an mehrern Orten der Ebene beobachtet. ⨀

Dorycnium.

Flügel vorderhalb verbunden, mit hohlen Höckern. Hülse rundlich, meist einsamig, länger als der Kelch. Harte Kräuter scheinbar mit fünfzählig gefingerten Blättern, die in der That aber dreizählig sind und Afterblätter haben, die wie die 3 Blättchen des Blatts aussehen. Blumen weiss mit dunkelvioletten Schiffchen.

1. *D. suffruticosum Vill.* Blättchen lineal-keilförmig mit anschmiegenden grauen Haaren, 1 Fuss. Nur in der Gegend von Chur bis nach Fläsch, dort aber häufig. Juni und Juli. ♃ Wächst auf dürren Halden am Fusse der Berge.

2. *D. herbaceum Vill.* Blättchen lanzett-keilförmig, hie und da mit abstehenden Haaren. Im Kanton Tessin bei Lugano und Mendrisio. $1\frac{1}{2}$ Fuss. Sommer. ♃

Lotus.

Flügel der Krone der Länge nach oben zusammenneigend. Kiel ansteigend geschnabelt. Hülse lineal, mehrsamig, walzig, in zwei Klappen sich aufrollend. Gemeine Kräuter mit blattartigen Afterblättern, dreizähligen Blättern und doldenständigen (bei unsern) gelben Blumen. Humuspflanzen.

1. *L. major Scop. Koch.* Stengel aufrecht, hohl, 2—3 Fuss. Fahne eirund. Kelchzähne vor dem Aufblühen zurückgeschlagen. Samen zahlreicher und kleiner

als bei folgender. Auf Sümpfen und an Wassergräben durch die ganze ebene Schweiz. ♃

2. *L. corniculatus L.* Stengel ansteigend, gewöhnlich 1 Fuss lang. Blättchen eirund-rautenförmig. Afterblättchen fast herzförmig. Ueberall auf Wiesen bis in d. alp. Region. Blüht vom Mai bis zum August. ♃

3. *L. exilis Schleich.* L. tenuis Kit. Blättchen und Afterblätter fast lineal. Auf periodisch überschwemmtem Sand, bei Nyon und Coppet, bei Genf in der Air. 1½ Fuss. Sommer. ♃

Tetragonolobus.

Oberer Rand der Flügel zusammenneigend. Kiel geschnabelt, ansteigend. Hülse vierseitig geflügelt. Kräuter mit dreizähligen Blättern und grossen blattartigen Afterblättern.

1. *T. siliquosus Roth.* Blumen blassgelb, einzeln auf Stielen, die zwei—dreimal so lang als die Blätter sind. Auf feuchten Wiesen und Weiden fast allenthalben in der Ebene und mont. Region, ohne Unterschied des Gebirgs und der Formation. Mai und Juni. ♃

Galega.

Kelch glockig, fünfzähnig. Kiel stumpf. Der zehnte Staubfaden bis zur Mitte mit den andern verwachsen. Hülse lineal, walzig, knotig. Grosse Kräuter, die dem Süden und Orient angehören.

— *G. officinalis L. Geisraute.* Blätter gefiedert, mit einem ungraden Blättchen am Ende. Blumen weiss, traubig gestellt. In der Schweiz hie und da verwildert, so bei Lausanne am See (Muret), bei Aarau (Hegetschweiler); auf dem Randen bei Schaffhausen sogar in Menge, nach einer alten Angabe. In Graubünden ist sie nicht zu finden. 2 Fuss. ♃ Ist als Arzneimittel in Vergessenheit gerathen.

Colutea.

Kelch fünfzähnig, obere Zähne kürzer. Fahne ausgebreitet, mit 2 Warzen. Hülse innert dem Kelche gestielt, blasig aufgetrieben, vielsamig. Ein Strauch mit gelben Blumen und gefiederten Blättern.

1. *C. arborescens L. Blasenschote.* Fiederblättchen elliptisch, abgestutzt. Höcker oder Warzen der Fahne kurz. Hülse geschlossen. Im Wallis, Waadt und Graubünden an Halden der mont. Region. Häufig auch in Gärten. 4—8 Fuss. Juni und Juli.

Phaca.

Kelch fünfzähnig, die obern Zähne unter sich entfernt. Griffel fadenförmig, glatt mit stumpfer Narbe. Hülse innert dem Kelche gestielt, aufgeblasen, an der obern Seite meist eingedrückt. Grosse und mittlere Kräuter mit gefiederten Blättern und traubig gestellten Blüthen. Humus- oder Geröllpflanzen, die wohl an die Alpen, aber an keine Formation besonders gebunden sind.

1. *Ph. alpina L.* Stengel meist aufrecht, ästig. Blätter 9—12paarig gefiedert, die Fiederblättchen länglich oval. Afterblättchen lineal-lanzett, Blumen gelb. 2 Fuss. Auf alpinen Weiden der Kantone Waadt, Wallis, Graubünden und Glarus, ohne Unterschied der Formation. ♃

2. *Ph. frigida L.* Stengel aufrecht, einfach. Blätter 4—5paarig gefiedert, Afterblättchen oval, blattartig. Blumen blassgelb. 1 Fuss und darüber. Auf alpinen Weiden, noch häufiger als vorige und in den nämlichen Kantonen. ♃

3. *Ph. australis L.* Stengel ausgebreitet, 6—9 Zoll lang. Flügel ausgerandet, fast zweispaltig. Schiffchen viel kürzer als Fahne. Blumen weiss. Auf steinigen Stellen der alpinen Region in den Kantonen Waadt, Wallis. Bern und Graubünden. ♃

4. *Ph. astragalina DC.* Stengel aufliegend, 4—6 Zoll lang. Afterblättchen eirund. Hülse behaarf. Blumen weiss und blau geschäckt. Auf alpinen Weiden der Kantone Bern, Wallis, Waadt, Graubünden, Glarus und Appenzell. ♃

Oxytropis.

Kelch 5zähnig. Kiel (Schiffchen) vorderhalb in eine Spitze ausgehend. Staubgefässe monadelphisch, d. h. alle 10 sind mit einander verwachsen. Hülse aufgeblasen oder cylindrisch, ohne einwärts gehende Naht. Kleine perennirende Alpenkräuter mit gefiederten Blättern. Humus- und Gesteinpflanzen der Alpen.

1. *O. uralensis DC.* Silberweiss seidenhaarig. Blumenstiel wurzelständig. Blumen blau. Hülse aufrecht, etwas aufgeblasen, im Kelche sitzend. In der alpinen Region auf steinigen Stellen, jedoch selten. Von dieser Art kenne ich 3 Formen:

α. Klein, ganz grauhaarig. Bracteen kürzer als der Kelch. Vielleicht *Astragalus velutinus Sieb.* Dies ist die Pflanze, die in der Ebene von Unter-Wallis vorkommt.

β. 4 Zoll hoch, ganz grauhaarig. Bracteen so lang oder länger als der Kelch. In der Stockhornkette nach Hrn. Apotheker Guthnik. Dent-de-Jaman?

γ. 5 Zoll hoch. Bloss die jüngern Blätter sind seidenhaarig, die ältern fast kahl. Bracteen so lang als der Kelch. Von Hrn. Appellationsrichter Muret auf dem Wormser Joch gefunden.

2. *O. campestris DC.* Blumenstiel wurzelständig, länger als die Blätter, anschmiegend behaart. Blumen blassgelb, an der Spitze des Schiffchens zwei violette Flecken. Hülse halb zweifächerig. 3—9 Zoll. Auf alpinen Weiden von 5—8000 Fuss Höhe, durch die ganze Schweiz. Eine Varietät, bei der die vordern Theile der Krone blau werden, ist die O. sordida.

3. *O. foetida DC.* Blumenstiel wurzelständig, nicht länger als die Blätter. Blumen gelb ohne blaue Flecken. Die ganze Pflanze ist klebrig, übelriechend, nicht über 2—4 Zoll hoch. Bloss in den Walliser-Alpen und auch dort selten.

4. *O. pilosa DC.* Behaart, stengeltreibend (die Blüthenstiele gehen nicht von der Wurzel aus). Hülsen aufrecht, zweifächerig. Blumen blassgelb. 1 Fuss und darüber. An Felsen und auf Flussgeröllen der Ebene und mont. Reg. von Wallis und Graubünden nicht selten.

5. *O. lapponica Gaud.* Grau und anschmiegend behaart. Blumenstiele nach der Blüthe länger als das Blatt. Blüthentrauben sechs—zwölfblumig, blau. Stengel nicht sehr lang, aber die ganze Pflanze dennoch 4—6 Zoll hoch.

Sehr selten, bisher bloss bei Zermatten in Wallis und über Nufenen und auf dem Albula in Bünden, auf dem Urgebirge in der alp. Region bemerkt.

6. *O. montana DC.* Fast stengellos, kahl oder anschmiegend behaart. Blumentrauben blau, nicht über die Blätter hinausragend, sechs—zwölfblumig. Der Hülsenstiel ist so lang als der Kelch, in dem er steckt. Auf Alpenweiden, häufig in einer Höhe von 5—7000 Fuss, durch die ganze Alpenkette. 4 Zoll.

7. *O. cyanea Bieb.* Fast stengellos, grau behaart, 3—4 Zoll. Blumen nicht über die Blätter hinausragend, blau. Hülsenstiel nur von der Hälfte der Kelchlänge. Im Nicolaithale ob Zermatten, auf dem Urgebirge.

Astragalus.

Kelch 5zähnig. Schiffchen ohne Spitze. Oberstes Staubgefäss frei. Hülse durch die einwärts gebogene untere Naht zweifächerig oder halbzweifächerig. Grosse und kleine Kräuter, auch bei einigen holzig, mit gefiederten Blättern. Meist Humuspflanzen.

1. *A. leontinus Wulf.* Aufliegend, anschmiegend behaart, spannelang. Blättchen elliptisch stumpf. Blumenköpfchen blau über die Blätter hinausreichend. Hülsen eirund, behaart, im Kelche sitzend. Auf Felsen der südlichen Bergkette des mittlern und untern Wallis, in der alpinen Region selten.

2. *A. Onobrychis L.* Aestig, anschmiegend behaart. Fahne tief ausgerandet, doppelt so lang als die übrigen Blumenblätter. Ovarium und nachher die Hülse innert dem Kelche gestielt, letztere behaart. Blumenköpfchen ährenförmig verlängert, schön blau. Kömmt in der Schweiz nur in Wallis, im Unter-Engadin und Münsterthal Graubündens und, nach Hegetschweiler, im Tessin vor. Findet sich an Felsen und auf dürren Weiden der mont. Region. Juni. ♃

3. *A. depressus L.* Fast stengellos, aufliegend. Blätter 9—11paarig gefiedert. Afterblättchen eirund, häutig, lang gewimpert. Blumenköpfchen gelb, kürzer als die Blätter. Auf den Bergen von Sanen, Aelen (Aigle), Unter-Wallis und bei Bonneville, in der alpinen Region. ♃

4. *A. excapus L.* Stengellos, zottig. Blumen gelb fast an der Wurzel. Hülsen eirund, behaart. Selten auf buschigen oder waldigen Stellen; bloss im mittlern Wallis und nach Sieber bei Glurns im Tyrol an der Schweizer-grenze. 4—6 Zoll. ♃

5. *A. monspessulanus L.* Stengellos, fast kahl. Fahne sehr lang. Blüthenköpfchen roth, eirund. Blätter zwölf bis zwanzigpaarig gefiedert. Blättchen eirund. Hülsen lineal, walzig, gebogen, im Alter glatt. 4—9 Zoll. An sonnigen Halden der montanen Region des Kalkgebirgs in Unter-Wallis bis gegen Aelen, in Graubünden an vielen Stellen und, nach Hegetschweiler, an der südlichen Grenze von Tessin. Juni. ♃

6. *A. Cicer L.* Aufliegend, ästig. Die obern Afterblättchen in eines verwachsen, den Blättern gegenüber. Hülsen fast kugelig aufgeblasen, behaart. Blumen gelb. 1—1½ Fuss. Auf Aeckern, an Wegen und unbebauten Stellen, nicht häufig. In den Cantonen Wallis, Waadt, Graubünden, Tessin, Genf, Schaffhausen. Juni. ♃. Steigt bis an's Ende der montanen Region.

7. *A. glycyphyllos L.* Aufliegend, ästig, fast kahl. 5—6paarig gefiedert. Köpfchen länglich-eirund, blassgelb. Hülsen lineal, gebogen, kahl, gegen einander neigend. 2—3 Fuss. Auf Wiesen und in Hecken der mont. Region, fast durch die ganze Schweiz. Juni. ♃. Wird für ein gutes Futterkraut gehalten.

— *A. alopecuroides L.* Dicht zottig, aufrecht, 2—3 Fuss. Blumenähren achselständig, sitzend, länglich eirund, dichtblüthig. Kelchzähne so lang als die blassgelbe Krone. Im Thal Cognes, einem Seitenthal des Aostathals im benachbarten Piemont. Sommer. ♃

8. *A. aristatus l'Her.* Afterblättchen an den Blattstiel angewachsen. Dieser dornig ausgehend, bleibend, die Blättchen verlierend. Hülse eirund, einfächerig, behaart. Ein kleines, ½—1 Fuss hohes Sträuchlein, das man im Gestein der Alpenbäche findet und das mit ihnen in die Ebene herabsteigt. Unter-Wallis, Sanen, Waadt, Savoyen bei Genf. Sommer.

— *A. baeticus L. Stragelkafee.* Hin und wieder als Kafee-Surogat angepflanzt.

Zweite Zunft (Hedysareae).

Die Samenlappen sind blattartig mit umgebogenen Würzelchen. Die Hülse ist der Quere nach articulirt. Jede Articulation ist einsamig und löst sich einzeln ab. Die Blätter sind gewöhnlich gefiedert.

Coronilla.

Kelch kurz, fünfzähnig; die zwei obern Zähne bis über die Mitte verwachsen. Schiffchen zugespitzt-geschnabelt. Hülse lang, gerade oder gebogen, articulirt. Kräuter oder kleine Sträucher mit meist doldenständigen Blüthen.

1. *C. Emerus L.* Nägel der Blumenblätter dreimal länger als Kelch. Blumen gelb, meist drei auf einem gemeinsamen Stiel. Ein Sträuchlein von 2—4 Fuss Höhe, das längs dem Fusse der Alpen und des Jura, an Zäunen und Gebüschen häufig vorkommt. Mai und Juni. Die Blätter purgiren wie Sennesblätter.

2. *C. vaginalis Lam.* Aufliegend, etwas holzig, spannelang. Afterblättchen eirund, zu einem verwachsen, das dem Blatt gegenüber steht. Blättchen meist zu 9 umgekehrt eirund. Blumen gelb zu 6—10 in einer Dolde. Vom Genfer Jura an durch die Cantone Waadt, Neuenburg, Bern bis nach Solothurn auf steinigen Stellen des Gebirgs; in den Alpen der Cantone Graubünden, Waadt, Glarus auf dem Kalk- und Flyschgebirge von der montanen bis in die alpine Region. Sommer.

3. *C. montana Scop.* Aufrecht, krautartig, 1—1½ Fuss. Afterblättchen klein zu einem verwachsen, das dem Blatt gegenüber steht. Blättchen 3—5paarig, eirund. Blumen gelb, zu 15—20 eine Dolde bildend. In den Jurathälern der Cantone Neuenburg, Basel, Bern und Solothurn. In den Alpen bisher bloss bei Reichenau im Canton Graubünden gefunden. Immer auf Kalk. ♃

4. *C. coronata DC.* (Wahrscheinlich Linnés *C. minima.*) Holzig, vielästig, 1 Fuss. Afterblättchen zu einem kleinen, dem Blatt gegenüberstehenden Blättchen verwachsen. Blätter 3—4paarig. Blumen gelb, 6—10

ein Döldchen bildend. Im mittlern Wallis und auch hier nur an zwei Stellen beobachtet bei Varon (A. Thomas) und bei Siders (Hegetschweiler). Sommer.

3. *C. varia L.* Krautig, vielastig, aufliegend, 2—3 Fuss lang. Afterblättchen lanzett, nicht verwachsen. Blumen schön roth und weiss geschäckt, zu 14—20 eine Dolde bildend. An Wegen, in Feldern und dergleichen Stellen durch die ganze Schweiz, doch mehr in der westlichen und nördlichen, ♃. Soll schädliche Eigenschaften besitzen.

Ornithopus.

Kelch röhrig. Hülse stark articulirt, seitlich zusammengedrückt (einem Vogelfuss ähnlich). Ein kleines Kräutchen mit kleinen gelben Blümchen, deren 3—5 ein Köpfchen bilden.

1. *O. perpusillus L.* Blätter 8—15paarig gefiedert. Kelchzähne dreimal kürzer als die Kelchröhre. In der Schweiz bloss in der Umgegend von Basel (bei Wyl) bemerkt. Die angegebenen Standorte der südwestlichen Schweiz erweisen sich als unrichtig. ⊙

Hippocrepis.

Kelch kurz, halb fünfspaltig. Hülse flach gedrückt, der Länge nach hufeisenförmig ausgebuchtet. Ein mit den Coronillen leicht zu verwechselndes Kraut mit gelben, doldenständigen Blümchen.

1. *H. comosa L.* Stengel aufliegend, sehr ästig. ½—1 Fuss lang. Blätter 4—7paarig gefiedert. Auf allen Wiesen und Weiden durch die ganze Schweiz bis auf 5000 Fuss über dem Meer.

Die *H. unisiliquosa L.* ist von den neuern Botanikern nie im Waadtland beobachtet worden.

Hedysarum.

Kelch fünfspaltig. Schiffchen schief ansteigend, länger als die Flügel. Hülse flach gedrückt, mehrfach articulirt; die Articulationen rundlich. Die Die Blumen sind traubenständig.

1. *H. obscurum L.* Stengel aufrecht, ½—1 Fuss.

Blätter 5—9paarig gefiedert. Blumen schön purpurroth. Afterblättchen zu einem dem Blatt gegenüber stehenden verwachsen. Auf alpinen Weiden durch das ganze Alpengebirge, ohne Unterschied der Formation. ♃

Onobrychis.

Kelch fünfspaltig. Schiffchen schief gestutzt, länger als die Flügel. Die Hülse besteht aus einer einzigen, nicht aufspringenden, einsamigen Articulation. Perennirende Kräuter mit rothen, traubenständigen Blüthen und stachligen Früchten.

1. *O. sativa Lam. Esparsette.* Stengel unten ansteigend, ½—2 Fuss. Kelchzähne um die Hälfte kürzer als das Schiffchen. Ein vielverbreitetes, bis in die höchsten Alpenweiden steigendes Kraut, das sich besonders zur Anpflanzung auf trocknen Halden eignet.

2. *O. arenaria Dc.* Stengel aufliegend, 1 Fuss. Die Blumen sind um die Hälfte kleiner als beim vorigen und blässer roth. Kelchzähne länger als Flügel. Auf trocknen sandigen Stellen von Unter-Wallis.

Dritte Zunft (Vicieae).

Hülse zweiklappig, nicht gegliedert. Samenlappen dick, mehlig, mit gebogenem Würzelchen: sie stossen beim Keimen über die Erde hinauf. Kräuter mit gefiederten Blättern, die meistens an der Stelle des unpaarigen Endblättchens eine Spitze oder fadenförmige Ranke hat. Hieher gehören ausser den wildwachsenden Arten auch unsere *Erbsen* und die weniger angepflanzten *Kichererbsen* (Cicer arietinum).

Vicia.

Kelch fünfspaltig oder fünfzähnig. Griffel fadenförmig, unter der Spitze auf der vordern Seite queer bartig. Hülse 2—∞samig. Blattstiel in Ranken ausgehend. Kräuter mit einzeln stehenden oder traubig gestellten Blumen. Humuspflanzen.

1. *V. pisiformis L.* Trauben vielblumig, gelb. Blätter fünfpaarig gefiedert: Blättchen eirund, die hintersten am Stengel und so die Afterblättchen deckend. In Bergwäldern, allein in der Schweiz sehr selten, angeblich bei Pfirt und Fouly, wo sie von ältern Botanikern gefunden worden sein soll. 2—4 Fuss. ♃

2. *V. dumetorum L.* Trauben vielblumig. Blätter 4—5paarig gefiedert: Blättchen eirund, das unterste Paar vom Stengel entfernt. Blumen rothblau. Bis 6 Fuss. In Bergwäldern fast in allen Cantonen, doch nirgends häufig. ♃

3. *V. sylvatica L.* Trauben vielblumig. Blätter meist achtpaarig: Blättchen elliptisch. Afterblättchen borstig gezähnt. Blumen schön weiss und blau gestreift. Bis 6 Fuss hoch im Gebüsch rankend. In Wäldern und Gebüsch meist am Fuss der Berge durch die ganze Schweiz, ohne Unterschied des Gebirgs. Sommer. ♃

4. *V. Cracca L.* Trauben dicht und vielblumig, blau. Blätter 9—11paarig: Blättchen elliptisch lanzett, stark aderig. Nagel der Fahne so lang als die Platte. Sehr häufig in Wiesen und Hecken durch die ganze Schweiz bis in die subalpine Region. 2—3 Fuss. ♃

5. *V. tenuifolia Roth.* Wie vorige, nur sind die Blätter schmäler und die Platte der Fahne doppelt so lang als der Nagel. Hin und wieder bei Iverdon etc.

6. *V. onobrychioides L.* Trauben 6—12blumig. Blumen entfernt gestellt abstehend, purpurroth. Blätter 6—8paarig. Blättchen lineal-lanzett. Nabelfleck den dritten Theil des Samens einnehmend. 1—2 Fuss. In Getreide von Unter-Wallis, sonst nirgends in der Schweiz. ⊙

7. *V. sepium L.* Blüthenstiele achselständig, sehr kurz, 2—4blumig. Blätter meist fünfpaarig: Blättchen eirund oder länglich. Fahne kahl. Blumen schmutzig roth. 1—2 Fuss. An Zäunen und in Hecken durch die ganze ebene, montane und subalpine Schweiz. Mai bis September. ♃

8. *V. lathyroides L.* Blumen achselständig, einzeln blau. Blätter in eine Spitze ausgehend, 2—3paarig gefiedert. 6—9 Zoll. Sehr selten. Bisher nur am Hügel Valeria bei Sitten und bei Penex im C. Genf (von H. Reuter) gefunden. Sommer. ⊙

9. *V. hybrida L.* Blumen einzeln, achselständig, gelb. Blätter 5—7paarig: Blättchen länglich oder umgekehrt eirund. Fahne behaart. 1—1½ Fuss. Auf angebauten Stellen, in der Schweiz bloss bei Cossonay gefunden. ⊙

10. *V. lutea L.* Blumen einzeln oder zu zweien achselständig, gelb. Blätter 3—8paarig: Blättchen länglich oder umgekehrt eirund. Fahne kahl. Hülsen elliptisch länglich behaart. Im Getreide, nicht überall. An mehrern Orten im Canton Zürich, bei Genf, bei Crans und Orbe im Waadtland. 1 Fuss. ⊙

11. *V. sativa L.* Blumen einzeln oder zu zweien achselständig, blauroth. Blätter meist siebenpaarig gefiedert. Blättchen länglich-eirund. Hülsen feinhaarig. 2 Fuss und darüber. Auf angebauten Stellen von selbst wachsend, sonst häufig angepflanzt. Juni. ⊙

12. *V. angustifolia Roth.* Blumen einzeln oder zu zweien achselständig, blauroth. Blätter meist fünfpaarig gefiedert: Blättchen am obern Theil des Stengels lanzettlineal. Hülsen kahl. 2 Fuss. In den Cantonen Waadt und Genf hin und wieder auf magern, sandigen Stellen. ⊙

— *V. Faba L. Saubohne.* Sehr häufig in der Schweiz angebaut, um theils als Gemüse, theils als Viehfutter benutzt zu werden; auch wird sie gemahlen dem Brode beigemischt.

Ervum *).

Kelch tief fünfspaltig, manchmal so lang als Krone. Griffel oberhalb gleichmässig und ringsherum kurzhaarig. Feine Kräuter mit kleinen Blümchen, wovon 1—6 auf einem gemeinschaftlichen Stiele stehen. Hülsen wenigsamig. Einjährige Ackerpflanzen.

1. *E. hirsutum L.* Blümchen bläulich weiss, zu 3 bis 7 auf einem Stiele. Blätter 3—7paarig in Ranken ausgehend. Hülsen zweisamig, kurz behaart. In Feldern und Hecken, besonders häufig in den französischen Cantonen, in Bern, Solothurn, den südlichen Thälern Graubündens und im Tessin. 2—4 Fuss. ⊙

---

*) Man hat neuerlich dieses Geschlecht auf eine ganz unnatürliche Weise zerrissen, indem man bloss von Einem Character ausging und den ganzen natürlichen Zusammenhang übersah. Auf diese Art wiederholt man im Kleinen den Fehler, den das Linnéische System im Grossen hatte.

2. *E. tetraspermum L.* Blumenstiele 1—2blumig. Obere Blätter 3—4paarig. Blättchen lineal. Hülse kahl, viersamig. $1/2$—1 Fuss. Bei Genf, Aarau, Nyon, Zürich, Chur. ⊙

3. *E. Ervilia L. Erve.* Blätter 11—15paarig, in eine einfache Spitze ausgehend: Blättchen lineal. Blumenstiele zweiblumig. Blumen bläulich-weiss. Hülsen lang, fast rosenkranzartig höckerig. Wird hie und da angepflanzt, findet sich aber auch vereinzelt in Aeckern bei Genf und in der Waadt. ⊙

4. *E. Lens L. Linse.* Blüthenstiele 1—2blumig. Blätter sechspaarig gefiedert, in eine Ranke ausgehend. Hülsen fast rautenförmig, zweisamig. Wild und angebaut, besonders in den Cantonen Waadt, Genf und Wallis. 1 Fuss. ⊙

Lathyrus.

Kelch fünfspaltig oder fünfzähnig. Griffel lineal oder vorderhalb verflacht, unter der Narbe abwärts behaart. Hülse einfächerig, zweiklappig, 2—∞samig. Kräuter mit 1—2paarig gefiederten Blättern, die in Ranken ausgehen. Nur bei einer Art fehlen die Ranken: bei einer andern dagegen die Blätter, die durch die Afterblätter ersetzt werden.

† Ohne Ranken und Blätter.

1. *L. Nissolia L.* Blattstiel blattartig, lineal-lanzett, ohne Ranken und Blätter. Blumen roth, einzeln oder selten zu 2 auf einem Stiele. 1 Fuss und darüber. Selten, bei Basel, Aelen, Crans, Lostorf im C. Solothurn (Zschokke) und im Neuenburgischen. Sommer. In Aeckern. ⊙

†† Ohne Blätter, aber mit Ranken.

2. *L. Aphaca L.* Blumen einzeln, gelb. Blattstiel fadenförmig in eine Ranke ausgehend, ohne Blätter. Afterblättchen blattartig, eirund, nach hinten pfeilförmig ausgehend. 2 Fuss und darüber. In Aeckern; in der westlichen und nördlichen Schweiz mehr als in der östlichen. Sommer. ⊙

††† Mit Blättern und Ranken.

* Blumenstiele 1—2blumig.

3. *L. sphaericus Retz.* Blumen einzeln, roth. Blatt einpaarig: Blättchen lineal-lanzett. Hülse lineal, acht- bis zehnsamig. Samen kahl, kugelig. Sehr selten, bisher nur bei Branson in Wallis und im Canton Genf, gefunden. 1 Fuss und darüber. In Aeckern. ⊙

4. *L. Cicera L.* Blumenstiele einblumig, oberhalb articulirt und mit zwei kleinen Spitzen. Blatt einpaarig. Oberer Rand der reifen Hülsen schwach rinnig, gerade. ⊙ 1—2 Fuss. Im Getreide bei Genf und im Waadtlande hie und da. Sommer.

5. *L. sativus L.* Wie vorige Art, nur sind die Hülsen an der obern Naht krumm und stark ausgehöhlt und daher zweiflügelig. Auch sind hier die Blumen grösser als bei jener. 2 Fuss. ⊙ Wird angebaut. Findet sich bei Bern, Genf, im Wallis und Waadt.

6. *L. hirsutus L.* Blumenstiele zweiblumig. Blattstiele zweiblätterig: Blättchen lanzett. Hülsen behaart, die Haare von kleinen Körnchen ausgehend. Die Blumen schön blau. 2—3 Fuss. ⊙ Im Getreide bei Basel, Neuenburg, Genf, Nyon, Rolle, Belmont, Aarau, Solothurn und am Rheine.

** Blumenstiele vielblumig.

7. *L. tuberosus L.* Blumen schön rosenroth, zu 4—6 auf einem Stiele. Blätter einpaarig: Blättchen oval, bespitzt. Wurzel knollig. 3 Fuss. ♃ In Aeckern der Ebene durch die ganze Schweiz, aber nirgends häufig. Die Knollen der Wurzeln schmecken abgesotten und mit Butter gegessen sehr gut.

8. *L. pratensis L.* Blumen gelb. Blätter einpaarig. Blättchen lanzett. Afterblättchen nach hinten pfeilförmig auslaufend, fast so gross als die rechten Blättchen. 2'. ♃ An Hecken und in Wiesen von der Ebene bis in die subalp. Höhen durch die ganze Schweiz. Juni bis August. Hieher ist zu ziehen *L. Lusseri Heer.*

9. *L. sylvestris L.* Stengel liegend oder rankend, geflügelt. Blumen roth ansehnlich. Blätter einpaarig, Blattstiele geflügelt. 2—4 Fuss. ♃ In Hecken und Gebüsch der Ebene, fast durch die ganze Schweiz. Juli.

Diesem ähnlich, jedoch mit grössern rosenrothen Blumen, kommt in den Gärten und hie und da verwildert der *L. latifolius L.* vor.

10. *L. heterophyllus L.* Blumen rosenroth, zu 5—8 auf einem Stiele. Obere Blätter 2—3paarig. Stengel und Blattstiel breit geflügelt. 2—4 Fuss. Im Gebüsch an mehreren Stellen; im Canton Zürich, bei Basel, in der Waadt und am Fuss des Mery im benachbarten Savoyen, in der montanen Region. ♃ Sommer.

11. *L. palustris L.* Blumen blau, zu 3—6 auf einem Stiele. Blätter 2—3paarig. Stengel ungeflügelt. 2—3 Fuss. Blattstiele geflügelt. ♃ Auf sumpfigen Wiesen bei Rapperschwyl, Stäfa, an mehreren Orten der Waadt und bei Genf. Juli.

Orobus.

Kelch fünfspaltig oder fünfzähnig. Griffel lineal oder vorderhalb etwas breiter, die obere Seite flach und auf derselben unter der Narbe behaart. Hülse einfächerig, zweiklappig, vielsamig. Perennirende Kräuter mit gefiederten Blättern, die statt des endständigen unpaaren Blättchens eine grannenartige Spitze haben.

1. *O. vernus L.* Blätter 2—3paarig gefiedert: Blättchen eirund, zugespitzt, gewimpert. Blumen roth, mit dem Alter blau werdend, meist zu 4 auf einem Stiele. 1—1½ Fuss. Blüht im Frühling in Gebüschen und Wäldern durch die ganze Schweiz bis zur Grenze der Buche. Ist ein gutes Phasanenfutter.

2. *O. tuberosus L.* Blätter 2—3paarig gefiedert: Blättchen elliptisch oder länglich lanzett, graugrün. Blumen anfänglich roth, nachher blau, zu 2—3 auf einem Stiele. Wurzel mit knolligen Anschwellungen. 1 Fuss. In Wäldern durch die ganze Schweiz bis in die subalpine Region der Maiensässe ohne Unterschied des Gebirgs.

Von dieser Pflanze trifft man eine Varietät mit linealen, langen Blättern im Canton Tessin an, die man für eine eigene Art ansehen würde, wenn man nicht wüsste, dass sie aus Samen der gewöhnlichen Form entsteht. *O. tenuifolius Roth. O. gracilis Gaud.*

3. *O. niger L.* Blätter meist 6paarig gefiedert: Blätt-

chen länglich-eirund. Stengel eckig, ästig. Blumen roth, zu 4—6 auf einem Stiele. Wird durch Trocknen schwarz. 2—3 Fuss. In Gebüschen und Wäldern der Ebene und montanen Region längs dem Fuss der Alpen und des Jura, jedoch nirgends häufig. Juni. Die Wurzel ist süss und das Kraut gibt eine blaue Farbe.

4. *O. luteus L.* Blätter meist vierpaarig gefiedert: Blättchen gross, elliptisch, unten graugrün. Stengel eckig. Blumen gelb, 7—8 auf einem Stiele. 1½ Fuss. Zerstreut in der montanen und alpinen Region der ganzen Alpenkette und des westlichen Jura. Sommer.

II. Klasse.

Rosiflorae.

Blüthen regelmässig. Krone und Staubgefässe auf dem bald freien, bald verwachsenen Kelche. Staubgefässe ∞, selten von geringer und bestimmter Anzahl. Frucht aus 1 oder mehr freien oder verwachsenen, vom Kelch überzogenen oder nackten Karpellen bestehend. Samen ohne Eiweiss (Albumen) mit geradem Keim. Kräuter, Sträucher und Bäume fast immer mit Afterblättchen (stipulae) an der Basis spiralig gestellter (zerstreuter) Blätter.

II. Familie.

Steinobst (Amygdaleae).

Kelch einblätterig, fünfspaltig, Krone und Staubgefässe tragend, frei. Krone fünfblätterig. Staubgefässe 12—20, selten darüber. Stempel aus einem freien (nicht mit dem Kelche verwachsenen), einsamigen Ovarium, einem Griffel und knopfförmigen Narbe bestehend. Frucht eine Steinfrucht, d. i. ein Samen, der mit einer beinharten, einfächerigen, nicht aufspringenden, von fleischiger Substanz überzogener Hülle umgeben ist. Samen ohne Albumen mit gerad abstehenden Würzelchen und fleischigen Samenlappen.

Bäume und Sträucher von hartem Holze und essbaren Früchten. Die Kerne enthalten mehr oder weniger Blausäure; beim *Kirschlorbeer* (Prunus Lauro-Cerasus L.), der als immergrüner Zierstrauch in Gärten gehalten wird, auch die Blätter. Die meisten werden um ihrer Früchte willen angepflanzt und liefern eine grosse Menge von Spielarten, die im Laufe der Jahrhunderte durch die Cultur entstanden sind. Sie sind so zahlreich und mannigfaltig, dass man über die Stammraçe und ihre Heimath noch im Ungewissen ist. Der *Mandelbaum* (Amygdalus communis L.), dessen Kerne als Speise und Arzneimittel so nützlich sind, gehört dem Süden an, wird jenseits der Alpen und bei Genf in einiger Menge cultivirt und findet sich im übrigen einzeln hie und da in Gärten. Der *Pfirsichbaum* (Persica vulgaris Mill.) scheint aus dem Orient zu stammen; er wird besonders in der italienischen Schweiz in grosser Menge gezogen. Der *Aprikosenbaum* (Prunus Armeniaca L.) dürfte von einer verwandten Art, die in den Alpenthälern des südlichen Frankreichs wild vorkommt, abzuleiten sein; auch er wird vielfach um seiner wohlschmeckenden Früchte willen angepflanzt. Die Pflanzen dieser Familie kommen fast alle bloss in der gemässigten Zone der nördlichen Halbkugel vor.

Prunus.

Steinfrucht saftig, nicht aufspringend. Stein glatt oder (bei einer Art) runzelig, ohne Löchlein, wie bei Amygdalus. Blüthen weiss.

† Blumen einzeln oder zu zwei.

Schlehenartige Pflanzen, deren Blätter im jungen Zustande eingerollt sind.

1. *P. spinosa L. Schlehe.* Blumenknospen einblumig. Blumen schneeweiss auf kahlen Stielen. Früchte kugelig, herb, aufrecht gestellt. Häufig durch die ganze Schweiz. Die Früchte, obwohl sehr herb, können im Spätherbst gegessen werden; besser sind sie, wenn man sie einmacht. Die Blumen (flores Acaciae germanicae) sind officinell.

2. *P. insititia L. Kriechen. Haferschlehen.* Blumenknospen meist zweiblumig. Blumen schneeweiss auf behaarten *) Stielen. Früchte kugelig, süss, hängend. Kommt einzeln bei Chur und im Waadtlande (bei Château d'Oex, Moncherand etc.) vor. Von dieser leitet man die säuerlich-süssen rothen, die ganz süssen und blauen Kriechen, die grüngelben und runden Mirabellen, die grössern Reine-Clauden, so wie auch die länglichen süssen *Pflaumen* von jeder Farbe und Grösse ab. Alle diese Bäume reifen ihre Früchte um wenigstens einen Monat früher als die folgende Art.

3. *P. domestica L. Zwetschen.* Blumenknospen meist zweiblumig. Blumen etwas schmutzig weiss (was an einem ganzen blühenden Baume besser als an einzelnen Blumen zu beobachten ist), auf behaarten Stielen. Früchte länglich, säuerlich-süss. Blüht mit den vorigen, reift

---

*) So steht's in den Büchern. Allein eine genaue Vergleichung der bei uns cultivirten Kriechen- und Pflaumenarten hat mich überzeugt, dass Blumenstiele sowohl als Griffel bald kahl und bald behaart sind, und zwar ohne dass sich dieser Unterschied nach der Grösse und Form der Frucht richtet.

aber die Früchte erst im September. Woher diese Art stammt, ist ungewiss; denn noch nirgends hat man wilde Zwetschen gefunden. Das Wahrscheinlichste ist, sie für eine weitere Ausbildung der Pflaumen zu halten, welche wieder als durch Cultureinfluss modificirte Schlehen anzusprechen sind. Die Zwetschen sind eine besonders gesuchte, frisch und gedörrt gebrauchte Frucht, die in der Schweiz so recht zu Hause ist.

Zweifelhaften Ursprungs ist auch die hie und da cultivirte *Kirschpflaume* (P. cerasifera Ehrh.), deren Früchte die Farbe, in etwas den Geschmack und die langen Stiele der Kirschen, allein die Grösse und den Blüthenstand der Reine-Clauden haben.

†† Blumen mehr als zwei in einer Knospe.

Kirschen. Die Blätter sind im jungen Zustande gefaltet.

4. *P. avium L. Süsse Kirschen.* Blumen gedoldet. Blattstiele mit zwei Drüsen. Früchte klein, süss, roth oder schwarz. Ein Baum, der in Deutschland und der Schweiz in Bergwäldern häufig vorkommt. Bei uns ist er überall, besonders in der mittlern und westlichen Schweiz zu finden. Aus den Früchten brennt man das Kirschenwasser; auch dörrt man sie häufig und macht sie ein. Die Pomologen unterscheiden die süssen Kirschen in weiche (*Cerasus juliana DC.*) und harte (*C. duracina DC.*), zu welch letztern die *Herzkirschen* gehören.

5. *P. cerasus L. Saure Kirschen. Weichseln.* Blumen gedoldet. Blattstiele ohne Drüsen. Früchte sauer oder herb, roth oder fast schwarz. Nach Hegetschweiler treibt das Bäumchen Ausläufer. Kommt ebenfalls in Gebüsch und Wäldern vor und findet sich bei Nyon, Genf, Lausanne, Port Vallais, Chur. 4—10 Fuss. Bei dieser Art unterscheidet man wieder zweierlei Varietäten:

a. Die langgestielten, dunkelrothen, herb säuerlich schmeckenden *Weichseln*, die man in der Schweiz auch *Emmern* oder *Emeri* heisst. (P. C. austera.)

b. Die kurzgestielten, hellrothen, angenehm sauer schmeckenden *Glaskirschen.* In Graubünden heisst man diese Kirschenart Emeri (P. C. acida).

6. *P. Mahaleb L.* Blumen eine doldige Traube bildend. Blätter rundlich eirund, stumpf gesägt. Ein 3—6

Fuss hoher Strauch, der sich gern auf steinigen Stellen am untern Theil der Berge aufhält. Häufig bei Genf, in der Waadt, Tessin und Wallis, am Fusse des Jura bei Orbe, Biel, Ballstall, Basel. Das Holz wird unter dem Namen „*türkische Weichsel*" zu Pfeifenröhren gebraucht; es ist wohlriechend und heisst auch an einigen Orten *Luzienholz*.

7. *P. Padus L.* Blumen eine hängende Traube bildend. Blattstiele mit zwei Drüsen. Früchte klein, herb, schwarz mit runzligen Steinen. 10—20 Fuss. Steigt von der ebenen Schweiz bis in die subalpinen Thäler der Alpen, wo man nicht selten grosse Bäume davon antrifft. Am häufigsten findet er sich in Graubünden und in Ober-Wallis, sodann auch in den Kantonen Waadt, Bern, Solothurn, Basel etc. Man heisst den Baum *Stinkbaum*, weil das Holz übel riecht. In Graubünden heissen die Früchte allgemein *Lausas* oder *Losi*. Die Rinde ist officinell.

Verwildert kommt auch im Tessin und untern Misox der in Gärten angepflanzte *Kirschlorbeer* (P. Lauro-Cerasus L.) vor. Von ihm sind die Blätter officinell.

III. Familie.

Rosaceen (Rosaceae).

Kelch einblätterig, fünfspaltig, frei, mit kurzer oder fast flacher, bei den Rosen aber langer Röhre. Krone fast immer fünfblätterig, auf dem Rande der Kelchröhre eingesetzt, abwechselnd mit den Kelchlappen. Staubgefässe ∞ (nur bei den Sanguisorbeen 4) ebenfalls auf dem Rande der Kelchröhre. Stempel ebenfalls fast bei allen ∞, kopfförmig zusammengestellt oder im Grunde einer Kelchröhre; ihre Griffel und Narben sind nur bei einigen Rosen verwachsen. Frucht aus mehrern einsamigen, nicht aufspringenden, trockenen oder fleischigen Karpellen bestehend; bei den

Spiräen sind dieselben aufspringend und mehrsamig. Samen im Karpell aufrecht gestellt oder hängend, ohne Eiweiss.

Eine trotz der Ausscheidung des Stein- und Kernobstes sehr vielgestaltige Familie, die theils aus Sträuchern, theils aus Kräutern besteht, bald schöne und grosse, bald mittlere und kleine unansehnliche Blumen zeigt, bald essbare Kelche (*Rosen*), bald essbare Fruchtböden (*Erdbeeren*), bald fleischige zu einer zusammengesetzten Beere verbundene Karpelle (*Himbeeren* und *Brombeeren*) liefert. Die Blätter sind gefiedert, gefingert oder einfach und an der Basis mit Afterblättchen versehen. Die Rosaceen sind hauptsächlich über die gemässigte Zone verbreitet.

Erste Zunft. Roseae.

Kelch mit bauchiger Röhre. Karpelle im Grunde der Kelchröhre.

Rosa.

Kelch fleischig, oben verengt, mit 5 meist ungleichen Zipfeln. Krone fünfblätterig. Sträucher mit gefiederten Blättern, schönen Blumen und stachligen Stengeln. Man hält die Rosen wegen ihrer herrlichen Blumen häufig in Gärten und Töpfen. Aus den Blumen der hundertblätterigen (*R. centifolia L.*) wird das Rosenöl destillirt. Die Früchte, *Hagebutten* oder *Hanebutten*, mehrerer Arten schmecken angenehm säuerlich und werden gegessen. Alle blühen im Mai und Juni.

1. *R. pimpinellifola DC.* Stacheln gerade, pfriemenförmig, zahlreich. Kelchlappen ganz. Blättchen fast rund oder eirund, 5—9 an einem Stiele. Früchte kugelig, fast schwarz. 3—5'. In der westlichen Schweiz längs

dem Fuss der Alpen und des Jura, so bei Genf, St. Cergues, Neuenburg, an der Sissacherfluh, auf dem Chasseral, bei Finhaut in Wallis und bei Roche.

2. *R. alpina L.* Die alten Stämme ohne Stacheln. Kelchlappen ganz länger als die Krone, bei der reifen Frucht zusammenneigend. Früchte hängend. 4—7'. In der alpinen, subalpinen und montanen Region, in Wäldern und Gebüsch, durch die ganze Alpenkette, auch im Jura und auf dem Jorat.

3. *R. cinnamomea L.* Stacheln an den jüngern Aesten dicht, ziemlich gerade und dünne. Früchte kugelig, kahl, mit zusammenneigenden Zipfeln. 3—6'. Auf Hügeln in der Waadt, Unter-Wallis, am Rhein bei Rheinfelden, bei Stäfa und Grüningen; auch im benachbarten Savojen bei Bonneville.

4. *R. rubrifolia Vill.* Blätter graugrün. Kelchröhre kahl. Kelchzipfel fast immer ganz über die Krone hinausgehend. Die jungen Blätter, Afterblättchen und Bracteen röthlich. 4—8'. Sehr häufig in der montanen Region durch die ganze Alpenkette.

5. *R. glandulosa Bellard.* Blätter graugrün, Blättchen eirund, im jungen Zustande sammt den Afterblättchen und Bracteen röthlich. Kelchzipfel ganz. Blumenstiel und Kelchröhre weichstachlig. Auf den Voirons, Salève, im Simmenthal und Unter-Wallis, ebenfalls in der montanen Region. 4—6'.

6. *R. canina L.* Stacheln dick; krumm, an der Basis zusammengedrückt. Kelchzipfel fiederig getheilt. Früchte elliptisch oder rundlich, ziemlich hart. Blättchen länglich-elliptisch, kahl und behaart. Früchte und Fruchtstiele kahl oder weichstachlig. 3—8'. Ueberall durch die ganze Schweiz. Hieher gehört nach Koch die in Gärten cultivirte *R. alba L.* mit weissen Blumen.

7. *R. systyla Bast.* Ganz wie die vorige, nur sind die Griffel unter einander verwachsen und mehr oder weniger hervorstehend. Bei Annamasse unweit Genf häufig, auch bei Nyon und Lausanne (Muret). Kaum von voriger verschieden.

8. *R. rubiginosa L.* Stacheln dick, krumm, an der Basis zusammengedrückt. Blättchen eirund, am Rücken röthlich angelaufen, von kleinen Drüsen wohlriechend.

Früchte rundlich, kahl oder weichstachlig. Die Blumen sind um die Hälfte kleiner als bei R. canina. 3—5'. Gleichfalls überall.

9. *R. villosa L.* Stacheln stark, gerade, unten zusammengedrückt. Frucht rundlich, weichstachlig oder kahl. Blätter eirund oder elliptisch eirund. 4—7'. In der montanen Region, ziemlich selten. In Graubünden bei Augio im Calankerthal, au Reposoir bei Bonneville, bei Châtel-sur-Mont Salvens im Canton Freiburg *), im C. Basel (nach Dr. Hagenbach), in Wallis und Waadt.

10. *R. tomentosa Sm.* Alles wie bei voriger, nur sind die Früchte eirund, die Blättchen elliptisch-eirund (nie eirund) und dichter beisammenstehend. 4—7'. Ueberall häufig, durch die ganze Schweiz. Die ganze Pflanze sieht grauer aus als vorige.

11. *R. arvensis Huds.* Stacheln stark, krumm, unten zusammengedrückt. Blättchen rundlich-elliptisch. Griffel zu einer Säule verwachsen, die so lang wird als die Staubfäden. Früchte fast kugelig, dunkelroth. 3—5'. Häufig in der westlichen (Genf etc.), östlichen (Chur etc.), ital. (Mendris etc.) und nördlichen (bei Solothurn auf dem Jura, bei Basel) Schweiz, in der Ebene und mont. Region.

12. *R. gallica L.* Stacheln dünn, dicht, gerade, mit Drüsen-Borsten vermischt. Blättchen gross, fast rund. Kelchlappen gefiedert. Früchte fast rund. Blumen dunkelroth. In den Cantonen Wallis, Waadt und Genf, in der Ebene, nicht selten. 1—2'.

Ausser diesen trifft man in Gärten die gelbe oder rothgelbe *Kapuzinerrose* (R. Eglanteria L.), die *Monatrose* (R. sempervirens L.) und die *hunderlblätterige* (R. centifolia) und andere an.

Zweite Zunft. Dryadeae.

Die trockenen oder fleischigen Karpelle sind auf einem gemeinschaftlichen, vom Kelche nicht eingeschlossenen Fruchtboden. (Nur bei Agrimo-

---

*) *R. spinulifolia Dematra*, die hier gefunden wird, ist nach meinem Dafürhalten eine grössere, mehrblumige Varietät der R. villosa mit kahlen Früchten.

nia sind 1—2 Karpelle im Kelche eingeschlossen.) Kräuter oder Sträucher.

Dryas.

Kelch achtspaltig, flach. Krone achtblätterig. Karpelle mit dem bleibenden haarigen Griffel versehen. Ein aufliegendes, rasenbildendes, holziges Alpenpflänzchen.

D. octopetala L. Blätter länglich, gekerbt, unten weiss-filzig, oben grün. Die Blumen sind weiss. Wächst auf dürren Weiden von 5—8000' Höhe, steigt bisweilen bis fast in die Ebene und findet sich durch die ganze Alpenkette und den höhern Theil des Jura. Mai bis August.

Geum.

Kelch zehnspaltig. Die Lappen der äussern Reihe kleiner. Krone fünfblätterig. Karpelle in den bleibenden haarigen Griffel ausgehend. Fruchtboden trocken cylindrisch. Perennirende Kräuter mit ungleich gefiederten Blättern.

† Stengel mehrblumig. Griffel hakig articulirt.

1. *G. urbanum L. Nelkenwurz.* Karpelle behaart. Granne zweifach articulirt, kahl. Blumen aufrecht, gelb, mit Blumenblättern, die einander nicht berühren. Die Wurzel riecht nach Nelken und ist unter dem Namen *Radix Caryophyllatae* in den Apotheken. Findet sich durch die ganze ebene Schweiz in Hecken und Gebüsch. 1½—2'.

2. *G. intermedium Ehrh.* Wie vorige. Nur sind die Blumen viel grösser, und zwar so, dass sich die Blumenblätter nicht nur berühren, sondern noch über einander legen. Wurde erst vor kurzer Zeit von Hrn. Appellationsrichter Muret bei Suabelin unweit Lausanne entdeckt. 1½—2'.

3. *G. rivale L.* Blumen überhängend, schmutzig roth, nicht ausgebreitet: Blumenblätter lang genagelt, so lang als die Kelchlappe. 1—1½'. An allen Bächen der Ebene und Berge durch die ganze Schweiz bis in die subalpine und alpine Region. Zuweilen findet man hievon eine merkwürdige Monstrosität, die die Reproduktionsorgane ganz unkenntlich macht.

4. *G. inclinatum Schleich.* Behaart. Stengel mehrblumig. Blumen übergebogen, schwebend, goldgelb, Blumenblätter abstehend (nicht glockenförmig zusammenneigend), länger als der Kelch. 1' und darüber. Sehr selten auf alpinen Weiden. Schleicher hat sie in den Waadtländer-Alpen gefunden und der Verfasser in der Fürstenalp bei Chur, wo er sie aber seither vergeblich wieder suchte. Hat die Blätter des G. rivale und ist wahrscheinlich ein Bastard von diesem und dem G. montanum.

†† Stengel einblumig, Griffel ungegliedert. Blumen gelb.

5. *G. montanum L.* Stengel einblumig, ohne Ausläufer. Blätter leierförmig: Blättchen ungleich gekerbt. 4—6''. Auf alpinen Weiden durch die ganze Alpenkette und nach Chaillet über den Creux-du-Van im Jura.

6. *G. reptans L.* Mehrere einblumige Stengel kommen aus einem Wurzelstock, der zugleich auch Ausläufer treibt. Blättchen der Fiederblätter eingeschnitten gesägt. Blumen gross, gelb. 6—9''. Auf den höchsten Alpengräthen an Felsen und in Steingerölle ohne Unterschied des Gesteins. Findet sich im Jura nicht.

Rubus.

Kelch fünfspaltig. Krone fünfblätterig. Griffel ∞ auf einem halbkugeligen oder kegelförmigen Fruchtboden. Frucht eine zusammengesetzte Beere, die aus vielen steinfruchtartigen (also ausserhalb fleischigen), mit einander verwachsenen Karpellen besteht. Sträucher meist mit stachligen Stengeln und drei- oder fünfzählig gefingerten Blättern und weissen Blüthen; sie sind an kein Gebirgssystem oder Gestein besonders gebunden.

1. *R. idaeus L. Himbeere.* Stengel aufrecht mit feinen Stächelchen besetzt. Blätter gefiedert, obere dreizählig. Frucht roth, feinhaarig, angenehm säuerlich. 3—5'. Sehr häufig in Gebüsch und abgegangenen Wäldern, von der Ebene bis in die subalpine Region, durch die ganze Schweiz. Die Himbeeren werden theils frisch, theils eingemacht gegessen, auch zu Syrup zubereitet und in den Apotheken gehalten.

2. *R. fruticosus L. Brombeere.* Stengel ansteigend gebogen oder aufliegend, 4—5' und darüber, hartstachelig.

Blätter drei- oder fünfzählig. Beeren schwarz, glänzend, süss. In Hecken, abgegangenen Wäldern etc. sehr häufig durch die ganze Schweiz. Juli und August. Die Beeren werden gegessen und geben einen guten Syrup. Dieser Strauch ändert gar sehr, je nachdem er auf magerm oder fettem oder wässerigem Boden, an der Sonne oder im Schatten wächst. Der verstorbene Reg. Hegetschweiler zählte 14 verschiedene Arten davon auf.

3. *R. caesius L.* Stengel ansteigend gebogen oder liegend, 2—3' lang, weichstachelig (so, dass man sich daran nicht verwundet). Blätter drei- oder fünfzählig. Beeren schwarz, aber mit einem blauen Reif überzogen, säuerlich. Findet sich an Waldrändern, Bächen und in Hecken der ebenen Schweiz. Auch von diesem Strauch werden die Beeren gegessen. Juli und August.

4. *R. saxatilis L.* Stengel krautartig, aufrecht, einfach, die unfruchtbaren liegend, ausläuferartig. Blätter dreizählig. Doldentraube 3—6blumig. Beeren aus 3—4 Steinfrüchtchen bestehend. 1'. Auf steinigen Stellen der montanen und subalpinen Region, sowohl in den Alpen als im Jura. Juni und Juli.

Fragaria.

Kelch zehnspaltig. Krone fünfblätterig. Fruchtboden zur Fruchtreife fleischig, meist abfällig. In ihm sind die kleinen Karpelle eingesenkt. Griffel seitlich, abfällig. Perennirende, Ausläufer treibende, haarige Kräuter mit dreizähligen Blättern, weissen Blumen und rothen essbaren Früchten.

1. *F. vesca L. Erdbeere.* Kelch von der Frucht zurückgeschlagen. Blumenblätter einander nicht berührend. Stengel 2—4". In Gebüsch, abgehauenen Wäldern und dergleichen Stellen durch die ganze Schweiz bis in die subalpine Region. Die Erdbeeren sind eine gesunde, wohlschmeckende Frucht. Auf den Bergen erhalten sie mehr Aroma und daher sind sie von solchen Standorten gesuchter. Aus dem Solothurner Jura geht Sommers täglich ein kleiner Wagen mit Erdbeeren nach Bern.

2. *F. elatior Ehrh.* Kelch von der Frucht abstehend oder zurückgeschlagen. Blumenblätter einander berührend oder übergreifend (dreimal grösser als bei voriger). Stengel

3—6". An sonnigen Stellen in Gebüsch, an Wegen, durch die ganze Schweiz. Ich habe sie bei Genf, Rothenbrunnen, Solothurn, Hr. Kölliker zwischen Weihach und Rheinfelden, Hegetschweiler am Irchel, Rapin bei Allaman, Charpentier bei St. Moritz, Rovéreaz etc. bemerkt.

3. *F. collina Ehrh.* Kelch die Frucht umfassend (nicht zurückgeschlagen). Grösse der vorigen. Blumenstiele mit abstehenden Haaren bedeckt. Seltener als die beiden andern. Ich habe sie zwischen Pieterlen und Bözingen im C. Bern bemerkt. Gaudin und H. Reuter geben sie in der Gegend von Genf, Bex und Longirod an, jedoch mögen sie auch zum Theil die F. elatior für diese genommen, von der sie im blühenden Zustande kaum zu unterscheiden ist. Nach Dr. Hagenbachs Suppl. zur Basler-Flora ist sie auch in der Umgegend von Basel gefunden worden. Siehe (l. c.) die Beschreibung und Abbildung von *F. Hagenbachiana Lang*, die ich hieher ziehe. Die Früchte sind lange nicht so schmackhaft als bei der gemeinen Art.

Comarum.

Kelch zehnspaltig. Krone fünfblätterig. Fruchtboden zur Fruchtreife fleischig (wie bei den Erdbeeren) und schwammig. Ein Sumpfkraut mit gefiederten graugrünen Blättern und braunen Blumen.

C. palustre L. 1'. ♃ Auf Torfgründen der Ebene und Berge bis in die alpine Reg. Bei Bern, Herzogenbuchsee, Genf, am Katzensee; im Jura bei Le Sentier und Le Brassus, St. Croix etc.; im Oberengadin an verschiedenen Stellen. Juni und Juli. Das Kraut dient zum Gerben und Rothfärben auf Wolle.

Potentilla.

Alles wie bei Fragaria und Commarum, mit Ausnahme des Fruchtbodens, der nicht fleischig ist. Kräuter mit 3—5—7zählig gefingerten oder gefiederten Blättern und gelben oder weissen Blumen.

† Blumen weiss.

* Blätter dreizählig.

1. *P. Fragariastrum Ehrh.* Blätter dreizählig, behaart. Stengel 2—3blumig mit einem dreizähligen Blatte

besetzt. 3″. An Wegen, Zäunen und in Gebüsch, in der westlichen und mittleren Schweiz häufig (Genf, Nyon, Branson, Bern, Solothurn), in der östlichen selten (bei Malans und Panix in Graubünden). Steigt im Jura bis auf die höhern Spitzen (subalp. Region), so z. B. auf der Hasenmatt bei Solothurn. Gleicht ganz dem Erdbeerkraut. ♃

2. *P. micrantha Ram.* Wie vorige, aber kleiner, mit einem einfachen Blättchen am Stengel. Die Blumenblätter lassen ein dunkelrothes Centrum durchblicken. An ähnlichen Stellen wie vorige, aber weit seltener (bei Nyon, Suabelin, Romainmôtier in der Waadt, bei Chancy im Cant. Genf). Scheint auch im C. Tessin vorzukommen. Dürfte kaum von voriger wesentlich verschieden sein. Frühling. ♃

** Blätter fünfzählig gefingert. Fruchtboden zottig.

3. *P. alba L.* Stengel dünn, ansteigend, meist dreiblumig. Blätter fünfzählig: Blättchen unterhalb und am Rande seidenhaarig, vorderhalb gesägt. 3—5″. In lichtem Gebüsch, selten, bei Nyon, Penex (Genf), Locarno und im Domleschg (Graubünden). Findet sich in der Ebene und blüht im Mai. ♃

4. *P. caulescens L.* Stengel ansteigend, vielblumig. 6—12″. Blätter fünfzählig gefingert, behaart: Blättchen länglich-keilförmig, gegen die Spitze gesägt. An Kalkfelsen in der montanen Region nicht selten. In Graubünden, Appenzell, am Wallensee, auf dem Pilatus, auf dem Creux-du-Van, bei Genf, in der Waadt. ♃

Die *P. petiolulata Gaud*, die am Salève bei Genf häufig ist, unterscheidet sich bloss durch etwas gestielte Blättchen, was ich auch an Bündner-Exemplaren bemerkte, jedoch in geringerem Maasse.

*** Blätter gefiedert.

5. *P. rupestris L.* Stengel aufrecht, ½—1½′. Untere Blätter gefiedert, obere dreizählig: Blättchen eirund-rundlich, eingeschnitten-gesägt. In lichten Wäldern und an Halden. Steigt aus der Ebene bis in die subalpinen Regionen hinauf. Bei Genf an verschiedenen Stellen, im Tessin, Graubünden (hier sehr selten) im Nicolai-Thal und im benachbarten Elsass. ♃

† Blumen gelb.

* Blätter gefiedert.

6. *P. supina L.* Stengel gabelästig. Blätter gefiedert: Blättchen eingeschnitten-gesägt. Blumen einzeln stehend. Fruchtstiele umgebogen. 6—9″. ⊙ Sommer. Für die Schweiz noch sehr selten. Um Basel an verschiedenen Stellen. Auch an den Festungswerken von Genf wurde einmal ein Exemplar gefunden.

7. *P. Anserina L.* Stengel kriechend. Blätter unterbrochen vielpaarig gefiedert, am Rücken seidenhaarig, silberweiss. Blumenstiele einzeln, mit einer gelben Blume. Afterblättchen vielfach eingeschnitten. 6′. Der Stengel kriecht manchmal auf eine grosse Strecke. An allen Wegen durch die ganze ebene und mont. Schweiz. ♃

8. *P. multifida L.* Stengel ansteigend. 3″. Blätter wenigpaarig gefiedert: Blättchen tief fiederig-eingeschnitten: Lappen lineal, unterhalb filzig. Auf der südlichen Kette von Wallis in einigen der höchsten Alpenthäler. Sonst nirgends.

** Blätter gefingert.

9. *P. recta L.* Stengel aufrecht, 1—2′. Blätter zu 5 oder 7 gefingert: Blättchen länglich, gegen die Basis keilförmig zugehend, grob eingeschnitten-gesägt. Karpelle erhöht, runzlig, mit einem häutigen Rande umgeben. In Gebüsch und steinigen Stellen jenseits der Alpen (bei Cleven und Roveredo), in Wallis (bei Branson, Martinach, Gombs). ♃

10. *P. inclinata Vill.* Stengel aufrecht oder unten aufliegend und ansteigend, weichhaarig und zugleich filzig. Blätter fünfzählig: Blättchen länglich-lanzett, nach unten verschmälert, eingeschnitten-gesägt, unterhalb schwach graufilzig. Karpelle runzlig ohne häutigen Rand. Kelch dicht graufilzig. ♃ Auf trockenen Hügeln im Tessin und Cleven (Hegetschweiler), bei Branson und im benachbarten Elsass.

11. *P. argentea L.* Stengel ansteigend, filzig. Blätter fünfzählig: Blättchen umgekehrt eiförmig, nach unten keilförmig zugehend, tief eingeschnitten-gesägt, unterhalb weiss, filzig, mit umgerolltem Rande. Karpelle runzlig, ohne häutigen Rand. An Halden, Wegen und

andern dergleichen Stellen zerstreut durch die ganze ebene und montane Schweiz. ♃ Juni und Juli.

12. *P. indermedia L.* Stengel ansteigend, gabelästig, 9—12″ hoch, mit weichen Haaren bedeckt. Wurzelblätter 5—7zählig, Stengelblätter 3—5zählig: Blättchen breit keilförmig, eingeschnitten-gesägt: auf jeder Seite 5—7 Zähne. Blumen klein (wie bei der P. verna). Auf steinigen, felsigen Stellen von Unter-Wallis und der Waadt an mehreren Orten. Hegetschweiler gibt sie auch im Tessin an. Gaudin's *P. parviflora* ziehen wir hieher.

13. *P. reptans L.* Stengel kriechend, von jedem Knoten oder Gelenke einblumige Blumenstiele ausschickend. Blätter fünfzählig gefingert: Blättchen tief gesägt. Karpelle körnig-rauh. Eine gemeine, an Wegen und auf feuchten Stellen in der ganzen Schweiz vorkommende Pflanze. Juni—August. ♃

14. *P. aurea L.* Viele Stengel aus einem Wurzelstock, die seitlichen ansteigend. Blätter fünfzählig: Blättchen breit keilförmig, am Rande silberhaarig, gesägt, vorn mit 3 genäherten gleich langen Sägezähnen. Blumen schön gelb mit einem safrangelben Flecken auf der Basis der Blumenblätter. ½—1′. Auf alpinen und subalp. Weiden, sowohl im Jura (Dôle, Chasseral etc.) als in den Alpen (bei Fideris, auf der Gemmi, Brezon etc.) und auf den höhern Molassenbergen (les Voirons). ♃

15. *P. grandiflora L.* Stengel aufrecht oder ansteigend meist fünfblumig, 1′ und darüber. Blumen gross, dunkelgelb. Blätter dreizählig: Blättchen umgekehrt-eirund, behaart. Durch die ganze Alpenkette auf alpinen Weiden, nicht häufig. ♃

16. *P. Salisburgensis Haenke.* Viele ansteigende, oben gerade Stengel aus einem Wurzelstock. Blätter fünfzählig: Blättchen umgekehrt-eirund oder schmäler und unten keilförmig zugehend. Blumenblätter dunkelgelb mit safrangelber Basis, einander berührend oder theilweise deckend. 3—4″. Auf steinigen Stellen alpiner Weiden, von wo sie zuweilen bis in die Ebene herabkommt (an der Lanquart unter der Schlossbrücke), nicht selten; findet sich auch auf dem Jura. ♃

17. *P. verna L.* Viele ansteigende, 3—4″ lange Stengel aus einem Wurzelstock. Blättchen umgekehrt-

eirund oder schmäler und unten keilförmig zugehend. Blumenblätter gelb, einander meist berührend. Auf dürren Stellen durch die ganze Schweiz bis in die subalpine Region, gemein. ♃

18. *P. ambigua Gaud.* Stengel ansteigend. Blätter fünfzählig: Blättchen umgekehrt-eirund, besonders unten grauhaarig, vorderhalb bis über die Mitte eingeschnitten: Zähne lineal, zu jeder Seite 3. ♃ Sommer. Bisher bloss über Zermatten gefunden.

19. *P. cinerea Chaix.* Stengel unten aufliegend, ansteigend, sammt den Blättern grau-filzig. Blätter fünfzählig: Blättchen umgekehrt-eirund, stumpf gesägt. Blumen dunkelgelb, grösser als bei der verwandten P. verna. An trockenen felsigen oder sandigen Stellen von Unter-Wallis. Bei Basel (Hagenbach). ♃

20. *P. nivea L.* Stengel aufrecht, wenigblumig. Wurzelblätter dreizählig: Blättchen eingeschnitten-gesägt, unterhalb weissfilzig. 2—4″. Auf den höchsten Walliser-Alpen der südlichen Kette, selten. ♃

21. *P. frigida Vill.* Ganz behaart, rasenbildend, 1″ hoch. Stengelchen meist einblumig. Blätter dreizählig: Blättchen umgekehrt-eirund. An Felsen der höchsten Granitspitzen (8—9000′ s. m.) in Wallis, Graubünden, Glarus. ♃

22. *P. minima Hall. f.* Stengel ansteigend, meist einblumig, 1—2½″ hoch. Blätter dreizählig: Blättchen umgekehrt-eirund, am Rande und auf dem Rücken behaart. Auf Weiden der höchsten Alpenthäler (5—8000′) in Wallis, Bern, Graubünden und Glarus. Wurde in neuester Zeit auch auf dem westl. Jura (montagne d'Allemogne) in geringer Menge gefunden. ♃ Sommer.

Tormentilla.

Wie Potentilla mit Ausnahme des Kelchs, der achtlappig, und der Krone, die vierblätterig ist. Kräuter mit 3—5zähligen Blättern und gelben Blumen.

1. *T. erecta L.* Blätter dreizählig, die des Stengels sitzend. Afterblättchen tief eingeschnitten. ½—1″. Auf trockenen und nassen Wiesen, in Wäldern etc. durch die

ganze Schweiz bis in die alpine Region. ♃ Die Wurzel gehört zu den besten adstringirenden Heilmitteln, und wird auch zum Gerben und Rothfärben gebraucht.

2. *T. reptans L.* Wurzelblätter fünfzählig, Stengelblätter dreizählig gestielt. Afterblättchen einfach oder 2—3theilig. 8''. ♃ Ist bisher nur bei Belp, zwei Stunden von Bern, gefunden worden.

Sibbaldia.

Kelch, Krone, Fruchtboden und Habitus wie bei Potentilla. Allein der Staubgefässe sind bloss 5 und Stempel ebenfalls bloss 5 oder 10.

S. procumbens L. Blätter dreizählig, unterhalb behaart. Ein rasenbildendes, 1'' hohes Alpenpflänzchen mit kleinen gelben Blümchen. Auf den höchsten Alpenweiden (6500—8000' s. m.) im Appenzell, Glarus, Wallis, Waadt, Graubünden, Bern, Savojen. Findet sich auch auf dem Réculet im Jura bei Genf. ♃ Sommer.

Agrimonia.

Kelch fünfspaltig, nach der Blüthe mit Hacken besetzt und mit nach oben zusammenneigenden Lappen. Krone fünfblätterig. Staubgefässe 15. Stempel 2. Karpell (durch Fehlschlagen) einzeln im verhärteten Kelche. Perennirende Kräuter mit gelben traubenständigen Blumen und gefiederten Blättern.

A. Eupatorium L. Odermennig. Kelch zur Fruchtreife umgekehrt-kegelförmig bis zu unterst gefurcht. 1—2'. An Wegen und auf trocknen Weiden, durch die ganze Schweiz häufig. ♃ Ist unter den Namen *Lappula hepatica* und *Eupatorium veterum* in den Apotheken und wurde ehemals mehr als jetzt gebraucht.

Dritte Zunft (Spiraeaceae).

Karpelle 5 und mehr, 2—4samig, nach innen aufspringend. Kräuter und Sträucher.

Spiraea.

Kelch fünfspaltig. Krone fünfblätterig. Karpelle 3—9, 2—4samig. Unsere Arten sind grosse Kräuter mit gefiederten Blättern und weissen Blüthen.

1. *S. Aruncus L. Geisbart.* Geschlechter auf verschiedene Individuen ertheilt. Blätter mehrfach dreizählig getheilt. Blüthen rispenartig gestellt. 4—6'. ♃ In Wäldern an feuchten schattigen Stellen, gewöhnlich in der montanen Region. Durch die ganze Schweiz zerstreut.

2. *S. Ulmaria L.* Blätter unterbrochen gefiedert: das oberste Blättchen 3—5lappig; gewöhnlich sind sie auf der Unterseite weissfilzig. Blüthen gerispet. Kapseln kahl, gewunden. 3—5'. ♃ Auf feuchten Wiesen häufig. Steigt bis 3500' in die Berge.

3. *S. Filipendula L.* Blätter unterbrochen gefiedert: Blättchen länglich, eingeschnitten-gesägt. Blüthen gerispet. Karpelle behaart. Auf Wiesen und Weiden, nicht überall. Bei Genf, Nyon, Neuenburg, Aelen, Münchenstein, Zürich, im obern Veltlin bei Worms. 1—2'. ♃ Juni.

Vierte Zunft (Sanguisorbeae).

Kelch 3—4—5spaltig: Kelchröhre oben verengt. Krone 0. Staubgefässe 4, selten weniger, bei Poterium ∞. Stempel 1—4. Frucht aus einem im verhärteten Kelche eingeschlossenen Nüsschen bestehend. Kräuter von verschiedenem Aussehen und kleinen, den übrigen Rosaceen sehr unähnlichen und unansehnlichen Blüthen.

Alchemilla.

Kelch glockenförmig, oben in 4 grössere und 4 kleinere Lappen sich spaltend. Staubgefässe 1—4, am Schlundring stehend. Griffel von der Seite des Ovariums ausgehend mit knopfförmiger Narbe. Kräuter mit einfachen oder gefingerten Blättern und grünlichen Blüthen. Humuspflanzen der Berge.

1. *A. vulgaris L.* Wurzelblätter nierenförmig bis zu 1/3 der Länge in 7—9 Lappen gespalten: Lappen bis

zur Theilungsstelle gesägt. $1/2$—1'. ♃ Durch die ganze Schweiz, von den Wiesen der Ebene an bis in eine Höhe von 6000'. Mai bis Juli. Kommt kahl und behaart vor.

2. *A. pubescens Bieb.* Grau behaart. Wurzelblätter nierenförmig, bis zur Hälfte oder einem Drittheil gelappt: Lappen vorderhalb abgestutzt und gesägt, an den Seiten ganzrandig. 3—4". ♃ Juni und Juli. Auf trocknen Halden der subalpinen Gegenden wahrscheinlich vielfach vorhanden, allein bisher in der Schweiz mit Bestimmtheit nur an einem Orte nachgewiesen. Ich fand diese Pflanze an der Halde, an welcher das Dorf Bernhardin, im Misoxerthal, anlehnt, in grosser Menge und führte sie in den Pflanzen Graubündens als eine Varietät der A. vulgaris, jedoch mit Zweifel, an.

3. *A. fissa Schummel.* Blätter nierenförmig, bis zur Mitte gespalten: Lappen vorderhalb eingeschnitten-gesägt, an den Seiten ganzrandig. Die Pflanze ist kahl, mit Ausnahme der Blattlappenränder und der Kelchspitzen, die schwach behaart sind. 3—4". ♃ Auf feuchten Alpenweiden (3—7000' s. m.). Im Nicolaithale, auf der Stockhornkette, beim Martinsloch in Graubünden etc.

4. *A. pentaphyllea L.* Blätter dreitheilig: Theile keilförmig, tief eingeschnitten, die beiden äussern tief zweispaltig. 2—3". ♃ Auf den höchsten Alpenweiden, besonders an Stellen, wo der Schnee länger liegen bleibt. Von den Savojerbergen an durch Waadt und Wallis über die Furka und den Gotthard nach den Graubündneralpen, auf dem Pilatus und Sentis.

5. *A. alpina L.* Blätter siebenzählig gefingert, unterhalb weiss-seidenhaarig: Blättchen lanzett-keilförmig, an der Spitze gesägt. 4—9". ♃ Auf allen Bergen der Alpen und des Jura, sehr häufig, wo sie bis in die montane Region heruntersteigt.

— 6. *A. cuneata Gaud.* Blätter dreitheilig: Theile keilförmig, tief eingeschnitten, die beiden seitlichen bis auf den Grund gespalten. Alle Lappen, so wie der Stengel mit langen Seidenhaaren besetzt. 2—4". ♃ Im benachbarten Aostathale von Thomas gefunden. Verhält sich zu A. pentaphyllea wie A. pubescens zu A. fissa.

7. *A. arvensis Scop.* Blätter dreispaltig, keilförmig: Lappen vorderhalb eingeschnitten, 3—5zähnig. Blüthen

achselständig, geknäuelt. ⊙ 3—4". Mai—Juli. In Aeckern der ebenen Schweiz häufig.

Sanguisorba.

Kelch von 3 Bracteen umgeben, mit vierkantiger Röhre und viertheiliger Platte (limbus). Krone 0. Staubgefässe 4, den Kelchlappen gegenüber. Stempel 1—2 mit fadenförmigen Griffeln und kugeligen, pinselförmigen Narben. Nüsschen 1—2 im verhärteten Kelche eingeschlossen. Perennirende Kräuter mit gefiederten Blättern und kopf- oder ährenförmigen Blüthen.

S. officinalis L. Aehren länglich-eirund, braun. Blättchen länglich-herzförmig. 1—3'. Auf feuchten Wiesen und Weiden sowohl in der Ebene als in der subalpinen und alpinen Region, wo sie nicht selten ganze Strecken bedeckt und so die Physiognomie der Alpenthäler bezeichnen hilft.

Poterium.

Kelch von 2—3 Bracteen umgeben mit etwas bauchiger Röhre und viertheiliger Platte. Krone 0. Staubgefässe 20—30. Stempel 2—3 mit fadenförmigen Griffeln und kugeligen, pinselförmigen Narben. Nüsschen 2—3 im verhärteten Kelche eingeschlossen. Kräuter vom Aussehen der Sanguisorben, von denen sie sich bloss durch die grössere Zahl der Staubgefässe, die aber bei den obern Blüthen der Köpfchen fehlen, auszeichnen.

P. Sanguisorba L. Krautartig (andere ausländische sind holzig). Stengel eckig. Kelche zur Fruchtreife beinhart, netzartig-runzlig, vierkantig. Kanten stumpf. ♃ 1—2'. Auf Weiden, an Wegen etc. durch die ganze Schweiz bis in die subalpine Region der Alpen und des Jura. Frühling und Vorsommer.

Mit den Rosaceen verwandt sind die *Calycantheen*, strauchartige dornenlose Pflanzen aus der gemässigten nördlichen Zone, deren Blätter entgegengesetzt sind. Wir haben in unsern Gärten den *Calycanthus floridus (Pompadour)* mit seinen braunen Blumen und wohlriechendem Holze; seltener ist der *Chimonanthus praecox*, dessen wohlriechende Blumen mitten im Winter im Freien sich entwickeln.

IV. Familie.

Kernobst (Pomaceae).

Kelch mit dem Ovarium verwachsen, fünfzähnig oder fünfspaltig. Krone fünfblätterig. Staubgefässe 15—20 und darüber. Griffel meist 5, selten 2 oder 1. Frucht eine 2—5fächerige Kapsel, die mit der fleischigen Kelchsubstanz überzogen und mit den Kelchlappen gekrönt ist. Samen ohne Eiweiss, mit geradem Keim. Bäume und Sträucher von hartem Holze und essbaren Früchten. Alle Theile sind unschädlich. Die meisten Arten dieser Familie wachsen in der gemässigten Zone der alten und neuen Welt, einige wenige sind auf den Alpen wild. Ihre Blätter sind einfach oder gefiedert mit Afterblättchen versehen, ihre Blüthen gewöhnlich zu Doldentrauben zusammengestellt.

Crataegus.

Kelch fünfspaltig. Krone fünfblätterig. Griffel 2—5. Ovarium 2—5fächerig: Fächer zweisamig. In der Frucht trennen sich die Fächer des Ovariums und bilden hornharte einsamige Nüsschen. Sträucher mit 3—5lappigen Blättern und in Dornen ausgehende Aeste.

1. *C. Oxyacantha L.* *Weissdorn.* Blätter umgekehrt-eirund, 3—5lappig eingeschnitten und gesägt, hinten keilförmig zulaufend sammt den Aestchen und Blumenstielen

kahl. Früchte eirund mit 1—3 Nüsschen. An Halden in Hecken der Ebene, montanen und subalpinen Region, durch die ganze Schweiz. Blüht im Mai, etwas vor der folgenden Art. Blumen weiss, Früchte roth.

2. *C. monogyna Jacq. Weissdorn.* Blätter umgekehrt-eirund, 3—5lappig eingeschnitten und gesägt, hinten keilförmig zulaufend, sammt den Aestchen und Blumenstielen behaart. Das Uebrige wie bei der vorigen Art, mit der diese häufig gemischt vorkommt und noch häufiger verwechselt wird. Man braucht beide zu künstlichen Hecken.

Cotoneaster.

Blumenblätter fast rund. Frucht mit 3—5 unter sich zusammenhängenden, am Kelch angewachsenen, oberhalb freien, einsamigen Nüsschen. Kleine Sträucher mit einfachen filzigen Blättern und kleinen weisslich-rothen Blüthen.

1. *C. vulgaris Lindl.* Blätter rundlich-eirund. Kelch kahl. Blumen einzeln oder zu 2—3. An Felsen und auf steinigen Stellen durch die Alpen und den Jura, in erstern bis auf 6000' Höhe. Bei Genf, Martinach, Sitten, in Glarus, Bern und Graubünden, auf der Dôle, auf der Gisli- und Wasserfluh, auf der Lägern und dem Uto.

2. *C. tomentosa Lindl.* Blätter eirund, abgerundet, stumpf. Kelch, Blumenstiele und Früchte filzig. Blumen grösser als bei voriger, 3—5 auf einem Stiel. Ebenfalls an Felsen und auf Gestein, in den Alpen (bei Bex, Sitten, Chur) und im Jura (bei Nyon, Neuenburg, Val de Travers), auch auf dem Uetli.

Amelanchier.

Blumenblätter lanzett-keilförmig. Ovarium fünffächerig: Fächer mit einer unvollkommenen Scheidewand, zweisamig. Frucht durch Fehlschlagen 2—5samig. Ein Strauch mit filzigen Blättern und schönen weissen Blüthen.

A. vulgaris Moench. Blätter eirund, stumpf, unterhalb filzig. 4—7'. An Felsen und Halden von der Ebene bis in die subalpine Region. In den Alpen (St. Triphon, Jaman, Pilatus, Chur etc.), auf dem Jura

(Hauenstein, Dôle, Thoiry), auf der Molasse (Rigi, Uetli etc.). Mai.

Mespilus.

Griffel 5. Frucht mit 5 Nüsschen und sehr erweitertem Butzen. Sonst wie Crataegus. Ein kleiner Baum mit einfachen Blättern, der im wilden Zustande sehr dornig ist, im zahmen aber die Dornen verliert, indem sie in Aeste auswachsen.

M. germanica L. Mispel, in der Schweiz *Nespeln*. Blätter länglich-elliptisch. Blumen einzeln stehend, weiss. Bei Genf, Neuenburg, auf der Petersinsel im Bielersee wild oder verwildert. Hie und da auch angepflanzt. Mai. Die Früchte werden teig genossen.

Pyrus.

Griffel 2—5. Frucht 2—5fächerig: Fächer zweisamig, nicht fachweise auseinander gehend und Nüsschen bildend, mit pergamentartigen oder weichen und zarten Wänden. Bäume und Sträucher mit einfachen oder gefiederten Blättern und weissen oder rosenrothen, in Doldentrauben gestellte Blumen.

† Grossfrüchtige mit pergamentartigen Kapselwänden.

1. *P. communis L. Birnbaum*. Blätter eirund, all kahl. Frucht birnförmig. Griffel 5, frei. Man findet die Holzbirnen nicht selten, besonders in der Gegend von Genf, Nyon, Lausanne, nach Wahlenberg auf dem Hörnli bis zur Grenze der Buche. Die kultivirten Sorten sind in der Schweiz von besonders gutem Geschmacke und werden in grosser Anzahl gezogen. Die Gegend, welche die grösste Auswahl von schmackhaften Birnensorten hat, ist die von Chur und der Herrschaft. In der ebenern Schweiz, wie im Thurgau, Aargau, St. Gallen, wird mehr auf die Arten gehalten, welche viele Früchte liefern, die dann gedörrt oder zu Most und Branntwein gebraucht werden.

2. *P. Malus L. Apfelbaum*. Blätter eirund, stumpf gesägt, doppelt so lang als der filzige Blattstiel. Griffel 5, unten verwachsen. Frucht apfelförmig (unten genabelt). Auch wilde Apfelbäume gibt es aller Orten in der Schweiz.

selbst bis in die Mitte des Jura hinauf. Die Aepfel sind ein wohlschmeckendes Obst, von dem man gewöhnlich für den Winter grosse Vorräthe einsammelt. Man dörrt sie auch, jedoch nicht in Ofen, wie die Birnen, sondern an der Sonne. Zum Brennen und Mosten (Cider-Bereitung) werden sie weniger benutzt. Holzäpfel und süsse Birnen sollen den haltbarsten Most geben. Auch von den Aepfeln kennt man jetzt über 1000 Sorten, die nach und nach durch eine wohl 3000jährige Kultur entstanden sind. In der Schweiz findet man die meisten und besten Apfelsorten ebenfalls in der Gegend von Chur, von wo früher Sendungen an den Hof in Berlin abgegangen sein sollen.

†† Kleinfrüchtige mit weichen Kapselwänden.

* Mit rosenrothen, aufrechten Blumenblättern.

3. *P. Chamae-Mespilus Lindl.* Blätter elliptisch oder lanzett, doppelt gesägt, kahl oder unterhalb filzig. Blumenblätter aufrecht. Ein 2—4' hoher Strauch, der in der alpinen Region der Kalk- und Flyschberge an Halden nicht selten vorkommt. Auf dem Brezon bei Genf, auf den Bergen von Aelen, in Wallis, Bern, Graubünden, im Jura auf dem Reculez, Dôle, Chasseral, Creux-du-Van, wo die filzige Varietät (Aronia Aria-Chamae-Mespilus Reich.) nicht selten ist.

** Mit weissen, abstehenden Blumenblättern.

4. *P. torminalis Ehrh. Elzebeerbaum.* Blätter eirund gelappt, kahl: Lappen zugespitzt, ungleich gesägt, die untere grösser und abstehend. Ein 15—30' hoher Baum, der bei Genf, Basel, Montreux, Aelen, bei Zürich auf dem Uetli und am Rigi vorkommt. Mai. Die Früchte werden erst nachdem sie durch Abliegen teig geworden, gegessen. Das sehr harte, gelblichweisse, von braunrothen oder schwarzbraunen Streifen durchzogene Holz wird sehr geschätzt.

5. *P. Aria Ehrh. Mehlbeerbaum.* Blätter länglicheirund, doppelt gesägt oder schwach gelappt, unten filzig: Lappen oder Sägezähne von der Mitte des Blattes aus abnehmend. Ein bis 20—30' hoher Baum, der sich im ganzen Jura und der Alpenkette findet und bis in die

subalpinen Höhen hinauf steigt. Das Holz ist hart und wird gesucht. Die Früchte sind mehlig und essbar; durch Gährung geben sie auch ein geistiges Getränk.

6. *P. intermedia Ehrh.* Wie vorige, nur sind die Blätter tiefer gelappt und die Früchte grösser. Auf dem Salève, im Genfer-, Waadtländer- und Neuenburger-Jura nicht selten.

7. *P. hybrida Sm.* Blätter unterhalb filzig, länglich, vorn doppelt gesägt, hinten gefiedert oder tief fiederig eingeschnitten: Lappen länglich, ganzrandig, vorn gesägt. Ein mittlerer Baum. Findet sich auf dem Salève bei Genf, à la Croisette, bei St. Cergues und St. Moriz im Wallis.

8. *P. Aucuparia Gaertn. Vogelbeerbaum.* Junge Blätter behaart, alte kahl, gefiedert: Blättchen scharf gesägt. Knospen filzig. Früchte kugelig. Ein 30' hoher Baum, der in Laubholzwaldungen von der Ebene an bis in die alpine Region häufig vorkommt. Auf den Alpen (bei Chur, Glarus etc.), auf dem Jura (bei Thoiry, Dôle, Solothurn), auf der Molasse (Pantigerhubel, Napf, les Voirons). Das Holz ist ebenfalls hart und geschätzt. Aus den Früchten lässt sich Essig und Branntwein bereiten.

9. *P. Sorbus Gaertn. Speierling.* Junge Blätter behaart, alte kahl, gefiedert. Knospen kahl, klebrig. Früchte birnförmig. Ein 30—40' hoher Baum, der bei uns kultivirt wird. Man findet ihn bei Basel, Lausanne, Genf. Die Früchte werden teig gegessen.

Cydonia.

Alles wie bei Pyrus, nur sind die Fächer der Frucht vielsamig. Ein Strauch oder kleiner Baum mit grossen, einzeln stehenden Blumen und einfachen Blättern.

C. vulgaris Pers. Quittenbaum. Blätter eirund, ganzrandig, unterhalb, wie auch der Kelch, filzig. In Hecken verwildert, häufiger angepflanzt. Die Quitten riechen stark gewürzhaft, schmecken aber herbe; gekocht sind sie geniessbar. Die schleimigen Samen sind officinell. Um schöne Spalierstämme zu bekommen, pfropft man Birnen und Aepfel auf Quittenbäume.

III. Klasse.

Calyciflorae.

Blüthen regelmässig, selten unregelmässig. Kelch frei oder mit dem Ovarium verwachsen. Krone und Staubgefässe auf dem Kelche, erstere mit den Kelchlappen abwechselnd, letztere gewöhnlich von bestimmter (2—12) Anzahl. Frucht verschieden, meist mit vielen Samen, deren Keim gerade ohne Eiweiss oder in der Axe eines fleischigen Eiweisses ist. Kräuter und Sträucher mit gequirlten oder gegenüberstehenden oder zerstreuten Blättern ohne Afterblättchen.

† *Myrtaceen (Myrtaceae).*

Die myrtenartigen Pflanzen haben viele Aehnlichkeit mit dem Kernobst, zeichnen sich jedoch durch die entgegengesetzten Blätter, welche eine Menge halbdurchsichtiger Drüsen, wie das Johanniskraut, enthalten und durch einen einzigen Griffel aus. In der Schweiz wachsen zwar keine Myrtaceen wild, wohl aber wird die gewöhnliche *Myrte* (Myrtus communis L.) nebst andern ausländischen Arten, so wie auch der verwandte *Granatenbaum* (Punica Granatum L.) mit seinen hochrothen Blumen in den Gärten nicht selten gesehen. Ferner ist uns diese Familie auch desswegen wichtig, weil sie mehrere sehr geschätzte Gewürzarten liefert. Aus ihr stammen die als unreife Blumen eingesammelten *Gewürznelken* des Caryophyllus aromaticus, der auf den Molukken zu Hause ist; ferner das *Neugewürz* von Eugenia Pimenta DC., das *englische Gewürz* von Myrtus Tabasco Willd. und der *Nelkenzimmt* von Syzygium caryophyllaeum Gaertn.

Mit den Myrtaceen verwandt, jedoch den Typus einer eigenen Familie bildend, ist der *Pfeifenstrauch* (Philadelphus coronarius L.), der häufig in den Gärten angepflanzt wird, und zuweilen auch verwildert in der Schweiz vorkommt. Seine weissen Blumen haben einen fast betäubenden Geruch.

V. Familie.

Lythrarien (Lythrarieae).

Kelch röhrig oder glockenförmig, 3—∞zähnig. Krone 4—7blätterig, zuoberst in der Kelchröhre eingesetzt. Staubgefässe ebendaselbst oder tiefer unten, so viel als Blumenblätter oder doppelt und dreifach so viel. Stempel 1, mit einem freien, 2—4fächerigen, ∞samigen Ovarium, 1 Griffel und einfacher Narbe. Frucht eine 2—4fächerige unregelmässige oder regelmässig aufspringende Kapsel. Samen ohne Albumen, mit geradem Keim (embryo).

Hier zu Land Kräuter von sehr verschiedenem Aussehen. Unsere beiden Arten kommen auf sumpfigen Stellen vor.

Lythrum.

Kelch röhrig, 8—12zähnig. Krone 4—6blätterig. Staubgefässe eben so viel oder doppelt so viel, zu unterst oder in der Mitte der Kelchröhre eingesetzt. Kapsel zweifächerig, vielsamig. Kräuter mit rothen Blüthen und entgegengesetzten oder gequirlten Blättern.

1. *L. Salicaria L. Blutkraut.* Blätter herzförmig-lanzett: untere entgegengesetzt und gequirlt. Staubgefässe 12. Blumen gequirlt, Aehren bildend. 2—3'. ♃ Auf sumpfigen Wiesen und an Wassergräben durch die ganze ebene Schweiz. Dieses Kraut war ehemals officinell, jetzt aber fast ausser Gebrauch. Es soll zum Gerben der Schaf- und Jungziegenfelle tauglich sein.

2. *L. Hyssopifolia L.* Blätter lineal oder länglich. Staubgefässe 6. Blumen einzeln achselständig. Kelche unten mit 2 Bracteen besetzt. 1' und darunter. ⨀ Sehr selten auf etwas feuchten Feldern, bei Basel, Lausanne, Nyon. August.

Peplis.

Kelch glockenförmig, 12zähnig, wovon 6 kürzer und zurückgeschlagen sind. Krone 6blätterig, hinfällig, häufig fehlend. Staubgefässe 6. Kapsel zweifächerig, vielsamig. Ein sehr kleines Kräutlein.

P. Portula L. Blätter entgegengesetzt, umgekehrt-eirund, gestielt. Blumen achselständig, einzeln, sehr klein. 2''. ⨀ Auf sumpfigen oder überschwemmten Stellen bei Genf, Crans, Coppet und im C. Freiburg bei Grandsiraz, bei Basel und Olsberg.

VI. Familie.

Halorageen (Halorageae).

Kelch mit dem Ovarium verwachsen, oben meist vierspaltig. Krone 0 oder aus so viel Blumenblättern bestehend als Kelchzipfel sind. Staubgefässe (bei unsern) 1 oder 8, wie die Krone auf dem Kelche. Stempel aus einem ein- bis mehrfächerigen Ovarium und so viel Narben als Fächer sind, bestehend. Griffel fehlt. Frucht durch Fehlschlagen einsamig. Samen mit Eiweiss und einem graden, centralständigen Keim.

Wasserkräuter mit getrennten Geschlechtern und gequirlten Blättern.

Myriophyllum.

Kelchrand viertheilig. Krone vierblätterig, sehr hinfällig. Staubgefässe 8. Narben 4. Frucht trocken, in 4 Körner zerfallend.

1. *M. verticillatum L.* Blätter gequirlt, fiederig-getheilt: Lappen haarförmig. Blüthen gequirlt, achselständig. ♃ Sommer. In stehenden Wassern durch die ganze ebene Schweiz.

2. *M. spicatum L.* Blätter gequirlt, fiederig-getheilt: Lappen haarförmig. Blüthen gequirlt, endständige, unterbrochene Achren bildend. ♃ Sommer. In tiefen, stehenden Wassern, ebenfalls durch die ganz ebene Schweiz.

Hippuris.

Krone 0. Staubgefässe 1. Ovarium einfächerig, einsamig. Frucht eine kleine Steinfrucht, d. h. nicht aufspringend, einsamig, mit Fleischmasse überzogen, Aussehen von Equisetum.

H. vulgaris L. Blätter lineal, gequirlt. Blüthen achselständig. 1—2'. ♃ In Wassergräben und langsam fliessenden Bächen durch die ganze ebene Schweiz.

VII. Familie.

Onagrarien (Onagrariae).

Kelch mit dem Ovarium verwachsen, oben vierlappig, gewöhnlich nicht grün gefärbt. Krone vierblätterig. Staubgefässe 4—8, bei Circaea 2. Griffel 1, fadenförmig mit 4 Narben. Frucht ein- oder vierfächerig, trocken oder fleischig, meist vielsamig, bei Trapa einsamig. Samen ohne Albumen, gerade.

Kräuter und Sträucher mit entgegengesetzten oder dreizählig gequirlten, oder abwechselnd stehenden Blättern und unschädlichen Eigenschaften. Von der Nachtkerze und einigen ihr verwandten Arten wurden in Amerika die Wurzeln gegessen. Die zierlichen, aus den Hochgebirgen Südamerikas stammenden *Fuchsien* gehören jetzt zu den verbreitetesten Topf- und Gartenpflanzen Europa's.

Erste Zunft. Trapeae.

Frucht einsamig, beinhart. Ein Wasserkraut.

Trapa.

Kelchsaum viertheilig, bleibend. Krone vierblätterig. Staubfäden 4. Griffel 1 mit knopfförmiger Narbe. Ovarium bis zur Mitte mit dem Kelch verwachsen, zweifächerig. Frucht durch Fehlschlagen einfächerig, einsamig, beinhart, vierdornig. Samen aus zwei ungleichen mehligen Lappen und leicht gekrümmten Würzelchen bestehend.

T. natans L. Wassernuss. Früchte vierdornig: Dorne vorne rauh. In schwimmenden Blattrosetten befinden sich die grünlich-gelben Blüthen. Die Blätter sind rundlich-rautenförmig. Diesseits der Alpen bloss im Weiher von Elgg; jenseits im Laghetto bei Lugano und im Laghetto di Chiavenna. Die Früchte schmecken fast kastanienartig und werden daher gegessen. ⊙

Zweite Zunft. Circaeaceae.

Kelchröhre über das Ovarium nicht hinausreichend. Frucht zweifächerig, nicht aufspringend: Fächer einsamig.

Circaea.

Kelchsaum zweitheilig. Krone zweiblätterig. Staubgefässe 2, mit der Krone abwechselnd. Frucht zweifächerig, nicht aufspringend: Fächer einhaarig. Kräuter mit einfachen Blättern und weissen, traubenständigen Blüthen.

1. *C. Lutetiana L. Hexenkraut.* Blätter eirund, entfernt gezähnt. Bracteen fehlend. 1—2'. In Gebüsch und Hecken an schattigen Stellen durch die ganze Schweiz bis zur Grenze des Kirschbaums. ♃ Juli—Sept.

2. *C. intermedia Ehrh.* Blätter eirund, herzförmig, entfernt gezähnt. Bracteen borstenförmig. Früchte kugelig-eirund. ½—1'. Ist grösser als die folgende und hat auch grössere Blumen. Findet sich in montanen Wäldern an schattigen Orten. Zwischen Vals und Lugnetz, zwischen Ilanz und Tavanasa (Moritzi), in Wallis (Murith), bei Basel (Hagenbach), Glarus (Heer), im Berner-Oberland (Brown). August.

3. *C. alpina L.* Blätter breit-eirund, tief herzförmig eingeschnitten, entfernt gezähnt. Bracteen borstenförmig. Früchte länglich-eirund. 3—6''. ♃ In subalpinen dunkeln Wäldern der Alpen (Enzeindaz, Solalex, Berner-Oberland, Haken bei Schwyz, im Oberland und Brättigau von Graubünden) und des Jura (Dôle, Chasseral, Wasserfalle etc.). August.

Dritte Zunft. Jussieae.

Kelch über das Ovarium nicht hinausreichend: Saum 4—6theilig. Frucht kapselartig, aufspringend.

Isnardia.

Kelchsaum viertheilig, bleibend. Krone vierblätterig oder 0. Staubgefässe 4. Frucht eine vierfächerige, vierklappige, vielsamige, fachweise aufspringende Kapsel. Ein Sumpfkraut mit unansehnlichen Blüthen und entgegengestellten Blättern.

I. palustris L. Stengel unterhalb wurzeltreibend, kahl.

Blätter cirund. Blumen achselständig, einzeln, ohne Krone. $1/2$—1'. ♃ In Wassergräben, an Teichen der ebenen Schweiz (bei Ivonand am Neuenburger-See, bei Genf im Teich du Drezon, bei Basel, bei Seedorf zwischen Peterlingen und Freiburg, bei Luzern und Dierikon und im Rheinthal). Juli.

Vierte Zunft. Epilobieae.

Kelchröhre über das Ovarium hinausgehend. Frucht eine Kapsel.

Epilobium.

Kelch vierlappig, so weit er nicht mit dem Ovarium verwachsen ist, abfällig. Krone vierblätterig. Staubgefässe 8, mit 1 Griffel und 4 Narben. Kapsel (lineal) vierfächerig, vierklappig, vielsamig. Samen mit einer Haarkrone. Kräuter mit rothen Blüthen und röthlichen Kelchen. Humuspflanzen der Ebene und Berge.

† Mit unten zusammenneigenden Staubgefässen.

1. *E. augustifolium L.* Blätter zerstreut, lanzett, ganzrandig oder mit undeutlichen Drüsenzähnen besetzt, aderig. Griffel niedergebogen. 3—4'. In abgegangenen Wäldern, an Flüssen und Bächen durch die ganze Schweiz bis zu 4000' Höhe. ♃

2. *E. Dodonaei Vill.* Blätter zerstreut, lineal, ganzrandig, nicht aderig. Bracteen auf den Blüthenstielen. Griffel niedergebogen. $1/2$—$2 1/2$'. ♃ Durch die ganze Alpenkette, gewöhnlich im Flussgerölle von 6000' an abwärts bis in die Ebene, wo die Pflanze höher wird. Das *E. Fleischeri Hochst.* ist die kleinere Form dieser Art.

†† Mit ganz aufrechten Staubgefässen.

3. *E. hirsutum L.* Blätter entgegengesetzt, stengelumfassend, mit spitzigen Sägezähnen, länglich-lanzett. Stengel walzig, ästig, zottig. Blumen gross, roth. 4—5'. ♃ An Wassergräben durch die ganze ebene Schweiz. (Genf, Vivis, Solothurn, Chur etc.) Sommer.

4. *E. parviflorum Schreb.* (*E. molle Lam.*) Blätter

sitzend, lanzett, spitzig, gezähnt, die untern entgegengesetzt, kurz gestielt. Stengel walzig, sammt den Blättern weichhaarig. Die Blumen sind wenigstens um die Hälfte kleiner als bei voriger Art, mit der sie übrigens das Vorkommen und die Standorte gemein hat. $1\frac{1}{2}$—3'. ♃

5. *E. montanum L.* Blätter eirund oder länglicheirund, ungleich gezähnt, am Rande und auf den Blattnerven kurzhaarig; untere Blätter entgegengesetzt, kurz gestielt. Stengel walzig, kurzhaarig. $\frac{3}{4}$—2'. ♃ Die Blumen sind klein. Vom Fusse der Berge bis in die alpine Region, an Bächen und in Wäldern häufig. Sommer.

6. *E. palustre L.* Blätter lanzett, ganzrandig oder undeutlich gezähnt, sitzend: die untern entgegenstehend. Stengel walzig, kurzhaarig. Narben zu einer Keule verbunden. Treibt fadenförmige Ausläufer. $\frac{1}{2}$—$1\frac{1}{2}$'. ♃ An Bächen, besonders im Jura (Valée de Joux, Marais des Rousses, St. Cergues etc.), aber auch in den Alpen (auf dem Camor, in Graubünden, Genf). Geht von der Ebene bis in die montane Region.

7. *E. tetragonum L.* Blätter lanzett, entgegengesetzt, spitzig gesägt. Stempel unterhalb mit 4 erhöhten Linien. Narben zu einer Keule vereinigt. 2'. ♃ Sommer. Auf wasserreichen Stellen der ebenen Schweiz. (Bei Basel, Rifferschweil, Genf, Roveredo in Graubünden, auch nach Hegetschweiler bei Einsiedeln.)

8. *E. roseum Schreb.* Blätter länglich, entgegengesetzt, ziemlich lang gestielt, spitzig und ungleich gezähnt. Stengel ästig, mit 2—4 erhabenen Linien. Narben zu einer Keule vereinigt. 1—$1\frac{1}{2}$'. ♃ An Bächen der montanen und ebenen Region nicht selten. (Bei Basel, Solothurn, Genf, im Rheinthal, in den Graubündner-Thälern etc.)

9. *E. trigonum Schrank.* Blätter zu 2, 3 oder 4 gequirlt, sitzend, länglich-eirund, zugespitzt, ungleich gesägt, kahl, mit kurzhaarigem Rande und Blattnerven. Stengel meist einfach, mit 2—4 Linien. $1\frac{1}{2}$'. ♃ Auf feuchten alpinen Weiden, gewöhnlich in der Nähe von Wald und Gebüsch. (Bei Bex und Aelen, auf dem grossen Bernhard, auf dem Camor in Appenzell, in Graubünden.) Findet sich auch auf der Dôle, Réculet, Chasseron, Creux-du-Van, im Jura.

10. *E. origanifolium Lam.* Blätter entgegengesetzt,

eirund, zugespitzt, entfernt gezähnt, kahl. Stengel einfach, wenigblumig, mit 2 erhabenen Linien. $\frac{1}{2}$—1'. Treibt Ausläufer. ♃ August. An Bächen und Quellen der alpinen Thäler, jedoch nicht überall. Auf dem St. Bernhard, im Bagne-Thal, Enzeindaz, Ober-Engadin, Medels und Val Livino. Fehlt dem Jura und der Molasse.

11. *E. alpinum L.* Blätter entgegengesetzt, eirund oder länglich-lanzett, meist gestielt, ganzrandig oder verwischt gezähnt. Stengel einfach, wenigblumig. 3—6". Treibt Ausläufer und hat ganz kleine rosenrothe Blumen. ♃ Auf allen Alpenweiden, von wo es nicht unter 5000' Höhe heruntersteigt. Ist auch auf den Colombiers im Waadtländer Jura, so wie auf dem Feldberge im Schwarzwald gefunden worden.

Oenothera.

Alles wie bei Epilobium, nur haben die Samen keine Haarkrone. Blumen gelb.

1. *O. biennis L. Nachtkerze.* Blätter eirund-lanzett. Stengel etwas behaart, rauh. Blumenblätter länger als Staubgefässe. 2—3'. ⊙ An Gräben, in Flussgeschiebe und Gebüsch durch die ganze ebene Schweiz verbreitet, doch nirgends häufig. Soll aus Virginien ums Jahr 1614 nach Europa gekommen sein. Die Wurzel der in Gärten gezogenen Pflanzen schmeckt angenehm und wird hie und da gegessen.

2. *O. muricata L.* Stengel behaart: die Haare von kleinen Erhöhungen ausgehend. Blätter lanzett, flach, gezähnelt. Blumenblätter dreimal kürzer als die Kelchröhre. Stammt aus Canada und hat sich nach den neuesten Angaben im Gebiete der Baseler-Flora niedergelassen.

IV. Klasse.

Gruinales.

Blüthen regelmässig oder etwas unregelmässig mit freiem Kelch und Krone und bestimmten (5—15) Staubgefässen. Frucht aus mehrern (gewöhnlich 5) verwachsenen Karpellen gebildet.

Kräuter mit schönen Blumen und zerstreuten Blättern mit oder ohne Afterblättchen.

VIII. Familie.

Balsamineen (Balsamineae).

Blumen unregelmässig. Kelch sehr ungleich fünfblätterig (dem Scheine nach bloss zweiblätterig): die beiden seitlichen Kelchblätter unter sich gleich, das untere gespornt, die obern verschieden gestaltet und verwachsen, auch bloss rudimentär oder gar fehlend. Krone dreiblätterig, im Grunde jedoch ebenfalls fünfblätterig, weil die beiden seitlichen mit den zwei untern verwachsen sind. Staubgefässe 5. Stempel mit freiem (nicht verwachsenem) Ovarium und sitzenden Narben. Frucht (bei unsern) eine fünfklappige, elastisch-aufspringende Kapsel. Samen ∞, ohne Albumen und mit geradem Keim. Zarte, glatte, saftige Kräuter.

Impatiens.

Die 5 Narben zu einer verwachsen. Frucht eine Kapsel (wie oben beschrieben).

I. Noli-tangere L. Rührmichnichtan. Blumen gelb, hängend, zu 3—4 auf einem Stiel. Blätter eirund grob gezähnt. Stengel mit knotigen Anschwellungen. 2'. ☉ An schattigen Stellen durch die ganze Schweiz. Steigt jedoch nicht über 3000' in die Alpen. Wurde beobachtet bei Bern, Thun, Balstall, Münchenstein, Payerne, Aubonne, Baden, auf dem Uetli, am Napf, bei Chur, im Brättigau, bei Martinach, aux Ormonds, Genf. Ist mithin eine sporadische Humuspflanze.

In den Gärten ist die *Balsamine* (I. Balsamina L.) wegen ihrer schönen rothen Blumen sehr beliebt.

† IX. Familie.

Tropäoleen (Tropaeoleae).

Die Blumen haben fast dieselbe unregelmässige Struktur wie bei den Balsaminen, jedoch ist die Zahl der Staubgefässe 8. Die Blätter derselben sind schildförmig, entweder ganz oder gelappt. Mehrere davon sind Zierpflanzen für unsere Gärten geworden und unter diesen ist besonders das *Tropaeolum majus L.* unter dem Namen *Kapuzinerli* oder *Kapuziner-Kresse* sehr bekannt und verbreitet. Seine rothgelben Blumen sind nicht bloss eine Zierde, sondern dienen auch wegen ihres kresseähnlichen Geschmacks als Gewürz zu Speisen.

X. Familie.

Oxalideen (Oxalideae).

Blumen regelmässig. Kelch fünfblätterig oder fünftheilig. Krone fünfblätterig, Blumenblätter frei oder unten mit einander verwachsen, vor dem Aufblühen spiralförmig gerollt. Staubgefässe 10, unten mit einander verbunden; die innere Reihe länger als die äussere. Ein fünffächeriges Ovarium mit 5 Griffeln bildet den Stempel. Frucht eine fünffächerige Kapsel. Samen ∞ mit einer fleischigen Ausbreitung der Nabelschnur (arillus) umgeben, welche im reifen Zustande sich elastisch zusammenzieht und den Samen fortschleudert. Uebrigens haben die Samen einen geraden Keim in der Axe eines fleischigen Eiweisses. Unsere Oxalideen sind Kräuter mit dreizähligen Blättern, die vor der Entwickelung spiralig eingerollt sind, wie die Farrenkräuter. Sie haben einen angenehm sauern Geschmack.

Oxalis.

Kelch fünfblätterig. Krone fünfblätterig. Staubgefässe 10. Griffel 5. Kapsel fünffächerig.

† Perennirend, weissblumig.

1. O. *Acetosella L. Sauerklee.* Wurzelstock kriechend, schuppig. Schaft einblumig, über der Mitte mit zwei Bracteen. Blumen weiss oder röthlich mit rothen Adern durchzogen. 5''. In Wäldern und auf schattigen Stellen bis nahe an die Tannengrenze, durch's ganze Land. Frühling und Sommer. Man macht das Sauerkleesalz aus dieser Pflanze.

†† Einjährig, gelbblumig.

2. O. *stricta L.* Stengel aufrecht, bis 1'. Blätter dreizählig, ohne Afterblättchen. Blumen gelb, 2—5 auf einem Stiele. ⊙ Auf Schutt und in Gärten als Unkraut. Bei Genf, Bern, Lauis, Bex. Sommer.

3. O. *corniculata L.* Stengel ästig, etwas aufliegend. Blätter dreizählig, mit länglichen, an den Blattstiel angewachsenen Afterblättchen. Blumen gelb, 2—5 auf einem Stiele. $1/2$—1'. ⊙ Ebenfalls auf Schutt und in Gärten als Unkraut. Bei Genf, Lauis, Bellenz, Clefen. Sommer.

XI. Familie.

Lineen (Lineae).

Kelch fünf- (selten vier-) blätterig. Krone fünf- (selten vier-) blätterig, vor der Entwickelung gewunden. Staubgefässe 5, an der Basis in einen Ring vereinigt; zwischen denselben 5 unfruchtbare, ohne Staubbeutel, manchmal bloss zahnartige. Stempel aus einem 3—5fächerigen Ovarium und 3—5 Griffeln bestehend. Frucht eine 3—5fächerige Kapsel: jedes Fach theilt sich durch eine Scheidewand in zwei Theile und enthält in jedem derselben einen Samen. Zur Reife zerfällt sie in 8 oder 10 einsamige Kerne. Samen mit geradem oder etwas gebogenem Keim und einer inwendig fleischigen Samenhaut, die man für ein Eiweiss halten kann. Kräuter mit abwechselnden und entgegengesetzten einfachen Blättern ohne Afterblättchen.

Linum.

Kelch fünfblätterig. Krone fünfblätterig. Staubgefässe 5. Kapsel 10fächerig.

† Blätter zerstreut.

1. *L. tenuifolium L.* Kelchblätter zugespitzt, gewimpert, wenig länger als die Kapsel. Blätter zerstreut, lineal, zugespitzt, am Rande rauhhaarig gewimpert. 1' und darüber. Blumen fleischroth. ♃ Auf dürren Halden bei Basel, im Waadtlande, Genf, Unter-Wallis und Lauis im Tessin, am Irchel. Sommer.

2. *L. austriacum L.* Blätter lanzett-lineal oder lineal, zerstreut. Kelchblätter eirund, die innern sehr stumpf. Blumen schön blau von der Grösse derjenigen des Flachses. Stengel zahlreich, $\frac{1}{2}$—1'. Auf alpinen Weiden. In den westlichen Alpen (Brezon, Aelener-Alpen, Fouly, auf der Stockhornkette und bei Leuk) und im westlichen Jura (Réculet, Dôle). ♃ Sommer. Eine sehr verbreitete Pflanze, die unter einer Menge von Namen vorkommt. Die wichtigsten sind folgende: *L. perenne L., L. sibiricum DC., L. montanum Sch., L. alpinum Jacq.* Letzteres ist die kleinere und schmalblätterige Form, die auf dürren Stellen in den östreich. Alpen vorkommt.

Hieher gehört auch der vielfach angepflanzte *Flachs* (L. usitatissimum L.), der selbst in höher gelegenen Thälern gedeiht und nicht nur durch seine Stengelfasern, sondern auch durch seine Samen, die ein gutes Oel (das Leinöl) geben und ein erweichendes Arzneimittel sind, dem Menschen nützlich ist.

†† Blätter entgegengesetzt.

3. *L. catharticum L.* Kelchblätter elliptisch, zugespitzt, drüsig-gewimpert, so lang als die Kapsel. Untere Blätter umgekehrt-eirund, obere lanzett. ½'. Blumen weiss. ⊙ Auf Wiesen und Weiden durch die ganze Schweiz bis in die alpine Region hinauf. Sommer.

Radiola.

Kelch vierspaltig: Lappen 2—3spaltig. Staubgefässe 4. Kapsel achtfächerig.

R. Linoides Gm. Ein kaum 2" hohes Kräutlein mit entgegengesetzten Blättern und kleinen weissen Blümchen. ⊙ Bei Basel an der Wiese. Sommer.

XII. Familie.

Geranien (Geraniaceae).

Kelch fünfblätterig oder fünftheilig, bleibend; ein Blatt davon ist zuweilen (bei ausländischen) nach hinten in einen Sporn verlängert, der mit dem Blumenstiele verwächst. Krone fünfblätterig auf dem Thalamus, d. i. der Fortsetzung des Blumenstiels ins Innere der Blume stehend (also nicht auf dem Kelche), mit den Kelchtheilen abwechselnd. Staubgefässe meist doppelt (selten dreimal) so viel als Kronblätter, oft unterhalb mit einander verwachsen. Stempel 1 mit 5 Narben. Frucht aus 5 (durch Fehlschlagen eines Samens) einsamigen Karpellen bestehend, die um eine verlängerte Central-Axe stehen, so dass das Ganze das Aussehen eines Schnabels erhält. Samen ohne Albumen mit eingebogenem Würzelchen und gerollten oder gebogenen Samenlappen.

Unschädliche Kräuter mit mehr oder weniger rundlichen, einfachen oder getheilten Blättern, an deren Basis Afterblättchen stehen. Von den ausländischen Arten, besonders bei den *Pelargonien*, die vom Cap und aus Australien stammen, sind die Blumen oft ansehnlich und schön und die Blätter wohlriechend; daher werden sie häufig in Töpfen gehalten. Sie sind jetzt in Folge ihrer leichten Vermehrung durch Stecklinge und wegen ihrer robusten Natur so sehr verbreitet, dass es kaum eine Hausfrau gibt, die nicht ihr halb Dutzend *Geranien* besitzt.

Geranium.

Kelch fünfblätterig oder fünftheilig. Krone fünfblätterig. Staubgefässe 10, unterhalb verbunden. Die Fäden, an welchen sich die Karpelle aufrollen, nicht bartig. Kräuter mit ründlichen ganzen oder getheilten Blättern. Humuspflanzen.

† Mit starkem Wurzelstock, also ♃.

1. *G. sanguineum L.* Blumenstiele meist einblumig. Blumenblätter umgekehrt-eirund, ausgerandet, doppelt länger als der Kelch, hellroth. Blätter siebentheilig: Theile drei- oder mehrspaltig: Lappen lineal. Stengel und Blumenstiele zottig. 1—2'. Auf dürren steinigen Stellen längs dem Jura und am Fusse der Alpen bis in die montane Region. Bei Divonne, Orbe, Biel, Basel. Ferner bei Genf, Montreux, Bex, Unter- und Ober-Wallis, in Graubünden. Juni.

2. *G. palustre L.* Blumenstiele zweiblumig. Blumenblätter umgekehrt-eirund, doppelt länger als Kelch, ausgerandet, hellroth. Blätter bis zur Mitte fünfspaltig, eingeschnitten-gezähnt. Stengel ausgebreitet, unterhalb zottig, 1—2' lang. An Wassergräben und auf nassen Wiesen im ebenen Theil der Schweiz. Bei Altorf, Luzern, Willisau, Villeneuve, Peterlingen, Orbe, Solothurn, Hutwyl, Basel, Lachen, Wesen, Wallenstadt. Sommer.

3. *G. aconitifolium L'Her.* Blumenstiele zweiblumig, nach der Blüthe aufgerichtet. Blumenblätter umgekehrt-eirund, doppelt so lang als Kelch. Blätter bis fast auf

den Stiel siebenspaltig: Lappen eingeschnitten. Stengel mit anschmiegenden Haaren besetzt. $1^1/_2$—2'. Selten. In alpinen Wäldern des Nicolai- und Einfischthals in Wallis und des Ober-Engadins in Graubünden.

4. *G. pratense L.* Blumenstiele zweiblumig, nach der Blüthe abwärts gekehrt. Blumenblätter umgekehrt-eirund, doppelt länger als der Kelch. Blätter bis fast unten siebenspaltig: Lappen eingeschnitten. Blumen hellblau oder auch weiss, zuweilen aus beiden Farben geschäckt. 2' und darüber. Eine mir nur aus Garten-Exemplaren bekannte Pflanze, die sich bloss durch einen etwas höhern Wuchs von der folgenden unterscheidet. Die für sie angegebenen schweizerischen Standorte rühren von ältern Botanikern her und scheinen mir fast alle zweifelhaft.

5. *G. sylvaticum L.* Blumenstiele zweiblumig, nach der Blüthe aufrecht. Blumenblätter umgekehrt-eirund, doppelt so lang als der Kelch, schön blau. Blätter bis über die Mitte siebenspaltig: Lappen eingeschnitten. Stengel aufrecht, mit Drüsenhaaren besetzt. $1^1/_2$—2'. Auf alpinen, subalpinen und montanen Wiesen durch die ganze Alpenkette und den Jura, so wie auch in der mittlern Schweiz (bei Bern, Zofingen, Aarau). Sommer.

6. *G. nodosum L.* Blumenstiele zweiblumig, nach der Blüthe aufrecht gestellt. Blumenblätter roth, umgekehrt-eirund, doppelt so lang als der Kelch. Blätter bis zur Mitte gespalten, mit bloss gesägten Lappen: Wurzelblätter fünflappig, Stengelblätter dreilappig. $1^1/_2$'. In Wäldern; nach H. Schuttleworth auf dem Dessenberg im Jura, nach Verda bei Lugano. Sommer.

7. *G. phaeum L.* Blumenstiele zweiblumig. Krone flach, bräunlich. Blumenblätter so wie Staubgefässe unten behaart. Blätter bis über die Mitte siebenspaltig: Lappen eingeschnitten. $^1/_2$—2'. Auf Wiesen von der Ebene bis in die alpine Region. In der Ebene bei Bern, Peterlingen, Basel, im Jura auf dem Réculet, à la Ferrière, bei Langenbruck und auf den Alpen bei Parpan, im Kienthal, auf dem Jaman, Fouly, Brezon etc.

8. *G. pyrenaicum L.* Wurzel spindelförmig. Blumenstiele zweiblumig. Blumenblätter oben etwas gespalten, unten dicht bebartet, violet. Blätter nierenförmig, bis

in die Mitte und darüber 7—9spaltig: Lappen vorderhalb eingeschnitten. 1½—2'. In Wiesen und Hecken durch die ganze Schweiz; steigt bis in die subalpine Region. Sommer.

†† Wurzel dünn, spindelförmig, also ☉.

9. *G. pusillum L.* Blumenstiele zweiblumig. Stengel ausgebreitet, ½—1', weich- und kurzhaarig. Blumen violet, nicht länger als der Kelch, bloss mit 5 fruchtbaren Staubgefässen. Blätter bis über die Mitte 7—9spaltig. An allen Wegen durch die ganze ebene Schweiz. Mai—August.

10. *G. bohemicum L.* Blumenstiele zweiblumig. Blumenblätter ausgerandet, länger als der Kelch, gewimpert, blau. Stengel von abstehenden Haaren zottig. Blätter fünflappig: Lappen eingeschnitten. 1'. Bloss in Unter-Wallis und dem daran stossenden Theil der Waadt.

11. *G. dissectum L.* Blumenstiele zweiblumig, kürzer als die Blätter. Blumenblätter kaum so lang als die begrannten Kelchtheile, hellroth. Blätter bis fast zuunterst 5—7theilig: an den mittlern Lappen dreispaltig. Läppchen lineal. 6—12". Auf steinigen Stellen und in Aeckern durch die ganze Schweiz bis in die montane Region.

12. *G. columbinum L.* Blumenstiele zweiblumig, länger als die Blätter. Blumenblätter gut so lang als die begrannten Kelchtheile, violett oder roth. Blätter bis fast zuunterst 5—7theilig: an den mittlern Lappen dreispaltig: Läppchen lineal. Auf steinigen Stellen. Häufig in der westlichen (Genf, Waadt), östlichen (Graubünden) und südlichen (Tessin) Schweiz. Sommer.

13. *G. rotundifolium L.* Blumenstiele zweiblumig. Blumenblätter ganz wenig länger als der Kelch, rosenroth. Samen gegrübelt. Blätter bis zur Mitte siebenspaltig. Stengel ausgebreitet weichhaarig. 1'. Auf Schutt und Aeckern, so wie an Wegen und Hecken in der westlichen (Genf, Montreux, Bex, Martinach, Basel) und mittlern (Solothurn) Schweiz. Sommer.

14. *G. molle L.* Blumenstiele zweiblumig. Blumenblätter herzförmig ausgeschnitten, länger als der Kelch, violett. Samen glatt. Blätter bis zur Mitte 7—9spaltig. Stengel ausgebreitet, mit weichen, abstehenden Haaren

besetzt. 4—6" lang. Ebenfalls auf steinigen Stellen durch die ganze Schweiz. Steigt nicht in die Berge. Mai und Juni.

15. *G. divaricatum Ehrh.* Blumenstiele zweiblumig. Blumenblätter so lang als die begrannten Kelchtheile. Samen glatt. Blätter tief fünfspaltig: Lappen rhombisch, verschieden eingeschnitten. Stengel mit abstehenden Haaren besetzt, 1' und darüber. Juni. In Aeckern und an Wegen. Wurde bisher bloss im Nicolai- und Einfisch-Thale des mittlern Wallis und bei Glurns, ganz nahe an der Bündnergrenze, gefunden.

16. *G. lucidum L.* Blumenstiele zweiblumig. Blumenblätter rosenroth, länger als der queerrunzlige Kelch. Blätter bis zur Mitte fünfspaltig: Lappen vorderhalb eingeschnitten. Stengel aufrecht. 4—9". Das ganze Kraut riecht wie das Robertskraut. Findet sich an schattigen Stellen, jedoch bei uns sehr selten; bloss bei Genf und um Martinach in Wallis.

17. *G. Robertianum L.* *Roberts-* oder *Ruprechtskraut.* Blumenstiele zweiblumig. Blumenblätter länger als Kelch. Samen glatt. Blätter drei- oder fünflappig: Lappen dreitheilig oder fiederig eingeschnitten. 1' und darüber. An allen alten Mauern, auf Schutt, in Wäldern, durch die ganze Schweiz bis in die alpine Region. War ehemals in den Apotheken.

Erodium.

Kelch fünfblätterig. Krone fünfblätterig. Staubgefässe 10, wovon 5 fruchtbar und 5 unfruchtbar sind. Die Grannen, an denen sich die Karpelle aufrollen, sind an der innern Seite bartig. Kräuter mit fiederig getheilten Blättern.

1. *E. cicutarium L'Her.* Blumenstiele vielblumig. Blumenblätter etwas ungleich, roth. Blätter gefiedert: Fiederblättchen bis fast zur Mittelrippe fiederig eingeschnitten. Staubgefässe kahl. Auf steinigen Stellen und in Aeckern, häufig in der ganzen ebenen Schweiz. Ein sehr veränderliches Kraut, das bloss 2—3" gross, bald 2' und darüber hoch wird. ☉ ⚇ Blüht vom Frühling bis in den Herbst.

Das *E. ciconium L.* muss aus der Schweizerflora entfernt werden, obwohl Hegetschweiler es von Neuem für Unter-Wallis anführt. Es mag ihm, wie andern gegangen sein, die das E. ciconium bloss aus der Beschreibung kannten.

2. *E. moschatum L.* Blumenstiele mehrblumig. Blumenblätter etwas ungleich, roth. Blätter gefiedert: Fiederblättchen länglich-eirund, ungleich gesägt, nach Bisam riechend. ⊙ In Gärten als Unkraut, jedoch immer nur vorübergehend. Gefunden wurde es schon bei Chur, Biel, Muttenz, Augst, Leuk und Genf.

V. Klasse.

Terebinthineae.

Blüthen vollkommen oder unvollkommen, Zwitter oder getrennten Geschlechts, gewöhnlich mit freiem Kelch und verschiedenartigen Früchten. Am leichtesten erkennt man diese Klasse an ihren starkriechenden Blättern.

XIII. Familie.

Rutaceen (Rutaceae).

Kelch 4—5theilig. Krone 4—5blätterig, regelmässig oder mit etwas ungleichen Blumenblättern. Staubgefässe meist doppelt so viel als Kronblätter. Ovarium auf einem kurzen Träger (gynophorum), unten etwas in eine fleischige Scheibe erweitert, oben getheilt. Griffel aus der Vertiefung zwischen den Theilen des Ovariums kommend, mit einfacher Narbe. Frucht eine fächerweise sich theilende Kapsel. Samen aus einem in der Axe eines fleischigen Eiweisses gelegenen geraden Keims bestehend.

Kräuter mit abwechselnden, gewöhnlich fiederig getheilten Blättern, welche in kleinen Drüsen ein starkriechendes ätherisches Oel enthalten.

Dictamnus.

Kelch fünftheilig, abfällig. Blumenblätter 5, genagelt, etwas ungleich. Staubgefässe 10, gebogen. Ovarium auf einem kurzen, dicken Träger. Kräuter mit gefiederten Blättern, die an die Eschen mahnen.

D. albus L. Diptam. Escherwurz. Blumenblätter elliptisch-lanzett. Ovarium kürzer als sein Träger. Blättchen länglich-elliptisch gesägt. $1\frac{1}{2}$—2'. ♃ Juni. Findet sich wild zwischen Lugano und Gandria, wo er mit rothen Blumen blüht. Auch bei Basel wird er gefunden. Sodann gibt man ihn auch im Unter-Wallis und auf dem Randen bei Schaffhausen an. Die Wurzel des Diptams ist unter dem Namen *Radix Dictamni s. Fraxinellae* officinell. In warmen Sommertagen dünstet die Pflanze ein ätherisches Oel aus, das sich entzündet, wenn man ein Licht in die Nähe derselben bringt. In der Nacht ist die Flamme recht hübsch zu sehen.

— Ruta.

Kelch 4—5theilig, bleibend. Krone 4—5blätterig. Staubgefässe 8—10, unter der Scheibe eingesetzt. Nectargrübchen 8—10 in der Scheibe.

— *R. graveolens L. Raute.* Kapseltheile stumpf. Blätter dreifach gefiedert: Fiederblättchen länglich-eirund. 2 bis 3'. ♃ Häufig in Gärten und auch ausser denselben bei Gandria, St. Moritz im Wallis, Mühlethal etc. Das Kraut, obwohl ein kräftiges Reizmittel, wird heutzutage nicht mehr so häufig gebraucht als ehemals; man gebraucht es auch als Gewürz zu Speisen.

Im benachbarten Aosta-Thale wird der hieher gehörige *Tribulus terrestris L.* gefunden.

XIV. Familie.

Terebinthaceen (Terebinthaceae).

Blumen hermaphroditisch oder mit getrennten Geschlechtern. **Kelch** klein, meist fünf- (auch 3—4—7-) spaltig. **Krone** fünf- (auch 3—4—7-) blätterig, sammt den Staubgefässen meist von einer das Ovarium unten umgebenden Ringsscheibe ausgehend. **Staubgefässe** so viel oder doppelt so viel als Blumenblätter. **Stempel** aus einem freien, einfächerigen, einsamigem Ovarium, einem Griffel und einfacher Narbe bestehend; selten sind neben demselben 4—5 rudimentäre vorhanden. **Frucht** fleischig oder trocken, nicht aufspringend. **Samen** ohne Albumen mit gebogenem Keim. — Bäume und Sträucher, die fast alle dem Süden angehören. Von *Pistacia Terebinthus L.* erhält man die feinste Sorte *Terpentin*, welche aber gewöhnlich nicht unverfälscht in den Handel kommt. Durch Einschnitte in die Rinde von *Pistacia Lentiscus* gewinnt man den wohlriechenden *Mastix*, der aus dem griechischen Archipel zu uns kommt. Endlich gehört auch in diese Familie der *Pimpernussbaum* (Pistacia vera L.), der die wohlschmeckenden *Pistacien* oder Pimpernüsse liefert.

Rhus.

Kelch fünfspaltig. Krone fünfblätterig. Staubgefässe vor der Ringsscheibe eingesetzt. Griffel 3, aber dennoch nur ein Ovarium. Frucht trocken.

R. Cotinus L. Perückenbaum. Blätter rundlich-oval. Ein 4—10' hoher Strauch, der besonders zur Fruchtreife an seiner lang behaarten Rispe leicht zu erkennen ist. Ich fand ihn wild bei Lugano. Sodann ist er aber auch häufig in Gärten diesseits der Alpen. Das Holz (*Fisetholz*) färbt orangegelb, mit Zusätzen auch grün und kaffeebraun. Wurzel und Blätter dienen gleichfalls zum Färben, die Zweige mit den Blättern auch zum Gerben.

Häufig findet man auch in Gartenanlagen *Rhus typhina L.*, die sich durch ihre im Herbst roth werdenden Blätter auszeichnet.

XV. Familie.

† *Juglandeen (Juglandeae).*

Von den Terebinthaceen durch die unvollkommenen, Kätzchen bildenden Blüthen verschieden, nähern sich die Nussbäume dennoch durch ihre ölreichen Früchte, durch den Blüthenstand der weiblichen Blüthenorgane und durch die starkriechenden gefiederten Blätter dieser Pflanzenfamilie. Wir besitzen aus den Juglandeen den majestätischen *Nussbaum* (Juglans regia L.), der in Persien zu Hause, über Griechenland und Italien zu uns gekommen ist und sich jetzt vollkommen acclimatisirt hat, dass er auch in den höhern Gegenden (in der montanen Region) recht gut gedeiht. Doch ist er noch immer gegen Frühlingsfröste empfindlich. Man schätzt vom Nussbaum besonders sein schönes und hartes Holz und seine öligen, schmackhaften Früchte. Aus den grünen herben und braungelb abfärbenden Fruchthüllen, so wie auch aus den unreifen Früchten bereitet man ein kräftiges, tonisches, etwas scharfes Arzneimittel.

VI. Klasse.

Tricoccae.

Blüthen unvollkommen oder vollkommen, überhaupt sehr veränderlich. Frucht aus 2, meistens 3 und auch mehrern einsamigen, mit einander verbundenen Karpellen bestehend. Samen mit fleischigem Eiweiss und geradem Keim. Bei uns enthält diese Klasse meistens Kräuter mit milchartigem Safte.

XVI. Familie.

Euphorbiaceen (Euphorbiaceae).

Die Reproduktionsorgane der Euphorbiaceen sind dermassen vielgestaltig, dass man in ihnen die ganze Entwicklungsgeschichte der phanerogamischen Pflanzen wiederholt zu finden glaubt. Bei den einen ohne irgend eine Hülle und einzeln auf einem Stielchen stehend, erinnern die Staubgefässe an die Aroideen; bei andern, die mit einem perigonartigen Kelch umgeben sind, wird man an die Polygoneen gemahnt und bei noch andern, in denen Kelch und Krone deutlich und symmetrisch gestellt sind, erkennt man den Typus der Dichlanoideen. In diesem letztern Falle befindet sich der *Buchs*, im zweiten der *Wunderbaum* (Ricinus communis L.) unserer Gärten, im ersten unsere Euphorbien. Bloss in der Frucht herrscht mehr Uebereinstimmung; denn diese ist gewöhnlich dreifächerig und trennt sich fachweise in 3 Körner (daher der Name Tricoccae). Die Samen bestehen aus einem geraden Keim, der in der Axe eines fleischigen Albumens liegt. Ebenso wie in den Blüthentheilen, zeigt sich auch im Habitus eine unendliche Verschiedenheit, von der man sich einen Begriff machen kann, wenn man eine Mercurialis oder den Buchsstrauch mit einer cactusartigen Pflanze zusammenhält. Viele enthalten einen milchweissen Saft, der von einigen Arten ausgezeichnete medicinische Eigenschaften besitzt. *Croton tinctorium* gibt die unter dem Namen *Tournesol* bekannte rothe oder (mit andern Stoffen vermischt) blaue Farbe. Aus den von allen Hülltheilen befreiten Samen des Wunderbaums erhält man das vielgebrauchte Ricinus-Oel.

Buxus.

Geschlechter auf verschiedenen Stielen. Männliche Blumen: Kelch 3—4theilig. Krone zweiblätterig. Staubgefässe 4. Weibliche Blumen: Kelch viertheilig. Krone fünfblätterig. Kapsel dreihörmig: Fächer zweisamig.

B. sempervirens L. Buchs. Blätter eirund, am Stiel und Rande etwas behaart. Ein immergrüner Strauch, der in der italienischen Schweiz und bei Genf (auf dem Salève) wild, an vielen andern Orten, als bei Basel, Schaffhausen, Solothurn, verwildert vorkommt. Sein hartes und schweres Holz wird zu feinen Drechslerarbeiten gebraucht. Auch bedient man sich noch jetzt, jedoch nicht so häufig wie ehemals, des Buchses zum Einfassen der Gartenbeete.

Mercurialis.

Blumen stammgetrennt, d. h. die beiden Geschlechter auf verschiedenen Stämmen. Perigon dreitheilig. Staubgefässe 9—12. Griffel kurz mit 2 Narben. Kapsel zweifächerig: Fächer einsamig. Kräuter.

1. *M. perennis L.* Stengel einfach. Blätter gestielt, länglich-eirund. Weibliche Blüthen lang gestielt. 1'. ♃ April und Mai. In Gebüsch und Wäldern durch die ganze Schweiz. Wird durch Trocknen blau.

2. *M. annua L.* Stengel ästig. Blätter eirund-lanzett oder eirund. Weibliche Blüthen sitzend. 9—18''. ⊙ Ein Unkraut in Gärten und Aeckern. Sommer.

Euphorbia.

Viele (10—20 und mehr) Staubgefässe stehen in einer kelchartigen Hülle, die mit ganzen oder halbmondförmigen zweispitzigen Anhängseln (Drüsen) besetzt ist. Die Staubfäden zeigen eine kleine Articulation, woraus man schliesst, dass jeder für sich eine eigene Blüthe bildet, die an dieser Stelle ihre Hülltheile hätte haben sollen. Die ungleichzeitige Entwicklung der Staubgefässe spricht auch hiefür. In der Mitte eines solchen Aggregats von Staubgefässen befindet sich, ebenfalls gestielt, ein Stempel mit dreispaltigem Griffel. Frucht eine dreikörnige Kapsel mit einsamigen Körnern. Kräuter mit milchweissem bittern Safte.

† Drüsen der Hülle rundlich oder oval.

1. *E. Helioscopia L.* Dolde fünfästig: Aeste dreigabelig. Drüsen ganz. Kapsel glatt. Samen gegrübelt. 1'. ⊙ Frühling und Sommer. An allen Wegen der Schweiz.

2. *E. Platyphyllos L.* Dolde 3—5ästig: Aeste dreigabelig: Aestchen zweigabelig. Drüsen ganz. Kapseln warzig: Warzen zerstreut, stumpf, halbkugelig. Samen glatt. Blätter umgekehrt-lanzett, ungleich gesägt, spitzig, sitzend. Gewöhnlich 1' hoch oder etwas darüber. ⊙ Juli bis September. Auf Aeckern der westlichen Schweiz, jedoch seltener als man annimmt, weil man früher die folgende Art mit dieser verschmolz. Ich sammelte sie bei Genf und zwischen Basel und Reinach.

3. *E. stricta L.* Dolde 3—5ästig: Aeste dreigabelig: Aestchen zweigabelig. Drüsen ganz. Kapsel warzig (kleiner als bei voriger): Wärzchen zerstreut, kurz cylindrisch. Blätter wie bei voriger, doch viel dichter am Stengel

stehend. Dieser ist 1½—2'. Samen glatt. In Wiesen und an Gräben nicht selten. Solothurn, Bern, Genf, Zürich etc. Fehlt in Graubünden und Glarus.

4. *E. dulcis L.* Dolden fünfästig: Aeste zweigabelig. Drüsen ganz. Kapsel warzig: Wärzchen zerstreut, ungleich stumpf. Blätter länglich-lanzett, stumpf, nach hinten verschmälert und sehr kurz gestielt. Stengel 1—2', im trockenen Zustande fein gestreift. ♃ Sommer. In Hecken und schattigen Wäldern bis in die montane Reg. Bei Genf, Zürich, Basel, Bern, in Unter-Wallis, bei Aelen und jenseits der Alpen, bei St. Maria in Calanca.

5. *E. verrucosa Lam.* Dolden fünfästig: Aeste drei- oder zweigabelig. Drüsen ganz. Kapsel warzig: Wärzchen kurz cylindrisch. Blätter länglich-eirund gesägt, flaumhaarig. Samen glatt. 1' und darüber. ♃ Auf steinigen Stellen der mittlern und westlichen Schweiz bis auf die höchsten Spitzen des Jura. Bei Solothurn, Zürich, Rheinfelden, Ct. Cergues; auch in der Ebene und am Fuss der Alpen bei Neuss, Genf, Bex, Villeneuve.

6. *E. palustris L.* Dolde vielästig: Aeste drei- oder zweigabelig. Drüsen ganz. Kapsel warzig: Wärzchen länglich, kurz cylindrisch. Samen glatt. Blätter lanzett, ganzrandig. Wird 3, 4 und bis 10' hoch. ♃ Bei uns selten. An der Broie (Haller), bei Erlach (Schuttlenworth), bei Basel (Hagenbach); sodann bei Iferten, Villeneuve und Orbe.

7. *E. Gerardiana Jacq.* Dolde vielästig: Aeste wiederholt zweigabelig. Drüsen ganz. Kapsel glatt oder sehr fein rauh punktirt. Samen glatt. Blätter graugrün, lineal-lanzett oder lineal in eine Spitze ausgehend, ganzrandig und kahl. 1' und darüber. ♃ Auf sandigen Stellen, in Unter-Wallis, bei Bex, Basel, an der Thur (Koller).

†† Drüsen der Hülle halbmondförmig oder zweihörnig.

8. *E. amygdaloides L.* (*E. sylvatica Jacq.*) Dolde vielästig: Aeste wiederholt zweigabelig. Drüsen halbmondförmig. Kapsel glatt, fein rauh punktirt. Samen glatt. Blätter umgekehrt-lanzett. 2'. ♃ Auf dürren steinigen Stellen der tiefern Gegenden. Häufig in Graubünden, Waadt, Genf; auch am Rhein im C. Zürich und bei Solothurn. Mai.

9. *E. Cyparissias L.* Dolde vieläslig: Aeste wiederholt zweigabelig. Kapseln fein rauh punktirt. Samen glatt. Blätter lineal, ganzrandig, kahl: die der Aeste noch viel schmäler (nur die vom Rost angegriffenen sind oval). 1—1½'. ♃ Auf dürren steinigen Stellen, überall, bis in die subalpine Region.

10. *E. segetalis L.* Dolde fünfästig: Aeste wiederholt zweigabelig. Drüsen zweihörnig. Kapseln mit Streifen von rauhen Punkten. Samen gegrübelt. Blätter graugrün, lineal, zugespitzt, kahl: die obere breiter. 1'. Im Getreide bei Siders. ☉

11. *E. Peplus L.* Dolden dreiästig: Aeste wiederholt zweigabelig. Kapselkörner am Rücken mit 2 schwach geflügelten Kielen. Drüsen zweihörnig. Samen gegrübelt. Blätter gestielt, umgekehrt-eirund, gestielt, ganzrandig. ½—1'. ☉ Gemein an Wegen, in Gärten als Unkraut, auch in der montanen Region. Sommer.

12. *E. falcata L.* Dolden dreiästig: Aeste wiederholt zweigabelig. Drüsen zweihörnig. Kapseln glatt. Samen mit 4 Reihen rauher Queerlinien bezeichnet. Blätter lanzett, nach unten schmäler, kahl, spitzig. ½'. ☉ In Aeckern der südwestlichen Schweiz nicht selten. Unter-Wallis, Waadt, Genf. Sommer.

13. *E. exigua L.* Dolde dreiästig: Aeste wiederholt zweigabelig. Drüsen zweihörnig. Kapseln glatt. Samen rauhkörnig. Blätter lineal, kahl. 3—6''. ☉ Sommer und Herbst. In Aeckern gemein. In den Cantonen Genf, Waadt, Neuenburg, Bern, Solothurn, Zürich.

14. *E. Lathyris L.* Dolden 4ästig: Aeste wiederholt zweigabelig. Drüsen zweihörnig. Kapseln runzlig. Samen runzlig. Blätter entgegengesetzt, breit lineal. 2—4'. ☉ Im Tessin wild; hierseits häufig in Gärten und von da ausgewandert. Sommer. Die Samen dieses Krauts waren ehedem unter dem Namen *Springkörner* oder *Purgirkörner* ein Hausmittel und wurden auch in den Apotheken gehalten.

XVII. Familie.

Empetreen (Empetreae).

Blüthen mit getrennten Geschlechtern. Kelch dreitheilig. Krone dreiblätterig, mit den Kelchtheilen abwechselnd. Staubgefässe 3, frei, mit den Blumenblättern abwechselnd, sammt diesen von der fleischigen Scheibe, auf welchen bei den weiblichen Blumen das Ovarium sitzt, ausgehend. Ovarium 3—6fächerig: Fächer einsamig. Griffel 1 mit strahliger Narbe. Frucht eine Beere, die 3—6 einsamige beinharte Körner enthält. Samen aus einem geraden, in einem fleischigen Eiweiss gelegenen Keim bestehend. Kleine heidenartige Sträucher.

Empetrum.

Blüthen stammgetrennt. Kelch dreitheilig. Krone dreiblätterig. Staubgefässe 3. Griffel fast 0, mit 6—9strahliger Narbe. Beere 6—9körnig.

E. procumbens L. Aufliegend. Blätter länglich oder lineal, am Rande umgerollt. Narbe neunstrahlig. Ein kleines, bei uns nur auf Bergen vorkommendes Sträuchlein. Geht durch die ganze Alpenkette von Savojen bis Graubünden in einer Höhe von 5—7000'. Im Jura auf dem Réculet, à la Vallée de Joux und im Marais des Rousses, überall auf torfigem oder sumpfigem Boden. Die schwarzen Beeren werden im Norden gegessen.

VII. Klasse.

Frangulaceae.

Blüthen vollkommen mit freiem oder verwachsenem Ovarium. Krone auf einer Ringsscheibe oder auf dem Kelche, aus so viel Blättern bestehend als Kelchlappen sind. Staubgefässe ebendaselbst eingesetzt, so viel als Kron- und Kelchtheile. Frucht verschieden. Samen mit Eiweiss, in dem ein gerader Keim ist. Bei uns Sträucher mit einfachen abwechselnden Blättern.

XVIII. Familie.

Rhamneen (Rhamneae).

Kelch 4—5spaltig, mit seinem untern Theil an das Ovarium mehr oder weniger angewachsen. Blumenblätter 4 oder 5, abwechselnd mit den Kelchlappen oft schuppenartig. Staubgefässe so viel als Blumenbehälter, denselben gegenüberstehend. Ovarium mit einem Ringsscheibchen umgeben, 2—4fächerig: Fächer einsamig: Samen aufrecht. Ein Griffel mit 2—4 Narben. Frucht (bei den unsrigen) eine Beere.

Grosse und kleine Sträucher mit unansehnlichen Blüthen. Die meisten Arten dieser Familie gehören dem Süden an.

Rhamnus.

Kelch 4—5spaltig, mit glocken- oder kreiselförmiger Röhre. Blumenblätter schuppenartig, sammt den Staubgefässen auf dem Rande der Kelchröhre. Beere 2—4kernig, bisweilen fast trocken. In jedem Kern ein Samen. Sträucher mit einfachen ungelappten Blättern.

1. *R. cathartica L. Wegdorn.* Blätter rundlich-oval gesägt. Aeste in Dorne ausgehend. Blüthentheile vierzählig. 6—10'. In Hecken und Gebüsch, durch die ganze Schweiz. Mai und Juni. Die Beeren sind officinell (baccae Spinae cervinae): auch werden sie, ehe sie ganz reif sind, gesammelt und mit Zusatz von Alaun zum

Saftgrün verarbeitet; behandelt man sie mit Thonerde, so geben sie das *Schüttgelb*.

2. *R. saxatilis L.* Blätter elliptisch oder lanzett, gesägt. Aeste in Dornen ausgehend. Afterblättchen so lang oder länger als die Blattstiele. Blumentheile vierzählig. Ein 3—4' hoher, sehr ästiger Strauch, der bisher bloss in der Umgegend von Chur (bis Reichenau) bemerkt worden ist; hier ist er jedoch sehr häufig. Die Beeren dieses Strauches kommen, wie die des R. infectoria, unter dem Namen *Gelbbeeren* oder *Graines d'Avignon* im Handel vor und besitzen die gleichen Eigenschaften, wie denn auch die beiden Straucharten kaum von einander zu unterscheiden sind. In Graubünden sammelt man sie jedoch nicht.

3. *R. alpina L.* Blätter eirund, gekerbt, vielrippig. Blumentheile vierzählig. Griffel dreispaltig. Auf Gestein und Felsen am Fusse der Berge. Bei Genf, Aelen, Bex, am Thuner-See, im Tessin und besonders häufig im Jura von Solothurn, Aarau und Basel, wo dieser Strauch bis auf die höchsten Gipfel (subalp. Region) steigt. 3—6'. Mai und Juni.

4. *R. pumila L.* Blätter elliptisch oder fast rund, gesägt. Blattnerven auf jeder Seite der Mittelrippe 6, krumm. Griffel dreispaltig. Ein kriechendes, 1—2" hohes Sträuchlein, das in Felsenritzen sein kümmerliches Dasein fristet. Steigt aus den Alpen bis gegen die Ebene herab. Findet sich in Graubünden, unter andern bei Reichenau, in Wallis, Waadt, Bern, Unterwalden, Glarus, Savojen. April und Mai.

5. *R. Frangula L. Faulbaum.* Blätter ganzrandig. Blumentheile fünfzählig. Griffel ungetheilt. Beeren erst roth, dann schwarz. Ein bis 10' hoher Strauch, der durch die ganze Schweiz in Hecken und Gebüsch zu finden ist. Mai und Juni. Man hält von ihm die innere Rinde in den Apotheken (Cortex Alni nigrae). Die Beeren, die Blätter und innere Rinde färben gelb. Das Holz gibt die besten Kohlen zu Schiesspulver.

Bei Lauis findet man den *Paliurus aculeatus Lam.* verwildert, der sonst hie und da zu Hecken benutzt wird. Auch der *Brustbeerenbaum* (Zizyphus vulgaris Lam.) wird zuweilen angepflanzt, obwohl man sich aus seinen Früchten bei uns weniger macht als im Süden.

XIX. Familie.

Aquifoliaceen (Aquifoliaceae).

Kelch 4—6zähnig. Krone regelmässig, vier- bis sechstheilig. Staubgefässe 4—6 auf der Krone, mit den Kronlappen abwechselnd. Stempel aus einem 2—6fächerigen Ovarium und fast sitzender gelappter Narbe bestehend. Frucht eine Beere mit 2—∞ beinharten einsamigen Körnern. Samen aus einem sehr kleinen Keim und und grossem Eiweiss bestehend. — Immergrüne Bäume und Sträucher mit einfachen, ledernen, kahlen Blättern.

Ilex.

Kelch 4—5zähnig. Krone radförmig, 4—5theilig. Narbe 4—5theilig. Beere 4—5körnig.

I. Aquifolium L. Stechpalme. Blätter eirund, dornig-gezähnt. 4—12'. Mai und Juni. Findet sich häufig auf den Molassenbergen der mittlern Schweiz, bewohnt auch den Jura, flieht aber die Alpen. Die rothen Beeren purgiren und geben einen vorzüglichen Vogelleim.

XX. Familie.

Celastrineen (Celastrineae).

Kelch 4—5spaltig oder theilig. Krone regelmässig 4—5blätterig, am Rande der das Ovarium umgebenden Scheibe stehend. Staubgefässe 4—5, ebenfalls von dieser Scheibe ausgehend, abwechselnd mit den Blumenblättern. Stempel aus einem freien Ovarium, einem kurzen Griffel und einer kleinen Narbe bestehend. Frucht 2—4fächerig: Fächer einsamig. Samen mit geradem Keim in einem fleischigen Albumen. Sträucher oder kleine Bäume.

Evonymus.

Frucht eine 3—5fächerige Kapsel. Samen einzeln in jedem Fache, von einem fleischigen Arillus umgeben.

1. *E. europaeus L. Spillbaum.* Blumenblätter länglich. Aeste vierkantig. Blätter elliptisch-lanzett, gesägt, kahl. Kapseln *(Pfaffenkäppchen)* meist vierlappig, hellroth: die Kanten derselben abgerundet. 6—12'. In allen Hecken durch's ganze Land. Das Holz gibt vortreffliche Kohlen zum Zeichnen; auch nehmen es zuweilen die Tischler zum Einlegen.

2. *E. latifolius Scop.* Aeste glatt, walzig. Blätter länglich-elliptisch, gesägt, kahl. Kapseln fünflappig: Kanten geflügelt. Auf dem Rigi, Etzel, Uto und Mythen.

Der *Pimpernussstrauch* (Staphylea pinnata L.) kömmt häufig in Gartenanlagen vor und verwildert nicht selten in deren Nähe. Er ist an seinen weissen hängenden Blumentrauben und gefiederten Blättern leicht zu erkennen.

VIII. Klasse.

Polygalinae.

Klasse wie Familie.

XXI. Familie.

Polygaleen (Polygaleae).

Blumen unregelmässig, zwitter. Kelch fünfblätterig: die zwei innern seitlichen grösser als die übrigen, blumenblattartig. Krone drei- oder fünfblätterig mit der Staubfadenröhre mehr oder weniger verwachsen. Staubgefässe 8, nach hinten alle zu einer Röhre verbunden, nach vorne in zwei Bündel getrennt. Staubbeutel meist einfächerig, durch ein Loch sich öffnend. Ovarium frei, zweifächerig, mit einem Griffel und Narbe. Frucht eine zweifächerige Kapsel, die in jedem Fach einen Samen hat. Samen: ein gerader Keim, fast ohne Albumen. — Kräuter mit einfachen zerstreuten Blättern und traubenständigen Blüthen. Sie enthalten einen bittern Saft, um deswillen sie als Arzneimittel gesucht werden; bei einigen ausländischen Arten ist derselbe milchweiss.

Polygala.

Kelch fünfblätterig. Krone dreiblätterig: das untere Blumenblatt wie bei den Hülsenpflanzen kielförmig. Kapsel zusammengedrückt. Samen an der Basis mit einem vierzähnigen Arillus umgeben. Kleine Kräuter.

† Vorn an der Krone ein vieltheiliger Kamm.

1. *P. amara L.* Mit Blattrosetten, die aus umgekehrt-eirunden Blättern bestehen. Ovarium während der Blüthe fast ungestielt. Blüthentrauben vielblumig, blau, zuweilen ins weissliche ziehend. Blümchen die kleinsten des Geschlechts. 1—5″ lang. Auf feuchten Wiesen und Weiden von der Ebene bis in die alpine Region, überall. Diese Art wird der P. vulgaris in der Medicin vorgezogen. Man nimmt von ihr das ganze Kraut (Herba Polygalae amarae) und nicht bloss, wie zuweilen von Aerzten verschrieben wird, die Wurzel.

Zwischen dieser und der folgenden Art gibt es eine grosse Menge von Formen, aus denen wir bloss die vorzüglichsten hervorheben wollen.

P. ramosa Hegetschw. Grösse und Farbe der Blüthen, so wie auch die Form der untern Blätter, die aber kaum mehr Rosetten bilden, wie bei der ächten P. amara. Allein die obern Blätter sind eirund-lanzett und in der Blattachsel des obersten Blattes steht ein blühender Ast mit schmälern Blättern. 5—9''. In der subalp. Region, auf sonnigen, etwas feuchten Stellen. Ich fand sie auf den Bergen bei Genf. Hegetschweiler gibt keine besondern Standorte an.

P. alpestris Reich. Keine Rosetten, jedoch sind die untern Blätter auch umgekehrt-eirund, die obern lanzett. Blümchen schön hellblau und grösser als bei der amara. 3—5''. Auf subalpinen und alpinen Weiden durch die ganze Schweiz. (Salève, Gemmi, Pizogel bei Chur.)

P. comosa Schk. Habitus der folgenden. Ovarium gestielt. Die Bracteen sind aber lanzett und so lang als die Blumenstiele, während sie bei P. vulgaris breiter und kürzer sind. Dieser Unterschied ist jedoch nicht so bedeutend als er zu sein scheint; denn diese Theile ändern gar sehr. So habe ich von der *P. alpestris* ein Exemplar, an dem nur die unentwickelten Blümchen Bracteen haben, die dann ganz natürlich doppelt so lang als die Blüthenstiele sind. Findet sich bei Bellerive unweit Genf und wahrscheinlich noch vielfach anderwärts. 5—9''.

Am nämlichen Orte (bei Bellerive am Genfersee) fand ich nicht weit von der Comosa, allein auf periodisch überschwemmtem Sande, die

P. arenaria M. Ihre Blättter sind wie bei P. comosa und vulgaris; die Blumen halten in Bezug auf Grösse die Mitte zwischen den beiden Hauptformen, wie dies auch bei P. alpestris der Fall ist; ihre Farbe ist roth, zum Theil ins Blaue übergehend. Die Früchte sind fast um die Hälfte kleiner als bei P. comosa und vulgaris, kaum gestielt. 2—5''. An ganz analogen Stellen am Genfer-See wird der *Dianthus sylvestris* 1'' hoch und einblumig, und der *Ranunculus Flammela* zu R. reptans. Obgleich nun die P. arenaria von der P. comosa abzuleiten ist, so ist sie dennoch von dieser unendlich mehr verschieden als dieselbe (comosa) von der vulgaris ist. Daraus ergibt sich, was von der P. comosa und andern Species der Art zu halten ist.

2. *P. vulgaris L.* Ohne Blattrosetten. Ovarium gestielt. Blätter lanzett, die untern kürzer und vorn breiter. Blumen roth oder blau, wenigstens doppelt so lang als bei P. amara. 6—9''. Auf trockenen Weiden durch die ganze Schweiz. Mai und Juni.

†† Vorn an der Krone ein vierlappiger Kamm.

3. *P. Chamaebuxus L.* Blumenstiele achsel- oder endständig. Blätter elliptisch-eirund, immer grün. Blumen gelb, zu 2 oder 3 beisammen. Ein kleines, ½—1′ langes Sträuchlein, das an sonnigen Halden wächst und vom April an blüht. Auf den Alpen bis in die Höhe von 6700′ nicht selten. In Graubünden, Glarus, Unterwalden, Wallis, Waadt, Bern, Savojen. Auf dem Jura sehr selten: nach Haller auf dem Hauenstein, so wie auch auf dem geologisch zum Jura gehörigen Salève. Auf der Molasse bei Zürich häufig. Auch jenseits der Alpen bei Bellenz.

IX. Klasse.

Acera.

Blüthen regelmässig, vollkommen. Krone und Staubgefässe auf einer Ringsscheibe, von bestimmter Zahl. Bäume und Sträucher mit ganzen und getheilten, gegenüberstehenden und zerstreuten Blättern.

XXII. Familie.

† *Hippocastaneen (Hippocastaneae).*

Die Rosskastanien, welche hieher gehören, zeichnen sich durch einen fünftheiligen Kelch, eine meist vier- (seltener fünf-) blätterige Krone, 6—8 (am häufigsten 7) Staubgefässe, ein dreifächeriges, in jedem Fache zwei Eier enthaltendes Ovarium und eine durch Fehlschlagen 2—4samige Kapsel aus. Sie sind nicht mit den eigentlichen Kastanien zu verwechseln, obwohl ihre Samen den Früchten derselben gleichen. — Unser ***Rosskastanienbaum*** (Aesculus Hippocastanum L.) stammt aus Asien

(Tibet und Afghanistan), wurde 1576 von David Ungnad, kaiserlichem Gesandten in Konstantinopel, an den berühmten Botaniker Clusius nach Wien geschickt und verbreitete sich von dort aus über ganz Europa. Seine Gattungsverwandten finden sich im nördlichen Amerika. Die Rinde dieses zierlichen Baums kann zum Gerben, die jungen Blätter statt Hopfen zum Bierbrauen und die Früchte zur Mastung der Schweine und Schafe gebraucht werden.

XXIII. Familie.

Acerineen (Acerineae).

Blüthentheile (mit Ausnahme des Stempels) von einer Ringsscheibe ausgehend, häufig mit verkümmertem Stempel. Kelch vier- oder fünfblätterig. Krone vier- oder fünfblätterig (selten mehr oder 0). Staubgefässe gewöhnlich 8, selten 5 oder 12, auf einer Ringsscheibe eingesetzt. Stempel aus einem zweilappigen Ovarium, einem zwischen den Lappen stehenden Griffel und zwei Narben bestehend. Frucht eine zweifächerige Kapsel, die in zwei einsamige, nicht aufspringende, geflügelte Karpelle zerfällt. Samen aus einem gebogenen Keim mit eingerollten Samenlappen ohne Albumen bestehend. — Grosse Bäume und Sträucher mit handförmig gelappten Blättern; im Frühling angebohrt geben sie fast alle einen süssen Saft, der zu Zucker gemacht werden kann und in Nordamerika auch wirklich dazu verwendet wird. Besonders reich daran ist *Acer saccharinum L.*, der in ganz Nordamerika wild wächst und auch in Europa zu diesem technischen Zwecke angepflanzt wurde.

Acer.

Kelch fünftheilig. Krone fünfblätterig. Staubgefässe 8. Stempel und Frucht wie oben. Es gibt auch bloss männliche Blüthen unter den Zwitterblüthen. Blühen im Frühling.

1. *A. Pseudoplatanus L. Ahorn.* Blätter handförmig, fünflappig, unterhalb graugrün: Lappen ungleich gesägt. Blüthentrauben hängend. Ovarien weichhaarig. Ein grosser Baum, der ein hohes Alter erlangen kann, wie der Trunser-Ahorn beweist, der schon 1424 ein durch seine Grösse auffallender Baum war. Man findet ihn häufig durch die montane und subalpine Region der Alpen und des Jura verbreitet (Graubünden, Glarus, Uri, Wallis, Bern, Solothurn, Waadt). Das Holz hat so viel Heizkraft als das Buchenholz und ist noch zudem für Drechslerarbeiten besonders geeignet. Auf den höhern Spitzen des Jura, wie z. B. die Hasenmatt, bleibt dieser Baum strauchartig.

2. *A. platanoides L. Lenne.* Blätter handförmig fünflappig, kahl: Lappen rund ausgebuchtet und zugespitzt gelappt. Ovarium kahl. Ein ebenfalls hoher Baum, der fast ausschliesslich dem Jura angehört und hier vom Waadtlande an bis in den C. Solothurn fast überall angetroffen wird. Seltener ist er in der mittlern Schweiz (Bern, Zürich, Waadt) und nur vereinzelt am nördlichen Fuss der Alpen (Glarus, St. Gallen, Graubünden). Sein Holz ist so gut als das der vorigen Art.

3. *A. opulifolium Vill.* Blätter handförmig, fünflappig: Lappen stumpf, kerbartig gezähnt. Blumentrauben später hängend. Ovarium ziemlich kahl. Ein 10—20' hoher Baum, der sich in Wäldern und Gebüsch der westlichen Schweiz nicht selten findet. (Fouly, Leytron, Bex, Chillon, Genf (hier fast überall), bei Neuss und Orbe im Jura.)

4. *A. campestre L. Massholder.* Blätter handförmig, fünflappig: Lappen ganzrandig, Blumentrauben aufrecht. Flügel der Früchte horizontal divergirend. Ein 10' hoher Strauch oder Baum mit korkartiger Rinde. Findet sich in Gebüschen und Hecken durch die ganze Schweiz bis an 5000' ü. M.

X. Klasse.

† **Hesperides.**

XXIV. Familie.

† *Aurantiaceen (Aurantiaceae).*

Die Pflanzenfamilie, zu der die Citronen- und Pomeranzenbäume gehören, zeichnet sich durch vier- und fünfzählige Kelche und Kronen, viele Staubgefässe, einen Griffel und eine gewöhnlich fleischige, mehrfächerige, vielsamige, mit einer dicken Rinde umgebene Frucht aus. Sie gehört dem tropischen Asien an und hat sich von dort aus über alle warmen Länder der Erde verbreitet. Bei uns werden die oben genannten beiden Bäume in Gewächshäusern überwintert, wo sie unter guter Pflege zu einer beträchtlichen Grösse gelangen und reichliche Blüthen und Früchte geben. Von den *Pomeranzenbäumen* (Citrus Aurantium L.) sind nicht bloss die Früchte, sondern auch die Blätter und Blumen gesucht; diese letztern werfen sogar mehr ab als die Früchte. Ebenso dienen die Früchte des *Citronenbaums* (Citrus Medica L.) auf mannigfache Art.

XI. Klasse.

Guttiferae.

Blüthen vollkommen, regelmässig. Kelch meist frei. Staubgefässe von bestimmter oder unbestimmter Anzahl oft büschelweise verwachsen.

Frucht aus zwei, drei oder fünf Karpellen bestehend. — Kräuter oder Sträucher mit entgegengesetzten einfachen Blättern.

XXV. Familie.

Tamariscineen (Tamariscineae).

Kelch 4—5blätterig oder 4—5spaltig. Krone fünfblätterig. Staubgefässe eben so viel oder doppelt so viel. Ovarium frei. Frucht eine einfächerige, zweiklappige, vielsamige Kapsel. Samen mit einer Haarkrone, ohne Albumen und mit geradem Keim. — Sträucher mit kleinen sitzenden, cypressenartigen Blättern und trauben- oder ährenständigen Blüthen. Man trifft sie nicht selten als Zierpflanzen in Gärten an.

Tamarix.

Gattungscharakter wie der Familiencharakter, weil die Familie nur aus einer Gattung besteht. Zwar hat man aus der hier angeführten Art ein eigenes Geschlecht gemacht und Charaktere dafür in den Reproductionsorganen aufgefunden; allein der Habitus spricht lauter als kleine Verschiedenheiten in den Blüthentheilen, deren sich auch in der zurückgelassenen Species und sogar bei einer und derselben Art finden.

T. germanica L. (*Myriacaria germanica Desv.*) Staubgefässe 10, über die Mitte verwachsen. Blätter lanzettlineal, sitzend. Ein 4—10' hoher Strauch mit zierlichen graugrünen Zweigen und blassrothen Blüthen. Er findet sich immer im Sand der Flüsse. Am Rheine vom Bodensee an bis Davos hinauf; an der Rhone von Genf bis nach Wallis, an der Thur, Aare, Saane, Maira im Bergell, Linth, Sitter beim Weissbad. Blüht im Sommer. Aus dem Holze macht man Pfeifenröhren.

XXVI. Familie.

Elatineen (Elatineae).

Kelch drei-, vier- und fünfspaltig oder getheilt. Krone drei-, vier und fünfblätterig. Staubgefässe einfach oder doppelt so viel als Kronblätter. Ovarium frei, drei-, vier- und fünffächerig. Griffel 3, 4—5. Frucht eine drei, vier- bis fünffächerige Kapsel, die den Fachwänden nach aufspringt und vielsamig ist. Samen klein, cylindrisch, ohne Albumen. — Aeusserst kleine Kräutchen mit entgegengesetzten Blättern. Sie wachsen auf Sümpfen oder auf periodisch überschwemmten Stellen.

Elatine.

Kelch drei- oder viertheilig. Krone drei- oder vierblätterig. Staubgefässe 3, 4, 6, 8. Griffel 3 oder 4. Kapsel drei- oder vierfächerig.

1. *E. hexandra DC.* Blätter entgegengesetzt, länger als ihr Stiel. Blumen roth, gestielt, mit 6 Staubgefässen und 3 Blumenblättern. Stiel so lang als die Frucht oder länger. Samen etwas gebogen. 1''. Auf dem Sande zwischen Genthoud und Versoix am Genfer-See, in den Sümpfen der Linth und bei Colico. Herbst. ☉

2. *E. triandra Schkuhr.* Blätter entgegengesetzt, länger als der Blattstiel. Blumen dreiblätterig, dreimännig. Samen schwach gebogen. Herbst. Soll bei Basel vorkommen. ☉

3. *E. Hydropiper L.* Blätter entgegengesetzt, kürzer als Blattstiel. Blümchen sitzend oder kurz gestielt, mit 4 Blumenblättern und 8 Staubgefässen. Samen halbkreisförmig gebogen. Bei Colico und im Aosta-Thale, also an beiden Orten ausser der Schweiz. Juli und August. ☉

4. *E. Alsinastrum L.* Blätter gequirlt. 4—6'' hoch vom Aussehen der Schaftpalme. Juli und August. Wurde in neuerer Zeit wieder bei Michelfelden unweit Basel aufgefunden.

XXVII. Familie.

Hypericineen (Hypericineae).

Kelch 4—5theilig oder 4—5blätterig, bleibend. Krone 4—5blätterig, untenständig (also das Ovarium frei und obenständig), vor der Blüthe eingerollt. Staubgefässe ∞, bündelweise oder in einem Kreise auf einem Receptaculum eingesetzt. Ovarium mehrfächerig, vielsamig, mit centralständiger Placenta. Griffel 3 oder 5. Frucht eine Kapsel oder Beere, mit ausgebildeten Fächern und vielen Samen. Diese sind ohne Eiweiss. — Bei uns sind die Hypericineen Kräuter mit einfachen, entgegengesetzten Blättern und gelben Blumen.

Androsaemum.

Kelch fünftheilig. Krone fünfblätterig. Frucht eine einfächerige Beere.

A. officinale All. Ein 2' hohes perennirendes Kraut, das man bisher bloss an ein paar Orten im Cant. Tessin gefunden hat. Sommer. Ehemals war es officinell.

Hypericum.

Kelch fünfblätterig oder fünftheilig. Krone fünfblätterig. Griffel 3. Frucht eine dreifächerige Kapsel.

† Mit ganzen Kelchlappen.

1. *H. perforatum L. Johanniskraut.* Stengel zweischneidig. Blätter länglich-eirund, durchsichtig-punktirt. Kelchlappen lanzett, spitzig, ganzrandig. 2'. Blüht um Johannis und findet sich häufig auf Wiesen, an Gräben und dergleichen Orten durch die ganze Schweiz bis in die subalpine Region. Dieses Kraut, das man auch hie und da *gelbes Tausendgüldenkraut* heisst, ist officinell. Man sammelt von ihm den obern blühenden Theil und bereitet

daraus das *Oleum Hyperici*, das man heutzutage lieber als das Kraut selbst anwendet.

2. *H. humifusum L.* Stengel fast fadenförmig, etwas zweikantig, gewöhnlich aufliegend. 3—6". Blätter länglich-eirund. Kelchblätter länglich, stumpf, ganzrandig. Auf brachen Feldern und auf abgetriebenen Waldstellen. Häufig um Genf, Neuss, Peterlingen und auf dem Jorat; auch bei Luzern und auf Torfgründen am Katzensee und Aeschisee bei Solothurn.

3. *H. quadrangulare L.* Stengel aufrecht, vierkantig, 2—3'. Blätter eirund, durchsichtig-punktirt oder auch unpunktirt. Kelchblätter elliptisch-stumpf, ganzrandig. ♃ Häufig in Bergwäldern bis in die alpine Region (Graubünden, Waadtländer-Berge etc.); auch ebenso häufig im Neuenburger und Waadtländer Jura. Sommer.

4. *H. tetrapterum Fries.* Stengel aufrecht, vierkantig. 2—3'. Kanten etwas geflügelt. Blätter eirund, dicht durchsichtig-punktirt. Kelchblätter lanzett, zugespitzt, ganzrandig. ♃ Auf wässerigen Stellen durch die ganze Schweiz. Sommer. Die Blumen sind kleiner als bei voriger.

†† Kelchblätter glandulös-gesägt oder gewimpert.

5. *H. Richeri Vill.* (*H. fimbriatum Lam.*) Stengel ansteigend, wenigblumig. 1'. Blätter eirund-lanzett, umfassend, nicht durchsichtig-punktirt. Kelchblätter wimperig gezähnt. Blumenblätter schwarz punktirt. ♃ Bloss auf den höhern Stellen des westlichen Jura auf steinigen Stellen (Dôle, Réculet, Chasseron). Sommer.

6. *H. pulchrum L.* Stengel walzig, kahl, aufrecht. 1—1½'. Blätter herz-eiförmig, durchsichtig punktirt. Kelchblätter umgekehrt-eirund, sehr stumpf, glandulös gewimpert. ♃ Auf Heiden und in Bergwäldern der nördlichen Schweiz (Baden, Stadlerberg, Wyl). Auch gibt man es bei Peterlingen und auf dem Creux-du-Van an. Juli. ♃

7. *H. montanum L.* Stengel aufrecht, kahl. 2'. Blätter herz-eiförmig, sitzend, obere durchsichtig punktirt. Kelchblätter lanzett, spitzig, drüsig-gewimpert. In Gebüsch und Wäldern sowohl der Alpen als des Jura und der Molassengebirge bis auf 4000' ü. M. Sommer. ♃

8. *H. hirsutum L.* Stengel aufrecht, behaart. 3—4'.

Blätter länglich, kurz gestielt, behaart, durchsichtig punktirt. Kelchblätter lanzett, drüsig-gewimpert. In Gebüsch und Wäldern. Häufig in der Waadt und bei Genf. In Graubünden selten. ♃

9. *H. Coris L.* Stengel ansteigend, holzig. $1/2'$. Blätter lineal, zu 3 oder 4 gequirlt, stumpf, durchsichtig punktirt, am Rande umgerollt. Kelch drüsig-gewimpert. Auf dem Wiggis im C. Glarus, am Wege, der von Nettstall auf denselben führt. Auch auf einem Hügel unterhalb dieses Orts und am Vierwaldstättersee. Sonst nirgends, weder in Deutschland noch in der Schweiz. ♄

XXVIII. Familie.

† *Ternströmiaceen (Ternstroemiaceae).*

Aus dieser ausländischen Pflanzenfamilie, die meistens immergrüne Sträucher in sich schliesst, müssen wir den *Theestrauch* (Thea) hervorheben, der in China zu Hause ist und dort auch seit undenklichen Zeiten um seiner Blätter willen angepflanzt wird. In Europa kam der Thee erst um die Mitte des 17ten Jahrhunderts in Gebrauch, ist aber seither dermassen allgemein geworden, dass jetzt jährlich 400,000 Centner consumirt werden. Auch die herrlichen *Camellien* (Camellia) stammen aus dem östlichen Asien, aus Japan, und wurden durch einen gewissen Camelli zuerst in Europa bekannt.

XII. Klasse.

Columniferae.

Blüthen vollkommen, regelmässig. Staubgefässe von unbestimmter grosser Anzahl, mit ihrem Fadentheil zu einer Röhre verwachsen. Kräuter und Bäume mit einfachen zerstreuten Blättern.

XXIX. Familie.

Tiliaceen (Tiliaceae).

Kelch vier- oder fünfblätterig; die Blätter berühren sich vor dem Aufbrechen wie die Klappen einer einfächerigen Kapsel (aestivatio valvata). **Krone** vier- oder fünfblätterig, mit übereinander liegenden Blumenblättern (aestivatio imbricata). **Staubgefässe** ∞, untenständig (d. h. auf dem Thalamus, welcher die Fortsetzung des Blumenstiels im Innern der Blume ist); einige davon sind zuweilen unfruchtbar, d. i. ohne Beutel. **Stempel** aus einem Ovarium mit einem Griffel bestehend. **Frucht** eine ein- oder mehrfächerige Kapsel. **Samen** aus einem geraden, in der Axe eines fleischigen Albumens gelegenen Keim bestehend.—Bäume (die ausländischen auch Sträucher und Kräuter), deren Blätter von Afterblättchen begleitet sind. Sie besitzen, wie die Malvaceen, einen schleimigen Saft, der in der Medicin als ein erweichendes und einhüllendes Mittel benutzt wird.

Tilia.

Kelch fünfblätterig, abfällig. Krone fünfblätterig. Ovarium fünffächerig: Fächer zweisamig, zur Fruchtreife bis auf eines verschwindend. — Von der *Linde* benutzt man die Blüthen, die wegen ihrer gelind reizenden, Krampf stillenden Eigenschaften sehr geschätzt sind. Das Holz ist weich und daher zu Schnitzwerk gut zu gebrauchen. Der Bast der Rinde wird zu Stricken und Matten verarbeitet. Blüht im Juli.

1. *T. grandifolia Ehrh.* Blätter schief-rundlich, herzförmig, zugespitzt, unten behaart. Blüthentrauben zwei- bis dreiblumig. Ein hoher Baum, der hie und da in Bergwäldern wild wächst. So im Schyn und Lugnetz, an

mehrern Stellen im untern Rhonethal (Aelen, Roche, Vouvry, Chillon etc.). Im Jura über Trelex und sogar auf der Spitze der Dôle, wo er aber strauchartig bleibt.

2. *T. parvifolia Ehrh.* Blätter schief-rundlich, herzförmig, zugespitzt, kahl, unterhalb etwas graugrün und bloss in den Winkeln der Blattnerven etwas behaart. Blüthentrauben 5—7blumig. Häufig cultivirt und wild auf dem Brünig, Rigi, bei Fouly, au Mont d'Arvel. Blüht wie vorige im Sommer.

XXX. Familie.
Malvaceen (Malvaceae).

Kelch einblätterig, gewöhnlich äusserlich mit Hüllblättchen besetzt. Krone auf dem Thalamus, fünfblätterig, mit der Staubfädenröhre zusammenhängend. Staubgefässe ∞, mit ihrem untern Theil zu einer Röhre verwachsen. Stempel 1, mit mehrern Narben. Frucht entweder eine 5—∞fächerige, vielsamige Kapsel oder viele einsamige, kreisförmig gestellte Karpelle. — Kräuter, Sträucher und Bäume mit Afterblättchen. Sie besitzen in allen Theilen vielen Schleim und sind daher als erweichende Mittel auch dem Volke bekannt. Mehrere ausländische geben, wie der Hanf, Fäden, indem man die Rinde durch Maceriren vom Stengel trennt. Die Samenwolle des Baumwollenstrauchs gibt die Baumwolle. Man findet die M. auf der ganzen Erde, besonders häufig aber in den wärmern Gegenden.

Malva.

Kelch fünfspaltig mit 3 Hüllblättchen. Frucht aus vielen einsamigen, in einen Kreis gestellten Karpellen bestehend.

1. *M. Alcea L.* Stengelblätter handförmig, fünfspaltig: Lappen dreispaltig, eingeschnitten-gezähnt. Stengel aufrecht, 2—3', mit endständigen rosenrothen Blumen. Blumenstiele und Kelche filzig behaart: Haare gebüschelt. Karpelle kahl. Findet sich durch die ganze ebene Schweiz (Martinach, Roche, Longirod, Neuss, Genf, Murten, Solothurn, Lenzburg, Zürich, Thun, Chur etc.). Juni. ♃

2. *M. moschata L.* Stengelblätter fünftheilig: Lappen einfach oder doppelt fiederig eingeschnitten, mit linealen Läppchen. Stengel 2', aufrecht, mit endständigen rosenrothen Blumen. Karpelle behaart. Seltener als vorige. Besonders häufig zwischen Bern und Freiburg; dann bei Thun, Basel, Neuss, Genf, Aelen, Leuk, Rapperschweil. Juli. ♃

3. *M. sylvestris L.* Blätter rund, 5—7lappig. Stengel aufrecht oder ansteigend, 1—2', zottig. Blumen gebüschelt, achselständig, verblüht aufrecht. Krone viel länger als Kelch, roth. Karpelle runzlig. An Wegen und Hecken gemein. Sommer. ⊙ Kann auch statt des folgenden zu Umschlägen etc. gebraucht werden.

4. *M. rotundifolia L. Käsepappel. Käslikraut.* Blätter rund, 5—7lappig. Stengel aufliegend, bis 1' lang. Blumen achselständig, gebüschelt, blass- oder rosenroth. Karpelle glatt. Ebenfalls sehr gemein um die menschlichen Wohnungen herum. Sommer. ⊙ Dient häufig als ein erweichendes Mittel innerlich und äusserlich.

Auf Schutt und in der Nähe von Gärten findet man nicht selten verwildert:

M. mauritiana L., die ganz kahl und 2—3' hoch ist und grosse rothe Blumen trägt. ⊙ Und

M. crispa L. mit krausen Blättern und 4—6' hohen Stengeln.

Das gleiche begegnet wohl auch zuweilen der *Lavatera trimestris L.*, deren Blumen sehr gross, rosenroth oder weiss sind.

Althaea.

Kelch fünfspaltig mit einer 6—9spaltigen Hülle umgeben. Frucht wie bei Malva.

1. *A. officinalis L. Eibisch.* Blätter weichfilzig, eiförmig oder herzförmig, ungleich gekerbt, die untern

fünflappig, die obern dreilappig. Blumen weiss oder rosenroth, achselständig. 2—4'. Auf Sümpfen bei Genf, Sitten, Nidau, Basel, Rolle. Sommer. ♃ Die Wurzel ist eines der am meisten angewandten Heilmittel und deswegen findet man die Pflanze häufig in Gärten cultivirt.

2. *A. hirsuta L.* Rauhhaarig. Blätter rund, herzförmig ausgeschnitten: untere schwach fünflappig, mittlere handförmig fünflappig, oberste tief dreispaltig. ½—1'. In Aeckern von Unter-Wallis, Waadt und Genf. Sommer. ⨀

In den Gärten ist die aus dem Orient stammende *Herbstrose* (A. rosea L.) sehr verbreitet. Sie ist zweijährig, erreicht die Höhe von 3' und trägt mannigfach gefärbte grosse Blumen auf einem einfachen Stengel.

Hibiscus syriacus L., ein kleiner Baum oder Strauch, der hie und da in Gärten gehalten wird. Hält den Winter sehr gut aus.

Lavatera thuringiaca L. soll nach Hegetschweiler im Canton Tessin gefunden werden. Er gibt aber die Orte nicht näher an.

Sida Abutilon L. muss aus der Schweizer-Flora entfernt werden.

XIII. Klasse.

Caryophyllinae.

Blüthen vollkommen, regelmässig. Kelch frei. Krone getrenntblätterig. Staubgefässe von bestimmter Anzahl (nicht über 10). Frucht eine 1—5fächerige Kapsel. Kräuter mit entgegengesetzten Blättern.

XXXI. Familie.

Phytolacceen (Phytolacceae).

Perigon vier- oder fünftheilig (selten ist eine

doppelte Blumenhülle, Kelch und Krone vorhanden). Staubgefässe 8—10, auf einer das Ovarium unten umgebenden Kreisscheibe eingesetzt. Stempel gewöhnlich mehrere, bis 10. Frucht eine aus mehrern (bis zehn) fleischigen einsamigen Karpellen zusammengesetzte Beere. Samen aus einem kreisförmig gebogenen Keim und einem in dessen Mitte gelegenen mehligen Albumen bestehend. — Ausländische Gewächse, wovon bloss eines sich bei uns bleibend angesiedelt hat.

Phytolacca.

Perigon fünftheilig. Staubgefässe 8—20. Frucht aus 8—10 Karpellen bestehend.

Ph. decandra L. Kermesbeere. Blüthen zehnmännig, zehnweibig. Eine bis 10' hohe Staude mit abwechselnden länglichen Blättern, röthlichen, in Trauben gestellten Blumen und zuerst rothen, dann schwarzen Beeren. Sie stammt aus Nordamerika und ist jetzt im südlichen Europa ganz verwildert. Bei uns kommt sie nicht selten im Liviner-Thale, so wie auch im Misox vor; hingegen hierseits der Alpen findet sie sich nirgends ohne menschliche Pflege. Juni—August. ♃ In den Apotheken braucht man in Amerika die Wurzel, das Kraut und die Beeren dieser Pflanze (Solanum racemosum). Sonst gebraucht man auch die Beeren, um dem Wein eine starke Farbe zu geben und um Zuckerwaaren damit zu färben. Auf Wolle und Seide wird damit violett gefärbt.

XXXII. Familie.

Caryophylleen (Caryophylleae).

Blüthen regelmässig, zwitter, gewöhnlich mit fünfzähligen Blüthentheilen. Kelch frei, fünfblätterig, oder die Kelchblätter sind zu einem einblätterigen, fünfspaltigen oder fünfzähnigen Kelch verwachsen. Krone fünfblätterig (ausnahmsweise auch vierblätterig und dann hat der Kelch auch 4 Blätter etc.). Staubgefässe 10, selten bloss 5 oder weniger als 5 unter dem Ovarium stehend. Stempel aus einem Ovarium und 2—5 Griffeln bestehend. Frucht eine 1—5fächerige, 3—5-klappige, ∞samige Kapsel mit centralständiger Samensäule (placenta). Samen mit einem um ein mehliges Eiweiss gekrümmten Keim. — Kleine und grössere Kräuter mit entgegengesetzten Blättern und unschädlichen Eigenschaften. Ihr Nutzen für den Menschen ist gering; jedoch dienen einige davon zur Zierde, wie z. B. die *Nelken*. Sie finden sich vorzugsweisse in den gemässigten Himmelstrichen und sind in unserm Vaterland in ziemlicher Anzahl vorhanden.

Erste Zunft. Sileneae.

Der Kelch ist einblätterig, oben fünfzähnig. Das Ovarium und Staubgefässe stehen innerhalb des Kelchs auf einem Stielchen (gynophorum, verlängertem Thalamus). Die Kapsel öffnet sich bloss an der Spitze. — Diese Pflanzen sind grösser als die der zweiten Zunft und haben auch grössere Blumen, deren Blumenblätter genagelt sind.

Cucubalus.

Kelch fünfzähnig, bauchig. Griffel 3. Frucht eine einfächerige Beere, das einzige Beispiel in dieser Familie.

C. bacciferus L. Ein 2—5' hohes Kraut mit eirunden Blättern, grünlich-weissen Blumen und schwarzen Beeren. Wächst in Hecken und findet sich in der Umgegend von Genf und auch bei Bière nicht selten. Soll auch bei Lauis wachsen. ♃ Juni.

Lychnis.

Griffel 5. Kapsel einfächerig oder halb fünffächerig, oben fünf- oder zehnzähnig.

1. *L. Viscaria L.* Blumenblätter ungetheilt, zuoberst am Nagel mit zwei spitzigen Schuppen. Stengel kahl, 1½', oberhalb unter den Knoten klebrig. Blätter lineal-lanzett. Blumen roth. ♃ Juni. An Mauern und Felsen im Misoxer-Thal (Soazza, Roveredo, St. Maria) in Wallis (Martinach, Salvan, Turtmann, Elex etc.), dann auch bei Bière im C. Waadt.

2. *L. alpina L.* Blumenblätter zweispaltig, ohne Schuppen, Stengel kahl, 3—6", aufrecht. Blumen rosenroth in endständige Büschel zusammengestellt. Blätter lineal-lanzett. ♃ Juli und August. Auf den höchsten Alpenweiden, von wo sie zuweilen in die Alpenthäler heruntersteigt, jedoch bloss auf Wallis und Graubünden beschränkt und auch in diesen Cantonen lange nicht überall. (Bagne-, Einfisch- und Nicolai-Thal, ob Leuk, im Kienthal, auf dem Julier, Levirone und Bernina.) Ist nicht an den Granit gebunden.

3. *L. Flos-cuculi L.* Blumenblätter roth, bis über die Mitte vierspaltig: Lappen lineal. Stengelblätter lineal-lanzett. 1—2'. ♃ Auf sumpfigen Wiesen der Ebene und montanen Region durch die ganze Schweiz.

4. *L. vespertina Sibth.* Blumenblätter weiss, zweispaltig, mit spitzigen Schuppen am Schlunde. Kapsel mit aufrechten Zähnen. Geschlechter stammgetrennt. Stengel unterhalb behaart, 2—3' hoch. In Hecken durch die ganze ebene Schweiz. ⊙ Sommer. Die Blüthen riechen des Abends sehr wohl.

5. *L. diurna Sibth.* Blumenblätter roth, zweispaltig, mit spitzigen Schuppen am Schlunde. Kapsel mit umgebogenen Zähnen. Geschlechter stammgetrennt. Ganz behaart, 1—2'. ♃ Blüht im April in Wiesen und Baumgärten, in der subalpinen Region später und findet sich in den Alpen, dem Jura und dem Molassengebiete.

6. *L. Coronaria Lam.* *Vexiernelke. Stechnelke.* Blumenblätter roth, ungespalten, mit spitzigen Schuppen am Schlunde. Stengel und Blätter dichtfilzig. Blumenstiele mehrfach länger als der Kelch. 2' ⊙ An Felsen von Unter-Wallis häufig; auch nicht selten in Gärten.

7. *L. Flos-Jovis Lam.* Blumenblätter roth, ausgerandet, mit spitzigen Schuppen am Schlunde. Stengel und Blätter dichtfilzig. Blumenstiele kürzer als Kelch. 1½'. ♃ Auf Felsen und Weiden der montanen und subalpinen Region in Graubünden, Wallis und Tessin, jedoch lange nicht überall. (Im Unter- und Ober-Engadin, bei Zermatt, im Bagne-Thal, ob Fouly und bei Locarno.)

8. *L. Githago Lam. Rade.* Blumenblätter ganz, abgestutzt, violett-roth. Kelchlappen länger als Kelchröhre und Blumenblätter. 3'. ⊙ Häufig im Getreide, so weit solches angepflanzt wird. Sommer. Die Samen machen das Mehl bläulich und geben dem Brod einen bittern Geschmack.

Silene.

Kelch fünfzähnig. Griffel 3. Kapsel unten dreifächerig, oben sechsklappig.

† Kelch röhrig und behaart.

1. *S. gallica L.* Stengel aufrecht, 1'. Blumentrauben endständig, meistens paarig, behaart, klebrig. Blumen abwechselnd, klein, fleischroth oder weisslich. Blätter länglich, die untern umgekehrt-eirund. Blumenblätter ungetheilt. ⊙ Im Getreide um St. Gallen, in Appenzell bei Walzenhausen und Oberegg, bei Vivis, Rüggisberg und Mendris.

2. *S. nutans L.* Behaart, oberhalb klebrig. Blüthenrippe einseitig mit hängenden Blumen. Kelchzähne spitzig. Blumenblätter tief gespalten, oben weiss, unten missfarbig gelb. 1—2'. ♃ Sommer. An Felsen, Mauern und dergleichen, überall bis in die alpine Region.

3. *S. insubrica Gaud.* Behaart, oberhalb klebrig. Blüthenrispe mit aufrechten Blumen. Kelchzähne spitzig. Kelche zur Blüthenzeit röhrig, zur Fruchtreife bauchig. Blätter (nach einem cultivirten Exemplar) eirund-lanzett, in den Blattstiel herablaufend. Im übrigen wie obige, jedoch doppelt so hoch. ♃ Mai und Juni. Im Tessin. Diese Pflanze stimmt mit der *S. italica* nicht überein und deswegen habe ich die Gaudin'sche Benennung beibehalten. Die Beschreibung ist nach Exemplaren entworfen, die ich aus Samen, den ich bei Lauis sammelte,

erzog und die mit der Gaudin'schen Beschreibung bis auf die Blätter übereinstimmen.

4. S. *noctiflora L.* Stengel oberhalb gabelig. Blumenstiele und Kelche klebrig-behaart. Kelche bauchig, geadert, zehnstreifig. Blumenblätter tief zweispaltig, weiss, unterhalb missfarbig gelb. Blätter länglich, spitsig. 1'. ⊙ In Getreide und auf Schuttstellen. Sommer. Nirgends häufig, doch hin und wieder. Bei Basel, Zürich, Vivis, Bex, Chur, Hermence im C. Genf.

5. S. *vallesia L.* Stengel rasenbildend, 1—3blumig, 3—5". Blätter klebrig-behaart. Kelch röhrig, zehnstreifig, später keulenförmig. Blumenblätter zweispaltig, roth. Blätter lanzett. ♃ In den höchsten Walliser-Alpen und auch hier noch selten. G. Bernhard, M. Rosa auf der Seite des Nicolai-Thals, im Bagne-Thal auf dem Fenêtre und im benachbarten Piemont. Sommer.

†† Kelch röhrig, kahl.

6. S. *Armeria L.* Ganz kahl, an den obern Knoten ringsum klebrig. Blumen rosenroth; zahlreich in endständige Büschel gestellt. Kelch röhrig-keulenförmig, zehnstreifig, mit stumpfen Zähnen. Blumenblätter ungetheilt, am Schlunde mit Schüppchen. Blätter oval. 1—2'. ⊙ Auf Felsen, Mauern, bei uns selten wild, häufiger in Gärten. Jenseits der Alpen bei Clefen, Crevola, diesseits bei Roche, Branson, Fouly, Visp im Rhonethal.

7. S. *otites Sm.* Blüthen quirlig-traubig. Blumenblätter ganz, lineal, ohne Schüppchen, klein, gelbgrün. Blätter spathelförmig. Kelch röhrig-glockenförmig. 1'. ♃ Auf dürren, sandigen Stellen in der französischen und italienischen Schweiz. Nicht selten bei Genf, Aelen, Roche, Martinach, Fouly; bei Lauis, Clefen, Crevola.

8. S. *Saxifraga L.* Rasenbildend. Blumen endständig, einzeln, langgestielt. Blumenblätter tief gespalten, am Schlunde mit Schüppchen, oberhalb weiss, unten missfarbig. Kelch röhrig-glockenförmig. Blätter lineal. ♃ $1/2$—1'. Auf steinigen Halden in der italienischen Schweiz bis in die montane Region. Im Puschlav (H. Muret), bei Simpeln, auf dem M. Generoso und am Flusse des M. Salvatore bei Lauis. Juni.

9. *S. acaulis L.* Stengel dichte Rasen bildend, 1″, kahl. Blumen einzeln, endständig, dunkel rosenroth. Kelch glockig-röhrenförmig. Blätter pfriemenförmig-lineal. ♃ Sommer. Auf den höchsten Alpenweiden durch die ganze Alpenkette. Geht bis 9000′ hoch an die Eisregion hinauf und steigt bis auf 4500′ herunter.

††† Kelch bauchig, kahl.

10. *S. inflata Sm.* Blüthenrispe endständig, gabelig verästelt. Blumenblätter gespalten, weiss. Kelch bauchig, kahl. Blätter elliptisch-lanzett, graugrün. 2′. ♃ Auf allen Wiesen von der Ebene an bis in die alpine Region. Die jungen Sprossen wurden in den theuren Jahren 1816 und 1817 gern gesammelt und zu einem Gemüse zubereitet. Die Kinder belustigen sich oft mit den Blumen, indem sie die an der Spitze mit zwei Fingern gekneipten Kelche gegen die Hand schlagen, welche sodann bersten und „klöpfen". Daher die Namen „Klöpfen, Klöpferli, Knurre".

Hier muss ich auch eine Berichtigung in Betreff der *Silene Pumilio* anbringen, die ich in den „Pflanzen Graubündens" der Schweizer-Flora vindicirte. Es wurden mir wirklich zwei Exemplare dieser Art gezeigt und ausdrücklich die Furka als Wohnort derselben bezeichnet. Allein da sie seither Niemand dort hat finden können, so muss ich bis auf weitere Behelligung die Angabe als auf einem Irrthum beruhend betrachten.

†††† Kelch kreisel- oder glockenförmig.

11. *S. rupestris L.* Kahl, graugrün, 4—12″. Kelch kreiselförmig. Blumenblätter umgekehrt-eirund, ganz weiss. Blätter eirund, auf dürren Stellen auch lineal-lanzett. ♃ Sommer. Auf Felsen von der alpinen Region an abwärts bis in die Ebenen. Auf den Alpen, in der Nähe von Genf, in Wallis, Haslithal, Uri bis Amstäg, Graubünden, Glarus. Bei Basel, auf den Voirons bei Genf (Molasse).

12. *S. quadrifida L.* Kahl, rasenbildend, 4—6″. Kelch kreiselförmig. Blumenblätter vierzähnig, weiss. Blätter lineal, die untern spathelförmig. ♃ Sommer. Auf feuchten Stellen an Felsen durch die ganze Alpenkette,

in der alpinen Region (Scharlthal in Graubünden, Glarus, Toggenburg, Appenzell, Neunenen, Gemmi, Lavarraz, Bovonnaz, Brezon); auch auf dem Réculet im westlichen Jura ziemlich häufig.

Saponaria.

Kelch röhrig, unten ohne Schuppen. Griffel 2. Kapsel einfächerig, vierzähnig.

1. *S. Vaccaria L.* Kelch geflügelt-eckig. Blumenblätter gekerbt. Stengel kahl, aufrecht, 1'. Blätter eirund-lanzett, unten mit einander verwachsen. Blumen roth. ⊙ In Aeckern der westlichen Schweiz. Bei Basel, Delsberg, Orbe, Lausanne, Neuss, Bex, Genf. Sommer.

2. *S. officinalis L. Seifenkraut.* Kelch walzig, glatt. Blumenblätter am Schlunde mit Schüppchen, weisslich roth. Blätter länglich-lanzett. Stengel aufrecht, 2'. ♃ Sommer. Ueberall auf steinigen Stellen, in Hecken, bis in die Höhe von 4000'. Die Wurzel ist officinell und kann auch sammt dem Kraut zum Waschen statt Seife verwendet werden.

3. *S. ocymoides L.* Kelch walzig, behaart. Blumenblätter stumpf, am Schlunde mit Schüppchen, dunkelrosenroth. Blätter lanzett oder elliptisch, behaart. Stengel aufliegend, 6—9'' lang. ♃ An Halden am Fuss der Berge durch die ganze Alpenkette (Graubünden, Wallis, Bern, Waadt, Genf) und den Jura (Genf, Solothurn) gewöhnlich in grosser Menge.

α. Mit weiblichen, doppelt kleinern Blumen bei Penex (C. Genf) an einem Abhange gegen die Rhone.

— 4. *S. lutea L.* Blumen endständig, kopfförmig gebüschelt. Kelch behart. Blumenblätter schwefelgelb, stumpf, mit Schüppchen am Schlunde. Blätter lineal. 4—5''. ♃ Bloss auf dem M. Rosa bei den Alpenhütten an Breuil, über dem Thal Tornanche.

Dianthus.

Kelch unten von Schuppen umgeben. Griffel 2. Kapsel einfächerig, an der Spitze vierklappig.

† Blumen kopfförmig gebüschelt.

1. *D. prolifer L.* Blumen klein, rosenroth, kopfförmig gebüschelt. Kelchschuppen wie die Hüllschuppen

trocken, raschelnd, den Kelch einhüllend. Stengel kahl. 1'. ⊙ Auf dürren Triften der Ebene in den Cantonen Neuenburg, Waadt, Genf, Unter-Wallis, Solothurn. Juni.

2. *D. Armeria L.* Blumen dunkelrosenroth, gebüschelt. Kelchschuppen wie die Hüllschuppen lanzettpfriemenförmig, behaart, so lang als der Kelch. Blätter lineal-lanzett, behaart. ⊙ An Zäunen und in lichten Wäldern durch die ganze untere Schweiz. Zürich, Aargau, Bern, Solothurn, Basel, Waadt, Genf, Unter-Wallis. Sommer.

— *D. barbatus L. Buschnägeli.* Häufig in Gärten und zuweilen verwildert. 1—2'. ♃

3. *D. Carthusianorum L.* Blumen roth, gebüschelt. Blätter lineal, unten lang verwachsen. 4—12". ♃ Auf Weiden und in Gebüsch bis in die subalpine Region. Bei Zürich, Basel, Genf, in der Waadt, Wallis, Tessin, Misox, ob Andermatt im Canton Uri und von da bis Tawetsch. Sommer. An letztern hochgelegenen Orten sind die Büschel oder Köpfchen 10—20blumig (*D. atrarubens Gaud.*), während sie in den tiefern Gegenden gewöhnlich sechsblumig sind.

α. Mit weiblichen, doppelt kleinern Blumen zwischen Airolo und der Priora-Alp.

4. *D. Seguieri Vill.* (*D. collinus W. et K.*) Stengel oberhalb gabelig, 1—2'. Blumen roth, zu zwei oder mehrern gebüschelt. Kelchschuppen eirund begrannt. Hüllblätter lineal-lanzett. Blätter lineal-lanzett, zugespitzt, kurz verwachsen. ♃ Sommer. Auf steinigen Hügeln der italienischen Schweiz. Bei Lauis, Puschlav (v. H. Muret gefunden) und am südlichen Fusse des M. Rosa und im Aosta-Thal in Piemont.

†† Blumen einzeln gestellt.

* Blumenblätter ganz oder gezähnt.

D. Caryophyllus L. Nelke. Von dieser sehr bekannten Pflanze weiss Niemand die eigentliche Heimath anzugeben. Abstrahirt man aber von den glatten Rändern der Blätter, so hat man die folgende Art und dann wäre die Schweiz auch mit das Vaterland einer Pflanze, die jetzt in tausend Spielarten in unsern Gärten verbreitet ist.

5. *D. sylvestris L.* Stengel 1—3blumig. 2—18″. Kelchschuppen breit-eirund, bespitzt, viermal kürzer als der Kelch. Blätter rauhrandig, lineal. Wurzel Schosse treibend. ♃ Auf Halden und an Felsen von der Ebene bis in die alpine Region. Durch die ganze Alpenkette, auf der Molasse und auch im Jura häufig.

Auf den Alpen und auf periodisch überschwemmtem Sand wird diese Pflanze einblumig und nur 2—3″ hoch. So bei Bellerive bei Genf.

6. *D. deltoides L.* Stengel kurzhaarig, unterhalb aufliegend mit verlängerten Schossen, 6—12″ lang. Blätter grasgrün (nicht graugrün), die untern stumpf. Blumenblätter umgekehrt-eirund, gezähnt. Blumen dunkelrosenroth. ♃ Sommer. Durch die ganze montane Region von Graubünden häufig. Sonst nirgends in der Schweiz.

7. *D. glacialis Haenke.* Rasenbildend. Stengel einblumig, 1—2′. Blumen schön roth. Kelchschuppen so lang oder länger als der Kelch. Blätter lineal, stumpf. Blumenblätter gekerbt. ♃ Juli und August. Auf den höchsten Alpenweiden von Graubünden (bei 8000′). (Piz della Padella, Levirone, Brüggerhorn.)

8. *D. caesius Sm.* Rasenbildend. Stengel meist einblumig, 3—12′. Kelchschuppen kürzer als Kelch. Blätter lineal, graugrün, spitzig, am Rande rauh. Blumen blassroth. ♃ Sommer. Besonders auf dem Jura, von unten bis zuoberst. (Bei Neuenburg, Valengin, Falkenstein, auf dem Chasseron, Suchet, Réculet.) Dann wird diese Nelke auch bei Burgdorf, Augst und im Rheinthal angegeben.

Der *D. neglectus Lois.* kommt weder in Graubünden noch in der übrigen Schweiz vor. Er findet sich in den piemontesischen Alpen. Eben so wenig haben wir die *D. alpinus L.*

** Blumenblätter zerschlitzt.

9. *D. monspessulanus L.* Stengel meist zweiblumig, 9—15″. Kelchschuppen halb so lang als Kelch. Blätter lineal, zugespitzt. Blumenblätter bis zur Mitte zerschlitzt, so dass ein umgekehrt-eirundes Feld bleibt: Blumen

fleischroth. ♃ Auf Weiden und waldigen Stellen, sehr selten. Auf dem Réculet bei Genf unweit der ersten Sennhütten und oberhalb Melano (Cant. Tessin) nach H. v. Salis.

10. *D. superbus L.* Stengel zwei- bis vielblumig, 1 1/2—2'. Kelchschuppen dreimal kürzer als Kelch. Blätter lineal-lanzett, grasgrün. Blumenblätter vielfach fiederig zerschlitzt, blass lila, wohlriechend. ♃ Juni—August. Durch die ganze Schweiz bis in die alp. Region in lichten Wäldern und auf feuchten Wiesen. (Bei Basel, Genf, Nyon, Versoix, Bern, Iferten, Neuenburg, auf dem Rigi, Voirons, Sentis, Camor, Piz-Ogel und Joch bei Chur etc.)

D. plumarius L. Leicht an seinen graugrünen Blättern, rasenbildenden Wurzelschossen und zerschlitzten Blumenblättern erkennbar, wird häufig auf Gräber und in Gärten angepflanzt. ♃ Juni.

D. chinensis L., durch seine dunkelrothen Blumen und breitern Blätter ausgezeichnet, ist auch eine Zierde unserer Gärten. ♃

Tunica.

Kelch unten von Schuppen umgeben, glockenförmig. Griffel 2. Kapsel einfächerig, oben vierklappig.

T. Saxifraga Scop. (Gypsophila Saxifraga L.) Stengel ästig, ausgebreitet, 1/2' und darüber. Blätter lineal, spitzig, rauh. Blumen röthlich-weiss. ♃ Sommer. Auf dürren Triften, besonders häufig in den C. Genf, Waadt, Unter-Wallis. Dann auch im Tessin und sehr selten in Graubünden (bei Castiel und Zernetz, also in der mont. Region).

Gypsophila.

Kelch kreiselförmig, nicht von Schuppen umgeben. Griffel 2. Kapsel einfächerig, an der Spitze vierklappig.

1. *G. repens L.* Stengel aufliegend, 1/2' und darüber, kahl. Blätter lineal, graugrün. Blumen weiss. ♃ Sommer. Auf steinigen Stellen, im Flussgeschiebe, durch die ganze Alpenkette, von 7000' ü. M. an bis zum Rhein

und an seine Nebenflüsse. Auch auf dem Jura (Réculet) bei Genf nach H. Reuter.

2. *G. muralis L.* Stengel aufrecht, gabelig verastet. Blumenblätter gekerbt, roth. Blätter lineal. ⊙ 3—5''. Auf Feldern und an Mauern, jedoch nicht überall. Bei Aarau, Rüggisberg, Genf, Lausanne, Morsee, Peterlingen, im Bündner'schen Oberland. Sommer.

Die *G. fastigiata L.*, die fortwährend als in Bünden wachsend angeführt wird, muss bis auf Beibringung besserer Beweise aus der Schweizer-Flora gestrichen werden. (Wahrscheinlich sah man die G. repens oder Silene rupestris dafür an.

Zweite Zunft. Alsineae.

Der Kelch ist fünfblätterig (bei wenigen vierblätterig). Blumenblätter ungenagelt. Ovarium einfächerig, vielsamig, ungestielt. — Meist kleine Kräuter mit weissen Blümchen.

Malachium.

Blumenblätter ausgerandet. Griffel 5. Kapsel fünfklappig: Klappen an der Spitze gespalten.

M. manticum Reich. Stengel aufrecht, 1', drei- bis neunblumig. Blätter lineal-lanzett, spitzig, kahl. Blumenblätter länger als Kelch. Kelchblätter am Rande weiss und durchsichtig. ⊙ Juni. Im untern Misox häufig auf Wiesen und an Wegen.

Stellaria.

Blumenblätter zweitheilig oder zweispaltig. Griffel 3. Kapsel sechsklappig.

1. *S. Holostea L.* Stengel vierkantig, 1' und darüber. Blätter sitzend, lanzett oder lineal-lanzett, am Rande und Kiel rauh. Blumenblätter halb gespalten, länger als Kelch. Kapsel kugelig, so lang als Kelch. ♃ An Zäunen und Hecken, in der Schweiz bloss bei Basel, aber dort nicht selten.

2. *S. cerastoides L.* Stengel aufliegend, 1/2' lang und darunter, meist dreiblumig, mit einer Zeile von Haaren

besetzt. Blätter länglich-lanzett, kahl. Blumenblätter halb gespalten, länger als der Kelch. ♃ Sommer. Auf allen Alpenweiden in einer Höhe von 6—7000'.

3. S. *aquatica Scop.* (*S. pentagyna Gaud. Malachium aquaticum Fries. Cerastium aquaticum L.*) Stengel aufliegend, Wurzeln treibend. Blätter herzförmig-eirund. Griffel 5. Blumenblätter zweitheilig, wenig länger als der Kelch. ♃ Gemein auf nassen oder schattigen Stellen, an Gräben und dergleichen in der ebenen Schweiz. Sommer.

4. S. *nemorum L.* Stengel oberhalb behaart, 1' und darüber. Blätter gestielt, herzförmig. Griffel 3. Blumenblätter zweitheilig, doppelt länger als der Kelch. ♃ Mai—Juli. In montanen und subalpinen Wäldern. In den Alpen auf dem Splügen, Gotthard, Jaman, Brezon etc., dann auf den Voirons bei Genf und auf der Dôle und dem Mont-Tendre im Jura.

5. S. *media Vill.* (*Alsine media L.*) *Hühnerdarm.* Stengel aufliegend, einzeilig behaart. Blätter eirund, gestielt, obere sitzend. Blumenblätter zweitheilig, meist kürzer als der Kelch. Staubgefässe oft unter 10. Griffel 3 oder 5. ⊙ Frühling. Das gemeinste Unkraut. Man gibt es den Vögeln zum Futter, verwechselt aber gern die Anagalis-Arten damit.

6. S. *graminea L.* Stengel ausgebreitet, 4kantig. Blätter lineal-lanzett, kahl, unten gewimpert. Bracteen trocken, am Rande gewimpert. Blumenblätter 2theilig, so lang als der Kelch. 1—2'. ♃ Auf Wiesen und in Hecken durch die ganze ebene Schweiz (Freiburg, Thun, Solothurn, Vivis, Lausanne, Genf, Chur etc.); auch in der montanen Region (bei Chur).

7. S. *uliginosa Murray.* (*Larbrea aquatica St. Hil.*) Stengel ausgebreitet, kahl, ½—1' lang. Blätter sitzend, länglich-lanzett, kahl, unten gewimpert. Bracteen trocken, am Rande kahl. Blumenblätter 2theilig, kürzer als der Kelch. ⊙ Auf wasserreichen Stellen von der Tiefe bis an 6000' ü. M. Bei Lauis (Lugano), Bern, Zofingen, Montreux, Vivis, auf der Dôle, Salève, im Misox und Ober-Engadin. Sommer.

Holosteum.

Blumenblätter ungetheilt. Staubgefässe 3 oder 5. Griffel 3. Kapsel 6klappig.

H. umbellatum L. Blumen gedoldet. 4—8''. ⨀ In Aeckern der ebenen Schweiz (Wallis, Tessin, Graubünden, Genf, Waadt, Basel). März und April.

Cerastium.

Blumenblätter schwach gespalten oder ausgerandet. Griffel 5. Kapsel an der Spitze 10klappig oder 10zähnig.

† Kleinblumige. ⨀

1. *C. glomeratum Thulllier. (C. viscosum auct.)* Klebrig-behaart. Stengel aufrecht, 4—14''. Blätter eirund oder ründlich. Blüthenäste geknäuelt. Kelche behaart, so lang oder etwas länger als die Blumenstiele. Auf Aeckern, Schutt und dergl. Häufig bei Genf, Basel, Lausanne, im Rheinthal, bei Grabs, Fläsch, Malans, Grono und sogar auf der Lenzerheide, 4800' ü. M.

2. *C. brachypetalum Desportes.* Stengel aufrecht, ½—1'. Blätter länglich oder eirund, die untern in einen Stiel verschmälert. Kelche und Bracteen bis an die Spitze behaart. Blüthenstiele zur Fruchtzeit doppelt und dreimal länger als der Kelch. Ist auch zuweilen klebrig. In Aeckern, nicht selten bei Genf, Neuss, Lausanne, Solothurn. Nach Hegetschweiler auch bei Rapperschweil.

3. *C. semidecandrum L.* Stengel aufrecht, 3—6''. Blätter länglich oder eirund, die untern in einen Stiel verschmälert. Bracteen und Kelch an der Spitze kahl, ausgenagt-gezähnt. Blumenstiele zur Fruchtreife doppelt und dreifach länger als der Kelch. Auf dürren Stellen bei Bern, Chur, Thusis, Sitten, Neuss, Peterlingen, Genf etc.

4. *C. pumilum Curt. Koch. (C. glutinosum Fries?)* Gleicht der vorigen, doch sind die Bracteen wenigstens bis an die obern nicht trockenhäutig, die Kelchblätter nur mit einem ganz schmalen trockenhäutigen Rande, an der Spitze unbehaart. Die Blumenblätter so lang oder länger als der Kelch und die Blüthenstiele aufrecht und nicht zurückgeschlagen. Die ganze Pflanze ist sehr klebrig, 4—6''. April und

Mai. Auf dürren Stellen der westlichen Schweiz. Bei Genf nach H. Reuter, bei Lasarraz nach H. Muret.

5. *C. triviale Link.* Stengel ansteigend, 6—9″, die seitlichen unten Wurzeln treibend. Blätter länglich oder eirund, die untern zu einem Stiel verschmälert. Krone so lang als der Kelch. Bracteen und Kelch an der Spitze kahl. Blumenstiele zur Fruchtzeit doppelt und dreimal länger als Kelch. Auf Wiesen, Sümpfen, an Wegen sehr gemein. ♃

†† Grossblumige. ♃

6. *C. alpinum L.* Stengel 1—5blumig, 3—5″. Blätter elliptisch oder lanzett. Blumenblätter länger als der Kelch. Muss als die Alpenform der vorigen angesehen werden. Auf dem Stockhorn, Gemmi, Albula, Piz-Ogel (Bizockel), Strela, immer in der alpinen Region. Juli und August.

7. *C. lanatum Lam.* Von langen Haaren zottig. Stengel 1—4blumig, 3—6′. Blätter eirund oder etwas schmäler. Blumenblätter länger als der Kelch. Ebenfalls in der alpinen Region. Im Saaser-Thal und zwischen Stalla und Avers.

8. *C. latifolium L.* Rasenbildend und aufliegend, 3—4″ lang. Stengel 1—2blumig. Blätter elliptisch oder eirund. Frucht aufrecht gestielt. Blumen sehr gross. Auf Steingerölle der nivalen Region durch die ganze Alpenkette. August. Aendert bedeutend ab und geht in folgende Art über.

9. *C. pedunculatum Gaud.* Stengel 1—2blumig, 2—3″. Blätter elliptisch-verlängert. Blumenblätter nicht doppelt so lang als der Kelch. An ähnlichen Stellen, allein sehr selten. Auf dem Brevent in Chamouny und im Saaser-Thal. Die in den Pflanzen Graubündens angeführten Standorte dürften sich eher auf langstielige Formen des C. latifolium beziehen.

10. *C. arvense L.* Vielstengelig. Stengel unten aufliegend, 3—6″. 2—15blumig. Blätter lineal-lanzett oder lineal. Blumenstiele kurzhaarig. Blumenblätter doppelt so lang als der Kelch. Hin und wieder in der ebenen Schweiz und auf den Bergen bis in die alpine Region. Bei Aarau, Solothurn, Basel, Orbe, St. Triphon, Peter-

lingen, Genf etc. Auf dem Jura von Delsberg, Genf, Longirod, Salève etc. In den Alpen im Ober-Engadin, Rheinwald, Ursern etc.

11. *C. repens L. C. tomentosum Gaud.* Weiss filzig. Stengel aufliegend, 9—12''. Blumenblätter doppelt so lang als Kelch. Blätter lineal oder lineal-lanzett. Auf steinigen Stellen bei Vivis, Montreux, St. Legier, vielleicht bloss aus Gärten kommend, wo man es häufig cultivirt. Sommer.

Lepigonum.

Blüthe und Frucht wie bei Arenaria. Neben den Blättern häutige Afterblättchen. Blumen roth.

L. rubrum Wahlenb. (Arenaria rubra L.) Blätter linien-fadenförmig. Stengel unten aufliegend, 3—8''. Kelchblätter lanzett, stumpf, am Rande häutig. ⊙ Sommer. Auf sandigen, dürren Stellen, sowohl in der Ebene als in der montanen und subalpinen Region. Bei Basel, Bellenz, Nidau, Genf, ob Simpeln, im Haslithal, bei Dissentis, im benachbarten Chamouny.

Arenaria.

Kelch 5blätterig. Blumenblätter 5, ganz. Griffel 3. Kapsel 3klappig: Klappen ganz oder gespalten. Kleine Kräuter mit weissen Blumen.

* Krone nicht länger als der Kelch (einige nur etwas länger).

• Einjährige. ⊙

1. *A. trinervia L.* Blätter gestielt, eirund, gerippt. Kelchblätter 3rippig, spitzig, länger als die Krone. 9—12''. An sonnigen und schattigen Stellen, an Hecken, Mauern, in Wäldern, nicht selten. Bei Chur, Genf, Zürich, Bern, Solothurn etc.

2. *A. serpyllifolia L.* Blätter eirund, sitzend, spitzig, kurzhaarig. Kelchblätter 3rippig, länger als die Krone. Stengel sehr ästig. 2—6''. Auf sehr dürren Stellen fast überall in der Ebene. Sommer.

3. *A. Marschlinsici Koch.* Bloss 2—3'', sehr gedrängt ästig, stark behaart und meist klebrig. Der häutige Theil der innern Kelchblätter nur halb so breit als der krautige. In den subalpinen und alpinen Thälern auf besserm Boden.

Ober-Engadin, beim Hospitium auf dem grossen Bernhard, auf dem Splügen, Gétroz, über Zurmatt. *Arenaria serp. viscida.* Wurde zuerst von Hrn. Hauptmann v. Salis, wohnhaft in Marschlins, als eine von *A. serpyllifolia* wesentlich verschiedene Art angeführt und von Prof. Koch nach ihm benannt.

4. *A. tenuifolia L.* Blätter borstig-pfriemenförmig. Stengel gabelig-verästelt, 4'' hoch. Kelchblätter lanzettpfriemenförmig, 3rippig, länger als die Krone. Auf dürren Stellen der Ebene in der westlichen Schweiz. Bei Genf, im Waadtland bei St. Triphon, aux Pierettes und vielen andern Orten dieses Cantons.

.. Perennirende. ♃

5. *A. fasciculata Jacq.* Blätter borstenförmig, in den Blattachseln gebüschelt. Kelchblätter lanzett, pfriemenförmig ausgehend, länger als die Krone, weiss mit grüner Mittelrippe, die manchmal aus zwei Streifen besteht. 2—6''. Auf steinigen Stellen bei Neuss, Neuenburg, Granson, Montreux, Aelen, Martinach; dann auch in montanen und subalpinen Thälern, bei Steinsberg im Unter-Engadin, beim Wormser Bad, à la Vallée d'Abondance (Savojen) und bei Zermatten im Wallis (die von letzterm Standort ist die *A. mucronata DC.)*

6. *A. recurva Wahl.* Blätter lineal-pfriemenförmig, gewöhnlich gebogen (besonders die der unfruchtbaren Schosse und unentwickelten Aeste in den untern Blattachseln). Stengel rasenbildend, 2—3''. Blumenblätter nicht länger als der Kelch. Auf dürren Weiden der alpinen Region. Auf dem Bernina, St. Bernhard, Gotthard, Simplon, Furka, Isenstock, Fräla.

7. *A. verna L.* Ganz wie vorige, mit Ausnahme, dass die Blumenblätter länger als der Kelch sind. 2—4''. Ebenfalls auf alpinen und subalpinen Weiden sowohl in den Alpen als im Jura häufig. Steigt auch in die montane Region (Wormser Bad) und in die Ebene (Roche) herab. Die A. recurva dürfte wohl mit dieser zusammenfallen.

8. *A. sedoides M. (Alsine sedoides Froelich.)* Blätter lanzett-lineal, 3rippig, ganz kahl. Stengel rasenbildend, unterhalb sehr ästig, 1½''. Blümchen gewöhnlich 2 an der Spitze der Aeste. Kelchblätter eirund, spitzig, 3rippig,

wenig kürzer als die Krone (an meinem Exemplar scheinen sie gleich lang zu sein). Auf den höchsten Alpenweiden, jedoch sehr selten. Ich besitze ein Exemplar, das ich einst auf dem *Calanda* bei Chur sammelte und unter meiner A. verna aufbewahrte. Bestimmung und Standort sind ganz sicher. Sonst kommt diese Art nach Frölich im Algau vor.

9. *A. lanceolata All.* Blätter aus einer rundlichen Basis lanzett, gewöhnlich 3rippig, sehr kurz gewimpert. Stengel rasenbildend, sehr ästig, 1", länger bei den tiefer vorkommenden Formen. Blumen sehr kurz gestielt, zu 1—3 an der Spitze der Aeste. Kelchblätter lanzett, so lang als die Krone. An Kalkfelsen, sehr selten und nur in Graubünden auf dem Uebergang des Levirone ins benachbarte Val di Livino (oberes Veltlin), in einer Höhe von wenigstens 8000'.

** Krone länger als der Kelch. ♃

. Kleinblumig.

10. *A. sphagnoides Froelich. (Stellaria biflora L. Sabulina biflora Reich.)* Stengel ästig, rasenbildend, 1". Blätter linienförmig, kahl, ungerippt. Blumen einzeln, selten zwei, am Ende der Aeste. Kelch zur Blüthezeit geschlossen, so dass die Blümchen das Aussehen der *Silene acaulis* haben. Kelchblätter 3rippig, kürzer als die Krone. Kapsel einfach 3klappig. Auf alpinen und nivalen Weiden. In Graubünden auf dem Levirone, dem Stelvio, wo man nach Umbrail ablenkt, auf dem Sträla; dann au Sommet de l'arrête d'Alesse près du Creux Jemant und auf dem Pancrossaz in den Alpen von Bex.

11. *A. polygonoides Wulf.* Blätter lineal, nach hinten verschmälert, ungerippt. Stengel aufliegend, rasenbildend. Blumenstiele 1—2blumig, achselständig. Kelchblätter eirund-lanzett, kürzer als Krone. Kapsel 3klappig: Klappen an der Spitze gespalten. Gleicht so sehr der vorigen Art, dass, wenn man die Früchte nicht untersucht, man sie leicht als eine Schattenform derselben halten könnte. Kommt auch auf alpinen Weiden gewöhnlich zwischen Steinen vor. Findet sich auf der ganzen Alpenkette.

12. *A. biflora L.* Blätter fast rund, stumpf, kurz gestielt, hinterhalb gewimpert. Stengel ganz aufliegend,

2—5″. Aeste achselständig, 2blumig. In der alpinen und nivalen Region durch die ganze Alpenkette. (Levirone, Scaletta, Gotthard, Furka, St. Bernhard, Panerossaz, Montblanc etc.)

13. *A. ciliata L.* Blätter umgekehrt-eirund, hinterhalb gewimpert. Stengel ästig, ansteigend, 4—6″. Blumenblätter doppelt so lang als der Kelch. Auf alpinen und subalpinen Weiden auf steinigen Stellen. In den Alpen auf dem Calanda, Augstberg, Stockhorn, Furka, Jaman, Molesson, Brezon etc.; im Jura auf dem Réculet, au lac de Joux.

14. *A. uliginosa Schleicher. (Spergula stricta Sw. Alsine stricta Wahl.)* Stengel unterhalb ästig, oben lang nackt, 5—6″. Blätter lineal-borstenförmig, ungerippt. Kelchblätter lanzett-eirund, wenig kürzer als die Blätter. Auf Torfsümpfen im Jura (Ste. Croix, au Sentier, Pont-Martel, Brévine). Sommer.

.. Grossblumige.

15. *A. laricifolia Wahl.* Blätter lineal-pfriemenförmig, ungerippt. Stengel unten sehr ästig, rasenbildend, 6″. Kelchblätter länglich-lineal, stumpf, 3rippig, kurzhaarig. Blumen 1/2″ lang. An Halden in der subalpinen und alpinen Region, von wo sie auch zuweilen tiefer herabsteigt. Im Veltlin, bei Sils im Ober-Engadin, in der Priora-Alp, auf dem Gotthard bis gegen Wasen, auf dem Pilatus, Simplon, Nicolai-Thal, ob Bex, in Chamouny (Savojen).

16. *A. liniflora L.* Wie vorige, jedoch oberhalb mit Drüsenhaaren besetzt und daher klebrig. Die Kelchklappen sind sodann hier ganzrandig, während sie bei A. laricifolia an der Spitze fein gesägt sind. Auch sind die Stengel im Ganzen dicker. Auf steinigen Stellen der höchsten Jura-Weiden. Auf dem Réculet und der Dôle bei Genf.

17. *A. grandiflora L. (A. austriaca M. et K.)* Blätter fast lineal, fein zugespitzt. Stengel rasenbildend, 5—6″. Blumen lang gestielt, 1—2 auf einem Ast. Kelchblätter spitzig. Kapsel 3klappig: Klappen an der Spitze gespalten. Blumen 5‴ lang. Auf steinigen Wiesen und an Felsen des westlichen Jura (Salève, Chasseron, Suchet, Chasseral).

18. *A. Villarsii M. et K.* Blätter lineal-pfriemenförmig.

Stengel rasenbildend, meist 3blumig, 3—4''. Kelchblätter lanzett, spitzig. Blumen langgestielt. In Felsenspalten der Walliser-Alpen. (In der Klus, wo man von Kandersteg nach dem Gasternthal geht, au Breuil am M. Rosa, auf dem Dent-du-Midi, im Aostathal.) Sommer.

Cherleria.

Kelch 5blätterig. Krone 0 oder aus 5 pfriemenförmigen Spitzen bestehend. Staubgefässe 10. Griffel 3. Kapsel 3klappig.

C. sedoides L. Ein rasenbildendes, höchstens zollhohes Kräutlein mit ganz unansehnlichen Blüthen. Es findet sich auf den höchsten Bergspitzen durch die ganze Alpenkette (von 7—8000') und zwar auf dem Kalk- und Schiefergebirge. ♃

Moehringia.

Kelch 4blätterig. Krone 4blätterig. Staubgefässe 8. Griffel 2. Kapsel 4klappig.

M. muscosa L. Ein moosartiges, dünnes, zartes Kräutlein mit fadenförmigen kahlen Blättern und endständigen 2—7blumigen Blüthenstielen. 6''. An feuchten Felsen, sowohl im Jura (Solothurn, Orbe, Salève) als auf den Alpen. Steigt aus der subalpinen Region auch in die montane und ebene (bei Glarus, Schwyz, am Fuss vom Rigi) herab. Findet sich häufig und blüht im Sommer. ♃

Moenchia.

Kelch 4blätterig. Krone 4blätterig. Staubgefässe 4 oder 8. Griffel 4. Kapsel an der Spitze 8klappig.

M. quaternella Ehr. (*M. erecta Fl. d. W.*) Stengel 2blumig. 2''. Blumen 4mannig. ⨀ Soll bei Basel gefunden werden.

Buffonia.

Kelch 4blätterig. Krone 4blätterig. Staubgefässe 4. Griffel 2. Kapsel 2klappig, 2samig.

B. tenuifolia L. Stengel fadenförmig, sehr ästig, ½—1'. Die Kelchrippen vereinigen sich unter der Spitze. ⨀ Auf steinigen Stellen, bisher bloss bei Sitten und Siders im Wallis gefunden.

Sagina.

Kelch 4blätterig. Krone 4blätterig. Staubgefässe 4. Griffel 4. Kapsel 4klappig.

1. S. *procumbens L.* Stengel aufliegend mit ansteigenden Aesten. 2—3". Blätter lineal, kahl. ⊙ Auf Feldern, in Gärten, auf Mauern durch die ganze ebene Schweiz; auch in der subalpinen Region (Lenzer-Heide) und noch höher (nach Gandin z. B. in Savojen). Sommer.

2. *S. apetala L.* Stengel aufrecht, 2—3". Blätter borstenförmig in eine Spitze ausgehend, an der Basis gewimpert. Kelchblätter stumpf, die zwei äussern ganz kurz bespitzt. ⊙ Mai und Juni. Auf sandigen, dürren Stellen bei Basel, Zofingen, Neuss, Chamblande, Genf.

α. Mit Blättern, die ganz (nicht nur an der Basis) mit wimperähnlichen Zähnchen besetzt sind. Bei Bellenz an Wegen. *Sagina muscoides Froel.*

Spergula.

Kelch 5blätterig. Krone 5blätterig. Staubgefässe 5 oder 10. Griffel 5. Kapsel 5klappig.

† Blätter entgegengesetzt. ♃

1. *S. saginoides L.* Blätter borstenförmig, unten verwachsen, sammt Stengel und Blumenstielen kahl. Blumenblätter kürzer als der Kelch. Blumenstiele lang, nach der Blüthe oben umgebogen. 1—3". Auf allen alpinen Weiden in Graubünden, Appenzell, Glarus, Wallis, Waadt, Savojen. Auch auf dem Jura (Dôle, Réculet, Salève) und des Molasse (Voirons, Rigi). ♃ Sommer.

2. *S. nodosa L.* Stengel fadenförmig, 6—8". Blätter linien-borstenförmig, unten verwachsen, die der obern Blattachseläste ganz kurz und breiter. Blumenblätter länger als der Kelch. ♃ Sommer. Auf Torf bei Bern, Iferten, Murten, Ins, Seedorf, am Katzensee; auch im Jura bei St. Cergues, Longirod, Vallée de Joux etc.

†† Blätter gequirlt mit Afterblättchen. ⊙

3. *S. arvensis L. Spark.* Blätter lineal, büschelig-gequirlt, oben convex, unten mit einer Längsfurche. An ihrer Basis sind zwei häutige Afterblättchen. Samen gesäumt. 1'. Auf Aeckern. Sommer. In der Ebene bei Basel, Bern, Huttwyl, Bellenz, Genf, Neuss, Peterlingen etc.,

in der montanen oder subalpinen Region in Savojen und Tawetsch (Bünden) im Aufsteigen auf den Gurten, im Rheinthal nach Custor. Wird an manchen Orten als ein ergiebiges Futterkraut angebaut. Die Zahl der Staubgefässe variirt von 5 bis 10.

4. *S. pentandra L.* Blätter büschelig-gequirlt, lineal, unten ohne Längsfurche, an der Basis mit zwei Afterblättchen. Samen mit einem breitern, radial gestreiften Saume umgeben. 1/2'. Auf dürren, sandigen Stellen, bisher bloss bei Basel gefunden. April—Juni.

XXXIII. Familie.

Paronychien (Paronychieae).

Kelch 5theilig, bleibend. Krone 5blätterig, auf dem Kelche stehend: Blumenblätter gewöhnlich klein, wie unfruchtbare Staubfäden aussehend. Staubgefässe 5 oder 10, vor den Kelchlappen stehend. Ovarium frei, einfächerig. Griffel 2—3. Frucht entweder 3klappig, mehrsamig und aufspringend oder nicht aufspringend, einsamig. Samen ohne Eiweiss, an einer centralständigen Placenta. — Kräuter mit entgegenstehenden und abwechselnden Blättern, an deren Basis trockene, häutige Afterblättchen stehen. Die Blüthen sind sehr unansehnlich, in endständige, 2—3zinkig verästelte Rispen oder in achselständige Knäuel gestellt.

Telephium.

Blumenblätter 5 (so lang als die Kelchtheile). Staubgefässe 5. Griffel 3. Kapsel 3klappig, unten 3fächerig. Samen ∞.

T. Imperati L. Blätter abwechselnd, eirund. Blumen endständig gebüschelt. 1'. An felsigen Stellen im mittlern Wallis (Sitten, Gonthey etc.). ♃ Juli.

Corrigiola.

Blumenblätter 5 (so lang als die Kelchtheile). Staubgefässe 5. Griffel 3, sitzend. Kapsel einsamig, nicht aufspringend.

C. littoralis L. Stengelblätter lineal-keilförmig. Blumen gestielt in beblätterte Dolden gestellt. 6—8''. An der Wiese bei Basel. ⊙ Sommer.

Herniaria.

Kelch 5theilig. Krone 0. Staubgefässe 10, wovon 5 unfruchtbar. Narben 2. Kapsel vom Kelche eingeschlossen, einsamig, nicht aufspringend.

1. *H. glabra L.* Stengel aufliegend. Blätter länglich, kahl. Blüthenknäuel ungefähr 10blumig. Kelch kahl. ♃ 5''. Auf Schutt und sandigen Stellen bei Basel, Zürich, Martinach, Morsee, Aelen; auch in der montanen Region bei Waltensburg und in der alpinen bei Samaden in Graubünden. Sommer.

2. *H. hirsuta L.* Stengel aufliegend, sammt Blättern und Kelchen behaart. Blüthenknäuel achselständig, ungefähr 10blumig. 5''. ♃ ? ⊙ Auf Feldern bei Genf, Neuss (Nyon), Peterlingen, Branson und bei Basel nicht selten.

3. *H. incana Lam.* Stengel aufliegend, sammt Blättern und Kelchen lang behaart. Blüthenknäuel achselständig, meist 3blumig. 5''. ♃ ? Bisher einzig in Basel gefunden.

4. *H. alpina Vill.* Stengel aufliegend. Blätter umgekehrt-eirund, gewimpert. Blüthenknäuel achselständig, aus wenigen oder auch nur einem Blümchen bestehend. 5—8''. Auf sandigen Stellen der höchsten Alpengegenden (8000') bisher bloss in Wallis und Graubünden gefunden. Im Bagne- und Saaser-Thal, auf dem Simplon, Ganterberg, Torrent, Gex und auf dem Augstberg bei Perpan auf dem Uebergang nach der Urdenalp. ♃ August.

Illecebrum.

Kelch 5theilig: Theile oben schief abgestutzt. Krone 0. Staubgefässe 10, wovon 5 unfruchtbar. Narben 2. Kapsel einsamig, längsgefurcht, den

Furchen nach aufspringend. Ein der Herniaria ganz ähnliches Kraut.

I. verticillatum L. 5—8", kahl. ♃ Auf feuchten unangebauten Stellen, jedoch bei uns bisher bloss bei Mendris im Tessin gefunden. Juli.

XXXIV. Familie.

Scleranthеen (Scleranthеae).

Kelch 5spaltig, mit der Frucht abfallend. Krone 0. Staubgefässe den Kelchlappen entgegengesetzt, 5 oder 10. Ovarium frei, einfächerig, 2samig. Griffel 1—2. Frucht eine einfächerige, durch Fehlschlagen einsamige, hautige, vom Kelche eingefasste Kapsel. Samen mit einem mehligen Albumen und peripherischen Keim. — Kleine, trockene Kräuter mit mit entgegengesetzten schmalen Blättern, aber ohne Afterblättchen. Im Ganzen gleichen sie den Paronychien.

Scleranthus.

Kelch 5spaltig. Staubgefässe 10, selten 5 oder 2. Griffel 2.

1. *S. annuus L.* Blumen meist 10männig. Kelchlappen sehr fein häutig gesäumt, zur Fruchtreife offen. ⊙ 2—8". In Aeckern der Ebene häufig; auch in der montanen, subalpinen und alpinen Region in Graubünden (Klosters, Puschlav und Ober-Engadin). Sommer.

2. *S. perennis L.* Blumen meist 10männig. Kelchlappen breithäutig gerandet, zur Fruchtreife geschlossen. 3—5". Auf dürren, steinigen Stellen. In Wallis an vielen Orten, bei Clefen und im bündner'schen Bergell, bei Genf, Longirod und Basel.

XXXV. Familie.

Portulaceen (Portulaceae).

Kelch 2blätterig oder 2theilig. Krone bald

5blätterig oder durch Verwachsung der 5 Blumenblätter einblätterig und 5spaltig; auch fehlt sie bei vielen ausländischen Arten gänzlich. Staubgefässe von verschiedener Anzahl, auf dem Grunde des Kelchs eingesetzt. Ovarium frei, einfächerig, mit einem Griffel und mehrern Narben. Frucht eine einfächerige, mehrsamige Kapsel, die entweder klappenweise oder ringsum aufspringt und die Samen an einer centralen Samensäule (placenta) enthält. Samen mit peripherischem Keim und centralem Eiweiss. — Unsere Portulaceen sind kleine Kräuter mit unanschnlichen, fast immer geschlossenen Blüthen und ohne Afterblätter.

Portulaca.

Kelch 2spaltig. Krone 5blätterig. Staubgefässe 8—15. Kapsel ringsum aufspringend.

P. oleracea L. Burzelkraut. Ein liegendes, ½—1' langes Kraut mit keilförmigen fleischigen Blättern und gelben, nur an der Mittagssonne sich öffnenden Blüthen. Man findet es an Wegen und in Gärten als Unkraut, jedoch mehr in den wärmern Gegenden. Häufig bei Genf, im Unter-Wallis, Waadt und Tessin, weniger häufig bei Chur, Zürich, Aarau, Basel. ⊙ August.

Die in den Gärten als Gemüsekraut angebaute Art *(P. sativa Haw.)* ist offenbar weiter nichts, als eine grössere, durch Cultur hervorgebrachte und stabil gewordene Abänderung der wilden Pflanzen.

Montia.

Kelch 2blätterig. Krone trichterförmig, 5spaltig. Staubgefässe 3. Narben 3. Kapsel 3klappig.

M. fontana L. Ein kleines, 2—8'' langes liegendes oder im Wasser schwimmendes Kraut mit umgekehrteirunden oder lanzetten entgegengesetzten Blättern und kleinen weissen Blüthen. An Bächen von frischem Wasser, besonders gern auf Bergen. Bei Bellenz und St. Antonio, bei Soazza im Misox, bei Truns im bündner'schen Oberlande und bei Bevers und St. Moriz im Ober-Engadin und im Badischen Schwarzwald. Sommer.

XXXVI. Familie.

† *Ficoideen (Ficoideae).*

Den Portulaceen verwandt ist die Familie der Ficoideen, wohin das Geschlecht *Mesembryanthemum* gehört, das am Cap der guten Hoffnung zu Hause ist. Aus demselben hält man viele Arten bei uns in Töpfen. Einige davon haben sehr grosse Hautzellen, so dass die Pflanzen dadurch wie mit Eiskügelchen bedeckt erscheint, so z. B. das *Eiskraut* (M. crystallinum L.). Fast alle haben fleischige Blätter.

XXXVII. Familie.

† *Cacteen (Cacteae).*

Unförmliche, fleischige, oft mit Stacheln bedeckte Gewächse, die aus Amerika stammen und wegen ihrer sonderbaren Gestalt unter dem Namen *Cactus* allgemein in Töpfen gezogen werden. Die Früchte sind essbar und auf einer der *spanischen Feige* (Opuntia vulgaris) ähnlichen Art, wird in Mexico die *Cochenille* gepflegt.

XIV. Klasse.

Peponiferae.

XXXVIII. Familie.

Cucurbitaceen (Cucurbitaceae).

Blüthen von getrenntem Geschlecht. Kelch 5spaltig. Krone aus 5 freien oder verwachsenen, auf dem Kelche stehenden Blumenblättern bestehend. Staubgefässe 5, allein gewöhnlich durch Verwachsung zweier Paare 3, auf dem Kelche. Ovarium untenständig, so dass die übrigen Blüthentheile über ihm stehen. Griffel 1 mit 3—5 Narben. Frucht eine fleischige Kürbisfrucht mit wandständigen getheilten Placenten. Samen aus einem geraden Keim ohne Albumen bestehend. — Liegende oder kletternde grosse Kräuter, die sich mit Ranken an andere Pflanzen befestigen. Ihre Früchte sind bei den meisten essbar, bei einigen jedoch auch schädlich. Angebaut werden bei uns:

1) Der *Kürbis* (Cucurbita Pepo L.), dessen Früchte bei einer Art (C. maxima Duh.) so gross werden, dass ein Mann sie kaum aufheben kann. Das Fleisch derselben wird gegessen und in Belgien und Frankreich und selbst in Genf auf dem Markte stückweise verkauft. In der deutschen Schweiz pflanzt man die weniger grossen Arten an und gibt sie dem Vieh. Aus den Samen macht man Oel und eine Art Mandelmilch.

2) Die *Gurke* oder *Cucumer* (Cucumis sativus L.). Diese wird dagegen mehr in Deutschland gebaut, wo sie fuderweise zu Markte gebracht wird. Ihre Früchte liefern ein gutes Gemüse, das jedoch von vielen Leuten wegen dem Aufstossen, das sie verursachen, nicht geliebt wird.

3) Die *Melone* (Cucumio Mels L.), die um ihrer süssen Früchte willen mit grosser Sorgfalt in Gärten gezogen wird.

Bryonia.

Krone 5theilig. Staubgefässe zu 3 verwachsen. Griffel 3theilig. Frucht eine runde, 3fächerige Beere.

1. *B. dioica Jacq.* Geschlechter stammgetrennt. Beeren roth. 6—8' lang. ♃ In Hecken. Häufig bei Genf, in der Waadt, C. Neuenburg, Bern, Solothurn, Basel, bei Latsch im Tyrol unweit der Bündnergrenze. Juni.

2. *B. alba L. Zaunrübe.* Geschlechter stielgetrennt. Beeren schwarz. 6—8''. ♃ In Hecken, jedoch bloss bei Chur am Wege nach dem Voral. Juni. Die Wurzel dieser Pflanze ist ein drastisches Arzneimittel, das jedoch jetzt weniger als früher gebraucht wird, ohne Zweifel, weil es durchs Trocknen seine Eigenschaften zum Theil einbüsst. Auch kann eben so gut die Wurzel der B. dioica genommen werden.

XV. Klasse.

Parietales.

Blüthen vollkommen, regelmässig oder unregelmässig. Staubgefässe von bestimmter (5) oder unbestimmter Anzahl. Frucht eine einfächerige Kapsel, die an der Mitte der Klappen die Samen trägt.

Kräuter und Sträucher mit einfachen entgegengesetzten oder abwechselnden Blättern.

XXXIX. Familie.

Violaceen (Violaceae).

Kelch 5theilig: die Theile meist nach hinten verlängert. Krone 5blätterig, regelmässig oder (was bei unsern der Fall ist) unregelmässig: das unterste Blumenblatt gespornt. Staubgefässe 5 mit kurzen Fäden und langen, zusammenneigenden Staubbeuteln. Ovarium frei mit einem Griffel und verschieden gestalteter Narbe. Frucht eine einfächerige, 3klappige Kapsel mit 3 wandständigen Placenten. Samen mit geradem Keim und fleischigem Albumen. — Bei uns sind die Violaceen kleine Kräuter mit abwechselnden Blättern und freien Afterblättchen. Sie sind unschädlich, gereichen aber auch dem Menschen zu keinem besondern Vortheil. Sie finden sich in den gemässigten und heissen Zonen.

Viola.

Kelchtheile nach hinten in Anhängsel ausgehend. Krone unregelmässig: das unterste Blumenblatt gespornt. Staubfäden breit, flach, zu einem Cylinder vereinigt.

† Veilchen. *Violae martiae* der Alten.

Blumen einfarbig, violett oder durch Albinismus weiss. Narbe schnabelförmig gekrümmt.

1. *V. pinnata L.* Stengellos. Blätter vielfach getheilt: Lappen 2—3zähnig. 3''. Auf steinigen Stellen des Kalkgebirgs, gewöhnlich in der alpinen und subalpinen Region, jedoch auch tiefer wie am Calanda, etwas oberhalb Felsberg. Im Wallis über Zermatt, Gundo, auf dem

Fouly und Malt; in Graubünden bei St. Moritz, im Camogasker-Thal, im Heuthal auf dem Bernina, auf dem Valzerberg. ♃ Sommer.

2. *V. palustris L.* Stengellos. Blätter nierenförmig-rundlich, kahl, breit gekerbt. Afterblättchen frei, eirund, zugespitzt, drüsig-gesägt. ♃. 2". Auf sumpfigen Stellen der alpinen Weiden. Auf dem Splügen, der Oberalp, Gotthard, Chapuise, Fouly, Barbarine; im Jura bei La Chaux-de-Fonds, Vallée de Joux etc.; auch tiefer bei Einsiedeln und am Katzensee nach Hegetschweiler. Juli.

3. *V. hirta L.* Stengellos, ohne Ausläufer. Blätter unterhalb, so wie auch der Blattstiel, mit abstehenden Haaren besetzt. 2—5". An Halden und Hecken, gemein durch die ganze ebene Schweiz. April.

4. *V. odorata L.* Stengellos, lange Ausläufer treibend. Blätter und Blattstiele mit kurzen und anschmiegenden Haaren besetzt. 3—4". In Wiesen, an Zäunen etc. ebenfalls durch die ganze ebene Schweiz. April. Die Blümchen sind als ein gelind öffnendes Mittel officinell. Das oft besungene Veilchen ist in den Gärten zuweilen gefüllt.

5. *V. arenaria DC.* Stengel aufliegend und ansteigend sehr kurzhaarig oder kahl. Blätter herzförmig, sammt den Blattstielen auch sehr kurzhaarig. 1". Auf dürren, sandigen Plätzen in Unter-Wallis (bei der Pissevache, Saxon, Branson), bei Genf und bei Chur. April. ♃ Kann als die Sandform des V. montana gelten.

6. *V. montana L.* Blätter länglich, herzförmig. Stengel aufrecht. Diese Diagnose Linne's kann sich wohl auf die auf subalpinen Weiden in der Schweiz häufig vorkommende Form beziehen, die einen 3—5" hohen Stengel, längliche oder eirunde herzförmige Blätter, blassblaue Blumen und lanzettliche, wenig gewimperte Afterblättchen hat. Ich habe sie vom Salève, Piz-Ogel bei Chur und Katzensee. Dann ziehe ich die Citate Gaudins für seine *V. pumila* hieher, so wie ein Theil seiner *V. montana*; also die Juragegenden bei Thoiry, Ste. Croix, La Tourne, La Chaux-de-Fonds, so wie Ursern und Grindelwald. ♃ *V. sylvestris Lam. et Koch.*

7. *V. canina L.* Blätter länglich-eirund, herzförmig. Stengel ansteigend, 4—8" lang. Afterblättchen lanzett,

zugespitzt, zerschlitzt-gewimpert. Blumen gross, violett. ♃ In Gebüsch und Wäldern bis in die subalpine Region sehr gemein. April und Mai. Von dieser zur vorigen gibt es viele Uebergänge.

8. *V. lactea Sm.* Blätter länglich-lanzett, am Stiel kaum oder gar nicht herzförmig. Afterblättchen lineal-lanzett, hinterhalb verschieden eingeschnitten, vorderhalb fast ganz. Blumen von mittlerer Grösse und blassblau oder weisslich. 5—8''. ♃ Auf Sümpfen bei Ins, Gampeln, Murten, Genf und wahrscheinlich noch vielfach anderwärts auf ähnlichem Standorte. Sommer. *V. stagnina Kit.*

9. *V. persicifolia auct.* Eine besser genährte und ganz aufrechte Form der vorigen und die grösste dieser Gruppe, 1'. Blätter länglich-lanzett, hinterhalb kaum oder gar nicht herzförmig. Afterblättchen (namentlich die mittlern) blattartig, länger als der Blattstiel und bloss unterhalb schwach eingeschnitten-gesägt. ♃ Auf Sümpfen oder feuchten Wiesen. In der Schweiz selten. Ich verdanke mehrere Exemplare Hrn. Boissier, der sie in Menge bei Orbe sammelte. Sommer. Da die Blätter unserer Pflanze pubescirend sind, so muss sie als Kochs *V. elatior* angesehen werden. Seine *V. pratensis* ist die kahle Form davon, die sich schon mehr der *lactea* nähert.

10. *V. mirabilis L.* Erste Blumen auf wurzelständigen Stielen mit ausgebildeter Krone; die spätern ohne Krone, stengelständig. Blätter rundlich-eirund, herzförmig. 3—12''. In Bergwäldern und Gebüsch. ♃ Frühling. Nicht selten. Bei Winterthur, am Katzensee, bei der Manegg, Chur, im Domleschg, Calanca-Thal, bei Genf, Basel, Bex und Unter-Wallis.

†† Waldveilchen. Dischidium.

Blumen einfarbig, gelb.

11. *V. biflora L.* Stengel aufrecht, 5'', meist 2blätterig und 2blumig. Blätter nierenförmig. Afterblättchen ganzrandig. ♃ In schattigen subalpinen und alpinen Wäldern des Jura und der Alpen (Glarus, Graubünden, Wallis, Waadt, Savojen, Réculet etc.). Sommer.

††† Stiefmütterchen. *Jacea* der Alten.
Blumen 3farbig, 2farbig oder einfarbig. Narbe schlauchförmig.

12. *V. tricolor L.* Blätter gekerbt, untere eirund. Afterblättchen fiederig eingeschnitten: der Endlappen sehr gross gekerbt. ½—1'. In aufgelockertem Boden ⊙, sonst ♃. Auf Aeckern, Schutt, in Wiesen etc., durch die ganze Schweiz; auch in den Alpenthälern. Ist unter dem Namen *Herba Jaceae* in den Apotheken. Man hält das Stiefmütterchen, *Pensée*, auch zur Zierde in Gärten, häufiger jedoch noch die grossblumige *V. altaica*. Es ist zuweilen kleinblumig *(V. arvensis auct.)*.

13. *V. grandiflora L. V. sudetica Willd. V. lutea Sm.* Blätter gekerbt, untere eirund. Afterblättchen fingerig getheilt: der Mittellappen etwas breiter als die übrigen, linienförmig. 3—12". ♃ Auf alpinen und subalpinen Weiden, nicht selten im Jura und den Alpen. Bei La Chaux-de-Fonds, Brevine, auf dem Pilatus, Faulhorn, Stockhorn, Neunenen, Grindelwald, Ursern. Sommer. Die Blumen sind bisweilen ganz gelb.

— 14. *V. heterophylla Bert. V. declinata W. et K.?* Blätter gekerbt, die untern länglich, die obern lineal-lanzett. Afterblättchen fingerig-getheilt: der Mittellappen etwas breiter als die übrigen linienförmigen. 4—6". Bloss auf den ausser der Schweiz gelegenen Corni di Canzo. Sommer.

15. *V. calcarata L.* Blätter gekerbt, eirund oder die obern länglich-lanzett. Afterblättchen ganz oder 3theilig oder fiederig eingeschnitten. Sporn so lang als die Blumenblätter. Stengel einblumig, aufrecht, 3" und darüber. Blumen bis 1" im Durchmesser, gewöhnlich violett, sehr selten gelb. ♃ Sommer. Auf alpinen Weiden durch die ganze Alpenkette. Auch auf den höchsten Stellen des westlichen Jura (Réculet).

16. *V. cenisia L.* Blätter ganzrandig, die untern eirund, die obern länglich. Untere Afterblättchen pfriemenförmig. Stengel unten aufliegend, 3". Auf den Waadtländer- und Unter-Walliser-Alpen im Gerölle. ♃ Sommer. (Enzeindaz, Pancrossaz, Prapioz, Fouly, Rothhorn, Gemmi etc.)

— Die *V. sciaphila Koch* muss zur *V. hirta* gezogen werden, von der sie sich bloss durch kahle Früchte auszeichnet. Sie kommt nach U. v. Salis an schattigen Stellen der montanen und subalpinen Region vor.

XL. Familie.

Droseraceen (Droseraceae).

Kelch 5blätterig oder 5spaltig. Krone 5blätterig auf dem Thalamus. Staubgefässe 5, frei. Ovarium frei, 1—3fächerig. Griffel 3—5. Frucht eine 1—3fächerige Kapsel mit wandständigen Placenten. Samen ein gerader Keim in der Axe eines Eiweisses. — Kleine Sumpfkräuter mit Blättern, die vor der Entwicklung von oben nach unten eingerollt sind.

Drosera.

Kelch 5spaltig. Krone 5blätterig. Griffel 3—5, zweispaltig. Kapsel einfächerig, 3—5klappig. — Sumpfkräutchen mit wurzelständigen Blättern, die mit langen Haaren besetzt sind. Aus diesen Haaren schwitzt eine Feuchtigkeit, die an der Sonne wie Thau schimmert (daher *Sonnenthau*), scharf ist und früher in der Magie eine grosse Rolle spielte. An den Blättern fangen sich auch kleine Mücken, die ohne Zweifel am ausgeschwitzten Safte kleben bleiben und nachher vom Blatte eingeschlossen werden, indem dasselbe, von den Bewegungen des Thieres gereizt, sich umbiegt.

1. *D. rotundifolia L.* Blätter kreisrund, dreifach kürzer als der Schaft. 3—4''. Auf Torfsümpfen durch die ganze Schweiz, sowohl im flachen Lande als auf dem Jura und den Alpen. (Katzensee, Basel, Yivis, Roche, Vallée de Joux, les Rousses, Davos, Ober-Engadin etc.) Juli bis August. ⊙?

2. *D. obovata M. et K.* Blätter umgekehrt-eirund. Schaft aufrecht, dreimal länger als die Blätter. 3—4''. Narben umgekehrt-eirund, ausgerandet. ♃ Bei uns zweifelhaft. Ich habe vom Katzensee (wo sie Heer angibt) und aus dem Marais de Lossy bei Genf Pflanzen, die die an-

gegebenen Blätter, jedoch die Narben der folgenden Art haben. Sommer.

3. *D. longifolia L. (D. anglica Huds.)* Blätter keulenförmig-lineal. Schaft aufrecht, zwei- bis dreimal länger als die Blätter, 4—6". Narben ungetheilt, keulenförmig. ♃ Sommer. Auf Sümpfen der Ebene und Berge. (Katzensee, unweit Genf bei Lossy, Crevin, Divonne; dann in der Waadt bei Duilliers, Roche, Rance, im Bündnerschen Oberlande etc.)

? 4. *D. intermedia Hayn.* Blätter umgekehrt-eiförmig. Stengel unten gebogen, nicht oder kaum länger als die Blätter, $1\frac{1}{2}$—2". ♃ Nach Hegetschweiler bei Einsiedeln.

Parnassia.

Kelch 5blätterig. Krone 5blätterig. Staubgefässe 5. Neben diesen 5 Bündel verwachsener, unfruchtbarer Staubgefässe (nectarien). Narben 4, sitzend. Kapsel 4klappig.

P. palustris L. Staubgefässbündel aus 9—13 Fäden bestehend. Wurzelblätter herzförmig. Blumen weiss, einzeln auf einem 6—8" hohen Schaft stehend. ♃ Auf fast allen feuchten Wiesen bis in die alpine Region. Juni bis Herbst. War ehemals als *Hepatica alba* in den Apotheken.

XLI. Familie.

Cistineen (Cistineae).

Kelch 5blätterig: die zwei äussern Kelchblätter kleiner oder 0. Krone 5blätterig, hinfällig, auf dem Thalamus. Staubgefässe ∞, auf dem Thalamus. Griffel aus einem freien Ovarium, einem Griffel und mehrern Narben bestehend. Frucht eine Kapsel mit nicht vollkommen ausgebildeten (3—5—6—10) Scheidewänden und wandständigen Placenten. Samen aus einem gebogenen, in oder ausserhalb dem Eiweiss gelegenen Keim bestehend. — Kräuter und noch viel häufiger kleine Sträucher mit ganzen, meist gegenüberstehenden Blättern, an deren Basis freie Afterblättchen stehen (wenn nicht die Blattbasen breit und stengelumfassend sind). Die meisten kommen in den Ländern um das Mittelmeer vor und sind von keinem besondern Nutzen.

Cistus.

Kapsel 5- oder 10klappig.

C. salvifolius L. Blätter eirund, runzlig (wie Salbei). Narbe fast sitzend. Ein ästiger Strauch von 1—2' Höhe. Wächst an Felsen bei Clefen und (nach Hegetschweiler) auch bei Lugano (Lauis). Mai und Juni.

Helianthemum.

Kapsel 3klappig.

† Ohne Afterblättchen.

1. *H. Fumana Mill.* Blätter zerstreut, lineal, am Rande rauh. Blumen einsam, gelb. Griffel dreimal länger als das Ovarium. Ein kleines, 2—7" langes Sträuchlein, das auf sonnigen Felsen und Hügeln wächst. Häufig in den Cantonen Wallis, Waadt, Genf. Findet sich auch im Tessin, bei der Beatenhöhle und Sundlauenen im Berner-Oberland und bei Chur. Juni.

2. *H. oelandicum Wahlenb.* Blätter entgegengesetzt, länglich-lineal oder auch eirund-lanzett, behaart, besonders unterhalb. Blumen gelb, traubenständig. Griffel so lang als das Ovarium. 2—6". An Felsen und auf Weiden in der alpinen Region, aber auch tiefer, sowohl in den Alpen als auf dem Jura häufig. (Calanda, Laubergrathspitz, Gemmi, Pilatus, Jaman, Stockhorn, Gemmi, Réculet, Dôle, Mont-Tendre, Vaulion, Chasseron). Sommer.

α. Ganz grauhaarig *(H. canum Dun.).* Häufig auf dem Salève bei Genf.

†† Mit Afterblättchen.

3. *H. salicifolium Pers.* Blätter elliptisch, behaart. Blüthentrauben mit Bracteen. Griffel kürzer als Ovarium. 3—9". ⊙ Blumen klein, gelb. Nur im Unter-Wallis

und Tessin auf dürren Stellen. (Martinach, Branson, Mendris.)

4. *H. vulgare Gaertn.* Blätter eirund oder lineal-länglich, entgegengesetzt, mehr oder weniger behaart. Blumen gelb, traubenständig mit Bracteen. Griffel zwei- bis dreimal länger als das Ovarium. 4—18". ♃ Sehr gemein, auf Halden, an Waldsäumen und andern dürren Stellen, in der Ebene sowohl als auf den Alpen und im Jura. Sommer.

α. Blätter eirund, abstehend, haarig. Blumen von fast 1" Durchmesser. *(H. grandiflorum DC.)* Auf alpinen Weiden in den Alpen und den höchsten Juraspitzen von Waadt, Genf, Solothurn.

γ. Mit orangegelben Blumen. Zwischen Sils und Silvaplana im Ober-Engadin.

Anmerk. *H. serpyllifolium Heg.* beruht auf weiter nichts als auf einem im Herbst gesammelten Exemplar der gemeinen Form.

5. *H. roseum DC. Cistus polifolius L. H. polifolium Koch.* Blätter lineal-länglich, von kurzen feinen Haaren ganz grau, am Rande umgerollt. Blumen weiss (bei dem in Gärten herumwandernden rosenroth). 6—12". ♃ Häufig beim Fort de l'Ecluse unfern Genf und im Tessin bei Luggaris und Lauis. Im DeCandololle'schen Herbarium kommt diese Pflanze allerdings unter seinem *H. apenninum* vor; allein es ist noch eine andere dabei, die ganz von dieser verschieden ist. Der Name *apenninum* muss daher aufgegeben werden.

XVI. Klasse.

Nelumbia.

Der Blumenstiel verlängert sich im Kreise (nicht im Centrum), schickt äusserlich die Kelchblätter aus und auf seiner innern Seite (torus) trägt er die Krone und Staubgefässe. Die Frucht ist eine grosse, vielfächerige, vielsamige Beere oder Kapsel.

XLII. Familie.

Nymphaeaceae.

Kelch 4- oder 5blätterig, inwendig nicht grün gefärbt, von einem Torus (kreisrunde peripherische Verlängerung des Blumenstiels) ausgehend. Krone vielblätterig, auch vom Torus ausgehend. Staubgefässe ∞, auf dem Torus. Stempel aus einem Ovarium und schildförmigen, strahlig verlaufenden Narben bestehend. Frucht eine vom fleischigen Torus umgebene, mehrfächerige, inwendig breiartig fleischige, nicht aufspringende grosse Beere. Samen ∞, aus einer fleischigen Hülle, einem mehligen Albumen und einem geraden, in einer Vertiefung des Albumens gelegenen Keim bestehend. Die Samenlappen sind sehr kurz und fleischig. — Herrliche Wasserpflanzen, deren Blüthen und Blätter auf dem Wasser schwimmen. In Aegypten und Indien, wo die *Seerosen* noch grösser und schöner werden als bei uns, war das *Nelumbium speciosum* ehemals ein Gegenstand der Verehrung und eine Quelle mythologischer Dichtungen (der Lotus der Aegypter). Ebendaselbst geniesst man auch die nahrhaften mehligen Samen (Faba aegyptiaca, *Κυαμος αἰγυπτιος*), so wie auch die Wurzeln, Blatt- und Blumenstiele dieser Pflanze.

Nymphaea.

Kelch 4blätterig, am Ovarium sitzend. Blumenblätter ohne Nectargrube. Blumen weiss.

N. alba L. Blätter ziemlich rund, tief herzförmig-eingeschnitten. Das Ovarium ist bis oben mit Staubgefässen umgeben. Narbe 12 — 20strahlig. ♃ In Teichen und

Wassergräben durch die ganze ebene Schweiz; sie fehlt in den Alpenthälern und im Jura. Sommer.

Nuphar.

Kelch 5blätterig, vom nicht verwachsenen Torus ausgehend. Blumenblätter mit einer Nectargrube. Blumen gelb.

1. *N. luteum Sm.* Narbe flach, tief genabelt, 10—20-strahlig: Strahlen vor dem Rande ausgehend. Blätter oval, tief herzförmig eingeschnitten: die Oehrchen genähert. ♃ In Teichen und Wassergräben durch die ganze ebene Schweiz, jedoch nicht so häufig als die weisse Seerose. Dagegen steigt sie in die Jura-Thäler (Vallée de Joux et des Rousses).

2. *N. pumilum Sm.* Narbe sternförmig, spitz-gezähnt, meist 10strahlig: Strahlen am Rande ausgehend. Blätter oval, tief herzförmig eingeschnitten, mit auseinander stehenden Oehrchen. ♃ Im Hüttensee am Fusse des Hohen-Rohnen im C. Zürich. Sommer. Die Blumen sind bedeutend kleiner als bei voriger Art.

XVII. Klasse.

Rhoeades.

Der Kelch ist frei und abfällig. Die Krone und Staubgefässe stehen auf einer centralen Verlängerung des Blumenstiels (thalamus), selten auf einem Torus; die Frucht ist eine freie, 1—∞ fächerige Kapsel.

XLIII. Familie.

Resedaceae.

Kelch unregelmässig 4—7theilig, bleibend. Krone 4—7blätterig. Staubgefässe 3—40 auf einer scheibenförmigen Erweiterung stehend. Ovarium frei, einfächerig. Griffel 3—6, sehr kurz. Frucht eine einfächerige, an der Spitze offene, 3—6klappige Kapsel mit wandständigen

Placenten und vielen Samen. Diese sind ohne Eiweiss. — Kräuter mit zerstreuten einfachen und getheilten Blättern.

Reseda.

Blumenblätter ganz oder verschieden gelappt. Staubgefässe 10—24. Kapsel 3—6kantig, mit 3—6 Griffeln.

1. *R. Phyteuma L.* Untere Blätter ganz, spathelförmig. Stengelblätter halb 3lappig. Kelch 6theilig. Krone 6blätterig. Narben 3. ⊙ 1′ Auf sandigen Stellen, selten; bloss bei Genf, wo sie nur periodisch erscheint; auch im benachbarten Savojen. Sommer.

R. odorata L. Reseda. Dieses Pflänzchen wird häufig wegen seines der Traubenblüthe ähnlichen Geruchs in Töpfen und Gärten gehalten.

2. *R. lutea L.* Stengelblätter fiederig eingeschnitten, wellenförmig verbogen. Kelch 6theilig. Blumenblätter 6. ⊙ 1′ und darüber. Auf steinigen Stellen, Schutt und dergleichen durch die ganze (nicht nur westliche) ebene Schweiz. Sommer.

3. *R. Luteola L. Wau. Gelbkraut. Gaude.* Blätter lang lanzett, kahl. Kelch 4theilig. Stengel aufrecht, 2′ und darüber. ⊙ Auf steinigen, sonnigen Stellen, häufig durch die ebene Schweiz, jedoch seltener in der östlichen als westlichen. Sommer. Das Kraut wird zum Gelbfärben genommen.

XLIV. Familie.

† *Capparideen (Capparideae).*

Kräuter und Sträucher vom Aussehen der Schotenkräuter, jedoch gewöhnlich mit einer innerhalb dem Kelche gestielten einfächerigen Frucht. — Nicht weit von der Schweizergrenze in Ober-Italien findet sich der hieher gehörige *Kappernstrauch* (Capparis spinosa L.), dessen Blumenknospen als Gewürz den Speisen beigelegt werden.

XLV. Familie.

Schotenkräuter (Cruciferae).

Kelch 4blätterig, abfällig. Krone 4blätterig, abfällig, auf dem Thalamus stehend, mit den Kelchblättern abwechselnd. Staubgefässe 6, wovon 4 lange und 2 kurze (in den kleinen Blüthen sind sie fast gleich lang). Stempel aus einem Eierstock (Ovarium), einem kurzen Griffel und einer Narbe bestehend. Frucht eine 2fächerige, 2klappige Kapsel mit 4 wandständigen Placenten (selten ist sie einfächerig und einsamig, noch seltener ist sie in Queerfächer getheilt). Samen ohne Eiweiss mit umgebogenem Würzelchen. — Kräuter, die einen flüchtig-scharfen Stoff enthalten, dem sie nicht nur ihren beissenden Geschmack und eigenthümlichen, beim Zerreiben besonders bemerkbaren Geruch, sondern auch ihre reizenden und fäulnisswidrigen Eigenschaften verdanken. Bei der Fäulniss verbreiten sie einen ammoniakalischen Geruch, wie die Thiere. Man findet sie in den kalten und gemässigten Zonen. Ihr Nutzen besteht theils darin, dass sie Gemüse liefern (Kohl etc.) und zu andern Speisen als Würze genommen werden (Senf, Rettig etc.), theils Arzneimittel geben (Löffelkraut, Senf etc.), theils zu Oel benutzt (Reps etc.) und theils in der Färberei gebraucht werden (Waid) und endlich noch in einigen Fällen Zierpflanzen sind.

Erste Zunft. Schmalwändige.

Die zwei ursprünglichen Karpelle sind im normalen Zustande, nämlich kahnförmig mit genäherten Karpellrändern (Placenten), so dass die ganze Schote von den Seiten gedrückt erscheint. Indessen stehen diese Karpellränder, durch eine schmale Wand getrennt, doch etwas aus einander. In dieser Abtheilung finden sich keine langschotige Gattungen; dagegen sind unter ganz ähnlichen Pflanzen die Würzelchen bald über den Rücken der Samenlappen (o ||), bald längs den Rändern derselben (o =) hingebogen, ein Umstand, der nicht erlaubt, diesem Charakter viel Klassificationswerth beizulegen.

A.

Schoten mit zwei vollständig ausgebildeten Fächern.

Capsella.

Schote 3eckig (wie ein Hirtentäschlein) ungeflügelt: Fächer vielsamig. Blumen klein, weiss.

C. Bursa-pastoris Moench. Hirtentäschlein. Seckelkraut. Blätter schrotsagezähnig-eingeschnitten, die obern ganz. Schoten ausgerandet, dreieckig. ⊙ ½—2'. Ungemein häufig auf Brachäckern, an Strassen etc., durch die ganze Schweiz bis in die alpinen Bergthäler. Blüht das ganze Jahr hindurch.

Lepidium.

Schote länglich oder eirund, meist nicht geflügelt, aber scharf gekielt: Fächer 1—∞ samig. Blumen klein, weiss. o ||

1. *L. procumbens L.* Blätter tief-fiederig eingeschnitten: Lappen ganz. Kelch so lang als Krone. Narbe sitzend. Schötchen eirund, vielsamig. 6—12''. Gewöhnlich um Salinen herum, bei uns bloss bei Freiburg. Mai und Juni. ⊙

2. *L. ruderale L.* Blumen zweimännig, ohne Kronen. Untere Blätter fiederig getheilt: Lappen lineal. Obere Blätter sitzend lineal. Schötchen rundlich-eirund. 1'. ⊙ Auf Schutt, bei uns selten. In Wallis bei Sitten, in der

Waadt bei Villeneuve, St. Triphon, Vivis und bei Basel. Wurde vor einigen Jahren sehr gegen die Wanzen gerühmt, ob aber der Erfolg der Anpreisung entsprochen, weiss ich nicht.

3. *L. sativum L.* ***Kresse.*** Untere Blätter unregelmässig fiederig oder doppelt fiederig eingeschnitten; obere ungetheilt, lineal. Schötchen rundlich eirund, geflügelt: Fächer einsamig. 1' und darüber. ⊙ Angepflanzt und hie und da verwildert. Dieses angenehm beissende Kraut wird bekanntlich zu Salat verwendet. Es wird zu dem Zwecke auch im Winter in Zimmern und Treibhäusern auf mancherlei Art gezogen. Unter anderm wird es auch auf mit Tuchlappen beschlagenen Holzformen angesät. Wenn das Tuch beständig feucht gehalten wird, so keimt der Same bald und das Kraut überzieht die Holzform in Form eines Rasens.

4. *L. graminifolium L.* Untere Blätter lanzett, gesägt oder eingeschnitten; obere ganz, lineal. Aeste ruthenförmig. Schötchen eirund, spitzig. 2—3'. ♃ Im Canton Waadt von Lausanne bis nach Unter-Wallis; auch bei Rolle und Basel. Auf Mauern und unbebauten Stellen.

5. *L. petraeum L.* Blätter gefiedert. Stengel ästig, blätterig, 2—4''. Krone wenig länger als der Kelch. Schötchen eirund. ⊙ März. Auf Geröll und Sand, am Salève bei Genf, bei Neuss, Lausanne und in Unter-Wallis bis nach Sitten.

6. *L. alpinum L.* Blätter gefiedert. Stengel einfach, nackt, 2—4''. Krone viel länger als der Kelch. Schötchen lanzett. ♃ Sommer. Auf Felsen und Steingerölle durch die ganze Alpenkette und auf den höhern Juraspitzen (Réculet, Dôle) in der alpinen Region (5—8000'); zuweilen durch die Flüsse in die tiefern Gegenden geführt.

7. *L. latifolium L.* Blätter ganz, eirund-lanzett, gesägt: die untern eirund, gestielt. Schötchen rundlich. 2—3'. ♃ Hin und wieder bei Ruinen herum, wo früher Gärten gestanden, so bei Arberg, Orbe, Lenzburg, Wallenstadt, Sionnet (C. Genf) etc. Sommer. Ist so scharf, dass es bisweilen wie Senf gebraucht wird.

8. *L. campestre R. Br.* Blätter länglich, grauhaarig, die des Stengels umfassend, pfeilförmig nach hinten aus-

gehend. Schötchen eirund, von der Mitte an breit geflügelt, oben ausgerandet. 1—1½'. ⊙ Auf Schutt und an Wegen, häufig in der westlichen Schweiz (Genf, Waadt), weniger in der mittlern (Zürich, Solothurn) und sehr selten in Graubünden. Sommer. Hat das Aussehen eines Thlaspi.

Thlaspi.

Schötchen rundlich, eirund oder länglich-eirund, geflügelt: Fächer 1—∞ samig. Griffel deutlich. Blumenkronen immer länger als der Kelch, weiss oder roth. Blätter ganz (ungetheilt), kahl. o=

1. *T. arvense L.* Stengelblätter länglich, sitzend, hinten pfeilförmig ausgehend. Schoten fast rund. Griffel sehr kurz. Stengel oberhalb ästig, 1' und darüber. ⊙ In Aeckern, auf Schutt, durch die ganze ebene Schweiz. Riecht gerieben nach Lauch.

2. *T. perfoliatum L.* Stengelblätter sitzend, länglich, nach hinten pfeilförmig ausgehend (wie bei den 3 folgenden), graugrün. Stengel ästig, ½—1'. ⊙ Frühling. Gemein an Aeckern und Rainen durch die ganze ebene Schweiz.

3. *T. alpestre L.* Aus einer Wurzel mehrere 6—12'' hohe Stengel. Blätter sitzend, pfeilförmig. Schötchen umgekehrt eirund-dreieckig. Griffel so lang als die Ausrandung. ♃ Auf alpinen Weiden, sowohl im Jura als in den Alpen (Dôle, Réculet, Creux-du-Van etc.), (Bernina, Davos, Nicolai-Thal etc.). Juni.

4. *T. montanum L.* Stengelblätter umfassend, nach hinten sehr wenig oder gar nicht verlängert. Blattrosen ziemlich lang gestielt. Schötchen im reifen Zustande rundlich-eirund, gewöhnlich 2samig. Griffel viel länger als die Ausrandung. ♃ 6—8''. An Felsen durch den ganzen Jura (Chasseral, Creux-du-Van, bei Delsberg, Laufen, Dornach etc.)

5. *T. alpinum Jacq.* Stengelblätter umfassend, sitzend, nach hinten gewöhnlich stumpf geöhrt. Blattrosetten gestielt. Schötchen länglich-herzförmig, mit 6—16 Eichen, später mit 4—8 Samen. Griffel viel länger als die Ausrandung. ♃ 4—6''. Auf den hohen Weiden des Nicolai-Thals und, wenn mehrere für die vorige Art citirte Lo-

calitäten hieher zu ziehen sind (was wahrscheinlich ist), noch anderwärts in Wallis.

6. *T. rotundifolium Gaud.* Aus einer Wurzel viele aufliegende und verbreitete Stengel. Untere Blätter rundlich, gestielt, obere umfassend. Blumen röthlich-violett. Schötchen länglich, nicht ausgerandet. ♃ 6''. In Kalksteingerölle der höchsten Bergspitzen, von Graubünden und Appenzell durch Glarus, Unterwalden, Bern, Wallis, Waadt bis nach Savojen. Sommer.

7. *T. cepeaefolium Koch.* Wie voriges, aber kürzer. Die Stengel sind sehr nahe an einander und kaum aufliegend. Die untern Blätter sind länger gestielt. Die Blumen etwas kleiner, sonst auch röthlich-violett. 2—4''. ♃ Scheint auf sandigem oder mergeligem (nicht grobsteinigem) Boden, jedoch seltener als voriges vorzukommen. Ich besitze ein Exemplar vom Schwarzensee im Nicolai-Thale (Wallis); Hegetschweiler gibt es bei dem Gletscher oberhalb der Leuker-Bäder an. Obwohl richtig? Gaudin sagt, auf der südlichen Kette von Wallis komme nur diese Form vor.

Aethionema.

Schötchen eirund oder rundlich, geflügelt: Fächer 2- oder wenigsamig. Blumen klein, röthlich-violet. o ||

A. saxatile R. Br. Blätter breit lineal. Stengel 3—6—12''. ♃ Auf steinigen Stellen der höhern Alpenthäler (zwischen Livino und St. Giacomo di Fraele in Graubünden, in Wallis bei Ollon und Conthey, beim Fort de l'Ecluse, im St. Immerthal im Jura und bei Lugano in der Ebene). Juni.

Teesdalia.

Blumenblätter ungleich. An den längern Staubfäden unten ein blattartiges Anhängsel. Schötchen rundlich oder eirund, geflügelt. Blumen weiss. o =

T. nudicaulis R. Br. Ein 6—9'' hohes Kräutchen mit leierförmig fiederigen Blättern und fast nackten Stengeln. ⨀ In Aeckern, bloss bei Basel. April und Mai.

Iberis.

Blumenblätter ungleich. Schötchen eirund, geflügelt: Fächer einsamig. Blumen weiss, bei der in Gärten häufig vorkommenden *I. umbellata* auch lila. o =

1. *I. saxatilis L.* Blätter zerstreut, lineal, etwas fleischig, ganzrandig. Ein kleines, 4—6" hohes, unten etwas holziges perennirendes Kraut, das man bisher nur an einer Felsenwand beim Oensinger Schloss im C. Solothurn gefunden hat. Die Stelle ist vom Schloss ziemlich entfernt und die Menge der Pflanzen so gross, dass sie dort gewiss als wild anzusehen ist. Blüht im März und April.

2. *I. amara L.* Blätter länglich, stumpf, keilförmig in den Stiel ausgehend, vorderhalb gezähnt. ⊙ 9—12". In Aeckern und Weinbergen. Nicht selten bei Genf, Neuss, Lausanne, Blonay; dann auch bei Basel. Juni.

3. *I. pinnata L.* Blätter vorderhalb fiederig eingeschnitten: Lappen zu beiden Seiten 1—5. ⊙ 9—12". Im Getreide; bei Genf, Neuss, Trelex, Iferten, Yivis, jedoch überall selten. Juni.

Biscutella.

Schötchen flach gedrückt, oben und unten ausgerandet: Fächer kreisrund, einsamig. Blumen gelb. o =

B. laevigata L. Die wurzelständigen Blätter sind länglich, ganzrandig oder gezähnt; die obersten Stengelblätter lineal. 1'. ♃ Auf allen alpinen Weiden der ganzen Alpenkette, von wo sie auch zuweilen tief herabsteigt.

α. Mit rauhen Schötchen im Unter-Wallis an Felsen. *(B. saxatilis Schleich.)*

B.

Schoten, bei denen die Scheidewand verschwunden ist und daher einfächerig geworden sind.

Isatis.

Schötchen von der Seite gedrückt, geflügelt, einfächerig mit harter Wand, einsamig. Blumen gelb. o ||

I. tinctoria L. Waid. Schötchen länglich, stumpf oder ausgerandet, nach hinten verschmälert. Blätter graugrün. ⊙ 2—4'. Aus dieser Pflanze wurde ehemals, als der Indigo noch nicht so verbreitet war, eine blaue Farbe gewonnen. Findet sich bei uns an Wegen und in Aeckern, jedoch nicht überall; häufig in Unter-Wallis, seltener bei Basel, bei Solothurn bisweilen mit fremdem Samen eingewandert. Mai.

α. Mit behaarten Stengeln und Blättern. *(I. Villarsii Gaud.)*

Neslia.

Schötchen ziemlich kugelig, einfächerig, einsamig, nicht aufspringend. Blumen gelb, klein. o ||

N. paniculata Desv. Ein 1—2' hohes Kraut mit länglichen Blättern, das sich im Getreide durch die ganze Schweiz findet, aber die höhern Gegenden vorzieht. ⊙ Sommer.

Calepina.

Schötchen eirund, einfächerig, einsamig, nicht aufspringend. Blumen weiss, klein. o ||

C. Corvini Desv. Ein 1—2' hohes Kraut, dessen untere Blätter leierförmig eingeschnitten, die obern aber nur gezähnt sind. ⊙ Mai und Juni. Findet sich auf Grasplätzen in Unter-Wallis, nur selten und periodisch auch bei Genf.

Myagrum.

Schötchen vorderhalb mit zwei Fächern, hinter welchen ein drittes liegt, das aus der Verkümmerung zweier entstanden ist. Blumen weiss. o ||

M. perfoliatum L. Ein 1½' hohes, kahles, graugrünes Kraut, das im Getreide von Süddeutschland gefunden wird und auch in früherer Zeit in dem gegen Basel zu gelegenen Theil des Cant. Solothurn, dem sog. Schwarzbubenland und in Unter-Wallis bemerkt wurde. ⊙ Mai und Juni.

Zweite Zunft. Breitrandige.

Die Scheidewand der Schote (die die Ränder

der beiden Karpelle aus einander hält) ist breiter als die Höhe (nicht die Länge) der beiden Schotenfächer, so dass die Schoten vom Rücken der Karpelle gedrückt erscheinen.

§. 1.

Mit flachen Samenlappen (Cotyledonen).

A.

Kurzschotige, d. h. die Schoten sind nicht (oder nicht viel) länger als breit, ein- oder ∞samig. o=

Kernera.

Schötchen fast kugelig: Fächer mehrsamig. Die längern Staubfäden oberhalb horizontal gebogen. Blumen weiss.

K. saxatilis Reich. Ein 6—8'' hohes, vielstengliges Kraut mit spatelförmigen Blättern, das an Felsen der subalpinen und alpinen Region durch den ganzen Jura und die ganze Alpenkette häufig gefunden wird. ♃ Sommer.

Cochlearia.

Schötchen rundlich: Klappen mit einer vorstehenden Längsrippe. Blumen weiss.

C. officinalis L. Löffelkraut. Wurzelblätter gestielt, breit-eirund. Stengelblätter eirund, gezähnt, die obersten tief herzförmig, umfassend. ⊙ An feuchten Felsen im berner'schen Jura (Moutiers-Granval), am Wasserfall der Birs. Wird auch auf dem Zwieselberg und im Justisthal im Berner Oberland angegeben. Mai. Da es an vielen Orten am Meeresstrand wächst, so ist es den Seefahrern, die am Scorbut leiden, ein willkommenes Gewächs.

Armoracia.

Schötchen rundlich oder elliptisch, ohne vorstehende Längsrippe. Blumen weiss.

A. rusticana (Fl. d. Wett.) Meerrettig. Wurzelblätter länglich-eirund, herzförmig. Stengelblätter eingeschnitten. 3—6'. ♃ An Teichen und auf andern wasserreichen Stellen. Juni. Kömmt vereinzelt bei Nidau, Basel,

Lausanne vor; in Menge aber um den Teich von Alvaschein in Bünden. Wird um der scharfen Wurzeln willen in Gärten gehalten. Dieselben dienen als Gemüse und Arznei.

Camelina.

Schötchen birnförmig mit ansehnlichem Griffel. Blumen gelb.

1. *C. sativa Crantz.* *Leindotter.* Die mittlern Stengelblätter sind länglich-lanzett, ganzrandig oder etwas gezähnt. ⊙ 1½'. Auf Aeckern durch fast die ganze Schweiz. (Im Jura der C. Basel, Bern, Waadt, Genf; in den Alpen im Wallis, Graubünden, Waadt.) Angepflanzt wird dieses Gewächs um seiner Oel gebenden Samen willen im C. Solothurn und Bern. Juni.

2. *C. dentata Pers.* Die mittlern Stengelblätter buchtig gezähnt oder fast fiederig eingeschnitten. ⊙ 1—1½'. In Aeckern, besonders gern im Flachs der höhern montanen Thäler. (In Graubünden, Wallis, am Pilatus, bei Longirod, Peterlingen, Devens.) Juni.

Vesicaria.

Schötchen kugelig oder eirund-kugelig. Staubgefässe unten und innen mit einem stumpfen Zahn. Blumen gelb.

V. utriculata Lam. Schötchen kahl. Blätter länglich, ganzrandig kahl, die untern gewimpert, fast spathelförmig. ♃ Frühling. An Felsen in Unter-Wallis.

Alyssum.

Schötchen rundlich oder eirund. Staubgefässe meistens mit einem Zähnchen oder Anhängselchen. Blumen gelb.

1. *A. calycinum L.* Stengel am untern Theile aufliegend, 4—8''. Blätter lanzett, nach hinten verschmälert, grau, die untersten umgekehrt-eirund. Kelch bleibend. Staubfäden ohne Zähne. Blumen sehr klein, gelb. ⊙ Ueberall auf dürren steinigen Stellen der Ebene. Juni und Juli.

? 2. *A. campestre L.* Wie voriges, doch fallen die

Kelche ab und die Blätter sind etwas breiter. ⊙ 5—9″. In Aeckern. Wurde früher im Unter-Wallis gefunden.

3. *A. montanum L.* Stengel aufliegend oder ansteigend, 4—9″ lang. Blätter lanzett, untere umgekehrt-eirund, grau. Schötchen grau, rundlich. Blumenblätter doppelt so lang als der Kelch. ♃ Frühling. An Felsen oder am Fuss derselben, jedoch nur bei Basel, Birseck, Lägern, Burgdorf und auf dem Simplon unterhalb Ganter; auf verschiedenen Felsarten.

4. *A. alpestre L.* Stengel ansteigend, unterhalb holzig, 2—3—9″. Blätter grau, umgekehrt-eirund oder spathelförmig. Schötchen eirund, gräulich. Blumenblätter länger als der Kelch. ♃ Sehr selten in der alpinen und subalpinen Region des C. Wallis, im Nicolai-Thale und jenseits der Kette im piemontesischen Val Tornanche.

Lunaria.

Schötchen länglich oder rundlich, flach gedrückt. Aeussere Kelchblätter unten gesackt. Blumen gross, violett.

1. *L. rediviva L.* Schötchen länglich, nach beiden Enden verschmälert. Blätter herzförmig, gestielt. 2—3′. ♃ In Bergwäldern; häufig im Jura (Salève, Réculet, Dôle, Creux-du-Van, Wasserfall bei Ballstall etc.) und hie und da in den Alpen (Glarus, Unterwalden, Bern, Pilatus, über Bex, Vouvry). Mai und Juni.

2. *L. biennis L.* Schötchen eirund, nach beiden Enden stumpf. Obere Blätter sitzend. 2—4″. ⊙ In Wäldern bei uns sehr selten. Blos im untern Wallis und bei Magadino nach Schleicher.

Clypeola.

Schötchen kreisrund, flach gedrückt, einfächerig, einsamig, nicht aufspringend. Blumen äusserst klein, gelb.

C. Jonthlaspi L. Stengel ausgebreitet oder ansteigend, 1—6″. Schötchen hängend. ⊙ Frühling. Findet sich bei uns bloss um Sitten.

B.

Langschotige, d. h. die Schoten sind länger als breit.

Petrocallis.

Schoten elliptisch oder oval mit etwas convexen Klappen. Fächer 2samig. Blumen röthlich-violett. Blätter 3spaltig. o ═

P. pyrenaica R. Br. Ein kleines, rasenbildendes Kräutlein, das sich im Steingeröll der höchsten Bergspitzen (6—7000') findet, allein bei uns selten ist. ♃ (Auf dem Sentis, Pilatus, Tödi, Wiggis, Stockhorn, in den Bergen bei Château d'OEx und im piemontesischen Val Tornanche.)

Draba.

Schoten länglich, elliptisch oder lineal-lanzett. Blumen meist weiss, jedoch auch gelb, nicht gross. Kleine Kräuter mit Blattrosetten. o ═

* Mit ganzen Blumenblättern.

† Gelbblumige. ♃

1. *D. aizoides L.* Stengel blattlos, kahl, 2—4''. Wurzelblätter lineal, kahl, steif gewimpert. Griffel so lang als die Breite der Schoten. An Felsen und auf steinigen Stellen, in den Alpen und auf dem Jura, gewöhnlich in der alpinen Region, jedoch auch bis an den Fuss der Berge herabsteigend. Häufig. Frühling und Sommer.

†† Weissblumige.

2. *D. fladnizensis Wulf. D. helvetica Schleich.* Stengel ohne oder mit einem Blatte, sammt den Blumenstielen kahl. Wurzelblätter kahl, steif gewimpert. Schoten länglich-lanzett, kahl. Griffel fast 0. 2''. Auf den höchsten Bergspitzen der Berner-, Walliser- und Glarner-Alpen ziemlich selten.

3. *D. hirta L.* Stengel ohne oder mit einem Blättchen, 1—3''. Wurzelblätter lanzett, spitzig, mehr oder weniger dicht mit einfachen oder ästigen Haaren bedeckt, ganzrandig oder seltener mit einem bis zwei Zähnen auf jeder Seite. Krone doppelt so lang als der Kelch. Griffel

sehr kurz. An Felsen durch die ganze Alpenkette in der alpinen Region.

α. Die längere Schattenform mit längern und sparsamern Haaren, wodurch die Blätter eine lebhafter grüne Farbe erhalten. Im Nicolai- und Saaser-Thal, auf dem Wormser-Joch. *(D. h. genuina.)*

β. Die kürzere Sonnenform mit dichtern Haaren und demnach grauen Blättern. Häufiger. In Bünden auf dem Albula, Bernina, Augstberg, in Glarus auf dem Wiggis, Sandalp, in Bern auf der Gemmi, Stockhorn, unter dem Wendigletscher, in Wallis auf dem St. Bernhard, Fouly, im Bagnethal, in den Waadtländer Alpen auf dem Panerossaz, Enzeindaz. *(D. laponica Willd.)* Hieher ist zu ziehen *D. fladnizensis* und *nivalis* von *Gaudin*, *D. carinthiaca* von *Hoppe*, *D. Johannis* von *Host*.

γ. Mit behaarten Stielen. *(D. frigida Sauter.)* Ebenfalls durch die ganze Alpenkette.

4. *D. tomentosa Wahl.* Stengel gewöhnlich mit einem eirunden, wenig gezähnten Blättchen, 1—3″. Wurzelblätter spathelförmig, stumpf, dicht grauhaarig. Blumenstiele behaart. Schötchen gewimpert. In der alpinen, nivalen und glacialen Region (6—8000′) durch die ganze Alpenkette auf Kalkfelsen. Häufig in Bünden (Bernina, Bernhardin, Calanda, Splügen), St. Gallen (Grabser-Alp, Campernei), Bern (Faulhorn, Gemmi, Neunenen), auf dem Rothstocksattel etc.

5. *D. stellata Jacq.* Stengel ohne oder mit 1—2 eirunden Blättchen besetzt, 4″. Wurzelblätter eirund oder länglich-eirund, in den Stiel verschmälert, grauhaarig, stumpf. Krone mehr als doppelt so lang als der Kelch. In der alpinen Region auf dem Wormser-Joch (Stelvio), wo ich sie auf der Veltliner Seite sammelte. Auch scheint Hegetschweiler die nämliche Pflanze von anderswoher aus Graubünden und Wallis besessen zu haben, denn er bemerkt ausdrücklich, dass seine Exemplare behaarte Blüthenstiele haben, was bei meiner auch der Fall ist. Dessen ungeachtet ziehe ich unsere Pflanze zu Jacquins D. stellata, die an diesen Theilen kahl ist, aber durch die grossen Kronen sich auszeichnet.

— *D. incana L.* Pluk. alm. 215. t. 42. f. 1. Keine

Rosette. Stengel dichtblätterig: Blätter lanzett oder länglich, wenig, aber grob gezähnt. Schoten häufig gewunden. ⊙ oder ⊙ Nicht in der Schweiz, sondern im Norden der alten Welt, von wo ich Exemplare sah, die der von Linne citirter Figur gänzlich entsprechen.

— *D. contorta Ehrh.* Reichenb. ic. 1029—32. Fl. Dan. t. 130. Wurzelblätter dicht rosettenartig gestellt, länglich-lanzett, kleiner als die Stengelblätter, ein- oder wenigzähnig. Schoten häufig gewunden. ♃ oder ⊙ Im Norden von Europa, östlichen Caucasus und auf dem Altai. Fehlt der Schweiz. Ich fasse hier alle von Reichenbach abgebildeten Formen (1029—1032) als Modificationen einer Uebergangs-Species zusammen.

6. *D. confusa Reichenb. ic.* 1033! an Ehrh.? Unfruchtbare Rosetten bildend. Rosettenblätter lanzett, gezähnt, länger als die Stengelblätter. Diese sind eirund und grob gezähnt. Stengel ästig, 10″. Schoten meist gewunden. ♃ An Felsen und auf Felsenschutt der alpinen Region. Im Nicolai-Thale und auf dem Wormser Joch (Stelvio). *D. Thomasii Koch.* Juni.

7. *D. bernensis. D. incana Gaud., Reich., Koch, non Lin.* Mit gestielten, unfruchtbaren Rosetten, deren Blätter lineal-lanzett und ganzrandig sind. Stengel einfach. Stengelblätter etwas länger als die Rosettenblätter, länglich-lanzett, ganzrandig oder wenigzähnig. 10″. ♃ Auf dem Ganterisch in den Berner-Alpen in einer Höhe von 5—6000′ (also in der alpinen Region). Sommer.

Die Pflanze dieser Gruppe, die sich vor den andern Draben durch die gewundenen Schoten auszeichnen, nähern sich einander in der Ordnung, wie sie hier aufgestellt sind, gar sehr, und man könnte füglich die erste und zweite und die dritte und vierte oder gar alle mit einander verschmelzen. Allein damit ist nichts gewonnen und wir müssen auch hier, wie an so vielen andern Orten, die Formen aus einander halten, um ein richtiges Bild von der Vegetation des Landes zu erhalten. Auf jeden Fall ist die D. bernensis eine extreme Form, die mit der ursprünglichen D. incana L. nichts gemein hat und auch nirgendwo anders vorkömmt.

8. *D. muralis L.* Stengel ästig, blätterig, 9″. Stengelblätter eirund umfassend. Fruchtstiele abstehend,

doppelt länger als die kahle Schote. An schattigen Stellen, bei uns bloss um Basel herum, hier jedoch nich selten. Mai. ⊙

** Mit gespaltenen Blumenblättern.

9. *D. verna L.* Stengel blattlos, kahl, 1—3″. Wurzelblätter lanzett, spitzig. Griffel sehr kurz. Blumenblätter bis zur Mitte gespalten, weiss. ⊙ Frühling. Auf Aeckern und Triften durch die ganze ebene Schweiz.

Arabis.

Schote lineal: Klappen flach oder wenig convex. Kelch ungesackt. Blumen weiss, seltener violett oder blau, sehr selten gelblich. o =

Sect. I. Mit umfassenden herz- oder pfeilförmigen graugrünen kahlen Blättern.

1. *A. brassicaeformis Wallr.* Blätter kahl, ganzrandig, am Stengel tief herzförmig, umfassend. Schoten aufrecht mit etwas convexen Klappen, die in der Mitte eine Längsrippe haben. ♃ 1½—2′. Auf Felsenschutt, selten. Oberhalb Branson und auf dem Blanchard und Surchamp, sodann auf der Dôle und dem Réculet im Jura, also bloss in Waadt und Wallis. Sommer.

2. *A. perfoliata Lam.* Wurzelblätter gezähnt, behaart. Stengelblätter nach hinten pfeilförmig, umfassend, kahl, ganzrandig. Schoten straff, lang, mit starker Mittelrippe und zwei Samenreihen. 1½—2′. ⊙ Auf steinigen Stellen, durch die ebene Schweiz nicht selten. Juni. *(Turritis glabra L.)*

Sect. II. Mit umfassenden, herzförmigen, behaarten Blättern und geflügelten Samen.

3. *A. Turrita L.* Mit kurzen, ästigen Haaren bedeckt. Stengelblätter herzförmig, umfassend. Schoten lang, abwärts gebogen. 2′. ♃ In Bergwäldern an steinigen Stellen durch die ganze montane und subalpine Region des Jura (Lägern, Aarau, Solothurn, Basel, Waadt, Genf) und der Alpen (Graubünden, Wallis, Waadt, Genf). Juni. Die Blumen sind gelblich-weiss.

Sect. III. Mit sitzenden oder herz- oder pfeilförmig umfassenden, behaarten (selten kahlen) Stengelblättern und ungetheilten Wurzelblättern.

4. *A. auriculata Lam.* Mit kurzen ästigen Haaren bedeckt. Stengelblätter länglich-eirund, gezähnt, pfeilförmig umfassend. Schoten abstehend, kaum breiter als ihr Stiel. 1' und darüber. ⊙ Auf steinigen Stellen, selten. Mit Sicherheit nur am Salève bei Genf und bei Rodels in Graubünden gefunden. Juni.

5. *A. saxatilis All.* Mit kurzen, ästigen Haaren bedeckt. Stengelblätter länglich-eirund, gezähnt, pfeilförmig, umfassend. Schoten abstehend, doppelt oder dreimal breiter als ihr Stiel (auch länger als bei voriger). 1½'. ⊙ An steinigen Stellen, jedoch in der Schweiz ebenfalls selten. Im Saanenthal, auf dem Bovonaz und Surchamp in Wallis, am Fusse des Jura bei Solothurn und beim Fort de l'Ecluse. Juni.

6. *A. alpina L.* Mit kurzen, ästigen Haaren bedeckt. Stengelblätter eirund, herzförmig umfassend. Schoten abstehend. Hat die grössten Blumen dieser Section. 1'. ♃ Auf Gerölle und an Felsen durch den ganzen Jura (von Genf bis auf die Lägern) und die Alpen (Chur, Schlossbrück, Sitten, Genf etc.). Steigt aus der alpinen Region häufig bis in die tiefern Gegenden herab.

7. *A. hirsuta Scop.* Mit kurzen, ästigen oder gabeligen Haaren bedeckt. Stengelblätter länglich, gezähnt, nach hinten schwach pfeilförmig oder geöhrt. Die Blumentrauben immer aufrecht. Schoten lineal, doppelt breiter als ihr Stiel. 1', selten darunter, oft darüber. ⊙ Sehr häufig in Wiesen und an Wegen durch die ganze ebene Schweiz und im Jura bis auf die höhern Spitzen (Hasenmatt etc.). Frühling. *(A. sagittata DC.)*

8. *A. ciliata R. Br.* Stengel kahl oder bloss unten sparsam behaart, ½—1'. Blumentrauben im jungen Zustande umgebogen. Stengelblätter länglich, sitzend (nicht geöhrt). Schoten lineal, doppelt breiter als ihr Stiel. ⊙ In der Ebene (bei Chur), der montanen, subalpinen und alpinen Region (Oberhalbstein, Joch, Augstberg in Bünden, im Bagne- und Nicolai-Thal in Wallis, auf dem Vergy in Savojen).

9. *A. arcuata Shuttleworth.* Den beiden vorigen ähnlich. Unterscheidet sich durch eine kürzere Traube und gebogen abstehende Schoten; von der A. ciliata ferner durch die dichte Behaarung und aufrechte Trauben; von der A. hirsuta durch sitzende, fast ganzrandige Stengelblätter. 4—6''. ⊙ Auf steinigen Stellen der subalpinen und alpinen Region im westlichen Jura bei St. Cergues und der Faucille und im Berner Oberland auf der Gemmi, Faulhorn und Steinberg. Mai—Juni. *A. hirsuta, incana Gaud.*

10. *A. muralis Bertol.* Mit kurzen, ästigen Haaren bedeckt. Stengelblätter sitzend, tief gesägt, Schoten lang, aufrecht, lineal. Samen häutig gesäumt. 1' und darüber. Auf Steingerölle, in Menge am Salève bei Genf, dann bei St. Triphon, Vileneuve, Vivis und Branson. Mai.

Die *A. hybrida* von Reuter (Supplement au catalogue des pl. vasc. etc. t. 1.) sind solche Exemplare, die in der Fruchtbildung gehindert wurden, mithin eine blosse Zufälligkeit und keine Varietät, noch weniger eine Species.

11. *A. serpyllifolia Vill.* Mit kurzen, ästigen Haaren bedeckt. Stengel hin- und hergebogen, 3—4''. Stengelblätter ganzrandig, eirund, sitzend. Schoten nicht viel breiter als ihr Stiel. ♃ An Felsen der westlichen Berge in der alpinen Region. Salève, auf der Dôle und bei St. Georges im Jura; Panerossaz, Bovonnaz, im Bagne-Thal, Brezon in Savojen. Sommer.

12. *A. pumila Jacq.* Mit kurzen, einfachen und ästigen Haaren bedeckt. Wurzelblätter eirund, etwas gezähnt. Stengelblätter ganzrandig, eirund, sitzend. Schoten viel breiter als ihr Stiel. Samen häutg gesäumt. 4''. ♃ An Felsen in der alpinen Region durch die ganze Alpenkette. (In Graubünden, St. Gallen, Glarus, Bern, Wallis, Waadt). Sommer.

13. *A. bellidifolia Jacq.* Ganz kahl. Wurzelblätter umgekehrt-eirund. Stengelblätter eirund oder länglich, halb umfassend, ganzrandig. Schoten aufrecht. Samen mit einem häutigen Saum. 6''. Auf feuchten oder wässerigen Stellen der alpinen Weiden durch die Cant. St. Gallen, Graubünden, Unterwalden, Bern, Wallis, Waadt. ♃ Sommer.

14. *A. coerulea Haenke.* Wurzelblätter eirund, etwas behaart, vorderhalb schwach gezähnt. Stengelblätter länglich, sitzend. Schoten viel breiter als ihr Stiel. Samen mit einem häutigen Saum. Blumen blau. 1—2″. ♃ Auf Felsen der alpinen und nivalen Höhen durch die ganze Alpenkette. Sommer.

15. *A. stricta Huds.* Stengel kahl, nur unten sparsam behaart. Blätter gewimpert; die der Wurzelrosette umgekehrt-eirund, buchtig gezähnt. Schoten doppelt so breit als ihr Stiel. Samen geflügelt. 6″. ♃ Auf Gestein, jedoch sehr selten. Bloss bei Genf am Salève und über Thoiry. Sommer.

16. *A. Thaliana L.* Mit gabeligen oder ästigen kurzen Haaren, besonders unten bedeckt. Wurzelblätter länglich-lanzett, entfernt gezähnt. Schoten zweimal länger als ihr Stiel, sehr dünne. ½—1′. ⨀ Auf Aeckern durch die ganze ebene Schweiz bis in die subalpinen Thäler (Rheinwald in Graubünden), jahrweise in ausserordentlicher Menge. Frühling.

Sect. IV. Mit etwas gestielten Stengelblättern und leierförmig fiederig-eingeschnittenen Wurzelblättern.

17. *A. Halleri L.* Rosenblätter leierförmig fiederig eingeschnitten. Stengelblätter länglich-eirund, wenig, aber stark gezähnt. Schoten wenig breiter und wenig länger als ihr Stiel. Blumen weiss. Mit oder ohne Ausläufer. 9″. ♃ Am südlichen Fusse des Simplons und dem Langensee, so wie auch im Veltlin. Aus der Schweiz kenne ich bloss ein Exemplar, das ich einst im Ober-Engadin bei Cellerina sammelte, woselbst ich aber seither nichts mehr entdecken konnte. Mai und Juni.

18 *A. arenosa Scop.* Wurzelblätter leierförmig, fiederig-eingeschnitten, rauhhaarig. Stengel mit einfachen Haaren besetzt, 9—15″ lang. Stengelblätter fiederig-eingeschnitten oder stark gezähnt. Schoten doppelt so lang und breit als ihr Stiel. Blumen lila. ⨀ Vertritt die A. Halleri an der nördlichen Abdachung des Jura. (Basel, Laufen, Delsberg, Moutier-Granval, Planchettes.) Findet sich auch bei Röthenbach im Berner Oberland, Aarau und Burgdorf. Sommer. Kommt gewöhnlich im Flussgeschiebe vor.

Cardamine.

Schoten lineal, mit aufrollenden Klappen. o = Kräuter, die kaum von Arabis verschieden sind und wie selbige weisse oder lilafarbige Blumen haben. Ihre Blätter sind fiederig-getheilt.

1. *C. alpina L. (C. bellidifolia auct. helv.)* Wurzelblätter ungetheilt, rautenförmig-eirund, langgestielt. Stengelblätter ganz oder 2—3lappig, kurzgestielt. 1—3". Auf alpinen und nivalen Weiden der St. Galler-, Graubündner-, Glarner-, Urner-, Walliser-, Berner- und Waadtländer-Alpen. Sommer.

2. *C. resedifolia L.* Unterste Wurzelblätter ungetheilt, die folgenden 3theilig, die des Stengels fiederig-eingeschnitten: Lappen keilförmig-eirund, der mittlere fast rund. 2—4". Auf Weiden, in Wäldern und Flussgeschiebe der alpinen Region, der Alpen (Graubünden, Uri, St. Gallen, Tessin, Wallis, Waadt). Sommer.

3. *C. trifolia L.* Blätter 3zählig: Blättchen rundlich-rautenförmig, entfernt gekerbt. Stengel fast nackt. 5—6". ♃ Sommer. Auf dem Chasseral nach Le Clerc und Thomas und in dem an die Schweiz stossenden Theil von Piemont.

4. *C. hirsuta L.* Alle Blätter gefiedert. Die Blättchen der untern Blätter eirund-rundlich, gezähnt oder etwas gelappt. Stengel kantig, 3—6" lang, aufrecht. Griffel kürzer als die Breite der Schötchen. ⊙ Auf Wiesen, an Wegen und Mauern der Ebene durch die ganze Schweiz häufig. Blüht im ersten Frühling.

5. *C. sylvatica Link.* Die Blättchen der untern Blätter rundlich und überhaupt grösser als bei voriger. Griffel so lang als die Schoten breit sind. 6—9". ♃ In subalpinen Bergwäldern im Jura, in Graubünden, Wallis und auf dem Voirons bei Genf. Juni.

6. *C. impatiens L.* Alle Blätter vielparig gefiedert. Die Blättchen der untern Blätter gestielt, eirund, 3—5spaltig. Blumenblätter sehr klein oder 0. Stengel eckig, 1' und darüber. ⊙ In Wäldern der montanen Region. In Graubünden, St. Gallen, Zürich, Wallis, Waadt, Genf; auch im Jura bei Ct. Cergues. Juni.

7. *C. amara L.* Alle Blätter gefiedert. Die Blättchen

der untern Blätter rundlich-eirund, die der obern länglich; alle eckig gezähnt, das Endblättchen am grössten. Blumenblätter dreimal länger als der Kelch. Stengel eckig, 9—18″. ♃ Am Wasser, sowohl in der ebenen Schweiz als auch auf den Bergen bis in die alpine Region, häufig. Mai und Juni. Wird häufig mit der Brunnenkresse verwechselt und statt derselben gebraucht. Sie ist jedoch leicht an den grössern Blumen und an den Früchten zu unterscheiden.

8. *C. pratensis L.* Alle Blätter gefiedert. Die Blättchen der untern Blätter rundlich, gestielt, die der obern lineal. Krone lila, dreimal länger als der Kelch. 1—2′. ♃ In Wiesen. Häufig durch die ganze Schweiz, selbst bis in die subalpinen Thäler der Alpen (Lenzerheide) und die höhern Stellen des Jura (Réculet, Weissenstein). Frühling.

— Die *C. asarifolia*, die der verstorbene Regierungsrath Hegetschweiler für die Schweiz anführte und mich dabei als Gewährsmann citirte, ist meines Wissens noch nirgends bei uns gefunden worden. Auch habe ich zu diesem Irrthum auf keinerlei Art Anlass gegeben.

Dentaria.

Schoten lineal-lanzett. Blumen gross, lila, weiss oder gelblich. o = Die Ränder der Samenlappen sind eingebogen. Ausgezeichnet sind die Dentarien durch ihre fleischig-schuppigen Wurzeln. ♃ Humuspflanzen der Berge.

1. *D. digitata Lam.* Blätter gefingert, d. h. alle Blättchen gehen von einem Punkte aus; sie sind länglich-lanzett, grob gesägt. Die obern Blätter 3zählig. Blumen lila. 1½′. In Bergwäldern des Molassengebirgs (Uetli, Albis, Rigi), im Jura (Dôle, Creux-du-Van, Salève), auf den Alpen (aux Ormonds, Pont-de-Nant, Niesen, im Wallis). Mai und Juni.

2. *D. pinnata L.* Blätter gefiedert: Blättchen lanzett, ungleich gesägt. Blumen lila oder weiss. 1½′. In Bergwäldern, häufiger als vorige. Ueberall durch den Jura bis auf die höchsten Spitzen (Weissenstein), auf dem Jorat und den Bergen des Cantons Zürich; seltener in der Al-

penkette (Vouvry in Wallis, Calanda in Graubünden, M. Salvadore). Juni.

3. *D. polyphylla W. et K.* Blätter gefiedert: Blättchen lanzett, ungleich gesägt. Blumen weissgelb. 1½'. In Bergwäldern in Graubünden (beim verlornen Loch, oberhalb der Schlossbrücke und in Valzeina) bei Matt im C. Glarus und im obern Tössthal. Mai und Juni.

4. *D. bulbifera L.* Der Stengel ist mit vielen Blättern besetzt, in deren Achsel zwiebelartige Körner sitzen. Die untern Blätter sind gefiedert, die obern einfach. Blumen lila. 1½—2'. In Bergwäldern bei Forsteck in St. Gallen, bei Lugano und von mir im Aufsteigen des M. Generoso bei Mendris bemerkt. Juni.

Nasturtium.

Schoten lineal oder elliptisch mit flachen oder etwas convexen Klappen, häufig ziemlich kurz. Blumen klein, weiss oder gelb. o =

1. *N. officinale R. Br. Brunnenkresse.* Schoten lineal, so lang als der Stiel. Blätter gefiedert: Fiederblättchen rundlich oder eirund, 2—4paarig. Samen 2zeilig. 1' und darüber. ♃ Am Wasser. Durch die ganze Schweiz bis gegen 4000' Höhe, gemein. Wird als Salat genossen.

α. In tiefern Wassern wird die ganze Pflanze viel grösser und die Fiederblättchen lanzett verlängert. Diese Form fand ich bei Soazza im Misox. *(N. siifolium Reichenbach.)*

2. *N. amphibium R. Br.* Schoten kurz, elliptisch oder länglich, drei- oder viermal kürzer als ihr Stiel. Blätter lanzett, eingeschnitten-gesägt, sitzend. Krone gelb, länger als der Kelch. 2—4'. ♃ In Wassergräben. Am Bodensee, bei Aarau, Biel, Basel, Granson, Neuss, Genf etc.

3. *N. palustre DC.* Schoten lang, elliptisch, angeschwollen, so lang als ihr Stiel. Blätter fiederig-eingeschnitten. Krone gelb, nicht länger als der Kelch. 1—2'. In und um Teiche und Wassergräben von der Ebene an bis in die subalpine und alpine Region. (Basel, Bern, Bellenz, Roche, Rolle, Genf, Lenzerheide und im See auf dem Bernhardin.) ⊙ Sommer.

4. *N. sylvestre R. Br.* Schoten lineal. Blätter tief fiederig eingeschnitten: Lappen länglich-lanzett, gezähnt, die der obersten Blätter lineal. Krone gelb, länger als der Kelch. 1'. ♃ Zerstreut im ganzen Gebiete, (Bei Chur, Lauis, Giornico, Wesen, Basel, Pruntrut, Aarau, Villeneuve etc.) Sommer.

5. *N. pyrenaicum R. Br.* Schötchen eirund oder länglich, dreimal kürzer als ihr Stiel. Blätter gefiedert oder fiederig-eingeschnitten: die Lappen der obersten lineal. Krone gelb, länger als der Kelch. 1'. ♃ In Wiesen und auf Flussgeschiebe der transalpinen Thäler (Misox, Calanca, Cleven, Aosta-Thal), im Ober-Wallis und dem Nicolai-Thal und bei Basel. Juni.

Cheiranthus.

Schoten lineal, mit einer vorstehenden Längsrippe auf beiden Klappen. Narbe tief 2lappig. Kelchblätter gesackt. Blumen gross, gelb. o =

1. *C. Cheiri L. Lack.* Blätter lanzett, mit feinen, anliegenden Haaren bedeckt. 6" bei den wilden, bis 2' bei den kultivirten Exemplaren. ♃ Auf alten Mauern der westlichen Schweiz. (A la Vaux, Vivis, St. Maurice, Granson, Orbe, Bonne unweit Genf.) Mai. Wird wegen seiner wohlriechenden Blumen häufig in Gärten und Töpfen gehalten.

Matthiola.

Schoten lineal. Narbe aus zwei anliegenden Lamellen bestehend. Kelchblätter gesackt. Blumen violet oder roth. o =

1. *M. varia DC.* Stengel aufrecht, meist mit einem Blatte unten, ½'. Blätter lineal, stumpf, ganzrandig. Blumen schmutzig violet. Mai und Juni. In subalpinen Thälern von Ober- und Mittel-Wallis (bei Binn, im Ganter- und Nicolai-Thal).

Hieher gehören auch die *Lercojen (M. glabrata* und *incana)*, die so häufig cultivirt werden.

Hesperis.

Scholen lineal. Narben aus zwei aufrechten

Lamellen bestehend. Kelchblätter gesackt. Blumen violet, wohlriechend. o ||

H. matronalis L. Nachtveil. Blätter lanzett-eirund. Schoten kahl, sehr lang, walzig. 2'. Ist bald kahl und bald behaart. In Gärten findet man sie häufig gefüllt und mit weissen Blumen. Obwohl an manchen Stellen häufig, so ist sie dennoch bloss als verwildert anzusehen. Bei Augst, Sissach, au Pelard, Coppet, Chur. Juni.

Erysimum.

Schoten lineal, durch eine vorstehende Rippe auf beiden Klappen 4kantig oder gedrückt 4kantig. Narbe stumpf, ganz oder ausgerandet. Blumen gelb. o ||

1. *E. cheiranthoides L.* Grasgrün. Stengel aufrecht, ästig, 1/2—1 1/2'. Blätter lanzett, gezähnt. Blumenstiele zwei- bis dreimal länger als der Kelch, halb so lang als die Schote. ⨀ An Wegen und in Aeckern, bei uns selten. Bei Schaffhausen, Basel, Rheinfelden, Winterthur, Bötzingen, Grenchen, Biel und Solothurn, bei Orbe, Lavey und St. Moritz in der Waadt und im Canton Tessin. Sommer. Hat die kleinsten Blumen seines Geschlechts.

2. *E. strictum Flor. d. Wett.* Stengel aufrecht, 2'. Blätter lanzett, entfernt gezähnt. Blumenstiel meist so lang als der Kelch. (Blumen mittlerer Grösse.) Schoten gedrückt 4kantig, aufrecht anstehend. ⨀ An Felsen. In der Schweiz selten. Im Ober- und Unter-Engadin, bei Sitten und auf dem Creux-du-Van im Jura. Juni.

3. *E. Cheiranthus Pers.* Stengel an der Wurzel mit einem Blattbüschel, der aus linealen, lanzett-linealen oder lanzetten, ganzen oder schwach und entfernt gezähnten oder (selten) fast eingeschnittenen Blättern besteht. Stengelblätter lineal oder lineal-lanzett, ganzrandig oder gezähnt, grün oder grau. Blumen länger als ihr Stiel, von der Grösse des wilden Lacks. Schoten sehr lang, abstehend, 4kantig, mit ausgerandeter oder 2lappiger Narbe. 2''—2'. Auf Weiden, an Felsen und andern Orten im Jura und den Alpen von unten bis in die alpine Region. ♃ Sommer.

α. Grün oder etwas gräulich, mit lineal-lanzetten, entfernt gezähnten Blättern. 1—1½′. In der Tiefe. Jura, Wallis, Tessin, Misox, Calanca. *(E. rhaeticum, helveticum, pallens, ochroleucum, longisiliquosum.)*

β. Gräulich mit lineal-lanzetten, ganzrandigen oder entfernt gezähnten Blättern. 1—1½′. Auf dürren Stellen der Ebene und niedern Berggegenden. Im Jura, im Wallis, bei St. Maria im Bündner'schen Münsterthal. *(E. canescens, diffusum.)*

γ. Graugrün, mit linealen und lanzetten, ganzrandigen und gebuchtet-gezähnten Blättern. 2—6″. Auf alpinen Weiden im Ober-Engadin und St. Nicolai-Thal. *(E. pumilum Gaud.)*

4. *E. orientale R. Br.* Ganz kahl, graugrün. Stengelblätter herzförmig, umfassend. Schoten abstehend. 1′. In Aeckern bei Basel. ⊙ Mai und Juni. *(Conringia orientalis Andrz.)*

Barbarea.

Schoten lineal, ziemlich stielrund, mit wenig vorstehender Mittelrippe. o = Blumen gelb. *Sisymbrium L.*

B. vulgaris R. Br. Untere Blätter leierförmig, mit rundlichem Endlappen; die obern ganz, umgekehrt-eirund, gezähnt. 2′. ⊙ April—Juni. Auf Wiesen, an Bächen durch die ganze ebene Schweiz.

Die *B. praecox R. Br.*, deren obere Blätter tief fiederig getheilt sind, gehört noch immer zu den zweifelhaften Schweizerpflanzen. Aus ihren Blättern macht man Salat, den man wohl hauptsächlich deswegen schätzt, weil er auch im Winter zu haben ist.

Alliaria.

Schoten lineal, 4kantig, mit kleiner, fast sitzender, ungetheilter Narbe. Kelchblätter nicht gesackt. Blumen weiss. o = *Sisymbrium L.*

A. officinalis Andrz. Ein bis 2 und 3′ hohes Kraut mit ganzen, herzförmigen, nach Lauch riechenden (besonders, wenn gerieben) Blättern. ⊙ An Wegen, in Hecken, überall. Blüht im April.

α. Mit abstehend-haarigen Schoten und Traubenaxe.

Am Salève bei Genf sous les voutes, einem schattigen Orte. *(A. Rolandi M.)*

Hugueninia.

Schoten lineal, mit convexen, in der Mitte einnervigen Klappen und stumpfer Narbe. Blumen gelb. o || . *Sisymbrium L.*

H. tanacetifolia Reich. Blätter gefiedert: Fiederblättchen lanzett, eingeschnitten-gesägt 1½'. ♃ Auf dem grossen Bernhard beim Hospitz und im Bagnethale, so wie auch im benachbarten Piemont. Sommer.

Braya.

Schoten lineal, zusammengedrückt, mit convexen Klappen und stumpfer Narbe. Samen 2reihig. Blumen weiss. o || Kleine Kräuter. *Sisymbrium L.*

1. *B. pinnatifida Koch.* Blätter buchtig, fiederig eingeschnitten: Lappen ganz. 2—4". Auf steinigen Stellen der Berge von Unter-Wallis, Waadt und Savojen, in der alpinen Region. Sommer. Selten.

2. *B. supina Koch.* Blätter länglich oder eirund, buchtig gekerbt oder schwach ausgeschnitten. Blumen einzeln in den Blattachseln stehend. 2". Im Jura am Lac de Joux bei Le Pont und Abbaye und zwischen Le-Lieu und Le-Sentier. Wächst auf feuchtem Ufersand und blüht vom Juni bis in den Herbst.

Sisymbrium.

Schoten lineal: Klappen convex mit 3 Längslinien. Blumen gelb. o ||

1. *S. strictissimum L.* Blätter länglich-lanzett, behaart. Stengel oben gerispet. 4—7'. ♃ An Wegen und in Gebüsch, jedoch bloss im Unter-Engadin und Puschlav (Poschiavo) im C. Graubünden, hier aber häufig. Auch im Aostathal von Piemont. Sommer.

2. *S. austriacum Jacq. (S. acutangulum DC.)* Blätter schrotsägezähnig-fiederig eingeschnitten, sammt dem Stengel kahl oder wenig borstig. Blattlappen länglich oder 5eckig. Kelch abstehend. 2—4'. Auf Gestein, Schutt und an

Felsen. Bei Genf am Salève und zuweilen auf den Schanzen, dann im Bagnethal in Wallis. Sommer.

3. *S. Irio L.* Blätter schrotsägezähnig-fiederig getheilt. Schoten viermal länger als ihr Stiel. Blumen klein, blassgelb. 1—2'. ⊙ Sommer. Allein auf dem Gottesacker von Visp in Wallis.

4. *S. pannonicum Jacq.* Untere Blätter schrotsägeförmig eingeschnitten, mit länglichen oder 3eckigen Lappen und grossem Endlappen. Obere Blätter gleichmässig fiederig eingeschnitten, mit linealen Lappen. Schoten abstehend, nicht viel dicker als ihr Stiel. 2'. ⊙ Sehr selten. An dürren Stellen im Einfischthale (Annivier) und bei Iserabloz im Wallis. Juni.

5. *S. officinale Scop.* Blätter schrotsägezähnig-fiederig eingeschnitten: Lappen 2—3paarig, länglich, der Endlappen sehr gross. Schoten an den Stengel sich anschmiegend. 1½—2'. ⊙ An Wegen, auf Schutt, durch die ganze ebene Schweiz. Sommer. Der Same kann wie Senf benutzt werden; daher der Name *Wegsenf*.

6. *S. Sophia L.* Blätter 3fach gefiedert: Lappen lineal. Blumenblätter so lang oder kürzer als der Kelch. 2—3'. ⊙ Auf Schutt, Wiesen und Aeckern durch die ganze ebene Schweiz. Mai und Juni. Die *Sophia chirurgorum* war ehemals officinell.

§. 2.

Mit reitenden oder gerollten Samenlappen.

A.

Die Samenlappen sind der Länge nach einfach zusammengebogen, so dass der Durchschnitt die Figur o» bildet.

A. Langschotige.

Sinapis.

Schoten geschnabelt, knotig. Blumen gelb.

1. *S. arvensis L.* Schoten walzig; der Schnabel kürzer als der übrige Theil der Schote. Blätter gross gelappt, die obersten eirund, ungleich gezähnt. 2'. ⊙ Als Unkraut in Aeckern, durch die ganze Schweiz.

α. Mit rauhharigen Schoten (*S. orientalis Murr.*) Bei Basel und Solothurn.

2. *S. alba L.* Schoten rauhhaarig mit einem Schnabel, der länger als der übrige Theil ist. Blätter fiederig gelappt. 2—3'. ⊙ Wird um seiner Samen willen angebaut (z. B. im C. Waadt, Bern und Solothurn) und findet sich daher hie und da verwildert. Man presst aus diesen Samen ein gutes essbares Oel und braucht sie auch, jedoch nicht so viel als die der *Brassica sinapioides*, zu Senf. Sommer. Heisst in der deutschen Schweiz *Ankenlewat*, weil man das Oel statt Butter gebraucht.

3. *S. incana L.* Schoten anschmiegend, kurz, wenigsamig, mit lanzettem Schnabel. Blätter leierförmig, die obern ganz, sammt dem Stengel rauhharig. 1—2'. ⊙ Sehr selten bei Basel, Liestall, Hüningen und Genf auf Schutt und Aeckern.

Brassica.

Schoten lineal, stielrund oder 4kantig. Samen einzeilig. Blumen gelb.

1. *S. Sinapioides Roth. Sinapis nigra L. Senf.* Schoten an die Blumenaxe anschmiegend, kahl, 4kantig. Alle Blätter gestielt, die untern leierförmig fiederig, die obern lanzett. 2—4''. ⊙ An Wegen und angebauten Stellen bei Genf, Basel, Biel, Saanen und andern Orten, vermuthlich von Culturpflanzen abstammend. Die Samen sind wegen ihres beissenden Geschmacks ein Gewürz und zugleich ein vortreffliches Heilmittel.

2. *B. Erucastrum L.* Blätter tief fiederig gelappt: Lappen eckig-gezähnt. Schoten abstehend, reif ziemlich 4kantig. Unterste Blüthen ohne Bracteen. 1½'. ⊙ oder ⊙ Auf Flussgeschiebe, Mauern, Aeckern etc., durch fast die ganze ebene Schweiz sehr häufig. Mai—Herbst.

3. *B. Pollichii Shuttleworth. Erucastrum Pollichii S. et S.* Blätter tief fiederig gelappt: Lappen eckig-gezähnt. Schoten abstehend, reif ziemlich 4kantig (breiter als bei voriger). Blumen ochergelb, die untersten mit Bracteen. 1—1½'. ⊙ und ⊙ Auf Aeckern, an Wegen etc., nicht selten. Bei Genf, Bellerive, Neuss, Lausanne, Basel, Solothurn. An letztern Orte ist nur

diese Art vorhanden, indem die vorige ganz fehlt. Mai und Juni.

4. *B. Cheiranthus Vill.* Schoten stielrund: Klappen 3nervig. Kelch geschlossen. Blätter tief fiederig-getheilt: Lappen länglich, ungleich gezähnt, die der obern Blätter lineal, ganzrandig. ⊙? ♃? 1—2'. Auf steinigen Stellen, nur bei Basel und hier noch selten.

5. *B. campestris L. DC.*! Blätter graugrün; die untern leierförmig fiederig-gelappt, unterhalb rauhhaarig (bei einigen cultivirten auch kahl); die obern herzförmig umfassend. Schoten walzig, glatt. 2—3'. ⊙ ⊙ Sommer. Diese Pflanze, welche ich als die Stammraçe aller unten angeführten cultivirten und botanischen Arten ansehe, findet sich in Menge als Unkraut in den Aeckern der montanen, subalpinen und alpinen Gegenden der Schweiz, besonders häufig in Graubünden (Unter- und Ober-Engadin, Puschlaf, Klosters, Davos, Tschiertschen) und in Wallis (zwischen St. Pierre und Liddes). Die grosse Menge, in der sie hier vorkommt, scheint dafür zu sprechen, dass sie nicht bloss zufällig aus fremdem, eingeschleppten Samen und noch weniger durch Verwilderung von Culturpflanzen entsteht, da man in diesen hoch gelegenen Gegenden keine derselben absichtlich zum Blühen und Fruchten kommen lässt; denn man zieht sie aus Setzlingen, die man aus den tiefern Gegenden nimmt. Am wenigsten ist sie vom Reps abzuleiten, der in diesen Gegenden nie angebaut wurde, und dennoch entspricht sie der Beschreibung von *B. Napus* besser als jeder andern (mit Ausschluss von *B. campestris DC.*), wesswegen wohl auch Hegetschweiler sie aus dem Reps entstehen liess. Koch fand diese Art endlich auch in Deutschland wild als Unkraut, nachdem er sie lange mit verwilderten Rüben (Rapa) verwechselt hatte.

Diese Art wurde bis dahin nach dem Vorgange Linnés in drei botanische Species zerfällt, welche auf folgende Art charakterisirt werden:

B. oleracea L. Alle Blätter kahl. Kelch geschlossen. Blüthentraube vor dem Aufblühen verlängert.

B. Napus L. Unterste Blätter unterhalb rauhhaarig. Kelch aufrecht, etwas abstehend. Die ersten blühenden

Blumen kürzer als die unentwickelte längliche Blumentraube.

B. Rapa L. Blätter im ersten Jahr grün, ganz rauhhaarig, im zweiten graugrün. Die ersten blühenden Blumen länger als die unentwickelte Blumentraube. Kelch weit abstehend.

Nach diesen Diagnosen sollte man glauben, drei scharf getrennte Arten unter unsern Kohlgewächsen deutlich unterscheiden zu können; allein es geht einem hier, wie vielfach anderwärts in der Pflanzenkunde; man findet nämlich die Charaktere in der Natur nicht so scharf getrennt, wie in den Büchern, und stosst dann auf eine Menge Zweifel und Ausnahmen. Daher ist es auch gekommen, dass man mehrere der cultivirten Arten bald dieser und bald jener botanischen Species unterordnete, ohne weder für das eine noch für das andere Verfahren entscheidende Gründe anführen zu können. Deswegen und mehr noch, weil ich alle Culturarten von einer Species ableite, lasse ich diese in folgender Ordnung auf einander folgen.

a) *Wurzelbildung.* Mit grosser fleischiger Wurzel.

α. Wurzel kugelig oder scheibenförmig, weiss. *Weisse Rübe. Räbe* (B. Rapa L.). Die schmackhaftesten sind die Teltower-Rüben.

β. Wurzel länglich, gelblich, selten weiss. *Bodenkohlraben. Speckrüben. Dorschen. Rutabaga. Schwedische Rübe.* Ist eine Nahrung für Menschen und Vieh.

b) *Stengelbildung.* Mit unten kugelig angeschwollenen Stengeln. *Kohlraben.*

c) *Blattbildung.* Mit viel Blättern. *B. oleracea L.*

α. Stengel 6 — 8', mit vielen einzeln stehenden Blättern besetzt. *Riesenkohl. Lappländischer Kohl. Zierkohl.* Sind die Blätter fein zerschlitzt, so gibt dies den *Krauskohl, Chou frisé.*

β. Stengel 1 — 2'. Blätter blasig-runzelig, in lockere Köpfe oder in blattwinkelständige Röschen zusammengestellt. *Wirsing. Wirz. Kohl. Röslikohl.*

γ. Stengel 1—2'. Blätter glatt, feste Köpfe bildend. *Kabis.* Aus ihm macht man das *Sauerkraut.*

d) *Blumenbildung.* Die Blumentheile sind unförmlich

angeschwollen und bilden korallenartige Aggregate oder Scheiben. *Blumenkohl. Chou-fleurs. Broccoli.*

c) *Samenbildung.* Es entwickeln sich besonders viel Samen. Diese Bildung ist der Gegensatz der Wurzelbildung. *Reps. Lewat. Colza.* Man unterscheidet *Winterreps* und *Sommerreps.* Ersterer ist ⊙ und wird um seiner ölgebenden Samen willen als auch wegen der Blätter, welche gegessen werden *(Schnittkohl)*, und letzterer bloss als ⊙ Oelpflanze angebaut. In der Schweiz ist die Cultur dieser letztern sehr verbreitet.

Eruca.

Schoten lineal-elliptisch, mit einem schnabelförmigen Griffel. Kelch geschlossen. Krone weiss mit violetten Adern.

1. *E. sativa Lam. Rauke.* Blätter leierförmig fiederig eingeschnitten. Stengel rauhhaarig, 1—2'. ⊙ Wird angepflanzt, jedoch bei uns selten (bei Genf). Wild findet sie sich im Rhonethale (Sitten, Siders, St. Pierre, Martinach, Ollon). Mai und Juni.

Diplotaxis.

Schoten lineal, mit doppelter Samenreihe, zusammengedrückt. Blumen gelb.

1. *D. tenuifolia DC.* Stengel unterhalb etwas holzig, ästig, 2'. Blätter kahl, fiederig-getheilt: Lappen länglich oder lineal, getheilt oder ganz. ♃ An Mauern und Wegen der wärmern Schweizergegenden, wo der Weinstock vorkommt. (Graubünden, Tessin, Wallis, Waadt, Genf.) Juni und Juli.

2. *D. muralis DC.* Stengel unten blätterig und etwas aufliegend, oben nackt. Blätter länglich oder lanzett, grob eingeschnitten-gesägt. 9''. An Wegen, auf Mauern und Schutt, bloss in der südwestlichen Schweiz. (Am Wege beim Wasserfall der Pisse-vache, bei Bex, Yvis, Neuss, Genf.) Sommer.

Raphanus.

Schoten conisch-lineal, stielrund, nicht aufspringend, schwammig.

— *R. sativus L.* Ein 1—3' hohes Kraut. Blätter leierförmig fiederig-getheilt, rauhhaarig. ⊙ Als Gemüse überall angepflanzt.

a. Mit grosser, schwarzrindiger, äusserst scharfer Rübe. *Winterrettig. Raifort. Raphanus niger* der Apotheken, wo man ihn zuweilen braucht. Kann für den Winter aufbehalten werden.

b. Mit kleiner, rosenrother oder weisser, angenehm scharf schmeckender Rübe. *Monatrettig. Radies.* Sie sind bald kugelig (Radis), bald länglich (Raviole, Ravonet).

c. Mit spindelförmiger, kaum fleischiger Wurzel. *Oel-Rettig* (R. s. chinensis). Liefert viele Samen, die auf Oel benutzt werden.

Raphanistrum.

Schoten artikulirt, aus 4—6 hinter einander liegenden, einsamigen Fächern bestehend. Blumen weiss oder blassgelb, violett geadert.

1. *R. arvense Wallr.* Die untern Blätter sind leierförmig fiederig-getheilt. Der Stengel ästig, 1—3'. ⊙ Gemein in Aeckern durch die ganze Schweiz. Sommer.

B. Kurzschotige.

Rapistrum.

Schoten artikulirt, aus zwei hinter einander liegenden, einsamigen Fächern bestehend: das vordere Fach ist kugelig, das hintere stielförmig.

1. *R. rugosum All.* Griffel so lang oder länger als das vordere Fach. Blätter leierförmig fiederig-getheilt. Blumen gelb. ⊙ 1'. Auf Feldern, jedoch nicht überall. Häufig bei Basel, Genf, in der Waadt, bei Bötzigen unweit Biel und bei Aarau. Juni—August.

B.

Die Samenlappen sind doppelt zusammengelegt. o || || || ||

Senebiera.

Schötchen breiter als lang, von der Seite gedrückt, zweifächerig: jedes Fach einsamig. Blumen sehr klein, weiss.

1. *S. Coronopus Poiret.* Schötchen netzaderig-runzlig, mit einem Griffel in der Ausrandung. Blätter fiederig-eingeschnitten. Stengel aufliegend, ½—1' lang. Hie und da in der westlichen Schweiz (Basel, Dornach, Arlesheim, Muttenz, Neuss, Rolle, Bex, Genf, St. Maurice). Sommer. Findet sich gewöhnlich an Wegen.

C.

Die Samenlappen sind gerollt.

Bunias.

Schötchen eirund oder 4eckig, 2—4fächerig, nicht aufspringend. Blumen gelb.

1. *B. Erucago L.* Schoten hart mit 4 kammartigen Flügeln. Wurzelblätter schrotsägezahnig getheilt. 1—2'. Auf Aeckern, selten. In Unter-Wallis, bei Genf, Vivis, Lausanne, Orbe und bei Bellenz und Magadino. ⊙ Sommer.

XLVI. Familie.

Fumariaceen (Fumariaceae).

Kelch 2blätterig, abfällig, selten 0. Krone unregelmässig, 4blätterig, gespornt. Staubgefässe 6, mit ihren Fäden in 2 Bündel verwachsen. Stempel 1 mit flacher Narbe. Frucht eine einfächerige, 1—∞samige Kapsel mit wandständigen Placenten. Samen mit kleinem, an der Basis eines grossen Eiweisses gelegenen Keim. — Zarte Kräuter mit vielgetheilten Blättern und ohne wesentlichen Nutzen für den Menschen.

Corydalis.

Kelch 2blätterig oder 0. Oberes Blumenblatt

gespornt. Frucht eine 2klappige, mehrsamige Kapsel.

† Mit knolligen Wurzeln.

1. *C. tuberosa DC.* (*C. cava Gaud.*) *Hohlwurz.* Wurzelknollen hohl. Stengel unten ohne ein schuppenartiges Blatt. Bracteen ganz. Blumen roth oder weiss. ½—1'. In Hecken durch die ganze Schweiz. Blüht im ersten Frühling. War ehemals als *Radix Aristolochiae cavae* officinell.

2. *C. fabacea Pers.* Wurzelknollen fest (nicht hohl). Stengel unten mit einem schuppenförmigen Blatt. Bracteen ganz, sehr gross. 4—6". ♃ In den Alpen von Bex und Château d'OEx und auf der Stockhornkette auf alpinen Weiden. Sommer.

3. *C. solida Sm.* Wurzelknollen fest. Stengel unterhalb mit einem schuppenartigen Blatt. Bracteen fingerartig getheilt. Blumen roth. 1'. ♃ In Hecken, jedoch bloss der westlichen Schweiz, woselbst sie auch bis auf 5000' hoch in die Berge steigt. Hie und da bei Genf, Iferten, Lasarraz, Basel, St. Triphon, Sitten, auf dem Jura bei Genf und auf den Alpen bei Aigle (Aelen). Frühling.

†† Mit faserig-ästiger Wurzel.

4. *C. lutea DC.* Stengel ästig, 1'. Blätter doppelt gefiedert. Bracteen länglich, gezähnelt, kürzer als der Blumenstiel. Blumen gelb. Schoten länglich. ♃ An Mauern. Häufig in der italienischen Schweiz. Diesseits nur zufällig an Gartenmauern. Blüht den ganzen Sommer.

Fumaria.

Kelch 2blätterig. Oberes Blumenblatt gespornt. Schote nicht aufspringend, kugelig, einsamig.

1. *F. capreolata L.* Die Blumen sind weissgelb, an der Spitze dunkelpurpurroth. Schötchen kugelig, nicht ausgerandet. Ist im Ganzen grösser als die folgende Art und alle Theile ebenso proportionell grösser, nur der Blumenstiel ist hier über das Verhältniss länger. 2'. ⊙ Selten und wahrscheinlich bloss zufällig mit fremden Samen eingeschleppt. Bemerkt wurde sie schon bei Altorf

(von Guthnik), Lausanne (E. Chavannes), bei Genf (vom Verfasser). Hegetschweiler gibt sie im Tessin an. Sommer.

2. *F. officinalis L.* Blumen fleischroth mit dunkelpurpurrother Spitze. Schötchen kugelig, vorn etwas ausgerandet. 1—2′. ☉ Häufig als Unkraut in Aeckern und Gärten. Sommer. Ist als ein auflösendes und zugleich tonisches Heilmittel, das bei Krankheiten des Unterleibs gebraucht wird, officinell.

3. *F. parviflora Lam.* Blumen weiss mit dunkelpurpurrother Spitze. Schötchen kugelig. Blattlappen lineal. 1′. In Aeckern, jedoch sehr selten. Im Nicolai-Thale, dann bei Rüggisberg im C. Bern und im benachbarten Aosta-Thale. Sommer.

XLVII. Familie.

Papaveraceen (Papaveraceae).

Kelch abfällig, 2blätterig (bei ausländischen mehr). Krone regelmässig, 4blätterig, auf dem Thalamus. Staubgefässe ∞, frei, auf dem Thalamus. Ein Ovarium ohne Griffel mit 2—∞ Narben. Frucht eine 1—∞fächerige, klappenweise aufspringende oder oben durch Löcher sich öffnende Kapsel, meist mit wandständigen Placenten; selten sind diese mit den Scheidewänden verwachsen. Samen zahlreich, mit kleinem Keim und grossem, über diesem gelegenen Eiweiss. — Kräuter meist mit gefärbten Säften (milchweiss, gelb und sogar roth), die über die gemässigte Zone der alten und neuen Welt verbreitet sind. Alle haben mehr oder weniger betäubende, narcotische Eigenschaften, die in der Medicin benutzt werden.

Chelidonium.

Kelch sehr hinfällig. Kapsel schotenartig, lineal, 2klappig, einfächerig, ohne Scheidewand, aber mit 2 fadenförmigen Placenten. Blumen und Saft gelb.

C. majus L. Schöllkraut. Ein bekanntes, $1^1/_2$—3' hohes Kraut mit fiederig-getheilten Blättern. Es wächst häufig an Wegen und Mauern durch die ganze ebene Schweiz und blüht im Frühling. Der Extract desselben wird in den Apotheken gehalten. ♃

Glaucium.

Kapsel schotenartig mit abspringenden Klappen und einer schwammigen Scheidewand. Blumen gelb oder braungelb.

G. luteum Scop. Blätter leierförmig gelappt. Blumen gelb (nicht braungelb). Schoten rauhhöckerig. ⊙ 1—3'. Gewöhnlich im Sande am Meeresstrand, bei uns am Neuenburgersee bei Grauson, Corcelette und la Poisine und nach Murith im Wallis am Teich von Montorge. Sommer.

Papaver.

Kapsel 4—20fächerig, unter der 4—20strahligen Narbe durch Löcher sich öffnend.

† Einjährige.

1. *P. somniferum L. Mohn. Mägi.* Staubfäden oberhalb etwas breiter. Kapsel kugelig, kahl. Blätter graugrün, die obern herzförmig umfassend. $1^1/_2$—3'. ⊙ Zum Nutzen und zur Zierde angepflanzt und daher hie und da verwildert. August. Bei uns wird der Mohn besonders in den Cantonen Zürich, Bern, Aargau, Luzern, Solothurn um seiner Samen *(Magsamen)* willen, aus denen man ein gutes Oel presst, im Grossen angebaut. Im Süden dagegen gewinnt man aus seinem Milchsaft das berühmte Opium.

2. *P. dubium L.* Kapsel länglich, kahl, mit 7 Narben. Blumenstiele mit anschmiegenden Haaren. Blätter fiederig-eingeschnitten, behaart. Die Blumen sind roth,

kleiner als bei der folgenden Art. 1½—2'. ⊙ Auf Schutt und Feldern durch die ganze ebene Schweiz (Genf, Waadt, Bern, Aargau, Wallis, Zürich, Graubünden). Sommer.

3. *P. Rhoeas L. Klatschrose. Kornrose.* Kapsel umgekehrt-eirund, kahl, mit mehr als 7 Narben. Blumenstiele mit abstehenden Haaren. Blätter fiederig oder doppelt fiederig-eingeschnitten, behaart. 1½—2'. ⊙ In Aeckern durch die ganze ebene Schweiz. Sommer. In der Heilkunde benutzt man die Blumenblätter.

4. *P. Argemone L.* Kapsel keulenförmig, mit steifen Haaren besetzt.. Blätter doppelt fiederig-eingeschnitten. 1'. ⊙ In Aeckern, jedoch seltener als vorige. (Genf, Wallis, Zürich, Solothurn, Graubünden, Veltlin.) Sommer.

†† Perennirende.

5. *P. alpinum L.* Kapseln behaart. Blätter doppelt fiederig-eingeschnitten, kahl. Blumen weiss, an der Basis gelblich. 3—5''. ♃ Im Kalksteingerölle der höhern Berge, auf dem Méry und Chaumegny im benachbarten Savojen, über Port-Vallais, auf der Pierre-plate, auf dem Pilatus an der Etzel- und Ringfluh, über Vouvry in Wallis, auf den Urner-Alpen (Belmlistock, Rothstock), bis auf ungefähr 8000' Höhe, auf dem Brienzer Rothhorn im C. Bern. Sommer.

6. *P. pyrenaicum Willd.* Kapseln behaart. Blätter einfach fiederig-eingeschnitten, behaart. Blumen orangengelb. 2—5''. ♃ Auf Kalksteingerölle und Flussgeschiebe der höchsten Alpenthäler, jedoch bloss in den Engadiner-Bergen des Cantons Graubünden, hier aber nicht selten. Sommer. Diese Pflanze wird unbegreiflicher Weise noch immer mit der vorigen Art verwechselt.

In den Gärten trifft man jetzt auch häufig *P. orientale* und *bracteatum*, beide mit grossen, rothen Blumen und rauhhaarigen Blättern.

XVIII. Klasse.

Polycarpicae.

Blüthen vollkommen, bisweilen die Krone verkümmert oder fehlend und dann der Kelch blumenblattartig gefärbt. Staubgefässe ∞, auf dem Thalamus. Frucht aus 5 bis vielen Karpellen bestehend (selten ist nur eines vorhanden). — Kräuter und Sträucher mit abwechseln stehenden Blättern.

XLVIII. Familie.

Berberideen (Berberideae).

Kelch 3—6blätterig. Krone 3—6blätterig, auf dem Thalamus stehend; die Blumenblätter haben an der Basis oft Drüsen. Staubgefässe so viel als Kron- und Kelchtheile, selten mehr, mit Staubbeuteln, die sich durch Lostrennen der Klappen öffnen. Ovarium 1 mit einem Griffel und Narbe. Frucht eine einfächerige, ein- oder wenigsamige Beere oder trockene Kapsel. Samen aus einem fleischigen oder harten Eiweiss und geradem Keim bestehend. — Sträucher und Kräuter mit mehrfach 3theilig geästeten Blättern, die aber zuweilen rudimentär und dornenartig bleiben und dann aus den Blattachseln einfache Blätter treiben.

Berberis.

Kelch 6blätterig. Krone 6blätterig. Staubgefässe 6. Beere 2samig.

B. vulgaris L. Sauerdorn. Dornen 3theilig. Blätter (im Grunde sind es Achselblätter) eirund, wimperig gesägt. Blumen gelb, starkriechend. Beeren sauer, roth. Ein sehr gemeiner Strauch, der bis 5000′ hoch in die Berge (Hasenmatt im Jura, Ober-Engadin in den Alpen) steigt. Er wächst gewöhnlich auf steinigen Stellen und blüht im Frühling. Die gelben Wurzeln werden häufig von den Färbern, die Beeren zu einem erfrischenden Syrup von den Apothekern benutzt. Die Staubfäden bewegen sich bei einer schwachen Berührung gegen den Stempel hin.

Hieher gehört auch das *Epimedium alpinum L.*, das seit 70 Jahren an der Rheinhalde bei Basel den Standort behauptet, den man ihm einst dort angewiesen hat.

XLIX. Familie.

Schärflinge (Ranunculaceae).

Kelch aus 3—6 freien Blättern bestehend, häufig blumenblattartig gefärbt. Krone auf dem Thalamus stehend, aus einer unbestimmten Anzahl von freien Blumenblättern bestehend. Diese Blumenblätter sind in einigen Fällen zu *Nectarien* verkümmert; bei andern fehlt sie gänzlich. Staubgefässe ∞ auf dem Thalamus. Stempel 5—∞ (selten weniger als 5) mit einfachen Griffeln. Frucht aus 5—∞ ein- oder vielsamigen Karpellen bestehend. Samen mit kleinem Keim und hornhartem Eiweiss. — Kräuter und Sträucher meist von scharfem, brennendem Safte, der bei einigen Arten so stark ist, dass er tödtlich sein kann. Andere Arten sind milder und können gegessen werden. Nicht wenige sind auch um dieses Prinzips willen officinell und noch mehrere dienen zur Zierde in Gärten. Man findet die Schärflinge durch die gemässigte und kalte Zone in ziemlicher Menge verbreitet.

Erste Zunft. Clematideae.

Kelch gefärbt 4- (selten 5-) blätterig; vor dem Aufblühen sind die Kelchblätter so zu einander gestellt, dass sie sich mit den Rändern berühren. Krone 0. Karpelle einsamig, geschwänzt. Blätter entgegengesetzt.

Atragene.

Kelch 4blätterig. Auf denselben folgen lineale Blättchen (etwa 12), die als eine unvollkommene Krone angesehen werden müssen.

A. alpina L. Blätter zweimal 3zählig getheilt: Blättchen gesägt. Kelchblätter spathelförmig, blau. Ein Schlingstrauch der Alpen, wo er auf Felsen und Gerölle, am liebsten im Gebüsch, in der alpinen Region vorkommt, jedoch auch tiefer herabsteigt. In Graubünden an vielen Orten (siehe die Pflanzen Graubündens) und dann am Salève bei Genf. Juni und Juli.

Clematis.

Kelch 4blätterig. Krone 0. Schlingsträucher mit weissen, gelblichen oder blauen Blumen.

1. *C. Vitalba L. Waldrebe. Niele.* Blättchen der gefiederten Blätter eirund, zugespitzt, ganz, gesägt oder etwas gelappt. Kelchblätter weiss, länglich, auf beiden Seiten filzig. ♄ In Hecken und Gebüsch durch die ganze ebene Schweiz und bis auf 4000' Höhe. Die Stengel dienen zum Binden der Garben und anderer Gegenstände. Die ganze Pflanze ist sehr scharf.

2. *C. recta L.* Stengel aufrecht, krautig, bis mannshoch. Blättchen der gefiederten Blätter eirund, zugespitzt. Kelchblätter weiss, länglich, kahl, aussen am Rande kurzhaarig. ♃ In Gebüsch und Hecken, jedoch bloss im Tessin und untern Wallis. Juni.

Anmerk. *C. Flammula L.* muss aus der Schweizer-Flora gestrichen werden, da sie weder in Bünden noch anderswo in der Schweiz vorkommt.

Zweite Zunft. Anemoneae.

Kelch gefärbt, 4-, 5—9blätterig; vor dem Aufblühen sind die Kelchblätter dachziegelartig über einander gelagert (*aestivatio imbricata*). Krone 0 oder aus flachen, am Grunde schuppenlosen Blumenblättern bestehend. Karpelle ∞, einsamig, geschwänzt oder ungeschwänzt.

Thalictrum.

Kelch blumenblattartig (weiss), meist 4blätterig (selten 5). Krone 0. Karpelle auf einem kleinen, scheibenförmigen Receptaculum. Blätter entgegengesetzt, mehrfach 3zählig verästelt.

† Karpelle gestielt, 3kantig geflügelt.

1. *T. aquilegifolium L.* Endblättchen rundlich, gekerbt, ganz oder gelappt. Staubgefässe sehr lang. Karpelle 3kantig, geflügelt, kahl. 2—4'. ♃ An und in Wäldern und Gebüsch der montanen Region, durch die ganze Schweiz. Frühling. Eine zierliche Pflanze.

†† Karpelle ungestielt, ungeflügelt.

2. *T. flavum L.* Blättchen länglich, keilförmig, ganz oder 3lappig, unterhalb graugrün. Wurzel kriechend. Staubbeutel goldgelb. 2—5'. ♃ Auf sumpfigen Wiesen. (Bei Stäfa, Rapperschweil, Zürich, Martinach, Villeneuve, Bex, Iferten, Peterlingen, Noville, Basel). Sommer.

3. *T. exaltatum Gaud.* Grösser als flavum (6'), mit rundlichen Oehrchen, die schmäler als der Durchmesser der Scheide sind. Sonst wie bei T. flavum. Bei Melide und Marcote am Lauisersee und im benachbarten Veltlin. Sommer.

4. *T. simplex L.* Blättchen lanzett, keilförmig, ganz oder 3lappig, unterhalb graugrün. Wurzel kriechend. Eine Mittelform, die sich auf sumpfigen Stellen des untern Wallis findet.

5. *T. angustifolium Jacq.* Blättchen verlängert-lanzett oder lineal. Wurzel faserig. Stengel einfach. Staubbeutel goldgelb. 1½—2' und darüber. ♃ Auf sumpfigen und trockenen Stellen, durch die ganze Schweiz. Sommer. — Im Elsass, vielleicht auch wohl nicht weit von Basel.

kommt das *T. galioides Nest.* vor, dessen Blättchen noch schmäler sind.

6. *T. minus L.* Blättchen rundlich oder umgekehrt-eirund, nach hinten keilförmig, unterhalb graugrün. Wurzelstock horizontal. 1—2' in der Tiefe und auf gutem Boden viel höher. ♃ Auf steinigen Stellen der Alpen, des Jura und der Molasse, von unten bis in die alpine Region. Sommer. Hieher gehören viele Synonymen, so unter andern *Gaudins T. elatum, T. saxatile DC., T. majus Jacq., nutans Gaud.* etc.

α. Behaart. *(T. pubescens Schleich.)* Im Nicolai- und Saaser-Thal. *(T. foetidum Gaud. non L.)*

7. *T. foetidum L.* Blättchen rundlich oder länglich oder umgekehrt-eirund, nach hinten keilförmig, 1—3''' lang (um wenigstens die Hälfte kleiner als beim T. minus), meistens dicht kurzhaarig, jedoch auch kahl und dann ganz graugrün. 1' und darunter. ♃ Auf steinigen Stellen der montanen, subalpinen und alpinen Thäler, jedoch sehr selten. Im obern Veltlin, 2 Stunden unter Bormio (Worms) an der Hauptstrasse, im bündner'schen Thale Avers bei der Brücke, über die man nach Cresta geht, und die kahle Form *(Gaudins T. alpestre)* im Saaser-Thal. Juni und Juli.

††† Karpelle ungeflügelt, kurz gestielt, mit hackigem Griffel.

8. *T. alpinum L.* Stengel nackt, 3—6''. Blättchen der Wurzelblätter rundlich. Blumen in eine einfache, einseitige Traube gestellt. Karpelle kurz gestielt mit hackigem Griffel. ♃ Auf feuchten Stellen der alpinen Region, jedoch sehr selten. In Bünden zwischen Tschierfs und Scharl auf dem Joch Joata und unter der Buffalora-spitze auf der Seite vom Ofen (Fuorno), an beiden Orten in Menge. Sommer.

Anemone.

Kelch weiss, gelb oder blau, 5- oder mehrblätterig. Krone 0. Karpelle auf einem breiten Fruchtboden (receptaculum). Kräuter mit einer vieltheiligen, blattartigen, von der Blume entfernten Hülle, die aus 3 Blättern besteht. Die Blätter sind mehrfach 3zählig verästelt.

Sect. I. *Pulsatilla.* Kelche glockig, blau. Karpelle geschwänzt.

1. *A. vernalis L.* Blättchen eirund, 3lappig: Lappen ganz oder 2- bis 3zähnig. Blumen blassroth oder weisslich, gewöhnlich aufrecht. 3—6″. ♃ Findet sich auf der ganzen Alpenkette von 8000′ Höhe an bis in die montane Region herab und zwar ohne Unterschied auf reinem Kalkgebirge, auf dem Flysch und granitischem Gestein. In Graubünden, Glarus, auf dem Pilatus, in Wallis, Bern, Waadt und Savojen. Fehlt auf dem Jura. Frühling und Sommer.

2. *A. Halleri All.* Wurzelblätter dicht weichhaarig: Lappen lineal-lanzett. Blumen lila, aufrecht. 6″. ♃ Auf hohen Alpenweiden, jedoch bloss im Nicolai-Thal in Wallis. Sommer.

3. *A. Pulsatilla L.* Die Wurzelblätter entwickeln sich nach der Blüthe und haben lineale Lappen. Blumen aufrecht oder höchstens horizontal gestellt, dunkel lila oder blau. 6″, später zur Fruchtreife 12″. ♃ An Halden und am Fuss der Berge. In den Alpen bei Chur, Reichenau; am Fuss des Jura bei Romainmoutier und Lasarraz, auf der Molasse bei Neuss, Aarau, Winterthur, Eglisau, auf dem Irchel. Frühling.

4. *A. montana Hoppe.* Die Wurzelblätter entwickeln sich gleichzeitig mit der Blüthe und haben lineale Lappen. Blumen meist überhängend, schwarzblau, kleiner als bei voriger Art. 1′. ♃ An Halden, bei Martinach und Branson, so wie auch zu Chur und am Mastrilser Berge. Sodann nach Gaudin auf dem Randen bei Schaffhausen, bei Basel, Baden, Zofingen und im Neuenburgischen. Blüht etwas nach der Pulsatilla.

Sect. II. *Preonanthus.* Kelche weiss oder gelb. Karpelle geschwänzt.

5. *A. alpina L.* Wurzelblätter vielfach 3zählig verastet, ziemlich gleichzeitig: Lappen lanzett. Ebenso die Hüllblätter. Blumen aufrecht, weiss oder gelb. Karpelle geschwänzt. ½—1′. Auf Bergweiden in der subalpinen und alpinen Region, sowohl im Jura als auf den Alpen und dem Molassengebirge (Rigi, Speer). Die gelbblühende

Art *(A. sulphurea L. mant.)* kommt nur auf den Alpen, jedoch hier häufig, vor.

Sect. III. *Anemonanthea.* Karpelle mit gebogenem Griffel. Hülle sitzend, von den Blättern verschieden.

6. *A. hortensis L.* Wurzelblätter 3theilig: Theile fiederig gelappt: Lappen länglich. Stengel einblumig, 6—9″. Blumen roth, aus meist 12 Kelchblättern bestehend. ♃ Eine Pflanze des Südens, die an einigen Stellen im untern Wallis und im C. Waadt vorkommt. Ob wirklich wild, ist noch zweifelhaft. Frühling.

7. *A. narcissiflora L.* Wurzelblätter mehrfach 3theilig verastet. Lappen lineal-lanzett. Stengel mehrblumig, 1/2—1′ und darüber. Blumen weiss, eine Dolde bildend. Karpelle kahl. ♃ Auf alpinen Weiden, sowohl im Jura als auf den Alpen, nicht selten. Mai und Juni. Findet sich auch auf dem Rigi und Speer.

Sect. IV. Karpelle in einen einfachen Griffel ausgehend. Hüllblätter gestielt, von der Gestalt der Wurzelblätter.

8. *A. baldensis L.* Stengel einblumig, 4—9″. Blume weiss, mit 8 oder 9 Kelchblättern. Karpelle dicht wollig, so dass die Frucht das Aussehen einer Erdbeere erhält. ♃ Auf alpinen Weiden von den Savojer Bergen (Meiry etc.) an durch die Waadtländer- und Walliser-Alpen. Weiterhin in Graubünden zweifelhaft. Sommer.

9. *A. sylvestris L.* Hüllblätter 3theilig, eingeschnitten-gelappt. Stengel einblumig, 1′. Blume weiss, mit meist 5 Kelchblättern. Karpelle wollig. ♃ Hin und wieder um Basel, sonst nirgends in der Schweiz. Mai.

10. *A. nemorosa L.* Hüllblätter 3zählig: Blättchen eingeschnitten-gelappt. Wurzelblätter auch 3zählig; die beiden seitlichen Blättchen bis zu unterst getheilt. Stengel einblumig, 1/2—1′. Blume weiss, manchmal röthlich. ♃ In unzähligen Exemplaren durch die ganze ebene Schweiz, besonders in Wäldern. Frühling. Steigt im Jura und auf den Molassenbergen bis 4 und 5000′ hoch.

11. *A. ranunculoides L.* Hüllblätter 3theilig: Theile eingeschnitten-gelappt. Wurzelblätter 3zählig: Blättchen 2- oder 3theilig. Stengel 1—2blumig. 4—9″. Blumen gelb. ♃ In Wäldern und Gebüsch, besonders gern an

Flüssen. In St. Gallen bei Werdenberg, Forsteck etc., in Glarus, um Zürich, Aarau, Thun, bei Basel, Genf, Nyon (Neuss), Bex, Roche etc. Frühling.

Hepatica.

Kelch 6—9blätterig. Ovarien ohne Griffel, mit sitzender Narbe.

H. triloba DC. Leberblümchen. Hülle 3blätterig, der Blume sehr nahe, kelchartig. Blätter wurzelständig, einfach 3lappig. 4—5''. ♃ An gebüschreichen Halden am Fusse der Alpen bei Bex, Montreux, Thun, Näfels, Atzmoos, Chur, im Wallis, bis in die subalpine Region. Im Jura bei Trelex, Alevais, am Salève, bei Neuss und auf den Molassenbergen (Rigi, Irchel). März. Wild sind die Blumen schön blau, in Gärten auch weiss und rosenroth und gefüllt.

Adonis.

Kelch 5blätterig. Krone 5- oder mehrblätterig: Blumenblätter ohne Nectarschuppe an der Basis. Karpelle nüsschenartig, einsamig, ungeschwänzt. Kräuter mit vielfach getheilten Blättern.

† Perennirende. Gelbe Blumen.

1. *A. vernalis L.* Kelch kurzhaarig. Krone gelb, mit vielen Blumenblättern. Stengel einblumig, 4—9''. Blätter mit linealen Lappen. ♃ Frühling. An Halden in Unter-Wallis. Ist bisweilen in Gärten. Die ganze Pflanze ist scharf und die Wurzel zuweilen statt der ächten Niesswurz in den Apotheken.

†† Einjährige. Rothe Blumen.

2. *A. aestivalis L.* Krone flach ausgebreitet. Blumenblätter spathelförmig, mehr als 5, hochroth. Karpelle mit 2 Zähnen am obern Rande und nichtbrandigem Schnabel. 1—2'. ⨀ Im Getreide durch die ganze Schweiz bis in die subalpinen Thäler. In Wallis im Nicolai-Thal, bei Ardon, in Bünden im Domleschg und Unter-Engadin, bei Basel, Bex. Juni und Juli.

3. *A. flammea Jacq.* Karpelle mit einem abgerundeten Zahne unter dem brandigen Schnabel. Krone flach ausgebreitet, hochroth. 1—2'. ⨀ Sommer. Im Getreide, an verschiedenen Orten um Basel herum. Siehe Dr. Hagenbachs suppl. Florae Bas.

4. *A. autumnalis L. Blutströpfchen.* Krone kugelig, zusammenneigend. Blumenblätter eirund, dunkelroth. Karpelle zahnlos. 2—3'. ⊙ In Gärten. Wild (oder verwildert) im untern Wallis. Sommer.

Myosurus.

Kelch 5blätterig: Kelchblätter nach hinten spornartig verlängert. Krone aus 5 fadenförmigen Blättern bestehend. Staubgefässe 5—15. Stempel ∞, zur Fruchtreife einen Cylinder bildend, der einem Mäuseschwanz gleicht.

M. minimus L. Blätter wurzelständig, lineal. 3—5''. ⊙ In Aeckern, besonders in solchen, die des Winters unter Wasser stehen. Selten. Im St. Gallischen Rheinthal, zwischen Schüpfen und Schwanden im C. Bern, bei Peterlingen und Etrabloz. Mai und Juni.

Dritte Zunft. Ranunculeae.

Die Blumenblätter haben an ihrer innern Basis ein Schüppchen, welches durch seine Verwachsung ein Grübchen bildet. Karpelle ∞, einsamig, nicht aufspringend. Blätter zerstreut, ganz oder getheilt.

Ranunculus.

Kelch 5blätterig. Krone 5blätterig. Karpelle in einen spitzigen Griffel ausgehend.

Sect. I. Blumen weiss. Blätter haarförmig getheilt oder seltener fast ungetheilt. Wasserpflanzen.

1. *R. fluitans Lam.* Blätter vielfach haarförmig getheilt, alle im Wasser: Lappen parallel laufend. Blumen grösser als bei den folgenden mit 9—12 Blumenblättern. Karpelle runzlig, kahl. ♃ Sommer. Sehr selten. Bei Basel und im benachbarten Elsass.

2. *R. aquatilis L.* Blätter vielfach haarförmig getheilt, alle im Wasser: Lappen nicht parallel. Krone 5blätterig, klein. Karpelle runzlig, kahl. ♃ Sommer und Herbst. Sehr gemein in reinen stehenden Wassern durch die ganze ebene Schweiz.

3. *R. divaricatus Schranck.* Blätter vielfach haarförmig getheilt, kurz und kreisförmig gestellt, alle im Wasser: Lappen nicht parallel. Krone 5blätterig, klein. Karpelle runzlig, am Rücken kurz steifhaarig. ♃ In unreinen Wassern und daher, wie Hegetschweiler richtig sagt, mit einer Kruste überzogen, wie die Charen. Findet sich wahrscheinlich vielfach in der Schweiz. Ich kenne bloss zwei Standorte: in den Gräben von Iferten (Iverdon) und in einem Weiherchen zwischen Genf und Hermance. Seither finde ich diese Pflanze auch in Hagenbachs Suppl. z. B. Fl. angeführt, wo sie der Verf. als in fast ausgetrockneten Dümpfeln an der Wiese wachsend angibt. Sommer.

Sect. II. Blumen weiss. Blätter getheilt

4. *R. rutaefolius L.* Blätter gefiedert: Blättchen fiederig-getheilt: Theile 3—viellappig, über einander liegend. Stengel meist einblumig, unten aufliegend, 3—6″. ♃ Sommer. Auf den höchsten Bergen von St. Gallen, Bünden und Wallis, in einer Höhe von 7000′ und darüber, auf Kalkgestein.

5. *R. glacialis L.* Wurzelblätter 3zählig: Blättchen 3theilig oder 3zählig: Theile gelappt: Lappen länglich. Kelch zottig. Stengel 1—3blumig, 4—6″. In der alpinen und nivalen Region auf thon- oder kieselhaltigem Gerölle (Flysch und Urgebirge) durch die ganze Alpenkette.

6. *R. alpestris L.* Stengel meist einblumig und einblätterig, 3″. Wurzelblätter 3—5lappig oder theilig: Lappen eirund, vorn eingeschnitten gekerbt. Kelch kahl. ♃ Auf allen subalpinen und alpinen Weiden in Vertiefungen, wo der Schnee länger bleibt. Häufig in den Alpen, seltener auf dem Jura (Suchet, Hasenmatt). Juni.

α. Mit einfachem Stengelblatt (*R. Traunfellneri Hoppe*) auf dem Scopi in Bünden und dem Schwabhorn; wahrscheinlich noch vielfach anderwärts.

7. *R. aconitifolius L.* Blätter 3—5theilig: Lappen eingeschnitten-gesägt. Stengel vielblumig, 1—4′. Kelch hinfällig. Nectarschüppchen lang. ♃ Auf alpinen Weiden und von da bis in die Ebene herab, gewöhnlich am Wasser. In den Alpen, auf dem Jura und im Canton Zürich auf der Jonen bei Rifferschweil und bei Kempten, so wie auch bei Basel. Sommer.

Sect. III. Blumen weiss. Blätter ungetheilt.

8. *R. parnassifolius L.* Wurzelblätter herzförmig, ganzrandig. Stengel mehrblumig, 3—6″. Karpelle fast kugelig, kahl, glatt, mit hakenförmigem Griffel. ♃ Auf steinigen Stellen in der alpinen Region der Waadtländer-, Berner-, Walliser-, Glarner- und Graubündner-Alpen, im Osten jedoch seltener als im Westen. Sommer.

9. *R. pyrenaeus L.* Blätter wurzelständig, breiter oder schmäler lanzett. Stengel ein- (selten 2—3-) blumig. Blumenstiel zu oberst behaart. Karpelle kahl, glatt, mit hakenförmigem Griffel. ♃ Auf alpinen Weiden durch die ganze Alpenkette, nicht selten. Ist an kein Gestein besonders gebunden. Sommer.

Sect. IV. Blumen gelb. Blätter ungetheilt.

10. *R. gramineus L.* Blätter lineal-lanzett, rippig, ganzrandig, sammt Stengel und Blumenstielen kahl. Stengel aufrecht, ein- oder mehrblumig, 1′. ♃ Auf Hügeln. In der Nähe von Sitten. Mai und Juni.

11. *R. Flammula L.* Blätter lanzett oder sehr schmal lanzett. Stengel aufliegend und wurzeltreibend oder ansteigend, ein- oder mehrblumig, 1′ und darunter. Karpelle umgekehrt-eirund, kahl, mit kurzer Spitze. ♃ Auf Sümpfen und periodisch überschwemmtem Sande, durch die ganze Schweiz. — An den Schweizerseen kommt auf sandigen Ufern die kleinere Form *(R. reptans L.)* häufig vor.

12. *R. Lingua L.* Blätter verlängert-lanzett, zugespitzt. Stengel aufrecht, vielblumig, am untern Theil Ausläufer treibend. Karpelle glatt, gedrückt, mit breitem Schnabel. ♃ 2—3′. In den grössern Sümpfen durch die ganze ebene Schweiz. (Bei Wesen, Rappersweil, Murten, Thun, Basel, Roche, Genf etc.) Sommer. Ist eine grosse Flammula.

13. *R. Thora L.* Wurzel aus spindelförmigen Knöllchen zusammengesetzt. Stengel einfach, ein- (selten 2-) blumig, mit einem rundlich-nierenförmigen untern, einem vorn eingeschnittenen höhern und einem lanzetten, zu oberst stehenden Blatte besetzt, gewöhnlich 6″. ♃ Auf subalpinen und alpinen Weiden, im westlichen Jura (Salève,

Réculet, Dôle) und den westlichen Alpen oberhalb Bex. Juni. Ist giftig.

Sect. V. Blumen gelb. Blätter getheilt.

14. *R. auricomus L.* Wurzelblätter rund herzförmig, gekerbt, ungetheilt oder gelappt. Stengelblätter fingerig-getheilt: Lappen lineal oder lanzett. Karpelle gedrückt, kugelig, kurzhaarig, mit hakenförmigem Griffel. ½—1½'. ♃ Gesellschaftlich auf Wiesen und an Zäunen der Ebene, doch nicht überall. (Bei Basel, Aarau, Solothurn, im C. Luzern, bei Bern, Thun, Zürich, in der Waadt, bei Genf.) Frühling.

15. *R. montanus Willd.* Wurzelblätter bis über die Mitte gelappt. Untere Stengelblätter 5theilig, obere 3theilig: Lappen länglich-lineal. Fruchtboden borstig. Stengel meist einblumig, 3—6''. Blumenstiel walzig, mit anschmiegenden Haaren besetzt. Karpelle mit gebogenem Griffel. ♃ Auf alpinen Weiden und auch tiefer bis an den Fuss der Berge. Häufig durch die ganze Alpenkette und den Jura. Frühling und Sommer. Hieher sind als Synonymen zu setzen: *R. Gouani Willd.*, *R. Villarsii DC.*, *R. Hornschuchii Hop.*

α. Mit schmälern Blattlappen und ganz kurzem Karpellschnäbelchen. *R. gracilis Schleich.* Diese Form, die wohl auch als Species angesehen werden kann, kommt auf dem ganzen Jura und auf dem Salève vor.

16. *R. acris L.* Wurzelblätter tief 5spaltig oder getheilt: Theile 2—3lappig und eingeschnitten-gesägt. Oberste Stengelblätter 3theilig, mit linealen Lappen. Stengel vielblumig. Blumenstiele nicht gefurcht. Fruchtboden kahl. Karpelle kahl, mit wenig gebogenem Griffel. 1—2', auf den Bergen auch viel darunter. ♃ Auf allen Wiesen bis in die alpine Region. Juni und Juli.

17. *R. lanuginosus L.* Blätter langhaarig. Wurzelblätter tief gespalten: Lappen eingeschnitten-gespalten. Stengel mehrblumig, 1—2'. Blumenstiele nicht gefurcht. Fruchtboden kahl. Die Karpellschnäbelchen machen eine ganze Windung (nicht bloss hakig). ♃ In Bergwäldern der Alpen (Via-mala, Heinzenberg, Pizogel etc.), des Jura (Dôle, Bonmont, Weissenstein) und der Molassengebirge (Voirons) bis in die subalpinen Höhen (Pizogel

bei Chur, Wirthshaus auf dem Weissenstein bei Solothurn). Auch bei Basel. Sommer.

18. *R. pobyanthemos L.* Wurzelblätter tief 3—5spaltig: Lappen 2- oder 3lappig. Blumenstiele gefurcht (so weit ich nach trockenen Exemplaren schliessen kann, walzig). Fruchtboden borstig. Karpellschnäbelchen eine halbe oder ganze Windung machend. 1—2'. In trockenen Wäldern und Gebüsch. ♃ In der Ebene und montanen Thälern. Bei Genf im Bois de la Bâtie, im Wallis bei Monthey und Massongex, Bern, Neuenburg, Neuss, Basel, in Bünden bei Trimmis, Truns, im Brättigau, auf der Lenzerheide (4000'); wahrscheinlich an ähnlichen Orten durch die ganze Schweiz. Juni. Hieher gehört auch *DC. R. nemorosus* mit ganz gewundenem Schnäbelchen, welche Form selbst häufiger ist.

19. *R. repens L.* Wurzelblätter 3zählig: Blättchen gestielt (besonders lang gestielt das mittlere), 3theilig: Theile gelappt oder eingeschnitten-gesägt. Blumenstiele gefurcht. Fruchtboden borstig. Karpelle mit kaum hackigem Griffel. 1' und darüber. ♃ Sommer und Herbst. An Gräben, auf Sümpfen und periodisch überschwemmten Stellen durch die ganze ebene Schweiz. Wenn sich die Stengel alle aus Mangel an Nahrung ganz legen (gewöhnlich sind bloss einige Stolonen da), so treiben sie in den Blattachseln Wurzeln und werden am Ende einblumig; zugleich verschmälern sich die Blattlappen. Dies ist Reichenbachs *R. r. prostratrus* und DeCandolle's *R. r. linearilobus*, der sich im Ufersande am Genfersee findet und sich zum R. repens gerade so verhält, wie R. reptans L. zu R. Flammula L.

20. *R. bulbosus L.* Wurzelblätter 3zählig: Blättchen 3lappig: Lappen eingeschnitten. Wurzelstock knollig. Stengel 1' hoch, aber auch viel darunter. Blumenstiele gefurcht. Kelch zurückgeschlagen. Fruchtboden borstig. Karpelle gedrückt, kahl, mit sehr kurzem, krummem Griffel. ♃ Frühling. Auf Triften, Halden, Feldrändern durch die ganze ebene und montane Schweiz.

21. *R. Philonotis Ehrh.* Wurzelblätter 3zählig: Blättchen 3lappig, eingeschnitten-gesägt. Blumenstiele gefurcht. Kelch zurückgeschlagen. Karpelle gedrückt, ringsum vor dem Rande mit einer Reihe von feinen Körnchen besetzt.

1'. ⊙ An Gräben, Sümpfen, in Aeckern der westlichen Schweiz. In Unter-Wallis, bei Villeneuve, Vivis, Lausanne, Neuss, Genf, Basel. Blüht im Sommer.

22. *R. sceleratus L.* Wurzelblätter tief 3spaltig: Lappen gelappt oder eingeschnitten. Kelch zurückgeschlagen. Fruchtköpfchen ährig-verlängert, dicht mit kleinen, in der Mitte etwas runzligen Karpellen besetzt. ½—2'. ⊙ In stehendem Wasser durch die ganze ebene Schweiz. (Bei Zürich, am Katzensee, Thun, Herten, Neuss, Noville, Aigle, Genf, bei Unter-Vatz in Bünden.) Sommer.

23. *R. arvensis L.* Blätter mehrfach getheilt: Lappen lineal. Karpelle flach, auf beiden Seiten mit Stacheln besetzt. 1—2'. ⊙ Im Getreide durch die ganze ebene Schweiz, jedoch am Fuss der Alpen selten oder ganz fehlend. Sommer. Die Blumen sind bei dieser und der vorigen Art am kleinsten.

Ficaria.

Kelch meist 3blätterig. Krone meist 8blätterig. Griffel 0. Narben sitzend, rundlich, gedrückt.

F. verna Huds. Feigwarzenkraut. Ein ½' langes Kraut mit einer gelben Blume und herzförmigen Blättern. An der Wurzel befinden sich längliche Knöllchen und in den Blattachseln zwiebelartige Körner, durch die sich wahrscheinlich die Pflanze fortpflanzt, da sie (wenigstens in der Schweiz) keine Samen reift. ♃ In Baumgärten, an Hecken etc. durch die ganze ebene, montane und subalpine Schweiz. Blüht im März. Die Blätter werden in einigen Ländern gegessen. Wenn die Erde von den Wurzeln durch den Regen abgespühlt wird, so erscheinen die kleinen Wurzelknöllchen an der Oberfläche und da diese wie Weizenkörner aussehen, so mag davon vielleicht die Fabel vom Weizenregen entstanden sein.

Vierte Zunft. Helleboreae.

Kelch kronartig gefärbt. **Krone** 0 oder zu kleinen, gestielten und ungestielten Röhrchen (Nectarien) [parapetala] verkümmert. **Karpelle** 5 oder mehr (selten weniger), mehrsamig.

Caltha.

Kelch 5blätterig (gelb). Krone 0. Karpelle 5—10.

C. palustris L. Dotterblume. Stengel ansteigend, ½—1½' lang, mehrblumig. Blätter herzförmig-kreisrund. ♃ An allen Bächen bis in die alpine Region. Frühling und Sommer. Die Blumenknospen werden in Essig eingelegt und für Kappern gegessen.

Trollius.

Kelch vielblätterig (gelb). Krone aus ungefähr 15 linienförmigen Blättchen bestehend. Karpelle ∞.

T. europaeus L. Trollblume. Puppenrollen. Kelch aus 10—15 Blättern bestehend, kugelig zusammenneigend. Blätter 5theilig: Lappen rautenförmig, 3lappig, eingeschnitten oder gesägt. 1—2'. Auf montanen, subalpinen und alpinen Weiden. Durch die ganze Alpenkette. Auch auf den Molassenbergen (Voirons bei Genf, Jorat) und dem Jura. Juni.

Eranthis.

Kelch 6—8blätterig, gelb, von einer Hülle kragenartig umgeben. Krone aus 6—8 Röhrchen gebildet. Karpelle ∞, gestielt.

E. hyemalis Salisb. Ein kleines, 4—6" hohes Kräutlein, das schon im Februar blüht, ehe es die Wurzelblätter getrieben hat. ♃ Auf Wiesen und in Weinbergen. So bei Zürich (Burghölzli), Basel, Biel, Solothurn, Bex, Lausanne, Middes, Fenalet. Obwohl wahrscheinlich an allen diesen Orten von Gartenpflanzen abstammend, pflanzt sich diese Winterblume jetzt überall von selbst fort. *(Helleborus hiemalis L.)*

Helleborus.

Kelch 5blätterig, weiss oder grün. Krone aus 8—10 2lippigen Röhrchen bestehend. Karpelle 3—10. Perennirende Pflanzen mit fussförmigen Blättern, deren Blumen sich zum Theil schon im Winter entwickeln.

1. *H. niger L. Niesswurz.* Schaft 2blumig, 5—6". Blumen schneeweiss. November, December oder Februar. Findet sich nicht selten in Gärten; wild am Fusse des M. Salvatore bei Lauis. Die Wurzel dieser Pflanze ist die

ächte Niesswurz (Hell. niger) der Apotheken; die der Alten ist der *H. orientalis Gars.*, der auf den Bergen von Griechenland und Kleinasien häufig vorkommt.

2. *H. viridis L.* Schaft 2—3ästig, 1', mehrblumig, unten nackt, oben mit getheilten Bracteen. Blumen grün. März, April. An steinigen Orten, am Fusse von Felsen etc. Häufig bei Lauis und Mendris; seltener diesseits der Alpen, bei Chur, in Glarus, bei Stäfa, Hinweil, Kyburg, Basel und La Roche im benachbarten Savojen. Wird auch als Hell. niger in den Apotheken gehalten.

3. *H. foetidus L.* Stengel blätterig, 2—3'', vielblumig, mit ganzen Bracteen. Blumen blassgrün. Das ganze Kraut riecht widrig. Häufig von Genf an durchs Waadtland dem Jura nach durch die Cantone Bern, Solothurn bis nach dem C. Zürich. Findet sich auch im untern Wallis, fehlt dagegen in Graubünden, Glarus und Berner Oberland gänzlich. Februar, März und April. Wächst an Halden und in Gebüsch und steigt bis auf die höchsten Spitzen des Jura.

Isopyrum.

Kelch 5blätterig, weiss, abfällig. Krone aus wenigen muschelförmigen Nectarien bestehend. Karpelle 2—3.

I. thalictroides L. Wurzel kriechend, mit gebüschelten Fasern. Blätter zweifach 3zählig, geastet, graugrün, mit eingeschnittenen Lappen. 1'. ♃ Findet sich in einem Laubholzwäldchen bei Chancy im C. Genf in Menge. Blüht im März.

Nigella.

Kelch 5blätterig, blau. Krone aus 5—10 flachen, unten etwas röhrigen Nectarien (parapetala) bestehend. Karpelle 3—10. Kräuter mit fein getheilten Blättern.

N. arvensis L. Staubbeutel begrannt. Karpelle 3—5, kahl, bis zur Mitte mit einander verwachsen. 3—9''. ☉ In Aeckern jenseits des Jura. Bei Liestall, Basel, Rheinach; dann um Schaffhausen und in dem daran stossenden Theil vom C. Zürich, z. B. bei Andelfingen. Blüht im September und October.

In den Gärten findet man nicht selten das *Gretchen im Busch* oder *in den Haaren* (N. damascena L.). Der *Schwarzkümmel* kommt von der *N. sativa L.*

Aquilegia.

Kelch 5blätterig, blumenblattartig. Krone 5blätterig: Blumenblätter nach hinten gespornt. Karpelle 5. Kräuter mit mehrfach 3zählig verästelten Blättern.

1. *A. vulgaris L.* Stengel 2—3', vielblumig. Sporne gekrümmt. Blumen blau, violett oder braun-violett. ♃ Sehr gemein in Wiesen, Hecken und Wäldern, durch die ganze ebene und bergige Schweiz bis in die subalpinen Höhen. Sommer.

   α. Mit dunkelpurpurbraunen kleinern Blumen. Auf dem Jura von Genf, im Lauterbrunnen-Thal. *(A. atrata Koch.)*

2. *A. alpina L.* Stengel einfach, 1—3blumig, 1' und darüber. Blume sehr gross, schön blau. Blättchen tief 3spaltig. ♃ Auf steinigen Stellen der alpinen Region in den Glarner-, Bündner-, Walliser-, Berner-, Waadtländer- und Savojer-Alpen. Sommer.

3. *A. pyrenaica DC.* Stengel ein- oder wenigblumig. 1'. Blumen blau, mit fast geradem Sporn, doppelt kleiner als bei der A. vulgaris. ♃ Auf Bergen um Lauis (Lugano) herum. Sommer.

Delphinium.

Kelch 5blätterig, kronartig gefärbt (meist blau): oberstes Kelchblatt gespornt. Krone aus anomalen Blumenblättern (parapetala) gebildet, wovon zwei oder alle zu einem verbunden sich nach hinten in einen Sporn verlängern, der vom Kelchsporn eingeschlossen wird. Karpelle 1—5.

1. *D. Consolida L.* Kronblätter verwachsen. Stengel abstehend, ästig, 1—2' lang. Karpell 1, kahl. ⊙ Im Getreide durch die ganze ebene Schweiz (Genf, Waadt, Wallis, Neuenburg, Basel, Graubünden). Sommer und Herbst.

2. *D. intermedium Ait.* Untere Kronblätter bartig. Stengel unten einfach, 2—5'. Blätter tief 5spaltig:

Lappen 3spaltig, eingeschnitten-gesägt. Blumen schön azurblau. ♃ Auf alpinen Weiden der Berner-, Waadtländer-, Walliser-, Glarner- und Bündner-Alpen, jedoch lange nicht überall. Sommer. Der Genuss dieser Pflanze ist dem Vieh bei grössern Gaben tödtlich.

Der gewöhnliche *Rittersporn* (D. Ajacis L.), den man in allen Farben in den Gärten hält, findet sich bisweilen auch verwildert.

Aconitum.

Kelch kronartig, 5blätterig: oberes Kelchblatt helmartig. Krone ungleich blätterig: die zwei obern lang gestielt, sförmig; die andern sehr klein. Karpelle 3—5. Giftige Kräuter mit gelappten Blättern, die auf Bergen wachsen. ♃

† Gelbblumige.

1. *A. Anthora L.* Stengel einfach, oben gerispet. 1—2'. Blumen gelb, die obern zuerst blühend. Karpelle 5, vom bleibenden Kelch umgeben. Blätter vielfach lineal zertheilt. August und September. Auf steinigen Halden im westlichen Jura (auf der Dôle, unweit der Sennhütten auf dem Réculet). Die Wurzel wurde früher in den Apotheken gehalten und galt besonders als ein Gegengift bei Vergiftungen durch *Ranunculus Thora*, daher ihr Name Anti-Thora, Anthora.

2. *A. Lycoctonum L.* Stengel ästig, 2—3'. Blumen grüngelb, mit walzigem, oben verdicktem Helm. Karpelle 3. Blätter tief 5spaltig: Lappen länglich-keilförmig, vorderhalb gelappt oder tief eingeschnitten. Findet sich meist in subalpinen Wäldern, jedoch auch höher und tiefer. Gemein durch die ganze Alpenkette und den Jura. Sommer.

† Blaublumige.

3. *A. Napellus L. Eisenhut.* Stengel 2—3'. Blattlappen schmäler als der Stengel, meist lineal. Helm nie doppelt so hoch als breit. Karpelle 3. Sehr gemein auf alpinen Weiden, der Alpen und im Jura, von wo er auch bis in die tiefen Thäler herabsteigt und dann dem Standort gemäss etwas breitere Blattlappen und ästige Blüthentrauben erhält. Sommer und Herbst. Die Blätter

dieses, so wie auch des folgenden Eisenhuts gehören zu den narcotisch-scharfen Heilmitteln; sie müssen aber nicht über ein Jahr lang aufbewahrt und zur Blüthezeit gesammelt werden, wenn sie wirksam sein sollen. Noch schärfer sind die Wurzeln, von denen man sogar gefabelt hat, dass ihre blosse Berührung tödten kann. Das Vieh lässt dieses Kraut unberührt.

Zwischen dieser und der folgenden Art gibt es eine Menge Mittelformen, die den Botanikern schon viel zu schaffen gegeben haben und eine verwickelte Synonymik hervorriefen. Wir begnügen uns hier um so mehr mit den beiden Hauptformen, als man aus ihnen vermittelst einer richtigen Beurtheilung des Standorts die andern leicht ableiten kann.

4. *A. Cammarum L.* Stengel 3—6', mit gerispeter Blüthentraube. Blattlappen breiter als der Stengel. Helm doppelt oder dreifach so hoch als breit. Karpelle meist 3, doch auch bei mehrern Blumen desselben Stengels 4 und 5. In alpinen und subalpinen Wäldern, Gebüschen und steinigen Stellen, durch die ganze Alpenkette. Fehlt im Jura. Diese Art steigt nie ganz in die Ebene herab, wird dagegen nicht selten mit weiss und blau geschäckten und unfruchtbaren Blumen *(A. variegatum L.)* in den Gärten gehalten. Sommer.

Fünfte Zunft. Paeonieae.

Kelch und Krone unverkümmert. Frucht aus einem fleischigen oder mehreren trockenen, mehrsamigen Karpellen bestehend. Kräuter oder Sträucher mit vielfach getheilten Blättern.

Actaea.

Kelch 4blätterig, abfällig, weiss. Krone 4blätterig, abfällig, weiss. Frucht eine einfächerige Beere mit einer Seitennaht, an welcher die Samen in 2—3 Reihen gestellt stehen. Kräuter mit 3zählig verästelten Blättern.

A. spicata L. Christophskraut. Beere rundlicheirund, schwarz. Blüthentraube oval. Blättchen des zusammengesetzten Blattes eirund oder länglich, eingeschnitten-gesägt. 3'. ♃ In Gebüsch am Fuss der Berge durch die ganze Schweiz. Mai und Juni. Ist giftig.

Paeonia.

Kelch 5blätterig (meist noch mit einfachen Blättern besetzt). Krone gross, roth, 5blätterig. Ovarien (Karpelle) 2—3, mit zungenförmiger Narbe.

P. officinalis L. Blätter doppelt 3zählig: Blättchen ganz oder 2—3lappig: Lappen lanzett oder länglich, unterhalb mehr oder weniger feinhaarig. 1½'. ♃ Auf subalpinen Weiden des Monte Generoso in ziemlicher Menge. Juni. Dies ist ohne Zweifel die Stammrace der in den Gärten so häufig cultivirten, gewöhnlich gefüllten *Gicht-, Pfingst-* oder *Kohlrosen.* Die Wurzeln gehören zu den narcotisch-scharfen Heilmitteln, sind aber jetzt ausser Gebrauch gekommen. *P. peregrina Retz.*

L. Familie.

† *Magnoliaceae.*

Aus dieser Familie besitzen wir in der Schweiz keine wildwachsende Pflanze. Dafür werden aber hie und da die ***Magnolien*** theils im Freien, theils in Gewächshäusern gezogen und noch häufiger trifft man den herrlichen ***Tulpenbaum*** (Liriodendron tulipifera L.) in den Parken und Gärten reicher Leute an.

LI. Familie.

† *Myristicaceae.*

Diese Familie führen wir wegen dem *Muscatnussbaum* (Myristica moschata Thunb.) an, dessen Samen die gewürzhaften Muscatnüsse liefern. Diese

Samen sind mit einer Erweiterung des Samenstrangs (arillus) überzogen und diese liefert die sogenannte Muscatblüthe (macis). Der Baum stammt von den Molukken.

XIX. Klasse.

Corniculatae.

Blüthen vollkommen, mit freiem oder mit dem Ovarium verwachsenem Kelch, 5—mehrblätteriger Krone (in wenigen Fällen ist sie verwachsenblätterig) und mit bestimmter Anzahl von Staubgefässen (ebensoviel als Kelche und Krontheile oder doppelt so viel). Frucht aus 2 bis vielen freien, einfachen Karpellen oder bloss aus zweien unter sich und mit dem Kelch verwachsenen Karpellen gebildet. — Fettblätterige Kräuter oder holzige Sträucher.

LII. Familie.

Ribesiaceen (Ribesiaceae).

Kelch mit dem Ovarium verwachsen, oben 4—5spaltig. Krone 4—5blätterig, mit den Kelchlappen abwechselnd. Staubgefässe 4—5, frei, mit den Blumenblättern abwechselnd. Griffel 2 (selten 4), bald bis unten getheilt, bald mehr oder weniger verwachsen. Frucht eine vielsamige Beere mit meist zwei wandständigen Placenten. Samen aus einem grossen Eiweiss und kleinen Keim gebildet, mit verlängertem Samenstrang. —

Sträucher der gemässigten und kalten Himmelsstriche. Einige davon gewähren dem Menschen durch ihre Früchte Nutzen; andere erfreuen ihn durch ihre schönen Blumen, wie dies bei mehrern nordamerikanischen Arten der Fall ist, die man jetzt in den Gärten hält. Die Bienen gehen sehr den Blüthen nach, die ohne Ausnahme im Frühling erscheinen.

Ribes.

Kelch 5spaltig. Krone 5blätterig. Griffel 2, halb verwachsen.

† Mit Stacheln.

1. *R. Grossularia L.* ***Stachelbeeren.*** Stacheln 3theilig. Blätter rundlich gelappt. Blumenstiele 1—3blumig. Kelch glockenförmig. 3—6'. Durch die ganze Schweiz bis in die subalpine Region (z. B. beim Weissenstein im Jura) in Hecken und Gebüsch. Die Beeren werden roh und eingemacht gegessen. Die wilden sind gewöhnlich kahl; dagegen sind die Früchte der grossen Varietäten der Gärten meistens mit weichen Stacheln besetzt *(R. Uva-crispa L.* und *R. reclinatum L.).*

†† Ohne Stacheln.

2. *R. alpinum L.* Geschlechter stammgetrennt. Männliche Blüthentrauben 20—30blumig, weibliche 3—5blumig; bei beiden sind die Bracteen länger als das Blumenstielchen. Beeren roth, fade. An Felsen in subalpinen und montanen Gegenden, sowohl im Jura (Salève, Dôle, Suchet, Reigoldswyl etc.) als in den Alpen (über Roche, Bex, den Leukerbädern, auf dem Calanda, dem Stockhorn etc.).

3. *R. nigrum L.* *Ahlbeere.* Blätter 5lappig, unten glandulös punktirt. Bracteen kürzer als Blumenstiel. Beeren schwarz, von eigenthümlichem Geschmack. Die ganze Pflanze riecht nach Moschus. In der Ebene an Flüssen und Bächen, selten. Bei Peterlingen an der Broye, bei Büren und in Menge bei Solothurn, unweit dem Neuhäuslein, an der Strasse nach Bern. Häufig in Gärten.

4. *R. rubrum L.* *Johannisbeere.* Blätter 5lappig:

Lappen stumpf. Bracteen kürzer als der Blumentiel. Dieser und die Kelchlappen kahl. Blumen grün. Beeren roth, sauer. Häufig in Gärten und hie und da in der Ebene verwildert. Die Früchte sind ein erfrischendes Obst, aus dem die Nordländer Wein machen.

5. *R. petraeum Wulf.* Blätter 5lappig: Lappen spitzig oder zugespitzt. Bracteen kürzer (bei den aufbrechenden Blumen so lang) als die Blumenstiele. Diese und die Kelchlappen kurzhaarig. Blumen schmutzig roth. Früchte roth, sauer. In subalpinen und alpinen Thälern im Gebüsch. Häufig in Graubünden, seltener in Unter-Wallis und oberhalb Bex; auch auf dem Brezon, 6 Stunden von Genf. Im Jura hinter der Dôle, à la Faucille. Ich traf diese Art auch schon in Gärten an, wo sie etwas später blüht, aber sich sonst durch den Geschmack der Früchte nicht von den andern Johannisbeeren auszeichnet.

LIII. Familie.

Saxifragaceen (Saxifragaceae).

Kelch 4—5spaltig, mehr oder weniger unten mit dem Ovarium verwachsen. **Krone** auf dem Kelche, 5blätterig. **Staubgefässe** 8 oder 10 (selten mehr, bei ausländischen auch nur 5). **Griffel** 2, selten mehr. **Frucht** aus zwei unten verwachsenen, an der nach innen gekehrten Naht sich öffnenden Karpellen bestehend. **Samen** ∞, klein; der Keim ist in der Mitte eines fleischigen Albumens.

Erste Zunft. Saxifrageae.

Kräuter mit abwechselnden und entgegengesetzten Blättern und gewöhnlich über der Wurzel mit Blattrosetten. Finden sich gröstentheils auf den Bergen.

Saxifraga.

Kelch 5spaltig. Krone 5blätterig. Griffel 2. Kapsel 2fächerig.

Sect. I. Die Blätter haben einen kalkig-krustigen Rand. ♃

1. S. *Cotyledon L.* Rosettenblätter zungenförmig, gesägt. Stengel 1—2', oben gerispet: Aeste 5—15blumig. Blumen weiss. An Felsen von granitischem Gestein in der subalpinen und montanen Region der Central-Alpen. (Graubünden, jenseits der Wasserscheide, Uri, Wallis, Oberhasli, so wie auch in Savojen.) Sommer.

?2. S. *elatior M. et K.* Rosettenblätter zungenförmig, gekerbt, mit abgestutzten Kerben. Stengel oben gerispet: Aeste 6—12blumig. Blumen weiss. An Felsen bei Bornio nach Gaudin, auch wie es scheint auf den Bergen des Ober-Engadins.

3. S. *Aizoon L.* Rosettenblätter zungenförmig, gesägt. Stengel oberhalb wenig gerispet: Aeste 1—3blumig. Blumen weiss. 2—4—12". An Felsen aller Schweizerberge, von unten bis gegen 8000' Höhe. Häufig in den Alpen und zwar auf dem granitischen Massengebirge sowohl als auf dem Kalk und Flysch; noch häufiger im ganzen Jura und auch auf der Molasse (Voirons, Uto, Lowerz). Sommer.

4. S. *mutata L.* Rosettenblätter zungenförmig, am hintern Rande dicht franzig, vorderhalb ganzrandig oder schwach gesägt. Stengel oberhalb gerispet, 1'. Blumenblätter lineal-lanzett, orangefarben, spitzig. In der montanen Region, seltener in der subalpinen, an schattigen oder feuchten Stellen. Im Molassengebiete auf dem Uetli, Rigi, Etzel, Napf, bei Neslau im Toggenburg, Altstätten im Rheinthal, bei Solothurn an den Stadtschanzen. Dann auf den Voralpen bei Thun, Vättis, im Appenzell, am Calanda, auf dem Brezon bei Genf. Sommer.

Sect. II. Die Rosettenblätter sind dreikantig, die des Stengels abwechselnd. ♃

5. S. *Vandellii Sternb.* Rosetten dichtblätterig, mit lanzetten, 3kantigen, steifen, hartspitzigen Blättern. Stengel 7—10blumig, behaart, klebrig, 2—4". Blumen

weiss. Bei Worms (Bormio) und zwischen Livino und St. Giacomo di Fraele, an Felsen. Nach dem Herb. von Haller, Sohn, auch auf der Fräla. Auf den Corni di Canzo.

6. *S. diapensioides Bellard.* Rosettenblätter graugrün, länglich-lineal, stumpf, oberhalb mit 7 Punkten, hinterhalb gewimpert. Stengel mit Drüsenhaaren besetzt, 2—5-blumig, 2—3″. Blumen weiss. An Felsen, allein bloss im Bagne-Thal, in der alpinen Region.

7. *S. caesia L.* Rosettenblätter graugrün, länglich-lineal, abwärts gebogen, oberhalb mit 7 Punkten. Stengel 2—6blumig, 2—3″. Blumen weiss. Auf dem Kalkgebirge in der alpinen Region durch die ganze Alpenkette.

8. *S. patens Gaud.* Rosetten schlaff. Rosettenblätter graugrün, länglich-lineal, oberhalb mit 7 Punkten, hinterhalb gewimpert. Stengel 2—6blumig, 2—3″. Blumen gelblich-weiss. Wurde bisher bloss auf dem Fouly in Unter-Wallis gefunden. Wahrscheinlich eine durch Feuchtigkeit und Schatten erzeugte Form der vorigen.

Sect. III. Rosetten- und Stengelblätter entgegengesetzt. An der Spitze der Blätter ein eingedrückter Punkt. ♃

9. *S. biflora All.* Blätter entgegengesetzt, umgekehrt-eirund, gewimpert, flach. Stengel aufliegend, ästig. Blumen roth, zu 2—3 endständig. Auf Felsenschutt, besonders auf mergeligem. In der alpinen Region durch die ganze Alpenkette. (Graubünden, Glarus, Wallis, Bern, Waadt, Savojen.)

α. Blumenblätter zwei- bis dreimal so lang als die Staubfäden. (*S. Kochii.*) In Wallis und Glarus.

10. *S. oppositifolia L.* Stengel ästig, aufliegend. Blätter entgegengesetzt, länglich, vorn verdickt, an den unfruchtbaren Aestchen in 4 Zeilen gestellt. Blumen einzeln, endständig, roth, nach dem Verblühen ins Blaue übergehend. An Felsen durch die ganze Alpenkette bis 8000′ hoch und zuweilen bis gegen die Ebene herabsteigend. Findet sich auch auf den höhern Molassenbergen (Rossberg, Rigi. Schwarzberg im Entlebuch) und an einer Stelle auf dem Jura (auf dem Réculet bei Genf in Menge). Frühling und Sommer.

11. *S. retusa Gouan.* Stengel ästig, aufliegend, mit aufgerichteten Aesten, an denen die Blätter 4 Zeilen bil-

den. Blätter 3kantig, vorn abwärts gebogen, mit 3 Punkten. Blühende Aeste aufrecht, 1'', wenigblätterig, mit meist 3 rothen Blümchen. An Felsen in der alpinen Region, jedoch bisher nirgends innert den Schweizergrenzen gefunden. Der nächste Standort ist die südliche Seite des M. Rosa, von woher wir schon mehrere seltene Pflanze für die Schweizerflora angeführt haben.

Sect. IV. Blätter abwechselnd, am Rande gewimpert, lineal. ♃

12. S. *aspera L.* Blätter lanzett-lineal, stark borstig gewimpert, oberhalb mit einem Punkte. Unfruchtbare Stengel aufliegend; fruchtbare 6—12'', 3—7blumig. Blumen weisslich-gelb. Auf feuchten Stellen von der alpinen Region abwärts bis in die montane. In den C. Glarus, Uri, Graubünden, Wallis, Bern und in Savojen.

13. S. *bryoides L.* Blätter lanzett-lineal, stark borstig, gewimpert, oberhalb mit einem Punkte. Unfruchtbare Stengel, kurz aufliegend; fruchtbare 3'', einblumig. Blumen weisslich-gelb. Auf steinigen Weiden in der alpinen und nivalen Region. Sehr häufig durch die Cantone Graubünden, Glarus, Uri, St. Gallen, Bern, Wallis und in Savojen.

14. S. *aizoides L.* Blätter lineal, etwas fleischig, borstig gewimpert, oberhalb vor der Spitze mit 1 Punkte. Blumen gelb. 5—8''. Sehr gemein an vom Wasser bespülten Stellen, von der alpinen Region an bis in die Thäler. Geht durch die ganze Alpenkette und findet sich auch auf den Molassenbergen (Belpberg, bei Freiburg, Napf, Uetli), aber nicht im Jura. Am Rhein zwischen Augst und Rheinfelden.

Sect. V. Blätter flach, abwechselnd. Die Wurzel treibt Ausläufer ohne Rosetten bildende Aestchen. ♃

15. S. *Hirculus L.* Ausläufer treibend. Stengel aufrecht, blätterig, 1', 1—3 grosse gelbe Blumen tragend. Blätter lanzett. Auf Torfplätzen im Jura (à la Chaux d'Abelle, à la Chatellaz, à la Brevine, à la Châtagne, St. Croix, au Marais de la Trelasse et du Brassus. Wird auch am Lac de Châtel bei Vivis angegeben. Sommer und Herbst.

Sect. VI. Blätter flach, einfach, breit. Kelch mit dem Ovarium nicht verwachsen. Stengel blattlos. ♃

16. *S. stellaris L.* Blätter umgekehrt-eirund, nach hinten keilförmig, vorn eckig-gezähnt. Blumenblätter lanzett, spitzig. Blumen weiss. 3—6—9". An Bächen der alpinen und subalpinen Region. Durch die ganze Alpenkette. Fehlt im Jura und auf der Molasse, obgleich sie tief in die Thäler steigt (bei Wasen im C. Uri).

17. *S. cuneifolia L.* Blätter rundlich oder umgekehrt-eirund, kahl oder am Stiele nur mit wenig Wimpern besetzt, eckig-gezähnt, mit einem pergamentartigen Rande. Blumen weiss. ½—1'. An schattigen Felsen der montanen Region der Alpen. Häufig in Graubünden, Glarus, Uri, Bern, Wallis und Waadt. Sommer.

Die nahe verwandte S. *umbrosa L.* mit stärker behaarten Blattstielen und roth getupften Blumenblättern wurde irrigerweise als in Schams wachsend angegeben. Sie findet sich bei uns bloss bisweilen in Gärten, wo sie sammt der *S. hirsuta L.* unter dem Namen *Blutströpfli* bekannt ist.

Sect. VII. Kelchröhre mit dem Ovarium ganz verwachsen. Blätter meist 3lappig. Einjährig.

18. *S. tridactylites L.* Stengel einfach oder ästig, 2—3", aufrecht. Blätter 3lappig (selten 5lappig, die ersten und untersten ganz). Blumen weiss, klein. ☉ Auf Mauern, durch die ganze Schweiz. April.

19. *S. controversa Sternb.* Stengel einfach oder ästig, 2—3", aufrecht. Blätter vorderhalb tief 3zähnig, auch ganz, die der Wurzel rundlich-eirund, die obern lineal. Blumenblätter weiss, so lang als der Kelch. ☉ Auf steinigen Stellen in der alpinen Region, selten. In Graubünden an mehrern Stellen, im Bagne-Thal, und nach Hegetschweiler auch in Glarus.

Sect. VIII. Kelchröhre ganz mit dem Ovarium verwachsen. Blätter entweder vorderhalb 3lappig oder ganz. ♃

20. *S. exarata Vill.* Blätter vorderhalb 3—5lappig. Unfruchtbare Aeste, bald polsterartige Rosetten, bald verlängerte Schosse bildend. Stengel 3—5", mit 2—9 Blumen, ein- oder 2blätterig. Blumenblätter weiss oder

gelblich-weiss, meist doppelt so lang als die Kelchlappen. Auf Gestein und an Felsen der alpinen und nivalen Region. Häufig in Graubünden, Glarus, Uri, Wallis, Bern und Savojen. Kommt auch auf dem Jura bei Genf (Réculet) vor. Findet sich auf Kalkgestein. Sommer. Hieher ist zu ziehen *S. striata Hall. f. S. caespitosa Gaud. S. hypnoides All. S. intermedia Gaud. S. nervosa Lapeyr. S. mixta Lap. S. pubescens Pourret.*

α. Mit dunkelrothen Blumen *(S. atropurpurea Sternb.)*, auf dem Fouly.

β. Mit ganz weissen Blumen *(S. ex. genuina)*, auf dem Wormser Joch und Piz della Padella im Engadin, oberhalb Salvant und bei der Pissevache im Wallis.

21. *S. muscoides Wulf.* Blätter ganz und dann breit lineal, selten vorderhalb 3lappig. Unfruchtbare Aeste, polsterartige Rosetten bildend. Stengel ½—2″, meist einblumig, bei grössern Exemplaren gewöhnlich 3blumig. Blumenblätter weisslich-gelb, nicht viel länger als die Kelchlappen. In der nivalen Region durch die ganze Alpenkette auf dem Kalkgebirge. Dies ist die Hochalpen-Form der vorigen, von der sie sich bloss durch ihre Kleinheit auszeichnet. Uebrigens kann man die Arten dieser Section auch nach der Farbe und Breite der Blumenblätter klassificiren und dann erhalten wir, wie bei der folgenden Gruppe: 1) Grossweissblumige (S. exarata), 2) Mittelgelbweissblumige (S. muscoides, nebst den meisten Formen der exarata) und 3) Schmalgelbweissblumige (S. stenopetala). Doch wird auf diese Art die S. exarata auf eine höchst unnatürliche Weise zerrissen, da bei ihr die Farbe der Blume ganz unmerklich ändert.

22. *S. stenopetala Gaud.* Blätter 3—5spaltig. Stengel stielartig, unblätterig, 1″. Blumenblätter lineal, dreimal schmäler als die Kelchlappen, weisslich-gelb. An feuchten beschatteten Felsen der nivalen Region. In Graubünden, Glarus, Appenzell und Bern. *S. aphylla Sternb.*

Sect. IX. Kelchröhre ganz mit dem Ovarium verwachsen. Blätter flach, ganz (selten vorn 2zähnig).

23. *S. androsacea L.* Die unfruchtbaren Aeste sind schossartig. Blätter lanzett, ganz oder an der Spitze mit 2 Zähnen. Stengel 2—3″, meist 2blumig (bei grössern

Exemplaren bis 5blumig und ästig). Blumenblätter weiss, länger als die Kelchlappen. Auf steinigen Weiden der alpinen Region auf Kalk- und Flyschgebirg. Durch ganz Bünden, Glarus, Bern, auf dem Sentis, Pilatus und in Savojen.

24. *S. planifolia Lapeyr.* Die unfruchtbaren Aeste bilden lockere Pölsterchen. Blätter spathelförmig, ganzrandig. Stengel wenigblätterig, 1—3blumig, 1—3''. Blumenblätter dreimal länger als die Kelchlappen. An feuchten Felsen der alpinen und nivalen Region. Von Savojen an durch die Waadtländer-, Walliser- und Berner-Alpen nach Glarus und Graubünden.

25. *S. Seguieri Spreng.* Unfruchtbare Aeste locker und rasenbildend. Blätter spathelförmig, ganzrandig. Stengel einblätterig, ein-, 2- und mehrblumig, ½—3''. Blumenblätter so lang als die Kelchlappen, länglich-lineal, weisslich-gelb bis safrangelb. An schattigen und feuchten Felsen der alpinen und nivalen Region durch ganz Bünden, Uri, Glarus, Bern und Wallis, häufig.

Sect. X. Blätter rund, gelappt. Ovarium halb mit dem Kelch verwachsen. Blumen weiss. ♃

26. *S. granulata L.* Stengel aufrecht, oberhalb ästig, wenigblätterig. Wurzel mit vielen körnerartigen Zwiebelchen besetzt. Wurzelblätter nierenförmig, kerbig gelappt. 1—2'. ♃ Bloss in der ebenen Schweiz auf dürren Triften. Nicht selten im C. Zürich, bei Basel, Orbe und Genf. Mai.

27. *S. bulbifera L.* Stengel aufrecht, einfach, vielblätterig, 1'. Afterdolde aus 3—7 Blumen. Wurzelblätter nierenförmig, kerbig gelappt. Auf dürren Stellen im Thal von Unter-Wallis. April und Mai.

Sect. XI. Blätter rund, gekerbt oder gelappt. Ovarium frei. Blumen weiss. ♃

28. *S. cernua L.* Wurzelblätter rund, tief gelappt. Stengel vielblätterig, einblumig, ½' und darüber (wie vorige Art in den Blattachseln Zwiebelchen bildend). An feuchten Felsen in der alpinen Region, jedoch bloss bei Lens in Wallis und im Saanenthale. Sommer.

29. *S. rotundifolia L.* Stengel einfach, oben gerispet, 2' und darüber. Wurzelblätter nierenförmig-rund, ungleich gekerbt. Zwischen Steinen auf feuchten oder schattigen Stellen, in der montanen, subalpinen und alpinen Region, sowohl im Jura als in den Alpen. Sommer.

Chrysosplenium.

Kelch 4theilig, halb mit dem Ovarium verwachsen. Krone 0. Staubgefässe 8. Weiche Kräuter.

1. *C. alternifolium L.* Blätter abwechselnd, nierenförmig gekerbt. 4—6". ♃ Auf schattigen und feuchten Stellen, in der ebenen Schweiz, so wie im Jura und in den Alpen bis in die subalpine Region häufig. Frühling und Vorsommer.

2. *C. oppositifolium L.* Blätter entgegengesetzt, rund, gekerbt. 4—6". ♃ Sehr selten in der Schweiz. Zwischen Bern und Thun (Spitals-Heimberg), bei Krauchberg und um Basel. Mai und Juni.

LIV. Familie.

Crassulaceen (Crassulaceae).

Kelch frei, gewöhnlich bis unten getheilt, 5- oder mehrblätterig. Krone 5- oder mehrblätterig, selten einblätterig und bloss gespalten. Staubgefässe doppelt so viel als Kron- und Kelchtheile. Stempel eben so viel als Kron- und Kelchtheile, mit einer Schuppe an der Basis. Frucht aus 5 und mehr freien, vielsamigen, an der innern Seite sich öffnenden Karpellen bestehend. Samen mit geradem Keim und Albumen. — Kräuter mit fleischigen Blättern und Stengeln. Ihre Reproduktionsorgane sind vollkommen regelmässig, gewöhnlich in der Fünfzahl (selten weniger oder mehr) vorhanden und frei.

Besonders bezeichnend sind die freien Karpelle, deren selten weniger als 5 vorhanden sind. Sie wachsen gern auf dürren Stellen, haben keine schädlichen Eigenschaften, sind aber auch von keinem besondern Nutzen.

Rhodiola.

Geschlechter stammgetrennt. Männliche Blüthen aus einem 4theiligen Kelch, 4blätterigen Krone und 8 Staubgefässen bestehend. Weibliche Blüthen mit 4theiligem Kelch, keiner oder verkümmerter Krone und 4 Stempeln.

R. rosea L. Rosenwurz. Ein 1' und darüber hohes, perennirendes Kraut mit flachen, lanzetten, vorn gesägten Blättern und einer rosenartig riechenden Wurzel. Es findet sich an felsigen Stellen in der alpinen Region durch Graubünden, Tessin und Wallis, wie es scheint immer auf granitischem Gestein. Sommer.

Crassula.

Kelch 5theilig. Krone 5blätterig. Staubgefässe 5. Karpelle 5.

C. rubens L. Blätter halbwalzig, kahl, stumpf, abfällig. Blumen röthlich, in eine 5ästige Afterdolde gestellt. 2—5". Auf Aeckern der westlichen Schweiz. Bei Basel, Genf, Neuss, im Aargau bei Nieder-Lenz. Mai und Juni. ☉

Sedum.

Kelch 5theilig. Krone 5blätterig. Staubgefässe 10. Karpelle 5.

Sect. I. Mit breiten, flachen Blättern, rothen oder weissen Blumen.

1. *S. Telephium L.* excl. var. Blätter flach, länglich-lanzett oder lanzett, gezähnt-gesägt, mit der ganzrandigen, keiligen Basis in den kurzen Blattstiel verschmälert, zerstreut oder abwechselnd. Blumenblätter roth, mit fast zur Hälfte angewachsenen Staubfäden. Blüthen in Afterdolden. Wurzeln knollig. $1\frac{1}{2}$—2'. Juli und August. In Hecken und Gebüsch der ebenen Schweiz, hin und wieder. Bei

Genf, in der Waadt, im Neuenburgischen, bei Bern. Nidau, Solothurn und Basel. *S. Fabaria Koch.*

2. *S. latifolium Bertol.* Blätter flach, länglich oder eirund, ungleich gezähnt-gesägt, die untern gegenüberstehend und mit breiter Basis sitzend. Blumenblätter unrein weiss, mit fast zur Hälfte angewachsenen Staubfäden. Blüthen in Afterdolden. 1—1½'. August. Auf Mauern und steinigen Stellen in folgenden Gegenden: im Liviner-Thal und bei Clefen, im bündnerschen Oberland, im untern Rhone-Thal bei Roche und Aelen; sodann (nach Gaudin) bei Neuss und Biel (?) und auch bei Wallenstadt. *S. maximum Sut.*

3. *S. purpurascens Koch.* Blätter flach, eirund, länglich oder lanzett, ungleich gezähnt oder fast ganzrandig, die obern mit abgerundeter Basis sitzend, die untern kurz gestielt, oft gegenüberstehend. Blüthen roth, Afterdolden bildend. 2'. Ende Juli und August. Nach Dr. Hagenbach ist dies die Pflanze, die um Basel herum gefunden wird. Sie nähert sich einerseits dem S. latifolium und anderseits dem ächten Telephium.

4. *S. Anacampseros L.* Blätter flach, umgekehrt-eirund, ganzrandig, graugrün. Blumen röthlich, eine dichte Afterdolde bildend. ½—1'. ♃ Auf den Unter-Walliser- und Waadtländer-Alpen an Felsen. Sommer.

5. *S. Cepaea L.* Blätter flach, ganzrandig; die untern gestielt, umgekehrt-eirund, entgegengesetzt oder zu 3—4 gequirlt, die obern lineal-keilförmig. Stengel gerispet. Blumenblätter weiss, lanzett, mit feiner Spitze. ⊙ An Wegen. In der Schweiz bloss bei Genf und Mendris im Canton Tessin. Juni.

Sect. II. Blätter halb- oder ganz stielrund. Blumen weiss oder roth.

6. *S. hispanicum L.* Blätter fast stielrund, spitzig, graugrün. Blumen weiss, in lange Afterdolden gestellt. Mit oder ohne Ausläufer. Blüthentheile 5- oder 6zählig. ☉ ⊙ 3—5''. An Wegen und alten Mauern in der March, im Gaster, bei Billen, Nieder-Urnen, so wie auch im innern Lande von Schwyz und in Unterwalden.

7. *S. villosum L.* Blätter walzig, stumpf, sammt der Blüthenrispe drüsenhaarig. Blumenblätter eirund, roth.

Ohne Ausläufer. 1—4". ⊙ ⊙ ♃ Auf sumpfigen Wiesen und Weiden, sowohl in der Ebene (Burgdorf, Rüggisberg, Châtel St. Denis, Lausanne, Einsiedeln), so wie auch in den höhern Alpenthälern bis 6000' ü. M. (auf dem Simplon, im Nicolai-Thal und im Rosetsch-Thal in Graubünden, im C. Glarus). Findet sich auch auf dem Salève bei Genf.

8. *S. atratum L.* Blätter keulenförmig-stielrund, kahl, sammt dem Stengelchen meistens braun besprengelt. Blüthen weisslich, eine kurze Afterdolde bildend. Gewöhnlich ohne unfruchtbare Aeste und dann ⊙ Es gibt aber auch solche, die unten unfruchtbare Aeste haben und dann wohl 2jährig oder gar perennirend sind. 1—2". Findet sich auf steinigen Stellen der Berge von 4—7000' Höhe. In den Alpen auf dem Kalk- und Flyschgebirg (Calanda, Jaman, Augstenberg, Pizogel etc.). Auch auf den höchsten Spitzen des Jura (Réculet, Dôle).

9. *S. dasyphyllum L.* Blätter kurz elliptisch oder eirund, reifartig angelaufen, am Rücken erhöht, meistens gegenständig. Blumen weiss, eine Rispe bildend. Rispe drüsenhaarig. Stengel unten mit vielen unfruchtbaren Aesten, 2—4". ♃ An Felsen und Mauern, sowohl in der Ebene als in den Alpenthälern. (Bei Zürich, Luzern, Schwyz, Zug, Genf etc.) (Lauterbrunnen, Ursern, Schaufigg, Schams etc.) Juni und Juli. Fehlt dem Jura.

10. *S. album L.* Blätter walzig, stumpf, kahl. Blumen weiss. Rispe kahl. Unfruchtbare Aeste unten an den Stengeln. ½'. ♃ Ungemein häufig an allen Mauern und Felsen von der Ebene bis in die alpine Region. Sommer.

Sect. III. Blätter stielrund. Blumen gelb.

11. *S. annuum L.* (Reich. ic. n. 1133.) Blätter walzig, stumpf. Stengel von der Mitte an oder tiefer noch ästig: Aeste in eine scorpionsschwanzartige Blüthenähre ausgehend. 3—5". ⊙ An Felsen und Mauern der alpinen, subalpinen und montanen Region. Häufig in einigen Thälern Graubündens, in Glarus, auf dem Gotthard, in den Berner-, Walliser- und Waadtländer-Alpen. Auch auf den Voirons bei Genf. Sommer.

12. *S. repens Schleich.* (Reich. ic. n. 1134.) Stengel

unterhalb ästig und aufliegend: Aeste lang, meist 3blumig. Blätter walzig, stumpf. 2—3″. ♃ Es ist die vorige Art, mit dem Unterschied, dass sich hier die Aeste am untern Theil der Pflanze in grösserer Anzahl ausbilden, aber unfruchtbar bleiben. Da dies nun auf Kosten der Blüthenbildung geschieht, so sind bei S. *repens* die Aeste wenigblumig. Was uns noch mehr in dieser Meinung bestärkt, ist der Umstand, dass man diese in den gleichen Gegenden findet, wo jene, nur gewöhnlich noch höher. In Bünden auf dem Bernhardin und Augstenberg, im Nicolai-Thal, auf dem Fouly, Faulhorn und grossen Bernhard, Meri. Sommer.

13. S. *sexangulare L.* Blätter walzig, stumpf, an den unfruchtbaren Aesten 6 deutliche Zeilen bildend. Afterdolde kahl. 3—4″. ♃ Von der subalpinen Region an bis in die Ebene, häufig auf Mauern, dürren Halden etc., durch die ganze Schweiz. Geht eben so hoch in die Berge als S. acre (z. B. auf dem Weissenstein im Jura). Sommer.

14. S. *acre L. Mauerpfeffer.* Blätter eirund, am Rücken buckelig, an den unfruchtbaren Aesten in 6 Zeilen gestellt. Afterdolde kahl. 3—4″. ♃ Auf Mauern und an Wegen bis über die Grenze des Kirschbaums hinaus in die subalpine Region (z. B. beim Weissenstein im Jura und über dem Dorfe Wiesen in Bünden), durch die ganze Schweiz. Das Kraut ist scharf und soll Warzen wegätzen.

15. S. *reflexum L.* Blätter lineal-pfriemenförmig, an der Basis mit einem kurzen, spornartigen Anhängsel. Stengel unterhalb aufliegend, 6—9″. ♃ Auf dürren Stellen, häufig in Wallis, Waadt, Genf, Neuenburg, Biel, Basel, in Bünden bloss jenseits der Berge, in der montanen Region und Ebene. Juni.

Die Blätter sind gewöhnlich graugrün, selten grün. Der Blumentheile sind selten bloss 5 vorhanden.

16. S. *anopetalum DC.* Wie voriges, nur sind die Blätter oberhalb etwas flach, die Blumen grösser und die Blumenblätter aufrecht stehend. Findet sich auf ähnlichen Stellen, jedoch bloss im Anzasca-Thale und bei St. Claude. ♃ Sommer.

Sempervivum.

Kelch 6—20theilig. Krone zuunterst ein wenig

verwachsen, 6—20theilig. Doppelt so viel Staubgefässe. Karpelle 6—20. Fleischige Kräuter mit Blattrosetten. ♃

1. *S. tectorum L. Hauswurz.* Blätter zungenförmig, in eine Spitze ausgehend, kahl, am Rande gewimpert. Blumenblätter roth, noch einmal so lang als die Kelchtheile. 1' und darüber. Auf Mauern und Dächern in der Ebene, überall; dann auch in der alpinen und subalpinen Region auf den Alpen, wie auf den höhern Spitzen des westlichen Jura. Juni und Juli. Die Blätter werden zuweilen als Heilmittel auf Brandschäden gelegt.

2. *S. Wulfeni Hoppe.* Blätter zungenförmig, in eine Spitze ausgehend, kahl, am Rande gewimpert, bei den ältern gegen die Spitze kahl. Blumenblätter gräulich-gelb, dreimal so lang als die Kelchtheile. 1' und darüber. Auf Felsen und Felsenschutt der alpinen Thäler, jedoch sehr selten. Ich bewahre ein Exemplar auf, das ich im Roseschthale im Ober-Engadin fand, wo auch Prof. Heer diese Pflanze angibt. August.

3. *S. Braunii Funk.* Blätter ganz mit Drüsenhaaren bedeckt; die ältern Rosettenblätter breit zungenförmig, die jüngern und die Stengelblätter lineal-lanzett. Blumenblätter gelb, dreimal länger als die Kelchtheile. 6". Auf Felsen der alpinen und nivalen Region, selten. In Wallis am M. Rosa, zwischen dem Saaser- und Simplon-Thal und, nach einem schlecht erhaltenen Exemplar zu schliessen, wahrscheinlich auch im östlichen Theil von Graubünden. Sommer.

4. *S. montanum L.* Blätter ganz mit Drüsenhaaren bedeckt; die ältern Rosettenblätter breit zungenförmig; die Stengelblätter lineal-lanzett. Blumenblätter purpurroth, dreimal länger als der Kelch. 4—6". Auf Felsen und Felsenschutt des Flysch- und Urgebirgs der alpinen Region. Nicht selten in Bünden, Glarus, Tessin, Uri und in den Berner- und Waadtländer-Alpen.

5. *S. arachnoideum L.* Rosetten mit spinnengewebartigen Haaren überzogen, die von den Blattspitzen ausgehen und dieselben verbinden. Blumenblätter hochroth, dreimal länger als der Kelch. 4—6". Auf Felsen, steinigen Weiden und Mauern von der alpinen Region bis in die tiefsten Thäler (Misox) auf jedem Gestein. Häufig im

Wallis, Berner Oberland, Uri, Tessin, Glarus und Graubünden. Sommer.

Wohl nicht mit Unrecht bemerkt Hegetschweiler, dass auch hier, wie bei den Saxifragen, die grüngelbblühenden Arten bloss als Formen der rothen zu unterscheiden sein dürften. Dann aber erhalten wir, indem wir S. Wulfeni mit tectorum und Braunii mit montanum vereinigen, bloss drei Arten für die Schweizer-Flora. Wenn Hegetschweiler 9 Arten anführt, so ist dies einer nicht genauen Sichtung und Kritik zuzuschreiben.

XX. Klasse.

Discanthae.

Blüthen vollkommen. Kelch mit dem Ovarium verwachsen, gewöhnlich mit kaum bemerkbarem, freiem Rande oder Saume. Krone 4—5blätterig. Staubgefässe ebenfalls 4—5. Frucht 1—5fächerig. — Kräuter und Sträucher gewöhnlich mit doldenartigem Blüthenstand.

LV. Familie.

Loranthaceen (Loranthaceae).

Blüthenhülle (bei unsern) einfach, aus 4 Theilen bestehend. Bei den männlichen Blüthen sind die Staubgefässe mit der innern Wand verwachsen, bei den weiblichen die Perigontheile mit dem Ovarium. Frucht eine einsamige Beere. Samen mit Eiweiss.

Kleine holzige Gewächse, die parasitisch auf grössern Holzarten leben. Die Blüthentheile sind sehr verschieden beschaffen, dagegen ist die

Frucht, wie sie oben angegeben, beständig. Ferner haben sie immer einen gabelig (dichotomisch) verasteten Stengel und entgegengesetzte, ganzrandige lederige Blätter. Die meisten wachsen in den warmen Ländern.

Viscum.

Geschlechter getrennt. Bei den männlichen fehlt der Kelch, die Krone ist 4blätterig und mit den Staubgefässen verwachsen. Bei den weiblichen ist Kelch und Krone sehr klein und der Griffel fehlt.

V. album L. Mistel. Blätter lanzett, stumpf, gelbgrün. Beeren weiss. Ein bekanntes, vielästiges Sträuchlein, das auf allen unsern Bäumen, am häufigsten auf den Apfel- und Birnbäumen vorkommt. Auf den Eichen ist der Mistel sehr selten. Er war bei den Celten, wenn man ihn auf denselben fand, ein Gegenstend göttlicher Verehrung. Aus den Beeren macht man Vogelleim und das Kraut gibt man ohne Schaden dem Vieh. Blüht im März.

LVI. Familie.

Corneen (Corneae).

Kelch mit dem Ovarium verwachsen, oben 4zähnig oder 4spaltig. Krone 4blätterig. Staubgefässe 4, abwechselnd mit den Kronblättern. Ein einfacher Griffel mit einer Narbe. Ovarium meist 2fächerig: Fächer einsamig. Frucht eine Beere, in welcher die zwei Fächer zu zwei Nüsschen verhärten. Samen mit Eiweiss. — Sträucher und Bäume mit entgegengesetzten Blättern und doldenförmig zusammengestellten, von Hüllblättern umgebenen Blüthen.

Cornus.

Kelchrand 4zähnig. Beere mit 2 Nüsschen.

1. *C. sanguinea L.* *Rothbeinholz.* Blätter eirund. Blumen weiss, eine flache, doldenartige Traube bildend. Beere schwarz. Zweige gewöhnlich roth (daher der Name *Blutruthen*). 6—10'. In allen Hecken durch die ganze ebene und montane Schweiz. Blüht im Frühling. Ist von wenig Nutzen.

2. *C. Mas L.* *Kornelkirschenbaum.* Blumen gelb, in kleine Dolden gestellt, vor den Blättern erscheinend. Blätter eirund, zugespitzt. Ein 5—15' hoher Strauch oder Baum, der häufig in Gärten cultivirt wird. Man findet ihn auch nicht selten in Hecken verwildert und im untern Rhone-Thal wächst er sogar an Felsen (ob wild oder verwildert, ist nicht ausgemacht). März. Seine rothen, länglichen Früchte (*Thierli*, *Kürlibeeren*) sind ein angenehmes, erfrischendes Obst, und das ungemein harte Holz dient zu Maschinen und mathematischen Instrumenten.

In Lustgebüschen trifft man bisweilen den amerikanischen *Hartriegel* (C. alba L.) an.

LVII. Familie.

Ampelideen (Ampelideae).

Kelch sehr klein, ganz oder gezähnt. Krone 4—5blätterig, vorn zusammenhängend. Staubgefässe 4 oder 5, entgegengesetzt oder abwechselnd mit den Blumenblättern. Ovarium frei mit einem Griffel. Frucht eine 2—6fächerige Beere: Fächer ein- oder 2samig. Samen mit geradem Keim und Eiweiss. — Sträucher oder Bäume mit Ranken und meist doldenständigen unansehnlichen Blüthen. Sie finden sich hauptsächlich in Nord-Amerika und im südlichen Asien.

Vitis.

Kelch verwischt 5zähnig. Krone 5blätterig. Ovarium 2fächerig, 4samig.

1. *V. vinifera L.* *Weinstock. Rebe.* Blätter herzförmig-rundlich, 3lappig, grob gezähnt. ♄ Juni.

Das Vaterland des Weinstocks ist Kleinasien, wo er besonders am Fusse des Kaukasus gegen das Schwarze Meer hin in Menge in den Wäldern wächst. Bei uns wird er in den wärmern Gegenden angepflanzt und hier verwildert er nicht selten und pflanzt sich ohne die Hülfe des Menschen fort. Am Salève bei Genf z. B. findet er sich auf steilen, steinigen Abhängen im Gebüsch, weit entfernt von den menschlichen Wohnungen. Man zählt jetzt an 1400 Rebenarten, die sich theils durch die Form der Blätter und Früchte, theils durch den Geschmack der letztern unterscheiden. Er gedeiht bei uns bis 1800' ü. M. an sonnigen Halden, bedarf aber einer sorgfältigen Pflege und warmer Jahrgänge, wenn der Wein gut werden soll. Im Tessin, in Graubünden, Neuenburg und Genf werden meistens rothe Weine gemacht, und unter diesen zeichnen sich die von Genf und Tessin durch eine dunkle Farbe und tonischere Eigenschaften, die von Neuenburg und Graubünden durch hellere Farbe und mehr Alkool-Gehalt aus. Im Wallis, Waadt, am Bieler-See, im Aargau, Zürich und Thurgau findet man meistens weissen Wein. Der Nutzen des Weinstocks beschränkt sich nicht bloss auf den Wein; er liefert auch den besten *Branntwein* und *Essig;* seine Beeren geben, getrocknet, die kleinen und grossen *Rosinen* (Weinbeeren), die grösstentheils aus Griechenland zu uns gebracht werden. In den Weinfässern setzt sich an den Wänden der *Weinstein* (Tartarus) an, der in der Arzneikunde gebraucht wird. Die Trauben sind ein vorzügliches Mittel bei Unterleibsstockungen, Hypochondrie u. s. w. und bekanntlich ein sehr beliebtes Obst.

In diese Familie gehört auch die amerikanische *Ampelopsis hederacea Michx*, die häufig zur Bekleidung von Mauern und Lauben angepflanzt wird und die im Herbste sich durch ihr rothes Laub bemerkbar macht.

LVIII. Familie.

Araliaceen (Araliaceae).

Die A. sind in allen Beziehungen Ampelideen mit dem Unterschied, dass der Kelch mit dem

Ovarium verwachsen und also die Krone obenständig und die Beeren mit den Kelchlappen gekrönt sind. Es gibt unter ihnen nicht bloss Sträucher, sondern auch Kräuter. Sie bewohnen fast die ganze Erde, sind aber nirgends sehr zahlreich an Arten.

Hedera.

Kelch mit vorstehendem Rande oder gezähnt. Krone 5—10blätterig, an der Spitze nicht verbunden. Staubgefässe 5—10. Griffel 5—10, oder zu einem verwachsen. Beere 5—10fächerig.

1. *H. Helix L. Epheu.* Blüthentheile 5zählig. Blätter kahl, glänzend, eckig-fünflappig. — Ein bekannter Strauch, der vermittelst Haftwurzeln an Bäumen, Mauern und Felsen hinaufklettert und sich in der ganzen tiefern Schweiz bis 3000' ü. M. häufig in Wäldern und an freien Stellen findet. Blüht im Herbst und reift seine schwarzen Beeren während des Winters und Frühlings. In südlichen Ländern gewinnt man ein bitterlich schmeckendes, kratzendes Harz aus den Epheustämmen und gebraucht es als Arzneimittel. Bei uns werden die Blätter bei Geschwüren und zum Verbinden der Fontanellen gebraucht.

Adoxa.

Kelch halb mit dem Ovarium verwachsen, 3spaltig. Krone 4—5spaltig, grünlich. Staubgefässe 8—10, paarweise gestellt. Frucht eine fleischige 4—5fächerige Kapsel.

1. *A. Moschatellina L. Bisamkraut.* Ein zartes, fingerhohes Kräutlein, dessen 5 Blumen ein endständiges Köpfchen bilden. Die Blätter sind 3zählig getheilt und riechen bei trocknem Wetter stark nach Bisam. Man findet diese Pflanze durch die ganze ebene Schweiz unter Stauden, wo sie schon im März blüht. ♃.

LIX. Familie.

Doldenkräuter (Umbelliferae).

Kelch mit dem Ovarium verwachsen; sein

Rand ist 5zähnig, manchmal ganz verschwunden. Krone 5blätterig. Staubgefässe 5, mit den Blumenblättern abwechselnd. Ein Ovarium mit 2 Griffeln. Frucht zweifächerig, fachweise auseinander fallend: Fächer nicht aufspringend, einsamig, mit 2 oder 3 oder 5 mehr oder weniger vorstehenden Rippen, in deren Zwischenräumen blindsackähnliche Kanäle unter der Oberhaut sich befinden, welche ein starkriechendes ätherisches Oel enthalten. Samen aus einem harten, langen Albumen und einem kleinen an der Spitze des Albumens gelegenen Keim bestehend. — Kräuter mit doldenständigen Blüthen und mehrfach dreigetheilten Blättern. Von einigen werden die aromatischen Früchte als Gewürz gebraucht (z. B. der Kümmel, Coriander, Fenchel, Anis), von andern isst man die Wurzeln (Seleri, gelbe Rüben etc.) oder die Blätter (Petersilge) und noch andere sind officinel (*Asa foetida, Cicuta etc.*). Die Doldenkräuter finden sich in den gemässigten und wärmern Gegenden ausserhalb des Wendekreises.

Erste Zunft. Orthospermae.

Die Früchte sind breit oder ziemlich breit, weil das Eiweiss der Samen flach und nicht seitlich eingerollt ist.

Hydrocotyle.

Frucht von der Seite zusammengedrückt. Karpelle mit 5 feinen Rippen, wovon die zwei äussern deutlich sind. — Kriechende Sumpfkräuter mit schildförmigen Blättern und meist 5blumigen, kopfförmigen von 5 Hüllblättern umgebenen Döldchen.

1. *H. vulgaris L.* Blätter schildförmig, doppelt gekerbt, 9rippig. Blattstiele zuvorderst behaart. Döldchen kopfförmig, meist 5blumig. ♃ In den grössern Sümpfen der mittlern ebenen Schweiz. (Bei Genf, Neuss, Iferten, Orbe, Herzogenbuchsee, am Katzensee, bei Basel, im grossen Moos zwischen dem Murtner-, Bieler- und Neuenburger-See.) Mai — Juli.

Sanicula.

Kelch 5zähnig. Frucht verlängert kugelig, ganz mit hackigen, weichen Stacheln bedeckt, nach oben und unten verschmälert. Der einwärts gebogene Theil des Blumenblatts so lang als dieses selbst.

1. *S. europaea L.* Wurzelblätter handförmig getheilt: Lappen 3spaltig, ungleich eingeschnitten-gesägt. Die kleinen Döldchen enthalten männliche und Zwitterblüthen. 1—2'. ♃ In Wäldern der ebenen und montanen Region durch die ganze Schweiz. Frühling. Die Blümchen sind weiss. Das Kraut und die Wurzel des *Sanikels* waren ehemals ein vielgebrauchtes Wundmittel und werden noch hie und da von den Landleuten in ihre Kräuter-Thee gethan.

Astrantia.

Kelch 5zähnig. Blumenblätter mit einwärts geschlagener Spitze. Karpelle 5rippig: Rippen hohl. Die Döldchen bestehen aus männlichen Blüthen und Zwittern und sind von einer vielblätterigen, schönfarbigen Hülle umgeben.

1. *A. major L.* Blätter handförmig-5spaltig: Lappen länglich-eirund, meist 3spaltig, ungleich eingeschnittengesägt. Kelchzähne eirund-lanzett, in eine Spitze ausgehend. 2'. ♃ Auf fetten und etwas feuchten Wiesen und Weiden der montanen und subalpinen Region, durch das ganze Alpengebirge, im Jura (unter andern bei St. Ursanne) und auch auf den Molassen-Bergen (Voirons). Sommer.

2. *A. minor L.* Blätter fingerig getheilt: Theile 7—9, lanzett, ungleich eingeschnitten-gesägt. Kelchzähne länglich-eirund, bespitzt. Blümchen und Hüllblättchen weiss. 1'. ♃. An Felsen in schattigen Gegenden der montanen, subalpinen und alpinen Region. Auf granitischem Gestein. Im Medelser- und Bergeller-Thal, in

Ursern, im Haslithal und besonders im Wallis und den Waadtländer-Alpen. Sommer.

Eryngium.

Kelch 5lappig. Blumenblätter einwärts gebogen. Frucht umgekehrt-eirund, beschuppt oder mit Wurzeln besetzt. Blüthen, Hüllblätter und der obere Theil des Stengels gewöhnlich-blau.

1. *E. campestre L. Mannstreu.* Blätter nach drei Seiten doppelt fiederig-eingeschnitten, stachelig. Oehrchen der Stengelblätter lappig gezähnt, Hüllen länger als die rundlichen Köpfchen. ♃ 1 — 2′. Auf dürren Triften der westlichen Schweiz häufig. (Genf, Waadt, Basel.) Ein graugrünes, stacheliges Kraut, dem man ehemals grosse Heilkräfte zuschrieb.

2. *E. alpinum L.* Wurzelblätter länglich, herzförmig. Stengelblätter 3 — 5spaltig, wimperartig-gesägt. Hüllblättchen vielfach fiederig-eingeschnitten, borstig-gezähnt. Stengel 1 — 3blumig. 2′. ♃ Sommer. Auf den Alpen in der alpinen Region, auf Weiden. Von Savojen (Brezon etc.) an durch die Waadtländer, Unter-Walliser und Luzerner Berge (Pilatus). Findet sich auch im Prättigau in Bünden, wie ein Exemplar beweist, das ich seit der Erscheinung der „Pflanzen Graubündens" von dorther zu Gesicht bekam.

Cicuta.

Frucht ziemlich kugelig. Karpelle mit 5 etwas flachen Rippen, zwischen denen in jedem Thälchen ein Oelkanälchen sich befindet. Blumen weiss, mit bes. vielblätteriger Hülle; die allg. fehlt.

1. *C. virosa L.* Kahl, 3 — 4′. Blätter dreifach gefiedert: Blättchen lineal-lanzett, spitzig, gesägt. ♃ In Sümpfen und an Seen der Ebene. Am Pfäffiker- und Katzen-See, bei Zurzach, Roche, Turtman, Charat, Fouly im Wallis. Sommer. Dies ist die *Cicuta aquatica* der Apotheken, eine sehr giftige Pflanze.

Apium.

Frucht ziemlich kugelig. Karpelle mit 5 fadenförmigen Rippen, zwischen denen in jedem Thälchen ein Oelkanälchen sich findet. Blumen weiss, in achselständige, hüllenlose Dolden gestellt.

1. *A. graveolens L. Seleri.* Kahl, mit gewürzhaft-riechendem Stengel, Wurzeln und Blättern. 2—3′. ⨀ In Gärten und zuweilen verwildert. Die wilde Pflanze wächst am Meeresufer und bei Salinen, soll einen durchdringenden, widrigen Geruch und bitterlich-scharfen Geschmack und fast giftartige Eigenschaften besitzen. Durch die Kultur verliert sie aber dieselben und wird dann theils als Gemüse, wozu man die Wurzeln nimmt, benutzt. Diese letztern wirken auf die Harn- und Reproduktionsorgane und sind daher als ein Diureticum und Aphrodisiacum ziemlich allgemein bekannt.

Petroselinum.

Frucht eirund, im übrigen wie bei Apium. Blumen gelblich-grün, in endständige, mit Hüllblättern umgebene Dolden gestellt.

1. *P. sativum Hoffm. Petersilge. Peterli.* Blätter aromatisch riechend, glänzend, dreifach gefiedert: Blättchen lanzett, ganz oder 3spaltig. 2—3′. ⨀ Angepflanzt und zuweilen verwildert. Man nimmt die Blätter zu Speisen und aus den Samen distillirt man ein Wasser, das man in den Apotheken hält. Diese letztern sind für manche Vögel ein tödtliches Gift.

Trinia.

Blüthen männlich, weiblich oder Zwitter. Frucht eirund. Karpelle mit 5 fadenförmigen Rippen. Blumen weiss, in endständige, hüllenlose Dolden gestellt.

1. *T. vulgaris DC.* Kahl. Blätter 3zählig verastet: Blättchen lineal. Fruchtrippen stumpf. 4″—2′. ⨀ Auf Kalkgebirgen, in steinigen Stellen und auf dürren Weiden. Besonders häufig auf dem westlichen Jura bis Biel und Basel. Auf dem Salève, dann im Waadtland bei St. Tryphon, Roche und bei Martinach. Juni.

Helosciadium.

Frucht länglich oder eirund. Karpelle mit 5 fadenförmigen Rippen. Karpellsäulchen (carpophorum) ganz (nicht zweitheilig). Blumen weiss. Döldchen den Blättern gegenüberstehend. Wasserpflanzen.

1. *H. nodiflorum Koch.* Blätter gefiedert: Blättchen eirund-lanzett, gleichmässig gesägt. Stengel gestreckt, wurzeltreibend. ♃ Sommer. In Wassergräben der ebenen Schweiz, selten. Bei Genf, Neuss, Duilliers, Divonne.

2. *H. repens Koch.* Wie voriges, doch sind die Döldchen kürzer als ihr Stiel. An ähnlichen, jedoch sandigeren Stellen. ♃ Sommer. Am Murtner-See, bei Genf, Morges, Allaman, Faoug und bei Brunnen am Vierwaldstätter-See.

Ptychotis.

Frucht eirund oder länglich. Karpelle mit 5 fadenförmigen Rippchen. Karpellsäule 2theilig. Blumen weiss. Dolden endständig, ohne allgemeine Hülle, aber dagegen mit einer meist 3blätterigen besondern.

1. *P. heterophylla Koch.* Stengel aufrecht, sehr ästig. Wurzelblätter gefiedert: Blättchen rundlich. Lappen der Stengelblätter lineal-fadenförmig. 1—3'. ⊙ Sommer. Auf Ufersand an Stellen, wo Bäche in den Genfer-See fliessen. Bisher bei Neuss (Nyon), Coppet, Genthod, Promenthoud, Saint-Prex gefunden.

Falcaria.

Frucht länglich. Karpelle mit 5 fadenförmigen Rippen. Blumen weiss. Dolden und Dölchen mit Hüllblättern umgeben.

1. *F. Rivini Host.* Wurzelblätter einfach oder 3zählig. Stengelblätter 3zählig: Blättchen lineal-lanzett, fein gesägt, das mittelste 3lappig. 2' und darüber. ♃ Sommer. In Aeckern, jedoch nur bei Basel, aber hier so häufig, dass sie fast zu einer Plage wird.

Sison.

Frucht eirund. Karpelle mit 5 fadenförmigen Rippen. Oelkanälchen wie bei allen vorhergehenden eines zwischen je zwei Rippen, aber hier ist es abgekürzt, blindsackähnlich. Blumen weiss, in spärliche (3—6) blumige, mit Hüllblättern versehene Döldchen gestellt, deren 3—4 eine zusammengesetzte, ebenfalls mit Hüllblättern versehene Dolde bilden.

1. *S. Amomum L.* Ein 2' hohes, oben sehr gerispetes Kraut, dessen Wurzeln wie Seleri schmecken. Seine Samen sind sehr gewürzhaft und waren daher ehemals officinell. Man findet es in der Schweiz bloss bei Genf, hier jedoch stellenweise in Menge in Hecken. Sommer. ☉

Aegopodium.

Frucht länglich. Karpelle mit 5 fadenförmigen Rippen. Thälchen ohne Oelkanälchen. Karpellsäulchen bis oben getheilt. Blumen weiss, theilweise unfruchtbar, in grosse, zusammengesetzte, hüllenlose Dolden gestellt.

1. *A. Podagraria L.* Ein kahles, 2—3' hohes Kraut mit doppelt 3zähligen Blättern und eirunden, zugespitzten Blättchen. ♃ Sommer. An schattigen Stellen, in Hecken und dergleichen, sehr gemein durch die ganze ebene Schweiz. Ist ein lästiges Unkraut.

Carum.

Früchte länglich. Karpelle mit 5 fadenförmigen Rippen. Thälchen mit einem Oelkanälchen. Karpellsäulchen oben gespalten. Blumen weiss, in zusammengesetzte Dolden gestellt.

1. *C. Carvi L. Kümmel.* Blätter doppelt fiederig: Lappen lineal. Hülle 0. 1—2'. ☉ April—Juni. Auf Wiesen, in der Schweiz häufiger in der montanen bis alpinen Region als in der Ebene. Die Samen sind ein bekanntes Gewürz. Das Kraut wird hie und da gegessen.

2. *C. Bulbocastanum Koch. Bunium Bulbocastanum L.* Blätter dreifach gefiedert: Lappen lineal. Wurzel knollig. Beide Hüllen vorhanden. 1—2'. ♃ Sommer. In Aeckern, selten in der Ebene, dagegen häufig im westlichen Jura; im Wallis im Nicolai-Thal, bei Fouly und Martinach. Die Wurzelknollen sind essbar und schmecken gebraten wie Kastanien.

Pimpinella.

Frucht eirund. Karpelle mit 5 fadenförmigen Rippen. Thälchen mit vielen Oelkanälchen. Blumen weiss (bei ausländischen auch grünlichgelb), in hüllenlose Dolden gestellt.

1. *P. magna L. Bibernell.* Blätter gefiedert: Blättchen spitzig, gezähnt, ganz oder gelappt. Stengel eckig-gefurcht, blätterig. 2' und darüber. ♃ Sommer. In Wiesen, von der Ebene an bis in die alpine Region, im Jura wie auf den Alpen, häufig. Die Wurzel riecht angenehm gewürzhaft und war ehemals häufig als ein reizendes Arzneimittel im Gebrauch.

2. *P. Saxifraga L.* Wurzelblätter gefiedert: Blättchen eirund, gezähnt. Stengel 1—1½', fein gestreift und fast blattlos. ♃ Sommer. Auf dürren Weiden der Ebene und am Fuss der Berge, durch die ganze Schweiz. Von dieser Pflanze ist die scharf- und aromatisch-schmeckende Wurzel officinell, jedoch wird sie jetzt ziemlich vernachlässigt.

Der *Anis (P. Anisum L.)*, der im Elsass und in Thüringen im Grossen cultivirt wird, stammt aus dem Orient. Seine Samen haben einen süssen und aromatischen Geschmack und dienen nicht bloss in der Küche, sondern sind auch ein bei Reizlosigkeit und Schwäche der Schleimhäute gebrauchtes Arzneimittel.

Sium.

Frucht länglich oder eirund. Karpelle mit 5 fadenförmigen Rippen. Thälchen mit 2—3 und mehr Oelkanälchen. Blumen weiss. Dolden zusammengesetzt mit Hüllblättern. Wasserkräuter, die mit dem Geschlecht *Helosciadium* innig verwandt sind.

1. *S. latifolium L.* Wurzel faserig, Ausläufer treibend. Blätter gefiedert: Blättchen lanzett, an der Basis unsymetrisch, gleichmässig gesägt. 2—3'. ♃ In tiefern Wassergräben, jedoch seltener als die folgende Art. Bei Murten, Basel, Iferten, Peterlingen, Cudrefin, Yvonand.

2. *S. angustifolium L.* Wurzel faserig. Blätter gefiedert: Blättchen länglich (breiter als bei voriger, daher der Name unpassend), ungleich eingeschnitten-gesägt oder gelappt. Obere Dolden den Blättern gegenüber. 2—3'. ♃ In Wassergräben der Ebene, durch die westliche und mittlere Schweiz häufig. Sommer.

Die *Zuckerwurzel (S. Sisarum L.)*, deren fingersdicke Wurzelfasern süss und schwach aromatisch schmecken, stammen aus Mittelasien, wurden aber schon zur Römerzeit in Deutschland cultivirt. Das Kraut gleicht dem S. latifolium. Die Wurzeln geben ein gutes Brod; auch wird daraus Zucker und Branntwein bereitet.

Bupleurum.

Karpelle mit 5 gleichen, fadenförmigen oder geflügelten Rippen. Thälchen mit oder ohne Oelkanälchen. Kräuter mit gelben, gewöhnlich in kleine Dolden gestellten Blumen und ganzen, ungetheilten Blättern (es sind eigentlich bloss Blattstiele). Döldchen mit Hüllblättern.

1. *B. falcatum L.* Stengel ästig, gebogen, ½—2'. Blätter 5—7rippig, die untern länglich oder elliptisch, die obern lanzett. Hüllen der einfachen Döldchen 5blätterig, kürzer als das Döldchen. ♃ Sommer. Häufig an Zäunen und auf dürren Triften der westlichen Schweiz, in der Ebene und auf dem Jura. (Unter-Wallis, Aelen, La Vaux, Genf, bei Thoiry, Gex, La Faucille, Trelex, am Bieler-See und bei Basel.)

2. *B. ranunculoides L.* Wurzelblätter lineal-lanzett oder lineal. Stengelblätter mit herzförmiger oder eirunder Basis. Hülle der einfachen Döldchen 5blätterig, länger als das Döldchen. Blättchen eirund oder elliptisch. ♃ ½—2'. Auf alpinen Weiden durch die ganze Alpenkette (Appenzell, Bünden, Glarus, Schwyz, Luzern, Bern, Wallis, Waadt, Savojen) und auf dem Jura (Dôle, Suchet, Colombiers, Chasseral). Sommer.

3. *B. caricifolium Willd.* Wurzelblätter lineal, halb so lang als der Stengel. Stengelblätter pfriemenförmig. Allgemeine Dolde aus 9 langgestielten Döldchen bestehend, mit 2 elliptischen Hüllblättern. Döldchen aus 7—15 Blüthen bestehend, mit 5 eirund-lanzetten, bespitzten Hüllblättchen. 1'. Am Fusse des M. Salvatore unweit Lugano, von woher ich sie durch Dr. Schnitzlein erhielt. Gaudin gibt auch diesen Standort an, allein seine Beschreibung passt eher auf B. falcatum.

4. *B. stellatum L.* Hüllblätter der besondern Döldchen bis über die Mitte verwachsen. Wurzelblätter lineal-lanzett. Stengel nackt oder einblätterig. ½—1' und darüber. ♃ An Felsen in der alpinen und subalpinen Region,

vorzüglich auf granitischem Gestein. An verschiedenen Stellen in Graubünden, unweit der Teufelsbrücke, auf dem Stockhorn und mehrfach in den Walliser Bergen. Sommer.

5. *B. longifolium L.* Blätter eirund oder länglich-eirund, umfassend. Hülle der besondern Döldchen aus 5 rundlich-eirunden Blättchen bestehend, die über das Döldchen hinausragen. 2'. ♃ Auf dem Jura, von Genf bis Solothurn (Dôle, Réculet, Suchet, Creux-du-Van, Bettlacher Berg), vom Fusse bis auf 3/4 der Höhe; dann auf dem Lägerberg und an der Sihl bei Zürich. Sommer. Fehlt den Alpen.

6. *B. rotundifolium L.* Blätter um die Stengel ganz herumgewachsen, eirund. Hüllblättchen der besondern Döldchen 5, eirund. 1—2'. ⨀ In Aeckern der Ebene und montanen Region. (Bei Basel, Genf, Bex, Neuss, Zürich, Conthey in Wallis, Bonaduz und Lenz in Bünden.) Sommer.

Oenanthe.

Kelch 5zähnig. Frucht cylindrisch oder länglich mit aufrechten, langen Griffeln. Karpelle mit 5 convexen Rippen. Thälchen mit einem Oelkanälchen. Blumen weiss, in dichte, zusammengesetzte Dolden gestellt. Sumpfkräuter.

1. *Oe. Lachenalii Gmel.* Wurzel gebüschelt, aus dünnen, fleischigen Fibern zusammengesetzt. Stengelblätter mit linealen Lappen. Früchte länglich, nach unten verschmälert und unter dem Kelch zusammengezogen. Die äussern Blumenblätter der Dolde strahlartig vergrössert, bis zur Mitte gespalten. ♃ $1^1/_2$—2'. Bei Basel. Könnte wohl mit der folgenden Art und mit *Oe. silaifolia Bieb.* zusammenfallen, wenn es wahr sein sollte, dass die Wurzelfibern in der Grösse wechseln.

2. *Oe. peucedanifolia Poll.* Wurzelfibern rübenförmig verdickt. Stengelblätter mit linealen Lappen. Frucht länglich, nach unten verschmälert, unter dem Kelch zusammengezogen. Die Blumenblätter des Strahls nur bis zum Drittheil gepalten. 2'. ♃ In Sümpfen bei Genf, am Züricher-See bei Pfäffikon, am Hörnli, Ollon, Roche, Villeneuve, Vivis, Delsberg. *Oe. silaifolia* Reut. suppl.

3. *Oe. fistulosa L.* Stengelblätter gefiedert, kürzer als ihr hohler Blattstiel: Blättchen lineal, einfach oder 3theilig. Wurzelfibern fadenförmig oder rübenförmig verdickt. 1—2'. ♃ In Sümpfen, Wassergräben und sumpfigen Wiesen, bei Genf, Iferten, Peterlingen, Roche, Orbe.

4. *Oe. Phellandrium Lam. Wasserfenchel.* Wurzel einfach spindelförmig, mit quirlförmig gestellten Fasern. Blätter doppelt und dreifach gefiedert: Blättchen eirund, fiederig-eingeschnitten. 2'. ♃ In Sümpfen bei Seedorf (Bern), Basel? und im Neuenburgischen Val Travers und bei Locle. Ist im Ganzen selten. Die Samen sind als urintreibendes Mittel officinell. Diess ist der *Foeniculum aquaticum* der Apotheken, Linnés *Phellandrium aquaticum.*

Aethusa.

Frucht kugelig-eirund. Karpelle mit 5 erhöhten, scharf gekielten Rippen. Thälchen mit einem Oelkanälchen. Blumen weiss.

1. *A. Cynapium L. Hundspetersilge.* Hüllen der besondern Döldchen aus 3 zurückgeschlagenen Blättchen bestehend. An diesem Charakter ist die H. leicht von allen andern Doldenkräutern zu unterscheiden. 1—2'. ⊙ Ein Unkraut in Gärten und Aeckern, durch die ganze ebene Schweiz. Nicht selten verwechselt man dieses giftige Kraut mit der Petersilge, mit der es die Blätter gemein hat; es lässt sich jedoch leicht ausser den angegebenen Merkmalen durch seinen widrigen (nicht aromatisch-angenehmen) Geruch von derselben unterscheiden.

Foeniculum.

Frucht länglich (süsslich-aromatisch). Karpelle mit 5 vorstehenden Rippen. Thälchen mit einem Oelstreifen (Oelkanälchen). Blumen gelb, in hüllenlose, zusammengesetzte Dolden gestellt.

1. *F. officinale All. Fenchel.* Blattlappen lineal, lang. Stengel 3—5'. ⊙ In Weinbergen, auf Schutt und dergleichen Stellen in der süd-westlichen Schweiz (Genf, Waadt und Unter-Wallis), nicht selten. Sommer. Die Wurzeln und Samen sind seit alten Zeiten officinell. Letztere wirken,

wie fast alle Doldensamen, reizend und werden daher bei Schwäche des Magens und Darmkanals gebraucht.

Seseli.

Frucht eirund oder länglich. Karpelle mit 5 mehr oder weniger vorstehenden Rippen. Thälchen mit einem Oelstreifen. Blumen weiss. Allgemeine Dolde ohne Hülle; besondere vielblätterig. Meistens graugrüne Kräuter.

1. *S. bienne Crantz. S. annuum L.* Stengel gestreift, bläulich oder röthlich gefärbt. 1—1½'. Blattlappen lineal. Bei den mittlern und obern Stengelblättern ist die Scheide länger als das Blatt. ⊙ ⊙ ♃ Auf dürren Hügeln und Ebenen, am Fusse der Alpen. Bei Genf am Fuss des Salève, Neuss, Morges, Aelen, St. Moritz und Martinach in Wallis; auch bei Thun auf der Allmend, bei Basel, Pruntrut und bei Bonaduz in Bünden. Blüht gegen den Herbst.

Libanotis.

Kelch mit langen, pfriemenförmigen Zähnen. Frucht länglich. Karpelle wie bei Seseli. Blumen weiss. Dolden zusammengesetzt, allgemeine und besondere mit Hüllen.

1. *L. montana L.* Blätter zwei- bis dreifach gefiedert: Blättchen länglich, fiederig-eingeschnitten. Früchte behaart. Stengel tief furchig, 2—4'. ♃ Sommer. An Halden auf steinigen Stellen. Im Jura bei Thoiry, à la Dôle, Creux-du-Van, bei Solothurn, Falkenstein, Wasserfall. In den Alpen bei Thun, auf dem Simplon, bei Tiefenkasten, Alvenau und im Münster-Thal in Graubünden. Ueberall in der montanen Region auf Kalkgebirg.

Trochiscanthes.

Frucht länglich. Karpelle mit 5 fast geflügelten Rippen, zwischen denen 3—4 Oelstreifen sich befinden. Blumen weiss, mit langgenagelten Blumenblättern, zum Theil unfruchtbar.

1. *T. nodiflorum Koch.* Ein 2—4' hohes Kraut mit zweimal 3zähligen Blättern; die Blättchen sind eirund, zugespitzt, tief gesägt, 1½—2" lang. ♃ Findet sich

einzig an rauhen Stellen über Port-Vallais und Espenassey, zwischen St. Moritz und Martinach. Sommer.

Athamanta.

Frucht lanzett (behaart). Karpelle mit 5 fadenförmigen Rippen, zwischen denen 2—3 Oelstreifen sich befinden. Blumen weiss. Dolden mit allgemeiner und besonderer Hülle.

1. *A. cretensis L.* Stengel gestreift, 1' und darüber. Blätter dreifach gefiedert: Lappen lineal. ♃ An Felsen, besonders häufig im Jura, gewöhnlich von der Mitte seiner Höhe an bis zuoberst. Dann auch auf dem Rigi, Pilatus, Gemmi, Stockhorn, Jaman und Calanda. Sommer.

Ligusticum.

Frucht länglich. Karpelle mit 5 fast geflügelten Rippen, zwischen denen viele Oelkanälchen sich befinden. Blumen weiss. Dolden mit spärlicher allgemeiner und vielblätteriger besonderer Hülle.

1. *L. ferulaceum All.* Stengel ästig, gestreift. Blattläppchen lineal. Hüllblätter an der Spitze fiederig getheilt; 1' und darüber. Auf Felsenschutt in einer Höhe von 3—4000'. Fand sich früher auf dem Réculet (oberhalb Thoiry) im Jura, ist aber dort ausgerottet worden, wie es scheint von Botanikern, die Handel damit treiben. Sommer.

2. *L. Seguieri Koch.* Stengel ästig, gestreift, 3—4'. Blattlappen lineal. Allgemeine Hülle 0 oder 1—3blätterig: Blättchen ungetheilt. ♃ Sommer. Auf dem M. Generoso in der Alpe di Melano.

Silaus.

Frucht eirund. Karpelle mit 5 schmalen Rippen, zwischen denen viele Oelstreifen sind. Blumen gelblich. Dolden ohne oder mit einer 1—2blätterigen allgemeinen Hülle; die besondere ist vielblätterig, klein.

1. *S. pratensis L.* Ein 2—3' hohes Kraut, mit linealappigen Blättern, das auf etwas feuchten Wiesen wächst und sich in der ganzen ebenen und montanen Schweiz findet. ♃ Sommer.

Meum.

Frucht länglich oder länglich-eirund. Karpelle mit 5 gleichweit entfernten, stark vortretenden Rippen, zwischen denen viele Oelstreifen sind. Blumen weiss oder röthlich. Blumenblätter ganz. Dolden ohne allgemeine Hülle (oder wenigblätterig), aber mit besondern. Bergkräuter.

1. *M. Mutellina Gaert. Phellandrium Mutellina L. Muttern.* Blattlappen lineal oder lineal-lanzett. Allgemeine Hülle meist 0. 3—6". ♃ Auf alpinen und nivalen Weiden, sehr häufig durch die ganze Alpenkette. Die Muttern werden von den Aelplern für das beste Kraut ihrer Weiden gehalten.

2. *M. athamanticum Jacq. Bärenwurzel.* Blattlappen haarförmig. Allgemeine Hülle meist 1—3blätterig. 3—12". ♃ Auf montanen und subalpinen Weiden der westlichen Schweiz. Im Jura von Neuenburg und Bern; bei Orsières und St. Pierre am Fusse des gr. Bernhards. Sommer. Die Wurzel riecht stark gewürzhaft und wird noch heutzutage als ein Heilmittel von Thierärzten gebraucht.

Neogaya (Meissner).

Frucht eirund. Karpelle mit 5 erhöhten, flügelförmigen Rippen, zwischen denen keine Oelkanälchen sind. Blumen weiss oder röthlich. Dolden mit allgemeiner und besonderer Hülle. Ein Alpenkraut.

1. *N. simplex M. (Gaya simplex Gaud. Laserpitium simplex L.)* Allgemeine Hülle aus 7—10 vorn gespaltenen Blättchen bestehend. 1—10". ♃ Auf den höchsten Alpenweiden (7000' und darüber) durch die ganze Alpenkette, auf Schiefergebirge (Flysch) und Granit. (In den Cantonen St. Gallen, Appenzell, Bünden, Glarus, Wallis, Bern, Waadt und in Savojen.) August.

Levisticum.

Frucht vom Rücken gedrückt, eirund. Karpelle mit 3 genäherten Rückenrippen und 2 entfernten geflügelten Randrippen. Blumen gelb. Dolden mit allgemeiner und besonderer vielblätteriger Hülle.

— *L. officinale Koch. Liebstöckel.* Ein über mannshohes Kraut, das stark nach Selerie riecht und die reizenden Eigenschaften der Doldenkräuter in hohem Grade besitzt und daher immer noch in der Medecin gebraucht wird. Man trifft es häufig in Bauerngärten an, auch im Canton Glarus, wo *Prof. Heer* irrigerweise die *Archangelica* angibt. Frisst das Vieh von diesem Kraut, so bekommen Milch und Fleisch einen widrigen Geruch davon.

Selinum.

Frucht vom Rücken gedrückt. Karpelle mit 5 geflügelten Rippen, wovon die beiden seitlichen länger und von den andern entfernt sind. Blumen weiss. Allgemeine Hülle 0 oder wenigblätterig.

1. *S. Carvifolia L.* Stengel eckig gefurcht, meist 2'. Blätter wie die des Kümmels. ♃ Auf sumpfigen Wiesen der westlichen und mittlern Schweiz. Nicht selten bei Genf, Vivis, Villeneuve, Neuss, Granson, Bern, Basel und Grynau. Sommer.

Angelica.

Frucht vom Rücken gedrückt. Karpelle mit 3 fadenförmigen, erhöhten Rückenrippen und 2 geflügelten seitlichen. Thälchen mit einem Oelkanälchen. Blumen weiss. Allgemeine Hülle 0 oder wenigblätterig; besondere vielblätterig. Grosse Kräuter mit breiten Blattlappen.

1. *A. sylvestris L.* Bätter dreimal 3zählig: Blättchen eirund oder lanzett, scharf gesägt, nicht herablaufend. 4'. Häufig an Bächen in der ganzen ebenen Schweiz. Sommer.

2. *A. montana Schleich.* Unterscheidet sich von voriger bloss durch herablaufende Blättchen. Auf feuchten Waldwiesen in der montanen Region, sowohl in den Alpen als auf dem Jura. Sommer.

Peucedanum.

Frucht vom Rücken her stark gedrückt. Karpelle mit 3 fadenförmigen Rückenrippen und 2 seitlichen, die in einen breiten, häutigen Rand sich verlierend. Thälchen mit 1—3 Oelkanälchen. Blumen weiss. Allgemeine und besondere Hüllen.

1. *P. Chabraei Gaud. Palimbia Chabraei DC.* Stengel

aufrecht gefurcht, 2—3'. Blätter gefiedert mit langen, breit-linealen, parallelen Lappen. ♃ Sommer. In Gebüsch und Hecken bei Genf und von hier durch den ganzen Jura, allein bloss in der Tiefe, bis Basel.

2. *P. Cervaria Lap. Athamanta Cervaria L.* Stengel gestreift, 2' und darüber. Blätter dreimal 3zählig verästelt: Blättchen graugrün, eirund, mit harten Sägezähnspitzen. Karpelle eirund. ♃ Sommer. Auf dürren, sonnigen Halden durch die ganze ebene Schweiz von Genf bis nach Graubünden. Steigt nicht in die höhern Regionen der Alpen und des Jura, findet sich aber auf dem Uetli, Albis und Lägerberg. War ehemals als Gentiana nigra officinell.

3. *P. Oreoselinum Moench. Athamanta Oreoselinum L.* Stengel gestreift, 2' und darüber. Blätter dreimal 3zählig verästelt mit zurückgebogenem Stielchen: Blättchen glänzend, eirund, eingeschnitten-gezähnt. ♃ Sommer. Auf ähnlichen Stellen und gleichwie die vorige verbreitet. Die Wurzel, das Kraut und die Samen werden noch immer als ein Reizmittel bei Stockungen im Unterleibe gebraucht und sind daher in einigen Ländern für die Apotheken vorgeschrieben.

4. *P. alsaticum L.* Stengel eckig-gefurcht, oben gerispet, 5—6'. Aeste ruthenartig, die obersten gequirlt. Blätter dreimal 3zählig verästelt: Blättchen fiederig-eingeschnitten, am Rande rauh. ♃ Sommer. Auf dürren, haldigen Stellen der transalpinen Schweiz (Mendris, Livinen-Thal, Gandrio etc.) und in Unter-Wallis.

5. *P. austriacum Koch. Selinum nigricans Gaud.* Stengel gefurcht, 2—3'. Blätter dreimal 3zählig verästelt: Blättchen fiederig-eingeschnitten, am Rande glatt. Früchte elliptisch. ♃ Sommer. In Gebüsch, auf steinigen, haldigen Stellen der alpinen Region und auch tiefer, jedoch bloss in der westlichen Schweiz auf den Alpen. (Brezon, Jaman, über Morcles, Roche und Fouly.)

6. *P. rablense Koch.* Wie voriges, jedoch mit schmallinealen Blattlappen (die bei vorigem lineal-lanzett sind). 2'. Auf ähnlichen Stellen in der jenseitigen Schweiz. (M. Generoso und bei Worms.)

7. *P. verticillare Koch. Angelica verticillaris L.* Stengel fein gestreift mit einem graublauem Reif überlaufen, 4—6'.

Blätter dreimal 3zählig verästelt: Blättchen eirund, scharf gesägt. Aeste oberhalb am Stengel gequirlt. ♃ Sommer. In der montanen Region an Halden und durch die Flüsse in die tiefern Thäler geführt. Nur in Graubünden, hier jedoch nicht selten. Hat das Aussehen einer Angelica.

Thysselinum.

Ganz wie Peucedanum, mit der Ausnahme, dass die Oelkanälchen an der Oberfläche nicht sichtbar sind.

1. *T. palustre Hoffm. Selinum palustre L.* Stengel gefurcht, 3—4'. Blätter dreimal 3zählig verästelt: Blättchen fiederig-eingeschnitten. ♃ In Sümpfen der Ebene. Bei Genf, Châtel St. Denis, Noville, Chessel, Peterlingen, Iferten, Seedorf und Gümlingen, also bloss in der westlichen Schweiz.

Imperatoria.

Frucht vom Rücken flach gedrückt, fast kreisrund. Karpelle mit 3 schwachen Rückenrippen und 2 seitlichen, die sich unmerklich in den breiten, geflügelten Rand verlieren. Blumen weiss. Allgemeine Hülle 0; besondere wenigblätterig.

1. *I. Ostruthium L. Meisterwurz. Astränzen.* Ein $1\frac{1}{2}$—2' hohes Kraut mit einfach 3zähligen Blättern und einer stark riechenden Wurzel, die theils zum Räuchern, theils als Arzneimittel gebraucht wird. Es findet sich auf subalpinen, steinigen Wiesen und in Wäldern der Alpen von Savojen bis Graubünden. Fehlt dem Jura und der Molasse. Sommer. ♃

Pastinaca.

Frucht vom Rücken flach gedrückt, mit breitem, flügeligem Rand. Karpelle mit 3 sehr feinen Rückenstreifen und 2 etwas davon entfernten seitlichen, mit einem Oelkanälchen in den Zwischenräumen. Blumen gelb. Dolden ohne allgemeine und besondere Hüllen.

1. *P. sativa L. Pastinak.* Stengel eckig-gefurcht, 2—3'. Blätter gefiedert, oberhalb glänzend, unten kurzhaarig: Blättchen länglich oder länglich-eirund, kerbig-

gesägt. ♃ Sommer. Auf magern und fetten Wiesen durch die ganze ebene und montane Schweiz ungemein häufig. Die cultivirte Pflanze treibt 1—3' lange Wurzeln, welche theils zur Viehmastung, theils dem Menschen zur Nahrung dienen und in vielen Ländern sehr beliebt sind.

Heracleum.

Frucht wie bei Pastinaca, nur durchlaufen die Oelkanälchen nicht die ganze Länge der Karpelle und sind nach unten etwas keulenförmig verdickt; auf der innern Fläche mit 2 keulenförmig verdickten Oelkanälchen. Blumen weiss (strahlig). Allgemeine und besondere Hülle vorhanden.

1. *H. Sphondylium L.* Blätter behaart, 3zählig: Blättchen gelappt oder 3theilig. Blumen weiss, gestrahlt. 3—4'. ⊙ Auf allen Wiesen sowohl der Ebene als auf den Bergen bis in die alpine Region, im Jura wie auf den Alpen. Juli und August. Wurzel und Blätter waren und sind zum Theil noch unter dem Namen Branca ursina officinell.

2. *H. longifolium Jacq.* Blätter doppelt 3zählig: Blättchen lineal-lanzett, sehr lang, gesägt. Dolden ungestrahlt, weisslich. 4—5'. ⊙ Sehr selten in den Alpen über Bex im Waadtland. Sommer.

3. *H. alpinum L.* Blätter rund, 3lappig: Lappen schwächer gelappt, gesägt. Dolden gestrahlt. (Die 2 Commissuralstreifen sind hier so gut vorhanden als bei vorigen; es scheint daher, dass Koch unreife Früchte untersuchte.) 1—3'. Auf steinigen Abhängen des Neuenburger, Berner und Solothurner Jura, gemein. Steigt vom Fusse bis zu den höhern Spitzen, z. B. dem Weissenstein, hinauf. Sommer.

Tordylium.

Frucht vom Rücken flach gedrückt, mit einem verdickten, runzlig-warzigen Rande. Karpelle mit 5 sehr feinen Rippen, wovon die seitlichen etwas abstehen und in den Rand übergehen. Blumen weiss oder röthlich. Allgemeine und besondere Hülle vorhanden.

1. *T. maximum L.* Rauhhaarig. Blätter gefiedert: Blättchen gekerbt, die der untern Blätter eirund, der

obern lanzett. Frucht ganz borstig-rauhhaarig. $1\frac{1}{2}$—2'. ⊙ In Hecken. Mit Sicherheit allein bei Orbe im Canton Waadt gefunden. Sommer.

Laserpitium.

Frucht vom Rücken gedrückt. Karpelle mit 3 fadenförmigen Rückenstreifen, zwischen denen 2 hoch-geflügelte Rippen stehen; zu diesen kommen noch die 2 seitlichen, die ganz gleich beschaffen sind, so dass im Ganzen das Karpell mit 4 geflügelten Rippen besetzt ist. Blumen weiss, selten gelbgrün. Allgemeine und besondere Hülle vorhanden.

1. *L. latifolium L.* Blätter zweimal 3zählig verästelt: Blättchen eirund-gesägt, an der Basis herzförmig. Stengel leicht gestreift, kahl, 2' und darüber. ♃ Sommer. Auf dürren, steinigen Weiden, gern zwischen Gebüsch, durch die ganze montane und subalpine Region, sowohl in den Alpen als auf dem Jura und den Molassenbergen. Ehemals hielt man die Wurzel unter dem Namen Gentiana alba in den Apotheken.

2. *L. luteolum Gaud. L. marginatum W. et K.?* Blätter zweimal 3zählig verästelt: Blättchen eirund, tief kerbiggesägt, meistens mehrfach gelappt, an der Basis herzförmig. Blumen gelb. 2'. ♃ Sommer. Auf steinigen Weiden, meistens im Gebüsch, durch die montane, subalpine und alpine Region. Im Canton Graubünden fast in allen Thälern, dies- und jenseits der Wasserscheide, dann auch im Tessin.

3. *L. Siler L.* Blätter zwei- bis dreimal 3zählig verästelt: Blättchen lanzett oder lineal-lanzett, ganzrandig, ungetheilt oder 3lappig. Stengel gestreift, 2—3'. ♃ Sommer. Auf steinigen Weiden in der montanen und subalpinen Region, sowohl auf den Alpen als auch im Jura.

4. *L. Halleri All.* Blätter behaart, vielfach 3zählig verästelt: Endlappen kurz, lineal-lanzett. Allgemeine Hülle aus vielen lineal-lanzetten, weissgerandeten, franzig gewimperten Blättchen bestehend. Stengel gestreift. 1—$1\frac{1}{2}$'. ♃ Auf alpinen Weiden der Alpen. (Engadin, Davos, Tawetsch, auf dem Gotthard, am Fusse des Faulhorns gegen Grindelwald, auf der Scheideck, im

Wallis an vielen Stellen und in den Waadtländer Alpen. Sommer.

3. *L. prutenicum L.* Blätter behaart, doppelt gefiedert: Blättchen fiederig-eingeschnitten: Lappen lanzett. Stengel eckig-gefurcht, unten rauhhaarig, 2—4'. ⊙ In Gebüsch und Kleinholzwaldungen, auch an Sümpfen. In der Ebene der westlichen Schweiz, hin und wieder bei Genf, Neuss, Lausanne, am Fusse des Jura bei Chesserex und Coinsins; auch, nach Dr. Custor, im Rheinthal.

Orlaya.

Frucht vom Rücken flach gedrückt. Karpelle mit 5 ursprünglichen, streifenförmigen, mit Borsten besetzten Rippen. Neben und zwischen diesen (wie bei Laserpitium) 4 grössere secundäre, die mit 2—3 Reihen von stachligen Borsten besetzt sind. Blumen weiss mit allgemeiner und besonderer Hülle.

1. *O. grandiflora Hoffm.* Dolden flach, strahlig. Stengel aufrecht, bis 1' hoch. ⊙ Im Getreide der Cantone Genf, Waadt, Wallis, Basel, Zürich. Sommer.

Daucus.

Wie vorige, mit dem Unterschied, dass die 4 secundären Rippen geflügelt und mit einer einfachen Borstenreihe versehen sind. Allgemeine Hülle aus gefiederten Blättern bestehend.

1. *D. Carota L. - Gelbe Rübe.* Stengel rauhhaarig. Blätter zwei — dreifach gefiedert: Lappen lanzett oder lineal. Borsten so lang als die Frucht breit ist. Wild 1—3', angebaut 4—5'. ⊙ Ungemein häufig auf Wiesen durch die ganze ebene und montane Schweiz. Juni und Juli. Diese Pflanze ist durch ihre Wurzeln für den Menschen von grossem Nutzen. Diese geben ihm nicht bloss eine gute Speise, sondern sind auch zur Viehmastung mit Vortheil zu gebrauchen; auch die Aerzte bedienen sich ihrer als eines auflösenden und gelind eröffnenden Mittels.

Zweite Zunft. Campylospermae.

Die Früchte sind verlängert, weil das Eiweiss der Samen seitlich eingebogen oder eingerollt ist.

Caucalis.

Frucht von der Seite etwas gedrückt. Karpelle mit 5 ursprünglichen fadenförmigen und 4 höhern, mit einer Borstenreihe besetzten Rippen. Blumen weiss, gestrahlt.

1. *C. daucoides L.* Dolden 2—5ästig, ohne Hülle. Blätter doppelt gefiedert: Lappen lineal. Borsten oder Stacheln der Frucht an der Spitze hackig. 5—9″. ⊙ In Aeckern der westlichen Schweiz. Bei Basel, Neuss, Genf, Thoiry, Vivis und im untern Wallis. Bei Zürich selten.

Turgenia.

Wie Caucalis. Die 7 Rückenrippen mit 2—3 Borstenreihen. Auf der innern Fläche der Karpelle 2 feinkörnige Rippen.

1. *T. latifolia Hoffm.* Blätter gefiedert: Blättchen lanzett, eingeschnitten-gesägt. Dolden 5ästig mit Hüllblättchen. Döldchen 5früchtig. 1′ und darüber. ⊙ In Getreide. Bei uns sehr selten und bisher bloss bei Conthey und St. Severin im Wallis gefunden. Juli.

Torilis.

Frucht von der Seite gedrückt. Karpelle an den primitiven Rippen feinborstig, an den secundären grobborstig oder stachlig. Blumen weiss.

1. *T. Anthriscus Gaertn.* Blätter doppelt gefiedert: Blättchen eingeschnitten-gesägt. Dolden langgestielt. Allgemeine Hülle vielblätterig. Frucht mit krummen, an der Spitze einfachen Stacheln. 2′. ⊙ In Hecken und abgegangenen Wäldern der ganzen ebenen Schweiz. Juli.

2. *T. helvetica Gmel.* Blätter doppelt gefiedert: Blättchen eingeschnitten-gesägt. Dolden langgestielt. Allgemeine Hülle einblätterig oder 0. Frucht mit graden Stacheln, an deren Spitzen 2 Widerhaken sind. Griffel nicht doppelt länger als sein Pölsterchen. ½—1′. ⊙ In Aeckern der westlichen Schweiz (Genf, Waadt und Basel) nach der Erndte im August und September.

Scandix.

Frucht lang-geschnabelt. Karpelle mit 5 stumpfen, gleichen Rippen. Blumen weiss, ohne allg. Hülle.

1. *S. Pecten-veneris L.* Blättchen der besondern Hüllen

an der Spitze 2—3theilig oder ganz. Fruchtschnabel vom Rücken her gedrückt, mit 2 Haarreihen. 1/2'. ⊙ Im Getreide der Ebene, durch die Cantone Zürich, Aargau, Basel, Wallis, Waadt, Genf. Mai und Juni.

Anthriscus.

Frucht von der Seite gedrückt, mässig geschnabelt. Karpelle glatt (ohne Rippen) bloss am Schnabel 5rippig. Blumen weiss, ohne allgemeine Hülle.

1. *A. sylvestris Hoffm.* *Wilder Kerbel. Krebellen.* Stengel unterhalb behaart, oben kahl, 2—3'. Frucht glatt oder etwas feinkörnig. Blättchen der besondern Hüllen ziemlich lang gewimpert. ♃ Ungemein häufig in Wiesen und Baumgärten der ebenen und montanen Schweiz. Mai und Juni. Gibt ein grobes und wenig nahrhaftes Heu, daher wird er von einsichtigen Bauern aus den Wiesen entfernt.

2. *A. Cerefolium Hoffm.* *Kerbel.* Stengel über den Knoten kurzhaarig. Blätter dreifach gefiedert. Frucht ganz glatt. Hülle der besondern Döldchen einseitig, 2—3blätterig. 1—2'. ⊙ Mai und Juni. Cultivirt und hie und da verwildert. Das ganze Kraut riecht und schmeckt angenehm und wird daher den Speisen beigesetzt. War ehemals officinell.

3. *A. vulgaris Pers.* Stengel kahl. Früchte länglicheirund, feinstachelig. Griffel sehr kurz. Besondere Hülle einseitig, 2—3blätterig. 1—2'. ⊙ Auf Schuttstellen der westlichen Schweiz (Genf, Waadt, Unter-Wallis, Neuenburg, Basel). Mai.

Chaerophyllum.

Frucht von der Seite gedrückt. Karpelle kahl, mit 5 sehr stumpfen Rippen. Blumen weiss, ohne allgemeine Hülle.

1. *C. temulum L.* Stengel unten rauhhaarig, mit angeschwollenen Gelenken. Blätter doppelt gefiedert: Blättchen länglich-eirund, fiederig-gelappt. 2'. ⊙ In Hecken, durch die ganze ebene Schweiz. Juni. Das *Ch. bulbosum L.* ist eine jener dubiösen Species, über die man nirgends rechten Aufschluss findet. Das Wahrscheinlichste ist, dass es eine schmalblätterige Form von C. temulum ist, und vielleicht in der Schweiz auch noch aufzubringen sein dürfte.

2. *C. aureum L.* Blätter dreifach gefiedert: Blättchen lang zugespitzt, hinterhalb fiederig-eingeschnitten, vorderhalb gesägt. Früchte stark gefurcht, gelblichgrün. Stengel gefurcht, 2'. ♃ Juni und Juli. In Wiesen, von der Ebene bis in die alpine Region, im Jura wie in den Alpen.

3. *C. hirsutum L.* Blätter doppelt gefiedert: Blättchen behaart, eingeschnitten und gesägt. Blumenblätter gewimpert. Stengel 1—3', ohne bedeutende Anschwellungen. ♃ Auf alpinen und montanen Weiden an Bächen. Häufig in den Alpen und im Jura und von da bis in die Ebene herab über das ganze Molassengebiet verbreitet. Juni und Juli. Kommt zuweilen mit blassrothen Blumen vor. Hieher stellen wir auch *C. Cicutaria Vill.* mit kahlen Blättern und *C. elegans Gaud.* mit ganz häutigen Hüllblättchen, das am Fusse des St. Bernhards wächst.

Myrrhis.

Frucht von der Seite gedrückt. Karpelle mit 5 hohen scharf gekielten Rippen, fettglänzend. Oelkanälchen 0. Blumen weiss, ohne allgemeine Hülle.

1. *M. odorata Scop. Welsches Kerbelkraut.* Blätter bis 4fach gefiedert, kurz- und weichhaarig. Blättchen der besondern Hüllen lanzett zugespitzt. 2' und darüber. ♃ Sommer. Findet sich auf subalpinen Wiesen und Weiden der westlichen Schweiz, im Jura (Ferrière, Brevine, Bec-de-l'oiseau, à la Joux du Plane etc.) und in den Alpen (Brezon, Vallorsine in Savojen, Lavarraz, am Fussweg von Ivorne nach Corbeyrier, Richard, im Berner Oberland etc.). Das Kraut riecht nach Anis und schmeckt süsslich: es wird noch hie und da zu den Frühlingskuren gebraucht.

Molopospermum.

Frucht eirund, von der Seite schwach gedrückt. Karpelle mit 5 häutig-geflügelten Rippen, wovon die beiden seitlichen doppelt kürzer sind. Blumen weiss, mit allgemeiner und besonderer Hülle.

1. *M. cicutarium DC.* Ein 4' und darüber hohes Kraut, das sich in montanen und subalpinen Gegenden der östlichen und südlichen Schweiz (am M. Generoso, im Veltlin, Bergell und Puschlav) und im Wallis im Simplon- und Saaser-Thal, so wie im piemontesischen Thal Pommat

findet. Riecht stark und unangenehm und ist verdächtig. *Ligusticum peloponnesiacum L.*

Conium.

Frucht eirund, von der Seite gedrückt. Karpelle mit 5 gekerbten Rippen. Blumen weiss, mit allgemeiner und besonderer Hülle.

1. *C. maculatum L. Schierling.* Stengel roth gefleckt, 3—6′. Blättchen der besondern Hülle lanzett, kürzer als das Döldchen. ⊙ Sommer. Findet sich in der wärmern Schweiz, in der Ebene auf Schutt (Tessin, Genf, Waadt und Unter-Wallis; auch im Lauterbrunnenthal und bei Tiefenkasten in Bünden). Die ganze Pflanze verbreitet, besonders an schwülen Tagen, einen widrigen, dem Katzenurin ähnlichen Geruch. Sie ist sehr giftig, aber auch als Heilmittel sehr wirksam. Doch wird sie leider oft mit andern Doldenkräutern verwechselt, schlecht getrocknet und präparirt, auch zu früh, ehe die Pflanze die Stengel vollkommen ausgebildet, oder zu spät, während der Fruchtreife eingesammelt, und daher wird der Arzt oft in seinen Erwartungen getäuscht. Man braucht in der Medecin das Kraut *(Herba Cicutae s. Cicuta terrestris* zum Unterschied von der *Cicuta aquatica).*

Pleurospermum.

Frucht eirund, von der Seite gedrückt. Karpelle auf der äussern, losen Haut 5 hohle, flügelförmige Rippen. Blumen weiss, mit allgemeiner und besonderer Hülle.

1. *P. austriacum Hoffm.* Blätter doppelt gefiedert: Blättchen fiederig-eingeschnitten. Hüllblättchen häufig 2—3spaltig. Kiel der Fruchtrippen schwach gekerbt. 2—3′. ♃ In subalpinen Gegenden, jedoch bei uns selten. Auf dem Simplon bei Gondo und auf dem M. Generoso bei Mendris. Sommer.

Dritte Zunft. Coelospermae.

Die Früchte sind kugelig, weil das Eiweiss halbkugelig ausgehöhlt ist.

Coriandrum.

Frucht kugelig. Karpelle mit 5 primitiven, niedern und 4 höhern secundären Rippen. Thälchen ohne Oelstreifen. Blumen weiss, strahlige Dolden bildend.

1. *C. sativum L. Coriander.* Ein fusshohes, frisch nach Wanzen riechendes Kraut, dessen Früchte gewürzhaft und süsslich schmecken und daher auch den Speisen beigesetzt werden. Ihre medicinischen Eigenschaften sind denen des Kümmels und Anis ähnlich. ⊙ Findet sich in der Schweiz nicht wild, wohl aber verwildert und nicht selten in Gärten. Juni.

Gamopetalae.

Die Krone besteht aus einem Stück, von dem man in der Theorie annimmt, dass es aus mehreren mit einander verwachsenen Blumenblättern entstanden sei.

XXI. Klasse.

Bicornes.

Gewöhnlich Sträucher mit abwechselnden, ungetheilten, oft lederartigen und immergrünen Blättern und regelmässigen, vollkommnen Blüthen. Die Krone ist verwachsenblätterig und die Staubgefässe sind entweder an ihrer Basis oder besonders auf dem Fruchtboden eingesetzt.

LX. Familie.

Pyrolaceen (Pyrolaceae).

Kelch meist 5theilig. Krone 5blätterig, mit freien oder unterhalb mehr oder weniger verwachsenen Blättern. Staubgefässe 10, mit Staubbeuteln, die an der Spitze bloss durch ein Loch sich öffnen. Griffel 1. Ovarium 3–5-fächerig, auf einem Scheibchen sitzend. Frucht eine 3–5fächerige, 3–5klappige, fachweise aufspringende Kapsel, mit centralständigen Placenten. Samen ∞, klein, mit einem Eiweiss. — Kleine perennirende Kräuter, die der nördlichen Hemisphäre angehören und beständig kahl sind.

Pyrola.

Kapsel 5fächerig, von der Basis an bis oben fachweise aufspringend. Blumen traubenständig oder einzeln, weiss oder röthlich oder grünlichweiss.

† Blumen traubenständig.

1. *P. rotundifolia L.* Blätter rundlich, kürzer als ihr Stiel. Staubfäden ansteigend gebogen. Griffel abwärts gebogen. Kelchtheile lanzett, halb so lang als die Krone. 8–12″. ♃ Sommer. In steinigen oder sandigen trocknen Wäldern und unter Gebüsch. Im Jura und am Fusse der Alpen, so wie auch überall auf dem Molassengebirge, allein nur in der Tiefe. Die Blumen sind weiss und wohlriechend.

2. *P. chlorantha Sw.* Blätter rundlich, kürzer als ihr Stiel. Staubfäden ansteigend gebogen. Griffel abwärts gebogen. Kelchtheile rundlich-eirund, viermal kürzer als die grünlich-weissen Blumenblätter. 4–6–12″. ♃ An ähnlichen Stellen, jedoch seltener. Auf dem Jorat bei Lausanne, bei Bern, Thun, am Irchel, im Rheinthal, bei Bex, Turtmann und Siders.

3. *P. media Sw.* Staubgefässe aufrecht gegen einander gebogen. Griffel abwärts gebogen, länger als die Blumenblätter. Kelchtheile eirund-lanzett. Blätter rund oder rundlich-eirund. ♃ Findet sich bei uns bloss bei Rüggisberg in einem Fohrenwald, bei Thun und nach H. Reuter am Salève bei Genf.

4. *P. minor L.* Blätter rundlich-eirund, so lang

oder länger als ihr Stiel. Staubfäden gerade. Griffel kurz, gerade, mit 5spaltiger Narbe. 3—9''. ♃ Sommer. In dunkeln und etwas feuchten Wäldern von der Ebene an bis in die alpinen Thäler (Engadin, Nicolai-Thal), auf der Molasse (Voirons, Gurten, Irchel) wie im Jura (bei Solothurn, Longirod, am Salève). Steigt im Engadin bis 6500' ü. M.

5. *P. secunda L.* Blätter eirund, spitzig, gesägt. Blumen grünlichweiss, in eine einseitige Traube gestellt. 3—5''. ♃ In feuchten, schattigen Tannenwäldern der montanen und subalpinen Region; häufig in den Alpen, dem Jura und den Molassenbergen. Sommer.

†† Blumen einzeln.

6. *P. uniflora L.* Schaft einblumig, 2—3''. Blätter rundlich. ♃ Im Moose dunkler Tannenwälder, am Fusse der Alpen, so wie auch bis in die alpinen Höhen derselben. Nicht selten in den Cantonen Waadt, Wallis, Bern, Luzern, Graubünden. Fehlt den andern Bergen.

LXI. Familie.

Monotropeen (Monotropeae).

Stimmen mit den Pyrolaceen fast in allen Punkten überein, haben jedoch schildförmige, queraufspringende Staubbeutel. Im Habitus gleichen sie mehr den nicht grün gefärbten Orobanchen und leben auch wie diese auf den Wurzeln anderer Gewächse. Es sind die Orobancheen der grossen Gruppe der Heideln.

Monotropa.

Kelch 4—5blätterig (wie die Krone schmutzigweiss). Krone 4—5blätterig: Blumenblätter unten gesackt. Staubgefässe 8—10. Kapsel 4—5fächerig, fachweise aufspringend, mit einer centralen, fleischigen Placenta.

1. *M. Hypopitys L. Fichtenspargel.* Blumentraube vielblumig, überhängend, alt aufrecht. Endblume mit 5 Kelch- und Kronblättern, die untern mit 4. Wird 6—9″ hoch und hat ein gelblichweisses Aussehen. — Diese Pflanze wächst in dunkeln Wäldern auf den Wurzeln der Tannen, Fohren und Buchen am Fuss der Berge und blüht im Sommer.

LXII. Familie.

Ericaceen (Ericaceae).

Kelch 4—5theilig, frei. Krone aus 4—5 unten verwachsenen (selten ganz freien) Blumenblättern bestehend. Staubgefässe meist doppelt so viel als Kelch- und Krontheile. Staubbeutel zweifächerig, jedes Fach durch ein obenstehendes Loch sich entleerend. Stempel aus einem freien Ovarium, einem Griffel und einer einfachen oder 3lappigen Narbe bestehend. Frucht eine mehrfächerige, vielsamige Kapsel oder Beere. Samen aus einem geraden Keim und einem diesen umgebenden Eiweiss gebildet. — Zierliche Sträucher mit einfachen, lederigen Blättern, die erst abfallen, wenn die jungen erschienen sind. Die meisten finden sich am Cap der Guten Hoffnung; allein es gibt deren auch weiter gegen Norden und nach dem Süden zu und besonders gern auf hohen Gebirgen, zumal die grössern Arten. Viele davon werden bei uns als Ziersträucher cultivirt.

Erste Zunft. Arbuteae.

Krone abfällig. Frucht eine Beere.

Arctostaphylos.

Beere mit 5 Kernen: Kerne einsamig. Krone kugelig oder eirund-schlauchartig, weiss oder röthlich, unten fast durchsichtig.

1. *A. alpina Spreng.* Aufliegend. Blätter umgekehrt-eirund, spitzig, gesägt, nach einem Jahr verdorrt. Beeren schwarz. ♄ 1'. Findet sich auf Abhängen alpiner Weiden auf dem Schiefergebirge der Alpen (Graubünden, Uri, Unterwalden, Bern, Wallis, Waadt und Savojen).

2. *A. Uva-ursi Spreng.* *Bärentraube.* Aufliegend, immergrün. Blätter lederig, umgekehrt-eirund, ganzrandig, Beeren roth, mehlig. ♄ Auf dürren, steinigen oder sandigen Stellen der Ebene und Berge bis in die subalpine Region. Auf den Alpen, dem Jura und der Molasse. Blüht im Sommer. Die Blätter der Bärentraube (Folia Uvae-ursi) sind wegen ihrem Gerbestoff (tanin) als ein tonisches Mittel officinell, werden aber gern mit denen von *Vaccinium Vitis-idaea*, *uliginosum* und *Buxus* verfälscht und verwechselt. Man färbt mit ihnen auch schwarz und grau und nimmt sie zum Gerben des Safians; hie und da mischt man sie auch unter den Rauchtabak.

Zweite Zunft. Andromedeae.

Krone abfällig. Frucht eine Kapsel, bei der die Fächer sich in der Mitte spalten, so dass die Fächerwände zweier sich berührender Fächer zu Scheidewänden werden.

Andromeda.

Blüthentheile 5zählig. Krone kugelig-schlauchförmig mit 5zähnigem Rande. Kapsel 5fächerig, 5lappig.

1. *A. polifolia L.* Ein kleines, holziges Gewächs der Torfgründe, im Jura und in den Ebenen der mittlern Schweiz. Fehlt den Alpen, geht aber bis an den Fuss derselben (bei Thun). Seine Blumen sind blassroth und die Blätter lanzett, mit umgerolltem Rande. Die ganze Pflanze ist scharf und schadet dem Vieh, wenn es davon frisst. Blüht im Sommer.

Dritte Zunft. Ericeae.

Blüthentheile fast immer 4zählig. Frucht eine Kapsel, die meist fachweise aufspringt.

Calluna.

Kelch 4blätterig, länger als die Krone. Kapsel 4klappig: Klappen (wie bei Andromeda) aus 2 halben Klappen der an einander stossenden Fächer zusammengesetzt.

1. *C. vulgaris Salisb. Haidekraut.* Ein 1—2' hohes Sträuchlein mit entgegengesetzten, in 4 Zeilen gestellten, kurzen, immergrünen Blättern und rothen Blüthen. Es wächst auf trocknen und nassen, offenen und beschatteten Stellen durch die ganze ebene Schweiz. In den Alpen steigt das Haidekraut bis in die alpinen Höhen und dient dort zur Feuerung. August bis Herbst. Die Bienen gehen den Blumen nach. *Erica vulgaris L.*

Erica.

Kelch 4theilig oder 4blätterig. Krone mit 4spaltigem Rande. Kapsel fachweise aufspringend, 4fächerig.

1. *E. carnea L.* Kahl. Blätter lineal, steif, zu 4 gequirlt. Staubbeutel über die Krone vorstehend. Blüthen fleischroth, in eine einseitige Traube gestellt, im Herbste schon halb ausgebildet, so dass sie in den ersten Frühligstagen aufbrechen. 1'. ♄ An Halden und ganzen Bergabhängen des Schiefergebirgs der Alpen (Graubünden, St. Gallen, Glarus, Bern, Wallis, Waadt) und auf den Molassenbergen der mittlern Schweiz (Rigi, Speer, Albis, bei Kempten im Canton Zürich etc.). Fehlt dem Jura und überhaupt dem reinen Kalk.

2. *E. arborea L.* Blätter lineal, zu 3 gequirlt. Blumen weiss, mit eingeschlossenen Staubbeuteln. Zweige behaart. ♄ Mai und Juni. Ein südlicher 4—6' hoher Strauch, der schon bei Clefen jenseits der Berge vorkommt.

Vierte Zunft. Rhodoreae.

Blüthentheile 5zählig. Krone abfällig. Frucht eine Kapsel, die bei ihrem Aufspringen Scheidewände zeigt, welche aus 2 Blättern (Klappenwänden) zusammengesetzt sind.

Loiseleuria.

Kelch 5theilig. Krone 5spaltig, glockenförmig, regelmässig. Kapsel 2—3fächerig, 2—3klappig: Klappen an der Spitze aufspringend und 2spaltig. Staubgefässe 5, gleich gross.

1. *L. procumbens Desv. Azalea procumbens L.* Ein kleines, aufliegendes, sehr ästiges Sträuchlein mit weissen, rosenroth angelaufenen Blumen und ovalen, am Rande eingerollten Blättern. Es wächst durch die ganze Alpenkette in der alpinen und nivalen Region an Felsen und auf dürren Weiden, nach meinen Erfahrungen auf dem Schiefergebirge, nach Prof. Heer auch auf dem reinen Kalk.

Rhododendron.

Krone trichterförmig (seltener radförmig), regelmässig oder unregelmässig 5spaltig. Staubgefässe 10. Immergrüne Sträucher, die jedermann unter dem Namen *Alpenrosen* bekannt sind.

1. *R. ferrugineum L.* Blätter länglich-lanzett, am Rücken rostfarbig. Blumen hochroth, doldenständig. 3—5'. Findet sich auf alpinen Weiden (zuweilen auch tiefer) durch die ganze Alpenkette, sowohl auf dem Schiefer- als auf reinem Kalkgebirge. Ebenso kommt sie auch auf dem westlichen höhern Jura vor. Soll auch nach H. Reuter auf den Voirons, einem Molassenberge bei Genf, vorkommen. Die Abart mit weissen Blumen findet man auf dem Splügen, in der Zizenser Alp Sattel, in der Fürstenalp in Graubünden und auf den Aelener Bergen.

2. *R. hirsutum L.* Blätter elliptisch, gewimpert, am Rücken rostfarbig punktirt. Blumen dunkel hochroth, doldenständig. 3'. Auch auf alpinen Weiden, allein bloss auf dem Schiefergebirge (Glarus, Graubünden, Bern, Wallis, Waadt, Luzern). Fehlt dem Jura.

Hier muss auch auf das *R. Chamaecistus L.* aufmerksam gemacht werden, das Dr. Massara auf dem Umbrail gefunden haben will und das im Tyrol wirklich vorkommt. Es hat radförmige, violettrothe Blumenkronen.

Ferner muss erwähnt werden, dass man jetzt nicht selten *amerikanische Rhododendern* in unsern Gärten und Gewächshäusern findet. Aelter und häufiger noch ist die *Azalea pontica L.*, die aus dem Caucasus stammt und bei uns den Winter im Freien aushält. Der Honig von Bienen, die die Blumen der Azalea pontica besuchen, soll giftig sein.

LXIII. Familie.

Vaccinien (Vaccinieae).

Wie die Ericaceen, jedoch mit untenständigem Ovarium (also obenständiger Krone), abfallenden, einblätterigen Blumenkronen und beerenartigen Früchten. Kleine Sträucher.

Vaccinium.

Kelchrand 4—5theilig, selten ganz. Krone glockenförmig, 4—5spaltig oder zähnig. Staubgefässe 8 oder 10, meist mit begrannten Staubbeuteln. Beere 4—5fächerig.

1. *V. Myrtillus L. Heidelbeere. Heubeere.* Blätter abfällig, eirund, fein-gesägt, kahl. Blumen grünlich. Beeren schwarz mit blauem Anflug. 1—2'. In schattigen Wäldern der ganzen Schweiz von der Ebene an bis in die alpine Region, ohne Unterschied der Gebirgsart. Die Beeren sind essbar und besitzen heilsame Kräfte bei Diarrhöen. Man gebraucht sie auch zum Färben rother Weine und bereitet hie und da Branntwein daraus.

2. *V. uliginosum L.* Blätter abfällig, umgekehrt-eirund, ganzrandig, unten graugrün, netzaderig. Beeren blau angelaufen mit wasserhellem Safte. 1'. Auf sumpfigen oder auch trocknen Stellen, in der montanen, subalpinen und alpinen Region der Alpen und des Jura. Juni. Von dieser Art sind die Beeren ebenfalls essbar, allein sie sind fader als die Heidelbeeren.

3. *V. Vitis-idaea L. Preiselbeere.* Immergrün, ½'. Blätter umgekehrt-eirund, am Rande eingerollt, am Rücken punktirt. Blumen blassroth, in eine überhängende

Traube gestellt. Beeren roth, sauer. Die Pflanzen wachsen in Wäldern durch die ganze Schweiz, ohne Unterschied des Gesteins und der Höhe; man findet sie auf den Molassenhügeln der tiefern und mittlern Schweiz so gut, wie auf dem Jura und in den alpinen Höhen des Alpengebirgs. Mai und Juni. Die Beeren werden eingemacht und geben auch einen säuerlichen, kühlenden Syrup für die Apotheken. Das ganze Kraut kann zum Gerben dienen.

Oxycoccos.

Blüthentheile 4zählig. Krone 4theilig, mit zurückgeschlagenen Theilen. Beere 4fächerig.

1. O. *palustris Pers.* Stengel fadenförmig, kriechend. Blätter eirund, am Rande eingerollt, unterhalb grau. Blumen roth, langgestielt. Beeren roth, sauer. Findet sich in Torfsümpfen der ebenern Gegenden (Katzensee, Jorat, Einsiedeln), im Jura (les Rousses, Brassus etc.) und in den Alpen bis in die alpine Region (Engadin, Lenzerheide). Sommer. Die Beeren haben die nämlichen Eigenschaften wie die Preiselbeeren und können zu den gleichen Zwecken verwendet werden.

XXII. Klasse.

Petalanthae.

Kelch frei. Krone regelmässig, verwachsenblätterig. Staubgefässe 5, mit der Krone verwachsen, mit 2fächerigen, der Länge nach aufspringenden Beuteln. Ovarium und Frucht einfächerig, wenig- oder vielsamig. Samen mit Albumen und einem in diesem gelegenen Keim.

LXIV. Familie.

Primulaceen (Primulaceae).

K e l c h einblätterig, 5spaltig. K r o n e einblätterig, 5spaltig. S t a u b g e f ä s s e 5, den

Kronlappen gegenüber, mit der Krone verwachsen. Stempel 1, aus einem einfächerigen Ovarium, einem Griffel und einer runden Narbe bestehend. Frucht eine einfächerige Kapsel mit centralständiger Placenta (Samensäule). — Kleine Kräuter, oft mit lieblichen, wohlriechenden Blumen. Ihr Nutzen ist sehr beschränkt. Schädliche Eigenschaften haben sie keine. Man findet sie in den gemässigten Zonen der Erde verbreitet.

Androsace.

Krone mit kurzer (selten langer) Röhre und breitem, tellerförmigem Rande, am Schlunde mit 5 Pölsterchen. Kapsel 5klappig, 5- oder mehrsamig.

Sect. I. Die Blümchen stehen einzeln am Ende der polsterartig zusammengestellten Stengel. *Aretia L.* ♃

1. *A. helvetica Gaud.* Blätter dicht, dachziegelartig übereinander gelagert, lanzett oder spathelförmig, behaart. Haare einfach. Blumen endständig, fast sitzend. Kelchlappen so lang als die Kronröhre. 1—1½'. Blumen weiss mit gelbem Schlunde. An Felsen des Kalk- und Schiefergebirgs, in der alpinen und nivalen Region. In Glarus, St. Gallen, Appenzell, Bünden, Unterwalden, Bern, Wallis, Waadt, Uri, Luzern.

2. *A. imbricata Lam. A. tomentosa Schleich.* Blätter dicht, ziegelartig übereinander gelagert, lanzett, stumpf, behaart. Blumen endständig, etwas gestielt. Haare sternartig geastet. Polster etwas lockerer als bei voriger, 2—3''. Mit Sicherheit nur im Nicolai-Thale um den M. Rosa herum, in der nivalen Region auf Felsen des Urgebirgs.

3. *A. alpina Lam.* Rasen schlaff. Blätter lanzett, schlaff ziegelartig übereinander liegend, mit Sternhärchen besetzt. Blümchen gestielt, achselständig, zu 1—5 an einem Aestchen, rosenroth oder weisslich (die rothen werden durch's Trocknen blau). Kelchzipfel länger als die Kronröhre. 2—3''. In Gruss und feinem Felsenschutt

des Schiefer- und Urgebirgs in der alpinen und nivalen Region der Cantone Wallis, Bern, Glarus, Bünden; in diesem letztern an vielen Orten. Hieher sind als Synonymen zu zählen: *A. pennina Gaud. Aretia glacialis Schleich. Aretia Heerii Hegetschw. Aretia brevis Heg.* und *Androsace Charpentieri* No. 2. von Prof. Heer (die No. 1. ist *Andr. obtusifolia, aretioides*, wie aus einem Exemplar, das Prof. DeCandolle vom Entdecker selbst erhielt, deutlich hervorgeht).

4. *A. pubescens DC.* Wie vorige, nur sind die Haare einfach, die Blumen gewöhnlich weiss und die Blätter etwas grösser. Sie vertritt in den westlichen Alpen von der Gemmi und dem Faul- und Schreckhorn an durch Unter-Wallis, Waadt und Savojen die A. alpina der östlichen, und findet sich auf ähnlichen Stellen des Schiefergebirgs.

5. *A. Vitaliana Lap.* Rasen schlaff. Blätter lineal oder lineal-lanzett, mit sehr kurzen, ästigen Haaren überzogen. Blümchen sitzend, achselständig, 1—2 auf einem Aestchen, gelb (durch's Trocknen grün). Kelch nicht so lang als die Kronröhre. Auf dem Urgebirge zwischen dem Simplon und M. Rosa, an Felsen der alpinen und nivalen Region.

Sect. II. Die Blumen stehen doldenartig auf einem Schaft. An der Basis des Stengels stehen unfruchtbare, rosettenbildende Aeste, wodurch die Pflanzen perennirend werden.

6. *A. villosa L.* Blätter lanzett, ganzrandig, sammt Dolde und Schaft weichhaarig. Dolden 2—5blumig. Blumen gewöhnlich-weiss mit röthlichem Schlunde. Rosetten gestielt, zur Fruchtreife kugelig. 1—2". Auf bewachsenen Felsen, allein nur auf der Dôle im westlichen Jura, etwas unter der Spitze, in grosser Menge. Repräsentirt die A. Chamaejasme auf dem Jura.

7. *A. Chamaejasme Host.* Blätter lanzett, ganzrandig, gewimpert. Dolden 2—6blumig. Schaft und Dolde mit weichen, langen, einfachen Haaren besetzt. Rosetten gestielt. Blumen weiss. 1½—3". Auf steinigen Weiden und Felsen durch die ganze Alpenkette, in der alpinen Region. Fehlt dem Jura.

8. *A. obtusifolia All.* Blätter lanzett, ganzrandig.

Rosetten nicht gestielt. Ganz mit kurzen, am Schaft ästigen, Haaren besetzt. Blumen weiss. ½—4″. Auf alpinen Weiden des Kalk-, Schiefer- und Urgebirgs durch die ganze Alpenkette. Fehlt dem Jura.

α. Dolde einblumig, ohne Hülle, also aretienartig. *A. o. aretioides. Andr. Charpentieri Heer.*

9. *A. carnea L.* Blätter lineal-pfriemenförmig. Rosetten nicht gestielt. Schaft und Blätter mit kurzen Haaren besetzt. Kelch kahl, 5kantig. Blümchen roth. 2—5″. auf alpinen Weiden von Leuk an in Wallis und Waadt, wie es scheint auf granitischem Gestein.

10. *A. lactea L.* Kahl. Blätter lineal-lanzett, ganzrandig, gegen die Spitze gewimpert. Rosetten gestielt. Blumen weiss, entweder einzeln auf einem langen Stiele, oder zu 2—3 gedoldet. (Kann somit auch zu den Aretien gestellt werden.) 4—6″. Auf berasten Felsen der höchsten Juraspitzen vom Waadtländer Jura an bis auf die Röthi bei Solothurn. In den Alpen der Schweiz, bloss im Berner Oberland bei Sigriswyl.

Sect. III. Die Blümchen stehen doldenartig auf einem Schafte. Einjährige Pflänzchen ohne unfruchtbare Aeste oder Rosetten.

11. *A. septentrionalis L.* Ganz kurzhaarig. Blätter lanzett, gezähnt. Dolde 6—8blumig. Kelch kahl, 5kantig. Krone sehr klein, weiss. 3—8″. ⊙ In Aeckern des Nicolai-Thals und Ober-Engadins. Sommer.

12. *A. maxima L.* Behaart. Blätter elliptisch oder eirund-lanzett, gezähnt. Kelch sehr gross, länger als die Krone. 2—6″. ⊙ In Aeckern im mittlern Wallis. Mai und Juni.

Primula.

Krone mit langer Röhre und tellerförmigem Rande, am Schlunde meist ohne Pölsterchen. Kapsel 5klappig, vielsamig. Perennirende Kräuter, deren sehr kurze Wurzelschosse aus den Blattachseln einen langen, oben Dolden tragenden Schaft treiben.

Sect. I. Der Schlund der Kronröhre ist mit Pölsterchen besetzt.

1. *P. farinosa L.* Blätter länglich-eirund, gekerbt,

kahl, unterhalb mehlig. Dolde vielblumig. Kelchzähne eirund. Blumen schön violett-roth mit etwas über den Kelch vorragender Röhre. 3—6″. Häufig auf Wiesen und Weiden, gern am Wasser, von der Ebene bis in die alpine Region. Findet sich durch die ganze Alpenkette und im westlichen Jura, so wie auch auf der Molasse (Bern, Zürich, am Fuss der Voirons). Blüht im Frühling.

2. *P. longiflora All.* Blätter länglich-eirund, gekerbt, kahl, unterhalb mehlig. Dolde 2—3blumig. Kelchzähne lineal. Blumen schön violett-roth mit einer Röhre, die dreimal länger als der Kelch ist. 3—12″. Auf alpinen Weiden von Ober-Wallis (im Binn-, Saaser- und Münster-Thal, in letzterm auf dem Giziberg) und im benachbarten Piemont. Sommer. Eine schöne und seltene Pflanze.

Sect. II. Ohne Pölsterchen am Schlunde. Die Blätter sind glatt, mehlig oder klebrig.

3. *P. Auricula L. Aurikeln.* Blätter etwas fleischig, umgekehrt-eirund, ganzrandig oder kerbig gezähnt; ihr Rand ist entweder fein gewimpert oder pergamentartig. Hülle viel kleiner als die Blumenstiele. Kelch mehlig. Blumen gelb, in den Gärten von allen Farben, sehr wohlriechend. 4—8″. Auf alpinen Weiden des Kalk- und Schiefergebirgs durch die ganze Alpenkette, von wo sie an Felsen bis in die Thalhöhe herabsteigt. Kommt auch im Jura bei Unter-Villier und der Hasenmatt vor. Eine beliebte Zierpflanze.

α. Mit rothen Blumen. Sehr selten wild in Bünden. *P. rhaetica Gaud.*

4. *P. latifolia Lapeyr.* Drüsenhaarig, klebrig. Blätter umgekehrt-eirund-keilförmig, kerbig gezähnt. Blumen dunkelviolett, gestielt: Stiele viel länger als die Hülle. Kelch kreiselförmig, dreimal kürzer als die Kronröhre: Zähne dreieckig spitzig. Kapsel so lang oder länger als der Kelch. 3—6″. An Felsen des Urgebirgs in den alpinen Höhen. An vielen Stellen in Graubünden. Nach Gaudin auch im Wallis auf dem Simplon. Findet sich auch in Piemont und in den Pyrenäen. *P. graveolens* Heg. Fl. d. Sch. t. 6.

5. *P. Muretiana* Moritzi in Pf. Graub. t. 2. Blätter länglich-keilförmig, kerbig gezähnt. Blumen dunkelviolett,

kurz gestielt: Stiel kürzer als die Hülle. Kelch fast röhrig, halb kürzer als die Kronröhre: Lappen stumpf. Kapseln ..... $1\frac{1}{2}$—2''. Auf granitischen Felsen der alpinen Region in Bünden. Eine seltene, vielleicht sybride Species. (Das Weitere im angeführten Werke.) *P. Dinyana* Lagger in d. bot. Zeitung von 1839. p. 670. *P. Floerkeana Heer*, nicht Schrader.*)

6. *P. Candolleana Reich.* ic. f. 803. *P. integrifolia* auct. helv. Blätter länglich oder eirund, ganzrandig, fein gewimpert. Blumen violett, kurz gestielt; Blumenstiele kürzer als die Hülle. Kelch fast röhrig, halb so lang als die Kronröhre: Lappen stumpf. Dolden 1—3blumig. 2—3''. An Felsen und auf steinigen Weiden des Ur- und Schiefergebirgs in den Cantonen Bern (Faulhorn etc.), Uri, Glarus, Luzern und besonders häufig in Bünden. Sommer.

— 7. *P. glutinosa Wulf.* Blätter lanzett-keilförmig, kerbig gesägt, kahl. Blumen dunkelviolett, sitzend, zu 3—5 eine Dolde bildend. Kelch fast röhrig, mit stumpfen Lappen. 2—3''. Auf dem Stilfser Joch an der Grenzscheide des Veltlins und Tyrols, also nicht mehr innerhalb der jetzigen Grenzen der Schweiz.

8. *P. villosa Jacq.* (Curtis bot. mag. t. 14.) Von Drüsenhaaren klebrig. Blätter gekerbt, umgekehrt-eirund-keilförmig oder rundlich und in den Stiel ausgehend. Blumen roth mit weisser Röhre, gestielt: Stiele länger als die Hülle. Kelch becherförmig, halb so lang als die Kronröhre, doppelt länger als die Kapsel. $\frac{1}{2}$—3''. An Felsen des Schiefer- und Urgebirgs, gewöhnlich in der nivalen und alpinen Region, jedoch auch viel tiefer (z. B. bis in die Thalsohle des untern Misoxes). Häufig in Graubünden, Glarus, Uri, Unterwalden, Bern, Wallis und Waadt. Hieher ist zu zählen: *P. viscosa Vill.*, *P. helvetica* Don in Reich. ic. n. 1138.

α. Einblumig. Auf den höchsten Bergspitzen. *P. minima Gaud.* und *Hegetsch.*, nicht Linnés.

— *P. calycina Duby*, die in den Schweizer Floren

---

*) Mein Name hat das Recht der Priorität, wie Hr. Dr. Lagger selbst zugibt. Er muss auch vor dem von Hrn. v. Charpentier herrührenden Namen (*P. Mureti*) den Vorzug erhalten, da man sich in der Botanik bloss an publicirte Namen und nicht an manuscriptliche Noten hält.

angeführt wird, findet sich auf den benachbarten Bergen von Ober-Italien. Die Blätter sind ganzrandig, die Blumen violett, der Kelch so lang als die Blumenröhre; die Pflanze wird 6'' hoch.

Sect. III. Die Blätter sind runzlig und der Schlund deutlich oder undeutlich gepolstert: Die Pölsterchen von dunklerm Gelb als die Platte.

9. *P. officinalis Jacq. Schlüsselblume.* Blätter runzlig, eirund, wellig gekerbt. Schaft dicht kurzhaarig, mit vielblumiger Dolde. Kronplatte concav. 3—6''. Ungemein häufig auf Wiesen und Weiden durch die ganze tiefere Schweiz bis in die subalpine Region, ohne Unterschied der Formation. Blüht im Frühling. Ihre wohlriechenden Blumen geben einen gelind reizenden Thee.

10. *P. elatior Jacq.* Blätter runzlig, wellig gekerbt, allmählig oder abgebrochen in den Stiel übergehend. Dolde vielblumig. Kronplatte flach, blassgelb (bedeutend grösser als bei voriger und fast geruchlos). 6—9''. Auf feuchten Wiesen und in Wäldern durch die ganze Schweiz sowohl in der Ebene als bis in die alpine Region. In Gärten wird sie zu Bordüren verwendet, und variirt ins Rothe und Blaue. Es gibt jedoch unter diesen Garten-Varietäten auch Formen, die in die P. officinalis übergehen, und namentlich auch solche mit weiten Kelchen, die *P. suaveolens* von *Bertoloni*. Frühling.

11. *P. sylvestris Scop.* (1772). *P. acaulis Jacq.* (1778). *P. vulgaris Huds.* (1778). Blätter runzlig, wellig gekerbt, allmählig in den Stiel übergehend, umgekehrt-eirund-lanzett. Blumen einzeln, achselständig (sehr selten gedoldet), blassgelb, mit flacher Platte. 4''. Frühling. Häufig in Wiesen und Baumgärten der Ebene längs dem Fuss der westlichen und östlichen Alpen, im Osten bis Schännis, im Westen bis ins Neuenburgische. Fehlt in der mittlern Schweiz und im Jura, findet sich aber bei Basel, jedoch selten.

Hottonia.

Kelch 5theilig und nicht bloss 5spaltig wie bei Primula, sonst wie diese. Ein Wasserkraut mit fiederig getheilten Blättern.

1. *H. palustris L.* Blumen gequirlt, gestielt, weiss

oder rosenroth. Blätter fiederig eingeschnitten. 1'. ♃ Juni. In Sümpfen der Ebene, bei uns selten. Im grossen Moos zwischen dem Bieler-, Murtner- und Neuenburger-See, bei Basel und in Rohrerschachen bei Aarau nach H. Zschokke.

Soldanella.

Kelch 5theilig. Krone trichter- oder glockenförmig, mit 5 ausgefranzten Lappen. Kapsel an der Spitze quer ringsum aufspringend. — Kleine Alpenkräuter mit blauen Blümchen. *Alpenglöckchen.*

1. *S. alpina L.* Blätter rund oder nierenförmig, ganzrandig. Schaft 2—4blumig, 3—4". Krone bis zur Mitte gespalten, mit vorstehendem Griffel. ♃ Frühling und Vorsommer, so wie der Schnee schmilzt. Durch die ganze Alpenkette in alpinen Höhen und auch tiefer, so wie auf den höhern Spitzen des westlichen Jura.

2. *S. pusilla Baumg. S. Clusii Gaud.*, nicht Schmidt. Blätter rund. Schaft meist einblumig, 1". Krone ein Drittel gespalten, mit eingeschlossenem Griffel. ♃ Vorsommer. Auf den höchsten Spitzen des Flysch- und Urgebirgs in Bünden, Glarus, am Rhonegletscher im Nicolai-Thal, auf der Grimsel, dem Faulhorn etc.

Cyclamen.

Kelch 5theilig. Krone mit kurzer Röhre und 5 zurückgeschlagenen Lappen. Frucht eine trockene Beere, an der Spitze unregelmässig durch ein Loch aufspringend. — Kräuter mit knolligen Wurzeln.

1. *C. europaeum L. Erdscheibe. Schweinsbrod.* Blätter herzförmig, gezähnelt. Kronschlund ungezähnt. Blumen langgestielt, roth, nach Hyacinthen riechend. 3—6". In Wäldern am Fuss der Alpen (Thun, Grütli, Chur, Maienfeld, Wallenstadt, Wesen, Reche, Evian und Thonon) und des Solothurner, Berner und Neuenburger Jura (Grenchen, Cressier, au bois de l'Iter etc.), am Salève bei Genf und bei Jonen im Aargau. Blüht im Herbst. Die Wurzelknollen schmecken frisch bitterlich und beissend-scharf und sind ein Gift; durch's Rösten verlieren sie aber das scharfe Princip und schmecken wie Kastanien. Aehnlich verhält sich die berühmte Mandioka-Wurzel, die den Bewohnern des südlichen Amerika das Getreide ersetzt.

2. *C. hederaefolium Ait.* Blätter herzförmig, eckig gekerbt. Kronschlund 10zähnig. Blumen roth oder weiss, innerhalb mit violetten Flecken, geruchlos. ♃ An Felsen, über dem Marmorbruch von Roche im Canton Waadt. Nach Hegetschweiler im C. Tessin unter Ruscus-Stauden.

Lysimachia.

Kelch 5theilig. Krone radförmig, mit kurzer oder fast verschwundener Röhre, tief 5spaltig. Kapsel 5klappig.

Sect. I. Blumen mit linealen Kronlappen, achselständige Trauben bildend.

1. *L. thyrsiflora L.* Blumentrauben achselständig, gelb. Blätter verlängert-lanzett, zu 2 gegenüberstehend oder zu 3 und 4 gequirlt. 1½'. An kleinen Seen und in Sümpfen der mittlern Schweiz. Bei Einsiedeln, Dübendorf und Hegnau im C. Zürich, im C. Luzern, am Aeschi-See bei Solothurn, auf dem Aeglenmoos im C. Bern, in Marais d'Ivonand in der Waadt. Sommer.

Sect. II. Blumen mit breiten Kronlappen, gequirlt oder Rispen bildend.

2. *L. vulgaris L.* Blätter gestielt, länglich-lanzett, zu 2 gegenüberstehend oder zu 3 und 4 gequirlt. Blumen gelb, end- und achselständige Rispen bildend. Kronlappen eirund, ganzrandig, am Rande ungewimpert. Stengel aufrecht. 3—4'. Ueberall in der Ebene an Gräben und in Hecken, besonders gern am Wasser. Sommer.

— 3. *L. punctata L.* Stengel aufrecht, 1½—2'. Blätter entgegengesetzt oder gequirlt, gestielt, länglich-lanzett. Blumen gelb, achselständig, gequirlt. Blumenstiele einblumig. Kronlappen drüsig-gewimpert. ♃ Fand sich ehemals am Zürichhorn, ist jetzt aber ausgerottet. Sommer.

Sect. III. Blumen mit breiten Kronlappen, einzeln achselständig.

4. *L. Nummularia L. Pfennigkraut.* Stengel aufliegend kriechend, bis 1' und darüber lang. Blätter entgegengesetzt, rund, herzförmig ausgeschnitten. Kelchlappen herzförmig. Blumen gelb, einzeln achselständig. ♃ Auf schattigen und feuchten Stellen durch die ganze ebene Schweiz. Sommer.

5. *L. nemorum L.* Stengel aufliegend, ½' lang. Blätter entgegengesetzt, eirund, spitzig, kahl. Kelchlappen lineal-pfriemenförmig. Blumen gelb, einzeln achselständig. ♃ In Wäldern durch die ganze ebene, montane und subalpine Schweiz, im Jura wie in den Alpen und auf der Molasse. Sommer.

Anagallis.

Kelch 5theilig. Krone radförmig, 5theilig. Staubgefässe 5, unten nicht mit einander verwachsen. Kapsel durch einen Deckel aufspringend.

1. *A. phoenicea Lam.* Stengel aufliegend, ästig. Blätter eirund, sitzend. Blumen feuerroth, einzeln achselständig. ½' und darüber. ⊙ Sommer. In Aeckern durch die ganze Schweiz. — Dieses Kraut, das man gern mit dem *Hühnerdarm* verwechselt, schmeckt anfangs schleimig-fade, nachher bitterlich-scharf; es soll in grössern Gaben Hunde und sogar Pferde tödten, und an seinen Samen sterben die Singvögel. Dies deutet auf grosse Heilkräfte, und es dürfte daher nicht unangemessen sein, dieses Kraut wieder bei der Hundswuth zu probiren, gegen die es früher gerühmt wurde; allein man nehme hiezu das frische Kraut und hüte sich vor Verwechslung.

2. *A. coerulea Schreb.* Vollkommen wie das vorige, nur sind die Blümchen hellblau. ½' und darüber. ⊙ Sommer. In Aeckern der westlichen Schweiz so häufig wie voriges, in der mittlern und östlichen seltener, an manchen Orren ganz fehlend, so z. B. in ganz Graubünden mit Ausnahme des Oberlands. Die Samen sollen den Vögeln nicht schaden. Ist die *Anagallis foemina* der Alten, die aus der vorigen eine *A. mas* machten.

3. *A. tenella L.* Stengel fadenförmig, liegend, 3—4'' lang. Blätter entgegengesetzt, gestielt, rundlich-eirund, mit einer Spitze. Blumenstiele länger als die Blätter. Blumen klein, rosenroth. ♃ Häufig im Sumpf von Chaulins bei Vivis. An andern Stellen in der Waadt, wo dieses Kräutchen früher gefunden wurde, ist es jetzt ausgegangen. Juni und Juli.

Centunculus.

Kelch 4theilig. Krone mit kugelig-bauchiger

Röhre und 4theiligem Rande. Staubgefässe 4. Kapsel durch einen Deckel sich öffnend.

1. *C. minimus L.* Blätter abwechselnd, eirund. Blumen weiss, fast sitzend. 1''. ⊙ Sommer. In feuchten Brachäckern bei Genf, hin und wieder in der Waadt und Wallis und besonders auch bei Basel.

Trientalis.

Blüthen und Fruchttheile 5—9zählig, gewöhnlich 7zählig. Kelch tief getheilt. Krone flach: Blumenblätter nur unten schwach verbunden. Kapsel etwas fleischig, klappenweise aufspringend oder nicht aufspringend.

1. *T. europaea L.* Ein 4—6'' hohes Kräutlein mit weissen Blumen. Die Blätter, die am obern Theil des Stengels stehen, sind lanzett, ganzrandig. ♃ In Tannenwäldern, in der Schweiz jedoch äusserst selten. Ueber Andermatt im Canton Uri und bei Einsiedeln nahe am Torfmoor. Sommer.

Samolus.

Kelch 5spaltig, halb mit dem Ovarium verwachsen. Krone mit glockenförmiger kurzer Röhre und 5theiligem Rande. Staubgefässe 10, wovon 5 unfruchtbar sind. Kapsel 5klappig.

1. *S. Valerandi L.* Aufrecht, ½—1'. Blätter abwechselnd, länglich- oder umgekehrt-eirund. Blumen weiss, traubenständig. ♃ Sommer. In Sümpfen bei Genf und in der Gegend von Aelen (Aigle) in der Waadt.
— In Gärten ist die sogenannte *Götterblume* (Dodecatheon meadia) nicht selten.

LXV. Familie.

Ebenaceen (Ebenaceae).

Kelch 3—6spaltig, bleibend, frei. Krone regelmässig, 3—6spaltig. Staubgefässe auf der Krone, gewöhnlich doppelt so viel als Kronlappen. Frucht aus einer 3- oder mehrfächerigen

Beere bestehend, die wegen theilweisem Fehlschlagen wenigsamig ist.

Aus dieser Familie besitzen wir in der Schweiz keine wildwachsenden Pflanzen, wohl aber pflegt man hie und da den aus Afrika stammenden *Dattelpflaumenbaum* (*Diospyros Lotus L.*) und *D. virginiana L.* anzupflanzen. Ersterer soll sogar bei Lugano und Locarno an Felsen verwildert vorkommen. Hieher gehört auch der Baum, der das berühmte Ebenholz liefert (*Diospyros Ebenum Retz*), das man aus Ostindien bezieht.

XXIII. Klasse.

Personatae.

Eine 2fächerige Kapsel mit 2 wandständigen oder im Centrum vereinigten Placenten und abwechselnde Blätter zeichnen diese Abtheilung aus. Uebrigens sind die Blüthen vollkommen regelmäsig oder unregelmässig, mit auf der Krone stehenden Staubgefässen und freien Stempeln.

LXVI. Familie.

Utricularien (Utricularieae).

Kelch 2blätterig oder 2lippig und 5theilig, frei. Krone einblätterig, unregelmässig, 2lippig, gespornt. Staubgefässe 2, auf der Basis der Krone. Griffel einfach. Ovarium und Frucht einfächerig, vielsamig, mit centraler Samensäule. Samen ohne Eiweiss, mit geradem Keim. — Kleine Wasser- oder Sumpfkräuter.

Utricularia.

Kelch 2blätterig. — Wasserkräuter mit untergetauchten, mehrfach fiederig getheilten Blättern und gelben traubenständigen Blumen. An den Blättern befinden sich Bläschen, die zur Blüthezeit mit Luft angefüllt sind und dazu beitragen, die Pflanze an der Oberfläche des Wassers zu halten. ♃

Da ich nur wenig Gelegenheit hatte, die U. selbst zu beobachten, so gebe ich hier die Arten, wie ich sie in den Büchern finde, ohne irgend etwas zu verbürgen.

1. *U. vulgaris L.* Blätter im Umkreis eirund; Blattlappen haarförmig, mit feinen entferntstehenden Stächelchen besetzt. Sporn conisch. Oberlippe von der Länge der Unterlippe. In Sümpfen und Seen der Ebene durch die ganze Schweiz. Sommer. Hat grosse goldgelbe Blumen mit geschlossenem Schlunde.

2. *U. neglecta Hayn.* Wie vorige, nur ist die Oberlippe der Krone fast dreimal länger als die Unterlippe. Soll sich nach Hegetschweiler bei Dübendorf im Canton Zürich finden.

3. *U. intermedia Hayne.* Blätter im Umkreis nierenförmig. Blattlappen borstenförmig, mit feinen Stächelchen besetzt. Sporn conisch. Oberlippe ganz, doppelt länger als die Unterlippe. Fruchtstiele aufrecht. Blumen schwefelgelb, am Gaumen mit rothen Streifen. Nach Gaudin und Hegetschweiler bei Dübendorf und am Bodensee. Nach v. Salis auch in Bünden.

4. *U. Bremii Heer.* Blumen blassgelb, mit geöffnetem Schlund, am Gaumen mit wenigen bräunlichen Streifen, zu 5 — 8 in einer Traube. Sporn etwas kürzer als die Unterlippe. Oberlippe ganzrandig, etwas länger als die Unterlippe. Blätter vieltheilig, mit sehr kurz gestielten Bläschen. In Torfgräben am Schatten. Nach Prof. Heer am Katzensee und im Marais des Verrières im Neuenburgischen.

5. *U. minor L.* Blätter im Kreise eirund mit borstenförmigen Lappen ohne Stächelchen. Sporn sehr kurz. Oberlippe ausgerandet, von der Länge des Gaumens. Fruchtstiele zurückgeschlagen. Blumen blass, dottergelb, am Gaumen mit rostfarbenen Stielen. Am Katzensee, bei Dübendorf, Stäfa, Einsiedeln, Bern, Genf, in der Waadt und in Wallis an verschiedenen Stellen.

Pinguicula.

Kelch 5theilg. — Sumpfkräuter mit schmierigen wurzelständigen Blättern und einblumigen Blüthenstielen.

1. *P. alpina L.* Sporn sehr kurz, kegelig, etwas eingebogen. Kapsel zugespitzt. Blumen weiss mit 2 gelben Flecken auf der Unterlippe. 3". Auf sumpfigen Weiden der alpinen Region und von da bis gegen die Thalsohle, sowohl in den Alpen als im westlichen Jura und den Molassenbergen (Uetliberg, Heuried bei Zürich). Mai und Juni.

2. *P. vulgaris L.* Sporn pfriemenförmig, ziemlich gerade, kürzer als die Krone. Kronlappen einander nicht berührend. Kapsel eirund. Blumen violett. 4". Auf sumpfigen Weiden der Ebene, durch die ganze Schweiz. Sommer.

3. *P. grandiflora Lam.* Sporn gerade, pfriemenförmig, so lang oder kürzer als die Krone. Kronlappen einander berührend. Blumen violett. 4—6". Auf alpinen Weiden im Jura wie in den Alpen. Häufig in Graubünden, auf dem Gotthard und Simplon; im Jura vom Réculet an bis zum Chasseron auf dem ganzen Kamm. *P. orthoceras Reich.* die gewöhnliche Form.

α. Mit 1 Zoll langen (der Sporn eingerechnet) blassvioletten Blumen und verlängerten Blättern. Reich. ic. f. 174. *P. longifolia DC.* et *Gaud.* In Wäldern des Genfer Jura.

LXVII. Familie.

Orobancheen (Orobancheae).

Kelch frei, bleibend, bald röhrig, bald hinten gespalten und somit scheidenförmig, bald hinten und vorn gespalten und somit 2blätterig. **Krone** einblätterig, 2lippig. **Staubgefässe** 4, 2 grösser als die 2 andern, auf der Kronröhre. **Stempel** aus einem Ovarium, einem Griffel und einer knopfförmigen oder 2lappigen Narbe bestehend. **Frucht** eine einfächerige, 2klappige Kapsel mit 2 wandständigen Placenten. — Holzfarbige parasitische Kräuter, die auf den Wurzeln anderer Pflanzen leben und daher an kein Gestein und an keine Höhe gebunden sind.

Orobanche.

Kelch 2blätterig oder 4spaltig. Krone mit fleischiger Basis, über dieser sich ablösend.

† Mit 3 Bracteen (Deckblättern).

1. *O. ramosa L.* Kelch einblätterig, 4zähnig. Krone röhrig, gegen die Mitte verengt, unten weiss. Stengel ästig und einfach. $^{3}/_{4}$—1'. Ein gelblich-weisses Kraut, das auf den Wurzeln des Hanfs lebt und diesem so grossen Schaden zufügt, dass die Erndte in manchen Jahren missräth. Es wurde schon bei Genf, Basel, im Jura, in Wallis, Waadt und Graubünden beobachtet.

2. *O. coerulea Vill.* Kelch einblätterig, kaum halb so lang als die Krone, mit 4 langen Zähnen, an der hintern Seite oft noch mit einem kürzern. Krone röhrig, gebogen, in der Mitte etwas enger, blau-violett. Staubfäden kahl. Staubbeutel kurz- oder langhaarig. 1'. Wächst auf den Wurzeln des Beifusses. Wurde beobachtet bei Basel, an der Sissacher Fluh, bei Rüggisberg, Fouly, Branson und Sitten. Mein Exemplar kommt von der Spitze des Uetlibergs.

†† Mit einer Bractee.

3. *O. cruenta Bert.* und *Koch.* Kelchblätter 2, ziemlich gleichmässig gespalten, länger als die Kronröhre. Diese bauchig, etwas gebogen, nicht doppelt so lang als breit. $^{1}/_{2}$—1'. Wächst auf den Wurzeln des weissen Labkrauts (Galium Mollugo), der Hippocrepis comosa und von Lotus corniculatus. Kommt in der Schweiz häufig vor und geht unmerkich in die folgende über. *O. caryophyllacea Gaud.*

4. *O. vulgaris Poir.* und *Gaudin.* Kelchblätter lanzett, pfriemenförmig-zugespitzt, ungetheilt oder gespalten, auch bisweilen vorn miteinander verwachsen, kürzer als die Kronröhre. Diese ist röhrig, gebogen, doppelt länger als breit. Aehre 6—12—18blumig. Stengel 5—12''. Findet sich auf dem Quendel (Thymus Serpyllum), Teucrium

Chamaedrys, Origanum vulgare, dem Färbeginster, Lotus corniculatus und wahrscheinlich auf noch vielen andern Pflanzen. Diese Sommerwurz findet man nicht selten. Sie wurde schon beobachtet bei Genf und im Waadtland auf den höhern Stellen des Jura, so wie auch in Graubünden und Tessin in der montanen, subalpinen und sogar in der alpinen Region. *O. Teucrii Schultz. O. Epithynum DC.*

5. *O. Medicaginis Vaucher.* Kelch 2blätterig oder durch Verwachsung der vordern Ränder einblätterig, fast so lang als die Kronröhre. Diese ist röhrig, fast dreimal so lang als breit. Aehre 20—40blumig. Stengel $1\frac{1}{2}'$. Wächst auf den Wurzeln der Luzerne (Medicago sativa) und Med. falcata und ist bei Genf nicht selten.

6. *O. major L.* Kelch 2blätterig, kürzer als die Kronröhre, meist gespalten. Kronröhre schwach gebogen, etwas bauchig-röhrig, doppelt so lang als breit. Aehre 30—50blumig, sammt dem Stengel $1\frac{1}{2}$—$2'$ und darüber. Staubfäden kahl oder behaart. Ist selten in der Schweiz. Ich sammelte sie im untern Misox und Prof. Heer am Fusse des Camaghé im Tessin, wo sie an beiden Orten auf dem Besenginster (Genista Scoparia) wächst, und kahle Staubfäden hat. *O. Rapum Thuill.*

α. Mit behaarten Staubfäden, sonst aber vollkommen gleich. Bei Alveneu in Bünden auf Ononis arvensis. *O. elatior* Mor. Pfl. Graub.*)

7. *O. minor Sutton. Kleeteufel.* Kelch 2blätterig: Blätter einfach oder gespalten, kürzer als die Kronröhre. Diese ist röhrig, gebogen, doppelt so lang als breit, unten gelblich-weiss und oben schwach röthlich-blau, immer kleiner als bei den 4 vorhergehenden, auch wenn die ganze

---

*) Wenn sich jemand unter diesen 4 Arten (No. 3, 4, 5 und 6) nicht sogleich zurechtfinden sollte, so rathen wir ihm, nicht lange bei den einzelnen Charakteren zu verweilen, weil diese sehr veränderlich sind. Noch viel weniger lasse man sich von der Pflanze bestimmen, auf der die Sommerwurz gewachsen ist, denn es ist gewiss, dass diese Gewächse auf keine einzelne Species gewiesen sind. Dagegen halte man sich an die Dimensionen im Allgemeinen und stelle die kleinern Exemplare, die auf kleinen Pflanzen wachsen, zu O. vulgaris oder cruenta, die grössern mit vielblumiger Aehre zu O. Medicaginis und major. Nur so wird man sich im Labyrinth der Orobanchen zurechtfinden und eine richtige Einsicht in das Wesen derselben und Aufschluss über ihre Veränderungen erhalten.

Pflanze grösser ist. 3/4—1'. Findet sich auf Kleeäckern bei Genf, Neuss, Lausanne, im Unter-Wallis, Canton Zürich, bei Mendris im Tessin und wahrscheinlich in der ganzen Schweiz.

8. O. *Artemisiae campestris Vauch.* Kelch 2blätterig: Blätter gespalten. Krone röhrig-glockenförmig, ziemlich gerade, an der Spitze gebogen, hinterhalb gelblich-weiss, oben mit breiten röthlichen Streifen. Staubfäden ohne lange Haare, sammt dem Griffel mit kleinen Drüsenhaaren überzogen. Nähert sich der O. minor und soll sich auf der Artemisia campestris bei Coppet am Genfer-See und bei Sitten finden.

9. O. *Hederae Duby.* Kelch 2blätterig: Blätter gespalten, kürzer als die Krone. Diese ist ziemlich klein, walzig, schwach gebogen, gelblich-weiss, mit amathystfarbigem Rücken. Stengel dunkelpurpurbraun. Findet sich auf dem Epheu bei der Eremitage von Arlesheim im C. Basel und im Val de Travers des C. Neuenburg. Fast so sieht die *O. amethystea Thuill.* aus, die im Elsass auf der Mannstreu wächst. *)

Lathraea.

Krone mit der ganzen Basis sich ablösend.

1. *L. Squamaria L.* Wurzel ästig, mit fleischigen Schuppen besetzt. Stengel einfach, mit Schuppen, 1/2'. Blumen einseitig, hängend. ♃ In Laubholzwäldern der ebenen Schweiz. Bei Genf, Neuss, Vivis, Bex, Aelen und in Unter-Wallis; bei Zürich im Platz, auf dem Uto, Uetli, bei Solothurn und Interlaken. April und Mai.

† *Bignoniaceen* und *Acanthaceen.*

Diese beiden Familien haben die gleiche Organisation wie die Scrophularineen und wurden

*) No. 7, 8 und 9 bilden eine eigene Gruppe, in der die einzelnen Glieder noch weniger von einander abstehen als in der vorigen (No. 3, 4, 5 und 6). Man könnte aus beiden, trotz dem verschiedenen Habitus der einzelnen Glieder, zwei Arten machen. Allein es kommt ja auf den Namen nicht an, wenn man nur die Idee der Verwandtschaft festhält.

von diesen hauptsächlich wegen der Struktur des Samens, der hier kein Eiweiss besitzt, getrennt. Viele davon haben sehr schöne Blumen und werden daher als Zierpflanzen in Gärten und Töpfen gehalten. Unter diesen sind besonders hervorzuheben:

1. Die *Catalpa* (Catalpa syringaefolia Sims), ein grosser Baum mit herrlichen Blumentrauben und walzigen, fingersdicken Früchten. Er stammt aus Nordamerika und Japan und hält bei uns die Winter im Freien aus.

2. *Tecoma (Bignonia) radicans Juss.* Aus Nordamerika, mit rothgelben grossen Blumen. Ein kletternder Strauch, der zur Bekleidung von Mauern dient und unsere Winter ebenfalls gut aushält.

3. Die *Sesampflanze* (Sesamum orientale L.). Aus ihren Samen wird im Orient und in Indien ein essbares Oel gepresst, das schon den Alten bekannt war.

4. Die *Bärenklau* (Acanthus mollis und spinosus), die in den Ländern des Mittelmeers wächst und bei den alten Griechen und Römern beliebt war. Sie ahmten auf den korinthischen Säulen das Laubwerk derselben nach.

LXVIII. Familie.

Scrophularineen (Scrophularineae).

Kelch einblätterig, regelmässig, 5spaltig. Krone einblätterig, ungleich 5spaltig, bei den meisten 2lippig. Staubgefässe 4, auf der Krone, 2mächtig, d. h. 2 grössere und 2 kleinere, der fünfte oft rudimentär. Stempel aus einem Ovarium, einem Griffel und einer Narbe bestehend. Frucht eine 2fächerige Kapsel mit centralständiger Placenta. Samen zahlreich mit Albumen. — Kräuter mit abwechselnden oder gegenüberstehenden Blättern und von verschiedenartigem

Aussehen. Sie besitzen, jedoch meist in geringerm Grade etwas von den betäubenden Eigenschaften der Täublinge und sind grösstentheils ohne Nutzen für den Menschen. Der Fingerhut und Ehrenpreis sind officinell.

Erste Zunft. Rhinantheae.

Die Antheren (Staubbeutel) haben an der Basis Spitzen. Staubgefässe 2mächtig. Blätter abwechselnd.

Tozzia.

Kelch 5zähnig. Krone 2lippig, röhrig; die Lappen der Lippen fast gleich. Ovarium 2fächerig: Fächer 2samig. Frucht durch Fehlschlagen einfächerig, einsamig.

1. *T. alpina L.* Ein $^1/_2$—1' hohes Kraut mit 4kantigem Stengel, gelben Blumen und einer schuppigen Wurzel. Es findet sich auf schattigen Stellen und auf fetten Wiesen durch den ganzen Jura von Genf bis Solothurn und in den Alpen von Bünden bis nach Savojen, gewöhnlich in der alpinen und subalpinen Region. Soll auch auf dem Rigi und Speer, so wie bei Einsiedeln vorkommen. Juni und Juli.

Melampyrum.

Kelch 4spaltig. Kapselfächer 2samig. Samen glatt. Einjährige Kräuter mit gefärbten grossen Bracteen (Nebenblätter). Werden durchs Trocknen schwarz.

1. *M. cristatum L.* Blumenröhre 4kantig, dicht. Bracteen herzförmig, kammförmig gezähnt, grün. 1'. An Waldrändern und Gebüsch der westlichen Schweiz bei Roche, Chillon, Bex und überhaupt durch die ganze Waadt, Genf, so wie auch im Jura bei Sonvillier, dem Wasserfall etc. Sommer.

2. *M. arvense L.* Blumenähre schlaff, 4kantig. Bracteen eirund, lanzett zugespitzt, roth, fiederig gezähnt. 1'. In Aeckern durch die ganze ebene Schweiz. Sommer. Ein schönes Unkraut.

3. *M. nemorosum L.* Blumenähre schlaff, einseitig. Bracteen lanzett, gezähnt, hinten herzförmig, die obern roth-violett. 1—1 ½'. In Gebüsch von Bächen der westlichen Schweiz selten. Bei Vivis, am kleinern See Bret, bei Jongny, Taveyres, Valengin und Biel. Auch in Savojen und Piemont.

4. *M. pratense L.* Aehren schlaff, einseitig. Blumen 3kantig, weiss, mit gelben Flecken auf der Unterlippe, paarweise und entfernt gestellt. 1'. In Wäldern und Gebüsch durch die ganze ebene Schweiz in Menge. Mai und Juni.

5. *M. sylvaticum L.* Aehren schlaff, einseitig. Blumen gähnend, ganz gelb. 3—6". In Wäldern auf Bergen bis gegen 5000' Höhe. Im Jura und auf den Alpen.

Rhinanthus.

Kelch aufgeblasen, 4zähnig. Kapselfächer vielsamig. Samen mit einem häutigen Rand geflügelt. Einjährige Kräuter, die durchs Trocknen schwarz werden und gelbe Blumen haben.

1. *R. minor Ehrh.* Blätter länglich-lanzett oder lanzett, gesägt, gegenüber stehend. Krone gerade, doppelt kleiner als bei der folgenden. Zähne der Oberlippe so breit als lang. ½—1½'. Auf Wiesen wahrscheinlich durch die ganze Schweiz. Bei Genf und Chur häufig.

2. *R. Crista-Galli L. R. major Ehrh.* und *R. hirsutus Lam.* Krone etwas gebogen, doppelt grösser als bei voriger, an der Oberlippe mit Zähnen, die länger als breit sind. Sonst wie vorige. 1—2'. Im Getreide und in Wiesen, gemein durch die ganze Schweiz. Mai und Juni. Ist kahl und behaart.

3. *R. angustifolius Gmel.* Blätter lineal-lanzett oder länglich-lanzett. Kronröhre gebogen, mit Zähnen, die länger als breit sind. Bracteen begrannt-gezähnt. 4—6". Auf subalpinen und alpinen Weiden. In Graubünden auf Davos, in Savien, auf dem Baduz, Calanda und auf dem Gotthard. Wahrscheinlich durch die ganze Alpenkette.

Bartsia.

Kelch glockig, 4spaltig. Kapselfächer vielsamig. Samen gerippt: Rückenrippen flügelig erweitert. Gräuliche Kräuter.

1. *B. alpina L.* Blätter entgegengesetzt, eirund, etwas umfassend, stumpf gesägt. Blumen dunkelviolett. 1/2—1'. Auf subalpinen und alpinen Weiden im Jura und den Alpen häufig. Sommer.

2. *B. parviflora Charpentier.* Mit kleinern und länger gestielten Blüthen und heraussteheuden Staubgefässen. Findet sich über Lauenen auf dem Prutlisberg im C. Bern.

Pedicularis.

Kelch röhrig oder aufgeblasen, 5zähnig. Kapselfächer vielsamig, Samen mit gegrübelter Oberfläche. Kräuter mit fiederig getheilten Blättern, die an die Farnkräuter mahnen.

Sect. I. Mit kurzem, jederseits in einen Zahn ausgehenden Schnabel.

1. *P. palustris L. Läusekraut.* Kelch behaart, mit kammförmig-eingeschnittenen Zähnen, gerippt. Schnabel der Oberlippe sehr kurz, jederseits in einen Zahn ausgehend. Blumen roth. Stengel meist von unten an ästig, 1—2'. ⊙ Häufig in Sümpfen der ebenen, montanen und subalpinen Schweiz. Mai bis Juli. — Dieses Kraut ist dem Vieh schädlich und wurde ehemals gebraucht, um die Läuse zu vertreiben.

2. *P. sylvatica L.* Schnabel sehr kurz, beiderseits in einen Zahn ausgehend. Kelch 5spaltig: Lappen gezähnt. Stengel von unten an ästig, 1/2' und darunter. Blumen rosenroth. ⊙ In Bergsümpfen, besonders im Jura, aber auch weiter im Innern der Schweiz (bei Alpnach, Gossau, am Fusse des Pilatus), doch nirgends in den Alpen. Mai und Juni.

Sect. II. Oberlippe ungeschnabelt und ohne Zähne.

3. *P. recutita L.* Oberlippe gerade, stumpf, kahl. Kelch mit ungleichen lanzetten, ganzen Zähnen. Blumen braunroth. Stengel einfach, 1—1 1/2'. ♃ Auf feuchten Alpenweiden in der alpinen und subalpinen Region, auf dem Ur- und Schiefergebirge. Fehlt dem Jura und der Molasse. Ist selten in den westlichen Alpen (Gemmi, Kiley), dagegen in Bünden, Glarus, Uri, Unterwalden, Ober-Wallis gemein.

4. *P. versicolor Wahl.* Oberlippe gerade, stumpf, kahl. Kelch röhrig-glockenförmig, sammt den Bracteen weichhaarig, 5zähnig: Zähne ungleich lanzett, zum Theil schwach gekerbt. Blumen schwefelgelb oder citrongelb mit 2 dunkelrothen Flecken an der Oberlippe. Stengel einfach, ½'. ♃ Auf den Vor-Alpen von Appenzell bis in den C. Waadt. Wächst auf alpinen Weiden des Schiefergebirgs. Ist häufig im Appenzell, auf dem Pilatus, dem Faul- und Stockhorn, in den Engelberger Alpen, oberhalb Chateau d'Oex, Mont Parey und Morlais. Scheint demnach den Central-Alpen zu fehlen. Sommer.

5. *P. foliosa L.* Oberlippe ziemlich gerade, stumpf, behaart. Kelch glockenförmig, 5zähnig. Blumen schwefelgelb, eine mit Blättern untermischte Aehre bildend. Blätter doppelt fiederig-eingeschnitten: Läppchen gesägt. 1—2'. ♃ Auf nassen Stellen der subalpinen und alpinen Region, auf Weiden. Durch die ganze Alpenkette gemein. Auch auf dem Rigi und Speer, so wie auf dem Réculet im Genfer Jura.

6. *P. verticillata L.* Oberlippe etwas gebogen. Kelch aufgeblasen, weichhaarig, an der Spitze gespalten, mit sehr kurzen Zähnen. Stengelblätter zu 4 gequirlt. Blumen blassroth. 4—6''. ♃ Auf etwas nassen Weiden durch die ganze Alpenkette, in der alpinen Region, oft in grosser Menge. Ist an keine Gebirgsart gebunden, fehlt aber dem Jura.

Sect. III. Mit geschnäbelter Oberlippe.

7. *P. atro-rubens Schleich.* (Moritzi Pfl. Graub. t. 6.) Oberlippe geschnäbelt: der Schnabel kürzer als der Durchmesser der Kronröhre. Kelch behaart, ungleich gezähnt. Blätter fiederig-eingeschnitten: Lappen eingeschnitten-gesägt. Blumen dunkelroth. 1—½'. ♃ Findet sich auf alpinen Weiden des Ur- und Schiefergebirgs, in Gesellschaft der *P. incarnata* und *recutita*, von denen sie abzustammen scheint. Wurde zuerst auf dem St. Bernhard beobachtet, nachher auch mehrfach in Graubünden und Piemont.

8. *P. incarnata Jacq.* Oberlippe geschnabelt: Schnabel vorn abgestutzt, viel länger als der Durchmesser der Kronröhre. Kelch röhren-glockenförmig, weichhaarig, 5spaltig:

Lappen lanzett-pfriemförmig, ganz. Blumen blassroth. 1'. ♃ Auf berasten Felsen der alpinen Region auf dem Urgebirge, selten. Auf dem grossen Bernhard, im Nicolai-Thal, in Bünden auf dem Valser-Berg und im Ober-Engadin hin und wieder. Sommer.

9. *P. Barrelierii Reich.* Oberlippe geschnabelt: Schnabel viel länger als der Durchmesser der Kronröhre. Kelch kahl, bis zur Mitte 5spaltig: Lappen ganzrandig. Blumen gelb. 9''. Auf alpinen Weiden, wie es scheint bloss in der westlichen Schweiz (Crey, Parcy, Gemmi) und in Savojen. Die *P. adscendens* meiner „Pfl. Graub." weist sich bei näherer Untersuchung als *P. tuberosa* aus.

10. *P. tuberosa L.* Oberlippe geschnabelt: Schnabel viele länger als der Durchmesser der Kronröhre. Kelch weichhaarig, auch theilweise kahl werdend, bis zur Mitte 5spaltig: Lappen zum Theil vorn eingeschnitten-gesägt. Blumen gelb. $1/2$—1'. ♃ Ungemein häufig auf alpinen und subalpinen Weiden des Schiefer- und Urgebirgs. Durch die ganze Alpenkette von Bünden bis Savojen, in den Toggenburger Bergen wie auf dem M. Generoso am südlichsten Punkte von Tessin.

11. *P. fasciculata Bell. P. gyroflexa Gaud.* Oberlippe zugehend geschnabelt: Schnabel kürzer als der Durchmesser der Kronröhre. Kelch über die Mitte 5spaltig: alle Lappen vorn fiederig-eingeschnitten oder gezähnt. Blumen roth. 9''. ♃ Auf subalpinen Weiden des M. Generoso in Menge (auch in Savojen und Piemont). Juni.

12. *P. rostrata L.* Oberlippe geschnabelt: Schnabel doppelt länger als der Durchmesser der Kronröhre. Kelch schwach behaart oder fast kahl, 5spaltig: Lappen vorn gekerbt, kürzer als die Kelchröhre. Blumen purpurroth. 2—6''. ♃ Auf granitischem Gestein (Urgebirge) durch die ganze Alpenkette in der alpinen und nivalen Region. Wächst auf berasten Felsen. (Auf dem Gebirgstock des Ober-Engadin, des Gotthards, des M. Rosa, des grossen Bernhards und des Montblanc).

Euphrasia.

Kelch röhrig oder glockenförmig, 4zähnig oder 4spaltig. Kapselfächer vielsamig. Samen gleichmässig gestreift.

Sect. I. Mit eingeschlossenen Staubgefässen. Bei den Staubbeuteln geht bloss das untere Fach der kürzern Staubgefässe in eine lange Spitze aus.

1. *E. officinalis L. Augentrost.* Blätter eirund, auf beiden Seiten mit 3—5 eingeschnittenen Sägezähnen. Oberlippe der Krone 2lappig: Lappen abstehend, 2—3zähnig. Unterlippe 3lappig: Lappen tief ausgerandet. Blumen weiss, mit violetter Oberlippe. 3—9″. ⊙ Auf Wiesen und Weiden der Ebene bis in die subalpinen Gegenden, häufig.

2. *E. Salisburgensis Funk.* Blätter länglich oder lanzett, begrannt-gezähnt. Blumen wie bei voriger, doch um die Hälfte kleiner. 2—8″. ⊙ Auf subalpinen Weiden des Jura und der Alpen, häufig. Sommer.

3. *E. minima Jacq.* Blätter eirund, jederseits 3- bis 5kerbig. Oberlippe 2lappig: Lappen gegen einander neigend, 2zähnig. Blumen sehr klein, weiss mit violett oder fast ganz gelb. 1″. ⊙ Auf alpinen Weiden der Alpen, häufig. Ist eine Humuspflanze und also an kein besonderes Gestein gebunden.

Sect. II. Mit vorstehenden Staubgefässen. Alle Staubbeutelfächer gehen in eine Spitze aus.

4. *E. Odontites L.* Blätter aus breiter Basis lanzettlineal, entfernt-gesägt. Bracteen länglich-lanzett, länger als die Blumen. Krone blassroth, ausserhalb und am Rande kurzhaarig. Staubbeutel durch lange Haare verbunden. 1′. ⊙ In Aeckern, vom Juni bis in den Herbst, durch die ganze Schweiz. (Bei Genf nach H. Reuter, bei Chur etc. etc.)

5. *E. serotina Lam.* Wie vorige, aber mit lanzetten Blättern und Bracteen, die kürzer als die Blumen sind. ⊙ 1′. Erscheint nach der Erndte in Aeckern und ist eben so häufig in der Schweiz. (Bei Genf gemein nach H. Reuter.)

6. *E. lutea L.* Blätter lanzett-lineal, undeutlich und entfernt-gesägt, die obersten ganzrandig, sammt Stengel und Kelch kurz behaart. Haare drüsenlos. Krone goldgelb, auf der Oberlippe mit weichen Haaren besetzt. Staubbeutel frei, unbehaart. 1′, auch darunter und darüber. ⊙ An dürren Halden durch die ganze Alpenkette von der Tiefe an bis in die subalpinen Thäler (Chur,

Waldensburg im Bündner Oberland, bei Sitten, Aelen, Bex, Vivis), dann am Fuss des Jura bei Genf und Orbe. Ferner auf dem Lägerberg, bei Basel und jenseits der Alpen im Tessin und bei Clefen. Sommer und Herbst.

7. *E. viscosa L.* Blätter lanzett-lineal, undeutlich und entfernt gesägt, die obersten ganzrandig, sammt Stengel und Kelch kurzhaarig: Haare drüsig. Kronrand unbehaart. Staubgefässe kürzer als die Krone. Staubbeutel frei, unbehaart. 1'. ⊙ An Hügeln von Mittel-Wallis. August.

Zweite Zunft. Veroniceae.

Die Staubbeutel sind ohne Spitzen. Staubgefässe zwei. Blätter entgegengesetzt.

Veronica.

Kelch 4- oder 5theilig. Krone radförmig, 4spaltig: oberer Lappen breiter als die andern. Staubgefässe 2. Staubbeutel durch eine Längsritze aufspringend. Narbe ganz. Kapsel ausgerandet. Kleine und grosse Kräuter mit entgegenstehenden Blättern.

Sect. I. Mit achselständigen Trauben und viertheiligen Kelchen.

1. *V. scutellata L.* Blätter sitzend, lineal-lanzett, gezähnelt. Kapsel zusammengedrückt, umgekehrt-herzförmig. Blumen weisslich, mit rothen oder blauen Adern. 1'. ♃ In Sümpfen durch die ganze ebene Schweiz. Steigt weder in den Jura noch in die Alpen. Blüht im Sommer.

2. *V. Anagallis L.* Ganz kahl. Blätter sitzend, lanzett oder eirund, spitzig, gesägt. Stengel aufrecht, 1—2'. Frucht kreisrund, schwach ausgerandet. Blumen weisslichblau. In Wassergräben durch die ganze ebene Schweiz gemein. Sommer.

3. *V. Beccabunga L. Bachbungen.* Ganz kahl. Blätter gestielt, eirund, stumpf, kerbig-gesägt. Kapsel angeschwollen, schwach ausgerandet. Blumen schön blau. Stengel zum Theil kriechend, 1' und darüber. ♃ Sommer. An stehendem und fliessendem Wasser, gemein durch die ganze ebene Schweiz. — Man isst das Kraut mit Brunnenkresse als blutreinigenden Salat. Es ist ausserdem noch

jetzt gegen Stockungen im Unterleibe und Scorbut im Gebrauche. Herba Beccabungae der Apotheken.

4. *V. urticifolia L. f.* Blätter sitzend, eirund, scharf gesägt, die obern lang zugespitzt. Blumen blassroth oder weisslich. Kelch klein mit fast gleichen Theilen. Stengel aufrecht, 2'. ♃ In Wäldern der montanen und subalpinen Region sowohl in der mittlern Schweiz auf der Molasse als im Jura und auf den Alpen. Sommer.

5. *V. Chamaedrys L.* Blätter sitzend, eirund, runzlig, gezähnt. Stengel ansteigend, mit 2 Haarreihen, ½—¾'. Blumen gross, blau, selten mehr als eine an einer Traube zu gleicher Zeit blühend. ♃ April und Mai. In Hecken und Gebüsch der ganzen ebenen Schweiz und bis in die alpine Region, sowohl im Jura als auf den Alpen.

6. *V. montana L.* Blätter gestielt, eirund, runzlig, grob-gesägt. Kapsel breiter als lang, unten und oben ausgerandet, flach, kahl. Stengel unten kriechend, bis 1' lang. ♃ An schattigen und feuchten Stellen der ganzen ebenen Schweiz von Genf bis nach St. Gallen, vom Jura bis an den Fuss der Alpen. Mai und Juni.

7. *V. officinalis L. Ehrenpreis.* Blätter kurz gestielt, länglich, gesägt. Blumentrauben dicht, hellblau. Stengel kriechend, wurzeltreibend, zottig, bis 1'. ♃ In Wäldern sowohl in der Ebene als auch in den Bergen bis in die subalpine Region. Mai bis Juli. — Das bitterliche und gelind zusammenziehende Kraut steht noch immer beim Volk in hohem Ansehen; die Aerzte gebrauchen es jetzt weniger als früher.

8. *V. aphylla L.* Blätter rundlich oder eirund, gesägt oder ganz. Aus diesen wurzelständigen Blättern treibt eine gestielte, meist 4blumige Traube mit dunkelblauen Blüthen. 2—3''. ♃ Auf nivalen, alpinen und subalpinen Weiden sowohl in den Alpen als im höhern Jura häufig. Sommer. Ist eine Humuspflanze, die daher auf jeder Felsart vorkommt.

Sect. II. Mit achselständigen Trauben und fünftheiligem Kelch: das fünfte Kelchläppchen ist sehr klein.

9. *V. prostrata L.* Stengel aufliegend, die blühenden ansteigend oder aufrecht, 4—6''. Untere Blätter kurz gestielt, kerbig gesägt, länglich; obere fast lineal, ganz-

randig. Blumen hellblau, ziemlich gross. ♃ Auf dürren Weiden, ziemlich selten. Am häufigsten in Unter-Wallis; dann auch bei Latsch im Tyrol, unweit der Bündnergrenze. Wird auch als bei Basel, Schaffhausen und bei Brügglingen wachsend angegeben. Vorsommer.

10. *V. dentata Schrad.* *V. Teucrium L.?* *V. austriaca L.?* Blätter fast sitzend, länglich bis lineal-lanzett, alle gesägt. Stengel unterhalb etwas aufliegend, ansteigend, $^3/_4$—1' und darüber. Blumen hellblau, ziemlich gross. Kelchtheile lineal-lanzett, gewimpert. ♃ Auf dürren steinigen Weiden, hauptsächlich im westlichen Jura von Genf bis Biel und im mittlern und untern Rhonethal in der montanen Region. Vorsommer. *V. Teucrium Vahlii Gaud.* und *V. dentata Gaud.*

11. *V. latifolia L.* Blätter sitzend, aus fast herzförmiger Basis eirund oder länglich, tief gesägt oder fiederig-eingeschnitten. Kelchlappen lineal-lanzett, kahl oder gewimpert. Stengel aufrecht, 2'. Blumen gross, schön blau, lange Trauben bildend. ♃ An Halden, Waldrändern und dergleichen Stellen der tiefern Gegenden. Häufig bei Chur, Tinzen und andern Orten in Bünden, bei Neuss, Peterlingen, Bern, Basel. Vorsommer.

Sect. III. Blumentrauben endständig, lang, dicht, zuweilen mit begleitenden Nebentrauben.

12. *V. spicata L.* Blumen fast sitzend in eine dichte, endständige Aehre gestellt, schön blau. Blätter eirund, länglich oder lanzett, kerbig gesägt, die untern stumpf. Stengel aufrecht, $^1/_2$—1'. Auf unfruchtbaren Weiden der Ebene und montanen Region durch die ganze Schweiz. Vorsommer.

Sect. IV. Blumentrauben einzeln am Ende der Stengel oder Aeste, entfernt- und wenigblumig.

13. *V. bellidioides L.* Blätter umgekehrt-eirund, stumpf, schwach kerbig gesägt, die untern Rosetten bildend. Blumen gross, blau, eine endständige, wenigblumige Traube bildend. 6''. ♃ Auf heidenartigen Stellen der subalpinen und alpinen Region im Schiefergebirge der Alpen, nicht selten. Sommer.

14. *V. fruticulosa L.* Blätter länglich, schwach kerbig

gesägt, die untern kleiner, eirund. Blumen blassroth, eine lockere endständige Traube bildend. 6''. ♃ Auf dem Kalk- und Schiefergebirge der Alpen in der alpinen und subalpinen Region an Felsen. Findet sich auch im westlichen Jura (Réculet, Salève).

15. *V. saxatilis Jacq.* Blätter länglich, vorderhalb wenig und schwach gesägt, die untern kleiner. Blumen gross, blau, zu 2—4—6 am Ende der Stengel. 3—4''. ♃ Auf berasten Felsen des Kalk- und Schiefergebirgs in der subalpinen und alpinen Region der Alpen, nicht selten. Findet sich auch auf den westlichsten und höchsten Spitzen des Jura. Sommer.

16. *V. alpina L.* Blätter elliptisch-eirund, meist ganzrandig. Stengel ansteigend, oberhalb sammt den obern Blättern behaart. Blumen blau, in eine endständige, köpfchenartige, 4—6blumige Aehre gestellt. 3—4''. ♃ Auf alpinen Weiden durch die ganze Alpenkette und auf den höhern Bergen des westlichen Jura. Sommer.

17. *V. serpyllifolia L.* Blätter eirund oder länglich, meist ganzrandig. Blumen klein, weiss mit blauen Adern, eine lange lockere Traube bildend. 4—12''. ♃ Auf Wiesen und Weiden der Ebene und der subalpinen und alpinen Region (in letzterer auch mit ganz blauen Blumen), in den Alpen und auf dem Jura. Sommer.

18. *V. acinifolia L.* Blätter eirund, etwas gekerbt. Blumen klein, blau, eine lange, schlaffe, vielblumige Traube bildend. Kapseln zusammengedrückt, breiter als lang, bis zur Mitte 2lappig. Griffel so lang als der Einschnitt. 3—6''. ⊙ In Aeckern der Waadt, bei Genf und Basel. Frühling.

19. *V. arvensis L.* Blätter eirund, hinten etwas herzförmig, stark kerbig gesägt. Blumen klein, blau, eine schlaffe vielblumige Traube bildend. Kapsel zusammengedrückt, nicht ganz bis zur Mitte ausgeschnitten. 4—6''. Gemein in Aeckern, auf Schutt und Grasplätzen durch die ganze Schweiz. Frühling.

20. *V. verna L.* Blätter und untere Bracteen fiederig getheilt; die untern Blätter eirund, ganz. Blumen klein, blau, eine lange lockere Traube bildend. Kapseln zusammengedrückt, umgekehrt-herzförmig. Stengel ästig. 3—6''. ⊙ Auf Mauern und verschütteten Stellen der

Ebene (in Unter-Wallis), der montanen (im bündnerischen Oberland) und alpinen (Ober-Engadin) Region der Alpen. Wird auch in der Baseler Flora angeführt. Sommer.

21. *V. triphyllos L.* Blätter fingerig getheilt, die untern eirund, ganz. Blumen dunkelblau, schlaffe Trauben bildend. Kapseln herzförmig-rundlich. 3—10''. ⨀ In Aeckern der Ebene und montanen Region durch die ganze wärmere Schweiz (Basel, Genf, Schaffhausen, Zürich, Chur, Unter-Wallis, Waadt). Frühling.

22. *V. praecox All.* Blätter herz-eiförmig, stumpf, gekerbt. Stengel ästig, 4—6''. Blumen hellblau, lange lockere Trauben bildend. Kapseln angeschwollen, oben herzförmig ausgeschnitten. Griffel um ein Drittheil die Kapsel überragend. ⨀ An Wegen und in Aeckern in der Schweiz selten. Bei Basel, Neuss und Ecublens in der Waadt und in Unter-Wallis. April.

Sect. V. Blumen einzeln, achselständig.

23. *V. Reuteri M.* *V. didyma Ten.* ex parte. Blätter eirund, hinten herzförmig, gekerbt. Blumen achselständig, zur Fruchtreife mit zurückgeschlagenen Stielen. Krone klein, hellblau, nicht länger als der Kelch. Kapselfächer 8—10samig. Samen um die Hälfte kleiner als bei folgender Art. ½—¾' lang. ⨀ In Aeckern bei Genf. nicht selten, z. B. am Wege nach St. Julien. Ich nenne diese Art nach Herrn Reuter, der sich um die Flora von Genf verdient gemacht, jedoch diese Art verkannt hat, wahrscheinlich durch Koch irre geführt. Sie verhält sich genau im Kleinen zur V. agrestis wie die V. Buxbaumii zu derselben im Grossen. Blüht im Sommer.

24. *V. agrestis L.* Blätter eirund, hinten herzförmig, gekerbt. Blumen achselständig, zur Fruchtreife mit zurückgeschlagenen Stielen. Krone mittelmässig, hellblau (auch weiss). Kapseln kahl oder behaart: Kapselfächer 3—5samig. ½—1'. ⨀ Gemein durch die ganze Schweiz. Wächst auf Aeckern und blüht im Frühling. Hält in den Dimensionen aller Theile die Mitte zwischen der V. Reuteri und Buxbaumii.

Hieher ziehe ich *V. pulchella Guss* et *DC.* mit weissen Blumen und glandulös behaarten Früchten und *V. opaca Fries* mit kraushaarigen Früchten.

25. *V. Buxbaumii Tenor.* Blätter eirund, hinten etwas

herzförmig, tief kerbig-gesägt. Blumen achselständig, zur Fruchtreife mit zurückgeschlagenen Stielen. Krone hellblau, die grössten dieser Gruppe. Kapselfächer 6- bis 8samig. Samen von der Grösse der vorigen. 1—1½'. ⊙ Auf Aeckern der ganzen ebenen Schweiz (Genf, Bex, Basel, Chur, Solothurn etc.) Frühling.

26. *V. hederaefolia L.* Blätter herzförmig-rundlich, schwach 3—5lappig. Blumen einzeln, achselständig. Krone blassblau. Stengel ½—1' (wie bei den 5 vorigen), aufliegend. ⊙ Gemein in Aeckern durch die ganze Schweiz. März.

Dritte Zunft. Antirrhineae.

Die Staubbeutel sind ohne Spitzen. Staubgefässe 2mächtig. Blätter entgegengesetzt (wenigstens die untern).

Limosella.

Kelch 5spaltig. Krone 5spaltig, mit fast gleichen Lappen. Kapsel halbzweifächerig, 2klappig, vielsamig.

1. *L. aquatica L.* Ein kleines Sumpfpflänzchen mit langgestielten lanzetten Blättern, das Wurzelschosse ausschickt, die noch im nämlichen Jahr Blüthen und Früchte bringen. Man findet es bei Basel, Nidau, Thun, Zürich, Delsberg, Lausanne und Genf. Sommer und Herbst.

Gratiola.

Kelch 5theilig. Krone röhrig, schwach 2lippig. Staubgefässe 4 oder 5, wovon bloss 2 fruchtbar. Kapsel 2fächerig.

1. *G. officinalis L.* Blätter sitzend, lanzett, 3rippig, unten ganzrandig. Blumen weiss oder etwas röthlich angelaufen, einzeln in den Blattachseln stehend. 1'. In Sümpfen und auf feuchten Wiesen der ebenen Schweiz, jedoch nicht überall. (Am Zürcher-See, bei Bern, Murten, Colombier, Iferten, Neuss, Genf, Basel). Blüht im Sommer. — Die Wurzel und das Kraut (Radix und Herba Gratiolae) sind officinell. Sie besitzen keinen Geruch, schmecken jedoch äusserst bitter und sind ein scharfes, reizendes,

besonders auf die Verdauungsorgane wirkendes Mittel, das bei Verschleimungen und den davon herrührenden Krankheiten gute Wirkung thut.

Erinus.

Kelch 5theilig. Krone tellerförmig, mit dünner Röhre und ungleich 5theiliger Platte.

1. *E. alpinus L.* Rasenbildend. Blätter spathelförmig, vorderhalb gesägt. Blumen violett. 1/2'. ♃ An Felsen in der subalpinen Region und von da bis in die Ebene herabsteigend. Im Jura von Genf bis Solothurn. In den Voralpen auf dem Tannhorn in Appenzell, auf dem Glärnisch, Pilatus, bei Weissenburg, Thun und auf den Bergen von Bex und Unter-Wallis. Auch auf dem Rigi. Sommer.

Anarrhinum.

Kronröhre cylindrisch, mit offenem Schlunde. Kapsel durch 2 Löcher oben sich öffnend.

1. *A. bellidifolium Desf.* Wurzelblätter umgekehrt-eirund, allmählig in den Stiel ausgehend, stumpf, tief und ungleich gesägt; Stengelblätter 5—7theilig: Lappen lineal. Blumen klein, blau, in eine endständige Rispe gestellt. 1 1/2—2'. ⊙ Sommer und Herbst. In Aeckern bei Penex im C. Genf, in manchen Jahren in Menge.

Linaria.

Kelch 5theilig. Krone gespornt, *) 2lippig. Unterlippe am Schlunde mit einem anders gefärbten Wulste (Gaumen), der die Oeffnung der Kronröhre schliesst. Kapsel 2klappig aufspringend.

Sect. I. Mit einzeln achselständigen Blüthen.

1. *L. Cymbalaria Mill.* Blätter herzförmig, rundlich, 5lappig, kahl. Stengel aufliegend, vielästig, 1' lang. ♃ An Mauern, besonders häufig in der italiänischen Schweiz; diesseits bei Altorf, Stanz, Zürich, Wesen, Vivis, Montreux, Sitten, Basel, Zug. Blüht im Sommer. Die Blumen sind roth-violett mit gelbem Gaumen.

---

*) Der Sporn ist eine Verlängerung des untern Krontheils. Zufällig verlängern sich bisweilen auch die andern vier in Sporen und bilden dann die Erscheinung, die man *Peloria* heisst.

2. *Elatine Mill.* Blätter eirund, nach hinten spiessförmig in 2 Lappen ausgehend. Stengel aufliegend, zottig, 1—1½' lang. Blumen gelb, mit geradem Sporn. Blumenstiele kahl. ⊙ Sommer. In Aeckern der ebenen Schweiz. Bei Genf, in der Waadt, bei Zürich etc.

3. *L. spuria Mill.* Blätter rundlich, ganzrandig. Stengel aufliegend, sammt den Blumenstielen zottig. Sporn gebogen. Krone gelb. 1—1½'. ⊙ Sommer. In Aeckern der ebenen Schweiz. Bei Genf, in der Waadt, bei Basel, Thun, Zürich, Rifferschwyl etc.

Sect. II. Blumen einzeln achselständig, lockere, blätterige Trauben bildend.

4. *L. minor Desf.* Mit Drüsenhaaren bedeckt. Blätter lineal-lanzett, stumpf, die untern entgegengesetzt. Stengel sehr ästig, 3—6", aufrecht. Blümchen blassroth. ⊙ In Aeckern, auf Schutt und Mauern durch die ganze ebene Schweiz, häufig. Sommer.

Sect. III. Blumen blattlose Trauben oder Aehren bildend.

5. *L. alpina Mill.* Ganz kahl, graugrün. Blätter lineal oder lineal-lanzett, zu 4 zusammengestellt. Stengel aufliegend, ästig, ½' und darüber lang. Blumen rothviolett mit safrangelbem Gaumen. ♃ Auf Steingerölle und Sand in der alpinen und subalpinen Region und von da den Flüssen nach bis in die Thalsohlen. Im Jura, von Genf an durch Waadt, Neuenburg, Bern bis Solothurn (Hasenmatt). In den Alpen von Graubünden und Glarus an bis Savojen. Auf dem Uto nach Hegetschweiler. Sommer.

6. *L. striata DC.* Ganz kahl. Blätter lineal-lanzett oder lineal, die untersten quirlständig. Blumen blassviolett gestreift. Samen ungeflügelt, runzelig, eirund, dreieckig. 1—2'. ♃ Sommer. Findet sich nicht selten in Gärten und verwildert daher hie und da auf einige Zeit (Winterthur, Duilliers bei Nyon).

7. *L. italica Trev. Antirrhinum Bauhini Gaud.* Ganz kahl. Blätter lineal-lanzett, 3rippig, spitzig, zerstreut. Blumen gelb, doppelt kleiner als bei folgender. Samen flach, mit einem Saum geflügelt, in der Mitte körnig rauh. ♃ Sommer. In alpinen und subalpinen Thälern von Wallis (Saas, Nicolai, Entremont).

— Hieher dürfte auch die *L. supina Thom.* zu stellen sein, die niederliegende, verworrene Stengel und lineale Blätter hat. Auf sandigen Stellen im Thale Lens in Wallis.

8. *L. vulgaris Mill. Frauenflachs.* Kahl. Blätter lineal-lanzett, zerstreut. Blumen blassgelb mit dunkelgelbem Gaumen, eine dichte Traube bildend. Samen flach, mit einem Saum geflügelt, in der Mitte körnig rauh. Stengel aufrecht, 1—2'. ♃ Sommer und Herbst. Gemein auf Feldern, Ackerrändern, an Zäunen, durch die ganze ebene Schweiz. — Dieses Kraut gehört zu den etwas scharfen Gewächsen und wird noch heutzutage in der Medecin angewendet. Es ist die Herba Linariae der Apotheken, die mit den Blüthen gesammelt wird.

Antirrhinum.

Kelch 5theilig. Krone nach hinten ausgesackt, 2lippig. Unterlippe am Schlunde mit einem anders gefärbten Wulst, der die Röhre schliesst. Kapsel durch 3 Löcher aufspringend.

1. *A. majus L. Löwenmaul.* Blätter entgegengesetzt und abwechselnd, lanzett, kahl. Kelchtheile eirund, stumpf. Blumen roth, selten weiss, gross. 1' und darüber. ♃ Sommer. An Mauern, jenseits der Alpen häufig, diesseits seltener. (Bellenz, Clefen, Bern, Zürich, Sitten, Neuss, Aarwangen, Chur etc. etc.) Auch häufig zur Zierde in Gärten.

2. *A. Orontium L.* Blätter entgegengesetzt oder abwechselnd, lanzett. Blumen schmutzig-roth, entfernt gestellt. Kelchtheile lanzett, länger als die Krone. 1—2'. ⊙ Sommer. In Aeckern der westlichen und mittlern Schweiz (Genf, Neuss, Roche, Martinach, Basel, auf dem Irchel und Randen um Schaffhausen). — Wurde ehemals zum Räuchern gegen Behexung gebraucht.

Digitalis.

Kelch 5theilig. Krone glockig-röhrig mit schiefem 4lappigem Rande: obere Lappen ausgerandet (eigentlich aus 2 Theilen bestehend, die die Oberlippe bilden), meist so gross, dass man einen Finger hineinstecken kann (daher der Name *Fingerhut*). Placenta oben frei.

1. *D. grandiflora Lam. D. ambigua Murr.* Blätter

länglich-lanzett, gesägt, gewimpert, kurzhaarig. Blumenstiele und der obere Theil des Stengels drüsenhaarig. Blumen bräunlich-blassgelb, gross, eine lockere, 10- bis 15blumige Traube bildend. 2'. ♃ In Wäldern und Gebüsch, auf steinigem Boden von der Ebene bis ans Ende der montanen Region durch die ganze Schweiz, jedoch zerstreut. Sommer.

2. *D. media Roth.* Wie vorige, aber mit kahlen und bloss gewimperten Blättern und kleinern, aber gleichfarbigen Blumen. ♃ Findet sich an ähnlichen Stellen, aber seltener. Bei St. Cergues im westlichen Jura und auf dem Uto, auch bei Bern. Dürfte vielleicht eher als Varietät der obigen betrachtet werden.

3. *D. lutea L.* Blätter länglich-lanzett, gesägt, kahl oder an der Basis etwas gewimpert. Stengel und Blumenstiele kahl. Blumen blassgelb, klein (so dass man kaum den kleinen Finger hineinstecken kann); in eine dichte 50—60blumige Traube gestellt. 2'. Auf steinigen Stellen ebenfalls durch die ganze Schweiz bis in die montane Region. ♃ Sommer.

— *D. purpurea L.*, mit purpurrothen grossen Blumen und runzligen, filzigen Blättern. Findet sich nicht wild in der Schweiz, wohl aber häufig zur Zierde in Gärten. Die Blätter dieser Pflanze sind eines der wichtigsten narcotisch-scharfen Arzneimittel, das schon den ältern Aerzten bekannt war, aber erst in neuerer Zeit genauer erforscht und seitdem häufig angewendet wurde.

Vierte Zunft. Verbasceae.

Die Staubbeutel sind einfächerig, quer oder schief auf dem Faden angewachsen.

Scrophularia.

Kelch fast kugelig, mit kleinem 5lappigem, unregelmässigem Rande. Staubgefässe 4 mit einem Rudiment eines fünften. Uebelriechende Kräuter mit unansehnlichen braunen Blüthen.

1. *S. nodosa L. Braunwurz.* Blätter länglich-eirund, gestielt, hinten etwas herzförmig, doppelt gesägt. Stengel

scharf vierkantig, 2—3'. Blattstiele ungeflügelt. Blumen olivenfarbig, am Rücken braun, in endständige Rispen gestellt. ♃ An Wegen und Gräben durch die ganze ebene Schweiz. Sommer. War ehemals officinell.

2. *S. aquatica L.* Blätter länglich-eirund, gestielt, hinten etwas herzförmig, kahl, gesägt. Stengel und Blattstiele breit geflügelt. Blumen bräunlich, in endständige Rispen gestellt. 2—3'. ♃ An Wassergräben und Bächen durch die ganze ebene Schweiz.

3. S. *Balbisii Hornem.* Blätter länglich, hinten etwas herzförmig und gewöhnlich mit 2 Blattläppchen besetzt, kahl, gekerbt (nicht gesägt). Sonst wie vorige. Findet sich nicht selten bei Genf (s. Reuter Suppl. au catalogue etc.) und bei Bonneville, wo ich sie selbst sammelte.

4. *S. canina L.* Blätter kahl, gefiedert: Blättchen ungleich eingeschnitten-gezähnt oder fiederig getheilt: Lappen länglich. Kelchlappen fast rund, stumpf, weiss gerandet. Blumen braunroth, in endständige Rispen gestellt. 2'. ⊙ und ♃ Auf Flussgeschiebe oder Felsengerölle durch die ganze ebene Schweiz bis nahe an den Fuss der Alpen. Von Basel bis Konstanz, an der Sihl und Linth, an der Aare bei Aarberg, am Genfer-See überall.

α. Mit grössern Blumen, bei denen besonders die Oberlippe der Krone im Verhältniss zum übrigen Theil derselben grösser wird; auch sind hier die Drüsen an den Blumenstielen deutlich gestielt. *S. Hoppii Koch.* Auf höhern Abhängen im Jura von Genf bis zur Hasenmatt bei Solothurn.

?5. *S. vernalis L.* Blätter herzförmig, kurzhaarig, doppelt gekerbt. Blumen achselständig, grünlich-gelb, zu 3—5traubenständig. 1½'. ⊙ Soll bei Bischoffzell und an einem Orte in Wallis vorkommen, Angaben, die der Bestätigung bedürfen.

Verbascum.

Krone radförmig, etwas ungleich 5lappig. Staubgefässe 5, ungleich. Kapsel 2fächerig, 2klappig. — Grosse 2jährige Kräuter, mit gelben (bei ausländischen auch violetten) Blumen. Sommer.

Sect. I. Mit dicht wolligen Blättern und meist einfacher Blüthenähre. 2 Staubfäden sind kahl.

1. *V. Thapsus L. Königskerze. Wollblume.* Blätter dicht wollig, gekerbt, dem Stengel nach herablaufend. Blumen gross (1 Zoll im Durchmesser). Stengel meist einfach, 3—5'. Auf unbebauten, meist steinigen Stellen durch die ganze ebene Schweiz. V. Thapsus, zum Theil thapsiforme Gaud. V. thapsiforme Reut. suppl. — Die Blumen sind ein geschätztes, einhüllendes Heilmittel.

2. *V. thapsoides L.* Blätter dicht wollig, gekerbt, mehr oder weniger dem Stengel nach herablaufend: die obern länglich. Blumen ziemlich gross (3/4''). Stengel einfach oder ästig, 1 1/2—5'. An ähnlichen Stellen, noch häufiger als vorige. Die Blumen werden häufig statt denen der vorigen Art gesammelt.

α. Mit einfachem, 1 1/2—2' hohem Stengel. In der subalpinen und alpinen Region des Jura und der Alpen (über Morcles, Ober-Engadin, Davos, Hasenmatt, Réculet bei Genf. *V. crassifolium DC.* Gaud. Mor. *V. montanum Schrad.* Reut.

β. Mit ästigem, 3—5' hohem Stengel. In den tiefern Gegenden durch die ganze Schweiz, besonders in der montanen Region. *V. Schraderi* Mey und Reut. in suppl. *V. thapsiforme* Mor. Pfl. Graub.

3. *V. phlomoides L.* Blätter dicht wollig, gekerbt, sitzend oder wenig herablaufend; die obersten eirund, zugespitzt. Bracteen zugespitzt, die Blumenknäuel weit überragend. Blumen ziemlich gross (3/4''), einfache oder geästete Aehren bildend. An ähnlichen Orten, wahrscheinlich hin und wieder. Ich habe ein Exemplar aus dem Domleschg in Graubünden. Bei Basel vor dem Eschen-Thor (Dreispitz Preiswerk).

Sect. II. Mit filzigen Blättern und immer ästiger Blüthenähre. Alle Staubfäden sind bärtig.

4. *V. floccosum W. et K.* Blätter dicht filzig, mit flockenweise sich ablösendem Filz; die untern länglich-elliptisch in den Stiel ausgehend; die obern sitzend, halb umfassend, zugespitzt. Blumen klein (4''' im Durchmesser). 2—3'. Auf unbebauten Stellen der westlichen und süd-

lichen Schweiz (Genf, Waadt, Neuenburg, Basel, Tessin). *V. pulverulentum Gaud.* und Reut. cat.

5. *V. Lychnitis L.* Blätter gekerbt, oben ziemlich kahl, unten graufilzig; die untern länglich-elliptisch, in den Stiel ausgehend; die obersten sitzend, eirund, zugespitzt. Blumen klein (4'''). 2'. Sehr gemein durch die ganze Schweiz, an ähnlichen Stellen. Variirt wie die andern Arten, zuweilen mit weissen Blumen. Auf besserm Boden wird die Pflanze höher und weniger filzig; dies ist *V. orientale Bieb.*, die ich in Gärten bei Genf als Unkraut fand.

6. *V. nigrum L.* Blätter gekerbt, grün, oben fast ganz kahl, unten sehr fein behaart; die untern Stengelblätter länglich-eirund, hinten herzförmig, lang gestielt, die obersten fast sitzend. Blumen mittelmässig (7—8''' im Durchmesser) mit violett bärtigen Staubfäden. 3—4'. Auf ähnlichen Stellen, durch die ganze ebene und montane Schweiz häufig.

Sect. III. Mit kahlen Blättern und einfacher Blüthentraube.

7. *V. Blattaria L.* Blätter kahl: die untern länglich, nach hinten verschmälert, ausgebuchtet; die obern umfassend. Blumentraube mit Drüsenhaaren besetzt. Blumenstiele länger als die Bracteen. Blumen mittelmässig. 2—3'. An ähnlichen Stellen der mittlern, westlichen und südlichen Schweiz (Schaffhausen, Basel, Waadt, Genf, Misox).

Sect. IV. Bastarde.

Ausser diesen 7 Arten gibt es noch hybride Abkömmlinge verschiedener Mischung, von denen auch einige in der Schweiz angetroffen worden sind. Dahin gehören:

8. *V. incanum Gaud.* Hat kurzgestielte untere Blätter, die fast ganz kahl sind, mittelgrosse Blumen (7—8''') mit weissbartigen Staubfäden. Scheint von V. nigrum (mater) und Lychnitis (pater) abzustammen und findet sich noch immer an der in Gaudin citirten Stelle bei Fouly in Unter-Wallis. *V. nigro-Lychnitis Schied.*

9. *V. blattarioides Lam.* et *Gaud.!* Blätter grob gezähnt, fast kahl oder schwach kurzhaarig, die obern sitzend. Blumen fast mittelmässig (5—6'''), deutlich gestielt, meist zu 2 in einer Bracteenachsel. Rispe mit

kurzen drüsenlosen Haaren besetzt. 3—4'. Findet sich hie und da zwischen Genf und Neuss. Ist offenbar ein Bastard von V. Blattaria (mater) und Lychnitis (pater).

Ebenso, nur mit violettbartigen Staubfäden, ist *V. rubiginosum W. et K.*, das über Montreux gefunden wurde. *V. Pseudo-Blattaria Schleich.*

10. *V. lanatum Schrad.* Blätter unten wollig-filzig, die untern und mittlern länglich, gestielt, buchtig gekerbt, die obern sitzend, stark gekerbt, plötzlich zugespitzt. Staubfäden alle violettbärtig. Blüthenähre einfach (Schrad.) und ästig (Heg.). Scheint von V. phlomoides (pater) und nigrum (mater) abzustammen und findet sich nach Hegetschweiler im Tessin und Veltlin.

Bastarde anderer Abstammung, die in andern Ländern beobachtet worden sind, aber von schweizerischen Arten abgeleitet werden, sind die folgenden. Sie können vielleicht auch noch in der Schweiz gefunden werden.

V. adulterinum Koch, von V. phlomoides (mater) und nigrum (pater) abstammend. Ist das umgekehrte von V. lanatum Schrad.

V. collinum Schrad., wahrscheinlich von V. Thapsus (mater) und nigrum (pater) abstammend.

V. nothum Koch, wahrscheinlich von V. Thapsus (mater) und floccosum (pater) abstammend. Die Staubfäden sind zwar violettbärtig, allein Gaudin citirt eine Varietät des V. floccosi mit violetten Staubfäden (*V. mixtum Gaud.*).

V. nigro-pulverulentum Sm., wahrscheinlich von V. floccosum (mater) und nigrum (pater) abstammend.

V. ramigerum Schrad., wahrscheinlich von V. Thapsus oder thapsoides (mater) und Lychnitis (pater) abstammend.

V. pulverulentum Koch! und *? Vill.*, wahrscheinlich von V. Lychnitis (mater) und floccosum (pater) abstammend.

V. Schottianum Schrad. Abstammung umgekehrt von der des V. incanum Gaud. V. Lychnitis (mater) und nigrum (pater).

Man nimmt hiebei an, dass der Leib des Bastards mehr die Charaktere der Mutter und die Blüthentheile die Merkmale des Vaters haben.

LXIX. Familie.

Täublinge (Solanaceae).

Kelch einblätterig, regelmässig, 5spaltig. Krone einblätterig, regelmässig, 5spaltig. Staubgefässe 5, auf der Krone, mit den Kronlappen abwechselnd. Stempel aus einem freien Ovarium, einem Griffel und einer Narbe bestehend. Frucht eine 2fächerige Kapsel oder Beere mit centralständiger Placenta (Samensäule). Samen klein, zahlreich, mit fleischigem Albumen. — Bei uns sind die Täublinge Kräuter mit abwechselnd stehenden Blättern. Sie besitzen gröstentheils betäubende (narcotische) Eigenschaften. Einige darunter sind wahre Gifte, wie das *Bilsenkraut*, der *Stechapfel*, die *Belladonna*, der *Nachtschatten*, welche alle auch zugleich officinell sind. Der *Tabak* (Nicotiana) ist ebenfalls betäubend, doch kann man durch fortgesetzten Gebrauch gegen seine Wirkung unempfindlich werden. Auch die *Kartoffeln* enthalten einen schädlichen Saft, der aber durchs Kochen verloren geht. Von einigen geniesst man die Früchte, wie vom *spanischen Pfeffer* (Capsicum), den *Liebesäpfeln* (Lycopersicum) und der *Eierpflanze* (Solanum Melongena).

Erste Zunft. Nicotianeae.

Die Frucht ist eine 2fächerige, 2klappige, klappenweise aufspringende Kapsel.

Hieher gehört der *Tabak* (Nicotiana), der aus Amerika stammt, im Jahre 1560 nach Europa kam und jetzt hie und da im Grossen angepflanzt wird. Bei uns kommen

2 Arten vor, nämlich der *ächte T.* (N. Tabacum) mit rosenrothen Blüthen, der bei Peterlingen und Wiflisburg in beträchtlicher Menge gezogen wird, und der *Bauerntabak* (N. rustica), der grüngelbe Blumen hat und mehr einzeln angepflanzt wird. Sodann gehören auch die jetzt häufig in Töpfen gezogenen *Petunien* (Petunia) hieher.

Zweite Zunft. Datureae.

Die Frucht ist eine unvollkommene 4fächerige, klappenweise aufspringende Kapsel.

Datura.

Krone trichterförmig (gross) mit gefaltetem 5lappigem Rande. Frucht 4klappig, unvollkommen 4fächerig.

1. *D. Stramonium L. Stechapfel.* Blätter eirund, kahl, ungleich buchtig gezähnt. Kapseln aufrecht, dornig. Blumen weiss oder violett (die violette Abart ist *D. Tatula L.*). 2—3' und darüber. ⊙ Stammt aus Ostindien (nicht wie man in einigen Büchern liest aus Amerika) und ist jetzt in ganz Europa auf Schutt und andern Stellen verwildert zu finden. Auch in der Schweiz kommt er in den wärmern Gegenden (Genf, Waadt, Basel etc.) zuweilen vor. Der St. gehört zu den heftigsten Giften und ist auch ein wirksames Arzneimittel. Man gebraucht das Kraut und die Samen.

Dritte Zunft. Hyosciameae.

Die Frucht ist eine 2fächerige Kapsel, die sich durch einen Deckel öffnet.

Hyosciamus.

Krone trichterförmig, 5lappig. Kapsel durch einen Deckel sich öffnend.

1. *H. niger L. Bilsenkraut.* Blätter buchtig gezähnt, die untern gestielt, die obern umfassend. Blumen gelb mit violetten Adern durchzogen. 2—3'. ⊙ und ⊙. Auf Schutt hin und wieder zerstreut, durch die ganze

ebene Schweiz und in der montanen Region (Dissentis etc.). Blüht im Sommer. Die einjährigen Pflanzen geben *H. bohemiens Schm.* und *H. agrestis Kit.*; eine Varietät davon mit ungeaderten Kronen ist *H. pallidus W.* — Das Kraut und die Samen gehören zu den kräftigsten narkotischen Arzneimitteln, doch sollte ersteres immer von wildwachsenden Pflanzen genommen und vor der Entwicklung der Blüthen gesammelt werden. In grössern Gaben genossen tödtet es.

Vierte Zunft. Solaneae.

Die Frucht ist eine 2fächerige (selten mehrfächerige) Beere.

Atropa.

Krone bauchig-röhrig, 5spaltig. (Kelch nicht aufgeblasen).

1. *A. Belladonna L. Tollkirsche.* Blätter eirund, ganzrandig. Blumen schmutzig-roth. Beeren schwarz, glänzend. Stengel 3—5'. ♃ Sommer. Wächst auf Stellen abgegangener Wälder und an Waldrändern der montanen und subalpinen Region durch die ganze Alpenkette, den Jura und die Molassenberge der Schweiz. — Wurzel und Blätter sind von dieser Pflanze officinell und ihre lockend aussehenden und süsslich schmeckenden Beeren verursachen häufig Vergiftungen an Kindern.

Physalis.

Der Kelch erweitert sich nach dem Verblühen in eine weite bauchige Blase.

1. *P. Alkekenye L. Judenkirsche.* Blätter ganz, spitzig, zu 2 bei einander stehend. Stengel einfach oder unten ästig, 1' und darüber. ♃ Sommer. Findet sich gewöhnlich um Weinberge herum in Hecken und an Zäunen und hat daher die Verbreitung des Weinstocks. Die rothen, in einer safrangelben Blase steckenden Beeren werden ohne Schaden gegessen.

Solanum.

Krone radförmig. Staubbeutel zusammenneigend.

1. *S. nigrum L. Nachtschatten.* Blätter eirund, eckig oder buchtig gezähnt, kahl oder behaart. Stengel ästig, krautig, ungefähr 1'. Blumen weiss. ⊙ Sommer. In Aeckern, Gärten, auf Schutt und ähnlichen Stellen in der ganzen Schweiz gemein. Das Kraut und die Beeren sind giftig.

α. Mit schwarzen Beeren und kurz behaart. *S. melanocerasum Willd.* Die gemeinste Form.

β. Mit weichen längern Haaren ganz bedeckt und mit gelben Beeren. *S. villosum Lam.* Bei Ferrières in Wallis.

β. Fast kahl, mit gelben Beeren und kleiner als die andern. *S. humile Bernh.* In der Waadt.

δ. Mit mennigrothen Beeren. *S. miniatum Bernh.* In Unter-Wallis und bei Genf.

Alle diese Formen pflanzen sich constant fort.

2. *S. Dulcamara L. Bittersüss.* Stengel holzig, gebogen, 2—4' lang, kletternd. Obere Blätter spiessförmig. Blumen violett. Beeren länglich, roth. Sommer. Wächst an etwas feuchten Orten, in Gebüsch, an Flussufern und an Mauern durch die ganze ebene Schweiz, jedoch immer zerstreut. — Dieses Kraut schmeckt anfangs widrig bitter, nachher süsslich und ist ein werthvolles Arzneimittel; man sammelt für die Apotheken die jungen Schosse. Die Beeren bewirken heftiges Erbrechen und Purgiren.

α. Mit weichen Haaren bedeckt. *S. littorale Raab.* Am Genfer-See bei Lausane etc.

— Die *Kartoffeln* (Solanum tuberosum L.) stammen aus den Gebirgen von Peru und Chili, wo sie den Ur-Einwohnern schon bekannt waren. Nach Europa kamen sie im J. 1565. wurden von Bauhin 1590 beschrieben und erst in den Jahren 1730—40 in Deutschland eingeführt. Der Verbreitung dieser unschätzbaren Pflanze setzten sich die Vorurtheile des Volks, das in ihr bloss ein Nahrungsmittel für das Vieh erblicken wollte, und die Theorien der Gelehrten entgegen, die trotz aller Erfahrung die Kartoffeln als giftig verschrieen. Ein Gift für den Menschen werden sie nur dann, wenn, was jetzt häufig geschieht, Branntwein daraus gebrannt und durch den Genuss desselben die Gesundheit allmählig untergraben wird.

— *Lycium barbaricum L.*, ein Strauch mit elliptisch-lanzetten Blättern, kleinen violetten Blüthen und rothen Beeren, wird häufig zur Zierde und zu Hecken in Gärten angepflanzt und vermehrt sich an solchen Orten durch seine unterirdischen Schosse ungemein. Er erscheint daher nicht selten verwildert.

— Der *spanische Pfeffer* (Capsicum annuum) wird um seiner beissend pfefferartig schmeckenden Früchte in Gärten angepflanzt. In den heissen Ländern sind diese sehr im Gebrauche.

XXIV. Klasse.

Tubiflorae.

Kräuter mit abwechselnden Blättern, regelmässigen vollkommenen Blüthen, verwachsenblätterigen Kronen, auf denen die 4 oder 5 Staubgefässe stehen. Die Frucht ist 3- und mehrfächerig und trägt die Samen auf einer unten, aber in der Mitte stehenden Placenta. (Die Cuscuten weichen hievon etwas ab.)

LXX. Familie.

Polemoniaceen (Polemoniaceae).

Kelch einblätterig, 5spaltig. Krone einblätterig, 5spaltig, regelmässig. Staubgefässe 5, auf der Kronröhre, und mit den Kronlappen abwechselnd. Ovarium frei, mit einem Griffel und 3spaltiger Narbe. Frucht eine 3fächerige, 3klappige Kapsel mit centralständiger Placenta und Scheidewänden, die von der Mitte der Klappen ausgehen. Samen zahlreich, mit hornhartem Albumen und geradem Keim.

Polemonium.

Kelch 5spaltig. Krone radförmig, unten durch die breiten Staubfäden geschlossen.

1. *P. coeruleum L.* Stengel kahl, blätterig, 2—3'. Blätter gefiedert: Blättchen eirund-lanzett, zugespitzt, kahl. Blumen blau, traubenständig, aufrecht. ♃ Sommer. Findet sich auf Weiden und waldigen Stellen. Im Jura von der Birs-Ebene an bis in die Neuenburger Thäler; in den Alpen des Waadtlands und Unter-Wallis und in Graubünden in vielen subalpinen und alpinen Thälern. Ehemals war die Pflanze unter dem Namen *Valeriana graeca* officinell; jetzt dient sie bloss als ein Ziergewächs in Gärten. Sie ist eine Humuspflanze und daher an kein Gestein besonders gebunden.

Das *P. rhaeticum*, das H. *Thomas* in Graubünden entdeckt hat, dürfte wohl nur eine durch locale Zustände hervorgebrachte Form obiger Art sein.

LXXI. Familie.

Convolvulaceen (Convolvulaceae).

Kelch regelmässig, bleibend, meist 5spaltig. Krone einblätterig, regelmässig, 5spaltig. Staubgefässe 5, auf der Kronröhre und mit den Kronlappen abwechselnd. Stempel aus einem freien Ovarium, einem Griffel und einer knopfförmigen oder gelappten Narbe bestehend. Frucht eine 2—3—4klappige, 2—3—4fächerige Kapsel mit centralständiger Placenta; ihre Scheidewände gehen vom Centrum aus gegen die Mitte der Klappen und lösen sich zur Fruchtreife von denselben ab. Bei andern springt der obere Theil der Kapselwand deckelförmig ab und noch bei andern ist die Frucht nicht aufspringend. Samen wenig in einem Fach, mit gebogenem Keim und kleinem breiartigem Eiweiss. — Unsere C. sind Kräuter mit windendem oder rankendem Stengel, abwechselnden Blättern und kleinen und grossen Blüthen. Die Wurzeln einiger ausländischen Arten sind kräftige Purgirmittel (die *Jalapa* und das früher viel gebrauchte *Scammonium*); eine andere Art liefert die *Bataten*, ein Knollengewächs, das in den heissen Ländern die Stelle der Kartoffeln vertritt.

Convolvulus.

Krone trichterförmig, gefaltet, 5lappig. Narbe 2lappig. Kapsel 2—4fächerig, klappenweise aufspringend: Fächer 2samig. — *Winden.*

1. *C. sepium L.* Bracteen sehr nahe an der Blume: Blätter spiessförmig. Blumen schneeweiss, gross. 4—6'. ♃ In Gebüsch durch die ganze ebene Schweiz. Sommer.

2. *C. arvensis L.* Bracteen von der Blume entfernt. Blätter spiessförmig. Blumen weiss, röthlich angelaufen. Stengel aufliegend, 1—2' lang. ♃ In Aeckern durch die ganze ebene Schweiz. Ein Unkraut und folglich wie obige eine Humuspflanze. Sommer. Beide Arten besitzen purgirende Eigenschaften.

Cuscuta.

Kelch 4—5spaltig. Krone glockenförmig oder schlauchförmig, 4—5spaltig. Griffel 1 oder 2. Kapsel in die Quere deckelartig aufspringend. Keim spiral gewunden, ohne Samenlappen.

— Hieher gehören jene weisslich oder röthlich gefärbten Gewächse, die sich fadenförmig um andere Pflanzen schlingen und sich von ihnen nähren. Ihre kleinen Blüthen stehen knäuelförmig beisammen. Da diese Gewächse auf andern Pflanzen leben, so kommen sie auf jedem Boden vor, von der Ebene an bis in die subalpine Region.

1. *C. europaea L.* Kronröhre ziemlich walzig (bei der Fruchtreife unten erweitert), bis zur Mitte oder ein Drittheil gespalten; Lappen eirund, spitzig; Griffel 2. Blümchen ungestielt, geknäuelt, die grössten unter den inländischen. ⨀ Findet sich häufig auf allerhand Pflanzen, besonders

gern auf Nesseln, Hopfen, Labkraut und sogar auf giftigen, wie z. B. auf dem Eisenhut. Die Grösse der Blümchen und der Blumenknäuel richtet sich etwas nach der Grösse der Pflanze, die der Cuscuta zur Stütze dient.

2. *C. Epithymum L.* Kronröhre walzig, bis zur Mitte gespalten: Lappen lanzett, zugespitzt. Blümchen ungestielt, geknäuelt, die kleinsten unter den inländischen. ⊙ Häufig auf kleinern Pflanzen, wie z. B. auf Quendel, Ginster, Labkraut und auch auf Gramineen.*)

3. *C. Epilinum Weihe. Flachsseide.* Kronröhre kugelig, unter dem Limbus eng halsartig zusammengezogen. Die Blümchen sind grösser als bei C. Epithymum und doch ist die Verwandtschaft mit C. europaea geringer. ⊙ Soll sich besonders auf dem Flachs finden und ganze Felder zu Grunde richten. Doch wäre zu untersuchen, ob nicht auch C. europaea auf dieser Pflanze sich einfindet. Ich sammelte meine Exemplare dieser Art auf der Linaria in Wallis.

4. *C. corymbosa R.* et *P.* Blumen gestielt, eine Afterdolde bildend (etwas grösser als bei C. europaea). Krone trichterförmig, oben nicht halsartig zusammengezogen, bis 1/3 5spaltig. Staubgefässe 5, so lang als die Krone. ⊙ September. Diese Pflanze stammt aus Chili und Peru und ist ohne Zweifel ohne Zuthun des Menschen, vermuthlich mit fremden Sämereien, in unsere Gegenden gekommen. Sie wurde seit dem Jahr 1840 im C. Waadt von H. Oberrichter Muret und bei Genf (auf einem mit Luzerne bepflanzten Acker à la queue d'Arve) von H. Reuter beobachtet.

XXV. Klasse.

Nuculiferae.

Eine aus 4 Nüsschen bestehende Frucht zeichnet diese Abtheilung aus. Uebrigens ist die Krone

*) Ich habe diese Art auf Agrostis alba und Koeleria cristata auf den Voirons bei Genf gefunden und absichtlich aufbewahrt, weil man lange Zeit geglaubt hat, dass die C. nie auf Monocotyledonen wüchsen.

verwachsenblätterig (einblätterig, *corolla gamopetala*) und trägt die Staubgefässe. Afterblätter fehlen.

LXXII. Familie.

Boragineen (Boragineae).

Kelch 5lappig, regelmässig. Krone ebenso, die Lappen dachziegelartig übereinander gelegt. Staubgefässe 5, auf der Krone, mit den Kronlappen abwechselnd. Neben den Staubgefässen oder über ihnen und mit denselben abwechselnd 5 Schuppen oder Pölsterchen. Stempel aus 4 Ovarien bestehend, aus deren Mittel sich ein einfacher Griffel erhebt. Frucht aus 4 einsamigen nicht aufspringenden Nüsschen bestehend. Samen mit geradem Keim und ohne Albumen. — Gewöhnlich rauhhaarige Kräuter mit scorpionschwanzartigem Blüthenstand und abwechselnden Blättern. Sie sind unschädlich, werden vom Vieh gern gefressen und dienen auch dem Menschen als Gemüse (z. B. der *Boretsch*). Die Wurzel der Schwarzwurz ist ein erweichendes Mittel und die der Anchusa tinctoria färbt roth. Die B. sind über die ganze Erde verbreitet.

Heliotropium.

Ovarium einfach, zur Reife in 4 Nüsschen zerfallend. Krone trichterförmig mit gefaltetem Rande.

1. *H. europaeum L.* Stengel ästig, aufrecht, spannehoch. Blätter eirund, gestielt, ganzrandig, etwas filzig. Blumen weiss. ☉ In Aeckern, an Wegen und auf Schutt der westlichen Schweiz (Unter-Wallis, Waadt, Genf, Basel); nach Hegetschweiler auch bei Bellenz. Sommer.

Cerinthe.

Nüsschen 2, frei, 2fächerig. Krone röhrig-glockenförmig ohne Schuppen oder Pölsterchen. Staubbeutel pfeilförmig.

1. *C. alpina Kit.* und *Koch.* Krone 5zähnig: Zähne eirund, zurückgebogen (wie alle übrigen gelb mit braunem Hals). Staubfäden viermal kürzer als die Staubbeutel. 1—2'. ♃ Auf alpinen und subalpinen Weiden, gern um Gebüsch und meist einzeln. Findet sich durch die ganze Alpenkette ohne Unterschied des Gesteins und im westlichen Jura, der Waadt und von Neuenburg. Sommer. — Dies ist die einzige Art Cerinthe, die wir in der Schweiz besitzen; sie gehört zu denjenigen Humuspflanzen, die nur auf Bergen wachsen und sich bloss zufällig ins Thal verirren (so z. B. bei Bex). *C. aspera* (nicht Roth) und *glabra* (nicht Mill.) *Gaud. C. major* (nicht Linné) und *alpina Hey. C. glabra Brown. C. minor* Reut. in cat. *C. major Koch* (nicht Linné).

Onosma.

Nüsschen 4, frei. Krone röhrig-glockenförmig, ohne Schüppchen oder Pölsterchen am Schlunde. Staubbeutel pfeilförmig.

1. *O. echioides L.* Stengel sehr ästig. Blätter lineal-lanzett, rauhharig: Borsten auf einer kahlen Warze. Blumen gelb. Stengel roth. ⊙ und ♃ Bei Ollon im untern Rhonethal und in Ober-Italien. Wie die folgende eine südliche Humuspflanze. Sommer.

2. *O. stellulatum W. et K.* Stengel einfach, 1'. Blätter lineal-lanzett, rauhhaarig: Borsten auf einer mit kleinern Börstchen besetzten Warze. Blumen gelb. ⊙ und ♃ An Halden und Wegen des untern Rhone-Thals von Siders an. Sommer.

Echium.

Krone etwas unregelmässig 5lappig, glockenförmig, mit nacktem Schlunde. Nüsschen 4, frei.

1. *E. vulgare L.* Borstenhaarig. Blätter lanzett. Krone mehr als doppelt länger als der Kelch, sehr ungleich lappig, schön blau (selten röthlich oder weiss). Meist 2', jedoch auch häufig darunter. ⊙ Ungemein

häufig durch die ganze ebene Schweiz bis in die subalpinen Thäler. Sommer.

2. *E. italicum L. E. altissimum Jacq.* Mit festern Borsten als vorige. Blätter schmal und verlängert-lanzett. Krone fast gleichmässig 5lappig, nicht doppelt so lang als der Kelch, blassblau (in Wallis nach Gaudin weiss). Staubfäden doppelt so lang als die Krone. Wird höher als vorige, die Blumen aber sind kleiner. ⊙ In Unter-Wallis. Sommer. Ist nicht mit *E. pyrenaicum Desf.* = *E. asperrimum Lam.* = *E. pyramidale Lapeyr.* zu verwechseln, wie gewöhnlich geschieht. Dieses hat fleischrothe Blumen.

Pulmonaria.

Krone trichterförmig, im Schlunde behaart, ohne Schuppen oder Pölsterchen. Kelch 5spaltig.

1. *P. officinalis L. Lungenkraut.* Wurzelblätter langgestielt, eirund, hinten mehr oder weniger herzförmig. Stengelblätter sitzend oder etwas herablaufend. Blumen erst roth, dann blau. ♃ 1'. In Hecken und Gebüsch der Ebene der westlichen Schweiz (Genf, Waadt, Solothurn, Bern, Basel). Blüht im ersten Frühling. War ehemals officinell.

2. *P. angustifolia L.* Wurzelblätter langgestielt, lanzett. Stengelblätter sitzend, umfassend oder etwas herablaufend. Blumen schön blau. ½—1'. ♃ In Hecken und Gebüsch, fast noch häufiger als vorige und weiter nach Osten verbreitet. Im Waadtland findet man sie auch in den subalpinen Höhen und in Bünden sogar häufig in der alpinen Region; dagegen fehlt sie in diesem Canton in den tiefern Gegenden. Die *P. azurea Bess.* ist die in Bünden vorkommende Form dieser Art, die keineswegs wesentlich von der P. angustifolia verschieden ist; vollends absurd ist es aber, eine eigene Gattung daraus zu machen (*Bessera azurea Schult.*). Was die Bündner-Exemplare constant von den andern schweizerischen (auch von den Waadtländischen subalpinen) unterscheidet, ist nicht die Breite der Blätter, sondern der Umstand, dass die Staubgefässe bedeutend unter dem Haarring des Schlunds stehen und dass der Zwischenraum kahl ist. Allein dieser Umstand kann hier so wenig als bei den Primeln zur Auf-

stellung eigener Arten berechtigen, auch wenn, was hier der Fall ist, der Unterschied durch die Cultur unverändert fortbesteht.

Lithospermum.

Kelch 5theilig, nicht bloss 5spaltig wie bei Pulmonaria; sonst wie diese.

1. *L. purpureo-coeruleum L.* Krone weit über dem Kelch hinausreichend (zuerst röthlich-violett, später blau). Blätter lanzett. Nüsschen glatt. 1½—2'. ♃ In Hecken und Gebüsch der Ebene durch die Cantone Genf, Waadt, Unter-Wallis, Neuenburg, Basel, Solothurn jenseits des Jura und Schaffhausen. Mai.

2. *L. officinale L.* Krone weissgelb, kaum länger als der Kelch. Blätter lanzett. Nüsschen (Samen) glatt, perlglänzend und beinhart. 2'. ♃ Gemein auf unfruchtbaren Stellen der Ebene durch die ganze Schweiz. Mai bis Juli. Die Samen wurden früher mit Unrecht gegen die Steinbeschwerden angerathen und angewandt.

3. *L. arvense L.* Krone weiss, kaum länger als der Kelch. Blätter lanzett. Nüsschen runzlig. 1—1½'. ⊙ In Aeckern und auf Schutt durch die ganze ebene Schweiz. Mai bis Juli.

Anchusa.

Krone trichterförmig, am Schlunde mit bartigen Schuppen besetzt. Nüsschen unten ausgehöhlt.

1. *A. officinalis L. Ochsenzunge.* Kelch bis zur Mitte gespalten. Blätter lanzett oder lineal-lanzett, rauhhaarig. Blumen dunkelblau. 1½—3'. ⊙ Auf Mauern, Schuttstellen und in Wiesen von Graubünden, St. Gallen und Tessin, wo sie häufig ist und bis in die montane Region hinauf geht. Ich kann bei uns nicht 2 verschiedene Arten finden, obwohl ich breit- und schmalblätterige Formen kenne und auch in den höhern Gegenden grössere Kronen angetroffen habe. War sonst officinell.

2. *A. italica Retz.* Kelch 5theilig. Blätter lanzett, rauhhaarig. Blumen hellblau, grösser als bei voriger. Stengel straff, 2—4'. ⊙ Auf Ackerrändern und an Wegen der westlichen Schweiz (Genf, Waadt, Unter-Wallis) hin und wieder, aber nicht häufig. Im Tessin nach Hegetschweiler. Sommer.

Lycopsis.

Wie Anchusa, aber mit gekrümmter Kronröhre.

1. *L. arvensis L.* Stengel aufrecht, ästig. 1'. Blätter lanzett, entfernt gezähnt, rauhhaarig. Blumen hellblau, an der Mitte der Röhre gebogen. ⊙ In Aeckern der ganzen Schweiz, jedoch nicht überall gleich häufig. Sommer.

Borago.

Krone radförmig, am Schlunde mit Schüppchen. Nüsschen unten ausgehöhlt.

1. *B. officinalis L. Boretsch.* Krone schön hellblau mit eirunden zugespitzten Lappen. Stengel ästig, 1'. ⊙ Als Unkraut zufällig in Gärten und auf Schuttstellen, bald hie, bald da; eigentlich aber nicht wild und nicht einmal verwildert. Die Pflanze schmeckt gurkenartig und wird hie und da gegessen.

Symphytum.

Krone walzig-glockenförmig, am Schlunde mit 5 kegelförmig zusammenneigenden, pfriemenförmigen Schuppen. Nüsschen 4, unten ausgehöhlt.

1. *S. patens Sibth.* Blätter eirund oder eirund-lanzett, herablaufend: Flügel so breit als der Stengel. Kelch abstehend. Krone violett oder lila, fast doppelt so gross als bei folgender. 2'. ♃ In Graubünden, wo S. officinale fehlt. Sodann auch in der Umgegend von Solothurn und wie es scheint auch im C. Zürich, Aargau und Basel. Juni. Findet die gleiche Anwendung wie die folgende.

2. *S. officinale L. Schwarzwurz.* Blätter eirund-lanzett oder lanzett, herablaufend: Flügel meist etwas schmäler als der Stengel. Kelch aufrecht. Krone gelblich-weiss. 2'. ♃ In der ebenen Schweiz, häufig in den westlichen Cantonen (Genf, Waadt, Bern, Neuenburg, Solothurn). Wächst wie vorige auf feuchten Wiesen, an Gräben und Ackerrändern., Mai und Juni. Die Wurzel dieser Pflanze (radix Consolidae majoris) ist sehr schleimig und daher ein gutes einhüllendes und erweichendes Heilmittel.

3. *S. tuberosum L.* und *Gaud.* Blätter eirund, die obern fast entgegengesetzt und etwas herablaufend, die

untern in den Blattstiel herablaufend. Krone röhrig-trichterförmig, ochergelb, 5zähnig: Zähne umgebogen. 1' und darüber. ♃ In der montanen Region der transalpinen Berge an schattigen Stellen, nicht selten. Ich fand es auf dem M. Generoso. Die andern für diese Pflanze angegebenen Standorte liegen ausserhalb der Schweiz.

Cynoglossum.

Krone trichterförmig, mit 5 Schüppchen am Schlunde. Nüsschen 4, kurzstachlig, seitlich auf einem erhöhten Fruchtboden sitzend.

1. *C. officinale L. Hundszunge.* Stengel aufrecht, 2' und darüber. Blätter von kurzen weichen Haaren grau; die untern elliptisch, in den Stiel auslaufend; die obern halb umfassend, lanzett. (Blmen trübroth, wie gestocktes Blut). ⊙ Auf unfruchtbaren, steinigen Stellen der ganzen ebenen und montanen Schweiz. Mai und Juni. — Die ganze Pflanze hat einen etwas betäubenden Geruch und ist deshalb verdächtig; ehemals war sie officinell.

2. *C. montanum Lam.* Stengel aufrecht, 2'. Blätter glänzend, grün, mit entfernt stehenden Haaren besetzt; die untern elliptisch, in den Stiel auslaufend; die obern halb umfassend, elliptisch-lanzett. (Blumen trübroth, wie gestocktes Blut.) ♃ An Felsenschatten und in Wäldern der montanen Region. Im westlichen Jura von Genf bis Solothurn. In den Alpen des untern Rhone-Thals und nach Hegetschweiler und Heer in Graubünden und bei Wallenstadt. Sommer.

— In den Gärten ist das *grosse Vergissmeinnicht* (Omphalodes verna Moench) nicht selten.

Myosotis.

Krone tellerförmig, am Schlunde mit kleinen Schuppen oder Pölsterchen geschlossen. Nüsschen unbestachelt, glänzend. *Vergissmeinnicht.*

Sect. I. Mit Kelchen, an denen die Haare anschmiegend sind.

1. *M. palustris With.* Die ganze Pflanze anschmiegend behaart. Blumentrauben ohne Blätter. Blumen doppelt grösser als bei folgender. ½—1' und darüber. ♃ In

Sümpfen und feuchten Wiesen und Weiden, gemein durch die ganze ebene und montane Schweiz.

α. Mit bloss 5zähnigem Kelch und einem Griffel, der so lang als der Kelch ist. *M. palustris Koch.* Dies ist die extreme Form, die in tiefem, langsam fliessendem Wasser vorkommt. In der Schweiz habe ich sie noch nicht bemerkt. Meine Exemplare sind von München.

β. Mit halb 5spaltigem Kelch und kürzerm Griffel. Gemein in der Schweiz.

γ. Mit einem halb 5spaltigen Kelch, der zur Fruchtreife etwas länger ist als der Blumenstiel und mit kurzem Griffel und sehr grossen Kronen. 3—4''. Eine Form, die auf ausgetrocknetem Schlammboden am Genfer-See zufällig gefunden wird. *M. palustris caespititia DC.* prod.

2. *M. caespitosa Schultz.* Wie vorige, allein mit kleinern Blüthen, von denen die untersten von Blättern begleitet sind. Die Stengel sind fast fadenförmig, 6—9''. ♃ Hin und wieder (bei Genf, Genthoud, Neuss, Dottenrieth in St. Gallen, bei Chur etc.), jedoch die oben beschriebene extreme Form mit fadenförmigen Stengeln nur bei Neuss. Sommer.

Sect. II. Kelch mit abstehenden Haaren, von denen die untern hakenförmig gekrümmt sind, besetzt. Die ganze Pflanze ist mit abstehenden Haaren besetzt.

3. *M. sylvatica Hoffm.* Kelch tief 5spaltig, an der Basis mit hakenförmigen Haaren besetzt. Kronplatte flach (gross). 4''—1' und darüber. ♃ und ⊙ Dies ist das gemeine Vergissmeinnicht, das im Frühling unsere Baumgärten und Wiesen ziert, das sich in der Ebene sowohl als auf den Alpen und im Jura, so wie auch auf den Molassenbergen findet und sich am liebsten auf etwas feuchten Stellen niederlässt. Auf den höhern Bergen bleibt es klein und bildet Rasen; dies ist *M. alpestris Schmidt.*

4. *M. intermedia Link.* Alles wie bei voriger, nur sind die Kronen kleiner, mit concaver Platte; auch sind die Blumenstiele zur Fruchtreife doppelt länger als der Kelch. ⊙ oder ⊙. 1'. Gemein in Aeckern und Wiesen

durch die ganze Schweiz bis in die subalpine Region. Sommer.

5. *M. collina Ehrh.* Reich. Gaud. *M. hispida Schlecht.* Kelch horizontal abstehend, zur Fruchtreife offen, so lang als der Stiel. 4—12″. Die Blümchen sind klein, dunkler blau als bei voriger. ⊙ Auf Wiesen, Aeckern und Schuttstellen der westlichen Schweiz (Genf und Waadt), nicht selten; in der östlichen habe ich diese Art nur bei Bonaduz in Graubünden finden können. April und Mai.

Sect. III. Die Kronröhre reicht etwas über den Kelch hinaus. Im übrigen wie die zweite Section.

6. *M. versicolor Pers.* Kronröhre etwas länger als der Kelch. Platte zuerst gelb, dann blau. Kelch tief 5spaltig, zur Fruchtreife länger als der Stiel. ⊙ 1/2′. Auf Feldern der westlichen und mittlern Schweiz (Genf, Waadt, Basel, bei Solothurn und im C. Bern bei Rüggisberg). Mai und Juni.

Echinospermum.

Blumen wie bei Myosotis. Nüsschen seitlich am Fruchtboden, rauhkörnig, an den Kanten stachlig: Stacheln mit ankerartigen Widerhaken.

1. *E. Lappula Lehm. Myosotis Lappula L.* Aestig, mit abstehenden Haaren besetzt, 1′. Blätter lanzett oder zungenförmig. Fruchtstiele aufrecht. ⊙ Sommer. Auf Mauern und Schutt der wärmern Schweiz (Genf, Waadt, Wallis, Bünden, Uri, Tessin). Scheint in der mittlern Schweiz und im Jura zu fehlen.

2. *E. deflexum Lehm.* Kaum von voriger Art verschieden. Die Fruchtstiele sind zurückgeschlagen. In montanen und subalpinen Bergwäldern von Graubünden und Wallis, nicht selten. 1 1/2′. Sommer.

Eritrichium.

Blumen wie bei Myosotis. Nüsschen länglich, mit 5 Längs-Stachelreihen besetzt: Stacheln hakig. *)

*) Hiebei muss man die reifen Früchte consultiren, deren man bisweilen in den Räschen etwelche findet. Die unreifen sind an den beiden Rändern breit geflügelt, bekommen später an denselben, so wie auf dem Rücken Stacheln, die in einen Haken ausgehen und 5 Reihen bilden.

1. *E. nanum Schrad. Myostis nana L.* Ein rasenbildendes, 1—3" hohes Kräutchen mit blauen Blumen, eirunden oder länglich-eirunden, lanzetten oder spathelförmigen Blättern. ♃ Es findet sich auf den höchsten Bergspitzen in der nivalen und glacialen Region, immer auf Granit. In Bünden auf dem Piz Ot, im Heuthal auf dem Bernina und auf dem Scopi in Medels; auf der Furca di Bosco im Tessin und auf den Bergen des Simplon-, Saaser- und Nicolai-Thals. Man findet auch hier schmalblätterige Formen mit kleinern Blumen und breitblätterige mit grössern Blumen, diese mehr am Licht, jene mehr am Schatten. Am meisten Verwirrung haben die veränderlichen Nüsschen verursacht und zur Aufstellung eines mangelhaften Gattungscharakters und einer unhaltbaren Species *(E. Hacquetii Koch)* Veranlassung gegeben. Was die von Koch angegebenen Merkmale dieser letztern betrifft, so kann ich versichern, auf einer und derselben Pflanze ganzkantige und kammkantige unreife Nüsschen gefunden zu haben.

Asperugo.

Kelch 5spaltig, unregelmässig, zur Fruchtreife vergrössert, flach und ungleich buchtig ausgeschnitten. Nüsschen zusammengedrückt, rauhkörnig.

1. *A. procumbens L.* Ein ästiges, bis 2' langes, klettenartiges Kraut, das wie das Galium Aparine sich an die Kleider anheftet, kleine violette achselständige Blümchen hat und sich auf Schuttstellen der ebenen, montanen und subalpinen Region, jedoch nicht überall findet. Bei Genf, im untern und obern Rhonethal, im Berner Oberland, in Bünden. ⨀ Mai und Juni.

LXXIII. Familie.

Globularien (Globulariaceae).

Blüthen auf einem mit Spreublättchen (Bracteen) besetzten, gemeinschaftlichen Fruchtboden zu einem **Köpfchen** vereinigt. **Kelch**

bleibend, 5spaltig. Krone 5spaltig, unregelmässig, fast 2lippig. Staubgefässe 4, auf der Kronröhre; der fünfte fehlende fiele zwischen die Lappen der Oberlippe. Stempel aus einem freien Ovarium, einem Griffel und 2spaltiger Narbe bestehend. Frucht eine einfächerige, einsamige, nicht aufspringende Kapsel (eine Cariopsis). Samen mit geradem Keim und fleischigem Albumen. — Bei uns kleine Kräuter mit blauen Blüthen und abwechselnden, ungetheilten Blättern.

Globularia.

(Da die Familie nur aus dieser Gattung besteht, so fällt der Gattungscharakter mit dem Familiencharakter zusammen.)

1. *G. vulgaris L.* Wurzelblätter spathelförmig, ausgerandet oder kurz 3zähnig. Stengel mit lanzetten Blättern besetzt, 2—3—6—12". ♃ Auf trockenen Weiden und Halden durch die ganze tiefere Schweiz von Genf bis Graubünden. Mai und Juni.

2. *G. cordifolia L.* Stengel kriechend, ästig, holzig. Blätter umgekehrt-eirund, nach hinten verschmälert, an der Spitze stumpf, ganz oder ausgerandet oder 3zähnig. Schaft nackt, 1—2". ♃ Ueberzieht rasenartig Steine, Felsen und Gerölle und findet sich im Jura und auf den Alpen in jeder Region, ausgenommen die obersten. Sommer.

3. *G. nudicaulis L.* Wurzelblätter länglich-keilförmig, vorn zugerundet. Stengel (wie bei G. vulgaris) sehr kurz, mehrere aus einer Wurzel, einen blattlosen, 4—6" hohen Schaft treibend. ♃ Auf Weiden und steinigen Halden der Alpen in der montanen, subalpinen und alpinen Region. Fehlt dem Jura.

LXXIV. Familie.

Verbenaceen (Verbenaceae).

Kelch röhrig, bleibend. Krone röhrig, mit

ungleich 4- oder 5theiliger Platte. Staubgefässe 4, in der Kronröhre. Ovarium frei, mit einem Griffel. Frucht entweder eine aus 1—4 Kernen bestehende Beere oder Steinfrucht oder die 4 Kerne sind ohne gemeinschaftliche Fruchthülle und bilden dann 4 Nüsschen wie bei den Boragineen. Samen mit geradem Keim ohne Eiweiss. — Kräuter und Sträucher mit entgegengesetzten, meist geruchlosen Blättern und traubenständigen Blüthen. Die meisten gehören den heissen Ländern an. Mehrere davon dienen als Ziergewächse, andere als Holz, wie z. B. der *Tekbaum* in Ostindien, und eine Art davon ist wegen ihrer wohlriechenden Blätter sehr beliebt und findet sich daher häufig in Töpfen, nämlich die *Aloysia citriodora Ort.*

Verbena.

Kelch 5spaltig. Kronplatte 5spaltig, fast 2lippig. Frucht aus 4 Nüsschen bestehend. Stengel 4kantig.

1. *V. officinalis L. Eisenkraut.* Die mittlern Blätter fiederig getheilt, eingeschnitten-gesägt. Blumen sehr klein, blau, lange und dünne Aehren bildend. 1½—2'. ♃ Sommer. Findet sich an Wegen und Zäunen der ganzen ebenen Schweiz. Das Eisenkraut war ehemals ein Universalmittel in fast allen Krankheiten und diente viel und häufig in der Magie; jetzt wird es keines Gebrauchs mehr gewürdigt.

LXXV. Familie.

Lippenblumen (Labiatae).

Kelch einblätterig, regelmässig, 5spaltig oder 2lippig; im letztern Falle kommen 3 Zähne oder Lappen auf die Oberlippe und 2 auf die untere. Krone 2lippig, 5spaltig: 2 Lappen die Oberlippe,

3 die Unterlippe bildend. Staubgefässe auf der Krone, meist 4, wovon 2 grösser als die 2 übrigen sind. Stempel aus 4 Ovarien, einem Griffel, der aus der Mitte der 4 Ovarien hervorgeht, und einer 2theiligen Narbe bestehend. Frucht 4 einsamige Nüsschen. Samen ein gerader Keim ohne Eiweiss. — Man erkennt die L. ausserdem an ihrem 4kantigen Stengel und den entgegengesetzten, wohlriechenden Blättern. Die meisten besitzen in ihrem aromatischen Kraute Heilkräfte, welche die Lebensthätigkeit des thierischen Organismus erhöhen und daher von den Alten zu ihren sogenannten warmen (erwärmenden) Mitteln gezählt wurden. Sie finden sich in grosser Anzahl in den Ländern um das Mittelmeer und nehmen sowohl nach dem Norden als dem Aequator zu ab. In den Gärten hält man aus dieser Familie: den ***Rosmarin***, den ***Majoran***, das ***Basilicum*** (Ocymum Basilicum), die ***Monarden*** (Monarda), die ***Salbei***, die ***Melisse*** und das ***Pfefferkraut***.

Erste Zunft. Ocymoideae.

Krone 2lippig. Staubbeutel nierenförmig, einfächerig, durch eine halbkreisförmige Spalte stäubend und nach der Befruchtung ein kreisförmiges Kläppchen bildend.

Lavandula.

Staubgefässe und Griffel in der Blumenröhre verborgen. Kelch ungleich gezähnt, zur Fruchtreife geschlossen.

— 1. *L. Spica L.* *Lavendel.* Blätter breit lineal, am Rande umgerollt, grauhaarig. Bracteen rautenförmig-eirund. Aehre unterbrochen. 1—2'. ♄ Ganz naturalisirt am Waldsaume von Vuilly im C. Neuenburg; sonst häufig cultivirt und daher auch hie und da verwildert. Von dieser lieblich riechenden Pflanze sind die Aehren nnd Blätter officinell. Im südlichen Frankreich destillirt man aus derselben, so wie auch aus *L. latifolia Bauh.* (L. Spica DC.) das Lavendel- oder Spiköl im Grossen. *L. vera DC.* und *Koch.*

Zweite Zunft. Menthoideae.

Krone glockenförmig oder trichterförmig, mit fast gleichen Lappen. Staubbeutel 2fächerig, durch eine Längsspalte aufspringend.

Mentha.

Staubgefässe oben auseinander stehend. Staubbeutelfächer parallel. Krone 4lappig: oberer Lappen ausgerandet. Kelch 5zähnig.

1. *M. rotundifolia L.* Blätter sitzend, rundlich-eirund, kerbig gesägt. Blumen weiss, in unterbrochene dünne Aehren zusammengestellt. Bracteen lanzett. Kelch schwach gestreift, zur Fruchtzeit kugelig-bauchig. 1½'. ♃ Sommer. Eine äusserst balsamisch riechende südliche Pflanze, die bei uns bloss in den wärmern Gegenden gefunden wird. (Lauis, Bellenz, Clefen, Genf, Neuss, Morsee, Lausanne, La Vaux.)

2. *M. sylvestris L.* Blätter sitzend, eirund oder eirundlanzett, gesägt, grauhaarig. Blumen blass röthlich oder lila, endständige, dichte und ästige Aehren bildend. Kelch und Blumenstiele haarig. 2'. ♃ Sommer. Gemein an Bächen durch die ganze ebene Schweiz.

α. Die *Krauseminze* (M. crispa L.) hat fast herzförmige, krause Blätter, deren Geruch sehr angenehm ist. Man legt sie in Branntwein ein und erhält so das Krauseminzenwasser. Diese Pflanze ist noch nirgends wild gefunden worden, und somit wahrscheinlich eine Gartenvarietät der M. sylvestris, der sie am nächsten steht.

β. *M. viridis L.* Ganz kahl und sehr angenehm

riechend. Findet sich an trockenen Stellen der westlichen Schweiz (Unter-Wallis, Waadt, Genf, Neuenburg).

3. *M. aquatica L.* Blätter eirund, gestielt, gesägt. Blumen lila oder weisslich, bloss zuoberst 1—2 kopfförmige Quirle treibend. Kelch gefurcht, mit behaarten Stielen. 1—2'. ♃ Sommer. Gemein an Wassergräben und andern wasserreichen Stellen durch die ganze ebene Schweiz. *M. hirsuta L.* auct. helv.

4. *M. arvensis Benth.* Blätter gestielt, eirund oder elliptisch, gesägt. Blumen in den Blattachseln gequirlt: Quirle nach oben zu abnehmend. 1—2'. ♃ Sommer. In Aeckern und auf feuchten Schlammstellen, so wie auch cultivirt in Gärten. Häufig in der ganzen ebenen Schweiz.

α. Fast ganz kahl. *M. gentilis L.* Bei Genf, Neuss, in Unter-Wallis und am Zürcher-See.

β. Blätter breit eirund, kohlartig runzlig. *M. sativa L.* In Gärten.

5. *M. Pulegium L.* Blätter eirund, gestielt, gesägt. Blumen lila, gequirlt. Stengel unterhalb sprossentreibend: Sprossen wurzelnd. Kelchröhre durch Haare geschlossen. ½—1' und darüber. ♃ Sommer. Auf periodisch überschwemmten, schlammigen Stellen; jedoch selten. Bei Genf, Morsee und in Unter-Wallis. Ist officinell.

— Die *Pfefferminze* (M. piperita L.) wird in den Apothekergärten gehalten. Sie besitzt einen anfangs feurig aromatischen, nachher auffallend kühlenden Geschmack und ist unter allen Minzen die kräftigste.

Lycopus.

Staubgefässe oben auseinander, 2 unfruchtbar und verkümmert. Krone trichterförmig, 4lappig: oberer Lappen ausgerandet.

1. *L. europaeus L.* Blätter gestielt, länglich-eirund, grob eingeschnitten-gezähnt, hinterhalb fiederig eingeschnitten. Blumen weiss, roth punktirt, gequirlt. 1—2'. ♃ Sommer. Durch die ganze ebene Schweiz an Bächen und Wassergräben, aber nirgends häufig. Ist ein Mittel bei Wechselfiebern und färbt die Tücher schön schwarz.

Dritte Zunft. Monardeae.

Krone 2lippig. Bloss 2 fruchtbare Staubgefässe.

Rosmarinus.

Kelch 2lippig. Krone 2lippig: Oberlippe gespalten. Staubfäden gebogen, über die Krone hinausreichend, mit einfächerigen Beuteln.

— 1. *R. officinalis L.* Blätter lineal mit umgerolltem Rande, sitzend. Blumen blassblau. ♄ Frühling. Soll sich bei Montreux, Aelen und im untern Wallis von selbst fortpflanzen. Die stark und angenehm riechenden Blätter dieses Strauchs gehören zu den kräftigsten Reizmitteln dieser Familie.

Salvia.

Die beiden fruchtbaren Staubfäden tragen ein Stielchen (connectivum = Verbindungstheil der Staubbeutelfächer), an dessen oberm Theil ein Staubbeutelfach ist: auf der untern Seite ist bloss ein unfruchtbares Knöpfchen. Die beiden andern Staubgefässe bloss rudimentär.

1. *S. pratensis L.* Stengel krautig, oberhalb und sammt den Blüthen drüsenhaarig. Blätter eirund oder länglich, doppelt gekerbt; die untern gestielt und hinten herzförmig. Blumen blau. 1—2'. ♃ Mai und Juni. Ungemein häufig auf Wiesen durch die ganze Schweiz bis ans Ende der montanen Region. Diese Pflanze wird nicht gern auf den Wiesen gesehen, weil sie viel Platz einnimmt und dennoch kein gutes Futter liefert.

Hegetschweiler führt in seiner Flora der Schweiz eine Salvia an, die bei Como unweit der Tessiner Grenze auf feuchten Stellen wächst, die man aber aus der Beschreibung nicht gut erkennen kann. Eine andere Art, die S. *sylvestris L.*, wächst im benachbarten Aosta-Thal.

2. *S. verticillata L.* Blätter herzförmig, kerbig-gezähnt, die untern an den Blattstielen geöhrt. Blumen blau, zahlreich zu Quirln zusammengestellt. Stiele so lang als der Kelch. Griffel auf der Unterlippe liegend. 2'. ♃ Sommer. Auf Wiesen der montanen Region (in Bünden, Wallis, Waadt, Savojen) und der Ebene (Schaffhausen, Zürich,

Tessin). Findet sich überhaupt vereinzelt und zerstreut im Gebiete der Schw. Flora.

— 3. *S. Sclarea L.* Stengel krautig, weichhaarig, oben drüsenhaarig. Blätter eirund, doppelt gekerbt, die untern herzförmig, runzlig. Bracteen breit eirund, häutig rosenroth gefärbt, concav. Blumen blau. Riecht eigenthümlich balsamisch. 2—3'. ♃ Findet sich (aber nach Rapin bloss verwildert) im untern Rhonethal (SavièGe, Contey, Fouly, Bex), dann am Genfer-See bei Ouchy, Morsee etc. Sommer. Soll das Bier berauschend machen und gibt dem Wein den Muscateller-Geschmack.

4. *S. glutinosa L.* Stengel krautig, oberhalb drüsenhaarig und klebrig. Blätter spiess-herzförmig, grob gesägt, die obern lang zugespitzt. Blumen blassgelb. 2—3'. ♃ Sommer. In montanen Wäldern durch die ganze Schweiz, häufig.

Seit alten Zeiten als treffliches Heilmittel berühmt ist die *Salbei* (S. officinalis L.), die man jetzt auch zum Küchengebrauch häufig in Gärten antrifft. Im Tessin soll sie sich verwildert vorfinden.

Vierte Zunft. Satureineae.

Die Staubbeutelfächer sind durch ein breites Connectif getrennt und schief an dasselbe angewachsen.

Origanum.

Staubfäden entfernt auseinander stehend. Oberlippe der Krone ausgerandet. Kelchschlund mit Haaren besetzt.

1. *O. vulgare L.* Blätter eirund; die untern stumpf, die obern spitzig. Blumen rosenroth oder fleischroth, von lanzetten, an der Spitze gefärbten Bracteen begleitet. 2—3'. ♃ Sommer. In Hecken und Gebüsch, gern auf steinigen Stellen. Gemein durch die ganze ebene und montane Schweiz. Wird von den Landleuten zu aromatischen Bädern benutzt und auch in den Apotheken gehalten.

Mit zolllangen prismatischen Aehrchen. *O. creticum L.* Hin und wieder in Unter-Wallis, der Waadt und bei Basel.

Der *Majoran* (O. majorana L.) ist ein Gewürzkraut, das hin und wieder in Gärten gehalten wird.

Thymus.

Staubfäden auseinander stehend. Oberlippe der Kronröhre ausgerandet. Kelchschlund mit Haaren besetzt.

— 1. *T. vulgaris L. Thymian.* Blätter lineal oder länglich-eirund, am Rande umgerollt, drüsig punktirt. Blüthenquirle ährenständig. ♄ ½—1'. In Gärten, besonders auf Dörfern, und zuweilen verwildert, wie z. B. zwischen Landeron und Neuveville. Im benachbarten Aosta-Thal wild.

2. *T. Serpyllum L. Quendel.* Blätter ganzrandig, eirund oder rundlich-eirund, sehr kurz gestielt, kahl oder mit gewimpertem Blattstiel, stumpf oder spitzig. Blumen blassroth oder lila, gequirlt: Quirl entfernt achselständig oder am Ende d r Stengel ährenförmig genähert. 3—10". ♄ Sommer und Herbst. Auf dürren Weiden durch die ganze Schweiz in Menge. Findet sich sowohl in der Ebene als auf den Bergen bis zu 7600' Höhe ü. M. Die blühenden Aeste und Stengel sind officinell. *T. Chamaedrys Fries.*

α. Eine nach Citronen riechende Varietät in Gärten. *T. citriodorus Link.*

3. *T. pannonicus All.* Blätter ganzrandig, lineal-lanzett, lanzett oder länglich-lanzett, dicht behaart oder kahl und bloss hinterhalb gewimpert. Stengel ringsum behaart. Sonst wie obiger. ♄ 4—8". Sommer und Herbst. An ähnlichen Stellen wie voriger.

α. Dicht behaart. In Unter-Wallis. *T. p. genuinus. T. lanuginosus Schk.* und *DC. T. humifusus Bernh.*

β. Die Blätter mit einzeln stehenden langen Haaren besetzt, entweder auf beiden Seiten oder bloss am Rande. In Bünden bei Ems, Tamins, Trüns etc.; bei Genf an Aeckern. *T. collinus Bieb. T. Serpyllum Fries* und *Reich. T. angustifolius Pers.*

Micromeria.

Staubgefässe paarweise genähert. Kelch röhrig, 13streifig. Sonst wie Satureja.

1. *M. graeca Benth.* Stengel etwas holzig, stumpf, 4kantig. Blüthen gequirlt. Endquirle 3—5blumig, meist

einseitig gewendet. Karpelle länglich, stumpf. Blätter kurzhaarig, am Rande eingerollt, die untern eirund, die obern lanzett oder lineal. ♃ Sommer. Auf trocknen Stellen am Lauiser-See, zwischen Lauis und Gandria.

Satureja.

Staubgefässe auseinander stehend, unter der Oberlippe. Kelch röhrig-glockenförmig, 10streifig.

— 1. *S. hortensis L. Bohnenkraut. Pfefferkraut. Gartensöpchen.* Stengel aufrecht, ästig, ½—1'. Blümchen zu 5 achselständig. Blätter lineal-lanzett, spitzig. ⊙ Angepflanzt und auch häufig in Gärten unter dem Unkraut verwildert. Dieses stark und angenehm riechende und etwas scharf schmeckende Kräutchen wird den Speisen beigesetzt. Sommer.

Calamintha.

Kelch 2lippig, gefurcht. Staubgefässe auseinander stehend (nicht berührend) unter der Oberlippe. — Kräuter mit violetten achselständigen, einzeln oder sammthaft gestielten Blumen.

1. *C. Acinos Clairv.* Quirl 6blumig. Blumen einzeln gestielt. Krone nicht doppelt so lang als der Kelch. Blätter eirund, gesägt. Kelch zur Fruchtzeit durch die Zähne geschlossen. ⊙ ½—1'. Auf Aeckern, Schutt, magern Triften und Halden, durch die ganze ebene Schweiz häufig.

2. *C. alpina Lam.* Quirl 6blumig. Blumen einzeln gestielt. Krone mehr als doppelt länger als der Kelch. Blätter eirund, gesägt. ½'. ♃ Auf alpinen, subalpinen und montanen Weiden, im Jura und den Alpen gemein. Ist ein Bestandtheil des Glarner Kräuter-Thees, besitzt aber nicht mehr und keine andern Eigenschaften als die meisten andern Lippenblumen.

3. *C. grandiflora Moench.* Blumen zu 3—5 auf einem gabelig verästeten Stiel, bis 1'' lang. Blätter eirund, spitzig, tief und scharf gesägt. Nüsschen rundlich-eirund. 1' und darüber. ♃ In der Schweiz sehr selten. Bei Lugano und auf dem Monte Cenere jenseits der Berge; diesseits am Fuss des Gantrisch zwischen Oberwyl und Boltigen. Sommer.

4. *C. officinalis Moench.* Blumen zu 3—7 auf einem

gabelig verästelten Stiel, von sehr veränderlicher Grösse (4—9'''). Obere Kelchzähne zugespitzt, die untern grannenartig, so lang oder fast so lang als der übrige Theil des Kelchs. Nüsschen rundlich. Blätter eirund, grob gesägt. 1½—2'. ♃ In Gebüsch, an Hecken und Zäunen, gern auf steinigen Stellen, durch die ganze Schweiz sowohl in der montanen Region als in der Ebene. Sommer. Wurde ehemals wie Melissen gebraucht.

5. *C. Nepeta Clairv.* Blumen zu 12—16 auf einem gabelig verästelten Stiel. Blätter eirund, grob gesägt. Obere Kelchzähne 3eckig, spitzig; untere zugespitzt, ¼ oder ⅓ so lang als der übrige Kelch. 1½—2'. ♃ An Felsen und steinigen Stellen längs dem Fuss der Alpen. (Chur, Pfäffers, Wesen, Meyringen, Thun, Unter-Wallis, Roche, Aelen). Ist seltener als vorige und scheint dem Jura und der mittlern Schweiz zu fehlen. Wird auch bei Basel angegeben.

α. Bloss 5—6blumig, mit einem dicht mit Haaren verschlossenen Kelche. Eine mehr südliche Form, die ich im Veltlin bemerkte.

Clinopodium.

Kelch 2lippig gestreift. Blumen achsel- und endständig geknäuelt: Knäuel mit borstenartigen Hüllblättchen umgeben.

1. *C. vulgare L.* Blumen schön roth. Knäuel zottig, vielblumig. 1—2'. ♃ An Zäunen und Hecken und auf entblössten Waldstellen, gemein durch die ganze ebene Schweiz. Sommer. Wurde zur Zeit der Continentalsperre als Surrogat des chinesischen Thees empfohlen.

Fünfte Zunft. Melissineae.

Staubgefässe einander nicht berührend. Staubbeutelfächer an der Spitze verbunden, nach hinten divergirend, oder von der Spitze an horizontal divergirend und durch eine gemeinschaftliche Spalte sich öffnend.

Melissa.

Kelch 2lippig: die 3 Zähne der Oberlippe dreieckig, gefaltet, mit einer kurzen Spitze.

1. *M. officinalis L.* Stengel aufrecht, ästig, 2'. Blätter eirund, kerbig und grob gesägt. Blumen weiss, gequirlt. ♃ An Zäunen und in Hecken der wärmern Schweizerthäler. (Bei Roche, Aelen, Martinach, Fouly u. a. O. in Unter-Wallis; dann auch am Lauiser-See bei Gandria). Die Standorte von Genf und im Jura zwischen Ballstall und Waldenburg können sich höchstens auf einige verwilderte Exemplare beziehen. Sommer. Das angenehm nach Citronen riechende Kraut ist officinell.

Horminum.

Kelch 2lippig: die Zähne der Oberlippe kielförmig gefaltet. Krone bauchig-röhrig: Oberlippe gespalten. Staubfäden bogenartig zusammenneigend. Eine perennirende Alpenpflanze.

1. *H. pyrenaicum L.* Ein 4—6" hohes Kraut mit wurzelständigen, eirunden, gestielten, gekerbten Blättern und violetten quirlständigen Blüthen. ♃ Findet sich bloss auf alpinen Weiden in Graubünden (Valzerberg, oberhalb Worms am Stilfser Joch) und auf dem Monte Calbege im Tessin. Ferner unweit der Schweizer-Grenze auf den Bergen am Comer-See. Sommer.

Hyssopus.

Staubfäden oben auseinander stehend, gerade. Kelch 5zähnig. Oberlippe der Krone flach, gespalten.

1. *H. officinalis L. Ysop.* Blumen blau (selten weiss) gequirlt, ährenbildend. Blätter lanzett, ganzrandig. 1—2'. ♃ Sommer. In Unter-Wallis und Tessin auf steinigen, felsigen Stellen; ob wirklich wild, ist zweifelhaft. Sonst häufig in Gärten. — Der Ysop ist noch immer officinell.

Sechste Zunft. Nepeteae.

Staubfäden unter der Oberlippe parallel laufend, einander genähert.

Nepeta.

Staubfäden genähert, unter der Oberlippe parallellaufend. Staubbeutelfächer (wie bei vorgehender Zunft) durch eine gemeinsame (von einem Fach zum andern gehende) Spalte sich öffnend.

Kelch 5zähnig, gestreift. Oberlippe der Krone gespalten.

1. *N. Cataria L. Katzenminze.* Blätter gestielt, eirund, spitzig, tief kerbig gesägt, hinten herzförmig, unten filzig. Kelchzähne in Grannen ausgehend. Blumen weiss, ins röthliche spielend, auf der Unterlippe roth punktirt. Nüsschen kahl und glatt. 2—3'. ♃ In Hecken und an Zäunen der ganzen ebenen und montanen Schweiz. Die Katzen haben für dieses Kraut, wie für den Baldrian eine besondere Sympathie; doch scheint ihnen die cultivirte und angenehm riechende Pflanze nicht so lieb zu sein als die wilde.

2. *N. nuda L.* Blätter länglich, sitzend, hinten herzförmig, kerbig gesägt. Blumen blau oder weisslich. Nüsschen körnig rauh, an der Spitze kurzhaarig. 2'. ♃ Sommer. Wie vorige auf steinigen Stellen um Gebüsch und Hecken herum, jedoch bloss im untern Rhone-Thal von Wallis und Waadt.

— *N. lanceolata Lam. Gaud!* Achre unterbrochen. Afterdöldchen gegenüberstehend, meist 10blumig: Blumen gebüschelt. Blätter lanzett, gesägt, die untern etwas herzförmig. 2' und darüber. ♃ Im benachbarten Val Tornanche am Fuss des Matterhorns in Piemont. *N. Nepetella L.?*

Glechoma.

Staubbeutel paarweise zusammengestellt und ein Kreuz bildend (bei den ersten Blüthen aber häufig fehlend). Kelch 5zähnig. Oberlippe der Krone gespalten.

1. *G. hederacea L. Gundermann.* Blätter rund oder nierenförmig, gekerbt. Blumen blau, zu 1—3 auf einem kurzen gemeinschaftlichen Stiel in den Blattachseln stehend. 3—12". ♃ Frühling. An Zäunen und in Hecken durch die ganze ebene Schweiz in Menge. — Dieses Kraut besitzt wirksame Heilkräfte bei Krankheiten der Brust-Schleimhäute und ist daher in vielen Gegenden ein viel gebrauchtes Hausmittel. Es dürften aber wahrscheinlich nicht alle Spielarten gleich wirksam sein, am wenigsten die grössern, auf fettem oder feuchtem Boden und am Schatten gewachsenen Formen. *Hedera terrestris pharm.*

Dracocephalum.

Kelch röhrig, 2lippig. Krone unten am Schlund aufgeblasen, mit ganzer gewölbter Oberlippe. — Kräuter mit grossen blauen oder violetten Blumen.

1. *D. Ruyschiana L.* Blumenquirle endständige Aehren bildend. Blätter lineal-lanzett, ganzrandig, unbespitzt. ½—1'. ♃ Sommer. Auf alpinen Weiden, jedoch nicht überall; häufig auf den Bergen des untern Rhone-Thals, sowohl im C. Wallis als im C. Waadt; sodann im Ober-Engadin an vielen Stellen.

— 2. *D. austriacum L.* Blumenquirle unterbrochen geährt. Blätter fiederig 5theilig: Lappen lineal, stumpf; die der Aeste 3theilig, sammt den Bracteen mit einer Spitze versehen. ♃ Mai. An Felsen. Wurde an einer Stelle (au Rosé et au Ziablei) in Unter-Wallis gefunden, wo es aber jetzt ausgerottet sein soll.

In Gärten findet man zuweilen die *Türkische Melisse* (D. Moldavica L.).

Siebente Zunft. Stachydeae.

Staubfäden unter der Oberlippe parallel, einander genähert, die untern länger. Kelchzähne zur Fruchtzeit abstehend.

Melittis.

Staubbeutel paarweise ein Kreuz bildend. Oberlippe der Krone gerade, ziemlich flach, ganz. Kelch weit, glockenförmig. — Kräuter mit grossen rothen oder weissen Blumen.

1. *M. Melissophyllum L.* Ein perennirendes 1—2' hohes Kraut mit eirunden Blättern, das auf steinigen Stellen an Halden und in Laubholzwäldern wächst und im Frühling blüht. Man findet es durch den ganzen Jura, in der mittlern Schweiz auf der Molasse (Zürich, Burgdorf etc.) bis an den Fuss der Alpen (Wallis und Berner Oberland, hier schon selten), aber weiter gegen Osten nicht mehr; dagegen jenseits der Berge bei Lauis (Lugano).

Lamium.

Oberlippe der Krone gewölbt, helmartig; Unterlippe mit grossen Mittellappen und 2 zahnartigen Seitenlappen. — Sehr verbreitete Unkräuter von übelm Geruch. *Taubnesseln.*

1. *L. amplexicaule L.* Blätter rundlich-nierenförmig, stumpf, gekerbt, die obern umfassend, gelappt. Kronröhre gerade, dünne. Kelchzähne vor und nach der Blüthe zusammenneigend. ½—1'. Blumen roth. ⊙ In Aeckern durch die ganze ebene Schweiz, jedoch lange nicht so häufig als folgende Art. Frühling.

2. *L. purpureum L.* Blätter eirund-herzförmig, gestielt, gesägt. Schlund nach der Unterlippe zu spaltförmig verengert. Blumen roth, um die Hälfte kleiner als bei L. maculatum. ½—¾'. ⊙ Frühling. Ungemein häufig in Aeckern durch die ganze Schweiz.

3. *L. incisum Willd.* Blätter gestielt, hinten herzförmig, eingeschnitten-gesägt. Sonst ziemlich wie vorige. ½—1'. ⊙ Frühling. In Aeckern der westlichen Schweiz (Genf, Peterlingen, Rolle, Bex, St. Moritz und Martinach).

4. *L. maculatum L.* Blätter gestielt, eirund-herzförmig, ungleich gesägt. Kronröhre gebogen. Blumen hellroth, mit weitem Schlunde. 1'. ♃ Ungemein häufig an Wegen und Mauern der ganzen Schweiz. Findet sich nicht in Aeckern, weil sie perennirt. Blüht das ganze Jahr hindurch. Steigt bis in die alpine Region.

5. *L. album L.* Wie L. maculatum, von dem es sich sehr schwer unterscheiden lässt, wenn man nicht die Farbe zu Hülfe nimmt, die hier immer rein weiss ist und nicht, wie die weissblühende Varietät des L. maculati, ins röthliche spielt. Dann sollen bei L. album am Rande des Schlunds 3 sehr kleine und ein grösseres Zähnchen sich befinden. 1'. ♃ Findet sich an ähnlichen Stellen, jedoch lange nicht so häufig als vorige. Sie fehlt z. B. um Genf in der Ebene, findet sich aber auf dem Salève à la Croisette; ebenso fehlt sie nach den Catalogen von Brown und Heer in der Umgegend von Thun und in Glarus. *L. vulgatum, album Benth.* Die Blumen werden gegen Katarrhe gebraucht.

Galeobdolon.

Lappen der Unterlippe 3, alle spitzig. Sonst wie Lamium.

1. *G. luteum Huds.* Sieht aus und riecht wie die Taubnesseln, hat aber gelbe Blumen. 1½'. ♃ Mai und Juni. Gemein an Wegen und Hecken durch die ganze ebene, montane und subalpine Schweiz ohne Unterschied des Gebirgs.

Galeopsis.

Oberlippe der Krone helmartig, ganz, gewölbt; Unterlippe am Schlunde 2 hohle Zähne. Kelchzähne stachlig.

1. *G. Ladanum L.* Mit kurzen anschmiegenden Haaren besetzt. Blätter lanzett oder länglich-lanzett, gesägt, gestielt. Oberlippe vorn gezähnt. Blumen roth. 1—1½'. ☉ Sommer und Herbst. Wächst an Wegen, in Aeckern und andern dergleichen Stellen durch die ganze ebene Schweiz und bis in die alpine Region (Sils im Ober-Engadin). Man soll sie statt G. ochroleuca gebrauchen können.

α. Krone nicht doppelt so lang als der Kelch. *G. intermedia Reich.*

2. *G. ochroleuca Lam.* Mit kurzen anschmiegenden Haaren besetzt. Blätter eirund, gesägt, gestielt, die obern eirund-lanzett. Oberlippe der Krone eingeschnitten-gezähnt. Blumen ochergelb, mehr als dreimal länger als der Kelch. 1—1½'. ☉ Sommer. In Aeckern, aber seltener als vorige. Bei Peterlingen und auf dem Jorat, bei St. Cergues am Jura, bei Bern, Rüggisberg, Burgdorf, Basel. — Dies ist die Herba Galeopsidis der Apotheken, die gegen Lungenschwindsucht und namentlich gegen die sogenannte schleimige Lungensucht mit Erfolg gebraucht wird. Sie bildet den einzigen Bestandtheil des so berühmt gewordenen *Lieberschen Auszehrungsthees.*

3. *G. Tetrahit L.* Stengel rauhhaarig, unter den Gelenken angeschwollen. Blätter länglich-eirund, gestielt, zugespitzt. Krone nicht über die Kelchzähne hinausreichend, roth oder weiss, mit gefleckter Unterlippe. 2'. ☉ In Aeckern oder auf Schuttstellen, auch an Waldrändern, durch die ganze ebene Schweiz bis in die subalpine Region, nicht selten. Sommer. Darf zum medicinischen Gebrauch nicht statt der vorigen genommen werden.

4. *G. versicolor Curt.* Ganz wie G. Tetrahit, doch sind die Blumenkronen doppelt länger als der Kelch, schwefelgelb, auf dem Mittellappen der Unterlippe violett. ⊙ In Aeckern, abgegangenen Wäldern und dergleichen Stellen, weit seltener als vorige. Bisher bloss bei Guarda im Unter-Engadin mit Bestimmtheit nachgewiesen. Sommer und Herbst.

5. *G. pubescens Bess.* Stengel mit kurzen anschmiegenden Haaren bedeckt, unter den Gelenken rauhhaarig. Blätter breit eirund, (nach Koch) zugespitzt. Kronröhre doppelt länger als der Kelch, oben bräunlichgelb. Blumen roth (oder nach Gaudin auch gelb). ⊙ Sommer. Wird von Gaudin, Haller u. A. bei Pfäffers, Bellenz, am südlichen Fusse des Simplons, bei Basel und Ferrières angegeben. *G. Tetrahit, var. Benth.*

Stachys.

Oberlippe der Krone gewölbt, ganz. Ein Kreis Haare in der Kronröhre. Samen 3kantig-rundlich.

1. *St. germanica L.* Quirle vielblumig. Stengel aufrecht, wollenhaarig, 2—3'. Blätter gestielt, länglicheirund, gekerbt. Blumen blassroth. ⊙ Sommer. An Wegen, Zäunen und andern ähnlichen Stellen der wärmern Schweiz (Basel, Bern, Sitten, Genf, Coppet, Chur, Ilanz).

2. *St. alpina L.* Quirle vielblumig. Stengel aufrecht, 2—3'. Blätter gestielt, eirund, hinten herzförmig. Kelchzähne eirund, mit einer kurzen Spitze. Blumen blassroth. ♃ In und um subalpinen und montanen Wäldern durch die ganze Alpenkette (Bünden, Glarus, Bern, Wallis, Waadt), im Jura (St. Cergues, Suchet, Muttenz, Langenbruck, Waldenburg etc.) und auf den Molassenbergen (Uetli, Albis, Voirons). Sommer.

3. *St. sylvatica L.* Quirle 6blumig. Stengel aufrecht, behaart, 2—3'. Blätter gestielt, eirund, hinten herzförmig, gesägt. Blumen schmutzigroth. ♃ Sommer. An Bächen, Wegen und auf abgegangenen Waldstellen, ziemlich häufig, durch die ganze ebene Schweiz und bis an die subalpine Region.

4. *St. palustris L.* Quirle meist 6blumig. Stengel aufrecht, 1½—2', behaart. Blätter sitzend oder kurz

gestielt, aus herzförmiger Basis lanzett, gesägt. Blumen roth. ♃ Sommer. An Gräben, Wegen, Ackerrändern u. s. f. Durch die ganze ebene und montane Schweiz.

5. *St. ambigua Sm.* Quirle 6blumig. Stengel aufrecht, behaart, 2'. Blätter gestielt, aus herzförmiger Basis lanzett, gesägt. Blumen dunkelroth. ♃ Sommer. Wird als ein Bastard der St. palustris und sylvatica angesehen und findet sich nach Rapin bei Lausanne, Bévieux und Bex in der Waadt.

6. *St. arvensis L.* Quirle 6blumig. Stengel unten ästig, mit langen Haaren besetzt. Blätter gestielt, eirund, hinten etwas herzförmig, gekerbt. Kelch so lang als die blassrothe Krone. 6—9''. ⊙ Auf Aeckern und in Weinbergen der Waadt und bei Genf, aber auch hier ziemlich selten. *Trixago cordifolia Moench.*

7. *St. annua L.* Quirle 4—6blumig. Stengel von unten an ästig, $\frac{1}{2}$—$1\frac{1}{2}$'. Blätter gestielt, kahl, länglich-eirund, kerbig gesägt. Blumen weiss und gelb geschäckt mit krauser Lippe. ⊙ Sommer und Herbst. Auf Brachäckern der ganzen ebenen Schweiz.

8. *St. recta L.* Quirle meist 6blumig. Stengel aufrecht oder zum Theil aufliegend, 1—2' lang. Blätter länglich-lanzett oder länglich-eirund, sitzend oder etwas gestielt, gesägt. Blumen blassgelb. ♃ Sommer. Gemein an Wegen und auf dürren Triften durch die ganze ebene und montane Schweiz.

Sideritis.

Wie Stachys, allein der Haarkreis ist an der Anheftungsstelle der Staubfäden unterbrochen und die Quirlblätter sind von den andern der Form und Consistenz nach sehr verschieden.

1. *S. hyssopifolia L.* Quirlblätter sehr breit, umfassend, stachlig gezähnt. Blätter lanzett, ganzrandig oder spärlich gesägt, die untern gestielt, die obern sitzend. Stengel unten holzig, ästig, 6''. Blumen gelb, in eine endständige Quirlähre gestellt. Sommer. Findet sich auf dürren Triften und felsigen Stellen des westlichen Jura, vom Fusse an (bei Thoiry) bis zu den Sennhütten des Réculet, ja sogar bis auf die Spitze der Dôle, in Menge. *S. scordioides, var. Bentham.*

Betonica.

Wie Stachys, jedoch fehlt der Haarkreis in der Kronröhre. Kräuter mit rothen in Quirlähren gestellten Blumen.

1. *B. officinalis L. Betonie.* Blätter länglich-eirund oder länglich, gestielt, hinten herzförmig, gekerbt. Stengel mit anschmiegenden Haaren besetzt. Kronröhre doppelt so lang als der Kelch. 1—2'. ♃ Auf steinigen, trocknen, mit Gebüsch bewachsenen oder offenen Stellen der Ebene und montanen Region, in der ganzen Schweiz nicht selten. Dieses einst berühmte Kraut wird jetzt ganz vernachlässigt.

2. *B. hirsuta L.* Blätter länglich-eirund oder länglich, gestielt, hinten herzförmig, gekerbt. Stengel von abstehenden Haaren zottig. Kronröhre weniger länger als der Kelch. Die ganze Blume mehr als doppelt so gross als bei voriger. 1'. ♃ In montanen und subalpinen Wäldern der westlichen Alpen. In Savojen (Reposoir, Col d'Antherne), Waadt (Mont Parey, Cray etc.), Wallis (Val d'Illiers, Barbarine, oberhalb Leuk) und im Sanenthal. Sommer. Findet sich bloss auf den Alpen.

Marrubium.

Oberlippe der Krone flach, gespalten. Nüsschen an der Spitze zu einer 3eckigen Ebene abgestutzt. — Wollige oder filzige Kräuter, deren Blumenquirle von borstenschmalen Blättchen umgeben sind.

1. *M. vulgare L. Andorn.* Stengel weiss-filzig, unten ästig, 2' und darüber. Blätter runzlig, eirund. Blumen weiss. Kelch 10zähnig. ♃ Sommer. Auf Gestein und Schuttstellen der wärmern Schweizergegenden, jedoch zerstreut. Bei Granges, Morsee, Saint-Prex, Allaman u. a. O. in der Waadt, in Wallis, um Chur herum, bei Aarau, im Tessin. Dieses Kraut ist ein kräftiges Arzneimittel, das noch heutzutage gebraucht wird.

Ballota.

Kelch 10streifig. Oberlippe der Krone ganz, gewölbt. Ein Kreis Haare in der Kronröhre. Blumenquirle von borstenschmalen Haaren umgeben.

1. *B. nigra L.* Blätter eirund. Kelch 5zähnig: Zähne eirund, grannenartig ausgehend. 2—3'. ♃ An Hecken und Zäunen durch die ganze ebene Schweiz. Ein unangenehm riechendes Kraut mit rothen Blumen.

Leonurus.

Oberlippe der Krone oben concav; Unterlippe zurückgeschlagen. Ein Haarkreis in der Kronröhre. Um die Blüthenquirle borstenartige Blättchen.

1. *L. Cardiaca L. Herzgespann.* Untere Blätter 5spaltig, eingeschnitten-gezähnt, die obern 3lappig oder ganz. 3—4'. ♃ Sommer. An Wegen und auf Schutt durch die ganze ebene Schweiz, doch ziemlich zerstreut. Das Kraut riecht etwas widrig und stand ehemals in hohem Ansehen als Arzneipflanze.

Achte Zunft. Scutellarineae.

Staubfäden unter der Oberlippe parallel, einander genähert. Kelch 2lippig, zur Fruchtzeit durch die Lippen geschlossen. Oberlippe ganz oder 3zähnig.

Scutellaria.

Kelchlappen ganz, die obern mit einem deckelähnlichen Aufsatz, der zur Fruchtreife den Kelch schliesst. — Kräuter mit blauen, einzeln in den Blattachseln stehenden Blumen.

1. *S. alpina L.* Stengel unterhalb aufliegend. Blätter eirund, kerbig-gesägt, die untern gestielt, die obern sitzend. Blumen eine endständige Aehre bildend, an welcher auch die Bracteen zum Theil gefärbt sind. 1'. ♃ Auf Felsenschutt und Flussgeschiebe der westlichen Alpen. Waadt und Unter-Wallis, so wie auch in Savojen (Meri bei Genf etc.). Sommer.

2. *S. galericulata L.* Blätter aus herzförmiger Basis, länglich-lanzett, stumpf gesägt. Blumen schön blau. 1—2'. ♃ Sommer. An Bächen, Wassergräben und auf sumpfigen Stellen durch die ganze ebene und montane

Schweiz. In frühern Zeiten wurde diese Pflanze gegen die Wechselfieber gebraucht und hiess desswegen *Tertianaria*. — *S. hastifolia L.*, die von Hegetschweiler zuerst in die Schw. Flora eingeführt wurde, lassen wir aus, da weder er noch andere Floristen einen Standort dafür angeben.

Prunella.

Kelch 2lippig, zur Fruchtzeit geschlossen: Oberlippe 3zähnig, untere 2zähnig. Ein Haarkreis in der Kronröhre. — Gemeine Kräuter mit rothen oder violetten in eine Aehre gestellten Blumen.

1. *P. vulgaris L.* Am Ende der längern Staubgefässe eine zahnartige Spitze. Blätter eirund, gestielt, gewöhnlich fast ganzrandig (bei einer Varietät auch eingeschnitten). 3—12". ♃ Sommer. Gemein auf Weiden und Wiesen von der Ebene an bis in die Alpenthäler durch die ganze Schweiz.

2. *P. grandiflora L.* Am Ende der längern Staubgefässe ein kleiner Höcker. (Blumen doppelt grösser als bei voriger.) Blätter eirund, länglich-eirund oder lanzett, ganzrandig (oder seltener eingeschnitten). 4—12". ♃ Sommer. Ebenfalls durch die ganze Schweiz auf Weiden und Wiesen gemein; auch in der alpinen Region.

3. *P. laciniata L. P. alba* Pallas in Bieb. Am Ende der längern Staubgefässe eine zahnartige Spitze. Zähne der untern Kelchlippe der ganzen Länge nach gewimpert. Blätter länglich oder lanzett, grauhaarig, die obern stets gelappt. Blumen gelblich-weiss. 3—4". ♃ Auf dürren steinigen Stellen der wärmern Schweiz in der Ebene (Bellenz, Lauis, Roche, Bonmont, Genf, Basel und an andern Orten dieser Bezirke).

Neunte Zunft. Ajugoideae.

Krone ohne oder mit sehr kurzer Oberlippe.

Ajuga.

Oberlippe aus 2 ganz kleinen Läppchen bestehend. Unterlippe 3lappig. Ein Haarkreis in der Kronröhre. Samen gegrübelt.

† Mehrere Blumen in einer Blattachsel.

1. *A. reptans L.* Einen einzigen blühenden Stengel und lange Stolonen treibend. (Blumen blau, fleischroth oder weiss.) 4—8″. ♃ Frühling. Auf allen Wiesen bis in die alpinen Höhen, häufig durch die ganze Schweiz. Ist die Bugula oder Consolida media der Alten.

2. *A. Genevensis L.* Mehrere (selten nur einer) blühende Stengel aus einer Wurzel und keine oder ganz kurze Stolonen (Austreiber). Blumen blau oder fleischroth. 4—10″. ⊙ und ♃ Frühling und Sommer. Ebenfalls gemein auf ähnlichen Stellen.

3. *A. pyramidalis L.* Einen einzigen blühenden Stengel und ganz kurze Wurzelschosse treibend. Gewöhnlich (nicht immer) ist die ganze Pflanze kurz, mit grossen Wurzelblättern, so dass sie pyramidal erscheint. 2—4″. ♃ Sommer. Auf alpinen Weiden durch die ganze Alpenkette. Die Blumen sind hier kleiner als bei den beiden andern.

†† Blumen einzeln in den Blattachseln.

4. *A. Chamaepitys Schreb.* Blumen gelb, einzeln in den Blattachseln. Wurzelblätter eingeschnitten, schwach 3lappig; Stengelblätter 3lappig: Lappen lineal. 3″. ⊙ In Aeckern der ebenen Schweiz (Genf, Waadt, Neuenburg, Wallis, Basel, seltener in den Cantonen Aargau, Zürich). Das harzig-rosmarinartig riechende Kraut war ehemals officinell.

Teucrium.

Krone ohne Oberlippe; an deren Stelle eine Spalte, durch welche die Staubgefässe gehen. Unterlippe 5lappig.

1. *T. Scorodonia L.* Blätter eirund, herzförmig, gestielt, kerbig gesägt. Kelch 2lippig: Oberlippe ganz. Blumen blassgelb mit etwas rother Röhre, in endständige und achselständige Trauben gestellt. Nüsschen glatt. 2—3′. ♃ Sommer. Auf steinigen Waldstellen und in Gebüsch der montanen Region und der Ebene. Ueberall im Jura, auf der Molasse der mittlern Schweiz, am nördlichen Fuss der westlichen Alpen (Wallis, Bern), fehlt im diesseitigen Graubünden, findet sich aber jenseits der Wasserscheide im Misox.

2. *T. Botrys L.* Blätter doppelt fiederig-gelappt. Blumen roth, zu 2—6 gequirlt. ½—1'. ⊙ Sommer. In Aeckern der westlichen und mittlern Schweiz (Wallis, Waadt, Genf, Bern, Solothurn). Fehlt im Berner Oberland, Glarus, Bünden. Das Kraut riecht balsamisch und war ehemals officinell.

3. *T. Scordium L.* Blätter sitzend, länglich-lanzett, grob und stumpf gesägt, kurzhaarig, nach Knoblauch riechend. Blumen roth, zu 4 gequirlt. Stengel weichhaarig, 4—9". ♃ Sommer. In Gräben, feuchten Wiesen und überschwemmten Stellen der westlichen Schweiz (Neuenburg, Waadt, Genf, Unter-Wallis, zwischen Murten und Ins und bei Zofingen). Ist officinell.

4. *T. Chamaedrys L. Gamander.* Blätter gestielt, keilförmig-eirund, eingeschnitten-gekerbt. Blumen roth, zu 6 in einem Quirl, traubenbildend. Stengel ansteigend, 3—8". ♃ Sommer. An dürren Halden und Felsen durch die ganze Schweiz. Ist ebenfalls noch heutzutage officinell.

5. *T. montanum L.* Blätter lineal-lanzett, ganzrandig, unten oder auf beiden Seiten grauhaarig. Blumen weisslich, eine Afterdolde bildend. Stengel aufliegend, ästig, 3—6" lang. ♃ Sommer. An Felsen und auf Flussgeschiebe durch die ganze ebene, montane und subalpine Schweiz, ohne Unterschied des Gebirgs und der Formation, häufig.

XXVI. Klasse.

Contortae.

Kräuter, Sträucher und Bäume mit gegenüberstehenden oder gequirlten Blättern, regelmässigen, vollkommenen Blumen, in denen die Zwei-, Vier- und Fünfzahl vorherrscht, mit Früchten, die entweder bloss 2klappig und einfächerig oder 2fächerig oder aus 2 getrennten Karpellen gebildet sind. Die Tendenz der Verastung ist die trichotomische (dreigabelige), die in ihrer Reinheit im Blüthenstand der Oleaceen und einiger Gentianen ausgesprochen ist.

LXXVI. Familie.

Gentianen (Gentianeae).

Kelch gewöhnlich 5spaltig, zuweilen scheidenartig. Krone 4—5spaltig. Staubgefässe 5, selten mehr, auf der Krone, mit den Kronlappen abwechselnd. Stempel aus einem freien, zweiklappigen Ovarium, einem Griffel und 2 Narben bestehend. Frucht eine ein- oder 2fächerige, 2klappige Kapsel. Samen aus einem geraden Keim gebildet, der in der Axe eines fleischigen Eiweisses liegt. — Kräuter von bitterm Geschmack, mannigfach gefärbten und gestellten Blumen und entgegengesetzten Blättern. Sie sind *Humuspflanzen der Berge*, auf denen sie bis in die höchsten bewachsenen Punkte hinauf steigen, auch sich bis an den Fuss herunterlassen und in einigen Fällen auch die Ebenen zunächst den Gebirgsketten bewohnen.

Gentiana.

Krone glockenförmig, röhrig oder fast radförmig, 4—9spaltig. Staubgefässe meist 5, doch auch darüber. Griffel ganz oder zum Theil gespalten. Kapsel einfächerig.

Sect. I. Mit glockenförmigen, bartlosen Kronen und quirlständigen Blüthen. Samen platt, mit einem breiten häutigen Rand umgeben, auf den Flächen netzartig rauh.

1. *G. lutea L. Enzian.* Blätter stark gerippt, graugrün, die untern gestielt, die obern sitzend, eirund. Blumenkronen gelb, fast radförmig 5—6theilig. Kelch

scheidenartig. 2—3'. ♃ Auf subalpinen und alpinen Weiden. In den Alpen der Cantone St. Gallen, Glarus, Bünden, Bern, Waadt, Wallis. Im ganzen Jura von Genf bis zum Randen, selbst noch häufiger als in den Alpen. Auf der Molasse der Voirons, des Hörnli, Ezel und Hohe Rhone. — Die Wurzel riecht frisch sehr stark und schmeckt ungemein bitter; sie gilt als das beste tonische Heilmittel unter den europäischen Pflanzen. In der Schweiz brennt man häufig ein geistiges Getränk, das Enzian-Wasser, daraus.

2. *G. purpurea L.* Blätter stark gerippt, grün, lanzett. Krone glockenförmig, unrein dunkelroth. Kelch einseitig gespalten, scheidenartig. 1—2'. *) ♃ Auf alpinen und subalpinen Weiden der Alpenkette. Glarus, St. Gallen, Bünden, Uri, Bern, Wallis, Waadt, Savojen. Auch auf dem Rigi. — Die Wurzeln haben die Eigenschaften der vorigen und werden auch zuweilen wie dieselben benutzt.

3. *G. punctata L.* Blätter eirund oder länglich-eirund. Blumenkronen gelb, punktirt. Kelch sehr kurz, mit lanzetten aufrechten Lappen. 1—2'. ♃ Auf steinigen alpinen Weiden; jedoch ebenfalls nur in den Alpen. Glarus, Bünden, Wallis, Waadt, Savojen.

α. Unpunktirt. Im Rosetsch-Thal. *G. campanulata Jacq.*

Zwischen diesen 3 Arten gibt es Bastarde, die nach den gleichen Gesetzen wie die Verbascum-Arten gebildet sind. Es sind folgende:

4. *G. Gaudiniana Thom.* Hat die Stengel und Blätter, so wie auch zum Theil die Blumenfarbe der G. purpurea (mater) und die gezähnten oder gelappten häutigen Kelche der G. punctata (pater). Die Kronen nähern sich bald mehr der purpurea durch die ganz rothe Farbe, bald der punctata durch blassere Farbe und stärkere Punctirung. Hieher gehört *G. pannonica* von *Gaudin* und *Heer*, aber nicht die ächte von Scop., die einen lederigen Kelch und eirunde Blätter hat. Ferner *G. spuria Lebert.* Findet

---

*) Unter allen Arten dieser Gruppe variirt bloss diese ins Zwerghafte; denn hier findet man einblumige Exemplare, die nur 4—5" hoch sind.

sich auf dem Käsenruk in den Kuhfirsten, über Bex und auf dem Môle in Savojen.

5. *G. Charpentieri Thom.* Hat die Grösse und Blätter der G. lutea, so wie auch deren Kelche; dagegen sind die Kronen punktirt und nicht so tief gespalten wie bei dieser. Man leitet sie daher von G. lutea (mater) und punctata (pater) ab. Auch sie nähert sich bald mehr dieser, bald mehr jener. *G. Burseri γ* Fl. fr. Findet sich im Ober-Engadin und in den Alpen über Bex.

6. *G. rubra Clairv.* Hat die Grösse und Blätter, so wie die tief gespaltene Blumenkrone der G. lutea (mater) und die Blumenfarbe und breitern Kronlappen der G. purpurea (pater). Fand sich auf dem Bovonnaz in der Waadt. *G. hybrida α* *) *Gaud.* *G. Thomasii Hall. fil.* — Diese 3 hybriden Arten sind schon alle von Schleicher und Thomas unter dem Namen *G. hybrida* verkauft worden.

7. *G. asclepiadea L.* Blumenkrone keulenförmig-röhrig, 5spaltig, dunkelblau, inwendig punktirt. Blätter sitzend oder umfassend, aus eirunder Basis zugespitzt, 5rippig. Blumen zu 1 oder 2 achselständig. 2'. ♃ Herbst. In montanen und subalpinen oder alpinen Bergwäldern der Alpenkette und des Jura (Röthi bei Solothurn) bis in die ebenen Gegenden der mittlern Schweiz, nicht selten.

Sect. II. Mit bartlosen glockenförmigen Kronen, quirlständigen oder einzeln achselständigen oder endständigen Blumen und ungeflügelten querrunzligen Samen.

8. *G. cruciata L.* Blumen röhrig-glockenförmig, vierspaltig, hellblau. Blätter lanzett, 3rippig, scheidenartig umfassend. ½—1'. ♃ Sommer. Auf dürren Halden und Triften; auf den Bergen bis ans Ende der alpinen Region und auch im ebenen Lande; durch die ganze Schweiz. Sommer. Die ganze Pflanze ist sehr bitter und daher in neuerer Zeit wieder vielfach empfohlen worden. *G. minor pharmac.*

9. *G. Pneumonanthe L.* Blumen kegel-glockenförmig, 5spaltig, dunkelblau. Stengel ein- bis mehrblumig, bloss

---

*) β möchte zu G. Charpentieri gehören und dann wäre für diese der Standort am Rhonegletscher noch hinzuzusetzen.

in den obersten Blattachseln Blumen treibend, $1/2$—2'. Blätter breit lineal oder lineal-lanzett, stumpf, die untersten klein schuppenartig. ♃ Sommer. In feuchten Wiesen der Ebene bis an den Fuss der Alpen und des Jura, in diese aber nicht hinaufsteigend. Durch die ganze Schweiz.

10. *G. angustifolia Vill.* Stengel einblumig, 4—5''. Blätter lineal-lanzett. Sonst wie nachfolgende Art. Von dieser Pflanze sah ich einmal Exemplare, die sicher in der Schweiz, wenn ich nicht irre auf den Molassenbergen des C. Zürich, gesammelt wurden. Sommer.

11. *G. acaulis L.* Stengel einblumig, 3''. Krone kegel-glockenförmig, $1\frac{1}{2}$'' lang, schön blau (selten weisslich), inwendig punktirt. Blätter eirund-lanzett, spitzig. ♃ Auf montanen, subalpinen und alpinen Weiden der Alpen, des Jura und der Molassenberge. Frühling und Vorsommer.

12. *G. alpina Vill.* Blätter eirund, spitzig, graugrün. Sonst wie vorige. 2'' und darunter. ♃ Nur in der alpinen Region der Alpen. Auf dem Fouly, der Forclaz, dem St. Bernhard, über Bex, auf dem Faulhorn, dem Tödi und Levirone in Bünden und wahrscheinlich noch vielfach anderwärts. Sommer.

Sect. III. Mit kleinen blauen Blumen, deren Kronröhre cylindrisch, die Platte flach ist und mit unbeflügelten, feinkörnigen kleinen Samen. ♃

13. *G. bavarica L.* Mehrere Stengel aus einer Wurzel, der Länge nach blätterig (nicht Rosetten bildend), einblumig. Obere Blätter länglich oder spathelförmig, die untern umgekehrt-eirund oder rundlich. 1—6''. ♃ In der subnivalen, alpinen und subalpinen Region nur in den Alpen. Glarus, Graubünden, Bern, Wallis, Waadt, Savojen. Sommer. *G. imbricata Schleich. G. rotundifolia Hoppe. Hippion bavaricum Schm.*

14. *G. verna L.* Aus einer Wurzel mehrere Stengel, die zuunterst eine Blattrosette und weiter oben ein oder zwei Blattpaare haben. Blätter lanzett oder elliptisch. Aendert übrigens mit fast sitzenden oder langschaftigen, kürzern oder längern Blumen, verlängerten Rosetten etc. ♃ 1—4''. Ungemein häufig in der ganzen Schweiz

sowohl auf den Bergen als in der Ebene. Eine Zierde der Wiesen im Frühling.

15. *G. brachyphylla Vill.* Blätter rundlich-eirund, graugrün. Sonst wie vorige. 1—2". Bloss in der alpinen Region der Alpen, hier aber ziemlich häufig auf Weiden und berasten Felsen. In Bünden, Wallis, Waadt, Bern.

Sect. IV. Blumen und Samen wie die der dritten Section; allein die Pflanzen sind einjährig und fast immer ästig.

16. *G. utriculosa L.* Kelchkanten geflügelt: Flügel so breit als die Kronröhre. Kronplatte schön hellblau. Wurzelblätter eirund oder fast rund, viel grösser als die länglichen oder lanzetten Stengelblätter. 4—8". ⊙ Auf feuchten oder sumpfigen Wiesen der montanen und subalpinen Region der Alpen (Bünden, Uri, Bern, Wallis), der Molassenberge (Irchel) und der Ebene in der Waadt und bei Basel. Sommer. Aendert sehr ab.

α. Bloss an der Wurzel in der Blattrosette Aeste treibend. Stengel und Aeste einblumig. Bei Saas im Brättigau.

β. Von unten an ästig. Die gemeinste Form. Im Domlesch, bei Filisur etc. etc.

γ. Unten und in der Mitte astlos. Stengel an der Spitze 1—2blumig. Ist nicht mit den magern einblumigen Exemplaren der zweiten Form zu verwechseln. Auf dem Bernhardin in Bünden.

17. *G. nivalis L.* Kelch scharfkantig, bis zur Mitte gespalten. Kronplatte schön hellblau. Blätter länglich oder eirund, die untern eine Rosette bildend. 1—8". ⊙ Auf den höchsten alpinen Weiden nur in der Alpenkette. Häufig in Bünden, Glarus, Wallis, Bern, Waadt.

α. Oben ästig, unten einfach. Auf dem Montellin und Scaletta in Bünden.

β. Unten und oben ästig. Die gemeine Form.

Einblumige Exemplare kommen bei beiden Formen vor; aber die bloss unten ästige Form der G. utriculosa ist hier nicht repräsentirt.

Sect. V. Mit gefranzten, 4lappigen, blauen Kronen und kleinen, linealen, ungesäumten Samen.

18. *G. ciliata L.* Blätter lineal-lanzett. Blumenkrone

4spaltig, an den Seiten der Lappen lang gewimpert. Stengel oben ästig, ein- bis mehrblumig, 4—6". ♃ Herbst. Auf dürren Triften und Halden durch die ganze Schweiz sowohl in der Ebene als auf den Bergen bis in eine Höhe von 6000' ü. M.

Sect. VI. Mit violetten oder lilafarbigen, inwendig bartigen Blumenkronen und sehr kleinen, kugeligen, glatten Samen.

19. *G. campestris L.* Kelch 4spaltig: 2 Lappen viel breiter als die 2 andern. Krone inwendig bartig 4spaltig, dunkellila. Stengel ästig, $^1/_2$—1', jedoch auch häufig darunter. ☉ Ungemein häufig durch die ganze Schweiz, sowohl auf den Bergen bis in die nivale Region (Faulhorn, Calanda), wo die Pflanze oft einblumig und einen Zoll hoch wird, als in der Ebene. Sommer und Herbst.

20. *G. Amarella L.* Kelch bis zur Mitte gleichmässig 5spaltig: Lappen pfriemenförmig, gleich. Stengelblätter sitzend, aus breiter Basis lanzett oder lineal-lanzett, spitzig; Wurzelblätter gestielt, umgekehrt-eirund. Stengel ästig, 3—12" und darüber. Blumen violett, bartig. ☉ Stellenweise häufig. Auf Weiden der Ebene (bei Zürich, Chur, Thun, Basel etc.) und der Berge, besonders häufig im Jura von Genf bis Aarau. Sommer und Herbst.

21. *G. germanica Willd.* Fast wie vorige. Das Merkmal, an dem man sie am besten erkennt, ist, dass die Stengelblätter hinterhalb eben so schmal oder schmäler sind als in der Mitte; auch ist die Pflanze gewöhnlich nur oben ästig. ☉ Auf montanen Weiden. In Bünden bei Alveneu und wahrscheinlich mehrfach anderwärts. Wegen Verwechslung mit voriger können die Citate der Schweizer Floren und Cataloge nicht als zuverlässig betrachtet und also auch nicht benutzt werden. Sommer.

22. *G. obtusifolia Willd* und *Gaud.!* Kelch 4- bis 5spaltig: Lappen pfriemförmig-gleich. Krone inwendig bartig; Kronröhre kürzer als der Kelchlappen. Blätter stumpf, länglich oder spathelförmig. $^1/_2$' und darüber. ☉ Auf alpinen Weiden von Uri und Ober-Wallis und wahrscheinlich noch anderwärts. Annähernde Formen, die hier so gut wie bei der G. germanica stehen, besitze ich

aus Graubünden. Es ist diese Art überhaupt als extreme Form der vorigen zu betrachten. Sommer.

23. *G. glacialis A. Thom.* Kelch 4theilig: Lappen etwas ungleich, lanzett. Krone 4spaltig, inwendig bartig, blau. Blätter länglich oder lanzett, stumpf oder spitzig. Stengel von unten an ästig, 1—4″. ⊙ Auf den höchsten Bergspitzen der Alpen in der nivalen und alpinen Region auf Weiden und besonders gern an Alpenbächen. Nicht selten in Wallis, Bern, Bünden und Glarus, wie alle Gentianen, ohne Unterschied des Gesteins. Sommer.

Lomatogonium.

Kelch 5theilig. Krone radförmig, 5theilig: Lappen an der Basis ohne Nectargrübchen. Griffel kurz, ganz. Kapsel einfächerig, wie bei den Gentianen.

1. *L. carinthiacum A. Braun.* Stengel 2—5blumig. Blumen aussen weiss und hellblau, langgestielt. Blätter eirund, die untern stumpf, die obern spitzig. 2″. ⊙ Auf berasten Felsen und an Alpenbächen, bei uns jedoch bloss im Saaser-Thal in Wallis. Sommer.

Swertia.

Kelch 5theilig. Krone radförmig, 5theilig: Lappen an der Basis mit 2 Nectargrübchen, um die franzenartige Haare herumstehen. Narben zwei, sitzend. Kapseln einfächerig, mit 2 wandständigen Placenten.

1. *S. perennis L.* Wurzelblätter elliptisch, gestielt. Stengel einfach, 1—1½′, entfernt-blätterig. Blumen gräulichblau, in den obern Blattachseln gerispet. ♃ Auf Torfmooren der Alpen und im Jura, (Waadt, Berner Oberland, Schwyz, Bünden), (Waadtländer und Neuenburger Jura).

Erythraea.

Kelch 5spaltig. Krone trichterförmig, mit fünfspaltiger Platte. Staubbeutel spiral gewunden. Kapsel 2fächerig. Kräuter mit rothen Blumen.

1. *E. Centaurium Pers. Tausendgüldenkraut.* Stengel unten einfach, aus den obern Blattachseln gerispet. ½—1′. Wurzelblätter länglich-eirund, Rosetten bildend. Blumen

hochroth, eine Afterdolde bildend. ⊙ Auf Triften, Weiden und entblössten Waldstellen durch die ganze ebene und montane Schweiz. Sommer. — Dieses sehr bittere Kraut wird zur Blüthezeit mit den Blüthen gesammelt und in die Apotheken geliefert; es besitzt die Heilkräfte des Enzians. *Centaurium minus pharm.*

2. *E. pulchella Fries.* Stengel von unten an 3- oder 2gabelig verastet, 2—5″. Blätter eirund. Blüthen hoch roth. ⊙ Sommer. Auf lehmigen oder mergeligen magern, aber etwas feuchten Weiden, ebenfalls durch die ganze ebene und montane Schweiz. — Besitzt die Heilkräfte des Tausendgüldenkraut.

Chlora.

Kelch 8theilig. Krone 8spaltig. Staubgefässe 8. Narben 2. Kapsel einfächerig. Kräuter mit gelben Blumen.

1. *C. perfoliata L.* Stengelblätter dreieckig-eirund, mit der ganzen Basis verwachsen. Kelch bis zuunterst getheilt. 2′. ⊙ Sommer. An Gräben und Zäunen und dergleichen Stellen in der wärmern Schweiz (Tessin, Genf, Waadt, Basel, Unter-Wallis, Schwyz, Zürich). War unter dem Namen *Centaurium luteum* officinell.

2. *C. serotina Koch.* Stengelblätter eirund oder eirund-lanzett, an der Basis schwach verwachsen. Kelch nicht bis ganz zuunterst gespalten. ½—1′. ⊙ September. Auf ähnlichen Stellen bei Basel, am Rhein im C. Zürich, in dem C. Waadt, Wallis, Genf, Tessin. Aendert sehr ab und geht unmerklich in C. perfoliata über.

Menyanthes.

Kelch 5theilig. Krone trichterförmig, 5spaltig, inwendig bartig, weiss. Kapsel einfächerig.

1. *M. trifoliata L. Fieberklee. Bitterklee.* Ein fusshohes Sumpfkraut mit langgestielten 3zähligen Blättern und einem blattlosen, oben mit weissen zottigen Blumen besetzten Schaft. ♃ April und Mai, in den alpinen Gegenden im Juni. Kommt in der ganzen Schweiz sowohl in der Ebene als auf den Bergen vor. Die sehr bittern Blätter sind als herba Trifolii fibrini officinell.

— Ehemals kam auch *Villarsia nymphoides Vent.* mit

nymphäenartigen Blättern und gelben Blumen bei Basel vor. Sie soll auch bei Collico im untern Veltlin wachsen.

LXXVII. Familie.

Apocyneen (Apocyneae).

Kelch 5theilig, bleibend. Krone 5spaltig, in der Knospe spiralförmig aufgewunden, auch bei der aufgebrochenen Blume noch merklich seitwärts gewunden. Staubgefässe 5 auf der Krone, mit freien Fäden; Staubbeutel auf der Narbe anliegend. Blumenstaub körnig (nicht massenweise zusammenhängend). Stempel aus einem mehrtheiligen freien Ovarium und einem Griffel bestehend. Frucht aus einem oder zwei Karpellen bestehend. Samen mit geradem Keim und Eiweiss. — Bäume, Sträucher und perennirende Kräuter mit entgegengesetzten oder gequirlten einfachen Blättern und (bei den ausländischen) mit einem milchartigen, bisweilen äusserst giftigen Safte. Sie gehören meistens den heissen Ländern an und liefern einige sehr wirksame Arzneimittel, wie z. B. die *Krähenaugen* (Strychnos Nux vomica). Von mehreren wird aus dem Milchsaft das Caoutschouc oder Federharz oder Gummi elasticum bereitet, was jedoch auch mit einigen Feigenbäumen der Fall ist. Berühmt ist der *Upas-Baum* aus Java (auch eine Strychnos-Art), mit dessen Saft die Javaner ihre Pfeile vergiften, und der *Milchbaum* (Tabernaemontana utilis), der die Bewohner von brittisch Guiana mit Milch versieht. In den Gärten sieht man häufig den *Oleander* (Nerium Oleander).

Vinca.

Krone tellerförmig. Griffel mit einer ringförmigen Narbe und einem Haarbüschel an der Spitze. Frucht aus 2 Karpellen (hier Balgkapseln) bestehend. *Sinngrün. Pervenche.*

1. *V. major L.* Blätter eirund, gewimpert. Kelchlappen gewimpert. Stengel kriechend, mit aufrechten blühenden Aesten. ♃ Auf steinigen Stellen, hie und da in der wärmern Schweiz, wohl ursprünglich aus Gärten oder Kirchhöfen stammend. Waadt, Wallis, Tessin. Mai und Juni.

2. *V. minor L.* Blätter elliptisch-lanzett, ungewimpert. Stengel kriechend, mit aufrechten blühenden Aesten. ♃ Häufig durch die ganze ebene Schweiz in Hecken und Gebüsch. April. Man gebraucht diese Pflanze zur Bekleidnng von Gräbern und Rasenplätzen, ehemals auch als Medecin.

LXXVIII. Familie.

Asclepiadeen (Asclepiadeae).

Kelch 5theilig, bleibend. Krone 5spaltig. Staufgefässe 5, auf der Basis der Krone. Blumenstaub massenförmig zusammenhängend. Eine gemeinschaftliche Narbe für zwei Griffel, welche gross und 5eckig ist, den mittlern Theil der Blume einnimmt und unter welcher man die Staubgefässe suchen muss. Frucht aus zwei Balgkapseln bestehend. Samen mit geradem Keim und wenig Eiweiss. — Kräuter und Sträucher mit entgegengesetzten oder gequirlten Blättern und häufig milchartigem Safte. Auch sie gehören hauptsächlich dem Süden an und liefern einige Arzneimittel.

Cynanchum.

Krone radförmig. Nebenkrone 5lappig: Lappen

den Staubbeutelfächern gegenüber. Pollenmassen bauchig, hängend.

1. C. *Vincetoxicum R. Br. Schwalbenwurz.* Stengel aufrecht, 2'. Krone weiss, bartlos. Stiele der einfachen Dolde dreimal länger als der gemeinschaftliche Stiel. ♃ Sommer. Auf unfruchtbaren, steinigen oder felsigen Stellen der ganzen tiefern und montanen Schweiz. Die Wurzel (Radix Vincetoxici vel Hirundinariae) war ehemals officinell. — In den Gärten sieht man oft die sogenannte *Seidenpflanze* (Asclepias syriaca), aus deren Samenhaaren man, mit Zusatz von Wolle oder Seide, Zeuge verfertigen kann. Sie stammt aus Nord-Amerika und nicht aus Syrien.

LXXIX. Familie.

Oleaceen (Oleaceae).

Kelch 2—4spaltig. Krone entweder vierblätterig oder vierspaltig, bei der Esche fehlend. Staubgefässe 2, auf der Krone. Stempel mit freiem Ovarium, einem Griffel und 2 Narben. Frucht eine 2fächerige Beere oder Kapsel. Samen in jedem Fach 1 oder 2, ohne Albumen. — Bäume und Sträucher mit entgegengesetzten Blättern. Mehrere davon haben schöne wohlriechende Blumen, wie die ***Rainweide*** und der ***Lila.*** Die ***Esche*** gibt ein gutes, biegsames Holz und die ***Manna-Esche*** die ***Manna*** der Apotheken. Aus der Frucht des ***Oelbaums*** presst man das geschätzte und viel verbreitete Baumöl. Ferner ist noch zu bemerken, dass sich auf allen Pflanzen dieser Familie die officinellen ***spanischen Fliegen*** (Cantharíden) aufhalten. Man findet die O. in den gemässigten Zonen.

Fraxinus.

Kelch 3 — 4theilig oder 0. Krone 3 — 4theilig

oder 0. Frucht eine flache, 2fächerige, geflügelte Kapsel.

1. *F. excelsior L. Esche.* Kelch und Krone 0. Blätter 3—6paarig gefiedert: Blättchen länglich-lanzett, zugespitzt, gesägt. April. — Ein hoher Baum, der sich überall in der Schweiz findet und bis zum Anfang der subalpinen Region in die Berge steigt. Sein hartes, zähes und zugleich biegsames Holz ist zu Wagnerarbeiten, Ladstöcken, Geiselstäben etc. besonders tauglich und die jungen mit dem Laub gesammelten Zweige sind ein sehr gutes Winterfutter für Schafe und Ziegen. Die Heizkraft des Eschenholzes verhält sich zu der des Buchenholzes wie 362 zu 360.

2. *F. Ornus L.*, die *Manna-Esche*, schwitzt in den südlichen Ländern die als Purgirmittel bekannte *Manna* aus. Durch Einschnitte erhält man sie in noch reichlicherm Masse. Dieser Baum kommt auch bei uns zuweilen in Garten-Anlagen vor, wo er sich leicht durch seine mit Kelch und Krone versehenen Blüthen von der gemeine Esche unterscheiden lässt. Er soll wild zwischen Lauis und Gandria vorkommen.

Syringa.

Kelch 4zähnig. Krone 4spaltig. Kapsel zweifächerig, zweiklappig.

— S. *vulgaris L. Lila.* Blätter eiförmig, zugespitzt, hinten herzförmig, gleichfarbig, kahl. — Ein bekannter Strauch, der aus dem nördlichen Persien stammt, durch Busbecq, Gesandter Ferdinands I. in Constantinopel, zuerst nach Wien kam und von dort aus über ganz Europa verbreitet wurde. Er findet sich jetzt auch in der Schweiz in allen Gärten und an manchen Orten ganz verwildert. Ihm ähnlich und ebenfalls hie und da cultivirt ist *S. chinensis L.*, *Josikaea Jacq. f.* und *persica L.* Alle diese Sträucher schätzt man um ihrer wohlriechenden Blumen willen.

Ligustrum.

Kelch 4zähnig. Krone 4spaltig. Beere zweifächerig, 2—4samig.

1. *L. vulgare L. Rainweide.* Blätter länglich-lanzett, kahl, abfallend. Blumen weiss, wohlriechend. Beeren schwarz. — April und Mai. Dieser Strauch findet sich

durch die ganze ebene und montane Schweiz in Hecken und Gebüsch. Sein Holz dient den Drechslern und die Beeren geben eine schwarze, mit Eisenvitriol eine grüne und mit Harn eine purpurröthliche Farbe.

Olea.

Kelch 4zähnig. Krone 4spaltig. Steinfrucht mit 2fächeriger Kernschale, das eine Fach fehlschlagend.

— *O. europaeum L. Oelbaum.* Blätter lanzett, ganzrandig, verschiedenfarbig (d. h. auf der untern Seite nicht wie auf der obern). Blüthentrauben weisslich, achselständig, zusammengesetzt. Blüht bei uns im Juli und August und reift seine Früchte mit Noth vor dem Eintritt des Winters. Der Oelbaum wurde früher bei Lauis angebaut, scheint aber jetzt aufgegeben zu sein, obwohl er das Klima gut verträgt, wie alte Stämme beweisen, die noch dort stehen. Die mannigfache Anwendung des Oels ist allgemein bekannt.

Hier können wir auch des *Jasmins* erwähnen, der häufig in Gärten gehalten wird und auch jenseits der Alpen und in der westlichen Schweiz hie und da verwildert vorkommt. Wir besitzen 2 Arten:

1⁰. Den *gemeinen J.* (Jasminum officinale L.) mit gefiederten Blättern und weissen, sehr angenehm riechenden Blumen. Er findet sich verwildert an Felsen bei Clefen, Gandria am Luganer-See und im Veltlin.

2⁰. Den *gelbblühenden J.* (J. fruticans L.) mit einfachen oder dreizähligen Blättern und gelben Blumen. Er geht im südlichen Frankreich bis nach Lyon und findet sich bei uns in Lustgebüschen und hie und da in der westlichen Schweiz verwildert.

XXVII. Klasse.

Coffeineae.

Blüthen vollkommen. Kelch mit dem Ovarium verwachsen. Krone verwachsenblätterig, regelmässig oder unregelmässig. Staubgefässe 4—5, auf der Krone eingesetzt. Frucht 2- bis mehrfächerig. — Kräuter oder Sträucher und Bäume mit entgegengesetzten oder gequirlten Blättern, mit oder ohne Afterblättchen.

LXXX. Familie.

Caprifoliaceen (Caprifoliaceae).

Kelch einblätterig, 5spaltig, mit dem Ovarium verwachsen. Krone einblätterig, regelmässig oder unregelmässig 5spaltig. Staubgefässe 5, auf der Krone. Stempel 1 mit 1—3 Narben. Frucht eine 1—5fächerige Beere. — Kleine Bäume oder Sträucher mit gegenüberstehenden Blättern, die die gemässigten Himmelstriche bewohnen. Die Blüthen des Hollunders sind schweisstreibend und daher officinell. Seine Früchte können gegessen werden. Mehrere Geisblatt-Arten dienen als Ziersträucher in Gärten.

Erste Zunft. Lonicereae.

Krone röhrig, mehr oder weniger ungleich 5spaltig. Griffel fadenförmig.

Linnaea.

Krone fast regelmässig 5spaltig. Staubgefässe 4—5. Ovarium 3fächerig: Fächer 4—5eiig, eine trockene 3fächerige, durch Fehlschlagen einsamige Beere, die von 2 vergrösserten und halb mit ihr verwachsenen Bracteen eingeschlossen ist.

1. *L. borealis Gron.* Ein kriechendes Sträuchlein mit fast runden Blättern und paarweise gestellten weissrosenrothen Blümchen. Sommer. Bei uns findet es sich in

subalpinen und alpinen dunkeln Tannenwäldern im Moose, jedoch bloss auf den grossen Granitmassen der Centralalpen (Saaser-Thal, Rheinwald, Avers, Ober-Halbstein und Ober-Engadin); die andern Standorte, die man für diese Pflanze angegeben findet, sind entweder zweifelhaft oder unrichtig.

Lonicera.

Krone röhrig oder etwas glockenförmig, unregelmässig 5spaltig. Staubgefässe 5. Narbe knopfförmig. Beere 3fächerig: Fächer wenigsamig. Sträucher.

Sect. I. Blüthen endständig gequirlt. Beeren mit den Kelchlappen gekrönt.

1. *L. Periclymenum L.* Blumen in endständige gestielte Köpfchen gestellt, wohlriechend. Blätter nicht verwachsen. Beeren roth. Sommer. Ein Schlingstrauch der mittlern und westlichen Schweiz (Basel, Bern, Solothurn, Lausanne, Wiflisburg, Neuss, Genf, Fouly etc.) Er wächst gewöhnlich in Gebüsch und Hecken.

— *L. Caprifolium L. Geisblatt. Je länger je lieber.* Wie voriges, nur sind die Blüthenköpfchen sitzend und die obern Blätter paarweise verwachsen. Dieser Schlingstrauch wird allgemein zur Bekleidung von Gartenhäuschen und Mauern in der Schweiz angepflanzt und findet sich desshalb hie und da verwildert. Statt seiner nimmt man auch L. Periclymenum. Im gleichen Falle befindet sich auch *L. etrusca Sant.*, welche gestielte Blumenköpfchen und oberhalb verwachsene Blätter hat.

Sect. II. Blüthen paarweise achselständig. Beeren ohne Kelchlappen (welche abfallen).

2. *L. Xylosteum L. Heckenkirsche. Beinweide.* Blumenstiele 2blumig, einzeln in den Blattachseln. Ovarien unten verwachsen. Blumen weisslich. Beeren roth. Blätter gestielt, eirund, kurzhaarig. Frühling. Gemein in Hecken und Gebüsch durch die ganze Schweiz bis in die subalpine Region der Alpen.

3. *L. nigra L.* Blumenstiele 2blumig, einzeln in den Blattachseln, kahl. Ovarien unten verwachsen. Beeren schwarz. Blätter länglich-elliptisch, die alten kahl. Juni.

In Bergwäldern der montanen und subalpinen Region, sowohl im Jura als auf den Alpen, so wie auch auf den Molassenbergen (Voirons, Jorat); nicht selten in der Schweiz.

4. *L. coerulea L.* Blumenstiele 2blumig, einzeln in den Blattachseln, kürzer als die Blumen. Ovarien schon zur Blüthezeit ganz verwachsen, mit blauem Reif überzogen. Blätter länglich-elliptisch. Sommer. In und um Bergwälder der montanen und subalpinen Region, sowohl im Jura (Marchairu, Brevine etc.) als auf den Alpen (durch die ganze Kette) und den Molassenbergen (Ezel).

5. *L. alpigena L. Hexenkirsche.* Blumenstiele zweiblumig, einzeln in den Blattachseln, länger als die Blumen. Ovarien ganz verwachsen. Blumen schmutzig roth. Beeren schön roth, kirschenartig. Blätter länglich-elliptisch, zugespitzt, kurzhaarig. Mai und Juni. Ebenfalls in Bergwäldern der montanen und subalpinen Region, im Jura, den Alpen und auf den Molassenbergen (Uto, Ezel). Die Früchte bewirken heftiges Purgiren und Erbrechen.

— In Gärten sieht man häufig die im Freien aushaltende *L. tatarica L.*

Zweite Zunft. Sambuceae.

Krone radförmig, mit sehr kurzer Röhre. Narben 3, sitzend.

Viburnum.

Kelchsaum 5zähnig. Staubgefässe 5. Beere einsamig.

1. *V. Lantana L. Schwelch.* Blätter länglich-eirund, hinten herzförmig, gesägt, runzlig, unterhalb filzig. Mai. In Gebüsch und Laubholzwaldungen der ganzen ebenen Schweiz bis in die subalpine Region. — Das Holz dieses Strauchs ist zäh, gibt gute biegsame Stöcke und wird auch zum Binden der Garben genommen. Aus der Wurzel macht man im südlichen Europa einen Vogelleim. Die süsslichen Beeren waren ehemals officinell.

2. *V. Opulus L. Wasserschwelch.* Blätter 3—5lappig: Lappen zugespitzt gezähnt. Die äussern Blümchen der Afterdolde unfruchtbar. Mai. In Gebüsch und an Bächen der ganzen Schweiz bis in die montane Region. In Gärten

hält man eine Varietät mit lauter unfruchtbaren Blumen, die man *Schneeballen* heisst.

— Im südlichen Europa und bei uns in Töpfen kommt *V. Tinus* häufig vor.

Sambucus.

Kelchsaum 5zähnig. Staubgefässe 5. Beere 3—5samig.

1. *S. Ebulus L. Attig.* Stengel krautig, warzig. Blätter fiederig getheilt: Theile lanzett, gesägt. Afterblättchen blattartig. Afterdolden zunächst 3ästig. Blumen weiss, widrig riechend mit dunkelrothen Staubbeuteln. ♃ 3—4'. Findet sich gesellschaftlich auf steinigen unfruchtbaren Halden und offenen Stellen in Wäldern von der Ebene bis 4000' ü. M., ohne Unterschied des Gebirgs. Die Beeren, *Actenbeeren* genannt, sind noch jetzt officinell. Uebrigens ist auch hier das Kraut, wie beim Hollunder, betäubend und nach Umständen sogar ein wirkliches Gift. *Baccae Ebuli* pharm.

2. *S. nigra L. Hollunder. Flieder.* Fast baumartig. Blätter fiederig getheilt: Theile eirund-lanzett, gesägt. Blumen wohlriechend, weiss. Mai und Juni. In Hecken und Wäldern der ganzen Schweiz bis in die montane Region häufig. Die Blüthen sind ein bekanntes schweisstreibendes Mittel; in geringerm Maasse sind es auch die Beeren, die jedoch mehr als Speise genossen werden. Die jungen Zweige und Blätter sind betäubend und wurden gegen die Wassersuchten gerühmt.

3. *S. racemosa L.* Fast baumartig (10—15'). Blätter fiederig getheilt. Blumen weissgelb, eirunde Sträusse bildend. Beeren roth. April und Mai. In Wäldern, hauptsächlich der montanen Region, jedoch auch tiefer und bis 5200' ü. M. Findet sich in der ganzen Schweiz ohne Unterschied des Gebirgs. Die Beeren sind vielen Vögeln willkommen.

LXXXI. Familie.

Rubiaceen (Rubiaceae).

Blumen regelmässig, bei den meisten trichotonisch verastet. Kelchröhre mit dem Ovarium verwachsen, die Platte verschieden getheilt und gezähnt. Krone verwachsenblätterig (einblätterig), röhrig oder radförmig, 4—5zähnig oder spaltig. Staubgefässe so viel als Kronlappen, in der Kronröhre befestigt, abwechselnd. Stempel einfach, mit einem Griffel und 2 Narben. Frucht gewöhnlich aus einer 2fächerigen Kapsel oder Beere bestehend. Samen mit festem oder fleischigem Eiweiss und einem an der Basis oder in der Axe stehendem Keim. — Die R. gehören grösstentheils den wärmern Ländern der Erde an und zeichnen sich auch noch durch entgegenstehende (seltener gequirlte) Blätter aus, an deren Basis 2 Afterblättchen (stipulae) stehen. Es gibt unter ihnen Bäume, Sträucher und Kräuter, von denen einige dem Menschen von grosser Wichtigkeit sind. So z. B. der *Kafeebaum* (Coffea arabica), die verschiedenen Bäume, die die *Chinarinde* liefern, die *Ipecacuanha* und andere. Wir besitzen in der Schweiz bloss eine Zunft der Rubiaceen, die sich durch mehrere Merkmale von den andern auszeichnet.

Erste Zunft. Stellatae.

Kelchsaum klein oder 0. Krone radförmig oder trichterförmig 4spaltig. Frucht 2fächerig; jedes Fach einsamig, nicht aufspringend, für sich trennbar. Kräuter mit quirlständigen Blättern, 4kantigen Stengeln und häufig mit gelben, färbenden Wurzeln.

Galium.

Kelchsaum verwischt. Krone radförmig, 4spaltig.

Sect. I. Mit gelben achselständigen Blüthen, von denen die endständigen Blümchen Zwitter und fruchtbar, die seitlichen männlich und unfruchtbar sind.

1. *G. Cruciata Scop. Vaillantia Cruciata L.* Blätter zu 4 gequirlt, länglich-elliptisch oder eirund, sammt Stengel und Blüthenstielen mit abstehenden Haaren besetzt. Die achselständigen Blüthenstiele 3gabelig verästelt, mit Bracteen besetzt. 1'. ♃ An Zäunen und in Hecken durch die ganze ebene Schweiz gemein; steigt auch bis in die subalpine Region des Jura (Hasenmatt). Blüht im Frühling. Die Wurzel liefert wie mehrere andere Arten dieser Gattung eine rothe Farbe.

2. *G. pedemontanum All.* Blätter zu 4 gequirlt, länglich-elliptisch, behaart. Stengel kahl oder mit abstehenden Haaren, an den Kanten mit rückwärts gebogenen kurzen Stacheln besetzt. Blüthenstiele einfach oder 2zackig, ohne Bracteen. ½—1'. ♃ Frühling. Bei uns bloss in Unter-Wallis auf dürren heissen Stellen.

3. *G. vernum Scop.* Blätter zu 4 gequirlt, länglich oder eirund, 3rippig. Stengel kahl, 6'. Blüthenstiele ästig, ohne Bracteen. ♃ In Gebüsch und an Felsen der italiänischen Schweiz bis in die montane Region (Misox, Lauis, Mendris, Clefen, Domo d'Osola).

Sect. II. Mit weissen oder weisslichen, achselständigen fruchtbaren Zwitterblüthen und klettenartig haftenden Stengeln und Blättern.

4. *G. saccharatum All.* Blätter meist zu 6 gequirlt, lineal-lanzett, bespitzt, am Rande mit vorwärts gerichteten Stächelchen besetzt. Stengel mit rückwärts gerichteten Stächelchen. Blüthenstiele 3blumig, zur Fruchtzeit umgebogen. Früchte dicht warzig, länger als ihr Stielchen. ♃ In Aeckern, doch bloss bei Basel. Sommer.

5. *G. tricorne With.* Blätter zu 6 oder 8 gequirlt, lineal-lanzett, bespitzt, am Rande mit rückwärts gerichteten Stächelchen besetzt. Stengel mit rückwärts gerichteten Stächelchen. 1' und darüber lang. Blüthenstiele meist 3blumig, zur Fruchtzeit umgebogen. Früchte warzig-körnig, kürzer als ihr Stielchen. ⊙ Sommer. In Aeckern

der wärmern Schweiz (Basel, Genf, in der ganzen Waadt und in Unter-Wallis).

6. *G. Aparine L.* Blätter zu 6—8 gequirlt, lineallanzett, bespitzt, am Rand und Kiel mit rückwärts gerichteten Stächelchen besetzt. Ebenso auch der bis 2 und 3' hohe Stengel. Früchte mit weichen hakigen Stächelchen dicht besetzt. ⊙ In Hecken und Aeckern der ganzen Schweiz. Sommer und Herbst.

7. *G. tenerum Schleich.* Eine Schattenform der vorigen mit breitern Blättern und kleinern Früchten. Im Felsenschatten der montanen und alpinen Region (Nicolai-Thal, Gemmi und am Salève bei Genf).

8. *G. spurium L.* Eine Sonnenform des G. Aparine, mit schmälern, fast linealen Blättern und kleinern Früchten. In Aeckern.

α. Mit kahlen Früchten. *G. s. genuinum L.* Im Jura bei Locle, Ferrières, Noville und bei St. Maria im Bündnerschen Calanca-Thal.

β. Mit weichstachligen Früchten. *G. infestum W. et K.* Ebenfalls bei St. Maria im gleichen Acker, wo vorige Abart, und wohl noch vielfach anderwärts.

Sect. III. Wie vorige, aber mit endständigen Blüthen.

9. *G. uliginosum L.* Blätter meist zu 6 gequirlt, lineallanzett, am Rande und Kiel weichstachlig. Stengel ebenfalls mit weichen, kurzen, rückwärts gerichteten Stächelchen besetzt, 6—12''. Früchte körnig rauh. Blumen endständig, auf ein- oder zweimal 3gabelig verästelten Stielen; die achselständigen auf wirklichen Aesten. ♃ Sommer. Zerstreut durch die ganze Schweiz, sowohl in der Ebene (Bern, Zürich, Zofingen, Basel, Wallenstadt) als in den Jura-Thälern (Vallée de Joux) und sogar in der alpinen Region der Alpen (Sils, Ormonds dessus, Audon). Immer auf sumpfigen Stellen.

10. *G. parisiense L.* Blätter meist zu 6 gequirlt, lineallanzett, sammt dem Stengel mit weichen, rückwärts gerichteten Stächelchen besetzt. Blüthen grünlich-weiss, ausserhalb röthlich. Früchte körnig oder rauhhaarig. 6—10''. Sommer. In Aeckern der wärmern Schweiz.

α. Mit rauhhaarigen Früchten. *G. litigiosum DC.* Bei Melide unweit Lugano und bei Fouly im Wallis.

β. Mit rauhkörnigen Früchten. *G. anglicum Huds.* Bei Genf, in der Waadt, Unter-Wallis und bei Basel.

11. *G. palustre L.* Blätter zu 4—6 gequirlt, stumpf, unbespitzt, lineal-lanzett bis eirund-lanzett, sammt dem Stengel mit rückwärts gerichteten Stächelchen besetzt. 1' lang. Früchte glatt. ♃ Sommer. Gemein in Wassergräben und Sümpfen durch die ganze ebene Schweiz.

12. *G. boreale L.* Blätter zu 4 gequirlt, unbespitzt, am Rande rauh, lineal-lanzett oder lineal. Stengel gerade, aufrecht, schwach rauh, oben gerispet, 1—2'. Früchte behaart oder kahl. ♃ Sommer. In Wiesen, gewöhnlich in mehr oder weniger sumpfigen; sowohl in der Ebene als auf den Bergen bis in die alpine Region (Ober-Engadin, Reposoir) und auf der Molasse wie im Jura und den Alpen.

13. *G. rotundifolium L.* Blätter zu 4 gequirlt, eirund, kurz bespitzt, am Rande rauhhaarig. Stengel behaart oder kahl. Blüthen endständig, auf dreimal 3gabelig verästelten Stielen, weiss. 1—1½'. ♃ In dunkeln Wäldern der montanen Region sowohl in den Alpen (Chur, Glarus, Thun) als auf dem Jura (Solothurn, zwischen Gimel und Burtigny) und den Molassenbergen (Rigi, Gurten, Zofingen, Kempten, Einsiedeln, Bern); auch bei Basel.

Sect. IV. Mit endständigen, gerispeten Blüthen, kahlen oder behaarten (nie weichstachligen) Sengeln und lauter Zwitterblüthen.

14. *G. verum L. Labkraut.* Blätter zu 8—12 gequirlt, lineal, mit eingerolltem Rande, unten kurzhaarig. Stengel kurzhaarig, walzig, mit 4 erhöhten Linien. Blumen gelb, wohlriechend. 2'. ♃ Sommer. Gemein auf Wiesen und Weiden der ganzen ebenen Schweiz. Das Kraut macht die Milch gerinnen, daher der Name Labkraut. Die Blüthen geben eine gelbe Farbe und werden zur Bereitung des berühmten Chester-Käse gebraucht. Aus den Wurzeln kann eine rothe Farbe, wie vom Krapp, gewonnen werden.

15. *G. purpureum L.* Blätter meist zu 8 gequirlt, lineal, bespitzt. Stengel sehr ästig, 1—1½'. Blumen dunkelroth, einzeln auf den Stielchen. Früchte glatt. ♃

Juni. An Halden der italiänischen Schweiz (Gandria, Capo di lago, Clefen). In der diesseitigen Schweiz keine Spur.

16. *G. sylvaticum L.* Blätter zu 8 gequirlt, graugrün, elliptisch-lanzett oder länglich-lanzett, bespitzt, am Rande rauh. Stengel aufrecht, walzig, mit 4 erhabenen Linien, 2—3'. Blüthen weiss, weitschweifige Rispen bildend. ♃ Sommer. In und um Laubholz-Wälder der Ebene und montanen Region durch die ganze Schweiz.

17. *G. aristatum L.* Blätter zu 8 gequirlt, lanzett, bespitzt, graugrün, am Rande rauh oder glatt. Kronlappen grannig ausgehend. 2'. ♃ Bei Gandria am Luganer-See. Sommer.

18. *G. insubricum Gaud.* Kahl. Stengel sehr ästig, aufliegend, 2' lang. Blätter zu 6 gequirlt, umgekehrt-eirund, bespitzt. Kronlappen grannig ausgehend. ♃ Sommer. Bei Capo di lago im Tessin.

19. *G. Mollugo L.* Blätter meist zu 8 gequirlt, umgekehrt-lanzett oder eirund-lanzett, bespitzt. Stengel behaart oder kahl, aufliegend oder aufrecht, 2—3' lang, 4kantig. Kronlappen grannig auslaufend. ♃ Ungemein häufig in Wiesen, Wäldern und in Hecken der ganzen ebenen und montanen Schweiz. Mai bis August.

20. *G. lucidum All.* Blätter lineal, sammt dem Stengel glänzend. Sonst wie voriges, von dem es die magere Sonnenform, das andere Extrem des G. insubrici, ist.

21. *G. rubrum L.* Blätter zu 6 gequirlt, lineal-lanzett, grannig ausgehend. Stengel kahl, glänzend, ästig, schlaff, 2' lang. Blumen roth, mit grannig auslaufenden Lappen. ♃ Sommer. Selten auf steinigen, sonnigen Stellen der Ebene und montanen Region. Im Tessin bei Gandria und zwischen Poleggio und Giornico; im Bünden am Calanda über Feldsberg.

— 22. *G. saxatile L.* Blätter meist zu 6 gequirlt, bespitzt, die untern umgekehrt-eirund, die obern umgekehrt-lanzett. Stengel aufliegend, kahl, 4kantig, 6—10" lang. Kronlappen spitzig. Früchte rauhkörnig. ♃ Sommer. Auf dem Belchen bei Basel und in den Vogesen.

23. *G. sylvestre Poll.* Blätter zu 6—8 gequirlt, lineal-lanzett, vorn breiter, in eine Spitze ausgehend, die untersten umgekehrt-eirund-lanzett. Stengel aufrecht oder aufliegend, 3—6—12" lang, ästig, 4kantig, kahl oder

behaart. Kronlappen spitzig. Früchte schwach körnig rauh. ♃ Auf Weiden und steinigen Stellen von der Ebene an bis in die alpine Region, ungemein häufig in der ganzen Schweiz, ohne Unterschied des Gebirgs. Kömmt im C. Uri und im Misox mit blassrothen Blümchen vor.

24. *G. pumilum Lam.* Blätter lineal, von der Mitte an pfriemenförmig verschmälert, begrannt, am Rande etwas verdickt, unterhalb längs der Mittelrippe 2furchig, zu 6—8 gequirlt, kahl. Stengel, Aeste und Stiele steif. Kronlappen spitzig. Früchte feinkörnig. 2—4". ♃ Sommer. Ein südliche Pflanze, die bisher bloss auf dem Simplon gefunden wurde.

25. *G. helveticum Weigel.* Blätter zu 6 oder 8 gequirlt, flach, etwas fleischig, unbespitzt oder kurz bespitzt, die untern stumpf, die obern lanzett. Stengel sehr ästig, aufliegend, kahl. Kronlappen spitzig. Früchte glatt. ♃ Auf Steingerölle und Felsenschutt der alpinen Region. Nur in den Alpen und auch hier selten (Enzeindaz, Diablerez, Javernaz, Fouly, Alp Segnes in Bünden). Was auf dem Weissenstein gefunden wird, ist G. sylvestre.

26. *G. glaucum L. Asperula galioides Bieb.* Blätter meist zu 8 gequirlt, steif, lineal; am Rand umgerollt, mit einer kurzen Spitze, graugrün. Krone (weiss) glockenförmig (die grössten der Gattung). 2'. ♃ In Hecken und auf schattigen, steinigen Stellen, jedoch in der Schweiz bloss um Basel und Genf. Sommer.

Rubia.

Frucht fleischig, beerenartig, rundlich. Krone 4—5spaltig. Kelch fast 0.

1. *R. tinctorum L. Krapp.* Blätter zu 4 oder 6 gequirlt, lanzett, am Rande weichstachlig. Blüthen gelb. 2—4'. ♃ Sommer. In Hecken der westlichen Schweiz (Ivorne, Lavigny, Gonthey, Sitten, Leuk). Die Wurzel dieser Pflanze gibt eine dauerhafte rothe Farbe und deswegen wird sie jetzt, vorzüglich in Frankreich, vielfach im Grossen angebaut. Der Krapp hat ferner mit andern Stellaten die Eigenschaft gemein, den Speichel, Harn und die Knochen roth zu färben, wenn man die Wurzel eine Zeit lang geniesst.

Asperula.

Krone trichterförmig, d. i. mit verlängerter Röhre, sonst wie Galium.

1. *A. arvensis L.* Blätter zu 6 oder 8 gequirlt, unterhalb rauh, lineal-lanzett, stumpf. Blumen blau, endständig gebüschelt. Früchte kahl. ½—1'. ⊙ Mai und Juni. In Aeckern der westlichen Schweiz (Genf, Waadt, Unter-Wallis, Neuenburg, Basel).

2. *A. taurina L.* Blätter zu 4 gequirlt, eirund bis lanzett, 3rippig. Blumen weiss, endständig gebüschelt. Früchte kahl. 1—2'. ♃ An Hecken und in Gebüsch längs dem nördlichen Fuss der Alpen in der Tiefe und der montanen Region (Appenzell, Forsteck, Glarus, Chur, Luzern, Unterwalden, Schwyz, Berner Oberland). Fehlt der mittlern, westlichen und nördlichen Schweiz.

3. *A. odorata L. Waldmeisterlein.* Blätter zu 6—8 gequirlt, lanzett, kahl, am Rande und Mittelrippe rauh. Blumen weiss, auf dreimal 3gabelig verästelten Stielen, endständig. Früchte borstenhaarig, mit hakigen Haaren. 1'. ♃ Frühling. In Wäldern durch die ganze Schweiz bis in die subalpine Region hinauf, z. B. auf der Hasenmatt bei Solothurn. Das in der Blüthe gesammelte Kraut ist unter dem Namen Hepatica stellata oder Matrisylva officinell und wird häufig zu den sogenannten Frühlingscuren genommen. Getrocknet riecht es eigenthümlich angenehm.

4. *A. tinctoria L.* Blätter zu 6 gequirlt, lineal, kahl, am Rande etwas rauh. Stengel aufrecht, 1' und darüber. Blumen weiss, die Röhre so lang als die Platte. ♃ Auf dürren Hügeln, jedoch bei uns sehr selten. In der Waadt bei Orbe und Montcherand und auf dem Weihacher Berg im C. Zürich. Sommer.

5. *A. longiflora W. et K.* Blätter zu 4 gequirlt, lineal, kahl, die obern ungleich. Kronröhre viel länger als die Platte. Stengel meist aufrecht. Sonst wie folgende, von der sie kaum verschieden ist. Kommt nach Charpentier durch ganz Unter-Wallis und nach Heer am Fusse des M. Salvatore im Tessin vor.

6. *A. cynanchica L.* Blätter zu 4 gequirlt, kahl, lineal, am Rande etwas rauh, die obern ungleich. Wurzel spindelförmig, viele 6—12" lange, ästige, meist aufliegende

Stengel treibend. Blumen fleischroth, mit einer Röhre, die so lang als die Platte ist. ♃ Auf magern Weiden vom Fusse der Alpen und des Jura an bis in die subalpinen und alpinen Höhen, gemein. Sommer.

Sherardia.

Kelch 6zähnig. Krone trichterförmig. Früchte mit den Kelchzähnen gekrönt.

1. S. *arvensis L.* Ein aufliegendes, ästiges Kräutlein mit endständig gebüschelten bläulichen Blümchen und sechszählig gequirlten lanzetten oder eirunden Blättern, das in Aeckern der ganzen ebenen Schweiz wächst, einjährig ist und im Sommer und Herbst blüht.

XXVIII. Klasse.

Campanulinae.

Blüthen vollkommen. Kelch mit dem Ovarium verwachsen, mit grossen freien Lappen. Krone verwachsenblätterig, regelmässig. Staubgefässe 5. Frucht ein- bis mehrfächerig. — Kräuter und Sträucher mit abwechselnden odes entgegengesetzten Blättern und häufig mit milchartigem Safte.

LXXXII. Familie.

Campanulaceen (Campanulaceae).

Kelch gewöhnlich 5spaltig. Krone gewöhnlich 5spaltig, obenständig. Staubgefässe 5, frei oder verwachsen (die Staubfäden zuunterst breit). Stempel 1, aus einem mit dem Kelch verwachsenen Ovarium, einem Griffel und 2—5 Narben bestehend. Frucht eine 2—5fächerige

Kapsel, die meist an der Rückseite der Fächer oder unten (selten oben) unregelmässig aufspringt. Samen ∞, aus einem geraden Keim und Albumen bestehend. — Kräuter mit einem unschädlichen Milchsaft und grösstentheils blauen Blumen. Von mehrern isst man die Wurzeln, andere dienen zur Zierde in Gärten. Die C. sind über die gemässigten Himmelstriche verbreitet.

Jasione.

Krone 5theilig: Theile lineal. Staubbeutel unten zu einer Röhre verwachsen. Narben 2. Kapsel 2fächerig, oben sich öffnend. Kleine Kräuter mit blauen, kopfförmig zusammengestellten Blüthen.

1. *J. montana L.* Stengel aufrecht, 1—1½′, unterhalb behaart. Blätter lineal-lanzett, behaart, wellenförmig verborgen. ♃ und ⊙ Auf sandigen, steinigen, dürren Stellen der ebenen Schweiz (Bern, Basel, Luzern, Lausanne, Genf, Unter-Wallis und jenseits der Alpen im C. Tessin, im Misox, Bergell etc.).

Phyteuma.

Krone 5theilig: Theile lineal, zuerst unterhalb von einander gehend. Staubbeutel frei. Kapsel 2—3fächerig, an der Seite aufgehend. — Perennirende Kräuter mit blauen (selten weissen oder gelblichen), kopf- oder ährenförmig zusammengestellten Blumen.

† Blümchen kurzgestielt, doldenständig. Kapsel 2fächerig.

1. *P. comosum L.* Blätter gezähnt: Wurzelblätter herzförmig. Dolde von grossen blattartigen Bracteen oder Hüllblättern umgeben. ♃ August. Findet sich an Felsen zwischen Lugano und Torlezzo im C. Tessin.

†† Blümchen ungestielt, Köpfchen oder Aehren bildend.

2. *P. pauciflorum L.* Köpfchen kugelig, 5—7blumig. Blätter umgekehrt-eirund oder spathelförmig, vorn häufig mit 3 Kerben. 1—2″. ♃ Auf Granitbergen, fast immer in der nivalen Region. In Bünden auf dem Albula, ober-

halb St. Maria in Medels, auf mehrern Bergen des Ober-Engadins und auf dem Bündnerberg; im Wallis auf dem Gebirgstock zwischen dem Nicolai-, Saaser- und Simplon-Thal. August.

3. *P. hemisphaericum L.* Köpfchen kugelig, 7- bis 15blumig. Unterste Blätter (die bei trocknen Exemplaren häufig fehlen) lanzett, entfernt-gesägt oder ganz in den langen Stiel ausgehend; die andern Wurzelblätter lineal oder vorn etwas breiter, ganz oder gezähnt. Stengelblätter 1—3, meist entfernt-gezähnt. Hüllblättchen mit breiter Basis, länger oder kürzer als das Köpfchen, gezähnt oder ganz. 2—6″. ♃ Sommer. Findet sich auf dem Schiefer- und Granitgebirge, bald auf Weiden, bald an Felsen, bald am Schatten, bald an sonnigen Stellen, immer in der alpinen Region der Alpen. Häufig. Die gewöhnlichste Form ist die der Weiden, wo die Pflanze kurz- und schmalblätterig bleibt *(P. hemisph. genuinum).* Seltener findet sich an granitischen Felsen eine breit- und langblätterige Form mit grossen Blumenköpfchen; dies ist *P. humile Schleicher.*

4. *P. Scheuzeri All.* Stengel aufrecht, kahl, 1—1½′. Köpfchen kugelig. Blätter der unfruchtbaren Wurzelschosse langgestielt, herzförmig, eirund oder eirund-lanzett, gesägt. Obere Stengelblätter lineal, gesägt. Hüllblättchen kürzer, häufiger aber länger als das Köpfchen. ♃ An Felsen des Schiefer- und Urgebirgs von der Thalsohle an bis in die alpinen Höhen. (Im Tessin, Misox, Puschlav, in der Via mala, unter Scheid, im Ober-Engadin, auf dem Simplon, im Saaser-Thal.) Beschränkt sich also auf 3 Kantone. Sommer.

5. *P. orbiculare L.* Stengel vielblätterig, 1′, zuweilen auch nur 3″ und in andern Fällen 2′. Blätter kerbig gesägt: die wurzelständigen gestielt, eirund oder eirund-lanzett, herzförmig, die obern lineal-lanzett. Köpfchen während der Blüthe kugelig, nachher eirund. Narben 3. ♃ Auf Wiesen und Weiden der alpinen Region durch die ganze Alpenkette ohne Unterschied der Formation. Auch auf dem Jura und dem Jorat. Sommer. Wechselt nach den gleichen Gesetzen den Habitus wie P. hemisphaericum und betonicaefolium und hat namentlich auch wie diese

schmal- und breitblätterige, gewöhnlich kahle, aber auch ganz behaarte Formen.

6. *P. betonicaefolium Vill.* Stengel blätterig, gewöhnlich 1½', aber auch darunter. Blätter kerbig gesägt: die der Wurzelschosse langgestielt, länglich-eirund, herzförmig. Blumenähre zuerst länglich oder eirund, verblüht walzig. Narben 3. ♃ Auf alpinen und subalpinen Wiesen des Schiefer- und Urgebirgs in der ganzen Alpenkette. Fehlt dem Jura.

7. *P. Michelii All.* Hat das Aussehen des vorigen, doch sind die Wurzelblätter lineal-lanzett und kurzgestielt. Narben 2. Auf dem Splügen und Bernhardin und im Nicolai-Thale; dann in Savojen. Hieher ziehen wir *P. scorzonerifolium Vill.*, dessen Wurzelblätter breiter sind und sich also denen des P. betonicaefolii nähern.

8. *P. spicatum L.* Stengel blätterig, gewöhnlich 2'. Wurzel- und untere Stengelblätter gestielt, spitzig-eirund, herzförmig; die obern lineal-lanzett, sitzend. Aehren länglich, gelblich-weiss. Narben 2. ♃ Findet sich auf schattigen Wiesen der Ebene bis in die subalpine Region ohne Unterschied der Formation durch die ganze Schweiz. Der höchste Standort, den ich kenne, ist die Spitze der Voirons bei Genf. Hie und da findet man diese Art auch mit hellblauen Blüthen. Die möhrenartige fleischige Wurzel wird gegessen.

9. *P. Halleri All.* Stengel blätterig, 1—3'. Aehre zuerst eirund, dann länglich und zuletzt walzig, schwarzblau. Wurzel- und Stengelblätter gestielt, spitzig-eirund, herzförmig: die obersten sitzend, lineal lanzett. Narben 2. ♃ Auf montanen und subalpinen Wiesen des Schiefer- und Urgebirgs, häufig in Bünden, seltener in Glarus, Uri, Bern und Wallis. Sommer.

Campanula.

Kelch 5spaltig. Krone glockenförmig, 5lappig. Staubbeutel frei. Narben 3. Kapsel 3—5fächerig, seitlich aufspringend. Kleine und grosse Kräuter. *Glockenblumen.*

Sect. I. Mit gestielten, traubigen oder gerispeten Blumen, bei denen die Kelchbuchten keine Anhängsel haben.

1. *C. excisa Schleich.* Blätter lineal, ganzrandig, sitzend,

die untern etwas breiter und gezähnelt. Stengel 1- bis 3blumig, 4''. Krone mit buchtig ausgeschnittenen Spalten. ♃ In der alpinen Region von Ober-Wallis, in dem daranstossenden Theil von Tessin und Piemont, auf dem Granitgebirge. Sommer.

2. *C. pusilla Haenke.* Blätter der unfruchtbaren Wurzelschosse rundlich, grob gesägt, schwach herzförmig, viel länger als ihr Stiel. Stengel 3—6'', oben mit einer 3- bis 5blumigen Traube. Krone halbkugelig-glockig. Kelchlappen lineal, kaum 1/3 der Länge der Krone. ♃ Auf den Alpen in jedem Gestein, dem Jura und den Molassenbergen, hoch in der alpinen Region bis ganz in die Tiefe; an Felsen, Mauern und auf Flussgeschiebe. Sommer.

3. *C. rotundifolia L.* Blätter der unfruchtbaren Wurzelschosse rundlich, grob gesägt, tief herzförmig, viel länger als ihr Stiel. Stengel 1', oben gerispet, allein die Rispenäste durch Verkümmerung oft einblumig. Krone kreiselförmig-glockig. Kelchlappen lineal, halb so lang als die Krone. ♃ Ueberall an Wegen, in Wäldern auf etwas lockerm Boden, ohne Unterschied der Formation und des Gebirgs, von der alpinen Region an bis in die Ebene. Sommer.

4. *C. Scheuchzeri Vill.* Blätter der unfruchtbaren Wurzelschosse rundlich, herzförmig, grob gesägt. Untere Stengelblätter sitzend, lanzett, gesägt oder ganzrandig. Stengel 3—12'', einblumig oder traubig 2—6blumig. Kelchlappen fast halb so lang als die kreiselförmig-glockige Krone. ♃ Auf alpinen Weiden der Alpen und im Jura häufig. Steigt nicht in die Tiefe, findet sich bloss auf Weiden und trägt grössere Blumen als die beiden vorigen.

5. *C. rhomboidalis L.* Blätter der unfruchtbaren Wurzelschosse rund, herzförmig, grob gesägt und ein wenig gelappt. Stengelblätter spitzig-eirund, sitzend, grob gesägt. Stengel 1½', gerispet. Klechlappen pfriemenförmig-lineal, halb so lang als die Krone. ♃ Auf alpinen, subalpinen und montanen Weiden und Wiesen. In den Alpen von Savojen an bis auf den Gotthard; fehlt in Graubünden und Glarus. Auf der Molasse (Jorat, Voirons) und auf dem ganzen westlichen Jura. Sommer.

6. *C. patula L.* Blätter sitzend, lanzett, fein und entfernt gesägt. Stengel 1—1½', oben gerispet. Blumen

aufrecht. Kelchlappen pfriemenförmig, nicht halb so lang als die kreiselförmig-glockige Krone. ⊙ Auf Wiesen von der Ebene an bis in die subalpinen Thäler, ohne Unterschied der Formation und des Gebirgs, durch die ganze Schweiz, stellenweise häufig. Sommer.

7. *C. Rapunculus L. Kleine Rapunzel.* Blätter lanzett, sitzend, entfernt-gesägt. Stengel 2—3', oben gerispet. Kelchlappen pfriemenförmig, mehr als halb so lang als die Krone. ⊙ Diese Pflanze, die sich von der vorigen hauptsächlich durch die kleinern Blumen und längern Stengel auszeichnet, findet sich an Hecken und Zäunen der ebenen Schweiz bis in die montane Region. In Frankreich und England zieht man dieselbe in Gärten und geniesst sie als eine wohlschmeckende Speise, die gelinde öffnet und besonders die Milch der Säugenden vermehrt.

8. *C. persicifolia L.* Wurzelblätter gestielt, länglich-lanzett, gesägt. Stengelblätter lineal-lanzett, sitzend. Stengel 2' und darüber. Blumentraube endständig, aus wenigen, grossen Blumen bestehend. ♃ Auf Waldwiesen und zwischen Gebüsch, besonders längs dem Fusse des Jura von Genf bis Aarau; auf den Molassenbergen (Irchel, Voirons, Prangins, Freiburg), selten und nur bei Aelen und in Unter-Wallis am nördlichen Fuss der Alpen. Bei Basel und Lauis. Sommer.

9. *C. bononiensis L.* Rauhhaarig. Stengel einfach, meist 2', in eine lange Traube ausgehend. Untere Blätter langgestielt, herzförmig; obere sitzend, spitzig-eirund. Blumen die kleinsten des Geschlechts, kurzgestielt. ♃ Sommer. An heissen Stellen, bei uns bloss in Unter-Wallis und zwischen Chiasso und Balerna an der südlichsten Spitze der Schweiz.

10. *C. rapunculoides L.* Stengel einfach, meist 2', in eine lange, einseitige Traube ausgehend. (Bei gut genährten Exemplaren ist der Stengel oberhalb ästig, was auch bei C. bononiensis der Fall ist.) Untere Blätter langgestielt, herzförmig, oberste lanzett. ♃ Ungemein häufig in Wäldern, Hecken und dergleichen Stellen durch die ganze ebene Schweiz. Juni.

11. *C. Trachelium L.* Rauhhaarig. Stengel eckig, oben ästig, 2—4'. Untere Blätter langgestielt, herzförmig, obere sitzend, alle grob gesägt. Blumen gross,

kurzgestielt. Kelch meist rauhhaarig mit lanzetten Lappen. ♃ Ebenfalls sehr häufig in Wäldern, Hecken und andern dergleichen Stellen, jedoch mehr in montanen und subalpinen Gegenden sowohl im Jura als in den Alpen. Die Glocken sind 1" lang; wenn sie 1½" lang werden, was in den Alpen fast immer der Fall ist, so entsteht daraus die *C. urticifolia Schmidt*. Juni und Juli.

12. *C. latifolia L.* Stengel eckig, 1½', kahl. Blätter doppelt gesägt: Wurzelblätter länglich-eirund, gestielt, herzförmig; Stengelblätter kurzgestielt, eirund, zugespitzt. Blumen gross, einzeln achselständig, eine blätterige Traube bildend. ♃ In der Schweiz in montanen und subalpinen Wäldern des untern Rhone-Thals und im benachbarten Savojen. Sodann auch bei Basel, im Jura über Bonmont auf der Dôle und auf dem Creux-du-Van.

Sect. II. Mit sitzenden, köpfchen- oder ährenförmig zusammengestellten Blumen, an deren Kelchbuchten keine Anhängsel sind.

13. *C. glomerata L.* Kurzhaarig. Blätter der unfruchtbaren Wurzelschosse langgestielt, länglich, herzförmig. Untere Stengelblätter länglich-eirund, gestielt, obere sitzend, eirund, spitzig. Blumenknäuel end- und achselständig. Meist 1'. ♃ In Wiesen, häufig durch die ganze ebene Schweiz bis fast in die subalpine Region (Lenz in Bünden). Aendert je nach der Beschaffenheit der Wiesen.

14. *C. Cervicaria L.* Rauhhaarig. Stengel gefurcht, 2—3'. Wurzelblätter lanzett, kurzgestielt. Stengelblätter lineal-lanzett, sitzend. Blumenknäuel end- und achselständig. ⊙? ♃? Hin und wieder einzeln in der ebenen, westlichen und mittlern Schweiz. Bei Genf, Neuss, Montet über Bex, auf dem Hungerberg bei Aarau, zwischen Rheinfelden und Olsberg. Juni.

15. *C. spicata L.* Rauhhaarig. Stengel einfach, 2', in eine lange Aehre ausgehend. Blätter elliptisch-lanzett, wellenförmig, die des Stengels sitzend. ⊙ Auf der Südseite der Alpen (Misox, Macugnaga, Cleven etc.) und durchs ganze Wallis, an Felsen und in ausgetrockneten Flussbetten, nicht über die montane Region hinaus. Juni.

16. *C. thyrsoidea L.* Rauhhaarig. Stengel einfach,

½—1', in eine dichte, aus ochergelben Blumen bestehende Aehre ausgehend. Blätter elliptisch-lanzett. ⊙ Auf alpinen Weiden sowohl im Jura als in den Alpen, ohne Unterschied der Gebirgsart. Kommt nie tiefer herab. Sommer.

Sect. III. Mit sitzenden, einsamen Blumen, deren Kelchbuchten keine Anhängsel haben.

17. *C. Raineri Perp.* Blätter der unfruchtbaren Wurzelschosse eirund, gekerbt, gestielt; die der Stengel lanzett, kerbig gesägt. Stengel ansteigend, einblumig, 1—4". ♃ Auf den Bergen von Ober-Italien. Soll auch auf dem Tessinischen Berge Generoso vorkommen. Sommer.

18. *C. cenisia L.* Blätter der unfruchtbaren Wurzelschosse umgekehrt-eirund, kahl, ganzrandig, in ein Stielchen ausgehend. Stengelblätter eirund, gewimpert, ganzrandig. Stengel einfach, ½", einblumig. Blume hellblau. ♃ Auf dem Ur- und Schiefergebirge von Bünden (Alp Segnes, Dödi, Rheinwald, Mischum), Wallis (Simplon, Bernhard, Fouly), Waadt (Diablerets, Lavarraz) und Savojen. Hält sich in der alpinen Region an Felsen und auf Geschiebe. Sommer.

Sect. IV. Die Kelchbuchten sind mit zurückgeschlagenen Anhängseln besetzt.

19. *C. barbata L.* Behaart. Stengel einfach, 5—12". Blätter länglich-lanzett. Blumen gestielt, einzeln achselständig, gewöhnlich überhängend. Blumen hellblau, inwendig stark behaart. Kelchlappen dreimal kürzer als die Krone. ♃ Auf alpinen, subalpinen und montanen Weiden durch die ganze Alpenkette, ohne Unterschied der Formation. Fehlt im Jura. Sommer.

Die *C. stricto-pedunculata* von *E. Thomas* hat aufrechte Blumen, kann aber deswegen von der C. barbata nicht getrennt werden. Findet sich bei Zernetz im Engadin.

Specularia.

Krone radförmig, 5lappig. Narben 3. Frucht eine lange prismatische, 3fächerige, am obern Theil durch 3 Klappen aufspringende Kapsel.

1. *S. Speculum A. DC.* Stengel ästig. Blätter länglich. Kelchlappen aufrecht oder zurückgeschlagen, so lang als

die Krone und das stielartige Ovarium. ⊙ 1—1½'. Im Getreide der westlichen, südlichen und mittlern Schweiz. Sommer.

2. *S. hybrida A. DC.* Stengel ästig. Blätter länglich. Kelchlappen aufrecht, länger als die Krone. ⊙ 6''. Im Getreide bei Basel und Genf. Sommer. Der Unterschied dieser Art dürfte vielleicht von unwesentlichen Ursachen abhängen.

XXIX. Klasse.

Aggregatae.

Blüthen vollkommen. Kelch mit dem Ovarium verwachsen, oben in einen häutigen oder gezähnten Rand oder in eine Haarkrone ausgehend, selten ohne diese freien Anhängsel. Krone verwachsenblätterig, regelmässig oder lippen- und zungenförmig. Staubgefässe 3—5 auf der Krone. Frucht ein Achän. — Kräuter meist mit kopfförmig zusammengestellten Blüthen.

LXXXIII. Familie.

Compositen (Compositae).

Viele einzelne Blümchen bilden eine zusammengesetzte Blume oder ein Köpfchen. Jedes Blümchen besteht aus folgenden Theilen:

Kelch mit dem Ovarium verwachsen, oben meist in eine Haar- oder Schuppenkrone (pappus) ausgehend. Krone obenständig, einblätterig, 5lappig oder 5zähnig oder auch zu einem Züngchen gespalten. Staubgefässe 5, auf der Krone, mit verwachsenen, eine Röhre bildenden Staubbeuteln. **Stempel** aus einem Ovarium, einem Griffel und zwei Narben bestehend. **Frucht** ein Achän, d. i. eine mit dem Kelch verwachsene, einfächerige, einsamige, nicht aufspringende Kapsel, die gewöhnlich eine Haarkrone (pappus) trägt. **Samen** ohne Eiweiss. — Die bei uns vorkommenden C. sind Kräuter von sehr verschiedenartigem Aussehen. Einige sind essbar, wie z. B. der *Salat*, die *Artischocken*, *Scorzoneren*; andere sind officinell, wie die *Chamille*, der *Wermuth* etc.; andere geben Oel, wie die *Sonnenblume*, die *Madia*, *Guizotia* etc., und noch andere dienen als Farbpflanzen, wie z. B. der *Saflor*. Die C. bilden die zahlreichste Pflanzenfamilie und sind über die ganze Erde verbreitet.

Erste Zunft. Eupotoriaceae.

Die Narben sind etwas keulenförmig, vorderhalb bis zur Mitte an der äussern Seite mit Haaren und Stigmaldrüsen bedeckt. Die Randblüthen der Köpfchen sind von den andern nicht verschieden und bilden keinen Strahl (mit Ausnahme einer Species).

Eupatorium.

Köpfchen 3—100blumig (bei unserer Art 5- bis 6blumig). Blüthenboden nackt, flach. Achän eckig oder gestreift, mit einer einreihigen, rauhhaarigen Haarkrone. Kräuter mit entgegengesetzten Blättern.

1. *E. cannabinum L.* Stengel aufrecht, gestreift, rauh, 3—4' und darüber. Blätter meist 3theilig: Lappen lanzett, zugespitzt, gesägt. Blüthenköpfchen blassroth, 5—6blumig, grosse Endsträusse bildend. ♃ Sommer. An Gräben und Bächen der ganzen ebenen Schweiz. — Schon in ältern Zeiten war die Wurzel und das Kraut

(Radix et Herba Eupatorii vel Cannabinae aquaticae) officinell, kam aber später ganz in Vergessenheit. Es wurde in neuerer Zeit wiederum empfohlen, dürfte aber bei der grossen Anzahl gleich wirksamer Kräuter nicht länger im Gebrauche bleiben.

Adenostyles.

Köpfchen wenigblumig. Hülle einreihig, wenigblätterig. Blüthenboden nackt. Narben ziemlich walzig, ringsum höckerig-drüsig. Federkrone aus mehrern Kreisen von steifen rauhen Haaren bestehend. Achän ziemlich walzig, gestreift. *Cacalia L.*

1. *A. viridis Cass. Cacalia alpina Jacq.* Blätter herzförmig, gezähnt, auf beiden Seiten kahl. Köpfchen 3- bis 6blumig, blassroth. 1—1 1/2'. ♃ Sommer. Gesellschaftlich auf steinigen, schattigen und etwas nassen Stellen der Alpen und im Jura, vom Fuss der Berge an bis in die subalpine Region. Soll auch auf dem Lägerberg vorkommen.

2. *A. albida Cass. Cacalia albifrons L. f.* Blätter herzförmig, gezähnt, auf der Unterseite schwach filzig, weissgrau. Köpfchen 3—6blumig, blassroth. 2—3'. ♃ Sommer. Gesellschaftlich auf steinigen, schattigen und etwas nassen Stellen der Alpen und im Jura, vom Fuss der Berge an bis in die alpine Region häufig. Auch auf der Molasse (Voirons).

3. *A. leucophylla Reich.* Blätter herzförmig, auf beiden Seiten weiss-filzig, gezähnt. Köpfchen 8—20blumig, mit filziger Hülle. 1'. ♃ Auf ähnlichen Stellen, allein bloss in der alpinen Region im Saaser-, Nicolai- und Eginen-Thal in Wallis und auf dem Bernina in Bünden.

α. Blätter auf der obern Seite ziemlich kahl. *A. hybrida DC.* In Wallis.

Homogyne.

Randblümchen weiblich, fadenförmig, wenig zahlreich. Die übrigen Zwitter. Griffel bei beiden gleich. Blüthenboden nackt. Hülle aus einem Kreis länglich-linealer Blättchen bestehend. Achän länglich-walzig, gefurcht, kahl, mit einfach haariger

Federkrone. — Kleine Kräuter mit runden, meist wurzelständigen Blättern und einem einzigen Blumenköpfchen auf dem Schaft. *Tussilago L.*

1. *H. alpina Cass.* Blätter nierenförmig, hinten herzförmig ausgeschnitten, kerbzähnig, unten an den Rippen behaart. 6—12". ♃ Eine Humuspflanze der Berge, die auf schattigen Weiden und in lichten Wäldern der Alpen und des Jura häufig vorkommt und von der montanen Region bis in die nivale hinaufsteigt. Sommer.

Petasitis.

Blüthenköpfchen entweder fast ganz mit weiblichen, fruchtbaren Blümchen und einigen wenigen Zwittern in der Mitte oder mit fast lauter unfruchtbaren Zwittern und einigen wenigen weiblichen am Rande. Weibliche Blümchen fadenförmig, fruchtbar. Achän walzig, kahl. Federkrone einfach haarig, schneeweiss. Narben von der Basis an hurzhaarig. — Kräuter mit blassrothen oder weissen traubenförmig gestellten Köpfchen und rundlichen nach der Blüthe sich entwickelnden Blättern. *Tussilago L.*

1. *P. vulgaris Desf. Pestwurz.* Blätter ziemlich rund, tief herzförmig-eingeschnitten, ungleich gezähnt, unten grauhaarig, mit genäherten Lappen am Herzausschnitt (bisweilen so gross, dass sie für Regenschirme dienen können). Blüthen blassroth. 1—2'. ♃ Frühling und Vorsommer. An Bächen und auf nassen Wiesen und Weiden sowohl im Jura als auf den Alpen, von der subalpinen Region an abwärts bis in die mittlere Schweiz. (Im Jura bei Valorbe, Romainmotier, Moulins de Renan etc., in den Alpen im C. Glarus, Graubünden, Wallis, Waadt und in der ebenen Schweiz bei Basel, Aarau, Solothurn, Bern, am Albis, Rigi). Die Wurzel dieser Pflanze wird heutzutage wenig gebraucht, obwohl sie nicht ohne Wirkung ist. Ehemals galt sie als ein Mittel gegen die Pest.

2. *P. albus Gaertn.* Blätter ziemlich rund, eckig, spitzig gezähnt, unten weiss-filzig, mit abgerundeten Lappen am Herzausschnitt. Blumen unreinweiss. 6—12". ♃ Frühling. An Bächen und auf nassen Wiesen und Weiden der montanen und subalpinen Region im Jura

und den Alpen, steigt wohl bis an den Fuss der Berge herab, findet sich aber in der mittlern ebenen Schweiz nicht. Am weitesten gegen dieselbe vorgeschoben ist der P. a. bei Bauma am Fuss der Toggenburger Berge und auf dem Jorat.

5. *P. niveus Cass.* Blätter fast rundlich 5eckig-herzförmig mit divergirenden Lappen, gezähnt, unten weissfilzig. Blumen blassroth oder weiss. ½—1½'. ♃ Mai. Auf Steingeschiebe der Bergbäche in der subalpinen und montanen Region der Alpen (St. Gallen, Glarus, Bünden, Luzern, Wallis, Waadt und Savojen). Im Jura soll diese Art auch vorkommen (bei Bellaley und Brevine), was aber noch genauer zu verificiren wäre; auf jeden Fall ist sie hier sehr selten.

Tussilago.

Köpfchen gestrahlt. Strahlblumen schmalzungenförmig, weiblich, mehrere Kreise bildend; die übrigen männlich, unfruchtbar. Achän länglichwalzig. Haarkrone der Strahlblümchen aus mehrern Kreisen einfacher weisser feiner Haare bestehend; die der männlichen Blumen nur mit einem Kreise. — Auch hier kommen die runden Blätter nach der Blüthe zum Vorschein.

T. Farfara L. Huflattig. 4—8''. ♃ Frühling. Auf lehmigem Boden in Aeckern, an Wegen und dergleichen Stellen durch die ganze Schweiz in Menge, sowohl in der Ebene als auf den Bergen bis in die alpine Region. Von diesem Pflänzchen sind jetzt bloss noch die gelben Blumen als Arzneimittel gebräuchlich. Sie dienen wegen ihrer bitterlich-schleimigen Eigenschaften besonders bei alten Lungen-Katarrhen (Husten).

Zweite Zunft. Astereae.

Die Narben sind lineal, ausserhalb etwas flach, oberhalb gleichmässig kurzhaarig. Stigmaldrüsen ungefähr so weit als die Behaarung reichend. Blumenköpfchen meist gestrahlt.

Bellidiastrum.

Blüthenköpfchen gelb mit weissem Strahl. Hülle aus einem bis zwei Kreisen von linealen Blättchen. Blüthenboden konisch, nackt. Strahlblümchen weiblich. Achän länglich, etwas zusammengedrückt, schwach rauhhaarig. Haarkrone aus 1—2 Kreisen von einfachen Haaren bestehend.

1. *B. Michelii Cass.* 6—10''. ♃ Sommer. Diese Pflanze, die dem Habitus nach eine grosse Bellis vorstellt, wächst an Halden und Felsen unserer Berge und zwar vom Fuss derselben bis in die alpinen Höhen, auf der Molasse sowohl als im Jura und den Alpen. *Doronicum Bellidiastrum L. Margarita Bellidiastrum Gaud.*

Aster.

Blumenköpfchen gelb mit blauem Strahl. Blüthenboden flach, mit Grübchen, deren Rand mehr oder weniger gezähnt ist. Strahlblümchen weiblich, fruchtbar. Achän zusammengedrückt. Haarkrone aus mehrern Kreisen rauher Borstenhaare bestehend. — Ein zahlreiches Geschlecht, dessen meiste Arten in Nord-Amerika vorkommen und von denen einige in unsern Gärten allgemein verbreitet sind.

1. *A. alpinus L.* Stengel einblumig, 4—6''. Blätter ganzrandig, die untern länglich-spathelförmig, die obern lanzett. ♃ Sommer. Auf alpinen und nivalen Weiden und Felsen, zufällig auch tiefer bis gegen die Ebene (z. B. bei Fläsch) durch die ganze Alpenkette gemein. Findet sich auch auf den höhern Spitzen des westlichen Jura von Genf bis ins Neuenburgische.

2. *A. Amellus L.* Stengel aufrecht, mehrblumig, 1—1½'. Blätter länglich-lanzett, spitzig, etwas gesägt oder ganzrandig, kurzhaarig. Hüllblättchen stumpf, etwas abstehend. ♃ Sommer. Auf sonnigen Halden und Hügeln der ganzen ebenen Schweiz. Steigt höchstens bis in die montane Region. In Gärten sieht man häufig den *A. Novae-Angliae Ait.* mit rauhhaarigen Blättern und *A. Novi-Belgii Nees.* mit kahlen Blättern. Beide sind auch schon verwildert angetroffen worden.

Noch häufiger cultivirt man den einjährigen aus China

stammenden *Callistephus* oder *Aster chinensis*, der unter dem französischen Namen *Reine Marguerite**) ziemlich allgemein bekannt ist.

Erigeron.

Blüthenköpfchen gestrahlt. Strahlblümchen weiblich, mit fast haarfeinen Züngchen, mehrere Reihen bildend. Blüthenboden nackt, punktirt grubig. Achän zusammengedrückt. Haarkrone einfach, aus rauhen Haaren bestehend. — Kräuter mit meist unansehnlichen Blüthen.

1. *E. canadense L.* Stengel aufrecht, haarig, rispig geastet, 1—2' und darüber. Blätter lineal-lanzett, gewimpert. Hülle cylindrisch. Züngchen kaum länger als die Hülle, weisslich. Achän länglich, kurz behaart. ⊙ Sommer. Auf Aeckern, Schuttstellen, an Wegen, in Wäldern durch die ganze Schweiz. Stammt aus Nord-Amerika, hat sich aber seit der Entdeckung dieses Welttheils über die ganze alte Welt verbreitet.

2. *E. acre L.* Behaart, ästig: Aeste 1—5blumig. Blätter länglich- oder lineal-lanzett, die obern ganzrandig, die untersten entfernt-gesägt, lanzett. Strahl blassroth, so lang oder etwas länger als die Scheibe, geradeausstehend. Haarkrone doppelt länger als das Achän. 1'. ⊙ Sommer. Auf Weiden, Feldern, Wiesen durch die ganze Schweiz bis in die alpine Region.

α. Mit kahlen, bloss am Rande gewimperten, lineal-lanzetten Blättern. Stengel von unten an ästig. *E. angulosus Gaud.* Auf Flussgeschiebe sowohl in der Ebene (Rüggisberg bei Bern, Basel und Chur am Rhein)als in der alpinen Region (im Rosetsch-Thal des Ober-Engadins).

3. *E. alpinum L.* Stengel einfach aufrecht, 1—7blumig, 5—15''. Unterste Blätter spatelförmig, ganzrandig; die übrigen lanzett oder schmal-lanzett oder lineal-lanzett. Strahl länger als die Scheibe, lila. ♃ Sommer. Auf alpinen Weiden sowohl in den Alpen als auf dem westlichen Jura, besonders im erstern gemein.

---

*) Ein Name, der nicht etwa durch Königin Margreth, sondern durch Königin der Maslieben übersetzt werden muss.

α. Mit aufrechtem, bis $1\frac{1}{2}'$ langem, oben bis siebenblumigem Stengel. Köpfchen sehr gross. Aeste und Blätter entweder mit langen drüsenlosen oder kürzern drüsigen oder (und dies ist das gewöhnlichste) mit beiderlei Haaren besetzt. *E. Villarsii Bell.* *) (Auf den Savojer, Waadtländer, Walliser, Berner und Bündner Alpen.) Eine wohlgenährte Alpenform.

β. Mit aufrechtem oder etwas aufliegendem, 1' hohem Stengel. Dieser ist, so wie auch die Blätter, fast kahl, nur mit wenigen kurzen Drüsenhaaren besetzt. Köpfchen 4—6, sehr gross. *E. rupestre Hoppe* et *Hornsch.* Im Ober-Engadin am Inn. Entspricht bei dieser Art vollkommen dem E. angulosus der vorigen.

γ. Mit aufrechtem, behaartem, 1—3blumigem, 4—8'' hohem Stengel. Blätter behaart. *E. a. genuinum.* Die gemeinste Form, die überall auf den Alpen und im Jura häufig ist.

δ. Mit aufrechtem, 1—3blumigem, 4—8'' hohem Stengel. Blätter entweder ganz kahl oder am Rande gewimpert. *E. glabratum H.* et *H.* Auf dem Stockhorn, Neunenen, Brezon in den Alpen und auf Réculet im Jura.

4. *E. uniflorum L.* Wurzelblätter umgekehet-eirund, abgestutzt, kahl. Stengelblätter lineal-lanzett, sammt dem Stengel langhaarig. Blumenköpfchen einzeln endständig, mit zottiger Hülle und lilafarbigem oder weissem, die Scheibe überragendem Strahl. 1—3''. ♃ Sommer. Auf den höchsten alpinen oder nivalen Weiden durch die ganze Alpenkette, nicht selten. Fehlt dem Jura. Kann sehr füglich als die extreme Höhenform der vorigen Art betrachtet werden. Man findet sie auch fast ganz kahl und solche Exemplare werden dann zu E. glabratum gestellt.

Stenactis.

Köpfchen gestrahlt: Strahlblümchen einreihig, mit fast haarfeinen Zungchen. Blüthenboden nackt.

---

*) Eigentlich sollen zu E. Villarsii nur die Exemplare gezählt werden, die Drüsenhaare haben; allein ich halte mich auch hier mehr an die Gesammt-Erscheinung der Pflanzen und nicht an einen einzelnen Charakter.

Achän länglich zusammengedrückt. Haarkrone der Früchte des Strahls aus abfälligen Borsten bestehend, die der Scheibe doppelt: der äussere Kreis sehr kurz, der innere wie bei den Strahlachänen.

1. *St. annua Nees. Diplopappus dubius Cass. Gaud.* Stengel aufrecht, 1—2', oben mehrblumig. Untere Blätter eirund, die obern lanzett, gezähnt, behaart. Hülle mit Börstchen besetzt. ⨀ Sommer. Stammt aus Nord-Amerika und pflanzt sich jetzt hin und wieder in Europa von selbst fort. In der Schweiz an mehrern Orten um Basel, Rheinfelden, an der Thur bei Gütighausen und im C. Tessin.

Bellis.

Köpfchen weissgestrahlt, mit gelber Scheibe. Strahlblümchen weiblich, zungenförmig. Blüthenboden kegelförmig, nackt. Achän zusammengedrückt, ohne Haarkrone.

1. *B. perennis L. Maslieben.* Blätter wurzelständig, umgekehrt eirund-spathelförmig, gesägt, kurzhaarig. Schaft einblumig, 2—5''. ♃ Blüht das ganze Jahr hindurch, besonders aber im Frühling auf Wiesen und Weiden, und findet sich millionenweise auf dem Gebiete jedes Schweizerdorfs. Steigt bis in die alpine Region.

Solidago.

Köpfchen gelb gestrahlt, mit gelber Scheibe. Strahl- oder Zungenblümchen 5—15, nicht sehr lang, einreihig, weiblich. Blüthenboden ohne Spreuschüppchen. Achän ziemlich walzig, vielrippig. Haarkrone aus einfachen rauhen Haaren bestehend.

1. *S. Virga-aurea L. Heidnisch Wundkraut.* Stengel aufrecht, oben gerispet, 2—3' (in den Bergen auch nur 4—6''). Wurzelblätter und untere Stengelblätter eirund-lanzett, die obern lanzett, alle gesägt. ♃ Sommer. In Gebüsch, Wäldern und auf Weiden durch die ganze Schweiz sowohl in der Ebene als auf den Bergen des Jura und der Alpen, hier bis in die alpine Region. Das h. W. stand ehemals in hohem Ansehen und wird noch jetzt hie und da von den Landleuten gebraucht. Aendert

wie alle gemeinen Pflanzen in Bezug auf Grösse, Bekleidung u. s. f. Die merkwürdigste Varietät ist für uns die kleine Alpenform (*S. Cambrica Huds.*), die auf den Alpenweiden stellenweise in grosser Anzahl vorkommt.

— In den Gärten sieht man jetzt nicht selten mehrere nordamerikanische Arten angepflanzt, z. B. *S. sempervirens L., procera Ait.* und andere.

Chrysocoma.

Köpfchen strahllos, gelb. Blüthenboden flach, gegrübelt. Achän länglich zusammengedrückt, seidenhaarig. Haarkrone aus einem Kreis rauher Borsten bestehend.

C. Linosyris L. Blätter lineal, kahl. Köpfchen Afterdolden bildend. 6—12—18″, in Gärten bis 3′ hoch. ♃ August und Herbst. Auf Felsen und berasten Hügeln der wärmern Schweiz. Am Fuss der Alpen bei Aelen, Martinach, Brigg und bei Chur; am Fusse des Jura im Canton Neuenburg und am Bieler-See. Wird auch als bei Eglisau wachsend angegeben.

Micropus.

Köpfchen ungestrahlt. Randblümchen 5 — 7, weiblich, fadenförmig. Scheibenblümchen 5 — 7, männlich. Die Hülle verdeckt Blüthen und Früchte. Blüthenboden nackt. Achäne seitlich zusammengedrückt, kahl, mit den Hüllblättchen abfallend. — Wollig-filzige Kräuter wie Filago.

1. *M. erectus L.* Ganz weiss-wollig. Stengel aufrecht oder etwas ausgebreitet. Blätter länglich-lanzett, ziemlich stumpf. Köpfchen achsel- und endständig, geknäuelt. 3—9″. ⊙ Sommer. Auf Aeckern und Sandstellen der westlichen Schweiz (Mittel- und Unter-Wallis, bei Neuss, Genollier, Versoix und beim Fort-de-l'Ecluse).

Inula.

Köpfchen gestrahlt oder ungestrahlt. Randblümchen einreihig, weiblich oder unfruchtbar. Blüthenboden nackt, ziemlich flach. Achäne ziemlich walzig. Haarkrone aus einem Kreis

etwas rauher Haare bestehend. — Meist grosse Kräuter mit gelben Blumen.

— 1. *I. Helenium L. Alant.* Blätter eirund, die untern gestielt, die obern umfassend, unterhalb etwas filzig. Blumenköpfchen gestrahlt (1—2" im Durchmesser), am Ende der Stengel zu einer Afterdolde zusammengestellt. 2—3'. ♃ Sommer. Auf feuchten Wiesen, jedoch in der Schweiz nicht wild, sondern bloss hie und da verwildert. Wild, wie es scheint, jenseits der Berge im untern Veltlin und im Aosta-Thal, ausser dem Gebiet der jetzigen Schweiz. — Die Wurzel des Alants gehört zu den tonisch-reizenden Arzneimitteln und wird noch immer häufig gebraucht (Radix Enulae vel Enulae campanae s. Helenii pharm.). In der Gegend von Langenthal wird diese Pflanze im Grossen auf Aeckern gebaut.

2. *I. Conyza DC. Conyza squarrosa L.* Köpfchen strahllos. Stengel aufrecht, oberhalb gerispet, 2—3'. Blätter eirund-lanzett, klein gezähnt, die untern in einen Stiel verlängert. ♃ Sommer. An Hecken, Waldrändern, Mauern, Schuttstellen der ganzen ebenen Schweiz, jedoch zerstreut.

3. *I. hirta L.* Blätter länglich, eirund oder lanzett, sammt Stengel fast zottig behaart. Stengel aufrecht, ein- bis 3blumig, 1—1½'. ♃ Juni. Auf steinigen, mit Gebüsch bewachsenen Stellen im C. Tessin über Melano und am Monte Salvadore.

4. *I. Vaillantii Vill.* Blätter länglich-lanzett, schwach gesägt, auf der untern Seite grauhaarig. Stengel aufrecht, oben gerispet, 2—3', grauhaarig. Köpfchen gestrahlt. ♃ Sommer. An Halden und an Bächen auf steinigen Stellen. Findet sich bei Aarau, Bern, Thun, Vivis, Aelen, Chaulin, Genf, Bonneville.

5. *I. salicina L.* Blätter halb umfassend, lanzett, kahl, am Rande schwach gewimpert. Stengel eckig, kahl, 2' und darüber, oben eine Afterdolde bildend. Blumenstiele einblumig. Köpfchen gestrahlt. ♃ Sommer. Auf steinigen unfruchtbaren Stellen, gern um Gebüsch, in der Ebene und montanen Region. Nicht selten in der Waadt, bei Genf und in Unter-Wallis; dann bei Thun, Neuenburg, am Uto und Albis und nur selten in Graubünden.

α. **Mit kurzhaarigen Blumenstielen und mit auf der Unterseite behaarten Blättern. Besitzt einen aromatischen Geruch, wie I. Vaillantii, der sie sich in Bezug auf die Behaarung nähert. *I. semiamplexicaulis* Reut. mém. und suppl. Findet sich im Bois de la Bâtie bei Genf in Gesellschaft der I. salicina und Vaillantii. Exemplare, die man in den botanischen Garten von Genf verpflanzt hat, verloren die Behaarung fast gänzlich.**

6. *I. squarrosa L.* Blätter länglich, spitzig, kahl, am Rande rauh wimperig, aderig, sitzend, mit abgerundeter Basis. Stengel aufrecht, 2', rauh, oben eine Afterdolde von 6—8 Blumen tragend. Hüllblättchen eirund. Achäne kahl. ♃ Sommer. Auf steinigen mit Gebüsch bewachsenen Stellen. Bei uns bloss bei Gandria am Luganer-See.

7. *I. Britanica L.* Blätter lanzett, gezähnt, weichhaarig. Stengel aufrecht, weichhaarig, 1' und darüber, von der Mitte an ästig, 3—5blumig. Blumen gestrahlt. Achäne behaart. ♃ Sommer und Herbst. Auf sumpfigen Wiesen der westlichen und nördlichen ebenen Schweiz (am Genfer-See hin und wieder, am Neuenburger-See bei Ivonand und Cudrefin, am Bodensee bei Rheineck).

8. *I. montana L.* Blätter lanzett, ganzrandig, weichhaarig. Stengel aufrecht oder ansteigend, weichhaarig, 1- (selten 2-) blumig, 6—9''. ♃ Auf dem Creux-du-Van. Die andern Standorte sind zweifelhaft oder liegen ausser den Grenzen der Schweiz, wie z. B. das Aosta-Thal. Auch vom Creux-du-Van habe ich noch keine authentische Exemplare gesehen.

Pulicaria.

Köpfchen mit zungenförmigen gleichfarbigen (gelben) Strahl- oder Randblümchen. Blüthenboden nackt. Achäne ziemlich walzig, kurzhaarig. Haarkrone doppelt: die äussere sehr kurz, kronförmig, die innere aus 10—12 rauhen Borsten. *Inulae L.*

1. *P. vulgaris Gaertn.* Blätter länglich-lanzett, halb umfassend, wellenförmig verbogen. Stengel ästig, 1 bis 1½'. Strahl sehr kurz. ☉ Sommer. Auf verschlammten Stellen, in Gräben und dergleichen Orten der westlichen

ebenen Schweiz ziemlich häufig (Waadt, Genf, Neuenburg, Freiburg [bei Murten]).

2. *P. dysenterica Gaertn.* Blätter länglich, geöhrt-umfassend, fein gezähnt, unterhalb grau-filzig. Stengel oben ästig, 1½—3'. Strahl länger als die Scheibe. ♃ Sommer. Auf wasserreichen Stellen, an Wassergräben, Pfützen und dergleichen durch die ganze ebene und montane Schweiz häufig. Diese Pflanze wurde ehemals unter dem Namen *Arnica suedensis* oder *Conyza media* in den Apotheken aufbewahrt und gegen die Ruhr gebraucht.

Buphthalmum.

Köpfchen gelb gestrahlt. Blüthenboden mit Spreublättchen besetzt. Achäne des Strahls schmal 3flügelig, die der Scheibe etwas zusammengedrückt, am innern Rande geflügelt, alle mit einer aus zerrissenen Spreublättchen bestehenden Krone besetzt.

1. *B. salicifolium L.* Blätter länglich oder lanzett, wenig gezähnelt. Stengel aufrecht, 1—2', ein- oder wenigblumig. ♃ Sommer und Herbst. Auf Wiesen der montanen Region sowohl in den Alpen als im Jura (Graubünden, St. Gallen, Uri, Berner Oberland, unteres Rhone-Thal; im Jura vom Bötzberg bis Thoiry bei Genf). Wird auch als auf dem Uetli und bei Gandria wachsend angezeigt. Hieher ist anch *B. grandiflorum L.* und *Gaud.* zu ziehen.

— *Telekia speciosissima DC.* oder *Buphthalmum speciosissimum Arduin*, mit einem 1—2' hohen einblumigen Stengel und eirunden Blättern, findet sich auf den Bergen am Comer-See, nicht sehr weit von der Schweizer-Grenze.

Zu den *Asteroideen* gehören auch die in unzähligen Abarten angepflanzten *Dahlien* (Dahlia variabilis Desf.), die ursprünglich in Mexico zu Hause sind.

Dritte Zunft. Senecionideae.

Narben lineal, an der Spitze mit pinselförmig gestellten Haaren, bald abgestutzt, bald über das Pinselchen hinaus kurz conisch verlängert. Stigmaldrüsen bis zum Pinselchen reichend. Verschiedenartige Kräuter mit gestrahlten (höchst selten ungestrahlten) Blüthenköpfchen.

Xanthium.

Blüthen von sehr abweichendem Bau. Die männlichen in einer Hülle und auf einem spreuigen Blüthenboden stehend, haben 5lappige Kronen mit freien Staubbeuteln und 2 Narben. Die weiblichen stehen zu zweien zwischen einer stachligen, später anschwellenden Hülle und haben fadenförmige Kronen. Die Frucht besteht aus den 2 weiblichen Ovarien, die mit der Hülle gross gewachsen sind und mit ihr hakig-stachlige, klettenartige Körper bilden. — Ein Geschlecht, dessen Stellung und Verwandtschaft im Pflanzenreich durch die Bildung der Gattungen *Ambrosia* und *Iva* begriffen wird.

1. *X. Strumarium L.* Früchte oval, zwischen den Stacheln und an der Basis der Schnäbel kurzhaarig. Schnäbel gerade. Blätter 3—5lappig, hinten herzförmig, eingeschnitten-gezähnt. 1—1½'. ⊙ Auf Schuttstellen, hin und wieder in den ebenen Gegenden der Schweiz (Genf, Aelen, Peterlingen, Wiflisburg, Martinach, Sitten, Basel, Rappersweil, Bellenz). Sommer.

2. *X. macrocarpum DC.* Früchte länglich-eirund, zwischen den Stacheln und an der Basis der Schnäbel rauhhaarig. Schnäbel hakig. ⊙ 1—1½'. Auf Schutt; bisher jedoch bloss bei Genf an einer Stelle bemerkt.

Bidens.

Köpfchen strahllos oder gestrahlt. Blüthenboden mit Spreublättchen. Achäne meist zusammengedrückt, mit 2 (auch bei ausländischen mehr) rückwärts widerhakigen Borsten oder Zähnen gekrönt. Blüthen gelb.

1. *B. tripartita L.* Kahl. Blätter 3theilig: Lappen lanzett, gezähnt. Blüthenköpfchen strahllos. 1½'. ⊙ Gesellschaftlich in Wassergräben und auf verschlammten und versumpften Stellen der ganzen ebenen und montanen Schweiz. Sommer und Herbst.

2. *B. cernua Willd.* Kahl. Blätter ungetheilt, lang lanzett, gesägt. Blüthenköpfchen ungestrahlt oder gestrahlt, überhängend. 1—2'. ♃ Gesellschaftlich auf wasserreichen verschlammten Stellen durch die ganze ebene und montane Region, jedoch nicht so häufig als vorige. (Ilanz, Altorf, Bern, Thun, Pfirt, Basel, Roche, Neuss, Genf etc.) Sommer und Herbst.

Anthemis.

Köpfchen weiss gestrahlt, mit gelber Scheibe. Blüthenboden convex oder conisch, mit Spreublättchen. Achäne ziemlich walzig, bloss mit einem schmalen Rändchen gekrönt.

1. *A. arvensis L.* Stengel aufrecht oder ausgebreitet, sammt den Blättern kurzhaarig. Blätter doppelt fiederig getheilt: Läppchen pfriemförmig-lineal, bespitzt. Blüthenboden kegelförmig, mit zugespitzten Spelzen. 1—1½'. ⊙ Auf Aeckern, Schutt und dergleichen Stellen durch die ganze ebene und montane Schweiz. Blüht im Sommer.

— *A. nobilis L. Römische Chamillen.* Stengel aufrecht oder ansteigend, kurzhaarig. Blätter doppelt fiederig getheilt: Lappen pfriemförmig-lineal. Spelzen unbespitzt. 1' und darüber. ♃ Zum pharmazeutischen Gebrauche in Gärten cultivirt. Besitzt die Eigenschaften der Chamillen.

2. *A. tinctoria L.* Stengel aufrecht oder ausgebreitet, ästig, 1—2'. Blätter doppelt fiederig getheilt. unterhalb mehr oder weniger grauhaarig: Läppchen bespitzt. Spelzen bespitzt. Strahl gelb. ♃ Sommer. Selten und vereinzelt, an Flüssen und in der Nähe der Städte. (Basel, Aarau, Winterthur, Chur).

3. *A. Triumfetti All.* Blätter anschmiegend-haarig, fiederig getheilt: Blättchen kammartig fiederig eingeschnitten: Läppchen sehr spitzig. Spelzen in eine etwas harte Spitze ausgehend. Strahl weiss. 2—3'. ♃ In Wäldern auf dem Monte Generoso im Tessin. Sommer. Ist von voriger kaum mehr als durch die Blumenfarbe verschieden.

Maruta.

Wie Anthemis, nur sind die Achäne ohne Saum, gestreift und zwischen den Streifen feinkörnig. Die Spelzen borstig-lineal.

1. *M. foetida Cass. Anthemis Cotula L.* Ein übelriechendes, einjähriges, 1—1½' hohes Kraut vom Aussehen der Chamillen. In Aeckern der westlichen Schweiz hin und wieder. Bei Genf, Yvorne, Villeneuve, Roche. Nach Wahlenberg in den Aeckern der östlichen Schweiz.

Achillea.

Köpfchen gestrahlt, eirund (gewöhnlich klein und wenigblumig). Blüthenboden mit Spelzen (Spreublättchen) besetzt. Strahlblümchen mit kurzem und verhältnissmässig breitem Züngchen, daher ihrer wenige (meist 4—6, selten bis gegen 20). Achäne ohne Haar- oder Spelzenkrone. — Mittelmässige Kräuter mit vielen meist weissen und eine Afterdolde bildenden Blüthenköpfchen.

Sect. I. Mit 5—20blumigem Strahl. *Ptarmica DC.*

1. *A. atrata L.* Stengel einfach, aufrecht, behaart, 6—10''. Blätter kahl oder etwas behaart, fiederig getheilt: Lappen einfach oder 2—3lappig, ziemlich lineal zugespitzt. Blumenstiele filzig. Züngchen rundlich, so lang als das Köpfchen. ♃ Sommer. Auf alpinen Weiden des Schiefergebirgs der ganzen Alpenkette.

α. 1½', mit etwas breiten Blattlappen. *A. Thomasiana Hall. f.* Wenn man die Verwandtschaft zweier Arten verbergen will, so muss man sie weit auseinander stellen, ein Kunstgriff, den man in den Menagerien auch anwendet.

2. *A. moschata L. Wild-Fräuleinkraut. Iva. Genipi.* Stengel einfach, aufrecht oder ausgebreitet, kahl oder behaart, 4—6''. Blätter fiederig getheilt, punktirt: Lappen ungetheilt, breit lineal. Blumenstiele hurzhaarig (pubescirend). Züngchen rundlich, so lang als das Köpfchen. ♃ Auf alpinen Weiden, gewöhnlich an Bächen, durch die ganze Alpenkette, jedoch nur auf dem Urgebirge, sowohl auf dem geschichteten (Glimmerschiefer, Gneis) als auf dem massigen. Dieses Kräutchen steht bei den Alpenbewohnern wegen seiner kräftig stimulirenden und zugleich tonischen Wirkung in hohem Ansehen, war auch ehemals officinell (Herba Genippi) und wird hie und da in Branntwein eingelegt, dem es seinen aromatischen Geruch mittheilt.

3. *A. nana L.* Ganz graufilzig. Blätter fiederig eingeschnitten. Lappen einfach oder gelappt. Afterdolde fast halbkugelig. 2—4—6'', selten länger. ♃ Sommer. In der nivalen oder alpinen Region des Ur- und Flyschgebirgs auf Steingerölle; durch die ganze Alpenkette.

α. Mit ansteigenden oder aufrechten, 1' und darüber langen Stengeln und einer weniger dichtfilzigen Bekleidung. *A. valesiaca Suter. A. nana, elatior DC.* in Prod. VI. p. 679. Im Gletschergeschiebe des Rhone-Gletschers und des Rosetsch-Gletschers im Ober-Engadin.

4. *A. Clavenae L.* Anschmiegend graubaarig. Blätter fiederig eingeschnitten: Lappen jederseits 3—6, einfach oder wenig gelappt. Blumen 7—9, eine Afterdolde bildend. Stengel einfach, 1'. ♃ Auf Weiden, zuoberst auf dem Monte Generoso und zwischen dem untern Misox und dem Comer-See. Juni und Juli, in der subalpinen Region. Der Name Clavena kommt nicht von Chiavenna (Clefen), sondern von einem Clavena, der über diese Pflanze ein Tractätchen schrieb.

5. *A. macrophylla L.* Blätter fiederig getheilt: Lappen lanzett, eingeschnitten oder ungleich gesägt, fast ganz kahl. Afterdolde zusammengesetzt. Züngchen 5—6, rundlich, so lang als das Köpfchen. 2—3'. ♃ In alpinen und subalpinen Wäldern, ohne Unterschied des Gesteins, durch die ganze Alpenkette häufig. Sommer.

6. *A. alpina L.* Blätter kahl oder wenig behaart, lineal-lanzett oder lanzett, kammartig eingeschnitten: Lappen spitzig, gesägt. Afterdolde zusammengesetzt. Züngchen 7—9 (an einem Köpfchen), so lang als die Hülle. 2'. ♃ Sommer. Am Gotthard über Airolo.

7. *A. Ptarmica L.* Blätter kahl, lineal-lanzett, kammartig eingeschnitten-gesägt: Läppchen sehr fein gesägt, in eine Spitze ausgehend. Afterdolde zusammengesetzt. Züngchen 8—12, rundlich, so lang als das Köpfchen. 2'. ♃ Sommer. In etwas feuchten Wiesen durch die ganze ebene und montane Region der Schweiz, allein sehr zerstreut. Die beissend scharfe Wurzel, so wie auch die Blumen waren ehemals officinell.

Sect. II. Mit 3—5blumigem Strahl. *Millefolium.*

8. *A. tomentosa L.* Zottig-filzig. Blätter doppelt fiederig getheilt: Lappen lineal. Afterdolde zusammengesetzt, ganz gelb. Stengel aufrecht oder ansteigend, 1/2—1'. ♃ Mai bis Juli. Auf unfruchtbaren dürren Stellen, an Wegen und Halden, bei uns jedoch bloss in Mittel- und Unter-Wallis.

9. *A. Millefolium L. Schafgarbe.* Stengel aufrecht, weichhaarig, 1/2—2', oberhalb gefurcht. Blätter schwächer oder stärker behaart, doppelt fiederig getheilt: Läppchen lineal, spitzig, mit ganzer Axe. Züngchen um die Hälfte kürzer als die Hülle, rundlich, weiss, ausnahmsweise auch roth. ♃ Sommer. Ausserordentlich häufig auf Weiden, Waldrändern, in Gebüsch durch die ganze Schweiz von der Ebene an bis in die alpine Region der Alpen und des Jura-Gebirgs. — Blätter und Blüthen dieser Pflanze sind noch jetzt officinell und wirken ungefähr wie Chamillen und Achillea moschata.

10. *A. setacea W. et K.* In allen Theilen kleiner als vorige (4—10") und mit haarfeinen Blattlappen. ♃ Sommer. Auf dürren sandigen Stellen von Unter-Wallis.

11. *A. nobilis L.* Wurzelblätter 3fach fiederig. Stengelblätter doppelt fiederig getheilt: Lappen lineal spitzig; Axe gewöhnlich gezähnt. Köpfchen eine dicht gedrängte Afterdolde bildend (sehr klein) mit Züngchen, die kaum die Hälfte der Länge der Köpfchen erreichen. Stengel aufrecht, 1 1/2'. ♃ Sommer. An Felsen im Jura von Neuenburg, Biel und Basel; dann in Unter-Wallis.

12. *A. tanacetifolia All.* Blätter mehr oder weniger behaart, doppelt fiederig getheilt, mit geflügelter, gezähnter Axe: Lappen mit haarfeinen langen Zähnen besetzt. Sonst wie Millefolium, nur grösser, 2—3'. ♃ Sommer. Auf Wiesen. Wird als auf dem Simplon, dem M. Generoso und bei Chur wachsend angegeben.

Leucanthemum.

Köpfchen weiss gestrahlt. Blüthenboden flach oder etwas convex, nackt. Achäne ungeflügelt, ziemlich walzig, in der Scheibe immer ohne Haarkrone, im Strahl ebenfalls nackt oder mit einem

Oehrchen an der Stelle der Haarkrone. *Chrysanthemum L.*

1. *L. vulgare Lam. Chrysanthemum Leucanthemum L.* Untere Blätter gestielt, umgekehrt eirund-spathelförmig, gekerbt; obere sitzend, länglich, grob gesägt: die hintern Sägezähne schmäler und länger als die vordern. Stengel einfach und einblumig oder oberhalb mit wenigen einblumigen langen Aesten, 9″—3′. ♃ Sommer. Gemein in Wiesen von der Ebene an bis in die alpine Region.

2. *L. heterophyllum. Chrysanth. heterophyllum Willd.* Ziemlich wie voriges, jedoch immer ästig, mit um die Hälfte kleinern Köpfchen, beblätterten Blumenstielen und mit Strahl-Achänen, die eine auf der innern Seite gespaltene Hautkrone haben. 1½′. ♃ Juni. An Felsen bei St. Vittore im Misox. Soll überhaupt an der südlichen Seite der Alpen vorkommen.

Was vom *L. (Chrysanthemum) montanum*, das auf dem Jura vorkommen soll, zu halten ist, weiss ich zur Zeit noch nicht. Linné bezeichnet seine Art auf folgende Weise: Untere Blätter spathelförmig-lanzett, gesägt, die obersten lineal. Sodann wird ihm ein einfacher einblumiger Stengel gegeben.

Matricaria.

Köpfchen weiss gestrahlt. Blüthenboden nackt, cylindrisch-conisch. Achäne nackt, d. i. ohne Hautsaum oder Haarkrone.

1. *M. Chamomilla L. Chamillen.* Kahl. Stengel aufrecht, 1½—2′. Blätter doppelt fiederig getheilt: Lappen haarfein. Hüllblättchen stumpf. Blüthenköpfchen von einem eigenthümlichen *) Geruch, bei den ältern mit zurückgeschlagenem Strahl. ⊙ Sommer. In Aeckern, gewöhnlich nach der Getreide-Erndte, durch die ganze westliche und mittlere Schweiz gemein (Genf, Waadt, Bern, Solothurn, Aargau, Basel); an andern Orten bloss vereinzelt auf Schuttstellen. Die Blüthen dieser Pflanzen sind ein bewährtes und daher viel gebrauchtes Mittel, wo das Gefäss- und Nervensystem, besonders des Unterleibs,

*) An diesem, der an die feinern Apfelgerüche mahnt (Chamaemelum), wird man die Ch. immer am besten erkennen.

excitirt werden soll. Verwechselt werden die Ch. gewöhnlich mit Anthemis arvensis und Pyrethrum inodorum. In der neuesten Bearbeitung der Compositen von DeCandolle ist in Bezug auf diese und die ihr ähnlichen Arten ein Irrthum begangen worden. DeCandolle's *Matricaria Chamomilla* ist das weiter unten angeführte *Pyrethrum* (Matric.) *inodorum* und seine *Matr. suaveolens* ist die ächte Chamille.

Pyrethrum.

Köpfchen weiss gestrahlt. Blüthenboden nackt, flach oder convex. Achäne mit einer häutigen, gewöhnlich am Rande gezähnten Krone. *Chrysanthemum L.*

1. *P. inodorum Sm.* Blätter doppelt bis 3fach fiederig getheilt: Läppchen lineal-haarförmig. Stengel ausgebreitet, ästig, 1' und darüber lang. Blüthenboden halbkugelig. Strahl häufig abstehend. ⊙ Gemein in Aeckern durch die ganze Schweiz. Sommer. Die Blüthenköpfchen sind bedeutend grösser als bei den Chamillen und haben den angenehmen Geruch derselben nicht.

2. *P. alpinum Willd.* Wurzel vielästig, rasenbildend. Stengel einblumig, wenigblätterig, unten kahl, oberhalb kurzhaarig, 4—5''. Blätter der unfruchtbaren Wurzelschosse keilförmig, fiederig eingeschnitten, auf jeder Seite 2—3 Einschnitte. Stengelblätter einfach, lineal. ♃ Sommer. Auf berasten Felsen der alpinen und nivalen Region, auf der ganzen Alpenkette ohne Unterschied des Gesteins.

3. *P. Halleri Willd.* Wurzel vielästig, rasenbildend. Untere Blätter gestielt, umgekehrt eirund, eingeschnittengesägt. Stengelblätter keilförmig, eingeschnitten-gesägt, unterhalb mit langen schmalen Zähnen. Stengel vielblätterig, einblumig, 4—8''. Hüllblächen schwarz gerandet. ♃ Auf Felsenschutt und Steingerölle des Flyschgebirgs durch die ganze Alpenkette in der alpinen und nivalen Region. *Chrysanthemum atratum L. Gaud. Mor.*

4. *P. corymbosum Willd.* Stengel aufrecht, gefurcht, 1½—3', oben gerispet. Blätter gefiedert: Blättchen fiederiggetheilt: Lappen fiederig-eingeschnitten mit spitzigen Zähnen. Blüthenköpfchen eine Afterdolde bildend. Hüllblättchen braun gerandet. ♃ Juni. An Felsen und auf steinigen

mit Gebüsch bewachsenen Stellen der Ebene und montanen Region. Jenseits der Berge bei Lauis und Mendris, diesseits bei Genf am Salève, am Jura bei Trelex, an der Gislifluh, Weissenstein, Lägern, am Irchel und im untern Rhone-Thal.

5. *P. Parthenium Sm. Mutterkraut. Matricaria Parthenium L.* Kahl oder kurzhaarig. Stengel aufrecht, ästig, 2'. Blätter gefiedert: Blättchen fiederig-gelappt: Läppchen länglich, stumpf, mit einer sehr kurzen punktartigen Spitze. Hüllblättchen mit einem weissen trockenen Rande. ♃ Auf Schuttstellen, manchmal in Menge, zerstreut durch die ganze ebene Schweiz. In Gärten nicht selten mit geflügelten Blumen. Ist officinell und wirkt ungefähr wie die Chamillen.

— In Töpfen hält man jetzt häufig das *P. Sinense Sabin.*, welches in allen möglichen Farben während der Wintermonate blüht und daher auch *Renoncule d'hiver* genannt wird.

— Das *Chrysanthemum coronarium L.* soll auf dem Fräla vorkommen. Dies ist sicher unrichtig, da genannte Pflanze die heissen Gegenden des nördlichen Afrika's, die Canarischen Inseln etc. zur Heimath hat. Dieser von Haller angeregte Irrthum hat sich seither durch alle Bücher, die die Schweizer-Floren kopirten, verbreitet. In Gärten wird sie zuweilen als Zierpflanze cultivirt; auch habe ich sie schon in deren Nähe auf Schutt angetroffen.

— In Gärten sieht man nicht selten die sogenannte *Frauenmünze (P. Tanacetum DC.* oder *Balsamita vulgaris Willd.)*, welche äusserst angenehm riechende ganze Blätter hat. Man findet sie auch verwildert, z. B. bei Montreux, in Unter-Wallis, Lauis etc.

Artemisia.

Köpfchen strahllos, wenig- und gleichblumig, zuweilen am Rande mit weiblichen Blüthen. Blüthenboden nackt oder behaart. Achäne umgekehrt-eirund, ohne Krone. — Meist starkriechende Kräuter mit unansehnlichen gelben Blüthen.

1, *A. campestris L.* Unterhalb holzig, rasenbildend. Stengel ansteigend, ästig, 2' lang. Blätter jung etwas seidenhaarig, alt kahl, doppelt fiederig getheilt: Lappen lineal-haarförmig. Köpfchen eirund, kahl. ♃ Sommer. Auf dürren Triften und Halden der wärmern Schweiz stellenweise in grosser Menge (Wallis, Waadt, Genf, Neuenburg, Bern, Basel, Tessin, Graubünden).

α. Kleiner mit einfachen Stengeln. In den alpinen Thälern von Mittel-Wallis *A. campestris, alpina DC. A. nana, parviflora Gaud.* Scheint einen Uebergang zur folgenden Art zu bilden.

2. *A. nana Gaud.* Wurzelstock vielstengelig, rasenbildend. Stengel einfach, 6'', ansteigend-aufrecht. Blätter mit anschmiegenden seidenglänzenden Haaren, einfach oder doppelt fiederig getheilt: Lappen breit lineal. Köpfchen traubenständig kugelig, gewöhnlich überhangend, zu 1—4 in den Blattachseln. ♃ Sommer. Auf Flussgeschiebe in einem alpinen Thale des Urgebirgs (Saaser-Thal).

3. *A. valesiaca All.* Weiss-filzig, unterhalb holzig. Blätter doppelt fiederig getheilt: Lappen lineal-fadenförmig. Köpfchen meist sitzend, eine lange Aehre bildend, länglich, 3—5blumig. Aeussere Hüllblättchen filzig. 9—18''. ♃ October. Auf dürren Stellen, z. B. an Wegen durch Mittel- und Unter-Wallis.

4. *A. vulgaris L. Beifuss.* Stengel aufrecht, 3' und darüber, oben gerispet. Blätter unterhalb weissfilzig, fiederig getheilt: Lappen lanzett oder lineal-lanzett, tief eingeschnitten. Köpfchen eirund. ♃ Sommer. Auf steinigen Stellen, an Mauern und Zäunen durch die ganze ebene Schweiz gemein; steigt auch bis in die montane und subalpine Region der Alpen. Nach der Meinung der Alten sollte dieses Kraut, wenn man es in die Schuhe legt, die Müdigkeit vertreiben. Sie brauchten es auch als Arzneimittel. Jetzt sind die Wurzelfasern gegen die Epilepsie in Gebrauch gekommen.

5. *A. spicata Jacq.* Wurzel vielstengelig, rasenbildend. Stengel einfach, 3—8''. Wurzelblätter doppelt dreigabelig getheilt; Stengelblätter fiederig getheilt; alle anschmiegend, seidenhaarig, grau. Köpfchen eirund-kugelig, gestielt oder sitzend, einzeln in den Blattachseln, eine Aehre oder ährenartige Traube bildend. ♃ Sommer. Auf Felsen der alpinen Region, jedoch ziemlich selten und bisher bloss in Wallis, Graubünden und Glarus auf dem Flysch- und Urgebirge beobachtet.

6. *A. Mutellina Vill.* Rasenbildend, vielstengelig. Stengel einfach, 3—6''. Blätter grau und anschmiegend seidenhaarig: die untersten doppelt und dreifach 3gabelig getheilt, die obern vorderhalb fingerig getheilt: bei allen die Lappen lineal.· Köpfchen zu 4—7 am Ende des Stengels, die obersten fast ungestielt und geknäuelt, die 2 oder 3 übrigen etwas entfernt, gestielt. ♃ Sommer. Auf Felsen des Ur- und Kalkgebirgs, in der alpinen und nivalen Region, an vielen Orten der C. Waadt, Wallis, Graubünden, Glarus.

7. *A. glacialis L.* Wie vorige mit dem Unterschied, dass die 3—6 Köpfchen alle zu einem endständigen Knäuel zusammengestellt sind; auch sind die Köpfchen um das Doppelte grösser und schön gelb. ♃ An Felsen des Urgebirgs im C. Wallis und im Unter-Engadin von Graubünden in der nivalen Region. Im Ganzen eine seltene Pflanze.

8. *A. Absinthium L. Wermuth.* Unterhalb etwas holzig. Blätter anschmiegend seidenhaarig, dreifach fiederig getheilt: Lappen lanzett oder breit lineal. Köpfchen kugelig, überhängend. Stengel aufrecht, oben gerispet, 2'. ♃ Sommer und Herbst. Auf steinigen Stellen, an Halden und Mauern der wärmern Alpenthäler von der Thalsohle an bis zur Grenze des Kirschbaums. Häufig in Graubünden und Wallis; in der übrigen Schweiz bloss einzeln verwildert. Der W. gilt als eines der vorzüglichsten reizenden und stärkenden Heilmittel, das bei allgemeiner Schwäche und besonders bei Unthätigkeit der Verdauungsorgane gebraucht wird. Aus ihm macht man das ziemlich verbreitete Extrait d'Absinthe.

— In den Gärten findet man ferner nicht selten *A. Abrotanum L. (Stabwurz)*, die angenehm nach Citronen riechende, haarfein getheilte kahle Blätter hat. Sie wird wie der Wermuth gebraucht. Dann *A. Dracunculus L., Estragon*, der ganze, kahle und geriebene, sehr angenehm riechende Blätter hat. Er wird als Gewürz in der Küche angewendet. Endlich *A. pontica L.* oder *Römischer Wermuth* mit weissgrauen, doppelt fiederig getheilten Blättern, deren Lappen lineal sind. Er wird 1—2' hoch und soll sich an einigen Orten im Neuenburgischen und in der

Waadt finden, wo er wahrscheinlich aus Gärten stammt. ♃ Gebrauch und Eigenschaften wie beim Wermuth.

Tanacetum.

Köpfchen (bei unserer Art) ohne Strahl, gelb. Blüthenboden nackt. Achäne kantig, kahl, mit kleiner oder mit einer kleinen häutigen Krone.

1. *T. vulgare L. Rainfarrn. Wurmkraut.* Stengel aufrecht, kahl, 2—3'. Blätter doppelt fiederig-getheilt, mit gesägter Axe und Läppchen. Afterdolde vielblumig. Achänkrone kurz, gleichmässig 5lappig. ♃ Juli bis September. An Ackerrainen, Mauern, Zäunen der Ebene und montanen Region, zerstreut durch alle Kantone der Schweiz, in Menge bloss an der Broye und in der Ebene um Peterlingen; auch nicht selten in Gärten. Dieses eigenthümlich und stark riechende Kraut wirkt belebend und stärkend auf den thierischen Organismus und ist daher ein noch jetzt gebrauchtes Heilmittel.

Gnaphalium.

Köpfchen ungestrahlt. Randblümchen ein- oder mehrreihig, weiblich, sehr fein. Scheibenblümchen Zwitter. Hülle so lang als die Scheibe, eirund, aus trocknen, bleibenden Blättchen gebildet. Staubbeutel an der Basis mit 2 Börstchen. Achäne walzig mit einer einreihigen Haarkrone. Filzige Kräuter.

1. *G. luteo-album L.* Stengel einfach oder ästig, aufrecht oder ausgebreitet. Unterste Blätter umgekehrt-eirund oder spathelförmig; Stengelblätter länglich oder breit lineal, halbstengelumfassend. Hüllblättchen kahl, trocken, durchsichtig, blassgelblich. 5—15''. ⊙ An Mauern und auf unfruchtbaren Stellen, gern am Wasser, in der ebenen und wärmern Schweiz. In der diesseitigen Schweiz in Wallis, Waadt, Neuenburg bis an den Bieler-See an verschiedenen Stellen; häufiger jenseits bei Clefen, Bellenz, im Misox. Eine über den ganzen Erdboden verbreitete Pflanze.

2. *G. uliginosum L.* Stengel ästig, gewöhnlich am Boden ausgebreitet, jedoch auch aufrecht. Blätter lineal-lanzett. Köpfchen am Ende der Aeste geknäuelt: Knäuel mit Blättern untermischt. Achäne ganz glatt. 4—6''. ⊙

Auf Aeckern, an Wegen, auf feuchten Grasplätzen der Ebene und montanen Region. (Bei Genf, im C. Waadt, bei Thun, in Bünden.)

3. *G. sylvaticum L.* Mehrere Stengel aus einer Wurzel. Stengel aufrecht, 1—2'. Blätter lineal-lanzett, unten oder auf beiden Seiten filzig. Köpfchen achselständig, gestielt oder sitzend, eine lange, unten meist ästige Aehre bildend. ♃ Sommer. Auf Stellen abgegangener Wälder, an Waldrändern durch die ganze ebene Schweiz nicht selten.

4. *G. norvegicum Gunner.* Ein oder mehrere Stengel aus einer Wurzel. Stengel einfach, aufrecht, 6—15". Wurzel- und mittlere Stengelblätter lanzett. Köpfchen achselständig, sitzend, häufig bloss am Ende der Stengel eine kurze Aehre bildend, bisweilen aber auch weiter nach unten gerückt. ♃ Sommer. Auf Stellen abgegangener Wälder, an Waldrändern der alpinen und subalpinen Region durch die ganze Alpenkette.

5. *G. supinum L. Omalotheca supina DC.* mit Ausschluss der beiden folgenden Arten. Rasenbildend, vielstengelig. Stengel einfach, ½—2", an der Spitze mit einer aus 2—5 sitzenden Köpfchen gebildeten Aehre (selten sind weiter unten einzelne achselständige Köpfchen). Blätter lineal oder fast lineal. ♃ Sommer. Auf alpinen Weiden durch die ganze Alpenkette, ohne Unterschied der Gebirgsart.

α. Mit verkürztem Stengel, so dass ihn die Blätter überragen. *O. s. subacaulis DC.* Auf dem Augstenberg bei Malans.

6. *G. fuscum Scop.* Wie voriges, nur sind die Köpfchen von der Mitte des Stengels an hier einzeln in den Blattachseln und gestielt. 3". Seltener als voriges. Ich fand es am Oberalpsee, wo es auch vor mir beobachtet worden.

7. *G. pusillum Willd.* Rasenbildend, vielstengelig. Stengel einfach, ½—3", meist einblumig, selten unter der gestielten Endblume 2—3 sitzende oder kurzgestielte Blumen (Köpfchen). Blätter lineal oder fast lineal. ♃ Sommer. Auf alpinen Weiden durch die ganze Alpenkette nicht selten. Die hier beschriebene Art ist nicht die von Haenke und Gaudin, wohl aber die Varietät γ von Koch's G. supinum, der die Verschiedenheit zwischen dieser und

den beiden vorigen Formen zuerst richtig aufgefasst hat. Das G. pusillum W. steht mit G. fuscum in naher Verwandtschaft und durch diese Art auch, wiewohl entfernter, mit dem G. supinum.

Antenaria.

Wie Gnaphalium mit dem Unterschied, dass die Köpfchen hier entweder lauter unfruchtbare Zwitter- oder fruchtbare weibliche Blumen enthalten und dass die Haarkrone der Zwitterblüthen aus Haaren besteht, die gegen die Spitze zu keulenförmig verdickt sind. *Gnaphalium L.*

1. *A. dioica Gaertn.* Wurzelschosse kriechend (kürzer oder länger) mit spathelförmigen Blättern. Stengelblätter breit lineal. Köpfchen weiss oder roth, kürzer oder länger gestielt, zu 3—5 am Ende des Stengels. 3—6—12". ♃ Mai und Juni. Auf dürren Triften durch die ganze Schweiz, von der Ebene an bis in die nivale Region. Die Blüthen waren ehedem unter dem Namen „Flores Gnaphalii s. Pilosellae albae s. Pedis Cati" officinell und besonders gegen die Ruhr im Gebrauche. Daraus sind dann auch die deutschen Namen *Ruhrkraut* und *Katzenpfötchen* zu erklären.

2. *A. carpathica Bluff* et *Fing.* Wurzelschosse aufrecht, kurz, rasenbildend. Wurzelblätter lanzett oder lineal-lanzett; Stengelblätter breit lineal. Köpfchen bräunlich, zu 2—3 am Ende des Stengels, fast sitzend. 3—4". ♃ Sommer. Auf alpinen und nivalen Weiden und verschütteten Stellen durch die ganze Alpenkette ohne Unterschied der Gebirgsart. *Gnaphalium alpinum Gaud.* etc.

In Gärten sieht man auch bisweilen *A. margaritacea Brown.*

Leontopodium.

Köpfchen ungestrahlt. Randblümchen fein, weiblich; Scheibenblümchen Zwitter, unfruchtbar, mit einem an der Spitze verdickten Griffel. Blüthenboden gegrübelt. Haarkrone der weiblichen Blümchen feinbartig, der Zwitter mit an der Spitze verdickten Haaren. — Dichtfilzige Kräuter mit endständigen von Blättern strahlartig umgebenen

Köpfchen, die eine kleine Afterdolde bilden. *Gnaphalium L.*

1. *L. alpinum Cass.* Afterdöldchen aus 7—9 Köpfchen gebildet. Blätter lineal-lanzett, besonders auf der Unterseite weiss-filzig: die des Strahls wollig-filzig. 6". ♃ Sommer. Auf steinigen Weiden der alpinen Region durch die ganze Alpenkette ohne Unterschied des Gesteins; auch auf der Dôle, der höchsten Spitze des westlichen Jura.

Filago.

Köpfchen ungestrahlt. Weibliche Blümchen zwischen den Hüllschuppen und im Umkreise des Centrums, fadenförmig. Einige Zwitterblümchen in der Mitte des Centrums. Achäne kahl, mit einer einfachen Federkrone; bei den äussern ist die Federkrone verschieden oder sie fehlt. Filzige Kräuter mit geknäuelten Köpfchen. Alle sind einjährige Ackerpflanzen.

1. *F. germanica L.* Blätter lanzett oder lineal-lanzett. Knäuel in den Astgabeln oder am Ende der Aeste. Hüllschüppchen grannenartig ausgehend. Stengel bald von unten an gabelig verastet, bald einfach und bloss oben astig, 6—12". ☉ In Aeckern der westlichen Schweiz (Basel, Genf, Waadt, Bern). Sommer und Herbst.

2. *F. gallica L.* Anschmiegend-filzig. Blätter pfriemförmig-lineal, mit umgerolltem Rande. Knäuel aus 2 bis 3 Köpfchen bestehend, in den Astgabeln oder am Ende der Aeste. Stengel ästig, 6—8". ☉ Sommer. In Aeckern bei Genf, Neuss, Peterlingen, Basel, Baden, Gundeldingen und Siders im Wallis.

3. *F. montana L.* Blätter lineal-lanzett. Köpfchen zu Knäueln oder kurzen Aehrchen am Ende der Aeste und in den Astgabeln. Stengel oberhalb gabelästig, 3—8". ☉ Sommer. In Aeckern bei Lausanne, Neuss, Bern, Luggaris (Locarno) und Basel.

4. *F. arvensis L.* Blätter lanzett, weichwollig. Stengel aufrecht, gerispet, 1'. Knäuel am Ende der Aeste, einander meist genähert. ☉ Sommer. Auf Aeckern und an Wegen in vielen Kantonen (Genf, Wallis, Tessin, Basel, Waadt, Bünden).

Carpesium.

Köpfchen ungestrahlt, mit weiblichen Randblümchen und Zwittern in der Scheibe. Blüthenboden nackt, flach. Staubbeutel geschwänzt. Achäne kahl, gestreift, geschnäbelt, ohne Krone.

1. *C. cernuum L.* Köpfchen einzeln am Ende der Stengel und Aeste, überhängend: Blätter breit lanzett. 1—2'. ♃ Sommer und Herbst. Auf sumpfigen Stellen des untern Rhone-Thals und um den Brienzer-See herum, in beiden Bezirken an vielen Stellen.

Arnica.

Köpfchen gestrahlt. Strahlblümchen weiblich, mit verkümmerten freien Staubbeuteln. Blüthenboden haarig. Achäne gestreift, mit einer aus rauhen Haaren gebildeten Haarkrone. Kräuter mit gelben Blumen und entgegengesetzten Blättern.

1. *A. montana L. Wohlverleih. Fallkraut.* Wurzelblätter eirund oder länglich-eirund, 5rippig. Stengelblätter 1—2 Paare, schmäler. Stengel 1—3blumig, ½ bis 1½'. ♃ Sommer. Auf magern, trockenen oder etwas nassen Weiden der alpinen Region, von wo sie bis in die montane zuweilen heruntersteigt. Findet sich auf der ganzen Alpenkette und auf dem benachbarten Rigi. Die eigenthümlich harzig riechenden Blumen, so wie auch die niesenerregenden Wurzeln und Blätter sind ein vielgebrauchtes Arzneimittel. An manchen Orten rauchen die Bergbewohner die Blätter, die daher auch den Namen *Schneeberger-Tabak* (Schneeberge heisst man in der ebenen Schweiz die Alpen) erhalten haben.

Aronicum.

Köpfchen gestrahlt: Strahl gleichfarbig (gelb). Strahlblümchen weiblich, bisweilen auch mit verkümmerten Staubbeuteln. Achäne gefurcht, mit einer Haarkrone. Alpenkräuter mit abwechselnden Blättern. *Arnica L.*

1. *A. Doronicum Reich.* Behaart. Stengel einblumig, 3—14". Wurzelblätter gestielt, eirund oder länglich, schwach oder stark gezähnt. Stengelblätter halbumfassend, schwach oder stark gezähnt bis eingeschnitten-gezähnt. ♃

Sommer. Auf steinigen Stellen der alpinen und nivalen Region der Alpen. Nach meinen Beobachtungen immer auf granitischem Gestein oder sogenanntem Urgebirge. (In Bünden auf dem Albula, Piz Ot, Averser und Medelser Alpen; in Wallis auf dem Simplon und im Einfisch-Thale). Die andern Standorte, die für diese Pflanze angegeben werden, namentlich die Hegetschweiler'schen, bezweifle ich, weil sie Berge betreffen, die nicht von der angegebenen Gebirgsart sind. Die Erfahrung wird lehren, ob ich richtig gesehen.

2. *A. scorpoides Koch.* Behaart. Stengel einblumig, 3—14″. Wurzelblätter und untere Stengelblätter langgestielt, hinten schwach herzförmig, stark gezähnt; obere stengelblätter halb umfassend. ♃ Auf Felsen, Felsen-Schutt und steinigen Weiden des Flysch- und reinen Kalkgebirgs durch die ganze Alpenkette in der alpinen und nivalen Region, nicht selten.

Doronicum.

Wie Aronicum, doch sind die Achäne der Strahlblüthen ohne Haarkrone.

1. D. *Pardalianches L. Gemswurz.* Blätter eirund, gezähnt, die untersten langgestielt, herzförmig; die mittlern kürzer gestielt, herzförmig, an der Basis geöhrt; die obersten umfassend. Stengel 1—3blumig, 2—3′. ♃ Mai. In Gebüsch auf steinigen Stellen an mehrern Orten des C. Waadt (Lausanne, Belmont, Paudex, Rovéréaz) und in Unter-Wallis. Auch ziehe ich die Pflanze vom Salève hieher, nach der obige Beschreibung, in Uebereinstimmung mit derjenigen von Gaudin und Koch, entworfen worden ist. Wie die Wurzel beschaffen ist, kann ich nicht sagen, aber alles macht es wahrscheinlich, dass wir in der Schweiz nur eine Art und nicht zwei dieser Gattung besitzen.

Senecio.

Köpfchen meist gestrahlt. Hülle aus einem Kreis an der Spitze meist schwarzer Blättchen bestehend, an der Basis mit kleinern schuppenartigen Blättchen besetzt. Blüthenboden nackt. Narben der Zwitterblümchen an der Spitze mit einem pinselförmigen Büschelchen. Achäne ziemlich walzig oder gefurcht, mit schneeweisser feinhaariger Federkrone. Verschiedenartige Kräuter mit gelben Blumen.

Sect. I. Einjährige Pflanzen mit strahllosen oder gestrahlten Blumen.

1. *S. vulgaris L. Kreuzkraut.* Etwas spinnenhaarig oder kahl. Stengel aufrecht, ästig, 1', auch kleiner und grösser. Blätter umfassend, fiederig-eingeschnitten. Achäne gestreift, an den Rippchen kurzhaarig. Blumen ungestrahlt. ⨀ Blüht das ganze Jahr hindurch und ist überall so häufig, dass keine phanerogamische Pflanze, mit Ausnahme der Maslieben und Schweinblumen, von dieser Pflanze an Individuenzahl übertroffen wird. Das Kreuzkraut ist ein Futter für kleine Vögel.

2. *S. viscosus L.* Von Drüsenhaaren klebrig. Stengel aufrecht, ästig, 1—2'. Blätter halb umfassend, fiederig getheilt: Lappen buchtig-eckig oder fast fiederig gespalten. Köpfchen mit kurzen umgerollten Züngchen. ⨀ Sommer. Auf Stellen abgegangener Wälder, um Kohlhaufen und auch in Aeckern sowohl der Ebene als der montanen und subalpinen Region. (In den Cantonen Genf, Waadt, Wallis, Bern, Graubünden und wahrscheinlich auch noch in vielen andern.) Auf dem Jura bei Genf in der subalpinen Region.

3. *S. sylvaticus L.* Sehr kurzhaarig. Stengel aufrecht, 2—3'. Blätter geöhrt umfassend, fiederig getheilt: Lappen ausgebuchtet-gezähnt. Züngchen sehr klein, umgerollt. Achäne kurzhaarig. ⨀ Sommer. Ziemlich selten, auf Stellen abgegangener Wälder. Bei Aarau, Bern, im Berner Oberland, in Appenzell, Peterlingen, auf dem Jorat.

4. *S. nebrodensis L.* Schwach behaart. Stengel aufrecht, 1—1½'. Blätter leierförmig fiederig-eingeschnitten, mit länglichen gezähnten Lappen. Köpfchen mit 10 bis 12 flachen Züngchen, die so lang als die Hülle sind. ⨀? ⨀? ♃? Auf steinigen unfruchtbaren Stellen der montanen Region der östlichen Schweiz, selten. Bei den Wormser Bädern im obern Veltlin und in Graubünden auf dem Ofen und im Scharlthal. Juni. *S. rupestris W. et K. Gaud.*

Sect. II. Perennirende Pflanzen mit gestrahlten Blumen und fiederig getheilten Blättern.

5. *S. aquaticus Huds.* Stengel aufrecht, 1—2'. Wurzelblätter langgestielt, umgekehrt-rirund oder länglich. Stengelblätter bloss fiederig-eingeschnitten, nach vorn buchtig-gezähnt oder völlig leierförmig getheilt. ♃ Sommer. In Wassergräben und auf überschwemmten Stellen der westlichen Schweiz (Bern, Noville, Neuss, Genf).

6. *S. Jacobaea L.* Wurzel- und untere Stengelblätter leierförmig fiederig-getheilt. Obere Stengelblätter umfassend, fiederig-getheilt, mit fiederig und buchtig eingeschnittenen Lappen. Stengel aufrecht, 2—4'. ♃ Sommer und Herbst. Gemein auf wässerigen Stellen, an Bächen, in Hecken etc. durch die ganze Schweiz.

α. Mit strahllosen Blumen. Auf den Bergen bei Genf herum.

7. *S. erucaefolius Huds.* Kurzhaarig. Blätter fiederig-getheilt, die untern gestielt, die übrigen sitzend. Lappen lanzett oder breit lineal, spitzwinklig eingeschnitten-gesägt. Stengel aufrecht, 2—3'. ♃ Sommer. An Ackerrändern und auf unfruchtbaren lehmigen Stellen der westlichen ebenen Schweiz. Häufig in den Cantonen Genf, Waadt und Unter-Wallis und am Doub im Neuenburgischen. *S. tenuifolius Jacq. Gaud.* Hievon gibt es eine kurzzüngige Varietät bei Genf.

8. *S. lyratifolius Reich. Cineraria alpina Willd.* Blätter leierförmig mit sehr grossen eirunden Endlappen und wenigen kleinen Seitenläppchen. Achäne kurzhaarig. Nähert sich der folgenden Art. 2—3'. ♃ Sommer. An Bächen der Ebene und Berge bis in die alpine Region, aber selten. Bei Nettstall, Näfels, Roche, auf dem Rigi und in der Wallalp auf dem Stockhorn.

9. *S. alpinus Scop. Cineraria cordifolia Gouan.* Blätter herzförmig-eirund, am Stiel ohne oder mit einem Paar Läppchen. Stengel aufrecht, 2—3'. ♃ Sommer. Diese Pflanze findet sich auf den alpinen Weiden um die Sennhütten herum in grosser Menge; daher hat sie den Namen *Staffelblume* erhalten; in andern Cantonen heist sie auch *Böni, Goldkraut, Blutzen, Höpfen.* Das Vieh rührt sie nicht an. Geht bis in die Thalsohle der Tös (2842' ü. M.) herunter.

10. *S. abrotanifolius L.* Kahl. Blätter einfach und doppelt fiederig-getheilt: Lappen lineal. Wurzelstock mehrstengelig. Stengel aufrecht oder ansteigend, 1/2—1', oben 3—6blumig. Blumen gelb mit orangefarbigem Strahl. ♃ Sommer. Auf Weiden in der alpinen Region der Berge des Ober- und Unter-Engadins und bei Citeil in Bünden häufig; sodann wird er auch am südlichen Fuss der Alpen im Tessin und am M. Rosa angegeben. Hält sich an die Central-Alpen, doch wie es scheint auf keiner Gesteinsart im Besondern.

Sect III. Perennirende Kräuter mit einfach oder doppelt fiederig-eingeschnittenen (meist filzigen) Blättern.

11. *S. incanus L.* Anschmiegend, graufilzig. Blätter fiederig-getheilt: Lappen eingeschnitten. Stengel aufrecht, 3—5", eine kleine Afterdolde von 6—8 Köpfchen tragend. Achäne kahl. ♃ Sommer. Auf steinigen Stellen der alpinen Weiden in Wallis. Die übrigen Standorte müssen wegen der allgemeinen Verwechslung mit S. carniolicus in Zweifel gezogen werden.

12. *S. carniolicus Willd.* Sehr fein anschmiegend grauhaarig oder fast kahl. Stengel aufrecht oder ansteigend, 3—6", eine kleine Afterdolde von 4—8 Köpfchen tragend. Achäne kahl. Blätter umgekehrt eirund-lanzett oder spathelförmig, einfach fiederig-eingeschnitten. ♃ Sommer. Auf alpinen und nivalen Weiden der östlichen Centralalpen. Auf vielen Bergen Graubündens ohne Unterschied des Gesteins in Menge, jedoch bloss in der Nähe des Urgebirgs und um das Engadin herum. Wahrscheinlich sind alle auf Graubünden bezüglichen Citate von Standorten vom S. incanus auf diese Art zu beziehen.

13. *S. uniflorus All.* Anschmiegend graufilzig. Stengel aufrecht oder ansteigend, 3—4", einblumig. Blätter umgekehrt eirund-lanzett oder spathelförmig, einfach fiederig-eingeschnitten. Achäne kurzhaarig. ♃ Sommer. Auf steinigen Stellen der alpinen und nivalen Region der Alpen, jedoch bloss in dem Nicolai- und Saaser-Thal in Wallis.

Sect. IV. Perennirende Kräuter mit ganzen (ungetheilten) Blättern.

14. *S. Doronicum L.* Spinnenhaarig. Stengel aufrecht,

einfach oder ästig, 1—8blumig, 1—1½'. Blätter etwas fleischig, gezähnt, die untern gestielt, eirund, die Stengelblätter sitzend, länglich. Züngchen 12—15 an einem Köpfchen. Achäne kahl. ♃ Sommer. In der subalpinen und alpinen Region der Alpen und des westlichen Jura auf steinigen Weiden nicht selten.

15. *S. campestris DC. Cineraria campestris Retz.* Flockig-filzig. Wurzelblätter eirund oder länglich-eirund, kaum oder kurz gestielt, ganzrandig oder gezähnt. Stengelblätter lanzett oder pfriemförmig-lanzett, sitzend; Stengel einfach, 9—18", eine Dolde von 5—7—10 Blumenköpfchen tragend. Achäne rauhhaarig. ♃ Sommer. Auf subalpinen und alpinen trocknen steinigen Weiden und Felsen, jedoch sehr selten. Im Jura auf dem Waadtländischen Berge Chaubert und à la grande et à la petite Aine.

16. *S. spathulaefolius DC. Cineraria spathulaefolia Gmel.* Flockig-filzig (bei unsern alpinen Pflanzen weniger filzig). Stengel aufrecht, einfach, 1½—3', eine 4- bis 8blumige Afterdolde tragend. Wurzelblätter gezähnt, gestielt eirund oder länglich, abgebrochen in den Stiel ausgehend. Untere Stengelblätter gestielt, obere sitzend, verlängert-lanzett, alle gezähnt. Achäne rauhhaarig. ♃ Sommer. Auf alpinen Weiden der östlichsten Bündnerberge (Alp Levirone) und in Sümpfen des Jura (Chatelat, Chaux-de-Fonds, Combes de Valanvron, Chaux-d'Abelle, oberhalb Neuveville, bei Delsberg, Ballstall, Lostorf). *Sen. campestris* Mor. Pfl. Graub.

α. Mit schmälern Blättern. 2'. *Cin. tenuifolius Gaud.* Auf dem Wormser-Joch unweit der Bündnergrenze neben dem Horminum pyrenaicum. Exemplare von diesem von Gaudin angegebenen Standorte verdanke ich H. Muret.

17. *S. aurantiacus DC. Cineraria aurantiaca Willd.* Flockig-filzig oder etwas kahl werdend. Stengel aufrecht, einfach, 4—8" lang. Wurzelblätter kurz gestielt, eirund, stumpf. Stengelblätter länglich, die untern gestielt, die obern sitzend und lineal-lanzett. Köpfchen orangefarbig, kurz gestielt, zu 4—8 ein Afterdöldchen bildend. ♃ Sommer. Auf alpinen Weiden der westlichen Alpen, selten. Ueber Château-d'OEx, Spitze der Mortais, Faulhorn, Stockhorn, Neunenen. Bisweilen fehlt auch hier der Strahl.

18. *S. paludosus L.* Stengel aufrecht, 3—5', oben ästig. Blätter verlängert-lanzett, zugespitzt, oberhalb kahl, unterhalb schwach graufilzig, sitzend, scharf gesägt. Köpfchen zu 4 — 6 auf den Aestchen, mit 13 — 16 Zungenblümchen. Achäne kurzhaarig. ♃ Juni. In Sümpfen der ebenen Schweiz (Wallis, bei Villeneuve, am Neuenburger- und Murtner-See, bei Genf, an der Broye, am Zürichsee bei Küssnacht, bei Wesen und am Bodensee).

19. *S. Fuchsii Gmel.* Kahl. Stengel aufrecht, gefurcht, 3—4'. Blätter lanzett oder elliptisch-lanzett, zugespitzt, gesägt. Köpfchen aus 12 — 15 Scheibenblümchen und 4 — 6 Strahlblümchen bestehend, zahlreich, eine zusammengesetzte Afterdolde bildend. ♃ Sommer. Von der montanen bis in die alpine Region auf baldigen mit Gebüsch bewachsenen Stellen durch die ganze Alpenkette und im Jura (Dôle, Réculet, Arlesheim, Wasserfalle), häufig und gesellschaftlich. *S. alpestris Gaud.*

Zu den *Senecionideen* gehören ferner noch folgende theils zu öconomischem Gebrauche, theils zur Zierde angepflanzte Gewächse:

1. Die *Zinnien* (Zinnia elegans, hybrida etc.). Es sind steifstenglige einjährige Pflanzen mit entgegengesetzten Blättern und roth gestrahlten Blumen.

2. Die *Guizotia oleifera DC.*, aus deren Samen man in Indien Oel gewinnt.

3. Die *Rudbeckien* mit langem Strahl und verlängerter Scheibe. *Rudbeckia (Echinacea) purpurea* etc.

4. Die *Calliopsis tinctoria DC.* Findet sich jetzt häufig in Gärten, wo sie wegen ihrer schönen braun und gelb gefärbten Blumen sehr beliebt ist.

5. Mehrere *Sonnenblumenarten.* Am häufigsten pflanzt man die gewöhnliche S. *(Helianthus annuus L.)* wegen ihrer Oel gebenden Samen an. Dieselben sind ein gutes Futter für Hühner. Um der kartoffelartigen Wurzeln willen wird der *H. tuberosus*, der *Topinambour* der Franzosen, hie und da angepflanzt. Seine Wurzelknollen schmecken fast wie Artischocken.

6. Die starkriechenden *Tagetes-Arten* (Tagetes erecta, patula etc.), die gelbe oder braune Blumen mit verwachsenblätterigen Hüllen haben und aus Mexico stammen.

7. Die *Madia sativa Mol.* et *Don.*, die aus Chili stammt und die man als Oelpflanze auch hie und da in der Schweiz anzubauen angefangen hat. Da jedoch die Blüthenköpfchen ungleich reifen, so hat man ihre Cultur wieder aufgegeben.

8. Die *Ringelblume* (Calendula officinalis L.). Sie hat gelbe, stark riechende Blumen, findet sich häufig in Bauerngärten und auch verwildert und ist officinell.

Vierte Zunft. Cynareae.

Griffel der Zwitterblumen unter den Narben verdickt und articulirt. — Meistens stachlige Kräuter mit länglichen Blumenköpfchen, die entweder ungestrahlt sind oder deren Strahl aus vergrösserten Scheibenblümchen (nicht Zungenblümchen) besteht.

Echinops.

Köpfchen kugelig, strahllos, aus vielen gleichmässig organisirten einzelnen Blümchen bestehend. Jedes derselben hat eine dreifache Hülle: äusserste klein haarförmig, mittlere länger mit fast spathelförmigen kurz zugespitzten Schüppchen und innerste mit linealen zugespitzten Schüppchen. Krone 5spaltig mit kurzer Röhre. Achäne cylindrisch, behaart, mit sehr kurzer aus gefranzten Haaren bestehender Krone. — Grosse Kräuter mit blauen Blumen.

1. *E. sphaerocephalus L.* Blätter fiederig getheilt, oberhalb klebrig-haarig, unterhalb graufilzig: Lappen divergirend, länglich-eirund, spitzig, gebuchtet, stachlig gezähnt. Die Borsten der einzelnen Blümchen doppelt länger als die innern Schuppen; die mittelsten fehlen so zu sagen gänzlich und die innern sind ausserhalb kurz behaart. 2—4'. ♃ Sommer. An Wegen und andern dürren Stellen von Mittel- und Unter-Wallis hin und wieder; auch an einer Stelle an der Birs.

Xeranthemum.

Hülle aus trockenen Blättern gebildet, wovon die innern den Blumenstrahl bilden. Blüthenboden mit dreitheiligen Spelzen bedeckt. Am Rande sehr wenige weibliche 2lippige Blüthen. Die übrigen sind Zwitter, 5zähnig, fruchtbar. Achäne der Zwitterblüthen seidenhaarig mit einer aus Spelzen gebildeten Krone. Die der weiblichen Blüthen mit rudimentärer Krone. Stengel und Blätter stachellos.

X. erectum Presl. X. inapertum Gaud. Schuppen der länglich-eirunden Hülle kahl, meist geschlossen (nicht ausgebreitet). Köpfchen 30—40blumig, wovon 1—3 weibliche. Blätter lineal-lanzett, ganzrandig, von kurzen Haaren graufilzig. 1' und mehr. ⨀ An Wegen und dürren Hügeln, jedoch nur in Mittel-Wallis, hier aber nicht selten. Sommer. In Gärten hält man das ähnliche *X. radiatum Lam.*, dessen Strahl gewöhnlich ausgebreitet ist und grössere Blumenköpfchen hat.

Saussurea.

Köpfchen ohne Strahl (weder von Seite der Hülle noch von Seite der Blümchen). Hülle aus häutigen ziegeldachartig gelagerten Schuppen. Blüthenboden mit Spelzen oder zaserig. Alle Blümchen sind Zwitter mit feiner Röhre. Staubbeutel vorn mit langen spitzigen Anhängseln, hinten zweiborstig. Achäne kahl, mit einer doppelreihigen Haarkrone, wovon die äussere aus haarförmigen rauhen Spelzen, die innere aus gefiederten unten verbundenen Spelzen besteht. Bergpflanzen mit stachellosen Blättern und blauen oder violetten Blumen.

1. *S. discolor DC.* Blätter oberhalb kahl, unten weissfilzig, zugespitzt, die untern herzförmig, gestielt, grob gezähnt, die obersten sitzend, lanzett. Stengel 6—9", einfach, oben 3—5blumig. ♃ Blumen hellblau. Sommer. In der alpinen und subalpinen Region auf Felsen des Ur- und Flyschgebirgs durch die ganze Alpenkette (Freiburger Alpen, Faulhorn, Simplon, Saaser-Thal, Stock, Gotthard, Glarus, Bernhardin, Bergell, Splügen, Avers, Carmenna).

2. *S. alpina DC.* Blätter oberhalb kahl werdend, unterhalb weichhaarig-filzig, die untern eirund-lanzett, hinten abgerundet oder verlaufend gestielt, gezähnt, die obern lanzett, ganzrandig. Stengel 1', auch darunter,

meist aufrecht, einfach, 3—15blumig. Blumen roth-violett. ♃ Sommer. Auf steinigen alpinen Weiden der ganzen Alpenkette, ebenfalls auf dem Flysch- und Urgebirge (St. Bernhard, Fouly, Morcles, Faulhorn, Tödi, Medels, Ober-Engadin).

α. Auf Felsenschutt wird die Pflanze 4—6" lang und etwas ansteigend. Findet sich auf dem Mery.

β. Fast alle Blätter eirund, spitzig, hinten in den Stiel ausgehend (nicht herzförmig), unterhalb weissfilzig. Auf dem Dent de Brenleire. *S. a. intermedia Gaud.* Soll zwischen beiden Arten die Mitte halten.

Carlina.

Aeussere Hüllblättchen fiederig-stachlig, innere einfach, den Blumenstrahl bildend. Blüthenboden flach, mit zaserigen Spelzen bedeckt. Staubbeutel an der Spitze mit langen Anhängseln, hinterhalb mit 2 fiederigen Schwänzchen. Alle Blüthen Zwitter. Achäne länglich-cylindrisch, seidenhaarig, mit unten theilweise verwachsenen fiederigen Spelzenhaaren gekrönt. — Gemeine Humuspflanzen mit stachligen Blättern.

1. *C. acaulis L. Eberwurz.* Stengel 0 oder bis 1' hoch, einblumig. Blätter fiederig-getheilt: Lappen eingeschnitten-gezähnt, stachlig. ♃ Sommer. Findet sich auf magern Weiden der Berge, ohne Unterschied des Gebirg vom Fuss an bis in die alpinen Höhen. Flieht die Ebene. Die Blüthenböden werden gleich denen der Artischocken gegessen und daher heisst die Pflanze auch *Schöckchen.* Die Blumen sind hygrometrisch, indem sich der Strahl aufrichtet, wenn die Atmosphäre feucht ist. Die Wurzel (Radix Carlinae s. Cardopatiae s. Chamaeleontis) ist jetzt nur noch in der Thierheilkunde gebräuchlich.

2. *C. vulgaris L.* Stengel 2- bis mehr(15—20)blumig, 1' und darüber. Blätter länglich-lanzett, gebuchtet, stachlig, gezähnt. ⊙ Sommer. Auf dürren Triften und Halden, sowohl in der Ebene als in der montanen Region, überall.

Crupina.

Köpfchen klein mit geschlechtlosen Rand-

blümchen. Achäne mit basalen (nicht seitlichen) Grübchen: die der Randblümchen ohne Haarkrone, die der übrigen Blümchen mit einer reichlichen Haarkrone, deren Borsten schwach gefiedert (d. h. mit Haaren besetzt) sind. Hüllblättchen ganz unbewehrt. *Centaurea Crupina L.*

1. *C. vulgaris Cass.* Ein einjähriges 1—1½' hohes Kraut mit ganzen Primordialblättern und fiederig eingeschnittenen untern und fiederig getheilten obern Stengelblättern: Lappen dieser letztern gesägt oder hinterhalb eingeschnitten. Die kleinen Blumen sind roth. Findet sich auf dürren unfruchtbaren Stellen hin und wieder in Mittel- und Unter-Wallis. Sommer.

Centaurea.

Köpfchen gestrahlt oder ungestrahlt: Randblümchen geschlechtlos und unfruchtbar. Achäne mit seitlichen Grübchen und einer (selten ohne) Haarkrone. Hülle verschieden.

Sect. I. Die innern Hüllschuppen haben an der Spitze ein rundliches dunkler gefärbtes ganzes oder etwas zerrissenes Anhängsel; die äussern sind gewimpert oder kammartig-gewimpert, bei No. 3 und 4 sind bisweilen alle kammartig-gefiedert.

1. *C. alba L. C. splendens Gaud.* Stengel aufrecht, 1½—2' und darüber, ästig. Blätter kurzhaarig, die untern fiederig gespalten, die obern fiederig getheilt mit linealen spitzigen Lappen. Blumen roth mit weissglänzenden Hüllschuppen. ♃ Auf Gestein und dürren Stellen der jenseitigen Schweiz, bei Clefen, Bellenz, Lauis.

2. *C. Jacea L.* Stengel aufrecht, ästig, 1—2' (bisweilen auch ganz zwergartig und einblumig). Köpfchen roth, gestrahlt. Achäne feinweichhaarig ohne Federkrone (die obern Haare des Achäns bilden einen kurzen oder falschen Pappus). ♃ Sommer. Auf trockenen und feuchten Weiden der Ebene und montanen Region sehr gemein durch die ganze Schweiz. Eine sehr veränderliche Pflanze, die folgende Hauptformen zeigt:

α. Mit leierförmig gelappten untern Blättern. Stengel und jüngere Blätter filzig. Diese Form kommt an den heissesten dürrsten Stellen, wie z. B. an sonnigen Mauern vor. Ich fand sie zwischen Genf und Bonneville und ziehe sie ohne Bedenken zu Tenore's *C. incana*.

β. Blätter anschmiegend grauhaarig (fast seidenhaarig, besonders die jüngern), die untern gewöhnlich gelappt, die obern ganz. 2'. An Ackerrändern. Ich fand sie bei Genf und mache Linnés *C. amara* daraus.

γ. Blätter grün, gewöhnlich ganz, lanzett. Stengel 1', 1—4blumig. Die gewöhnlichste Form, die gern auf etwas nassen Wiesen wächst. Dies die eigentliche *C. Jacea L.* oder *C. pratensis Thuill.*

δ. Zwergartig, ansteigend, 2'' lang, einblumig. *C. decumbens Duby*. Auf magern Triften, fast überall.

5. *C. nigrescens Willd.* Stengel aufrecht, ästig, 2'. Untere Blätter lanzett oder eirund-lanzett, ganz oder gelappt, die obern lanzett oder eirund-lanzett, alle grün. Achäne fein weichhaarig ohne Federkrone. ♃ In der transalpinen Schweiz häufig. Sommer. Ist kaum von voriger verschieden und wechselt wie diese mannigfach ab.

α. Gestrahlt mit fiederigen (wie bei phrygia) Hüllanhängseln. Dies ist zum Theil Biebersteins *C. salicifolia*. Da aber auch die C. Jacea ausnahmsweise diese Bildung zeigt (ich fand Exemplare bei Genf), so müssen auch solche Exemplare dazu gerechnet werden.

β. Ungestrahlt mit fiederigen Hüllanhängseln und kleinern Köpfchen. *C. flosculosa Balb.* ex herb. DC., womit aber die Beschreibung nicht ganz übereinstimmt.

γ. Gestrahlt, mit kammartigen Hüllanhängseln und kleinern Blumen. *C. Vochynensis Bernh.*

Von diesen 3 Formen, die alle zu dieser Art gehören, besitze ich aus der Schweiz keine Exemplare. Was in der italiänischen Schweiz gemein ist, das kann man als grosse Individuen der C. pratensis Th. mit breitern Blättern bezeichnen. Hieher ist auch *C. transalpina Schleich.* zu ziehen.

4. *C. nigra L.* Stengel aufrecht, 2', ästig. Blätter grün, lanzett oder eirund-lanzett, die untern gelappt oder grob gesägt: die der unfruchtbaren Wurzelschosse ganz,

breit lanzett. Köpfchen strahllos, mit braunen, kammartig-fiederigen Schuppenanhängseln. Achäne mit kurzer Haarkrone. ♃ Sommer. Auf Wiesen und in Wäldern der ebenen Schweiz (bei Basel, Aarau, Langenthal, Erlach, Eglisau, Benken, Constanz, Kloster Sion im St. Gallischen, am Hallwyler-See, St. Croix, Verrières im Neuenburgischen).

Sect. II. Die Hüllschuppen gehen (mit Ausnahme der innersten) in eine lange, umgebogene, mit langen Wimperhaaren gefiederte Granne aus.

5. *C. austriaca Willd.* Stengel aufrecht, ästig, 1½ bis 3'. Unterste oder erste Blätter eirund, gestielt, obere sitzend, eirund, alle sammt dem Stengel mit rauhen (verlängert conischen) Haaren bedeckt und schwach gezähnt. Köpfchen roth, 1'' breit. ♃ Auf montanen Weiden, jedoch selten und bloss im Unter-Engadin. Ist zum Theil Linnés C. phrygia.

6. *C. phrygia auct.* Mit rauhern verlängert conischen und feinern Haaren bedeckt. Stengel einfach oder ästig. Wurzelblätter lanzett, gestielt; Stengelblätter sitzend, gezähnt oder grob gesägt oder fast fiederig-eingeschnitten, aus breiter Basis länglich zugehend. Federkrone so lang als das kahle Achän. 4—12—16''. Wächst auf alpinen Weiden durch die ganze Alpenkette und zeigt folgende Abänderungen:

α. Stengel 2—4'' ansteigend, ziemlich grauhaarig. Auf magern alpinen Weiden. In Bünden. *C. phr. adscendens* Moritzi Pflanz. Graub. t. 4. Hieher sind Gaudins Standorts-Citate der *C. uniflora L.* zu ziehen, die wir in der Schweiz nicht besitzen.

αα. Mit einem Aste und also 2blumig. Zum Theil *C. ambigua Thom.* (non Guss.)

β. Stengel aufrecht, 1', einblumig. Die gemeinste Form. *C. nervosa Koch.*

γ. Stengel aufrecht, 2', einfach oder ästig. Auf gut gedüngten alpinen und subalpinen Wiesen.

δ. Mit fiederig-eingeschnittenen untern Blättern. *C. ph. incisa Fl. fr.* Im Nicolai-Thale.

ε. Stengel aufrecht, wenigblumig, 1'. Köpfchen um die Hälfte kleiner als bei den übrigen Abarten. Diese Form, die zum Theil *Koch's C. phrygia* ist, kommt auf Granit in der montanen Region von Piemont vor. Ich führe sie hier an, um die folgende Art richtiger beurtheilen zu lassen. In Bezug auf den Pappus siehe meine Bemerkung in der Pfl. Graub.

7. *C. rhaetica Mor.* Pfl. Graub. t. 3. *C. Moritziana Heg.* Mit feinen Spinnenhaaren längs dem Stengel und den Blattrippen überzogen. Stengel ansteigend oder fast aufrecht, 6—12" lang, ästig (seltener einfach). Blätter oberhalb kahl; die untersten rundlich oder eirund, gestielt, die darauf folgenden eirund-lanzett, gestielt; die obersten lanzett oder pfriemförmig. Köpfchen roth. Achäne mit feinen langen Haaren spärlich bedeckt und mit einer Haarkrone, die ein Viertel der Länge des Achäns beträgt. ♃ Sommer. Auf Kalkfelsen und Kalksteingerölle in der montanen Region von Graubünden (Schmitten, Alveneu, im Stein am Wege nach dem Ober-Halbstein, in den Zügen, über Salux). Findet sich auch auf den Bergen von Ober-Italien (Corni di Canzo, oberhalb Mandello).

α. Stengel ausgebreitet vieľästig; Blätter grob gezähnt, fast herzförmig sitzend. Eine besser genährte Form. Ebendaselbst.

Anmerk. Diese Art habe ich cultivirt und in ihren wesentlichen Merkmalen unveränderlich gefunden. Oberflächlich betrachtet, stimmt sie mit den kleinern ästigen Varietäten der C. phrygia überein, mit der sie auch DC. vereinigt hat, allein die Behaarung etc. sind total verschieden.

Sect. III. Hüllschuppen oberhalb wimperig gesägt oder gewimpert. Köpfchen mit einem grossen Strahl.

8. *C. Cyanus L. Kornblume.* Stengel aufrecht, ästig, 2—3', sammt den Blättern flockig-filzig. Blätter lineal-lanzett oder breit lineal, die obern ganz, die untern hinterhalb gelappt. Frucht am Nabel unbehaart, mit kurzer Haarkrone. Blumen schön hellblau. ⊙ Im Getreide durch die ganze Schweiz. Sommer.

9. *C. montana L.* Flockig-filzig. Stengel aufrecht, 1—2½', einfach und einblumig oder ästig und mehrblumig. Blätter herablaufend. Achäne mit behaartem Nabel und sehr kurzer Haarkrone. Blumen mit hellblauem Strahl. ♃ Sommer. Auf montanen, subalpinen und alpinen Weiden aller Schweizer Berge (Alpen, Jura und Molasse).

α. Die breitblätterige Form mit einblumigem Stengel kommt überall diesseits der Berge vor.

β. Die grössere mehrblumige Form mit lanzetten Blättern und kleinern Blumen jenseits der Berge in der Tiefe an Felsen (z. B. am Lauiser-See). *C. seusana Chaix. Gaud. C. axillaris Willd.*

10. *C. Scabiosa L.* Stengel aufrecht, ästig, 1½—3'. Blätter fiederig-getheilt: Lappen ganz oder gelappt, lanzett. Hüllschuppen fiederig-gewimpert. Köpfchen roth oder violett-roth, gross. Achäne mit langer ungleich haariger Federkrone. ♃ Sommer. Gemein auf allen Wiesen. Die Wurzel soll gegen Flechten sehr wirksam sein.

11. *C. maculosa Lam.* Stengel aufrecht, ästig, kantig, 2', sammt den Blättern graufilzig. Blätter fiederig getheilt; Lappen ganz oder gelappt, lineal, bei den untern Blättern breit lineal. Köpfchen von der Grösse der Jacea, gestrahlt, roth mit den Schuppen der C. Scabiosa. ⊙? ♃? Findet sich bei Schulz im Unter-Engadin und bei Martinach in Wallis. Dies ist fast ohne Zweifel die in Gaudin angeführte und von Pol im Unter-Engadin gefundene *C. Cineraria*, jedoch nicht die ächte Linnéische. Auch die vom verdienten Dr. Hagenbach angeführte Varietät mit grössern Köpfchen halte ich für eine C. maculosa. Nähert sich am meisten der C. paniculata, von der sie sich hauptsächlich durch doppelt grössere Köpfchen unterscheidet. Dessen ungeachtet könnte sie doch als eine Varietät derselben gelten.

12. *C. paniculata L.* Stengel aufrecht, grauhaarig, ästig, kantig, 1½'. Blätter fiederig getheilt: Lappen ganz oder gelappt, lineal, feinhaarig oder fast kahl. Köpfchen roth, eirund, gestrahlt mit schwarzspitzigen an der Spitze gewimperten Hüllschuppen. Achäne schwarz mit 4 gelben Streifen, doppelt länger als ihre Haarkrone. ⊙ Auf dürren Triften, an Wegen, jedoch nicht überall. Häufig in Wallis und bei Basel; vereinzelt bei Chur am Rhein und bei Neuss. Wahrscheinlich sind die Pflanzen des Bündnerischen Unter-Engadins und Münster-Thals unter diese und die vorige Art zu vertheilen.

Sect. IV. Die Hüllschuppen gehen in Stacheln aus.

13. *C. solstitialis L.* Stengel aufrecht, ästig, sammt den Blättern anschmiegend filzig, 1½—2'. Wurzelblätter

fiederig getheilt. Stengelblätter lineal-lanzett, ganzrandig, lang herablaufend. Blumen gelb. Hüllschuppen mit einem langen Endstachel und viel kleinern seitlichen. ⊙ In Getreide und auf andern bebauten Stellen, jedoch bei uns bloss vorübergehend, d. h. nirgends mehrere Jahre nach einander am gleichen Orte. Wahrscheinlich wird sie mit fremden Samen eingeführt. Man beobachtete sie schon bei Genf, Neuss, Bex, Basel, Winterthur, Elgg und im Tessin.

14. *C. Calcitrapa L.* Stengel sehr ästig, 1—2'. Blätter fiederig getheilt: Lappen pfriemförmig oder breit lineal. Köpfchen roth, mit sehr dicken Dornen besetzt. Achäne ohne Haarkrone. ⊙ Auf unfruchtbaren Triften und Weiden, jedoch in der Schweiz bloss im Waadtland, bei Genf und Basel. Wird auch als bei Bern wachsend angeführt. Diese sehr bitter schmeckende Pflanze war ehemals unter dem Namen *Carduus stellatus* oder *Calcitrapa* officinell.

— In Apotheker-Gärten findet man auch hie und da die *Cardobenedicten* (Carduus benedictus Cam. = Centaurea benedicta L. = Cnicus benedictus Gaertn.). Sie sind als ein die Thätigkeit der Verdauungsorgane anregendes Mittel officinell. Ihre Samen sind die sogenannten *Stechkörner*.

— Die *Bisamblume* (Amberboa odorata und moschata) wird nicht selten wegen ihres auffallenden Bisamgeruchs in den Gärten gehalten.

Kentrophyllum.

Köpfchen ungestrahlt. Hüllschuppen in lange, fiederig eingeschnittene, blattartige, stachlige Anhängsel verlängert. Blüthenboden faserig. Achäne mit schief gestelltem Nabel und einer Spelzenkrone, bei den Randblümchen ohne dieselbe. Grosse Kräuter mit stachligen Blättern. *Carthamus L.*

1. *K. lanatum L.* Stengel oberhalb spinnenhaarig, aufrecht, 1—2' und darüber. Obere Blätter umfassend, fiederig gespalten. Hülle spinnenhaarig. Blumen gelb. ⊙ Auf steinigen Halden und Triften der westlichen ebenen Schweiz (Wallis, Waadt, Genf). Eine südliche Pflanze.

— Der *Saflor* (Carthamus tinctorius L.) wird um seiner rothgelben Blumen willen, die man als Farbmaterial gebraucht, angepflanzt.

Silybum.

Staubfäden mit einander verwachsen. Sonst wie Carduus.

1. *S. Marianum Gaertn. Mariendistel.* Eine bis 5' hohe einjährige Pflanze mit weissgeaderten Blättern und grossen rothen Blumen. Man findet sie bei uns auf Schuttstellen, jedoch nicht häufig. Bei Basel, Genf, Vivis, Neuss, à la Vaux, Chur bemerkt. Die Achäne, die man auch *Stechkörner* heisst, sind schleimig und werden bei Brustkrankheiten gerühmt.

Carduus.

Köpfchen ungestrahlt. Blüthenboden mit Spelzenhaaren besetzt. Achäne kahl mit basalem Nabelpunkt und einfach- aber rauhhaariger Krone (pappus). Grosse Kräuter mit stachligen Blättern und rothen Blumen.

1. *C. nutans L.* Stengel ästig, 2—3', mit überhängenden einsamen grossen Blumenköpfchen. Hüllschuppen in einen Stachel ausgehend. Blätter buchtig-lappig, fest stachlig, herablaufend. ⊙ Häufig an Wegen, steinigen Halden, Schutt und dergleichen Stellen durch die ganze Schweiz bis in die montane Region. Sommer.

2. *C. defloratus L.* Stengel oberhalb 2—3 ästig, ½ bis 2'. Blätter kahl oder auf der Rückseite ein wenig haarig, dem Stengel nach herablaufend, fiederig gelappt, stachlig. Blumenstiele lang, nackt, filzig, einblumig. Blumen roth. Kelchschuppen lineal, zugespitzt. ♃ Sommer. Gemein in lichten Wäldern auf allen Bergen der Schweiz (Alpen, Jura, Molasse).

   α. Auf sonnigern, trocknen Stellen wird die Pflanze stachliger, die Blumenstiele bleiben kurz. Bei der Mocsa-Brücke unweit Bellenz und bei Sils im Ober-Engadin (alpine Region). *C. d. rhaeticus DC.* VI. p. 628 und *C. nigrescens DC.* in Mant. VII. p. 304. Hicher ziehe ich auch Gaudins *C. carlinaefolius* mit den dafür angegebenen Standorten Airolo und M. Generoso.

3. *C. arctioides Willd.* Stengel aufrecht, 1' und darüber, oben ästig: Aeste einblumig. Blätter herablaufend, fiederig gelappt, stachlig, unterhalb spinnenhaarig oder

fast kahl. Blumen auf langen filzigen Stielen (nicht grösser als eine Haselnuss) mit linealen vorn mit einer kurzen Spitze besetzten Schuppen. ♃ Sommer. In der alpinen Region, jedoch selten. Im Beverser-Thal und auf dem Bernina, Puschlafer-seits. *C. leptophyllus* Mor. Pfl. Graub.

4. *C. crispus L.* Stengel ästig, 2—3'. Blätter fiederig gelappt, stachlig, breitflügelig herablaufend. Köpfchen am Ende der Aeste geknäuelt mit linealen stachlig zugespitzten Schuppen. ⊙ An Zäunen, Hecken, auf Schuttstellen, häufig durch die ganze ebene und montane Schweiz. Hieher ist auch Gaudins *C. multiflorus*, so wie auch sein *C. acuminatus* zu ziehen.

Wenn die Köpfchen länger gestielt sind und aus einander stehen, so entsteht der *C. acanthoides L.* daraus, der bei Basel und im Simmenthal gefunden wurde.

5. *C. tenuiflorus Smith.* Stengel aufrecht, ästig, 2'. Blätter herablaufend, unterhalb filzig, fiederig gelappt, stachlig. Blumenköpfchen ziemlich walzig, filzig, am Ende der Aeste geknäuelt mit linealen, stachlig zugespitzten Schuppen. ⊙ Bei Genf an einer Stelle häufig. *C. microcephalus Gaud.* aus der Beschreibung, nicht wegen des Standortes, der wahrscheinlich unrichtig ist.

6. *C. Personata Jacq.* Stengel oberhalb ästig, 2—8'. Wurzelblätter fiederig getheilt. Stengelblätter eirund-lanzett oder eirund, herablaufend. Köpfchen am Ende der Aeste geknäuelt mit linealen stachlig zugespitzten Schuppen. ♃ Auf subalpinen und alpinen Wiesen, gewöhnlich gesellschaftlich um die Bauernwohnungen herum; durch die ganze Alpenkette und im westlichen Jura. Sommer.

Onopordon.

Köpfchen ungestrahlt. Hüllschuppen stachlig ausgehend. Blüthenboden tief gegrübelt. Achäne querrunzlig, mit einer leicht abfälligen, unten zusammenhängenden, einfach haarigen Haarkrone. Grosse Kräuter mit stachligen Blättern und grossen rothblühenden Blumenköpfchen.

1. *O. Acanthium L. Krebsdistel.* Stengel aufrecht, ästig, 3—5', sammt den Blättern spinnenhaarig-filzig.

Blätter herablaufend, stachlig gezähnt, ausgebuchtet. Hüllschuppen abstehend. ⊙ An Wegen und auf unfruchtbaren steinigen Plätzen der wärmern bergigen Schweiz, in der Ebene und montanen Region. Häufig bei Chur, Fürstenau, im Schyn und a. O. in Bünden, ebenso in Wallis, Waadt, Genf, Tessin und bei Murten.

— In den Gärten hält man besonders häufig in der westlichen Schweiz die *Artischocken* (Cynara Scolymus L.), deren Blüthenboden ein angenehm schmeckendes Gemüse liefert. Sodann auch die *Cardonen* (Cynara Cardunculus L.), deren Blattstiele und Rippen dadurch essbar werden, dass man sie dem Einfluss des Lichts entzieht, wodurch sie eine weisse Farbe annehmen.

Cirsium.

Köpfchen ungestrahlt, meist aus Zwitterblüthen gebildet (selten sind die Geschlechter stammgetrennt). Blüthenboden spelzenhaarig. Achäne mit basalem Nabel und einer fiederig-haarigen, unten zu einem Ringchen verbundenen Haarkrone. Grosse, meistens stachlige Kräuter mit rothen oder gelben Blumen. *Cnicus L.*

Sect. I. Mit feststachligen auf der Oberseite stachlighaarigen Blättern, grossen und rothblühenden Blumenköpfchen.

1. *C. lanceolatum L.* Blätter herablaufend, oberhalb stachlighaarig, unterhalb spinnenhaarig-filzig, tief fiederig gelappt: Lappen hartstachlig. Stengel aufrecht, 2—6'. Hüllschuppen stachlig zugespitzt, abstehend, mit Spinnenhaaren überzogen. ⊙ Sommer und Herbst. Auf unfruchtbaren steinigen Stellen von der Ebene bis ans Ende der montanen Region durch die ganze Schweiz häufig. Hieher ist zu zählen *C. lanigerum Nägeli.* *) *C. nemorale Reich.* und wahrscheinlich *C. subalatum Gaud.*

2. *C. eriophorum Scop.* Blätter nicht herablaufend, oberhalb stachlig-haarig, fiederig getheilt: Theile verlängert lanzett, gelappt, in starke Stacheln auslaufend. Köpfchen

---

*) Die Cirsien der Schweiz in d. Verh. der schw. Nat. J. 1841.

ziemlich kugelig, sehr gross, dicht spinnenhaarig-filzig, mit umgebogenen stachlig-zugespitzten Hüllschuppen. 3—6'. ⊙ Auf dürren steinigen Weiden von der montanen bis in die alpine Region. Im westlichen Jura (Dôle, Vallée de Joux etc.), auf den Alpen von Unter-Wallis, im Ober- und Unter-Engadin und in der Maienfelder-Alp Stürvis.

Sect. II. Mit mittelmässig starken Stacheln, herablaufenden Blättern und kleinen Blumenköpfchen.

3. *C. palustre Scop.* Blätter breit lappig herablaufend, schwach weichhaarig, tief fiederig gelappt mit vielen mittelmässig starken Stacheln. Köpfchen (etwa von der Grösse grosser Haselnüsse) am Ende der Aeste geknäuelt. Stengel 3—5—7'. ⊙ Auf sumpfigen Stellen vom Fuss der Berge an bis 4500' ü. M., also bis in die subalpine Region durch die ganze Schweiz. Hieher ist Gaudins *C. Chailletii* und *C. glomeratum Näg.* t. 2. f. b. zu ziehen.

Sect. III. Mit weichstachligen Blättern, rothblühenden, kleinen, geschlechtgetrennten Blumenköpfchen und kriechenden Wurzeln.

4. *C. arvense Scop. Serratula arvensis L.* Blätter etwas herablaufend, länglich-lanzett, ganz oder buchtig-ausgeschnitten, sehr weichstachlig, unten gewöhnlich weichhaarig. Köpfchen eirund, einzeln durch Verkümmerung eingeschlechtig (stammgetrennt). Stengel oberhalb ästig, 2—3'. Wurzel kriechend. ♃ In Aeckern der Ebene und bis in die alpine Region, manchmal so häufig, dass es zu einem lästigen Unkraut wird. Besondere Varietäten, die aber selten vorkommen, sind:

α. Mit starkstachligen Blättern. *C. a. horridum W.* et *G.*

β. Mit unterhalb weissfilzigen Blättern. *C. a. vestitum Koch.*

Sect. IV. Mit fest- und weichstachligen, nicht herablaufenden Blättern und gelb oder weisslich blühenden mittelmässig grossen oder ziemlich grossen Köpfchen.

5. *C. oleraceum All.* Blätter kahl oder schwach behaart, ganz oder fiederig gelappt, mit länglich-lanzetten Lappen, stachlig-gewimpert. Köpfchen gewöhnlich am Ende der Aeste geknäuelt, blassgelb. 2—4—6'. ♃ Auf

feuchten Wiesen durch die ganze ebene Schweiz bis 5000' ü. M. Hieher ist nach Nägeli Gaudins *C. Erisithales ochroleucum*, das er bei Marchairuz im Jura sammelte, zu stellen.

α. Mit einzeln stehenden, ziemlich lang gestielten Köpfchen und fiederig-gelappten Blättern. Dies ist *Wallroths C. rigens*, mit dem gewöhnlich, wiewohl mit Unrecht, einige stengeltreibende und hybride Formen des C. acaule zusammengestellt werden. Selten, in der Umgegend von Chur; wahrscheinlich aber auch anderwärts.

6. *C. Erisithales Scop.* Blätter auf beiden Seiten schwach haarig, tief fiederig gelappt: Lappen lanzett, gelappt, stachlig gewimpert. Köpfchen schön gelb, überhängend, einzeln stehend oder zu 2—3 geknäuelt, immer auf langen Stielen. Hülle gewöhnlich klebrig. 3—4'. ♃ Auf Wiesen und steinigen Weiden der montanen und subalpinen Region. Im Jura (Dôle, Marchairuz, Faucille) und auf der Südseite der Alpen (Calanca, Worms, im Veltlin, M. Generoso, Val Tornanche in Piemont). *C. glutinosum DC.* und zum Theil *C. ochroleucum DC.*

7. *C. spinosissimum Scop.* Blätter auf beiden Seiten etwas behaart, tief fiederig gelappt, feststachlig. Blumenköpfchen blassgelb, am Ende des einfachen Stengels geknäuelt. 1—2'. ♃ Auf steinigen alpinen und nivalen Weiden durch die ganze Alpenkette gemein. Fehlt den andern Bergen.

Sect. V. Mit weichstachligen oder bloss gewimperten, nicht herablaufenden Blättern und mittelmässig grossen und rothblühenden Blumenköpfchen.

8. *C. heterophyllum All.* Blätter unterhalb weissfilzig, ganz, eirund-lanzett, oder vorderhalb (nicht wie bei den andern Cirsien hinterhalb) parallel-laufend gelappt. Blumen gross, roth, auf langen blattlosen filzigen Stielen. Stengel 2—3' und darüber. ♃ Auf alpinen und subalpinen Wiesen, gern um Gebüsch und Wälder. Findet sich bloss auf den Alpen von Graubünden, Uri und Wallis.

9. *C. rivulare All. Cnicus rivularis Willd. Carduus rivularis Jacq.* Blätter im Umkreis eirund, tief fiederig-

gelappt, auf beiden Seiten grün, auf der untern jedoch etwas graugrün. Stengel gewöhnlich einfach, oben nackt und filzig mit 3 Köpfchen am Ende. 1—3—5'. ♃ Auf feuchten Wiesen der subalpinen Region. In den Vor-Alpen von Savojen, der Waadt, Schwyz und Appenzell; häufiger auf dem westlichen Jura und bei Einsiedeln.

α. Mit 1 — 2 gestielten Köpfchen. *C. r. salisburgense DC.*

β. Mit 3 — 5' hohem Stengel und 7 — 15 Köpfchen. *C. heteropus Näg.* Im Vallée-de-Joux.

Vielleicht gehört auch Nägelis *C. Heerianum mixtum* hieher, wenn es anders nicht ein Bastard von C. bulbosum und tricephalodes oder eine Varietät von C. bulbosum ist.

10. *C. bulbosum DC.* Blätter oberhalb schwach haarig, unterhalb spinnenhaarig-filzig (bisweilen sehr schwach behaart), stachlig gewimpert, tief fiederig gespalten: Lappen 2—3lappig, lanzett. Stengel wenigästig: Aeste in lange einblumige filzige, hie und da mit einem Blatt besetzte blumenstiele ausgehend, 1—3'. Blumen roth. ♃ Wächst auf Wiesen, besonders auf feuchten, und am Wasser. Findet sich in der Ebene bei Zürich an mehrern Orten, bei Basel, Willnachern im Aargau, und da auch Nägelis *C. alpestre* und *Heerianum* hieher gestellt werden müssen, auf dem Jura (Vallée de Joux) und im Nicolai-Thal bei Zurmatt am Ende der subalpinen Region. Hieher ziehe ich ferner Nägelis *C. medium*, von dem sich aber Kochs C. Zizianum unterscheidet, das wohl ein Bastard sein kann. Ebenso *C. elatum Näg.*

11. *C. acaule All.* Blätter im Umkreis länglich oder lanzett, kurz und spärlich behaart, ziemlich feststachlig, tief fiederig gespalten: Lappen eirund, 3—4lappig: Läppchen eirund. Stengel fast 0 oder bis 1', gewöhnlich ein-, seltener mehrblumig. Blumen roth, ungestielt oder auf kurzen weichhaarigen Stielen. ♃ Auf Wiesen von der Tiefe an bis in die alpine Region, häufig. Die gewöhnliche Form ist die stengellose mit einem rothblühenden Köpfchen. An der reinweissen Farbe der Blumen kann man die ächten weissblühenden Varietäten dieser Art von den hybriden Formen derselben gut unterscheiden.

Hybride Cirsien. *)

12. *C. decoloratum Koch.* Findet sich in Gesellschaft von C. oleraceum und acaule und hat von letzterm mehrgetheilte Blätter und röthlich angeflogene Blumen. Findet sich wahrscheinlich hin und wieder; ich habe es beim Städeli bei Chur beobachtet. Auch bei Basel nach Dr. Hagenbach.

13. *C. pallens DC.* Wächst mit C. oleraceum und bulbosum zusammen und findet sich bei Leimbach am Uto und auf dem Heuried. Hieher gehört *C. oleraceo-elatum Näg.*, *C. oleraceo-bulbosum Näg.*, *C. oleraceo-medium Näg.* und *C. oleraceum-Heerianum Näg.*

14. *C. Thomasii Näg.* Theilt die Charaktere vom C. spinosissimum und oleraceum. Auf dem Bovonnaz in den Waadtländer Alpen und in der Urden-Alp in Bünden.

15. *C. Zizianum Koch.* Stammt von C. bulbosum und acaule ab und dürfte nach Nägelis Bemerkung (sub C. med.) auch am Uto zu finden sein. Siehe C. bulbosum.

16. *C. erucagineum DC.!* Hat die Blätter und Blumenfarbe von C. oleraceum und die Behaarung und verlängerten Blumenstiele von C. heterophyllum. *C. semipectinatum Schleich. Koch. Reich.* Bei Valz in Bünden, auch im Veltlin und in Piemont nach einem Exemplare, das von Bonjean herrührt und im DC. Herb. aufbewahrt wird. Hieher gehört *C. oleraceo-heterophyllum Näg.*

17. *C. praemorsum Michl.* Stammt von C. oleraceum und tricephalodes ab und gleicht bis auf die Behaarung dem vorigen. Findet sich in den Jura-Thälern nicht selten, so wie auch in den Waadtländer Alpen und bei Einsiedeln. *Cnicus oleraceo-rivularis Schiede. C. erucagineum DC.* zum Theil! Das Villars'sche *C. autareticum*, das zu DCs. C. erucagineum gezogen wird, hat weder mit dieser Art (17) noch mit obiger (16) etwas zu thun. Es scheint ein C. spinosissimum zu sein.

18. *C. spinosissimo-acaule Näg.* Cirs. d. Schw. t. 3. Diese Pflanze setze ich auf Treu und Glauben hin unter

*) Bei diesen Bastarden ist Vater und Mutter nicht so leicht an der Beschaffenheit der Pflanze auszumitteln wie bei den Wollkräutern und Gentianen, indem die Vermischung der Charaktere sich über die ganze Pflanze erstreckt.

die Bastarde; denn die Abbildung und Beschreibung lässt eher vermuthen, dass es eine Varietät des C. spinosissimi ist.

19. *C. oleraceo-arvense Näg.* Theilt die Merkmale des C. arvense (von diesem besonders die Köpfchen) und oleraceum, mit denen es auch am Uto bei Zürich vorkam.

20. *C. hybridum Koch.* Näg. l. c. t. 6. Hat die Köpfchen von C. palustre und die Blätter von C. oleraceum. Findet sich an verschiedenen Stellen in der Schweiz (Neuenburg, Freiburg, Basel, Zürich, Schwyz, Genf, Waadt). Hieher zieht Nägeli *C. subalpinum β lacteum Gaud.*

21. *C. palustri-bulbosum DC.* prod. Theilt die Charaktere der im Namen angegebenen Arten und fand sich einmal am Uto bei Zürich. *Cnicus palustri-tuberosus Schied.* Nägeli hält seine Pflanze von Zürich von der bei München gefundenen verschieden, was leicht möglich ist, da die hybriden Individuen nothwendig verschieden sein müssen (siehe C. pallens mit den vom nämlichen Verfasser aufgestellten Arten).

22. *C. subalpinum Gaud.* Stammt von C. palustre und tricephalodes ab und findet sich bei Neuchâtel, am Lac-de-Joux, im Rhein-Thal und bei Einsiedeln. *Cnicus palustri-rivularis Schiede.*

23. *C. lanceolato-palustre Näg.* l. c. t. 8. Ein Bastard von C. lanceolatum und palustre, der sich am Uto bei Zürich gezeigt hat.

24. *C. spinosissimo-rivulare Näg.* l. c. t. 7. Ein Bastard zwischen den 2 bezeichneten Arten, den man auf dem Mont Cenis gefunden hat und der sich wohl auch noch bei uns zeigen dürfte.

25. *C. purpureum All. Gaud.* Eine merkwürdige Zusammensetzung aus dem C. heterophyllum und spinosissimum. Fand sich schon auf dem Bernina, Rheinwald, Ursern-Thal, Zermatt. *C. Cervini Koch.*

26. *C. Cervini Näg.* Wahrscheinlich ein Bastard (vielleicht ein zurückkehrender) von C. bulbosum und spinosissimum. Wurde bei Zermatt im Nicolai-Thale gefunden.

27. *C. ambiguum All.* Wahrscheinlich ein Bastard zwischen C. heterophyllum und tricephalodes, in deren Gesellschaft es von Schleicher in Piemont gefunden wurde.

Lappa.

Köpfchen ungestrahlt (rothblühend) mit hakig umgebogenen Hüllschuppen. Blüthenboden steiffaserig. Achäne querrunzlig mit einer kurzen unten nicht ringförmig verwachsenen Haarkrone. Grosse Kräuter mit breiten stachellosen Blättern. *Klette. Arctium L.*

1. *L. tomentosa Lam.* Köpfchen spinnenhaarig filzig, langgestielt, eine Afterdolde bildend. Achäne dreimal länger als die Federkrone. ♃ 2'. Sommer. In abgegangenen Wäldern und an Hecken und Gebüsch der subalpinen und montanen Region der Alpen. (In Bünden nicht selten, in Wallis, bei Greierz, Biel, Basel und in Savojen.)

2. *L. major Gaertn.* Köpfchen kahl oder fast kahl, eine Afterdolde bildend. Achäne ...... 2—3'. ♃ Sommer. Durch die ganze ebene und montane Region der Schweiz in Gebüsch und Wäldern.

3. *L. minor DC.* Köpfchen kahl oder fast kahl, längs den Aesten traubenständig, meist kurzgestielt. Achäne gefleckt, 4mal länger als die Federkrone. 2—3'. ♃ Durch die ganze ebene und montane Schweiz an Hecken und Gebüsch, gemein. Die Wurzeln aller 3 Arten (Radix *Bardanae)* sind officinell.

Rhaponticum.

Köpfchen ungestrahlt (gross, rothblühend) mit raschelnden trockenhäutigen Schuppen. Blüthenboden behaart. Achäne glatt mit schiefstehendem Nabel und einer aus rauhen unten nicht verwachsenen Haaren bestehenden Krone (pappus). *Centaurea L.*

1 *R. scariosum Lam.* Blätter oberhalb ganz kahl, unterhalb weissfilzig, die untersten gestielt, die obern sitzend, länglich-eirund oder länglich. Stengel einfach, einblumig, 1—2' (zuweilen auch zwergartig). ♃ Sommer. Auf alpinen und subalpinen Weiden der Alpen in Graubünden, Glarus, Wallis und Waadt (Tavernaz), am häufigsten in ersterm Canton. Die Blätter verbreiten einen übeln Geruch.

Serratula.

Köpfchen ungestrahlt (rothblühend). Blüthenboden haarig. Hüllblättchen spitzig oder in ein Stächelchen ausgehend. Achäne kahl, glatt, mit einer aus rauhen unten nicht verbundenen Haaren bestehenden Haarkrone. Unbewehrte Kräuter.

1. S. *tinctoria L. Scharte.* Blätter eirund, ganz oder fiederig-gelappt, scharf gesägt. Blumenköpfchen eine Afterdolde bildend. 1—3'. ♃ Auf feuchten oder sumpfigen Wiesen und in lichten Laubholzwäldern, zerstreut durch die Schweiz. Jenseits der Berge im untern Misox; diesseits bei Genf, Neuss, Vivis, Roche, Sublin, Vervey, Mathod, Seelhofen und in Menge auf dem Sarganser-Ried in der östlichen Schweiz. Die Blätter färben schön und dauerhaft gelb.

2. *nudicaulis DC.* Blätter kahl, graugrün, gewimpert, die untern gestielt, eirund, ganzrandig, die obern länglich-gezähnt. Stengel bloss unten blätterig, oberhalb nackt, einblumig. Blume roth. 1—1½'. ♃ An Felsen der montanen Region, jedoch hisher bloss am Salève bei Genf, welches ihr nördlichster Standort ist. Sommer.

Fünfte Zunft. Cichoraceae.

Alle Blümchen sind zungenförmig. Der obere Theil des Griffels und die Narben sind gleichmässig kurzhaarig. — Milchsaftige Kräuter mit abwechselnden Blättern.

Erste Ordnung.

Kleine Spreublättchen auf dem Blüthenboden und Achäne ohne Federkrone (pappus).

Lampsana.

Köpfchen wenig- (8—12-) blumig. Achäne gestreift, ohne Haarkrone. Blüthenboden nackt. Kräuter mit einem einjährigen, oben gabeligästigen Stengel und Blüthenstand.

1. *L. communis L.* Hülle kahl, unten mit kleinen Blättchen umgeben, kantig. Blätter eirund, gezähnt, die

untersten leierförmig. 1½—3'. ⊙ Ein Unkraut in Aeckern, Gärten, Wäldern etc. Sommer.

Aposeris.

Hülle aus einer Reihe Blättchen gebildet, unten von 3 kleinern Blättchen umgeben. Blüthenboden nackt. Achäne nackt. *Hyoseris L.*

1. *A. foetida Less.*. Ein 6—8" hoher Schaft, trägt eine gelbe Blume. Die Blätter sind alle wurzelständig, fiederig getheilt: Lappen eckig oder trapezoidisch. ♃ Sommer. In Wäldern und auf andern schattigen Stellen der montanen und subalpinen Region, bisher bloss in den westlichen Voralpen gefunden (Waadt, Wallis, Freiburg und Berner Oberland).

Arnoseris.

Hülle aus einer Reihe nach der Blüthe zusammenneigender Blättchen, unten von kleinen Blättchen umgeben. Blüthenboden nackt, am Rande gegrübelt. Achäne mit einem Hautsaum gekrönt.

1. *A. pusilla Gaertn.* Ein einjähriges, 3—4" und darüber hohes Kräutchen mit nacktem einfachem oder einästigem unter der Blume angeschwollenem Schafte. Es findet sich in sandigen Aeckern der Waadt und im C. Bern bei Burgdorf, Hindelbank, so wie auch nach einer alten Angabe bei Basel, aber ziemlich selten. Sommer.

Cichorium.

Hülle doppelt: äussere kurz, innere lang, 8- bis 10blätterig. Blüthenboden nackt. Achäne mit einer Krone von sehr kurzen Schüppchen.

1. *C. Intybus L. Wegwarte. Cichorie.* Untere Blätter schrotsägezähnig, fiederig gelappt, die obern länglich, ganz. Blumen einzeln endständig und zu 2—3 achselständig, hellblau. 1—3', bei cultivirten auch 5—6'. ♃ Sommer. Sehr häufig durch die ganze ebene Schweiz auf unbebauten, unfruchtbaren Stellen, an Wegen etc. Die ganze Pflanze, besonders aber die Wurzel, schmeckt bitter. Letztere ist als ein kräftig auflösendes, eröffnendes und stärkendes Mittel officinell und dient auch als ein Kaffee-

surrogat, zu welchem Zweck sie cultivirt wird. Die wilden Wurzeln können wegen ihrer Bitterkeit nicht dazu genommen werden, dagegen sind diese für den medicinischen Gebrauch allein zu empfehlen.

Die *Endivia*, mit ihren kahlen ausgebuchteten oder bloss gezähnten Blättern, wird in Gärten zum Küchengebrauch häufig angepflanzt. Sie soll aus Indien stammen. ⊙ ⊙ (*C. Endivia Willd.*)

Zweite Ordnung.

Blüthenboden mit Spreublättchen besetzt. Achäne mit fiederig-haariger Krone.

Hypochaeris.

Blüthenboden mit Spreublättchen. Achäne mit fiederig-haariger Krone. Kräuter mit wurzelständigen Blättern und ein- bis mehrblumigen Schäften. Blumen gelb.

1. *H. radicata L.* Blätter schrotsägezähnig. Schaft einfach oder wenig- (2-) ästig, oberhalb spärlich mit Schuppen besetzt, 1—2'. Achäne nach oben fadenförmig verlängert (so dass die Haarkrone gestielt erscheint). ♃ Sommer. Auf Wiesen und Weiden durch die ganze ebene und montane Region, sowohl diesseits als jenseits der Alpen häufig.

2. *H. glabra L.* Kahl oder rauhhaarig. Blätter schrotsägezähnig oder buchtig gezähnt. Schaft einfach oder ästig. Achäne des Strahls fast ohne fadenförmige Verlängerung. ⊙ In Aeckern, jedoch sehr selten bei uns. Wird bei Alschweiler unweit Basel und bei Ferrières angegeben. Sommer.

3. *H. maculata L.* Wurzelblätter eirund-länglich. Stengel meist mit einem Blatte und 1—3 Blumen, 1½ bis 2'. Hülle rauhaarig mit ganzrandigen Blättchen. ♃ Auf Waldwiesen. Für diese Pflanze sind in der Schweiz nur die Standorte im westlichen Jura (über St. Cergues und Thoiry am Fusse des Gebirgs) sicher. Juni.

4. *H. uniflora Vill. H. helvetica Jaq.* Wurzelblätter länglich-lanzett. Stengel fast immer einfach (bloss ausnahmsweise 2blumig), unten mit 1 — 2 Blättern, gegen

die Blumen zu verdickt; Hülle weichhaarig mit gefranzten Blättchen. $1—1^1/_2{}'$. ♃ Auf alpinen und subalpinen Wiesen und Weiden, durch die ganze Alpenkette gemein.

Dritte Ordnung.

Blüthenboden nackt. Haarkrone aus sehr schmalen fiederig-haarigen Spelzen oder Borsten gebildet.

Thrincia.

Blüthenboden nackt. Krone der Randachäne aus kurzen Spelzen gebildet; die der andern Achäne fiederig-haarig. Kleine Kräuter wie Leontodon.

1. *T. hirta Roth.* Blätter lanzett, buchtig gezähnt, fast kahl oder wenig rauh behaart. Schnabel der Achäne kürzer als das Achän. Schaft 6—9''. ♃ In Aeckern und auf Sümpfen der westlichen Schweiz (Genf, Waadt, Wallis, Basel). Hievon gibt es zwei dem Habitus nach sehr verschiedene Varietäten.

α. Vielstengelig, mehr oder weniger behaart, ungefähr 6''. Dies ist die gemeinere auf Aeckern und andern trocknen Orten vorkommende Form.

β. Zwei- bis dreistengelig, 8—12''. Blumenköpfchen um die Hälfte kleiner. In Sümpfen um den Genfer-See herum. Dies ist Gaudins *T. taraxacoides* wenigstens zum Theil. *T. Leysseri Wallr. DC.* Sie hat eine perennirende Wurzel, wie die Ackerform.

?2. *T. hispida Roth.* Blätter lanzett, buchtig gezähnt, immer rauhaarig. Schnabel der Achäne so lang als das Achän. Schaft 8''. ⊙ Sommer. In Aeckern der Waadt, wo die Pflanze einjährig ist, allein der Schnabel der Achäne nicht ganz so lang wird wie in der Diagnose angegeben ist. Sollte diese Art mit der vorigen etwa zusammenfallen?

Leontodon.

Hülle ziegeldachartig. Blüthenboden nackt. Achäne walzig, gestreift, fein querrunzlig, mit einer fiederig-haarigen von einzelnen kleinen einfachen Härchen umgebenen Federkrone. — Perennirende Kräuter mit einblumigen (selten ästigen und mehrblumigen) Schäften und gelben Blüthen. *Apargia Willd.*

Sect. I. Mit schmutzig-weisser Federkrone und einblumigen einfachen Schäften.

1. *L. pyrenaicum Gouan. L. squamosum Lam.* Wurzel abgebissen, horizontal oder schief. Blätter lanzett oder eirund lanzett, gezähnt- bis schrotsägezähnig-eingeschnitten. Haare gewöhnlich einfach. 4—6''. ♃ Auf alpinen und nivalen Weiden ohne Unterschied der Formation. Häufig in Bünden und nach Custor auch auf dem Camor und im Calfeuser-Thal. Wahrscheinlich durch die ganze Alpenkette. Sommer.

2. *L. hastile L.* Wurzel abgebissen, horizontal oder schief. Blätter gezähnt- bis schrotsägezähnig-gespalten, kahl oder behaart: Haare ästig, kurz. ½—1'. ♃ Eine der gemeinsten Pflanzen, die sich von der Ebene an bis in die alpinen Höhen findet und im Sommer blüht.

α. Ganz kahl. *L. h. genuinum.*

β. Behaart. *L. hispidum L.* Hieher gehört auch *L. dubium Poir.* und *Reich.*

3. *L. incanum DC.* Wurzel spindelförmig, senkrecht. Blätter lanzett, gezähnt, von kurzen ästigen Haaren grau. Schaft einfach, einblumig, 1'. ♃ Auf steinigen sonnigen Stellen sowohl der Ebene als bis in die alpine Region. Ich fand es bei Reichenau und in der alpinen Region auf dem Joch bei Chur. Scheint nach Haller auch auf dem Gotthard und im Jura auf dem Chasseral gefunden worden zu sein. Prof. Heer gibt es auch für die alpine Region von Glarus an und Hegetschweiler bei St. Moritz und anderwärts in Bünden, im Wallis und auf dem Faulhorn.

4. *L. crispum Vill.* Wurzel spindelförmig, senkrecht. Blätter schrotsägezähnig-eingeschnitten, sammt dem Schafte mit langen ästigen Haaren besetzt. ½—1'. ♃ Auf steinigen, felsigen Stellen der alpinen Weiden, sehr selten. Bisher bloss in Wallis auf dem Fünalen und im Nicolai-Thal.

Anmerk. Die Stellung der Wurzel, die Beschaffenheit der Haare und die Einschnitte der Blätter sind in der Natur nicht so constant und scharf verschieden, wie man es nach Anleitung der Bücher glauben könnte. Daher werden auch hier die verschiedenen Formen bald so, bald anders gruppirt, je nachdem der Verfasser diesem oder jenem Charakter mehr Gewicht beilegt.

Sect. II. Mit schmutzig-weisser Federkrone und ästigem mehrblumigem Stengel.

5. *L. autumnale L.* Wurzel abgebissen. Blätter fiederig eingeschnitten. Stengel ästig, mehrblumig (selten einfach), 1'. ♃ Auf Weiden und unfruchtbaren Stellen durch die ganze ebene Schweiz bis in die alpine Region, häufig. August und September.

Sect. III. Mitt schneeweisser Federkrone und einblumigen einfachen Schäften.

6. *L. montanum Lam. Apargia Taraxaci* auct. helv. Wurzel senkrecht, abgebissen. Schaft einblumig, oberhalb sammt der Hülle schwarz-zottig, 2—3''. Blätter gezähnt bis schrotsägezähnig-fiederig gespalten. Federkrone schneeweiss. ♃ Auf steinigen Weiden oder Felsenschutt in der alpinen und nivalen Region der ganzen Alpenkette ohne Unterschied der Felsart (St. Gallen, Glarus, Bünden, Uri, Bern, Wallis, Waadt). Fehlt den andern Bergen.

Podospermum.

Achäne unten mit einem verlängerten, hohlen Wulst, ungeschnäbelt, mit fiederig-haariger Federkrone. Blüthenboden nackt.

1. *P. laciniatum DC.* Stengel aufrecht oder aufliegend, $1/2$—1' und darüber, ästig. Blätter fiederig getheilt mit linealen Lappen. Blumen gelb. ⊙ Auf unfruchtbaren Stellen von Mittel- und Unter-Wallis, in der Ebene. *P. muricatum DC. Gaud.*

Tragopogon.

Hülle aus einem einfachen Kreis von (8—16) Blättern gebildet. Blüthenboden nackt. Achäne oben schnabelartig verschmälert mit einer fiederighaarigen Krone. — Kräuter vom Aussehen und Geschmack der Scorzoneren.

1. *T. majus Jacq.* Blumenstiele beträchtlich verdickt. Hülle 12—15blätterig. Blätter lineal-lanzett. Blumen gelb. 1' und darüber. ⊙ An Halden in der Ebene und montanen Region von Wallis, hier nicht selten. Juni.

2. *T. pratense L. Milchen. Habermark.* Blumenstiele nicht besonders verdickt. Hülle 8—10blätterig. Blätter

aus breiter umfassender Basis pfriemförmig. 2'. ⊙ Auf allen Wiesen der Ebene und montanen Region. Die jungen Stengel werden von den Kindern gegessen.

— *T. porrifolius L.* wird zuweilen in Gärten wie die Scorzoneren angebaut und wie dieselben zu Gemüse verwendet.

Scorzonera.

Hülle ziegeldachartig. Blüthenboden nackt. Achäne nach oben nicht oder etwas schnabelartig verschmälert, mit fiederig-haariger Federkrone. — Perennirende Kräuter mit grossen senkrechten Wurzeln und gelben Blumen.

1. *S. austriaca Willd.* Ueber der Wurzel ein Schopf Fasern. Wurzelblätter lanzett oder lineal. Stengelblätter 1—2, klein. Stengel einfach, ½—1'. ♃ An Felsen im untern Rhone-Thal (Wallis und Waadt) und am Salève und Wuache bei Genf.

2. *S. humilis L.* Kein Faserschopf über der Wurzel. Wurzelblätter lanzett bis lineal. Stengelblätter lineal, lang. Stengel einfach oder (seltener) ästig, 1—3blumig, wollig oder flockig oder fast kahl, ½—1'. ♃ Auf sumpfigen Wiesen der östlichen Schweiz in der Ebene (Rhein-Thal, Sarganser-Ried), im C. Zürich (Uetli etc.) und nach Schleicher im Vallée de Joux im Jura. Die grössern Exemplare bilden die *Sc. plantaginea* und *Sc. macrorhiza Schleich.*

— Vielfach angepflanzt wird die *Scorzonere*, *S. hispanica L.*, von der die Wurzel ein gesuchtes Gemüse liefert.

Picris.

Hülle mit abstehenden äussern Schuppen. Blüthenboden nackt. Achäne querrunzlig, nach oben schwach oder kaum schnabelartig verschmälert mit fiederig-haariger Krone.

1. *P. hieracioides L.* Rauhhaarig: Haare meist an der Spitze ankerartig hakig. Stengel aufrecht, ästig, 1—2' und darüber. Blätter halb umfassend, lanzett, grob gezähnt. ⊙ In Wiesen, auf Ackerrändern und dergleichen Stellen durch die ganze ebene Schweiz. Soll nach Hegetschweiler und Gaudin bis in die alpine Region steigen.

Vierte Ordnung.

Blüthenboden nackt. Haarkrone aus einfachen weissen Haaren bestehend.

Lactuca.

Köpfchen walzig verlängert. Blüthenboden nackt. Achäne plötzlich in einen haarförmigen Schnabel (Stiel) ausgehend, der eine einfachhaarige Federkrone trägt.

† Mit blauen Blumen.

1. *L. perennis L.* Graugrün, kahl. Stengel aufrecht, oben gerispet, 1—2'. Blätter fiederig getheilt: Lappen breit oder schmal lineal, meistens wieder gelappt. Blumen blau. ♃ Sommer. An Felsen und trocknen Halden der montanen Region längs dem Fuss der Alpen (Bonneville [Savojen], Aelen, Unter- und Mittel-Wallis, Berner Oberland, Graubünden) und des Jura (Fort de l'Ecluse, St. Cergues, Neuenburg) auf Kalkgestein.

†† Mit gelben Blumen.

2. *L. saligna L.* Wurzel gewöhnlich mehrstengelig. Stengel aufrecht oder ansteigend, 1—1½' (selten darüber). Blätter nach hinten pfeilförmig, bald ganz und schmal lanzett oder schrotsägezähnig fiederig-gespalten. ⊙ oder ⊙ In Aeckern der westlichen Schweiz nach der Erndte, jedoch ziemlich selten (Genf, Neuss, Gimel, Fouly). Bei Basel nicht mehr; dagegen im Frickthal zwischen Wyl und Oedenholz.

3. *L. virosa L.* Blätter stachlig gewimpert, nach hinten pfeilförmig, ganz oder fiederig gelappt: Lappen unregelmässig lanzett oder eirund. Achäne schwarz, oberhalb glatt, mit langem weissem Schnabel. 2—4'. ⊙ Sommer. Auf Schutt, Mauern und angebauten Stellen, jedoch sehr selten. Bei Genf, Orbe und St. Aubin. Diese und die folgende *Lattig*-Art werden als giftig angesehen und dienen in der Medecin gegen Gicht, krampfhafte Brustbeschwerden etc.

4. *L. Scariola L.* Wie vorige, von der sie sich durch die fahl-braunen oben rauhhaarigen Achäne unterscheidet. 2—4'. ⊙ Sommer. Auf ähnlichen Stellen, jedoch viel häufiger. Von Genf an durch die Waadt nach Unter-Wallis und Neuenburg. Seltener und mehr zerstreut in der übrigen Schweiz (Basel, Aarau, Rheinau, Baden).

α. Mit ganzen Blättern, die unterhalb an der Mittelrippe nicht stachlig sind. *L. angustana All.* In Wallis. — Von dieser Art scheint der *gemeine Salat* (L. sativa) abzustammen, der auf dürren Stellen angepflanzt die opiumähnlichen Eigenschaften des wilden annimmt. Bekanntlich ist der cultivirte Salat ein vielseitig gebrauchtes allgemein beliebtes Gemüse.

5. *L. muralis DC. Prenanthes muralis L.* Kahl. Stengel aufrecht, oben gerispet, 2—3'. Blätter umfassend, leierförmig fiederig-getheilt: Lappen breit eckiggelappt, der Endlappen sehr gross. Achäne länger als der Schnabel. Blumenköpfchen 5blumig. ♃ Sommer. In Wäldern und auf andern schattigen Stellen durch die ganze ebene Schweiz.

Chondrilla.

Köpfchen walzig (wenigblumig). Blüthenboden nackt. Achäne oben schuppig, um den Schnabel (Stiel der Federkrone) herum mit einem Schuppenkrönchen.

1. *C. juncea L.* Wurzelblätter schrotsägezähnig eingeschnitten; Stengelblätter lanzett oder lineal-lanzett. Aeste ruthenförmig. 2—4'. Sommer. Auf dürren unfruchtbaren Stellen der wärmern ebenen Schweiz. Bei Basel, in den C. Wallis, Waadt, Genf, Neuenburg und jenseits der Berge im C. Tessin, bei Clefen etc.

2. *C. prenaethoides Vill.* Kahl, graugrün. Wurzelblätter lanzett, gezähnt. Stengelblätter lineal. Stengel wenigblätterig, oben gerispet, 1'. ♃ Sommer und Herbst. Auf Flussgeschiebe in der Ebene von Graubünden, von Ragatz an bis ins Brättigau und nach Thusis und Alveneu, in Menge.

Taraxacum.

Hülle aus einer äussern und innern Reihe gebildet. Blüthenboden nackt. Achäne oberhalb von kleinen Spitzen rauh, in einen langen Haarkronstiel (Schnabel) ausgehend. Haarkrone schneeweiss, einfach haarig.

1. *T. officinale Wigg. Schweinblume. Pfaffenröhrchen.* Mehrere einblumige, röhrige Schäfte aus einer perennirenden Wurzel. Blüht das ganze Jahr hindurch, beson-

ders aber im April und Mai, wo dann ganze Wiesen davon gelb erscheinen. Ist wie alle gemeinen Pflanzen grossen Veränderungen unterworfen, wovon folgende die hauptsächlichsten sind:

α. *T. erythrospermum Andrz.* Aeussere Hülle zurückgeschlagen. Blätter schrotsägezähnig-getheilt. Achäne bräunlichroth. 2—4''. Auf dürren Stellen, z. B. auf den Schanzen bei Genf.

β. *T. Dens-leonis Desf.* Aeussere Hülle zurückgeschlagen. Blätter schrotsägezähnig-eingeschnitten oder gespalten. 6—12''. Auf gewöhnlichen Wiesen.

γ. *T. alpinum.* Die vorige Form, wenn sie in den Alpen vorkommt, wo die äussern Hüllschuppen wenig oder nicht abstehen. Steigt bis in die nivalen Höhen.

δ. *T. palustre DC.* Aeussere Hüllschuppen anschmiegend. Blätter lineal-lanzett und gezähnt bis schrotsägeartig liederig-getheilt. 2—6''. Auf sumpfigen Stellen der Ebene.

Das Taraxacum ist ein vortreffliches und viel gebrauchtes auflösendes Heilmittel. Auch nimmt man es zu Salat.

Willemetia.

Achäne kantig: Kanten oben vorstehend und so ein Zahnkrönchen bildend. Haarkrone gestielt (= Achäne geschnabelt), einfach-haarig. Blüthenboden nackt. Peltidium. Zollikoferia. Wibelia.

1. *W. apargioides Less.* Mit wurzelständigen lanzetten, gezähnten oder fast schrotsägezähnigen Blättern und nur einem breit linealen Stengelblatt. Stengel 1—1½', gewöhnlich 2blumig. Wurzel horizontal. ♃ Juni. Auf feuchten alpinen und subalpinen Wiesen der östlichen Schweiz (Appenzell, St. Gallen, Glarus, Bünden).

Barkhausia.

Hülle unten mit kleinern Hüllblättchen umgeben. Blüthenboden nackt oder etwas haarig. Achäne ziemlich walzig mit gestielter, einfacher, schneeweisser Haarkrone. *Crepis L.*

1. *B. taraxacifolia DC.* Stengel aufrecht, 1—2', oberhalb ästig. Blätter schrotsägezähnig-eingeschnitten, hinterhalb getheilt. Hülle bis zur Mitte der Haarkrone reichend

(bei den reifen Früchten). Randblümchen unterhalb blass-rosenroth. ⊙ Juni. Auf Wiesen und Weiden der ganzen ebenen Schweiz, häufig. Hieher gehört sicher auch *Crepis recognita Hall. f.*, die Schattenform dieser Art, wie ich an einem Haller'schen Exemplare selbst sah.

2. *B. foetida DC.* Stengel aufrecht oder aufliegend, von unten an ästig, 1' lang. Blätter schrotsägezähnig-getheilt. Hülle bis zum Anfang der Haarkrone reichend. ⊙ In Aeckern der westlichen Schweiz (Genf, Neuenburg, Waadt, Unter-Wallis, bei Baden, Basel, Rheinfelden und Laufenburg).

3. *B. setosa DC.* Stengel aufrecht, oben ästig, 1—2'. Blätter schrotsägezähnig. Hülle borstig, über die Mitte der Haarkrone hinausreichend. ⊙ Sommer. Auf Aeckern, Schutt und künstlichen Wiesen; häufig in der transalpinen Schweiz, nicht selten in Wallis und im übrigen Theil periodisch mit fremden Samen eingeführt, so bei Chur, Peterlingen, Genf, Basel.

Crepis.

Hülle unten mit kleinern Hüllblättchen umgeben. Blüthenboden nackt. Achäne nach oben etwas schmäler, aber nicht mit gestielter Haarkrone. Diese ist einfach-haarig, schneeweiss.

† Ein- oder zweijährige.

1. *C. polymorpha Wallr.* Ziemlich kahl, ästig, aufrecht oder ausgebreitet. Untere Stengelblätter und Wurzelblätter schrotsägezähnig-eingeschnitten oder tief getheilt; obere Stengelblätter ganz oder bloss hinten lang gezähnt, breit lineal. Köpfchen klein (die kleinsten unter den unsrigen). ⊙ 1—2'. Auf Wiesen und Aeckern der ebenen und montanen Region durch die ganze Schweiz gemein. In den Bündnerschen Thälern sind die Wiesen nach der ersten Heuerndte ganz gelb davon. *C. stricta Scop. C. virens Vill.*

2. *C. tectorum L.* Ziemlich kahl, ästig, aufrecht, 1—1½'. Wurzelblätter schrotsägezähnig oder lanzett-gezähnt. Stengelblätter lineal-lanzett oder breit lineal, ganz. Achäne ganz kurz geschnäbelt. ⊙ In Aeckern, jedoch in der Schweiz selten und bloss in Wallis, im Veltlin nahe bei der Bündner-Grenze und im Elsass mit Sicherheit nachgewiesen.

3. *C. nicaeensis Balb! C. adenantha Vis.!* Etwas

rauhhaarig. Blätter schrotsägezähnig-gelappt. Stengel aufrecht, oben gerispet, 1—2'. Blüthenstiele und Hülle mit Drüsenhaaren besetzt. Köpfchen um die Hälfte kleiner als bei *C. biennis.* ⊙ Juni. In magern Wiesen der westlichen Schweiz (Genf, Rolle und wahrscheinlich in der ganzen Waadt) nicht selten. *C. sabra Willd.?*

4. *C. biennis L.* Wenig behaart oder fast kahl. Blätter schrotsägezähnig-gelappt. Stengel aufrecht, oben gerispet, 2—4'. Blüthenstiele und Hülle ohne Drüsenhaare. Achäne ungeschnäbelt. Köpfchen ungefähr 1" im Durchmesser (wenn ausgebreitet). ⊙ In Wiesen sehr gemein und in Menge, durch die ganze ebene Schweiz. Mai und Juni.

Die *C. pulchra L.*, mit 1½—2' hohem, oberhalb gerispetem Stengel und fiederig eingeschnittenen Wurzelblättern und ungetheilten Stengelblättern, wurde einmal bei Delsberg gefunden. Bei Türkheim im Elsass und im Aosta-Thale ist sie wirklich wild.

†† Perennirende. *Hieracii sp. L.*

5. *C. praemorsa Froel.* Blätter alle wurzelständig, länglich oder umgekehrt eirund-lanzett, gezähnt oder fast ganz. Schaft nackt, 1½—2', am Ende kurz traubenständig (oder zum Theil kurz gerispet, indem einige Blüthenstiele zweiblumig sind). ♃ Juni. In Wiesen, besonders in der montanen Region, hin und wieder. Bei Basel, zwischen Neuenburg und Valengin, am Albis und Höckler, bei Thun und anderwärts im Berner Oberland und bei Chur und Maienfeld. *Hieracum praemorsum L.*

6. *C. Froelichiana DC.* Fast ebenso, nur kleiner (9") mit weniger Köpfchen, fast ungestielten Blättern. ♃ Juni. Auf dem Monte Salvatore nach Dr. Lagger, bei Lugano nach Schleicher. Kann füglich als Varietät der vorigen angesehen werden. *Hieracum parviflorum Schleich.*

7. *C. alpestris Tausch.* Stengel einfach oder wenigästig, 1—3blumig, wenig(2—3)blätterig, 6—12". Blätter lanzett, etwas shrotsägezähnig-eingeschnitten oder gezähnt. ♃ Sommer. Auf alpinen und subalpinen Weiden, zufällig bis fast in die Ebene, jedoch bloss der östlichen Schweiz, hier aber sehr häufig (St. Gallen, Glarus, Graubünden und jenseits der Wasserscheide bei Worms und am Comer-See).

8. *C. grandiflora Froel.* Klebrig-haarig. Stengel

ansteigend, einfach und einblumig oder von unten an bis 7ästig: Aeste 1—2blumig. Hülle etwas zottig. Blätter lanzett oder länglich-lanzett, gezähnt oder, besonders die obern, ganzrandig. Köpfchen über 1" im Durchmesser. 9—18". ♃ Auf alpinen und subalpinen Weiden und Wiesen durch die ganze Alpenkette (Graubünden [hier häufig], Glarus, Uri, Unterwalden, Bern, Wallis, Waadt). Sommer.

9. *C. blattarioides Vill.* Wurzel mehrstengelig. Stengel aufrecht, 1—6blumig. Blätter lanzett oder länglich-lanzett, alle gezähnt. Hülle zottig. Köpfchen 1" im Durchmesser. 1½—2'. ♃ Auf subalpinen und alpinen Wiesen durch die ganze Alpenkette häufig. Findet sich auch auf dem westlichen Jura (Réculez, Dôle, Suchet, Chasseron, Creux-du-Van etc.).

10. *C. aurea Cass.* Schaft einblumig, 6—9". Blume dunkelorangegelb mit schwarzzottiger Hülle. Blätter wurzelständig, gestielt, umgekehrt-lanzett, gezähnt oder schrotsägezähnig. ♃ Auf montanen, subalpinen und alpinen Wiesen und Weiden der Alpen gemein. Findet sich auch auf dem Jura (Chasseral, Creux-du-Van) und den höhern Molassenbergen (Ezel, Hoherohne). Sommer.

11. *C. pygmaea L. Hier. prunellaefolium Gouan.* Stengel aufliegend oder ansteigend, ästig, wenigblumig. Hülle und Blumenstiele filzig. Blätter gestielt, eirund, meistens etwas bräunlich und mit Ausnahme der untersten mit leierförmig gezähntem Blattstiel. 3—6". ♃ Sommer. Auf nassen Felsen und Steingetrümmer der alpinen und nivalen Region. Bei uns auf den waadtländischen Bergen Enzeindaz, Lavarraz etc. und in den daranstossenden von Wallis; sodann hat Prof. Heer sie auch im östlichen Bünden (Wormser-Joch) gefunden.

12. *C. paludosa Moench.* Stengel aufrecht, einfach, 1½—2', oben eine spärliche weite Afterdolde tragend. Blätter länglich, stark gezähnt oder schrotsägezähnig, die des Stengels umfassend, geöhrt. ♃ Sommer. Gewöhnlich in der montanen Region, sowohl im Jura als in den Alpen, auf nassen oder feuchten Wiesen oder in dergleichen Wäldern, nicht selten. Auch in der Ebene bei Basel und am Aeschi-See.

13. *C. hieracioides Willd. Hier. succisaefolium All.* Stengel aufrecht, einfach, oben eine spärliche Afterdolde

tragend, 2—3'. Blätter länglich, kaum gezähnt, kahl oder etwas behaart, die untern gestielt, die obern sitzend, nicht geöhrt. Blumenstiele und Hülle schwarz behaart. ♃ Auf sumpfigen Wiesen und in dergleichen Wäldern, häufig im Waadtländischen, Neuenburgischen, Bern'schen, Basel'schen Jura. Wird auch in den Alpen angegeben (bei Château d'OEx nach Bridel, in Appenzell nach Dr. Custor, in Bünden nach Hegetschweiler, im Simmenthal nach Haller).

14. *C. chondrilloides Froel.* Stengel aufrecht, wenigblätterig, ein- oder wenigblumig, 3—6". Blätter lanzett oder lineal, bei einigen kaum gezähnt, bei andern fiederig-gelappt: Lappen lineal oder pfriemförmig. ♃ Sommer. Auf Steingerölle der östlichen Alpen in der alpinen Region (Albula, Ofen, Levirone, Fraela), ziemlich selten. Nach der Hegetschweiler'schen Beschreibung muss die von Prof. Heer auf dem Levirone gefundene Pflanze ohne den mindesten Anstand hieher gezogen werden. *C. rhaetica Heg.* Fl. d. Sch. p. 769.

15. *C. hyoseridifolia Reich.* Stengel einfach, ½—1", einblumig. Blätter schrotsägezähnig, über die Blume hinausreichend. Hülle schwarzzottig. ♃ Sommer. In der nivalen oder alpinen Region der Alpen, auf mergeligem Felsenschutt. Nicht selten in Appenzell, Glarus, St. Gallen und Bünden; seltener in den Berner Bergen (beim Dauben-See) und auf der Dent de Folieran im C. Freiburg. Von dieser Pflanze ist die Wurzel 4- bis 6mal länger als der übrige Theil des Gewächses! *Soyera hyoseridifolia Koch.*

16. *C. montana Reich.* Stengel aufrecht, einfach, einblumig, 1½—2'. Blätter länglich, gezähnt, die untern gestielt, die obern sitzend. Blume fast 2" im Durchmesser. ♃ Sommer. Auf alpinen und subalpinen Weiden, hin und wieder durch die ganze Alpenkette (Waadt, Bern, Wallis, Bünden). Findet sich auch auf den höhern Weiden des westlichen Jura. *Soyera montana Monn.*

Endoptera.

Achäne der Randblumen auf der innern Seite geflügelt, ungeschnabelt, die der Scheibenblumen geschnabelt, ungeflügelt. Sonst wie Barkhausia und Crepis.

? 1. *E. Dioscoridis DC. Crepis Dioscoridis L.* Stengel

und Blätter kahl. Köpfchen zur Fruchtzeit kugelig zusammengezogen. 1½—2'. ⊙ Auf steinigen Aeckern bei Basel, wahrscheinlich nicht alle Jahre. Sommer.

Sonchus.

Hülle ziegeldachartig. Blüthenboden nackt. Achäne zusammengedrückt, längsgerippt, ungeschnabelt, mit schneeweisser einfachhaariger Federkrone. — Grosse gelbblumige Kräuter.

1. *S. ciliatus Lam.* et *DC. prod.* Mit Ausnahme der Blumenstiele kahl. Blätter umfassend, ganz oder tief schrotsägezähnig-gelappt. Stengel aufrecht, 2' und darüber. Achäne quer rauhkörnig. ⊙ Sommer. Ein Unkraut in Gärten und Aeckern der ganzen ebenen Schweiz. *S. oleraceus L.* zum Theil.

2. *S. fallax Wallr.* et *DC.* Achäne bloss gerippt und nicht quer rauhkörnig, im übrigen wie voriger. ⊙ Sommer. Ebenso ein Unkraut in Gärten und Aeckern. Von diesen beiden Arten habe ich bloss Exemplare von Genf, zweifle aber nicht, dass sie in der ganzen ebenen Schweiz gefunden werden. *S. oleraceus L.* zum Theil.

3. *S. arvensis L.* Wurzel kriechend. Stengel einfach, am Ende eine Afterdolde tragend, 2—5'. Blumenstiele und Hülle drüsenhaarig. Blätter lanzett, schrotsägezähnig, stachlig-gewimpert. ♃ In Aeckern durch die ganze ebene und montane Region der Schweiz, nicht selten, oft als Unkraut lästig. Sommer.

4. *S. palustris L.* Stengel einfach, am Ende eine Afterdolde tragend, 3—5'. Hülle und Blumenstiele drüsenhaarig. Blätter lanzett, schrotsägezähnig. Wurzel ohne Ausläufer. ♃ Sommer. Auf sumpfigen Stellen, jedoch selten. Bei Visp, zwischen Noville und Villeneuve und an der Broye. Hat das Aussehen des vorigen.

Mulgedium.

Hülle unten mit kleinen Blättchen umgeben. Blüthenboden nackt. Achäne zusammengedrückt, ungeschnabelt, mit einfach-haariger weisser Federkrone. — Grosse Kräuter mit blauen vielblumigen Blumenköpfchen und Blättern wie Sonchus, wohin sie auch Linné gestellt hat.

1. *M. alpinum Less.* Stengel aufrecht, 2—3', oberhalb sammt den Blumenstielen und Hüllen drüsenhaarig. Blumenköpfchen traubenständig. ♃ Sommer. In und um lichte Wälder und in Felsenschatten der alpinen, subalpinen und montanen Region, durch die Alpen und den westlichen Jura nicht selten.

2. *M. Plumieri DC.* Stengel aufrecht, 2—3', sammt Blumenstielen und Hülle kahl. Blumenköpfchen gerispet. ♃ An ähnlichen Stsllen wie voriges, jedoch viel seltener und bloss in den westlichen Alpen von Waadt, Bern, Freiburg und im benachbarten Savojen. Sommer.

Prenanthes.

Köpfchen 3—5blumig. Hülle 4—6blätterig. Blüthenboden nackt. Achäne ziemlich walzig, ungeschnabelt, mit einfach-haariger Federkrone. — Hohe Kräuter mit violetten Blüthen.

1. *P. tenuifolia L.* Stengel aufrecht, $1\frac{1}{2}$—2', einfach. Blätter umfassend, breit lineal, ganzrandig, unterhalb graugrün. ♃ Sommer. In montanen Wäldern der transalpinen Schweiz (Monte Generoso).

2. *P. purpurea L.* Stengel anfrecht, einfach, 2—4'. Blätter umfassend, länglich-lanzett, gezähnt, unterhalb graugrün. ♃ Sommer. In montanen Laubholzwäldern, oft in grosser Menge, durch die ganze Schweiz sowohl auf den Molassenbergen als auf den Alpen und im Jura.

Phoenixopus.

Köpfchen 5blumig. Blüthenboden nackt. Achäne walzig, geschnabelt, mit einfach-haariger Federkrone. — Ein Geschlecht, das sich gar sehr der Lactuca nähert.

1. *P. vimineus Reich.* Stengel aufrecht, ästig, 9—18". Untere Blätter fiederig-getheilt, obere ungetheilt. Blumen gelb. ⨀ Sommer. An Wegen und dürren Halden, jedoch bloss in Wallis, hier von Siders an bis Martinach.

Hieracium.

Köpfchen vielblumig (gelb). Blüthenboden nackt. Haarkrone sitzend, schmutzigweiss, brüchig, einfach-haarig.

Sect. I. Mit ein- oder wenig(2—6)blumigem Schaft.

1. *H. Pilosella L.* Ausläufer treibend. Schaft einblumig, 1—12″. Randblümchen unterhalb rosenroth. Blätter umgekehrt eirund-lanzett, unterhalb filzig, überall und sammt dem Stengel weichborstenhaarig. ♃ Auf magern dürren Weiden der ganzen ebenen, montanen und alpinen Schweiz, manchmal millionenweise. In den alpinen Höhen werden die Blumenköpfchen etwas grösser und dagegen die Ausläufer kürzer; aus dieser Form machte man *H. pilosellaeforme*. Wenn die Pflanze durch Zufall oder durch die Hand des Menschen auf besser genährten, aufgelockerten Boden geräth, so verastet sich der Schaft und trägt 2 oder mehr Blumen, oder es richtet sich der eine oder andere der Ausläufer auf und trägt eine bis mehrere Blumen; unter solche Ausnahmsformen gehört *H. stoloniferum W. et K.*, *H. flagellare Willd.*, *H. brachiatum Bertol. Froel.* Ueberhaupt muss alles hieher gezogen werden, was Ausläufer treibt, was unterseits mit kurzen Sternhaaren besetzte Blätter und äusserlich rosenrothe Randblümchen hat.

2. *H. angustifolium Hoppe.* Keine Ausläufer, sondern nur einfache Wurzelschosse treibend. Blätter lineal-lanzett, langhaarig, unterhalb und am Rande mit kurzen flockigen Härchen besetzt. Schaft 1—3- (selten 4- und 5-) blumig. Hülle und Schaft von langen Haaren zottig. Blumenköpfchen von der Grösse der folgenden Art. 3—6″. ♃ Sommer. Ziemlich gemein auf alpinen Weiden durch die ganze Alpenkette. Gewöhnlich sind die Köpfchen am Ende des Stengels einander genähert; ist das aber nicht der Fall und treten sie etwas auseinander, so dass namentlich das unterste von den andern bedeutend entfernt ist, so entsteht die Form daraus, die man *H. sphaerocephalum* genannt hat. Hieher ist zu ziehen *H. alpicola Schleich. Gaud.* und *H. breviscapum Gaud.*, nicht DeCandolle's, welches bloss in den Pyrenäen vorkommt. Eine Uebergangsform zu H. Auricula ist *H. a. fuscum* in Mor. Pfl. Graub. f. 5.

3. *H. Auricula L. H. dubium Willd.* Ausläufer treibend. Blätter lanzett oder spathelförmig, graugrün, bloss die jüngern hinterhalb spärlich mit langen Wimpern besetzt,

sonst ganz kahl. Schaft nackt oder einblätterig, oben 2—5blumig (auf alpinen Weiden nicht selten einblumig). 3—8''. ♃ Auf Wiesen und Weiden von der Ebene an bis in die alpine Region, überall häufig. Frühling und Vorsommer. Hieher ist zu ziehen *H. Moritzianum Heg. Fl. d. Schw.*

Sect. II. Mit 7—100blumigem, blattlosem oder wenigblumigem Schaft.

4. *H. piloselloides Vill.* Graugrün, ohne Ausläufer. Schaft blattlos oder unten mit einem Blatte, 6—12'', oben gerispet. Blätter lanzett oder spathelförmig mit langen weichen Borstenhaaren spärlich besetzt. ♃ Sommer. Auf Flussgeschiebe der tiefern Alpenthäler durch die ganze Schweiz (Bünden, Glarus, Bern, Wallis, Waadt etc.)

5. *H. praealtum Vill.* Graugrün, ohne Ausläufer. Schaft aufrecht, 1—3blätterig, 1—2', bisweilen aus einer Wurzel mehrere und dann sind die seitlichen wie ansteigende blühende Ausläufer. Blätter lanzett, mit langen weichen Borstenhaaren spärlich besetzt. ♃ Sommer. Auf montanen, subalpinen und alpinen Wiesen und verschütteten Stellen, von wo es auch in die Ebene heruntersteigt. Ist sowohl im Jura als in den Alpen nicht selten und findet sich auch im C. Zürich und Aargau und bei Basel. Hieher ist zu ziehen *H. fallax Gaud. Heg. Reut.* etc., *H. cymosum Mor.*

6. *H. multiflorum Schleich. H. cymosum Vill.* non Linn. *H. sabinum Seb.* et *Maur.* Grün oder schwach graugrün, ohne Ausläufer. Schaft aufrecht, unten etwas blätterig, weiter oben nackt oder nur mit einigen kleinen Blättchen besetzt, 1½—2½'. Blätter sammt dem Schaft mit kurzen Sternhaaren und langen weichen Borstenhaaren besetzt. Blumen 20—30, gerispet, eine endständige Afterdolde bildend. ♃ Sommer. Auf Wiesen und verschütteten Stellen von Wallis und Waadt, wo es von der Ebene an bis in die alpinen Höhen über Zermatt vorkommt.

7. *H. pratense Tausch.* Ausläufer treibend. Schaft wie bei vorigem, 1½'. Blätter lanzett, schwach graugrün, besonders an den Ausläufern mit weichen Borstenhaaren besetzt. Blumen um 20, gerispet, eine endstän-

dige Afterdolde bildend. ♃ Sommer. Auf etwas feuchten Wiesen im Rheinthal nach Dr. Custor. Bildet zu H. piloselloides, praealtum und multiflorum, die wohl auch als Eine Art aufgefasst werden können, die stolonose Form, wie H. Auricula zu H. angustifolium sich auf gleiche Art verhält.

8. *H. aurantiacum L.* Mit oder ohne Ausläufer. Schaft mit langen weichen Borstenhaaren besetzt, unten wenigblätterig, 1—1½'. Blätter grün oder etwas graugrün, eirund bis lanzett. Blumen orangefarben, zu 3—8 eine endständige Afterdolde bildend. ♃ Sommer. Auf alpinen und subalpinen Wiesen durch die ganze Alpenkette, nicht selten. Soll sich (nach Haller) auch im Neuenburger und Berner Jura finden. Diese Pflanze wird auch zur Zierde in Gärten gehalten.

Sect. III. Mit blätterigen Stengeln, graugrünen Blättern und einer oder wenigen (bis 5) grossen (1" im Durchmesser und darüber) Blumen.

9. *H. staticefolium Vill.* Schaft meist nackt, ein- bis 3blumig. Blumen langgestielt, durchs Trocknen grün werdend, mit staubartiger flockiger Hülle. Blätter graugrün, breit lineal oder lineal-lanzett, ganzrandig oder entfernt gezähnt. 9". ♃ Sommer. Auf Flussgeschiebe und andern steinigen Stellen der Ebene und montanen Region von Genf durch die Waadt nach Wallis und bis an den Fuss des Jura (bei Genollier); sodann im Berner Oberland und besonders häufig in den transalpinen Thälern (Calanca, Puschlaf, Livinen-Thal).

10. *H. saxatile Jacq.* Stengel blätterig, 2—7blumig, 1—1½'. Hülle staubartig-flockig. Alle Blätter lanzett, ganz oder spärlich gezähnt, graugrün. ♃ Sommer. Auf felsigen Stellen der alpinen und subalpinen Region und von hier bis in die Ebene, wo man es gewöhnlich auf Flussgeschiebe antrifft. In den Alpen findet es sich durch die Cantone Graubünden, Bern, Wallis und Waadt und im Jura von der Dôle bis in die Gegend von Solothurn.

α. Ganz kahl oder höchstens die Scheiden der untersten Blätter lang gewimpert. *H. glaucum All.* Die gemeinste Form.

β. Kahl, mit Köpfchen, die ausser dem staubartig-flockigen Ueberzug noch lange weiche abstehende

Haare haben. *H. bupleuroides Gmel.* In Bünden, unter anderm im Rheinwald.

11. *H. villosum L.* Stengel aufrecht, 1—3blumig, 5—12'', sammt den Blättern und Hüllen von langen weissen Haaren zottig. Wurzelblätter lanzett, ungestielt, ganzrandig oder entfernt gezähnt. Stengelblätter mehr oder weniger eirund, sitzend. ♃ Sommer. Auf Felsen und steinigen Stellen der Alpen und des Jura in der alpinen und subalpinen Region, häufig. Unterscheidet sich von vorigem durch die Behaarung, welche aber ganz schwinden kann *(H. glabrum Hoppe)*, und durch die breitern Stengelblätter, in welchen jedoch bisweilen Abänderungen vorkommen, so dass ich schon im Falle war, Exemplare, die auf einer und derselben Stelle wuchsen und offenbar einerlei Ursprung hatten, an diese und die vorhergehende Species zu vertheilen. Ich berufe mich diesfalls auf mein Herbarium.

12. *H. flexuosum W.* et *K.* Wie vorige ganz zottig. Stengel aufrecht, gewöhnlich 3blumig, 1' und darüber. Wurzelblätter gestielt, sammt den untern Stengelblättern breit lanzett; Stengelblätter eirund bis lanzett. ♃ Sommer. Ebenfalls auf alpinen und subalpinen steinigen Weiden der Alpen und im Jura. Kommt ebenfalls fast ganz kahl vor und ist dann das *H. glabratum Koch.*, an dem bloss die Hüllen mit langen Haaren besetzt sind. Diese kahle Form ist auch schon in Bünden gefunden worden. *H. dentatum Hoppe* et *Koch!*

13. *H. longifolium Schleich.* Zottig. Stengel aufrecht, vielblätterig, 3—5blumig, 2'. Unterste Blätter gestielt oder lang verlaufend, sammt den Stengelblättern grob gezähnt. ♃ Sommer. Auf feuchten oder gut genährten subalpinen Wiesen. Muss trotz der abweichenden Gestalt von voriger Art abgeleitet werden, denn ich fand diese einmal (bei Perpan) an einem Bache, wo über ihr an einem Abhange das H. flexuosum stand.

Sect. IV. Stengel einblumig, sammt den Blättern zottig, blattlos oder wenigblätterig. Alpenpflanzen, die von den Arten der vorigen und nachfolgenden Gruppe abgeleitet werden müssen.

14. *H. Schraderi DC.* Zottig. Stengel einblumig,

1—2blätterig. Wurzelblätter lanzett, nicht gestielt, sondern allmählig in den Stiel ausgehend, graugrün. 2—5". ♃ Sommer. Auf alpinen Weiden, häufig durch die ganze Alpenkette. Muss durchaus als die einblumige Form des H. villosi angesehen werden.

15. *H. alpinum L.* Zottig. Stengel einblumig, ein- bis 3blätterig. Blätter lanzett, gezähnt, grün; die untern gestielt. Blume gross, schwefelgelb. 9". ♃ Auf alpinen Weiden durch die ganze Alpenkette. Kann als eine weitere Ausbildung des H. incisi angesehen werden und ist dadurch merkwürdig, dass hier die Blümchen zuweilen im ursprünglichen Zustande als Röhrenblümchen zum Vorschein kommen. Ich habe solche Exemplare, die zugleich ästig und 2blumig sind, in der Sagenser Alp über Segnes in Bünden und Girod in Wallis beobachtet.

16. *H. glanduliferum Hoppe.* Schaft einblumig, blattlos. Hülle dicht mit schmutziggrauen langen Haaren bedeckt. Am Blumenstiel neben den längern Haaren noch Drüsenhaare. 5". ♃ Sommer. Auf alpinen Weiden der Alpen. Ist ein weiter specialisirtes H. Schraderi. Hievon gibt es eine Abart mit kahlen Blättern, ein Beweis mehr, dass es mit H. villosum zusammenhängt.

Sect. V. Mit mehrblumigen nackten oder wenigblätterigen Stengeln und einen halben oder ganzen Zoll im Durchmesser breiten Blumen.

17. *H. sylvaticum Sm.* et *Lam.* *H. vulgatum Fries?* et *Koch!* Stengel aufrecht, blätterig, 2', oben gerispet. Blätter bis an die obersten gestielt, eirund oder lanzetteirund, gezähnt, hinterhalb eingeschnitten. Blumenstiele filzig und drüsenhaarig. ♃ Blüht vom Juni an den ganzen Sommer und findet sich sehr häufig an Mauern, in Wäldern und andern Stellen der Art durch die ganze Schweiz, sowohl in der Ebene als auf den Bergen, ohne Unterschied der Formation, bis in die alpine Region. *H. ramosum Willd.* et *Koch. syn.*

18. *H. murorum L.* Stengel aufrecht, nackt oder einblätterig, wenigblumig (1—4), 1', doch auch darunter und darüber. Wurzelblätter eirund oder rundlich, hinten herzförmig ausgeschnitten. ♃ Blüthezeit, Vorkommen, Häufigkeit wie bei vorigem.

19. *H. Schmidtii Tausch.* Stengel aufrecht, ein- bis

2blätterig, oben mehrblumig. Wurzelblätter eirund-lanzett, langhaarig, graugrün. 1'. ♃ Sommer. Diese Form wurde, nach Dr. Hagenbach, von den beiden H. Pastoren Lang und Preiswerk auf dem Passwang im Jura und im Himmelreich bei Basel entdeckt.

20. *H. pallescens W.* et *K.* Stengel einfach, aufrecht, nackt oder einblätterig, 1—2blumig. Wurzelblätter gestielt, eirund-lanzett oder lanzett, nach hinten eingeschnitten (seltener bloss gezähnt), weichhaarig. ♃ Sommer. Auf alpinen und subalpinen steinigen Weiden und Felsen durch die ganze Alpenkette, nicht selten. Schliesst sich durch die Form der Blätter an H. sylvaticum und durch den meist nackten Stengel an H. murorum an und geht durch Mittelformen in beide über. Hieher ziehe ich: *H. pictum Schleich.*, *H. bifidum Koch.*, nicht *Kit.*, und *Allioni's H. rupestre*, das eine unten ästige, selten aber bloss zufällig vorkommende Form dieser Art ist. Ebenso gehört auch *Rapins H. juranum*, das er auf der Döle gefunden hat, hieher.

21. *H. incisum Hoppe.* Stengel 1—3blumig, meist einblätterig, bis 1'. Blumenstiele und Hülle lang und weichhaarig. Wurzelblätter lang und weichhaarig, eirund oder länglich-eirund, gezähnt, langgestielt: Stiel so lang oder fast so lang als das Blatt. ♃ Sommer. Eine alpine Form, die die Hieracien dieser Gruppe mit denen der vorigen (villosen) in Verbindung bringt und namentlich dem H. alpinum sehr nahe steht. Ich besitze ein Exemplar davon vom Enzeindaz, einem Berge der Waadt, und Brown gibt es als im Kienthal wachsend an. Hieher gehört *H. Hoppeanum Fries* et *DC.*

22. *H. Jacquini Vill.* Stengel ausgebreitet ästig, 5 bis 12", gebogen, wenigblätterig. Wurzelblätter lanzett oder länglich-lanzett, eingeschnitten-gezähnt, sammt dem Stengel mit langen weichen und mit Drüsen-Haaren besetzt. ♃ An Felsen vom Fuss der Berge an bis in die alpine Region. Durchzieht die ganze Alpenkette und den Jura. Nähert sich sehr dem H. pallescens, namentlich der ästigen Form des H. rupestre, welches vielleicht besser hieher gezogen wird. *H. humile Host.*

23. *H. andryaloides Vill.* Von feinfiederigen Haaren weissgrau-filzig oder wollig. Stengel ausgebreitet, ästig,

6—12″, gebogen, wenigblätterig. Wurzelblätter lanzett oder eirund-lanzett, gezähnt oder eingeschnitten-gezähnt. ♃ An Felsen des Salève's bei Genf, in der montanen Region. Den Uebergang zu H. Jacquini vermittelt eine in Mittel-Wallis vorkommende weniger dichte, aber länger haarige Form.

24. *H. tomentosum All. H. lanatum Vill.* Von feinfiederigen Haaren weissgrau-filzig oder wollig. Stengel ästig, 2—5blumig, gebogen, ½—1′. Alle Blätter eirund, ganzrandig oder hinterhalb wenigzähnig, sitzend oder kaum gestielt. ♃ An Felsen in Unter- und Mittel-Wallis, nicht selten. Steigt von der Ebene bis in die subalpinen Höhen. Sommer.

25. *H. amplexicaule L.* Mit Drüsenhaaren und mit längern drüsenlosen Haaren besetzt, klebrig, grün. Stengel aufrecht, 3—7blumig, 1—2′. Wurzelblätter gestielt, eirund oder eirund-lanzett, stark gezähnt und hinterhalb fast eingeschnitten-gezähnt. Stengelblätter eirund, sitzend. ♃ Auf bewachsenen Felsen von der Ebene an bis in die alpine Region sowohl in den Alpen als auch im Jura, nicht selten. Sommer.

26. *H. albidum Vill. H. intybaceum Jacq.* Stengel blätterig, einfach oder ästig, 1—5blumig, sammt den Blättern drüsenhaarig, klebrig. Blumen schwefelgelb. Blätter verlängert lanzett, buchtig-gezähnt. 5—12″. ♃ Auf Felsen und Gestein in der alpinen Region, jedoch bloss auf den Alpen. Findet sich auf der ganzen Kette, jedoch ziemlich zerstreut. Sommer.

27. *H. picroides Vill.* Stengel vielblätterig, ästig, aufrecht, 2′ und darüber, sammt den Blättern und Blumenstielen dicht mit Drüsenhaaren bedeckt, und daher klebrig. Blätter umfassend, herzförmig-lanzett. ♃ Sommer. Auf alpinen Weiden der Alpenkette, jedoch selten (Valzer-Joch, Grimsel, Gotthard, Savojen). Nähert sich durch Vermittlung des H. Pulmonarium Sm. dem H. amplexicaule L.

Sect. VI. Mit vielblätterigem, (nicht ästigem) oben vielblumigem Stengel ohne drüsenhaarigen Blättern und mit mittlern Blumen.

28. *H. prenanthoides Vill.* Stengel einfach, oben gerispet, vielblätterig, 2—3′. Blätter geöhrt-umfassend,

gezähnt, länglich-lanzett, unten graugrün. ♃ In und um Gebüsch von steinigen alpinen und subalpinen Weiden. Findet sich von Appenzell und Graubünden an bis Savojen, nicht selten, und wächst auch auf dem Jura (Suchet, Creux-du-Van) und auf den Voirons bei Genf. Hieher ist *DC. H. cotoneifolium* zu ziehen, das nach Hegetschweiler auf dem Gotthard vorkommen soll.

? 29. *H. cydoniaefolium Vill.* Wie H. prenanthoides, nur sind die Stengelblätter an der Basis nicht geöhrt. ♃ Wir nehmen diese Pflanze nach DeCandolle und Hegetschweiler in der Schw. Flora auf, ohne ihr Vorkommen zu verbürgen.

30. *H. sylvestre Tausch* et *DC. H. sabaudum Sm.* et *Gaud.* Stengel aufrecht, dichtblätterig, 3'. Blätter eirund oder länglich-eirund, ganzrandig oder gezähnt, sitzend. Hülle ziemlich kahl, schwärzlich. ♃ In lichten Wäldern und Gebüsch am Fuss der Berge. Findet sich hie und da längs der Alpenkette (Glarus, Reichenau, Seewis, Dazio grande, Visp, Martinach, Bex, Neuss). Soll auch bei Basel und Bern vorkommen. Blüht im Herbst.

31. *H. umbellatum L.* Stengel aufrecht, dichtblätterig, 3'. Blätter lanzett oder lineal, ganz oder gezähnt, sitzend. Hüllblättchen mit umgebogener Spitze. ♃ Sommer. In lichten Wäldern und Gebüsch durch die ganze Schweiz gemein. Steigt bis in die subalpine Region.

LXXXIV. Familie.

Valerianeen (Valerianeae).

K e l c h mit dem Ovarium verwachsen; sein Rand ist bald eine im jungen Zustand eingerollte Federkrone oder er besteht aus mehrern ungleichen Zähnen. K r o n e einblätterig, etwas ungleich fünflappig, nach hinten in ein Säckchen oder einen Sporn verlängert. S t a u b g e f ä s s e auf der Krone, 3 oder weniger. S t e m p e l mit verwachsenen oder freien Narben und einem ein-, 2- oder 3fächerigen Ovarium. F r u c h t eine nicht aufspringende einbis 3fächerige Kapsel oder Achän; bei den dreifächerigen sind 2 Fächer leer und das dritte enthält einen Samen. Dieser ist ohne Albumen. — Kräuter mit entgegengesetzten Blättern, ohne Afterblättchen, mit dichotomischem oder trichotomischem Blüthenstand, der bei einigen in den scorpionsschwanzartigen übergeht. Mehrere davon besitzen sehr wirksame Heilkräfte in ihren Wurzeln; andere werden gegessen. Die perennirenden Arten sind alle Bergpflanzen, welche die Gebirge von Europa und Asien bewohnen.

Valeriana.

Kelchsaum zu einem verdickten Rande eingerollt, später eine vielstrahlige fiederige Samenkrone (pappus) bildend. Krone trichterförmig, am Grunde höckerig. Staubgefässe 3. Blüthen häufig eingeschlechtig. Frucht ein Achän (d. i. eine einfächerige, einsamige, mit dem Kelch verwachsene nicht aufspringende Kapsel).

† Mit lauter Zwitterblüthen.

1. *V. officinalis L. Baldrian.* Blätter 7—10paarig gefiedert: Blättchen lanzett, sägezähnig oder ganzrandig. Früchte kahl. Stengel gefurcht, 3—4'. ♃ In Hecken, an Zäunen, in Gebüsch und um Wälder, meist auf feuchten Stellen durch die ganze Schweiz bis in die subalpine Region (z. B. auf dem Creux-du-Van und Weissenstein im Jura und über Tschiertschen in Graubünden etc.). Juni bis August. Die Wurzel dieser Pflanze hat einen eigenthümlichen durchdringenden Geruch und ist eines der gebrauchtetsten Arzneimittel, das vorzugsweise auf das Nervensystem stärkend und belebend einwirkt. Die Katzen wälzen sich wie berauscht auf dem Baldrian herum. Die wirksamern Wurzeln sammelt man an mehr trockenen und steinigen Stellen.

V. Phu L. mit 3—4paarig gefiederten Blättern, deren Blättchen ganzrandig sind, hat ähnliche Wirkung, findet sich bisweilen in Gärten und auch hie und da verwildert; jedoch bei uns selten.

†† Mit grössern Zwitterblüthen und kleinern weiblichen Blüthen, stockweise getrennt.

2. *V. dioica L.* Unterste Wurzelblätter rundlich-eirund oder elliptisch; Stengelblätter leierförmig-fiederig getheilt: Lappen ganzrandig. Wurzel Sprossen treibend. 6—12″. ♃ Frühling. Auf feuchten Wiesen, an Wassergräben, in der ganzen ebenen Schweiz und bis in die subalpinen Höhen der Berge (Alpen und Jura).

3. *V. tripteris L.* Blätter der Wurzelschosse rundlich, eckig gezähnt, hinten herzförmig; Stengelblätter 3zählig, das mittelste grösser als die seitlichen. 6—12″. ♃ Sommer. An Felsen der Alpen, des Jura und der Molasse von der alpinen und subalpinen Region an abwärts bis ins Thal. Nicht selten, jedoch im Jura häufiger als auf den Alpen.

4. *V. montana L.* Blätter der Wurzelschosse langgestielt, eirund. Stengelblätter eirund, zugespitzt 8—15″. ♃ Sommer. An Felsen und auf Felsenschutt der Alpen und des Jura, hier ungleich häufiger als dort, vom Fusse der Berge an bis in die subalpinen Höhen. Die Wurzel dieser und der vorigen Art wird bisweilen statt des ächten Baldrians genommen, soll aber weniger kräftig sein.

— 5. *V. supina L.* Blätter der langen Wurzelschosse rund, ganzrandig oder schwach eckig gezähnt. Stengelblätter breit spathelförmig, gewimpert. Blumen fleischroth. 1—2″. ♃ Sommer. An Alpenbächen und andern feuchten Stellen der alpinen Region, jedoch bloss an der äussersten östlichen Schweizergrenze (auf der Spitze des Bergs, der von St. Giacomo di Fraele nach Livino führt).

6. *V. Saliunca All.* Wurzelblätter und Blätter der kurzen Wurzelschosse lanzett oder spathelförmig; Stengelblätter bloss ein Paar, lineal oder lineal-lanzett, ganzrandig oder bisweilen hinten ein langer Zahn. Blumen fleischroth. 2—6″. ♃ Sommer. Auf Felsen und Felsenschutt in der alpinen Region der westlichen Alpen, selten. Auf dem Mery in Savojen, Fouly in Unter-Wallis, Mortais und Dent de Branleyre im C. Freiburg.

7. *V. saxatilis L.* Wurzelblätter eirund-lanzett, 3- bis 5rippig, gewimpert. Stengelblätter bloss ein Paar, lineal oder lineal-lanzett. Blumen weiss. 3—6″. ♃ An Kalkfelsen der östlichen und südlichen Alpen in der alpinen

und subalpinen Region (im Appenzell, auf dem Calanda, Scesa-plana und im Schalfigg in Graubünden, über den Wormser Bädern im obern Veltlin und auf den Bergen und um den Luganer- und Comer-See herum).

8. *V. celtica L. Speik.* Wurzelblätter lineal-spathelförmig, sammt den andern ganzrandig, kahl. Stengelblätter gewöhnlich bloss ein Paar, lineal. Blüthen schmutziggelblich. Früchte filzig.*) 3—6". ♃ Sommer. Auf Granitfelsen des M. Moro im Saaser-Thal und in den benachbarten Piemonteser Alpen. Sonst nirgends in der Schweiz. — Die Wurzel dieser einst berühmten und unter dem Namen Nardus celtica bekannten Pflanze ist ganz mit Unrecht bei den Aerzten in Vergessenheit gerathen, denn sie ist noch kräftiger als die des Baldrians, die sie auch an Geruch übertrifft.

Centranthus.

Krone trichterförmig, gespornt. Staubgefässe 1. Kelch und Frucht wie bei Valeriana.

1. *C. angustifolius DC.* Blätter lineal-lanzett oder lineal, ganzrandig. Sporn ungefähr so lang als das Ovarium. Blumen fleischroth. 1½'. ♃ Sommer. Auf Felsenschutt der subalpinen Region im Jura. Auf dem Creux-du-Van im Neuenburgischen, auf dem Chasseral und unter der Hasenmatt bei Solothurn, in Menge.

C. ruber DC. mit eirunden Blättern findet sich häufig in Gärten und verwildert wohl auch hie und da. Einheimisch ist er in der Schweiz nicht.

Valerianella.

Kelch gezähnt. Krone trichterförmig, ungespornt, 5lappig regelmässig. Frucht 3fächerig, 2 Fächer leer, das dritte einsamig. Einjährige dichotomisch verastete Kräuter mit äusserst kleinen blassblauen oder weissen Blümchen.

1. *V. olitoria Moench. Nüsslisalat.* Früchte linsenförmig mit hornharter verdickter äusserer Wand des samentragenden Faches und mit einem sehr kleinen verwischt 5zähnigen Kelchsaum gekrönt. 4—6". ⊙ In Aeckern,

*) Nicht kahl, wie in den Büchern angegeben wird.

Weinbergen, an Mauern der ganzen ebenen Schweiz. Frühling. Liefert ein beliebtes, allgemein bekanntes Gemüse.

2. *V. carinata Lois.* Früchte auf der einen Seite mi einer kielartigen Furche, auf der Seite des samentragenden Fachs nicht verdickt. 4—6". ⊙ Frühling. In Aeckern, an Mauern und andern dergleichen Stellen. Bei Genf, Neuss, Branson, Solothurn. Kann wie die vorige zu Salat genommen werden.

3. *V. Auricula DC.* Früchte eirund-rundlich, fein 5rippig. Kelchsaum viel schmäler als die Frucht, hinten mit einem längern tief abgestutzten Zahn, vorn mit äusserst kleinen Zähnchen. 6—12". ⊙ In Aeckern. Bei Neuss, Lausanne, Genf, Solothurn. Sommer. *V. mixta Reut.* cat.

4. *V. dentata DC.* Früchte eirund-kegelförmig, sonst wie vorige. Findet sich häufiger und auch in höher gelegenen Gegenden (Ober-Wallis, Flims in Bünden, Basel, Solothurn, Neuss).

α. Mit haarigen Früchten in Ober-Wallis und im obern Veltlin. *(V. d. lasiocarpa. Fedia Morisonii Spreng.)*

LXXXV. Familie.

Dipsaceen (Dipsaceae).

Kelch mit dem Ovarium verwachsen, doppelt: der äussere oben zähnig, der innere mit verengtem Halse und borstentragend. **Krone** einblätterig, 4—5spaltig, meist etwas unregelmässig. **Staubgefässe** 4, auf der Krone. **Stempel** aus einem einfachen Ovarium, einem Griffel und einer einfachen oder schwach 2lappigen Narbe bestehend. **Frucht** ein Achän. **Samen** mit Albumen. — Kräuter mit entgegengesetzten Blättern und kopfförmig zusammengestellten Blüthen. Mit Ausnahme der Karden sind sie ohne besondern Nutzen für den Menschen, besitzen jedoch auch keine schädlichen Eigenschaften. Sie bewohnen die gemässigten und wärmern Himmelstriche, gehen jedoch nicht in die Tropenländer.

Dipsacus.

Innerer Kelch becherförmig, vielzähnig oder ganz; äusserer mit einer kurzen gezähnten Krone. Hülle aus langen die Spelzen der Blumenköpfchen weit überragenden Blättern bestehend. — Grosse stachlige Kräuter.

1. *D. sylvestris Mill.* Stengelblätter paarweise verwachsen, ganz oder die mittlern fiederig gelappt. Spelzen gerade. Blumen lila oder violett. 3—4'. ⊙ Sommer. An Wegen und auf steinigen unfruchtbaren Stellen durch die ganze ebene Schweiz.

2. *D. laciniatus Mill.* Alle Blätter, bis an die untersten fiederig gelappt. Spelzen gerade. Blumen weisslich. 3 — 4. ⊙ Sommer. An ähnlichen Stellen wie vorige, der sie bis auf die angegebenen Merkmale sehr gleicht, jedoch viel seltener. An mehrern Stellen bei Genf, oft mit voriger vermischt, bei St. Cergues am Jura in der Waadt und Delsberg im Berner Jura.

D. Fullonum Mill. ist ein D. sylvestris mit hakig gebogenen Spelzen. Es ist dies der zum Aufkratzen der Wolle von den Tuchfabrikanten gebrauchte *Karden*, der zu diesem Zweck an manchen Orten im Grossen angebaut wird.

3. *D. pilosus L.* Blätter gestielt, hinterhalb mit Anhängseln. Köpfchen rundlich, nicht über einen Zoll im Durchmesser, aus weissen Blümchen zusammengesetzt. Blumenstiele rauhhaarig. Stengel und Blätter weichstachlig. 3—4'. ⊙ Sommer. In Hecken und auf Schuttstellen, zerstreut durch die ganze ebene Schweiz.

Cephalaria.

Innerer Kelch becherförmig, vielzähnig oder ganz, äusserer 4- oder mehrzähnig. Hülle eng anschliessend, nicht vorstehend. — Grosse Kräuter.

1. *C. alpina Schrad. Scabiosa alpina L.* Krone gelb, 4spaltig. Spelzen und Hüllblätter eirund-lanzett, zugespitzt.

Blätter gefiedert: Fiederblättchen lanzett, herablaufend, gesägt. 3—4'. ♃ Sommer. In subalpinen und montanen Gegenden auf steinigen Stellen, gern in Gebüsch. In den westlichen Alpen auf den Bergen um Aelen herum, auf der Stockhornkette und in Graubünden bei Ober-Vatz; sodann und noch häufiger auf dem Genfer und Waadtländer Jura.

Knautia.

Innerer Kelch 8—16borstig, äusserer mit vierzähnigem Saum. Achän 4kantig.

1. *K. arvensis Coult.* Untere Blätter gestielt, lanzett oder eirund-lanzett, gesägt, obere umfassend, eirund-lanzett, ganz oder fiederig getheilt. Blumenköpfchen violett, meist zu 3, endständig, langgestielt. 1½—2'. ♃ Sommer. In Wäldern, Wiesen und Feldern der ebenen und montanen Schweiz gemein.

α. Mit ganzen Blättern und abstehenden rauhen Haaren. *K. a. sylvatica Coult. Scabiosa sylvatica L.* Gewöhnlich in montanen Wäldern. Kommt auch fast ganz kahl vor.

β. Mit fiederig-getheilten Stengelblättern. Immer behaart. *K. a. vulgaris Coult. Scabiosa arvensis L.* Ungemein häufig in Wiesen.

Succisa.

Innerer Kelch schüsselförmig mit 5 Borsten oder nackt. Achän 8furchig.

1. *S. pratensis Moench. Teufelsabbiss.* Wurzel wie abgebissen. Wurzelblätter eirund, obere lanzett, gesägt. Blumen violett, halbkugelige, nicht strahlige Köpfchen bildend. 1—3'. ♃ Sommer und Herbst. Auf sumpfigen Wiesen der Ebene und montanen Region, durch die ganze Schweiz häufig. Ehemals waren Blätter und Wurzeln officinell.

Scabiosa.

Innerer Kelch schüsselförmig mit 5 Borsten. Aeusserer mit einem trocknen breiten radförmigen oder glockenförmigen Saum. Achän 8rippig.

1. *S. Columbaria L.* Blätter der unfruchtbaren Wurzeläste länglich, stumpf, nach hinten verschmälert, ganz,

gekerbt oder leierförmig eingeschnitten. Untere Stengelblätter leierförmig fiederig-eingeschnitten, die übrigen bis zur Mittelrippe fiederig getheilt mit linealen Läppchen, die bei den untern Blättern fiederig gesägt, bei den obern ganzrandig sind. Blumenköpfchen violett, mehrere auf einem Stengel. 1—2'. ♃ In Wiesen und an Wegen der ganzen ebenen Schweiz.

α. Mit gelben Blumen. *Sc. ochroleuca L.* Kam ehemals bei Basel vor.

2. *S. lucida Vill.* Unterste Wurzelblätter länglich, gestielt, gekerbt; obere fiederig eingeschnitten. Stengel einfach, mit einem einzigen violetten oder fleischrothen Köpfchen an der Spitze. 3—12". ♃ Auf alpinen Weiden durch die ganze Alpenkette und den Jura in Menge. Geht durch Uebergangsformen in vorige über.

3. *S. suaveolens Desf.* Unterste Wurzelblätter länglich oder lanzett, ungetheilt, ganzrandig, obere fiederig eingeschnitten mit linealen ganzrandigen Lappen. Blumenköpfchen hellblau, wohlriechend, stark strahlig, klein. 1½'. ♃ Sommer. Soll bei Basel und Baden vorkommen.

4. *S. graminifolia L.* Blätter lineal oder lineal-lanzett, ganzrandig, seidenhaarig. Blumenköpfchen blau, stark strahlig, einzeln endständig. 1'. ♃ Sommer. Auf der Halbinsel bei Melide am Luganer-See und bei Lugano (Lauis) selbst.

XXX. Klasse.

Plumbagines.

Blüthen vollkommen, regelmässig, mit 4- oder 5zähligen Blüthentheilen. Staubgefässe in bestimmter Anzahl, 4 oder 5. Frucht eine 1—2fächerige, ein- bis mehrsamige Kapsel. — Fast alle bei uns wachsenden hieher gehörigen Pflanzen haben wurzelständige Blätter und tragen ihre Blüthen auf einem Schafte.

LXXXVI. Familie.

Plumbagineen (Plumbagineae).

Kelch verwachsenblätterig, bleibend, gewöhnlich trockenhäutig. Krone ebenfalls einblätterig, oder wenn sie 5blätterig ist, so sind die Blumenblätter unten ein wenig mit einander verbunden und tragen auf dem Nagel ein Staubgefäss. Bei den einblätterigen Kronen stehen die Staubgefässe auf dem Receptaculum. Stempel aus einem freien Ovarium und meist 5 Griffeln bestehend. Frucht eine einsamige häutige Kapsel. Samen mit geradem umgestürztem Keim und mit mehligem Eiweiss. — Kräuter mit Stengeln oder Schäften, einfachen Blättern und rothen oder blauen Blumen.

Armeria.

Blüthen köpfchenweise zusammengestellt. Kelch oberhalb häutig. Krone 5blätterig, auf jedem Blumenblatt ein Staubgefäss tragend. Die Blumenköpfchen sind von einer vielblätterigen Hülle umgeben und von dieser Hülle geht eine Röhre aus, welche den obersten Theil des Schafts umgibt. *Statice L.*

1. *A. alpina Willd.* Blätter kahl, lineal bis lineallanzett. Schaft 1—12″. ♃ Sommer. Auf alpinen und nivalen Weiden, in Savojen und Piemont nicht selten, in der Schweiz bloss in der Scaradra und Zaport-Alp in Bünden und der Furca di Bosco im Tessin mit Sicherheit nachgewiesen.

Im benachbarten piemontesischen Thal Tornanche kommt *Allioni's Statice plantaginea* vor, die sich von der vorhergehenden Art bloss durch breitere lanzette Blätter auszeichnet und höher wird. In Gärten pflegt man nicht selten das sog. *Englische Gras* (Armeria vulgaris Willd.) zu Rabatten zu benützen.

LXXXVII. Familie.

Plantagineen (Plantagineae).

Kelch und Krone 4spaltig oder 4theilig. Staubgefässe 4, bei den Zwitterblüthen auf der Kronröhre, bei den männlichen auf dem Receptaculum. Stempel aus einem freien Ovarium und einem Griffel bestehend. Frucht eine zwei- bis vierfächerige ein- bis vielsamige oder bei den weiblichen Blüthen eine einfächerige einsamige Kapsel. Samen mit hornhartem Albumen. — Kräuter mit ähren- oder köpfchenförmig zusammengestellten Blüthen. Humuspflanzen.

Littorella.

Männliche Blumen gestielt, mit 4blätterigem Kelche. Weibliche Blumen an der Basis der männlichen sitzend, mit 3blätterigem Kelche. Frucht einsamig.

1. *L. lacustris L.* Ein kleines 1—2" hohes Kräutchen mit linealen Blättern, das auf versumpften Stellen und auf periodisch überschwemmtem Sande an Seen wächst. ♃ Mai und Juni. Ist bisher an verschiedenen Stellen am Zürcher-, Bieler-, Thuner- und Genfer-See gefunden worden.

Plantago.

Blüthen Zwitter, ausnahmsweise auch eingeschlechtig. Kelch 4theilig. Kronröhre eiförmig. Kapsel ringsum deckelartig aufspringend, 2- bis 4fächerig. — Zähe unter jedem Einfluss lebende und daher sehr veränderliche Pflanzen.

† Schafttreibende.

1. *P. major L. Wegerich.* Blätter gestielt, eirund oder elliptisch, kahl oder schwach kurzhaarig. Aehre lineal-cylindrisch verlängert. 2—18". ♃ Mai bis Herbst. Wächst überall an Wegen, Hecken und in Wiesen. Steigt bis in die subalpine Region (z. B. beim Weissenstein im

Jura). Man gibt die Samen dieser Pflanze den Singvögeln und gebraucht die Blätter, gleichwie die der folgenden Art, als ein zusammenziehendes Mittel bei Geschwüren und Wunden.

2. *P. media L.* Blätter eirund oder elliptisch, auf beiden Seiten rauhhaarig, fast ohne Stiel. Aehre cylindrisch, lilafarben, wohlriechend. Schaft 2—18''. ♃ Ungemein häufig auf Wiesen. Steigt bis in die alpine Region. Mai und Juni.

3. *P. lanceolata L. Spitzer Wegerich.* Blätter lanzett, kahl oder weichhaarig. Schaft gefurcht, 2—18''. Aehre anfangs eirund, bräunlich, geruchlos. ♃ Auf Wiesen. Ebenso häufig und ebenso weit verbreitet wie vorige. Auch diesen Wegerich braucht man als ein Wundmittel.

4. *P. montana Lam.* Blätter lanzett, entfernt-gezähnt, kahl oder behaart. Aehre eirund, bräunlich. Die untern Bracteen breit eirund, vorn bartig. 3 — 5''. ♃ Auf subalpinen und alpinen Weiden der Alpen und des Jura häufig. Mai bis Juli.

Ueber Leuk und bei Zermatt kommt eine seidenhaarige Varietät dieser Pflanze vor *(P. m. holosericea Gaud.)*.

5. *P. alpina L. Nadelgras. Adelgras. Ritz.* Blätter lineal oder lineal-lanzett mit pergamentartigem durchsichtigem Rande, der entweder fein borstig gewimpert oder kahl ist. Blumenkrone behaart. 2 — 14''. ♃ Sommer. Auf alpinen und subalpinen Weiden des Jura, der höhern Molassenberge (Voirons) und der Alpen, gemein; steigt auch den Flüssen nach bis in die tiefern Thäler, wo die Pflanze vermöge des lockern Bodens grösser wird und hie und da am vordern Theil der Blätter 2 oder mehrere Zähne zeigt. *P. maritima L.*, die am Meeresstrande und bei Salinen wächst, ist durchaus nicht verschieden von dieser Art, da sie alle Charaktere derselben, selbst den schabziegerartigen Geruch der Wurzeln der grossen auf lockerm Boden gewachsenen Exemplare hat. Nur sind die Blüthen, wie bei allen Alpenpflanzen, grösser als bei den Pflanzen der Tiefe. Der Ritz gilt bei den Aelplern als ein gutes Futterkraut. Hieher sind eine Menge von Synonymen zu ziehen, die wir um der Kürze willen auslassen.

†† Stengeltreibende.

† 6. *P. arenaria W.* et *K.* Stengel krautig, ästig, 1—1 1/2'. Blätter lineal, ganzrandig oder wenig und entfernt gezähnt. Vordere Kelchtheile grösser als die andern, breit spathelförmig, stumpf. ⊙ Bei Aarau nach H. Zschokke, der die Güte hatte, mir ein Exemplar von dort mitzutheilen. Indessen dürfte sich die Sache bei Aarau verhalten wie bei Genf, wo von Zeit zu Zeit ein Exemplar gefunden wird.

7. *P. Cynops L.* Stengel holzig, ästig, 1/2—1 1/2'. Blätter schmal lineal, ganzrandig. Vordere Kelchlappen breit eirund, stumpf, bespitzt. ♄ Mai. Auf felsigen und steinigen Stellen. Häufig um Genf herum, anderwärts in der Waadt bloss einzeln; in der übrigen Schweiz nirgends. Blüht häufig zum zweiten Male im Herbst.

Monochlamydeae.

Die Blüthenhülle besteht bloss aus einem Kreise oder ist zu einer Schuppe verkümmert.

XXXI. Klasse.

Serpentariae.

Blüthen unvollkommen, d. i. bloss mit einfacher Hülle (Perigon), regelmässig oder unregelmässig, mit bestimmter Anzahl von Staubgefässen, die auf dem Perigon stehen. Frucht mit dem Perigon verwachsen, mehrfächerig.

LXXXVIII. Familie.

Aristolochien (Aristolochieae).

Perigon mit dem Ovarium verwachsen, von schmutzig gelber oder brauner Farbe, 3—6spaltig oder einseitig zungenförmig verlängert. Staubgefässe 6—9—12, von einer Ringsscheibe auf dem Ovarium ausgehend, mit kurzen Fäden und grossen 2fächerigen Staubbeuteln. Ein Griffel mit 6strahlartig über die Staubgefässe ausgebreiteten Narben. Frucht eine 3—4—6fächerige Kapsel oder Beere. Samen zu mehreren in einem Fach, aus einem grossen Albumen und einem Keim, der an der Basis des Albumens liegt, bestehend. Kräuter mit ganzen, abwechselnd gestellten Blättern und achselständigen Zwitterblüthen. Die meisten gehören den heissen Ländern.

Aristolochia.

Perigon röhrig in einen einseitigen zungenförmigen Lappen verlängert. Staubgefässe 6. Kapsel 6fächerig.

1. *A. rotunda L.* Wurzel fast kugelig. Stengel einfach, 9—18'' lang. Blätter eirund, kahl, tief herzförmig, kurzgestielt. Blumenstiel viel länger als Blattstiel. ♃ Mai und Juni. Auf steinigen Stellen um den Lauiser-See herum. Die Heilkräfte sind ungefähr wie bei folgender Art.

2. *A. Clematitis L. Osterluzei.* Wurzel kriechend. Stengel aufrecht, bis 2'. Blätter eirund, tief herzförmig, gestielt, kahl. Blüthen achselständig gebüschelt. ♃ Mai und Juni. Auf steinigen Stellen, jedoch in der Schweiz ziemlich selten. Bei Lasarraz, Wiflisburg, Peterlingen, Château-d'OEx, Twann am Bieler-See, Forsteck in St. Gallen. Wurzel und Kraut sind als ein tonisches Mittel bei Schwäche der Eingeweide sehr wirksam.

Asarum.

Perigon glockenförmig, 3—4spaltig. Staubgefässe 12. Kapsel 6fächerig.

1. *A. europaeum L. Haselwurz.* Ein unter der Erde kriechendes und sich verastendes Kraut mit einzelnstehenden schmutzigbraunen Blumen und nierenförmigen Blättern. Das ganze Gewächs riecht stark, eigenthümlich und war

früher mehr als jetzt, besonders als Brechmittel, im Arzneigebrauche. Man findet es unter Gebüsch und in Wäldern durch den ganzen Jura von Basel nach Genf. Ferner bei Bex, Einsiedeln, Zürich, Thun, Chur. Blüht im März.

XXXII. Klasse.

Thymeleae.

Blüthen unvollkommen, bloss mit einfacher Blüthenhülle (Perigon), regelmässig, mit einer bestimmten Anzahl von Staubgefässen, die auf dem Perigon stehen. Frucht meist frei (nicht mit dem Perigon verwachsen), ein- oder mehrsamig.

LXXXIX. Familie.

Eläagneen (Elaeagneae).

Perigon 2- oder 4lappig oder theilig. Staubgefässe 4—8, am Schlunde des Perigons. Stempel mit einem freien Ovarium, einem Griffel und einer Narbe. Frucht eine Caryopsis, d. i. eine einsamige, einfächerige, nicht aufspringende, häutige Kapsel, die in der innen verhärteten und aussen beerenartig angeschwollenen Basis des Perigons eingeschlossen ist. Samen aus einem fleischigen Eiweiss und geradem Keim gebildet. — Sträucher und Bäume, deren Blätter, Blüthen und Zweige mit kleinen silberglänzenden Schuppen bedeckt sind.

Hippophaë.

Geschlechter stammgetrennt. Männliche Blüthen 2theilig mit 4 Staubgefässen. Weibliche Blüthen mit röhrigem an der Spitze zweispaltigem Perigon.

1. *H. rhamnoides L. Sanddorn.* Ein 2—6' hoher dorniger Strauch mit lineal-lanzetten Blättern und gelbrothen Beeren. Er wächst wie die Tamarix germanica auf dem Geschiebe aller grössern und kleinern Flüsse der Schweiz; steigt aber nicht wie diese in die höhern Thäler. Blüht im Frühling.

XC. Familie.

Daphnoideen (Daphnoideae).

Perigon gefärbt, röhrig, meistens 4spaltig. Staubgefässe auf der Perigonröhre, selten weniger als Perigonlappen, meistens doppelt so viel und in 2 Quirl gestellt. Stempel aus einem freien Ovarium und kurzem Griffel gebildet. Frucht ein einsamiges (selten 2—3samiges) Nüsschen oder beerenartige Steinfrucht. Samen mit fleischigen Cotyledonen und ohne Eiweiss. — Sträucher, selten Kräuter, mit einfachen Blättern.

Passerina.

Perigon 4spaltig, bleibend. Frucht ein Nüsschen.

1. *P. annua Wick.* Stengel kahl, ästig, 1—1½'. Blätter zerstreut, lineal-lanzett. Blumen achselständig grün. Perigonlappen nach der Blüthe zusammenneigend. ⊙ Auf Aeckern der ebenen und montanen westlichen und mittlern Schweiz.

Daphne.

Perigon 4spaltig, abfällig. Frucht eine beerenartige Steinfrucht. Sträucher, die im Frühling blühen.

1. *D. Laureola L.* Immer grün. Blumen gelbgrün, meist zu 5 in achselständige hängende Trauben gestellt. Blätter spathelförmig-lanzett. 2'. In Gebüsch und Laubholzwäldern in und längs dem Jura von Aarau bis nach

Basel und Genf, nicht selten. Findet sich ausserhalb dieser Linie im Sihlwald bei Zürich und von Montreux an bis ins untere Rhonethal.

2. *D. Mezereum L.* *Seidelbast.* Blätter lanzett, an der Spitze der Zweige und unter ihnen die rosenrothen wohlriechenden Blumen. $1\frac{1}{2}$—3'. In Gebüsch und Laubholzwäldern der ganzen Schweiz bis in die alpine Region. Alles ist an dieser Pflanze brennend scharf und deswegen ist sie im Arzneigebrauch. Man braucht jedoch gewöhnlich nur die Rinde.

3. *D. alpina L.* Blumen weiss, endständig gebüschelt. Perigonlappen lanzett. Blätter lanzett, jung behaart. 6—9''. Auf Felsen der montanen Region, jedoch selten und zerstreut. Auf dem Salève bei Genf, im Jura von Neuenburg und Solothurn, bei Bex, zwischen Visp und Stalden im Wallis, nach einer alten Angabe in der Nähe von Chur und sicher auch im obern an Bünden stossenden Veltlin.

4. *D. striata Tratt.* Blumen rosenroth, wohlriechend, endständig gebüschelt, kahl. Blätter lineal-keilförmig, kahl, etwas graugrün. $\frac{1}{2}$—1'. Sommer. Auf steinigen alpinen Weiden der östlichen Alpen (Appenzell, Glarus, Bünden, Schwyz, Uri) häufig. Findet sich auch auf dem Rigi.

5. *D. Cneorum L.* Blumen rosenroth, wohlriechend, endständig gebüschelt, kurzhaarig. Blätter kahl, lineal-keilförmig. $\frac{1}{2}$'. Sommer. Auf montanen und subalpinen Weiden und an Felsen, zerstreut und selten durch den Waadtländer und Neuenburger Jura bis zur Klus im C. Solothurn. Sie ersetzt hier die D. striata der Alpen.

XCI. Familie.

Santalaceen (Santalaceae).

P e r i g o n 4—5spaltig, inwendig gefärbt, aussen grün, mit dem Ovarium verwachsen. S t a u b g e f ä s s e so viel als Perigonlappen, denselben gegenüber gestellt. S t e m p e l aus einem Ovarium, einem Griffel und knopfförmiger Narbe bestehend. F r u c h t mit dem Perigon verwachsen, nüsschenartig oder etwas fleischig, einsamig. Samen mit fleischigem Eiweiss. — Kräuter mit ganzen, zerstreut stehenden Blättern.

Thesium.

Perigon 4—5spaltig, trichterförmig. Um die Staubfäden ein Büschel Haare. Griffel 1 mit einfacher Narbe.

1. *T. linophyllum L.* Stengel aufrecht oder ansteigend, 1' und darüber, oben gerispet. Blätter lineallanzett oder pfriemförmig-lineal. Drei Bracteen unter einer Blume. Der vordere freie Theil des Perigons kürzer als der mit der Frucht verwachsene. Die nicht aufgebrochenen Blumen sind rundlich. ♃ Sommer. Auf steinigen Wiesen und Halden, gern um Gebüsch. Findet sich im C. Tessin, z. B. bei Mendris, ferner nicht selten um Chur herum, so wie auch bei Genf und Longirod in der Waadt. Es muss jedoch bemerkt werden, dass meine Exemplare von Genf kleiner und nicht graugrün sind; dessen ungeachtet ziehe ich sie hieher, weil die Beschaffenheit der Frucht und Blumenknospen mit denen der südlichen und östlichen Schweiz übereinstimmt. *T. pratense* Reut. suppl. non Ehrh. *Gaudin's T. linophyllum* scheint aus dieser und der folgenden Art zusammengesetzt zu sein.

2. *T. alpinum L.* Stengel aufliegend oder ansteigend, 3—12" lang, einfach oder gerispet. Blätter lineal. Drei Bracteen unter einer Blume. Der vordere freie Theil des Perigons so lang oder länger als der mit der Frucht verwachsene. Die nicht aufgebrochenen Blumen sind länglichelliptisch. ♃ Sommer. Auf steinigen dürren Weiden der ganzen Schweiz von der Ebene an bis in die subalpinen und alpinen Höhen des Jura, der Alpen und Molassenberge. Hieher ist das *T. pratense Ehrh.* mit gerispeten Blüthen zu ziehen.

3. *T. rostratum M. et K.* Stengel aufrecht oder ansteigend, 6—8" lang, zur Fruchtzeit mit Blättern (nicht mit Früchten) endigend. Blätter lineal. Eine Bractee unter einer Blume. Frucht beerenartig saftig, kürzer als der freie vordere Theil des Perigons. ♃ Auf ähnlichen Stellen, jedoch selten in der Schweiz. Auf dem Irchel und Uto bei Zürich und nach Ul. v. Salis auch in Bünden.

XCII. Familie.

† *Laurineen (Laurineae).*

Eine ausländische Pflanzenfamilie mit drüsig punktirten aromatischen Blättern, aus der folgende wichtige Gewächse auch den Europäer interessiren müssen.

1. Der *Lorberbaum* (Laurus nobilis L.), in den Ländern um das Mittelmeer einheimisch, liefert wirksame Arzneimittel und in seinen Blättern ein Gewürz für die Küche.

2. Der *Kampherbaum* (Camphora officinarum Bauh.), der in China und Japan zu Hause ist und den Kampher liefert.

3. Der *Zimmtbaum* (Cinnamomum Zeylanicum Blum.). Er liefert den ächten feinen Zimmt und das Zimmtöl und findet sich auf Zeilon. Schlechtere Sorten kommen auch von andern Bäumen.

XXXIII. Klasse.

Oleraceae.

Blüthen unvollkommen, d. i. mit einfacher Hülle und bestimmter Zahl von Staubgefässen. Frucht eine Caryopsis, d. i. eine einfächerige, einsamige, nicht aufspringende Kapsel. — Meist Kräuter mit abwechselnden Blättern.

XCIII. Familie.

Polygoneen (Polygoneae).

Perigon meist 6- (auch 5-) theilig, grün oder gefärbt, frei, nicht selten in 2 verschieden geformte Quirl geschieden. Staubgefässe häufig 6, jedoch auch darunter und darüber. Stempel 1 mit meist 3 Griffeln und ebensoviel Narben. Frucht eine Caryopsis. Samen mit grossem mehligem Eiweiss und einem in diesem oder um diesen gelegenen Keim. — Kräuter mit eigenthümlichen Blattscheiden und in der Entwicklung rückwärts eingerollten Blättern. Die Wurzeln der in Asien wachsenden *Rhabarber-Arten*, besonders von Rheum palmatum und australe liefern ein vielgebrauchtes Purgirmittel. Das *Polygonum tinctorium Lour.* und andere Arten dieses Geschlechts liefern eine blaue dem Indigo gleichkommende Farbe. Aus dem *Buchweizen* (Polygonum Fagopyrum und tataricum) bereitet man ein nahrhaftes, wiewohl etwas schwarzes und schwer verdauliches Mehl. Man findet die P. überall in der gemässigten und kalten (wenige in der warmen) Zone.

Oxyria.

Perigon 4theilig, die 2 innern Theile grösser. Staubgefässe 6, wovon je 2 den äussern Perigontheilen und 1 den innern entgegengesetzt ist. Narben 2, pinselförmig. Caryopsis geflügelt, viel grösser als das kleine bleibende Perigon.

1. *O. digyna Campd.* Ein sauerschmeckendes 6'' hohes Alpenkraut mit meist nacktem Stengel und wurzelständigen nierenförmigen Blättern. ♃ Sommer. Findet sich auf steinigen Weiden der Alpen häufig, wo sie selten über die alpine Region heruntersteigt. Auf den andern Gebirgen fehlt sie.

Polygonum.

Perigon 4—5spaltig oder theilig, gefärbt (d. h. nicht grün). Staubgefässe 8, auch weniger, die 5 äussern abwechselnd mit den Perigontheilen, die 3 innern den Flächen des Ovariums entgegengesetzt. Narben 2—3. Caryopsis dreikantig oder seltener durch Verkümmerung linsenförmig.

Sect. I. Mit einer einzigen endständigen Aehre.

1. *P. Bistorta L. Natterwurz.* Stengel einfach, mit einer dichten rosenrothen Aehre. Blätter länglich-eirund, mit geflügelten Blattstielen. 1½′. ♃ Juni und Juli. Auf feuchten Wiesen der Ebene und Berge bis in die alpine Region, hier gewöhnlich in ausserordentlicher Menge, so dass sie die Pflanzenphysiognomie der Alpen-Thäler bestimmt. Das Kraut bewirkt eine reichliche Milchabsonderung und die Wurzel gilt als ein kräftiges adstringirendes Heilmittel.

2. *P. viviparum L.* Stengel einfach mit einer dichten weissen Aehre. Blätter elliptisch oder lanzett, am Rande umgerollt mit ungeflügelten Blattstielen. ½—1′. ♃ Sommer. Auf subalpinen und alpinen Weiden der Alpen und des höhern Jura, häufig. Am untern Theil der Aehre entwickeln sich kleine zwiebelartige Keime, durch welche sich die Pflanze fortpflanzen kann.

Sect. II. Stengel ästig, ährentragend. Aehre einfach.

3. *P. amphibium L.* Aehren einzeln, dicht rosenroth. Fünf Staubgefässe. Blätter lanzett-elliptisch. Wurzel kriechend. ♃ Sommer. Wächst in stehendem Wasser sowohl in der Ebene als bis in die subalpine Region (Lenzer-Heide in Graubünden), in ersterer jedoch ungleich häufiger und ziemlich durch die ganze Schweiz verbreitet.

4. *P. lapathifolium L.* Aehren länglich-walzig, dicht. Sechs Staubgefässe. Blätter eirund bis lanzett mit kurz und fein gewimperten kahlen oder etwas wolligen Blattscheiden. Blumenstiele von kleinen Drüsen rauh. 1—2′. ⊙ Sommer. Gemein an Bächen durch die ganze Schweiz. Ist von folgendem kaum verschieden.

5. *P. Persicaria L.* Aehre länglich-walzig, dicht. Sechs Staubgefässe. Blätter eirund bis lanzett, mit lang gewimperten Blattscheiden. Blumenstiele drüsenlos. 1—2′. ⊙ Sommer. Gemein an Bächen durch die ganze ebene Schweiz.

6. *P. mite Schrank.* Aehren locker, länglich oder fadenförmig. Sechs Staubgefässe. Blätter lanzett oder länglich-lanzett mit lang gewimperten Blattscheiden. Schmeckt krautartig und nicht beissend. Perigon ausser-

halb nicht punktirt. 1—2'. ⊙ An Wassergräben bei Genf, Dietwyl im C. Bern und am Murtner-See. Wahrscheinlich durch die ganze Schweiz. Sommer und Herbst.

7. *P. Hydropiper L.* Achren fadenförmig, locker. Sechs Staubgefässe. Blätter lanzett mit kurz gewimperten Blattscheiden. Perigon braun punktirt. Schmeckt beissend. ⊙ 1—2'. Sommer und Herbst. An Wassergräben durch die ganze ebene Schweiz häufig.

8. *P. minus Huds.* Achren fadenförmig, locker. Fünf Staubgefässe. Blätter lineal-lanzett mit langgewimperten Blattscheiden. 8—12". ⊙ Sommer und Herbst. Auf sumpfigen Stellen der ganzen ebenen Schweiz.

Sect. III. Stengel ästig und ästige Trauben tragend.

9. *P. alpinum All.* Blumentrauben gerispet, gelblichweiss. Acht Staubgefässe. Stengel aufrecht, ästig, 2'. Blätter breit lanzett, weichhaarig gewimpert. ♃ Sommer. In fruchtbaren Wiesen der transalpinen Thäler (Calanca, Val-Bedretto, Pommat) so häufig, dass die Pflanzenphysiognomie der Gegend dadurch bedingt wird. Seltener ist sie diesseits der Wasserscheide (in Ober-Wallis, Ursern und Nufenen im Rheinwald).

Sect. IV. Stengel ästig mit achselständigen Blüthen.

10. *P. aviculare L.* Blumen achselständig mit acht Staubgefässen; rosenroth, grünlich oder weisslich. Blätter lanzett oder elliptisch mit vielspaltig zerrissenen Blattscheiden. Stengel ästig, meist aufliegend, 6—18" lang. ⊙ Sommer und Herbst. In unzähliger Menge um jedes Dorf herum. Dieses Kraut soll eine blaue Farbe liefern und war ehemals im Arzneigebrauch. Herba Centumnodiae s. Sanguinariae pharm.

Sect. V. Stengel ästig mit achselständigen gebüschelten Blüthen.

11. *P. Convolvulus L.* Stengel ästig, aufliegend oder ansteigend, 1—2' lang. Blätter herz-pfeilförmig. Die 3 äussern Perigontheile stumpf gekielt. ⊙ Sommer. In Aeckern durch die ganze ebene Schweiz, oft nur zu häufig.

12. *P. dumetorum L.* Stengel windend, 2—4' lang. Blätter herz-pfeilförmig. Die 3 äussern Perigontheile häutig geflügelt. Caryopsis glänzend. ⊙ In Hecken und Gebüsch durch die ganze ebene Schweiz. Sommer.

† Der *Buchweizen* oder *Heidekorn* (Fagopyrum esculentum) wird im Tessin und Graubünden nach der Getreide-Erndte ziemlich allgemein angebaut, leidet aber nicht selten durch die früh eintretenden Froste. Diesem Uebelstande ist der *tatarische B.* (F. tataricum Gaertn.) weniger ausgesetzt und dazu trägt er noch reichlicher Früchte, welche aber sehr ungleich reifen.

Rumex.

Perigon 6theilig (meist grün), die 3 innern Theile grösser. Staubgefässe 6. Griffel 3, kurz mit pinselförmigen Narben. Caryopsis 3kantig.

Sect. I. Zwitterblüthen. Griffel frei. Kräuter von nicht sauerm Geschmack.

1. *R. conglomeratus Murr.* Die innern Blätter des Perigons zur Fruchtreife länglich-lineal, stumpf, ganzrandig, jeder ein Korn tragend. Blätter länglich mit einem schmalen krausen Rand. 2'. ♃ Sommer. An und in Wassergräben, an Bächen und Wegen. In der westlichen und mittlern Schweiz nicht selten (Genf, Neuss, Gingins, St. Tryphon, Basel und im Emmenthal).

2. *R. sanguineus L.* Wie voriger, nur ist bloss einer der innern Perigontheile korntragend. 2—3'. ♃ Sommer. An Wassergräben und schattigen feuchten Hecken. Ebenfalls in der westlichen Schweiz (Genf, Neuss, Bex, Vivis, Basel). Hievon wird eine Abart mit blutrothen Blattrippen in Wallis häufig cultivirt.

3. *R. pulcher L.* Die innern Blätter des Perigons zur Fruchtreife länglich-eirund, grubig-netzartig, am Rande stachelzähnig. Die Blätter des ersten Jahrs geigenförmig. Stengel abstehend-ästig, 2'. ⊙ Sommer. An Wegen und ausgetrockneten Gräben der südlichen, westlichen und mittlern Schweiz. (Häufig von Genf bis nach Unter-Wallis und Iferten, ebenso bei Bellenz und Lugano; selten bei Zürich.)

4. *R. obtusifolius L.* Die innern Blätter des Perigons zur Fruchtreife dreieckig-eirund, hinterhalb gezähnt, nach vorn ganzrandig, alle korntragend. Blätter eirund oder länglich-eirund, hinten herzförmig. 3'. ♃ Auf Wiesen von der Ebene an bis in die alpine Region, durch die ganze Alpenkette und den Jura, nicht selten.

5. *R. crispus L.* Die innern Blätter des Perigons zur Fruchtreife alle korntragend, ganzrandig, rundlich-eirund. Blätter lanzett, wellenförmig kraus. 3'. ♃ Sommer. An Wassergräben, Bächen, Schuttstellen von der Ebene an bis zur subalpinen Region, häufig durch die ganze Schweiz.

6. *R. Hydrolapathum Huds.* Die innern Blätter des Perigons zur Fruchtreife alle korntragend, 3eckig-eirund, ganzrandig: Körner mehr als die Hälfte des Blättchens lang. Sonst wie R. crispus, dem er sehr nahe steht. Bei Basel, Murten, Iferten, Bex, Genf.

† *R. Patientia L.* Ein mannshohes Kraut, bei dem nur eines der innern ganzrandigen Perigonblättchen ein Korn trägt; es wird zum Küchengebrauch hie und da angepflanzt.

7. *R. alpinus L. Plakten.* Die innern Blätter des Perigons ohne Körner, ganzrandig. Blätter eirund, hinten herzförmig. 2—4'. ♃ Sommer. Ungemein häufig in der subalpinen und alpinen Region sowohl im Jura als auf den Alpen, besonders um die Sennhütten herum oder sonst auf gut gedüngten Wiesen. Die Blätter dieser Pflanze dienen den Alpenbewohnern zur Schweinmast. Ihre Wurzeln besitzen purgirende Eigenschaften (welche in geringerm Grade auch dem Kraut zukommen), um derenwillen sie ehemals officinell waren. Deswegen und weil die Pflanze gewöhnlich in Klostergärten angebaut und von den Mönchen auch verordnet wurde, hiess man sie Mönchsrhabarber (Rhabarbarum monachorum). Auch wird noch heutzutage die Rhabarber damit verfälscht.

Sect. II. Blüthen mit getrennten Geschlechtern, bisweilen mit Zwitterblüthen untermischt. Griffel an die Kanten des Ovariums angewachsen. Saure Kräuter. *Ampfer.*

8. *R. scutatus L.* Blüthen eingeschlechtig und Zwitter. Perigonblätter ganzrandig, körnerlos. Blätter gestielt, nach hinten spiessförmig, gewöhnlich graugrün. 1—2'. ♃ Auf steinigen Stellen, an Mauern, durch die ganze Schweiz von der Ebene an bis in die subalpinen und alpinen Höhen des Jura und der Alpen, jedoch zerstreut.

9. *R. nivalis Hegetsch.* Moritzi Pfl. Graub. t. 1. Rasenbildend. Geschlechter stammgetrennt. Stengel ein- bis

zweiblätterig, 2—4" lang, ansteigend. Blätter gestielt, eirund-spiessförmig, grün (nicht graugrün), kürzer als ihr Stiel. Blattscheiden ganz, abgestutzt. ♃ Auf alpinen und nivalen Weiden des Flyschgebirgs der Alpen. Ist in Graubünden sehr verbreitet und findet sich auch auf dem Faulhorn in den Berner Alpen. Fängt im August zu blühen an.

10. *R. arifolius All.* Geschlechter stammgetrennt. Stengel vielblätterig, aufrecht, 2'. Blätter länglich-spiessförmig, die obersten sitzend, eirund-herzförmig. Blattscheiden kurz, ganz. ♃ Sommer. Auf gedüngten Wiesen der subalpinen Region sowohl auf dem Jura als in den Alpen, ziemlich häufig.

11. *R. Acetosa L.* Geschlechter stammgetrennt. Perigonblätter (wie bei allen andern dieser Section) körnerlos, ganzrandig. Stengel vielblätterig, aufrecht, 2'. Blätter länglich-spiessförmig, die obern sitzend. Blattscheiden ziemlich lang, zerrissen gezähnt. ♃ Mai. In allen Wiesen der ganzen ebenen Schweiz in grosser Menge. Man kann aus diesem Kraut so gut wie aus dem Sauerklee das Sauerkleesalz bereiten; auch wird es, besonders in der französischen Schweiz, häufig als ein Gemüse benutzt.

12. *R. Acetosella L.* Geschlechter stammgetrennt. Stengel aufrecht oder ansteigend, vielblätterig. Blätter lanzett- oder lineal-spiessformig mit weisshäutigen Blattscheiden. Wurzel kriechend, viele Stengel treibend. 6—12". ♃ Mai bis Juli. Findet sich auf Wiesen, Ackerrändern, um Kohlhaufen herum, sowohl in der ebenen Schweiz als auch in den subalpinen und alpinen Thälern der Alpen, manchmal in unzähliger Menge.

XCIV. Familie.

Chenopodiaceen (Chenopodiaceae).

Perigon 5theilig, meist grün und unansehnlich. Staubgefässe 5, auf der Basis des Perigons und den Perigontheilen gegenüber. Stempel aus einem Ovarium und einem einfachen oder 2—4spaltigen Griffel bestehend. Frucht eine

Karyopsis. Samen mit gewundenem Keim und mit einem mehligen Albumen, welches bei einigen während der Fruchtreife absorbirt wird. — Kräuter von lockerm Zellgewebe und abwechselnden Blättern, die mit einem mehlartigen Staub bedeckt sind. Einige am Meerstrand wachsende Arten liefern Natron oder Soda, mehrere werden gegessen, wie der *Spinat*, der *Mangold* etc., und nur eine besitzt giftige Eigenschaften. Die meisten sind Unkräuter in Aeckern und Gärten.

Polycnemum.

Perigon 5blätterig mit 2 Bracteen. Staubgefässe drei auf einem das Ovarium umgebenden Ringe. Narben 2.

1. *P. arvense L.* Blätter 3kantig, lineal-pfriemförmig. Blüthen achselständig sitzend. Stengel aufliegend oder ansteigend, ästig, 2—8'' lang. ⊙ Sommer. In Aeckern der ebenen westlichen Schweiz, durch die Cantone Genf, Waadt, Wallis, Basel, Neuenburg, Bern, Solothurn.

Chenopodium.

Blüthen Zwitter. Perigon 5spaltig oder 5theilig. Staubgefässe 5 auf der Basis des Perigons. Narben 2.

Sect. I. Karyopsis von oben gedrückt, linsenförmig.

1. *C. hybridum L.* Blätter eirund, zugespitzt, hinten herzförmig, eckig gezähnt. Samen grubig punktirt. Stengel aufrecht, 1½—2½', grün oder roth. ⊙ Sommer und Herbst. Auf Schuttstellen, an Wegen etc. durch die ganze ebene Schweiz, häufig. Dieses Kraut soll den Schweinen ein tödtliches Gift sein und wird vielleicht deswegen, vielleicht auch wegen der Aehnlichkeit der Blätter hie und da in der Schweiz *Nachtschatten* geheissen. Schon der betäubende Geruch des Krauts lässt auf schädliche Eigenschaften schliessen.

2. *C. urbicum L.* Blätter glänzend, dreieckig, nach dem Stiel zu verschmälert, buchtig gezähnt. Blüthenähren

zusammengesetzt, blattlos, aufrecht. Samen glatt, dunkelroth. 1 1/2'. ⊙ Auf Schuttstellen der westlichen Schweiz (Basel, Peterlingen, Neuss, Aelen und Unter-Wallis). Sommer und Herbst.

3. *C. murale L.* Blätter rautenförmig-eirund, buchtig-gezähnt, glänzend. Blüthen ausgebreitete Rispen bildend. Samen matt, schwarz, kielig gerandet. 1—2'. ⊙ Sommer und Herbst. Ungemein häufig auf Schutt- und Düngerstellen, an Wegen etc. durch die ganze ebene Schweiz.

4. *C. album L. Burkel.* Blätter rautenförmig-eirund, buchtig-gezähnt, die obern länglich, ganzrandig. Samen glatt. Blüthen sitzend, geknäuelt, ährenartige Rispen bildend. 2—3'. ⊙ Sommer und Herbst. In Gärten und Aeckern ein Unkraut. Wächst in der ganzen ebenen Schweiz häufig und wurde schon in Zeiten der Noth als ein Gemüse benützt, obschon es gelinde abführt.

5. *C. ficifolium Sm.* Untere Blätter 3lappig-spiessförmig gezähnt, nach hinten verschmälert: der mittlere Lappen länglich-lanzett, stumpf. Die obern Blätter lineal-lanzett, ganzrandig. Rispen blattlos. Samen glänzend, frei punktirt. 1 1/2—2'. ⊙ Sommer. Soll bei Basel und Sargans wachsen.

6. *C. opulifolium L.* Blätter rundlich-rautenförmig, die obersten elliptisch-lanzett, alle ausgenagt-gezähnt. Rispen ziemlich blattlos. Samen glänzend, glatt. 2'. ⊙ In Aeckern und auf Schutt. Bisher bloss bei Basel gefunden. Da Dr. Hagenbach dieser Pflanze in seinem Suppl. nicht weiter erwähnt, so vermuthe ich, dass ein C. urbicum oder murale dafür genommen worden ist.

7. *C. polyspermum L.* Blätter ganzrandig, grün, die untern eirund, die obern bis lanzett, unbestäubt oder nur mit einem sehr feinen und spärlichen Mehlstaub auf der Unterseite der Blätter. Perigon zur Fruchtzeit abstehend. Stengel entweder ganz oder mit dem untern Theil aufliegend, 1—3' lang. ⊙ Sommer. In Gärten und Feldern, auf Schuttstellen und an Wegen durch die ganze ebene Schweiz häufig.

8. *C. Vulvaria L.* Blätter ganzrandig, rautenförmig von Mehlstaub weissgau. Perigon zur Fruchtzeit geschlossen. Stengel meist aufliegend, 1' und darunter. Sommer. ⊙ An Wegen und Mauern der wärmern Schweiz nicht selten.

Im Tessin, Graubünden, Wallis, Waadt, Genf, Neuenburg, Basel, bei Biel und Zürich. Das ganze Kraut riecht widerlich.

9. *C. Botrys L.* Ganz drüsenhaarig und daher starkriechend. Blätter länglich-fiederig ausgebuchtet. Blüthenrispen sehr ästig mit entfernt stehenden Blüthen. 1'. Auf Schutt und an Wegen, jedoch bloss der wärmern Schweiz. Häufig in Wallis und Tessin, stellenweise auch in der Waadt und zufällig und einzeln auf Gartenauswurf auch in andern Cantonen. Sommer. Ist in einigen Ländern officinell.

— In Chili wächst das *C. Quinoa*, dessen Samen wie Reis verwendet werden können. Man hat daher auch angefangen, es bei uns anzupflanzen.

Sect. II. Karyopsis höher als breit.

10. *C. glaucum L.* Blätter länglich, buchtig gezähnt, unterhalb graugrün. Früchte zum Theil linsenförmig wie in voriger Section, zum Theil höher als breit. Stengel aufliegend oder ansteigend, 1' lang. ⊙ Auf Schutt- und Düngerstellen der wärmern Schweiz und auch hier ziemlich selten. Unter-Wallis, Waadt, Genf, Basel.

11. *C. rubrum L.* Blätter ziemlich rautenförmig, unbestäubt, vorderhalb buchtig-gezähnt. Die meisten Blüthen mit 2—3spaltigem Perigon und 2—5 Staubgefässen. Stengel aufliegend oder ansteigend, 1—2' lang. ⊙ Um Düngerstellen herum, an Wegen etc. Häufig in der montanen und subalpinen Region von Bünden und St. Gallen. Wurde auch bei Bex und Chessel in der Waadt und bei Basel gefunden. Sommer.

12. *C. Bonus-Henricus L. Guter Heinrich.* Blätter 3eckig-spiessförmig, ganzrandig, bestäubt. Blüthenknäuel eine endständige Aehre bildend. Narben 2—4. Staubgefässe 5. Frucht höher als breit. 1—2'. ⊙ Blüht schon im Mai. Sehr gemein auf Schuttstellen, an Wegen und Hecken durch die ganze ebene und bergige Schweiz bis in die alpine Region. Die *Heimelen* werden in einigen Gegenden der Schweiz von den Landleuten zu Gemüse benützt.

† Blitum.

Perigon 3—5spaltig, zur Fruchtreife fleischig anschwellend. Staubgefässe 1, selten 4—5. Karyopsis höher als breit. — Kräuter, die leicht an den erdbeerartigen Fruchtknäueln zu erkennen sind.

† 1. *B. capitatum L. Erdbeerspinat.* Blätter 3eckig-spiessförmig. Blüthenknäuel achsel- und endständige, nackte (d. i. von Blättern nicht untermischte) Aehren bildend. 4—8″. ⊙ Findet sich in der Schweiz bloss zufällig und sehr selten auf bebauten Stellen und Schutt. Wurde schon beobachtet bei Usogna im Tessin, beim Fideriser-Bad in Bünden, bei Peterlingen und bei Basel.

† 2. *B. virgatum L.* Blüthenknäuel achselständig. Blätter länglich-eirund oder länglich, buchtig-gezähnt. 1—1½′. ⊙ Sommer. Ebenfalls bloss zufällig und selten auf Schutt und an Wegen. Wurde beobachtet bei Genf, Vivis, Villeneuve, Leuk, Chur, Basel.

Atriplex.

Auf einem Stengel männliche, weibliche und bisweilen auch Zwitterblüthen. Bei den männlichen und Zwitterblüthen ist das Perigon 3—5theilig und der Staubgefässe sind 3—5. Bei den weiblichen Blüthen ist das Perigon 2theilig. Karyopsis seitlich zusammengedrückt.

1. *A. patula L.* Blätter breit 3eckig-spiessförmig, die obern lanzett, ganzrandig. Klappen der weiblichen Perigone auf dem Rücken rauhkörnig. Stengel ziemlich aufrecht, bis 3′. ⊙ Sommer. An Wegen, in Feldern, auf Schutt. Bei Basel, Chur, in Wallis, Bern.

2. *A. angustifolia Sm.* Blätter lineal oder lanzett, ganzrandig, die untersten bisweilen 3eckig-spiessförmig. Stengel aufliegend oder ansteigend mit straffen in einem rechten Winkel abstehenden Aesten. 1′ und darunter, selten viel darüber. ⊙ Sommer und Herbst. In Aeckern, an Wegen etc., häufig in der westlichen Schweiz (Genf, Waadt, Wallis). Geht durch Mittelformen in vorige Art über.

† *A. hortensis L. Melde.* Stengel aufrecht, 3—5′. Die fruchtenden Perigone rundlich-eirund, ganzrandig. Ein grosses, bisweilen rothes Kraut, das zum Küchengebrauch angepflanzt wird und deswegen wohl auch hie und da verwildert vorkommt.

— Der *Spinat* (Spinacia oleracea L.), eine leicht verdauliche Gemüsepflanze, die aus Indien stammen soll, wird in der Schweiz vielfach angebaut. Man erkennt sie am leichtesten an ihren hornharten Früchten, die aus einer Verwachsung des Perigons mit der Karyopsis entstehen. — Der *Mangold* (Beta vulgaris L.) wird nicht bloss um seiner Blätter willen, die ein gutes Gemüse liefern, sondern auch wegen seiner Wurzeln cultivirt, die bei einigen Varietäten eine enorme Grösse annehmen. Solche Wurzeln erreichen bisweilen das Gewicht von 10—15 Pfunden, sind entweder ganz roth und heissen dann *Rahnen* oder *Randen* oder gelblich oder weiss oder aus diesen Farben ringweise geschäckt (*Runkelrüben*). Alle diese Arten enthalten vielen Zuckerstoff, dienen Menschen und Vieh zur Nahrung und liefern krystallinischen Zucker für den Handel.

XXXIV. Klasse.

Tuliflorae.

Blüthen unvollkommen, häufig getrennten Geschlechts, geknäuelt oder kätzchenweise zusammengestellt, entweder mit einem 4- oder 5theiligen Perigon oder einer Schuppe oder nackt und von Bracteen bedeckt. Staubgefässe von bestimmter und unbestimmter Anzahl. Frucht meist einsamig, im übrigen verschieden gestaltet. — Bäume oder Sträucher, selten Kräuter.

XCV. Familie.

Salicineen (Salicineae).

Blüthen kätzchenartig zusammengestellt, mit getrennten Geschlechtern, die auf verschiedenen Stämmen stehen. An der Stelle des Perigons ist ein schlauchartiger Körper oder eine einfache Drüse. Staubgefässe 2—24. Stempel mit einem einfachen Ovarium und 2 ästigen

Narben. Frucht eine einfächerige zweiklappige Kapsel. Samen zahlreich mit einem langen Haarschopf, ohne Albumen und mit geradem Keime. — Sträucher und Bäume von weichem Holze, einfachen, zerstreuten Blättern und unansehnlichen Trotteln ähnlichen Blüthen. Sie wachsen sehr schnell, können leicht durch einfache Stecklinge fortgepflanzt werden, geben aber nicht viel Hitze. Man findet sie hauptsächlich in den gemässigten und kalten Ländern, nicht wenige bei uns auf den höchsten Alpenweiden.

Populus.

Perigon schlauch- oder becherförmig, auf den Schuppen (Bracteen) der Kätzchen. Staubgefässe 8 und mehr. Narben 2—4—8. — Bäume.

Sect. I. Die jungen in der Entwicklung begriffenen Zweige und Blätter sind behaart. Staubgefässe 8. Schuppen gewimpert.

1. *P. alba L. Silber-Pappel.* Blätter rundlich-eirund, eckig-gezähnt, unten und an den Zweigen weissfilzig; die der Endzweige herzförmig, handförmig-5lappig. Schuppen der weiblichen Kätzchen lanzett, an der Spitze gekerbt und gewimpert. Blüht wie alle Geschlechtsverwandten im Frühling. Dieser Baum ist vielleicht als eingewandert zu betrachten, denn abgesehen von den hin und wieder cultivirten Individuen findet man ihn bloss strauchartig und ohne Blüthen: so in Wallis zwischen Sitten und Siders, bei Basel an der Birs und auf den Rheininseln, und bei Fläsch in Bünden. Er ist durch den Contrast, den er mit andern Bäumen macht, eine Zierpflanze für Parke.

?2. *P. canescens Sm.* Blätter rundlich-eirund, eckiggezähnt, unten und an den Zweigen graufilzig; die der Endäste handförmig-gelappt, herzförmig. Schuppen der weiblichen Kätzchen an der Spitze gespalten, mit gewimpertem Rande. Wir nehmen diesen Baum mit Zweifel und bloss weil ihn Gaudin angeführt hat, in die Schweizer-Flora auf.

3. *P. Tremula L. Espe. Aspe.* Blätter ziemlich rund, eckig gezähnt, im Alter kahl. Schuppen fingerig-eingeschnitten, dichthaarig gewimpert. — Die Espe ist in der Schweiz ein ziemlich gemeiner Baum, der zerstreut und gesellschaftlich in Laubholzwäldern sowohl auf feuchten als auf trockenen Stellen von der Ebene an bis zum Anfang der alpinen Region vorkommt. Das weiche Holz eignet sich zu Drechsler- und Bildhauer-Arbeiten; seine Heizkraft verhält sich zu der des Buchenholzes wie 10 zu 15,789.

Sect. II. Die jungen Blätter und Zweige sind kahl, etwas klebrig. Staubgefässe 12—30. Schuppen kahl.

4. *P. nigra L. Pappel. Alberen.* Blätter rautenförmig oder 3eckig-eirund, zugespitzt, gesägt, kahl. Ein hochwüchsiger Baum, der in der ebenen Schweiz ebenfalls sehr häufig angetroffen wird, wo er sich besonders gern an Flussufer hält. Das Holz dient seiner Weichheit wegen wie voriges zu gedachten Arbeiten; seine Heizkraft ist nur halb so gross als beim Buchenholz. Die Knospen enthalten im Frühling ein wohlriechendes Harz, aus dem man eine Pomade macht. Aus der Samenwolle dieses und des vorigen Baums kann Watte und Papier gemacht werden und mit Beimischung von Baumwolle wird sie spinnbar.

a. Mit aufrechten Aesten *(P. pyramidalis Roz.)*. Dies ist die viel angepflanzte *Alleen-Pappel.*

Salix.

An der Stelle des Perigons ist eine kleine Drüse. Staubgefässe gewöhnlich 2 (selten zu einem verwachsen oder 3—5). Zwei gewöhnlich gespaltene Narben.

Sect. I. Mit kahlen Zweigen, schmalen, kahlen oder fein seidenhaarigen Blättern, gleichmässig gefärbten Schuppen und 2 hinter und vor den Staubgefässen stehenden Drüsen. *Bandweiden.*

1. *S. pentandra L.* Mit 5—10 Staubgefässen. Blätter ganz kahl, lanzett oder eirund-lanzett, glänzend, dicht und fein gesägt. Schuppen der Kätzchen gleichfarbig, abfällig. Afterblättchen länglich-eirund, gleichseitig, aufrecht. Ein kleiner Baum von etwa 10′ Höhe, der an

Bächen und Flüssen der subalpinen und alpinen Thäler von Bünden (hier bloss im Ober-Engadin), Uri, Bern (bei Kandersteg) und im Joux-Thal des Jura wild gefunden wird. Bei Bière im C. Waadt wird er angepflanzt und statt der gewöhnlichen Bandweide gebraucht. Die Rinde der 2—3jährigen Aeste ist als eine wie China wirkende Substanz officinell. Blüht im Sommer.

2. *S. fragilis L.* Mit 2 Staubgefässen. Blätter lanzett, zugespitzt, kahl, im jungen Zustande fein seidenhaarig, fein gesägt. Schuppen gleichfarbig, abfällig. Meist ein ansehnlicher Baum, dessen Aeste bei leichtem Drucke an der Basis abbrechen. Man findet ihn an Bächen und Wassergräben der ebenen Schweiz, jedoch nicht überall. In der Waadt und Unter-Wallis. Ferner nach Gaudin bei Aarau und nach Hegetschweiler bei Zürich. Die Zweige dienen zum Binden der Spalierbäume, Reben etc. und deswegen wird er auch hie und da angepflanzt. Wenn man ihn zu diesem Zweck jährlich bescheidet, so bleibt die Pflanze strauchartig und die Zweige sind weniger brüchig.

3. *S. alba L. Weide.* Mit 2 Staubgefässen. Blätter lanzett, zugespitzt, fein gesägt, auf beiden Seiten fein seidenhaarig. Schuppen gleichfarbig, abfällig. Ebenfalls ein hoher Baum, der durch die ganze ebene Schweiz verbreitet ist und sich gewöhnlich an Flüssen (in grosser Menge an der Emme), in Wiesen etc. findet. Die Rinde der Zweige braucht man wie die der S. pentandra, doch ist sie weniger kräftig.

α. Mit goldgelben Zweigen. *S. vitellina L.* Diese Art dient vorzüglich zum Binden der Spaliere, Reben etc. und wird deshalb fast überall angepflanzt. Ist häufig im Bergell, wo sie zu einem kleinen Handelsartikel für das benachbarte Clefen wird.

4. *S. triandra L.* Mit 3 Staubgefässen. Blätter kahl, glänzend, gesägt, lanzett. Schuppen bleibend, gleichfarbig, an der Spitze kahl. Griffel sehr kurz. Ein 5—10' hoher Strauch, der durch die ganze ebene Schweiz an Bächen und Flüssen wächst, im Frühling blüht und wie die gemeine Weide verwendet werden kann.

— *S. babylonica L.* oder die *Trauerweide* ist ein aus dem Süden stammender Baum, den man bei uns als Sinnbild der Trauer auf Gräben pflanzt. Es gibt merkwürdigerweise bei uns bloss weibliche Stämme, die wegen fehlender Fecondation keine Samen liefern. Man pflanzt sie wie andere Weiden durch Stecklinge fort.

Sect. II. Mit kahlen und behaarten Zweigen, kahlen und behaarten, schmalen, lanzetten Blättern und 2 ganz oder bloss unten mit einander verwachsenen oder freien Staubfäden. *Korbweiden.*

5. *S. purpurea L. S. monandra Hoffm.* Die beiden Staubfäden bis oben verwachsen, so dass sie nur einen bilden. Blätter lanzett, kahl, zugespitzt, fein gesägt. Griffel kurz mit eirunden Narben. Kapseln eirund, filzig. 4—6'. Auf steinigen unfruchtbaren Stellen, am liebsten auf Flussgeschiebe, durch die ganze ebene Schweiz häufig. Sie steigt in den Alpen und im Jura (auf der Hasenmatt) bis in die subalpine Region. Ist wie alle gemeinen Weiden vielen Veränderungen unterworfen, wodurch eine Menge mehr oder weniger verschiedener Formen entstanden sind, die als Arten aufgestellt wurden. Man braucht die Zweige zum Korbflechten. Blüht im Frühling.

6. *S. incana Schrank.* Die beiden Staubgefässe unterhalb verwachsen. Blätter lineal-lanzett oder verlängert-lanzett, unterhalb graufilzig. Afterblättchen lineal. Ovarium kahl mit 2theiligen Narben. Kätzchen häufig umgebogen. Ein mannshoher Strauch, der durch die ganze Schweiz bis in die subalpinen Höhen auf Flussgeschiebe anzutreffen ist. Auch er ändert sehr im Aussehen und die folgenden Arten dürften vielleicht auch als zufällige Abweichungen dieser Pflanze angesehen werden. Wird auch zum Korbflechten gebraucht.

7. *S. rubra Huds. S. fissa Hoffm.* Ovarium filzig. Narben einfach. Sonst wie vorige. Bei Basel, Thun, Zug, Zofingen, Zürich, Basel.

8. *S. Reuteri.* Ebenfalls mit einfachen Narben, aber mit kahlem Ovarium. Sonst wie S. incana. An der Arve bei Genf und am Rhein bei Chur, an beiden Orten nur einzelne Exemplare, die in Gesellschaft der S. incana und nigricans vorkommen. *S. fissa?* Reut. suppl. Mor. Pfl. Graub.

9. *S. viminalis L.* Narben einfach lineal. Kapseln filzig. Blätter lineal-lanzett oder verlängert-lanzett, unten

seidenglänzend-filzig (3—4" lang). Ein 6—10—20' hoher Strauch, der an Flüssen vorkommt und sich in den Cantonen Waadt, Bern, Aargau, Basel hin und wieder in der Ebene findet, auch wohl um seiner Zweige willen cultivirt wird, wie z. B. um Zürich herum. Dies ist die eigentliche *Korbweide*.

Sect. III. Mit breiten (gewöhnlich lanzett-eirunden) runzligen und meist behaarten Blättern, gezähnten, lanzett-eirunden bis nierenförmigen, oft schiefen Afterblättchen, zwei freien Staubgefässen und gewöhnlich langgestielten Käpselchen. *Sahlweiden.*

10. *S. nigricans Fries. S. phylicifolia Gaud.* Blätter lanzett bis eirund, gesägt, jung behaart, im Alter kahl und dann am Rücken graugrün oder mit schwachflaumiger grüner Rückseite. Afterblättchen halbherzförmig umfassend. Kapsel filzig oder kahl, kurz gestielt mit langem Griffel und 2theiligen Narben. 5—10'. Frühling. Ungemein häufig an Bächen und Flüssen durch die ganze ebene Schweiz und bis in die subalpinen Thäler der Alpen und des Jura. Ist ebenfalls sehr veränderlich, so dass eine Unzahl von Arten daraus gemacht worden sind. Unter diesen wollen wir nur diejenigen hervorheben, welche noch in den neuesten Werken als besondere Arten angeführt und bald dieser und bald jener Gruppe zugetheilt werden.

α. *S. patula Ser.* = *S. salviaefolia Link.* mit kurzem Griffel und länglichen fast einfachen Narben. Hat Afterblättchen wie S. nigricans und Kätzchen wie S. rubra und könnte wohl ein Bastard sein. Seine Blätter sind länglich-lanzett, am Rücken filzig. Bei Bern, Olsberg, zwischen Olten und Gibenach. Hieher ist zu zählen *S. acuminata Sm.*, *S. holosericea Gaud.*

β. *S. Seringiana Gaud.* Mit langem Griffel und zweitheiligen Narben. Die Blätter sind länglich-lanzett, unten weissfilzig. Die Afterblättchen eirund, spitzig. Kapseln filzig, kurz gestielt. Findet sich an der Kander und im Simmenthal, bei Vivis, Rheinfelden und im Joux-Thal.

11. *S. grandifolia Ser. S. cinerescens Willd.* Blätter umgekehrt-eirund oder länglich-eirund, schwach blasig-runzlig, fein und entfernt gesägt. Kapseln langgestielt mit

kleinen gespaltenen Narben. Kätzchen zur Fruchtreife mehr oder weniger gestielt. 5—10'. In der subalpinen und alpinen Region auf steinigen mit Gebüsch bewachsenen Stellen. Häufig durch den ganzen Jura von Genf bis Solothurn und Basel; in den Alpen seltener (Ober-Engadin, Ursern, Glarus). Frühling.

a. Blätter im Alter kahl werdend, am Rücken graugrün. S. *Hegetschweilerii Heer*. In Ursern an der Reuss und im Ober-Engadin.

12. S. *Capraea L. Sahlweide*. Blätter schwach blasig-runzlig, eirund, wellig-gekerbt, unterhalb graufilzig. Griffel sehr kurz. Kapseln gestielt. Afterblättchen nierenförmig. Ein kleiner Baum von 8—18' Höhe. Er kömmt in der ganzen Schweiz auf unfruchtbaren Stellen vor und steigt bis in die subalpine Region. Blüht im Frühling ehe die Blätter vorhanden sind.

13. *S. cinerea L.* Blätter auf beiden Seiten grauhaarig; im übrigen wie vorige. Bei Lausanne, Nion, an der Aare bei Bern, am Laxer-See in Bünden. Ist kaum von S. Capraea verschieden.

14. S. *aurita L.* Blätter stark blasig-runzlig mit abgebogener Endspitze. Sonst wie S. Capraea, von der sie sich auch nicht wesentlich unterscheidet. Bei Bern, Neuss, Grüsch in Bünden, oberhalb Château d'OEx in der subalpinen Region.

15. *S. depressa L.* Blätter ganzrandig oder schwach gesägt, umgekehrt-eirund oder elliptisch, unterhalb grau- und kurzhaarig (½—1' lang), fein blasig-runzlig. Griffel sehr kurz. Kapseln gestielt. Afterblättchen nierenförmig. Ist kleiner als die gewöhnliche Sahlweide und kommt auf Torfsümpfen vor. Bei Gümmlingen unweit Bern, auf der Dôle, im Joux-Thal. *S. versifolia Gaud., S. ambigua Heer, Koch* etc.

Sect. IV. Mit breiten und schmalen Blättern und Afterblättchen, überhaupt von verschiedenem Aussehen. Es sind Alpenpflanzen, wovon nur wenige in die Tiefe herabsteigen. Die meisten sind klein und ästig. *Alpenweiden.*

16. S. *daphnoides Vill.* Zweige mit bläulichem Reif überzogen. Blätter länglich-lanzett, alt kahl, gesägt.

Kapseln sitzend, kahl, mit langem Griffel und länglichen Narben. Afterblättchen halbherzförmig, umfassend oder aus eirunder Basis zugespitzt. Ein bis 20' hohes Bäumchen, das an Flüssen wächst und durch die ganze Schweiz zerstreut vorkommt. In der Ebene bei Genf, in Unter-Wallis, Thun, Solothurn, Chur, Basel; in den Alpen bis in die alpine Region im Berner Oberland, Ursern, Ober-Engadin.

17. *S. hastata L.* Blätter eirund bis lanzett, gesägt, kahl. Kapseln gestielt, kahl, mit 2theiligen Narben. Afterblättchen halbherzförmig, umfassend, mit gerader Spitze. 2—4'. Auf steinigen, etwas feuchten Weiden der ganzen Alpenkette, in der alpinen und subalpinen Region; nicht selten. Juni.

18. *S. Arbuscula L. Koch. S. foetida* auct. helv. Blätter lanzett bis eirund, entfernter oder dichter gezähnt, kahl, unten graugrün. Kapseln sitzend, filzig, mit langem, häufig bis zur Mitte gespaltenem Griffel und zweitheiligen Narben. 3—4'. Auf steinigen Weiden der alpinen Region, durch die ganze Alpenkette. Häufig in Bünden, seltener in Wallis (Gemmi, Rhonequelle) und Waadt (über Bex).

19. *S. ovata Ser.* Blätter eirund, stumpf, verwischt gesägt, auf der Oberseite kahl, auf der untern an den Rippen, so wie auch an den Blattstielen behaart. Kapseln sitzend, mit langem Griffel und 2theiligen Narben. 1—2'. Am Aargletscher. Sommer.

20. *S. caesia Vill.* Blätter ganz kahl, auf beiden Seiten graugrün, ganzrandig, elliptisch oder eirund. Kapseln sitzend oder sehr kurz gestielt, mit ziemlich kurzem Griffel und schwach gespaltenen Narben. Soll halbverwachsene Staubfäden haben. 2—3'. Auf alpinen Weiden, jedoch sehr selten. In der Waadt auf dem Enzeindaz, in Graubünden am Inn im Ober-Engadin und nach Prof. Heer auch über Filisur.

21. *S. repens L.* Blätter eirund oder elliptisch, mit umgerolltem, ganzem oder entfernt drüsenzähnigem Rande, oberhalb glänzend, unterhalb seidenhaarig. Kapseln kahl oder filzig, gestielt, mit mittlerm Griffel. Ein aufliegender Strauch, der in Torfsümpfen der subalpinen und montanen Gegenden des Jura, so wie auch in der Ebene vorkömmt. Im Jura bei Brassus, le Sentier, Chasseral, aux Rousses etc.; in der Ebene bei Bex, Aelen, Genf, Orbe,

Ins, Châtel-St.Denis, Gümlingen bei Bern, Thun, Einsiedeln, Katzensee.

22. *S. myrsinites L.* Blätter lanzett oder lanzett-eirund, auf beiden Seiten gleichfarbig, netzaderig, behaart, bisweilen im Alter kahl, gesägt. Kapseln jung behaart, alt kahl, sitzend, mit mittlern oder ziemlich langem Griffel und ganzen oder schwach gespaltenen Narben. Ein 2' hoher Strauch, der auf steinigen Halden und Weiden wächst und durch die ganze Alpenkette in der alpinen Region häufig vorkömmt. Aendert mit ganzrandigen Blättern *(S. Jacquiniana Host.)*, mit immer kahlen Blättern (in der Churwalder-Alp) und mit kurzgestielten Kapseln *(S. buxifolia Schleich.)*.

23. *S. Lapponum L. Fries. Koch.* Blätter lanzett bis fast eirund, schwach gesägt oder fast ganzrandig, auf der Rückseite weissfilzig (die jungen seidenglänzend). Kapseln sitzend, filzig, mit langem vorn etwas gespaltenem Griffel und 2theiligen Narben. 2—3'. Auf steinigen Abhängen und Weiden der Central-Alpen, immer in der alpinen Region. Findet sich hauptsächlich auf dem Granit (Albula, Bernhardin, Gries, Simplon, Nicolai-Thal (St. Bernhard), fehlt aber auch dem Flysch nicht (Lavaraz, Fouly). Sommer. *S. helvetica Vill. S. arenaria Willd.*

24. *S. glauca L.* Blätter lanzett, ganzrandig, unten und oben seidenhaarig, im Alter etwas kahl werdend. Kapseln kurzgestielt, filzig, mit 2spaltigem Griffel und 2theiligen Narben. 2—3'. Auf steinigen Abhängen und Weiden der Central-Alpen, wo sie in der alpinen Region auf dem Granit- und Schiefer-Gebirge wächst (Levirone, Albula, Gotthard, Grüben, St. Bernhard, Lavarraz, Panerossaz etc.). *S. sericea Vill., S. Lapponum Sut. Heg., S. elaeagnoides Schl.*

25. *S. reticulata L.* Blätter eirund oder rundlich, ganzrandig, auf der Rückseite weisslich, netzaderig, im Alter kahl. Kätzchen langgestielt. Kapseln fast sitzend, mit sehr kurzem Griffel. Ein kriechendes, spannenlanges Sträuchlein, das in den Alpen auf steinigen Weiden der alpinen Region überall angetroffen wird. Soll nach Gaudin auch im Jura vorkommen, allein bestimmte Angaben gibt weder er noch ein anderer glaubwürdiger Naturforscher.

26. *S. retusa L.* Blätter kahl, ganzrandig, stumpf

oder abgestutzt, umgekehrt-eirund oder länglich-keilfömig, vorn gewöhnlich mit einem Kerbe. Kapseln kahl, kurz gestielt, mit mittlerm Griffel und 2theiligen Narben. Ein Sträuchlein, das rasenartig den Boden überzieht, in der ganzen alpinen Region der Alpen und auf den höhern Spitzen des westlichen Jura verbreitet ist und im Juni blüht.

27. S. *serpillifolia Scop.* Wie vorige, doch in allen Theilen kleiner und mit fast sitzenden Narben. Auf steinigen Weiden und berasten Felsen der nivalen Region der Alpen. Eine Hochalpenform der vorigen, die im Ober-Engadin, auf dem Gries, im Bagne-Thal, auf dem Fouly und Alesse beobachtet worden. Juli.

28. S. *herbacea L.* Blätter rund oder eirund, stumpf oder abgestutzt, gesägt, kahl. Kätzchen wenigblumig, kürzer als die Blätter. Kapseln fast sitzend, kahl, mit kurzem Griffel und 2spaltigen Narben. Ein unter der Erde verastendes Pflänzchen, das seine zollhohen Aeste mit den Blüthen und Früchten in den Sommermonaten entwickelt und zur Reife bringt. Man findet es auf allen alpinen und nivalen, etwas steinigen, Weiden der ganzen Alpenkette.

XCVI. Familie.

Urticeen (Urticeae).

Geschlechter stamm- oder stielgetrennt. Perigon 4—5theilig, untenständig, frei. Staubgefässe meist 4, selten 5, den Perigontheilen gegenüber. Stempel mit einem Ovarium und 1—2 Griffeln. Frucht eine einfächerige nicht aufspringende, einsamige Kapsel (Karyopsis). Samen mit einem geraden oder gewundenen Keim und einem fleischigen Eiweiss. — Kräuter und Bäume, an deren Blätter freie Afterblättchen sitzen. Der Hanf und die Nesseln geben spinnbare Fasern; der Maulbeerbaum liefert der Seidenraupe die Nahrung und essbare Früchte für den Menschen.

Vom Feigenbaum isst man das fleischige, Blüthen und Früchte einschliessende Receptaculum. Man findet die U. auf der ganzen Erde.

Humulus.

Blüthen stammgetrennt. Männliche Blüthen mit 5theiligem Perigon und 5 Staubgefässen. Weibliche Blüthen aus einem schuppenartigen urnenförmig-abgestutzten Perigon und dem Stempel gebildet. Die männlichen Blüthen bilden lockere Trauben, die weiblichen Zäpfchen.

1. *H. Lupulus L. Hopfen.* Ein bekanntes Schlinggewächs mit 3—5lappigen Blättern, das sich in der ganzen ebenen Schweiz in Gebüsch und Hecken findet und im Sommer blüht. ♃ Die weiblichen reifen Zäpfchen enthalten an den Schuppen und Früchten einen gelben Staub, der ausgezeichnet bitter ist und tonische Eigenschaften besitzt. Um desselben willen sind die Hopfenzäpfchen officinell und dienen bei der Bierbereitung, indem sie eine baldige saure Gährung verhindern und zugleich dem Bier einen angenehmen Geschmack mittheilen. Die jungen Sprossen werden hie und da wie Spargel genossen.

† Der *Hanf* (Cannabis sativa), eine einjährige, mannshohe Pflanze mit getrennten Geschlechtern, stammt aus Indien und wird bei uns vielfach angepflanzt. Sie gedeiht auch in höher gelegenen Gegenden, weil man bei ihr die Fruchtreife nicht abzuwarten hat. Der Hauptnutzen derselben besteht in den Fasern der Rinde, aus denen man Zeuge verfertigt. Nebenbei gewinnt man auch die Hanfsamen, die officinell sind und den Singvögeln zur Nahrung dienen. In Indien bereitet man aus dem betäubenden Kraut ein berauschendes Getränk, in dem man das *Nepenthe* der Alten erkennen will, das den Menschen erheitert und alles Unangenehme vergessen macht.

Parietaria.

Blüthen Zwitter oder getrennten Geschlechts. Perigon grün, 4spaltig. Staubgefässe 4, mit elastisch aufspringenden Fäden. Griffel 1, mit einer knopfartigen pinselförmigen Narbe.

1. *P. erecta M. et K. Glaskraut.* Stengel aufrecht, einfach, 1—2'. Blätter länglich-eirund, lang zugespitzt, ganzrandig, kurzhaarig. Bracteen sitzend, kürzer als die Blüthen. ♃ An schattigen Wegen durch die ganze ebene Schweiz, jedoch sehr zerstreut. Das Kraut enthält salpetersaures Kali und dient zum Reinigen der Bouteillen, daher der Name Glaskraut.

2. *P. diffusa M. et K.* Stengel gestreckt, weitschweifig-ästig. Blätter eirund, zugespitzt, ganzrandig, kurzhaarig. Bracteen herablaufend, kürzer als die Blüthen. ♃ Sommer. An Mauern in der italiänischen Schweiz (Bellenz, Lauis, Mendris, Clefen).

Urtica.

Blüthen getrennten Geschlechts. Männliche mit 4theiligem Perigon und 4 Staubgefässen, die elastisch aufspringen. Weibliche Blüthen mit zweitheiligem Perigon und einem Ovarium mit sitzender Narbe, die knopfförmig und pinselartig ist. — Unsere *Nesseln* haben Brennborsten, bei einigen ausländischen fehlen sie, bei andern dagegen brennen sie so schmerzhaft, dass man Stunden und Tage lang einen unerträglichen Schmerz fühlt, wie wenn man mit glühendem Eisen berührt würde.

1. *U. urens L.* Blätter entgegengesetzt-eirund, spitzig, eingeschnitten-gesägt. Blüthenrispen meist zu 2 achselständig, kürzer als der Blattstiel. 1'. ⊙ In Aeckern und Gärten durch die ganze Schweiz gemein, sogar bis in die alpine Region.

2. *U. dioica L.* Blätter entgegengesetzt, zugespitzt-eirund, herzförmig, grob gesägt. Blüthenrispen achselständig, hängend, länger als der Blattstiel. 2—4'. ♃ Sommer. An Zäunen, auf Schutt, um Häuser herum, ebenfalls durch die ganze Schweiz bis in die alpine Region hinauf sehr häufig. — Das Kraut wird abgesotten dem Vieh gegeben und in einigen Ländern geniessen auch die Menschen die jungen Triebe. Aus dem Bast kann Leinwand gemacht werden. Ehemals waren die Samen und das Kraut officinell, jetzt wird bloss mit dem Kraut zuweilen die Urtication bei gelähmten Gliedern vorgenommen.

Ficus.

In einem geschlossenen Receptaculum (der Feige) sind männliche und weibliche Blüthen eingeschlossen. Männliche Blüthen mit dreitheiligem Perigon und 3 Staubgefässen. Weibliche Blüthen mit einem 5spaltigen Perigon, einem einfächerigen Ovarium, seitlichen Griffel und 2 Narben. Bäume mit milchartigem Safte.

† 1. *F. Carica L. Feigenbaum.* Blätter handförmig gelappt, hinten herzförmig, oberhalb rauh, unterhalb kurzhaarig. Ein kleiner Baum, der in der italiänischen Schweiz vielfach angepflanzt wird und von der Kälte im Winter nicht leidet. Man findet ihn dort auch verwildert und strauchartig, in welchem Falle die Feigen trocken werden und ungeniessbar sind. In Unter-Wallis, in der Waadt und bei Genf werden die Feigenbäume ebenfalls im Freien gezogen, müssen aber im Winter bedeckt werden. Die Feigen sind nicht bloss grün und gedörrt ein beliebtes Obst, sondern dienen auch als ein erweichendes einhüllendes Mittel in der Medecin.

† Die *Maulbeerbäume* (Morus) stammen aus Asien und werden jetzt in der Schweiz hin und wieder angepflanzt. Der eine derselben mit grossen rothen oder schwarzen Früchten (M. nigra L.) wird bloss um derselben willen gehalten, die ein beliebtes Obst sind. Viel häufiger wird der kleinere Maulbeerbaum (M. alba L.) mit fad-süssen Früchten gezogen, auf dessen B ättern die Seidenzucht beruht. Gegenwärtig fängt man an, diesen Industriezweig in Genf, Aarau, Solothurn und Chur im Grossen zu betreiben, so dass um diese Städte herum beträchtliche Maulbeerpflanzungen im Entstehen sind. Im Tessin und Misox ist die Seidenzucht schon seit längerer Zeit eingeführt.

† Die *Platanen* (Platanus orientalis et occidentalis) mit ihren zu Kugeln zusammengestellten eingeschlechtigen Blüthen sind auch bei uns als Zierbäume eingeführt und werden namentlich an den Spaziergängen und in den Gärten um die grössern Städte herum häufig gesehen.

XCVII. Familie.

Ulmaceen (Ulmaceae).

Blüthen klein, Zwitter und durch Fehlschlagen

eingeschlechtig. **Perigon** 4—8spaltig, bleibend. **Staubgefässe** 4—8 zuunterst im Perigon eingesetzt und den Perigonlappen gegenüber. **Stempel** mit einfachem freien Ovarium und 2theiligen Griffeln. **Frucht** entweder eine Steinfrucht oder eine durch Fehlschlagen eines Faches einfächerige Flügelfrucht (samara). **Samen** mit oder ohne Albumen.

Ulmus.

Perigon glockig, 4—8spaltig, mit 4—8 und mehr Staubgefässen und einem Stengel mit 2 Griffeln. Frucht eine durch Fehlschlagen einfächerige, einsamige, geflügelte Kapsel (samara). Bäume.

1. *U. campestris L. Ulme. Rüster.* Blätter eirund, doppelt gesägt, an der Basis etwas ungleich. Blüthen fast sitzend, kopfförmig zusammengestellt. Früchte kahl. Ein hoher Baum, der im März blüht und durch die ganze Schweiz in Wäldern und an Flüssen wild, so wie auch angepflanzt, anzutreffen ist. Das Holz ist fest; das der Wurzel schön maserig; seine Heizkraft verhält sich zu der des Buchenholzes wie 10 : 11,111. Ist die Rinde korkartig, so bildet dies *U. suberosa Ehrh.*, die bei Basel und Bex angetroffen wird.

2. *U. effusa Willd.* Blätter eirund, doppelt gesägt, an der Basis ungleich. Blüthen gestielt, hängend. Frucht am Rande weichhaarig gewimpert. Findet sich nach Dr. Hagenbach im Jura bei Muttenz, Schauenburg, nach Bauhin an der Wasserfalle, nach Wahlenberg bei Schaffhausen, nach Muret bei Lausanne. Blüht auch im ersten Frühling.

— In der transalpinen Schweiz, so wie auch in der diesseitigen in Gärten, findet man den *Zürgelbaum* (Celtis australis L.) hie und da angepflanzt. Seine Früchte gleichen den Kirschen, sind essbar und sollen ein Brustmittel sein. Dieses ist der *Lotos Dioscorids*, während der von Homer und Theophrast citirte, der den Lotophagen zur Nahrung diente, der *Zizyphus Lotus L.* ist.

XCVIII. Familie.

Quercineen (Quercineae).

Männliche Blüthen zu Kätzchen (Trotteln, Zotteln wie bei den Weiden) zusammengestellt. Jede Blüthe besteht aus einem schuppenartigen ungetheilten oder unregelmässig getheilten Perigon, auf welchem 5—20 Staubgefässe stehen. Weibliche Blüthen einzeln oder zu mehrern ein Zäpfchen bildend, am Ende der Zweige. Sie bestehen aus einem mit dem Ovarium verwachsenen Perigon und dem Stempel, der sich in mehrere Griffel theilt, und sitzen in einer Hülle. Frucht eine durch Fehlschlagen einfächerige, einsamige, häufig mit den Hülltheilen verwachsende Nuss oder Karyopsis. Samen ohne Eiweiss mit 2 grossen Samenlappen. — Harte Hölzer mit nutzbaren Früchten und stielgetrennten (einhäusigen) Blüthen.

Castanea.

Männliche Blüthen zu vielen Knäueln zusammengestellt, ein Kätzchen bildend, mit 6theiligem Perigon und 10—20 Staubgefässen. Weibliche Blüthen zu 2—3 in einer 4theiligen, später stachligen Hülle, aus einem obenständigen 5—8spaltigen Perigon, einem 5—8fächerigen Ovarium und 5—8 Narben bestehend. Die Fächer des Ovariums enthalten 2 Eichen: allein alle Eier und Fächer verschwinden bis auf eines, so dass die Frucht eine einfächerige einsamige Nuss mit lederartiger Schale wird.

1. *C. vesca Gaertn. Kastanienbaum.* Blätter länglich-lanzett, zugespitzt, spitzig gesägt, kahl. Mai und Juni. Ein hoher Baum, der um seiner schmackhaften Früchte sehr geschätzt wird. In der Schweiz findet er sich haupt-

sächlich am Süd-Abhange der Alpen, wo er bis in die subalpine Region ansehnliche Wälder bildet. Auf der Nordseite ist er in Unter-Wallis und durch ganz Savojen bis gegen Genf noch sehr verbreitet. Dagegen ist er im übrigen Theil der Schweiz mehr zerstreut und wahrscheinlich durch Menschenhände im Kleinen angepflanzt; so hin und wieder im C. Waadt, bei Walkwyl im C. Zug, im St. Gallen'schen Rheinthal, bei Kerzen im C. Glarus, am Mastrilserberg und im Domleschg in Bünden. Er ist nicht, wie man lange glaubte, an das Urgebirge gebunden, sondern kommt auch auf dem Schiefer- und reinen Kalk-Gebirge, so wie auch auf der Molasse (z. B. den Voirons, bei Crans etc.) vor.

Fagus.

Männliche Blüthen ein kugeliges Kätzchen bildend, aus einem 5—6spaltigen Perigon und 10 bis 15 Staubgefässen bestehend. Weibliche Blüthen *) zu 2—3 in einer 4spaltigen (später stachligen) Hülle, aus einem obenständigen Perigon gebildet, an das unten ein 3fächeriges Ovarium mit 3—4 Narben angewachsen ist; die Fächer des Ovariums enthalten 2 Eichen. Frucht eine 1—2samige Nuss mit lederartiger Schale.

1. *F. sylvatica L. Buche.* Blätter eirund, kahl, mit weichhaarigem Rande. Ein schöner hoher Baum, der von der Ebene an bis in die subalpine Region der Berge hinaufsteigt und in der ganzen diesseitigen Schweiz ungemein häufig vorkommt. Auf der Südseite der Alpen fehlt die Buche, dagegen ist nicht richtig, dass sie die Alpen im Allgemeinen fliehe, denn auf der Nordseite kommt sie häufig, sogar bis in einer Höhe von 4000' ü. M. (z. B. bei Kunkels in Bünden), vor. Auf dem Jura dominirt die Buche unterm Laubholz. Auf der Molasse wird sie angepflanzt. Das Geschätzteste an der Buche ist das Holz, das zum Brennen vorzüglich, zu Möbeln und Bauten aber

---

*) Man bemerkt fast immer einige Staubgefässe an denselben; bisweilen sind sogar ganz männliche Blüthen neben den 2—3 weiblichen und in diesem Falle weichen sie von den andern durch ein verkümmertes, stielartiges, untenständiges Ovarium und eine grössere Zahl von Staubgefässen ab.

untauglich ist. Aus den Buchnüssen wird Oel gepresst oder sie werden zur Schweinmast benutzt.

Quercus.

Männliche Blüthen zu Kätzchen zusammengestellt, aus einem zerrissen-getheilten Perigon und 5—9 Staubgefässen gebildet. Weibliche Blüthen in einer aus kleinen Schüppchen gebildeten Hülle, die mit der Frucht grösser wird; sie besteht aus einem 3fächerigen, in jedem Fach zwei Eichen enthaltenden, einen Griffel und 3 Narben tragenden Stempel und einem sehr kleinen obenständigen Perigon. Frucht eine einfächerige, einsamige, mit der verhärteten Hülle umgebene Nuss. Blüht im Frühling.

1. *Q. pedunculata Ehrh. Sommer-Eiche.* Blätter länglich, buchtig-gelappt, kahl, fast sitzend. Früchte gestielt. Ein bekannter hoher Baum, der in der Schweiz nicht selten ist, über dessen Verbreitung genauere Daten fehlen, da man ihn gewöhnlich mit der folgenden Art zusammenstellt. Sein Holz ist nicht nur ein gutes Brennholz, das fast die Heizkraft des Buchenholzes besitzt, sondern es dient auch zu Fensterrahmen, Thüren und andern Schreiner-Arbeiten. Die Rinde gibt das beste Loh. Die Eicheln und die junge Rinde sind ein adstringirendes Arzneimittel, erstere auch ein Futter für Schweine. Die Auswüchse, die durch Insektenstiche an den Eichen entstehen, die *Galläpfel*, dienen in der Färberei und zur Bereitung der schwarzen Dinte.

2. *Q. sessiliflora Sm. Stein-Eiche. Winter-Eiche.* Blätter länglich, buchtig-gelappt, gestielt, kahl oder auf der Unterseite kurzhaarig, bisweilen in der Jugend ganz weichhaarig. Früchte sitzend. Ein hoher Baum, der in der Schweiz ebenfalls sehr verbreitet ist und im Berner Oberland und in Bünden viel häufiger als der vorige ist. Er steigt hier bis an die subalpine Region hinauf. Die Benutzung ist wie bei vorigem. Hieher ist *Q. pubescens Willd.* zu ziehen, welcher in der westlichen Schweiz (z. B. am Salève bei Genf) vorkömmt und auf Stellen wächst, wo man den Wald jung abholzt, so dass die

Bäume nicht gross werden können. Seine Blätter sind im jungen Zustand ganz weichhaarig.

3. *Q. Cerris L.* Blätter länglich, buchtig- oder fiederig-ausgeschnitten, weichhaarig oder unterhalb filzig: Lappen länglich-lanzett, in eine Spitze ausgehend. Früchte sitzend mit igelartig-stachligem Becherchen. Ein grosser Baum, der auf dem Monte Generoso im C. Tessin gefunden wird.

Corylus.

Männliche Blüthen zu einem Kätzchen zusammengestellt, aus einer Schuppe gebildet, auf der kleinere Schüppchen und 8 Staubgefässe stehen. Weibliche Blüthen am Ende der Zweige ein kleines Zäpfchen oder Kätzchen bildend; unter jeder Schuppe ist eine Blüthe mit einem Ovarium und 2 Narben. Frucht eine 1—2samige, von einer fleischigen Hülle umgebene Nuss.

1. *C. Avellana L. Haselnussstrauch.* Afterblättchen länglich, stumpf. Die Hülle, die die Nuss umgibt, ist an der Spitze zerrissen-gezähnt, abstehend. Blätter länglich. Ein sehr gemeiner Strauch, der durch die ganze Schweiz bis in die subalpine Region hinauf vorkommt. Blüht schon im Februar. Der Nutzen des Strauchs besteht in seinen wohlbekannten Früchten.

Carpinus.

Männliche und weibliche Blüthen Kätzchen bildend. Bei den männlichen sind 6—12 Staubgefässe an der Basis der Schuppen. Bei den weiblichen sind die mit 2 Narben besetzten Ovarien je zu 2 unter einem innern mit der Frucht grösser werdenden Schüppchen und über diesem ist ein grösseres abfälliges. Frucht ein Nüsschen.

1. *C. Betulus L. Hagbuche. Hainbuche.* Die Schuppen der weiblichen Zäpfchen sind 3theilig: deren Lappen lanzett, der mittelste davon verlängert. Ein mässig grosser Baum, der auf der ganzen Molassenformation und im Jura verbreitet ist, sich am Fuss der westlichen Alpen bis ins untere Rhone-Thal hinzieht, schon im Berner Oberland selten (vielleicht zu Hecken cultivirt?) ist und in den östlichen Alpen von Glarus und Graubünden gänzlich fehlt.

Er geht bis an die Grenze des Nussbaums (2000' u. M.). Das Holz dieses Baums ist zur Feuerung so gut als Buchenholz.

Ostrya.

Die Blüthen wie bei Carpinus, nur werden die innern Schuppen, die die 2 Ovarien einschliessen, schlauchartig, wachsen mit diesen fort und bilden zuletzt eine falsche Frucht mit 2 Nüsschen. Die eigentliche Frucht ist ein solches Nüsschen. Der ganze Blüthenstand der reifen Früchte hat das Aussehen eines Hopfenzäpfchens.

1. *O. carpinifolia Scop.* Blätter eirund, zugespitzt, hinten etwas herzförmig. Fruchtzäpfchen eirund, hängend. Ein mässig grosser Baum, der sich bloss im C. Tessin (bei Lauis) findet. Blüht im Frühling.

XCIX. Familie.

Betulaceen (Betulaceae).

Bäume und Sträucher wie die Quercineen, mit dem Unterschied, dass die weiblichen Blüthen nicht in einer Hülle sitzen.

Betula.

Männliche Blüthen unter jeder Schuppe 1, aus einem 3blätterigen auf einem Stielchen ruhenden Perigon und 6 Staubgefässen bestehend. Die beiden Fächer der Staubbeutel sind durch ein Connectiv getrennt. Die weiblichen Blüthen stehen zu 3 unter länglichen, später 3lappigen Schuppen und sind aus einem 2fächerigen Ovarium und zwei Narben gebildet. Frucht ein geflügeltes einsamiges, einfächeriges Nüsschen.

1. *B. alba L. Birke.* Blätter rautenförmig-3eckig, zugespitzt, doppelt gesägt, kahl. Die seitlichen Lappen der Zäpfchen-Schuppen zurückgebogen. Die Flügel der Frucht doppelt breiter als die Frucht selber. Ein ansehnlicher Baum mit weisser zäher Rinde, der selten gesellschaftlich, sondern mehr zerstreut und mit andern Bäumen vermischt vorkommt. Man findet ihn durch die ganze

Schweiz bis in die alpine Region hinauf, wo er gewöhnlich strauchartig bleibt, unter günstigen äussern Umständen aber auch zu einem hochstämmigen Baum wird, wie dies im Bergell und Ober-Engadin der Fall ist. Das Holz dieses Baums ist zu allerlei Werkzeugen, besonders zu Wagnerarbeiten dienlich und gibt fast so viel Hitze als das Buchenholz (11,636 Birk. H. = 10 Buch. H.). Im Frühling angebohrt gibt der Stamm einen säuerlich-süssen Saft, der zu einer Art Wein zugerichtet werden kann und der wohl auch als Arznei getrunken wird. Die äussere Rinde gibt bei trockner Destillation ein stark riechendes Oel, das zur Bereitung des Juchtenleders dient und demselben seinen eigenthümlichen Geruch mittheilt.

2. *B. pubescens Ehrh.* Blätter eirund oder ziemlich rautenförmig, zugespitzt, doppelt gesägt, jung am Rand und auf der Rückseite behaart. Die Flügel der Frucht so breit als diese selbst. Man findet diesen Baum in Torfsümpfen des westlichen Jura (Vallée de Joux, aux Rousse, à la Trelasse) und bei Sollalex über Bex. Wahrscheinlich ist auch die Brücke von Bonvoisin im Bagne-Thal als Standort hieher zu ziehen, wo Murith seine B. nigra fand. Blüht im Mai und Juni. *B. torfacea Schleich.? B. nigra Murith?* Im Torfgrund von Aeschi, 3 Stunden von Solothurn findet sich diese Art auch, nur sind hier die Früchte wie bei B. alba, die daneben auf trocknem Boden wächst.

3. *B. fruticosa Pall.* Blätter rundlich oder rundlich-eirund, meist vorn abgerundet oder etwas spitzig, gesägt. Die Schuppen der weiblichen reifen Zäpfchen fingerig-3spaltig mit fast gleichlangen Lappen. Die Flügel der Frucht halb so breit als die Frucht. Ein 6—15' hohes Bäumchen, das ebenfalls in Torfsümpfen gefunden wird und die Mitte zwischen B. pubescens und nana hält. Ich habe ein Exemplar davon aus dem Jura (Marais de la Gruerre) und da auch Thomas *B. intermedia* hieher gezogen werden muss, so führen wir auch den Sumpf de la Chaux d'Abelle als Standort an.

4. *B. nana L.* Blätter rundlich, gekerbt, mit abgerundeten Kerbzähnen. Schuppen der weiblichen reifen Zapfen fingerig 3spaltig, mit fast gleichlangen Lappen. Flügel der Frucht halb so breit als die Frucht selbst. Ein 2—3' hohes Sträuchlein, das ebenfalls in Torfsümpfen

des Waadtländer und Neuenburger Jura, wie auch bei Einsiedeln angetroffen wird.

Alnus.

Männliche Kätzchen mit gestielten 3blumigen Schuppen, die vor dem schildförmigen Ende vier Läppchen haben. Perigon auf dem Schuppenstiel sitzend, 4spaltig oder 3blätterig. Staubgefässe 4. Weibliche Zäpfchen mit bleibenden holzig werdenden Schuppen, unter denen 2 Blüthen sind. Narben 2, fadenförmig. Frucht zusammengedrückt, 2fächerig, ungeflügelt. Bäume oder Sträucher.

1. *A. viridis DC. Troos. Troseln. Drausas* auf romanisch, *Drasa* im Bergell. Perigon 3blätterig. Blätter eirund, spitzig oder kurz zugespitzt, scharf doppelt-gesägt, auf beiden Seiten gleichfarbig, jung klebrig, unterhalb an den Blattrippen behaart. Ein für die alpine Region besonders charakteristischer Strauch, der manchmal grosse Strecken bedeckt und fast immer an Abhängen wächst. Obwohl er in den Vor-Alpen in die subalpine Region und noch tiefer herunter steigt und also auch ein milderes Klima liebt, so findet man ihn dennoch auf dem Jura nicht. Wohl aber trifft man ihn auf dem Salève an, der obwohl vom Jura entfernt nach den paläontologischen Merkmalen zu ihm gehört. Er fehlt auch den höhern Molassenbergen nicht, wie die Voirons bei Genf und der Napf beweisen. Selbst noch tiefer in der Umgegend von Huttwyl (C. Bern) und im Tössthal (2512' ü. M.) kommt er vor. In den Alpen findet er sich auf allen Felsarten, nicht bloss auf granitischem Gestein. Er kommt ebenfalls im benachbarten Schwarzwald auf den höhern Punkten vor. Dieser Strauch liefert den Hirten ein Brennmaterial und ist ein Zufluchtsort der Alpenvögel. Er blüht im Mai und Juni.

2. *A. incana DC. Weiss-Erle.* Perigon vierspaltig. Blätter eirund, spitzig oder kurz zugespitzt, doppelt gesägt, unten gräulich, fein behaart. Die weiblichen Zäpfchen sind zur Blüthezeit sitzend oder fast sitzend auf einem gemeinschaftlichen Blumenstiel, der so dick oder dicker als die Zäpfchen ist. Frühling. Ein Strauch oder kleines Bäumchen, das sich fast beständig auf dem Geschiebe der reissenden Flüsse findet, von der Ebene bis in die subalpine Region hinauf steigt und über die ganze

Schweiz ohne Unterschied des Gesteins und der Formation verbreitet ist. Er wächst schnell, liefert ein nicht sehr geschätztes Holz, das jedoch die Eigenschaft besitzt, im Wasser nicht zu faulen, und gibt gute Kohlen.

5. *A. glutinosa Gaertn. Erle. Eller.* Blätter eirund-rundlich, stumpf, klebrig, auf der Unterseite in den Achseln der Blattrippen behaart. Die weiblichen Zäpfchen sind zur Blüthezeit gestielt. Frühling. Ein mittlerer Baum, der an Bächen, Flüssen und sumpfigen oder wässerigen Stellen, aber nicht auf Flussgeschiebe, der ebenen Schweiz ziemlich häufig angetroffen wird, auch bis 2800′ hoch in die Berge steigt. Er findet sich auch auf der Südseite der Alpenkette. Die Rinde, Blätter und Zäpfchen dienen zum Gerben und Färben und das Holz zu Wasserbauten, indem es im Wasser nicht nur nicht fault, sondern sogar steinhart wird.

XXXV. Klasse.

Aquaticae.

Blüthen unvollkommen, getrennten Geschlechts oder Zwitter. Perigon 0 oder rudimentär. Staubgefässe 1 oder 2 oder viele in einer Hülle. Frucht einfächerig und einsamig oder 4fächerig. Kleine Wasserkräuter, die im Habitus und auch den Reproduktionsorganen nach viel den Halorageen gleichen und denselben auch unstreitig besser angereiht werden als den Coniferen und Betulaceen. Ich lasse sie hier stehen, weil ich bis dahin nach Endlichers systematischer Uebersicht gegangen bin.

C. Familie.

Callitrichineen (Callitrichineae).

Blüthen meist getrennten Geschlechts, einzeln zwischen 2 Hüll- oder Deckblättchen in den

Blattachseln. **Perigon** fehlt oder äusserst klein, 2blätterig. Ein **Staubgefäss** mit einem einfächerigen Staubbeutel. **Ovarium** vierfächerig, 4lappig mit 2 Griffeln. Frucht in 4 einsamige geschlossene Fächer aus einander fallend.

Callitriche.

Der Gattungscharakter wie der der Familie, weil diese nur aus einer Gattung besteht.

Da die *Wassersternen* stehende Wasser bewohnen und also an keine Formation gebunden sind und auch in die alpine Region hinauf steigen, so gebe ich die Arten dieses Geschlechts, so wie sie von Kützing für die deutsche Flora festgesetzt worden sind Ich habe selbst wenig Erfahrungen über diese Pflanzen gemacht und die Daten, die ich in den Schweizer Floren und Catalogen finde, sind unsicher.

1. *C. stagnalis Scop. Kütz.* Alle Blätter umgekehrt-eirund. Bracteen sichelförmig, mit der Spitze zusammenneigend. Griffel bleibend, später zurückgebogen. Kanten der Frucht geflügelt-gekielt. ♃ Blüht vom Frühling bis in den Herbst.

2. *C. platycarpa Kütz.* Die untern Blätter der Aeste lineal, die obern umgekehrt-eirund. Bracteen sichelförmig, an der Spitze gerade oder aus einander gehend. Griffel bleibend, später zurückgebogen. Kanten der Frucht geflügelt-gekielt. ♃ Blüht vom Frühling bis in den Herbst.

3. *C. vernalis Kütz.* Die untern Blätter der Aeste lineal, die obern umgekehrt-eirund. Bracteen ziemlich gebogen. Griffel gerade, abfällig. Kanten der Frucht scharf gekielt. ♃ Vom Frühling bis in den Herbst.

4. *C. hamulata Kütz.* Die untern Blätter der Aeste lineal, die obern umgekehrt-eirund. Bracteen sicheliggerollt, an der Spitze hakig. Griffel sehr lang aus einander gehend. Kanten der Frucht geflügelt-gekielt. ♃ Vom Frühling bis in den Herbst.

5. *C. autumnalis L.* Alle Blätter lineal, an der Basis breiter, gegen die Spitze schmäler. Kanten der Frucht geflügelt-gekielt. ♃ Diese Art fand ich schon im Sommer

im Ober-Engadin in einer ausgetrockneten Pfütze, wo vielleicht aber die Schmalheit der Blätter vom trockenen Standort herkam.

CI. Familie.
Ceratophylleen (Ceratophylleae).

Blüthen unvollkommen, mit getrennten auf verschiedenen Stielen (nicht Individuen) stehenden Geschlechtern. Männliche Blüthen in einer 10- bis 12theiligen Hülle, deren Theile lineal sind, und in unbestimmt vielen Staubgefässen bestehend, ohne Perigon. Weibliche Blüthen in einer gleichen Hülle, ohne Perigon, mit einem freien, einfächerigen, einsamigen Ovarium und einem Griffel. Frucht ein Nüsschen, das in den bleibenden Griffel ausgeht. Samen ohne Albumen, mit 4 gequirlten Cotyledonen. — Wasserkräuter mit hirschgeweihähnlichen Blättern.

Ceratophyllum.

Geschlechtscharakter wie der Familiencharakter.

1. *C. submersum L.* Blätter 2—3fach gabelig in 5 bis 8 borstenartige Lappen verastet. Früchte eirund, ungeflügelt, an der Spitze in ein Stächelchen ausgehend, das mehrmal kürzer als die Frucht ist. ♃ Nach Thomas bei Sitten und nach H. Reuter bei Genf. September.

2. *C. demersum L.* Blätter gabelig in 2—3 lineal-fadenförmige Lappen verastet. Früchte eirund, ungeflügelt, 3stachelig; die 2 Stacheln der Basis umgebogen; der Endstachel so lang oder länger als die Frucht. ♃ Gemein in stehenden oder langsam fliessenden Wassern. Sommer und Herbst.

XXXVI. Klasse.
Coniferae.

Blüthen unvollkommen, ohne eine andere Hülle

als die Bracteen, zu Zäpfchen zusammengestellt, mit getrennten Geschlechtern. Frucht ein kleines einsamiges Nüsschen. Samen ohne Eiweiss. — Bäume und Sträucher mit harzigen Säften und über ein Jahr stehen bleibenden, also immergrünen Blättern, von lederiger Consistenz und gewöhnlich linealer Form.

CII. Familie.

Gnetaceen (Gnetaceae).

Blüthen achselständig, von zwei gegenüberstehenden Bracteen oder Hüllblättchen umgeben. Die männlichen Blüthen haben eine zuerst geschlossene, hernach 2klappige Hülle (Perigon?) und mehrere zu einem Säulchen verwachsene Staubgefässe mit 2fächerigen, an der Spitze aufgehenden Staubbeuteln. Die weiblichen Blüthen bestehen aus einem zwischen 2 Bracteen sitzenden einfächerigen Ovarium mit einem später verlängerten Griffel. Frucht eine einfache oder falsche Beere, d. i. entweder schwillt nur das Ovarium fleischig an oder mit ihm auch die Hülltheile (Bracteen oder Perigon). — Sträucher vom Aussehen der Equisetaceen.

Ephedra.

Frucht eine falsche Beere.

1. *E. distachya L. Meerträubel.* Blüthenstiele entgegengesetzt. Blüthenzäpfchen zu 2 in den Blattachseln. Frucht eine rothe, säuerliche, essbare Beere. Ein dem Süden angehöriges Sträuchlein, das sich bloss im wärmern Wallis an Felsen findet und im April und Mai blüht.

CIII. Familie.

Taxineen (Taxineae).

Männliche Blüthen nackte oder von Schuppen unten umgebene Zäpfchen oder Kätzchen bildend. Die Staubfäden haben ein schuppenförmiges oder schildförmiges Connectiv. Weibliche Blüthen einzeln, unten von Bracteen umgeben, endständig, aus einem von einer fleischigen Scheibe umgebenen einfächerigen Ovarium gebildet. Frucht eine durch die anschwellende Scheibe fleischige, einsamige Beere. Samen aus einem Keim und einem denselben umgebenden Eiweiss gebildet. — Bäume und Sträucher von verschiedenartigem Aussehen.

Taxus.

Staubbeutel mit schildförmigem Connectif. Die männlichen Zäpfchen sind von Schuppen unten umgeben.

1. *T. baccata L. Eibe.* Ein mittlerer Baum mit nadelförmig 2zeilig gestellten Blättern (weswegen er mit der Weisstanne verwechselt werden kann), stammgetrennten Blüthen und purpurrothen, schleimig-süssen Beeren. Er findet sich zerstreut in montanen Wäldern durch die Voralpen (Bünden, Glarus, Bern, Waadt), im Jura (Waadt, Neuenburg, Bern, Solothurn) und in der mittlern Schweiz (Zürich, Belpberg). Er blüht im Frühling. Sein Holz ist sehr zäh und biegsam und war bei den alten Deutschen als das beste Holz zu Bogen sehr geschätzt. Die Blätter werden vom Vieh nicht ohne Nachtheil gefressen; dagegen sind die Beeren für den Menschen unschädlich, wenn man die Samen nicht mit geniesst.

CIV. Familie.

Nadelhölzer (Abietineae).

Blüthen unvollkommen, ohne andere Hülle als

die Bracteen, in Zäpfchen getrennten Geschlechts vereinigt. Männliche Blüthen aus vielen einzelnen Staubgefässen mit grossen 2fächerigen Beuteln und sehr kurzen Fäden gebildet; das Connectif der beiden Fächer ist bald schmal, bald an der Spitze erweitert. Weibliche Blüthen zu 2 unter jeder Schuppe, mit einem schuppenartigen Körperchen verwachsen, das sich später ablöst. Narbe punktförmig. Frucht ein geflügeltes oder ungeflügeltes Nüsschen. Die Gesammtfrucht ist aber ein Zäpfchen. Samen mit einem Keim, der in der Mitte eines fleischig-öligen Eiweisses liegt. Samenlappen mehr als 2 und gequirlt. — Bäume mit lederigen, linealen, meist über ein Jahr stehen bleibenden Blättern und harzigem Safte.

Pinus.

Die Schuppen der Zapfen sind an der Spitze erweitert und verdickt. Nüsschen geflügelt oder ungeflügelt. Blätter zu 2—5 von einer Scheide an der Basis umgeben.

1. *P. sylvestris L. Kiefer. Fohre. Dähle.* Blätter zu 2 in einer Scheide. Zapfen eirund oder kegelförmig oder rundlich, gestielt und sitzend. Frucht geflügelt. Ein nach dem Standorte sehr verschieden gestalteter Baum, der über die ganze Schweiz verbreitet ist. Im flachen Lande gedeiht er auf sandigem Boden am besten; auf den Bergen, wo er über die Baumgrenze in die alpine Region (6700) hinaufsteigt und dann strauchartig wird, wächst er beständig auf Felsen. — Die Kiefer liefert ein gutes Brenn- und Bauholz und aus ihrem Harze werden verschiedene, zum Theil officinelle, Stoffe gewonnen. Es liefert den gemeinen *Terpentin*, dann durch Destillation desselben das *Terpentinöl*. Der harzige Rückstand, den man bei der Destillation erhält, ist das *Geigenharz* oder *Colophonium*. Ferner gewinnt man daraus *Theer* und

Schiffspech und den *Kienruss*; endlich ist der reichliche Blumenstaub, der zur Fabel des Schwefelregens Veranlassung gegeben hat, statt dem Bärlapp (Lycopodium) officinell. Man unterscheidet folgende Varietäten oder Arten:

α. Die gemeine hochstämmige Form der tiefern Gegenden mit kurzgestielten überhängenden conisch-eirunden Zapfen. *P. s. genuina*.

β. Mit aufrechtem, aber niederm Stamm, sitzenden und zu 2 gegenüberstehenden rundlichen Zapfen. Dies ist die Höhenform des Jura, wo sie bis auf die höchsten Spitzen (z. B. die Hasenmatt) geht. Findet sich auch in den Alpen bei einer Höhe von 5000 bis 6000' ü. M. *P. uncinata Ram.* et *Gaud. P. rotundata Link.*

γ. Mit ansteigendem Stamm, der 3—12' hoch wird, mit langen gestreckten Aesten und sitzenden aufrechten, eirunden oder länglich-eirunden Zapfen. Diese Form wächst in der alpinen Region der Alpen. *P. Pumilio Haenke. Arle. Crein.*

δ. Mit ansteigendem Stamm, der kürzer als die Aeste ist, und sitzenden rundlich-eirunden Zapfen. *P. uliginosa*. Im Jura, bei Einsiedeln u. a. O. auf sumpfigem Boden. Die Schuppen der Zapfen haben bei dieser Art vorn eine gebogene Spitze, welches übrigens auch in geringerm Maase bei den andern der Fall ist. Ueberhaupt ist dieser Charakter nicht beständiger als die andern angegebenen.

2. *P. Cembra L. Arve.* Blätter zu 5 von einer Scheide umgeben. Früchte ungeflügelt. Sommer. — Ein hoher Baum von weissem Holze, der gewöhnlich da anfängt zu erscheinen, wo die Tannen aufhören, nämlich am Anfang der alpinen Region, und in derselben nebst der Lerche die einzige hochstämmige Baumart ist. Er findet sich ziemlich häufig in Graubünden, wo er namentlich im Engadin mit der Lärche schöne Wälder bildet; seltener ist er im Wallis, Berner Oberland und in den Waadtländer Alpen. Er steigt bisweilen in die subalpine Region hinunter und gedeiht auch noch tiefer, wenn die Wurzeln vor der Fäulniss bewahrt werden. Das Holz wird von den Alpenbewohnern wegen seiner weissen Farbe gern zu Milchgeschirren und zum Täfeln der Zimmer verwendet;

auch soll es, zu Schränken verarbeitet, das Entstehen schädlicher Insekten verhindern, weswegen man es für Herbarien empfohlen hat. Die unter dem Namen *Ziernüsschen* oder *Zirbelnüsse* bekannten Früchte sind ein beliebtes Naschwerk.

— Die aus Nord-Amerika stammende *Weymouths-Kiefer* (P. Strobus L.) wird hie und da, im Grossen angepflanzt, angetroffen, weil sie ein vortreffliches Bauholz liefert. Einzelne Stämme stehen wegen ihres zierlichen Aussehens häufig in Garten-Anlagen.

Abies.

Die Schuppen der Zapfen dünn auslaufend. Nüsschen geflügelt. Blätter einzeln stehend. Aeste gequirlt. *Pinus L.*

1. *A. excelsa Lam. Rothtanne.* Blätter undeutlich 4kantig, ringsum die Zweige gestellt. Zapfen hängend, walzig. Schuppen zernagt-gezähnt, bleibend. Blüht im Frühling. — Ein bis 150' hoher Baum, der einen grossen Theil unseres Vaterlandes als dunkler Wald überzieht und daher die Pflanzenphysiognomie vieler Gegenden wesentlich bedingt. Er findet sich in der mittlern ebenen Schweiz in künstlichen Anpflanzungen, wo ihm jedoch die Buche das Terrain streitig macht. In den Alpen herrscht er unter den Bäumen weit vor und bekleidet gewöhnlich die steilern Abhänge der Berge, steigt aber kaum in die alpine Region hinauf, sondern bildet bei 5000' und 5500' Höhe die Baumgrenze, welche mit der Grenze der subalpinen Region ungefähr zusammenfällt. Im Jura ist er auch allenthalben, jedoch nicht in so grosser Menge als in den Alpen, und treibt bis zuoberst hohe Stämme, die jedoch an ausgesetzten Stellen verkümmern und klein bleiben.

2. *A. pectinata DC. Weisstanne.* Blätter 2zeilig gestellt, unten weisslich. Zapfen aufrecht, mit abfallenden Schuppen. Mai. — Ebenfalls ein hoher Baum, der jedoch nicht die Grösse des vorigen erlangt. Er wächst zerstreut in Rothtannenwäldern, geht aber nicht über 4500' in die Höhe. Diese höhern Gegenden ausgenommen, kann man sagen, dass die Weisstanne überall vorkommt, wo die Rothtanne wächst. Das Holz dieses Baums, der von der weissgrauen Rinde seinen Namen hat, ist röthlich und daher zu Täfel-

werk und andern Gegenständen nicht so beliebt. Aus ihm erhält man einen feinern, klarern, weniger unangenehm riechenden Terpentin, der unter dem Namen *Strassburger Terpentin* bekannt ist.

5. *A. Larix Poir. Lärche.* Blätter (wegen der Kürze der Aeste) gebüschelt, abfällig, so dass der Baum im Winter blattlos ist. Zapfen eirund, mit stumpfen abstehenden Schuppen. April und Mai. — Ein hoher Baum, der sich in den Central-Alpen von Wallis und Graubünden findet und von der montanen Region an bis zur Höhe von 6—7000' hinaufsteigt. Hier bildet er theils für sich allein oder mit den Arven grosse Wälder, steht auch zerstreut unter andern Waldbäumen. Ausser diesen Cantonen ist er selten, jedoch findet man noch bei Bex, Sargans und im Appenzell zwischen Gäbris und Vögelisegg Lärchenwälder. Im übrigen Theil der Schweiz ist er angepflanzt und gedeiht auf jedem Gestein, vorausgesetzt, dass der Boden trocken ist; am liebsten steht er an Halden. Auch am Südabhange der Alpen fehlt er nicht. Das Holz der Lärche widersteht der Fäulniss und der Verwitterung und ist daher für Gegenstände, die ins Wasser und ans Wetter kommen, besonders geeignet; es muss aber der Splint weggehauen werden. Seine Heizkraft ist verschieden, je nachdem man das innere Holz, von dem 12 Klafter 10 K. Buchenholz ersetzen, oder das äussere und jüngere nimmt, von dem man 16½ Klafter nehmen muss, um die Hitze von 10 K. Buchenholz hervorzubringen. Aus diesem Baum gewinnt man den *venetianischen Terpentin (lärchene Gloriat)*.

— Angepflanzt wird hie und da die aus dem Süden stammende und der Lärche ähnliche *Ceder* (P. Cedrus L.); allein sie leidet von den Winterfrösten.

CV. Familie.

Cupressineen (Cupressineae).

Die Staubbeutelfächer sind unten am schildförmigen Connectif angewachsen, die Ovarien geradestehend, die Schuppen der Fruchtzäpfchen bald trocken, bald fleischig, und die **Blätter** klein, bleibend, oft dachziegelartig übereinander, entgegengesetzt oder zerstreut stehend. Im übrigen verhalten sich die C. wie die Nadelhölzer.

Juniperus.

Die Geschlechter sind auf verschiedene Stämme vertheilt. Die weiblichen Blüthen stehen zu 3 auf einer 3theiligen fleischigen Hülle, die zur Fruchtreife eine falsche Beere bildet.

1. *J. communis L. Wachholder. Reckholder.* Blätter zu 3 gequirlt, lineal-pfriemförmig, sitzend, stechend. Beeren rundlich oder eirund-rundlich, mit einem blauen Reif angelaufen. Blüht im Frühling und Vorsommer. — Der Wachholder ist gewöhnlich ein Strauch, kann aber unter günstigen Umständen zu einem 30—40' hohen Baume werden. Er findet sich durch die ganze Schweiz ohne Unterschied des Gebirgs und der Höhe bis in die alpine Region. In den ebenen Gegenden ist er an uncultivirten Stellen ziemlich häufig; noch zahlreicher erscheint er in den Alpen, wo er in den höhern Regionen einen eigenthümlichen Habitus annimmt, indem die Blätter statt geradeaus zu stehen gebogen sind. (Die *J. nana Willd.)* Im Jura erscheint er etwas spärlicher, steigt jedoch auch in die subalpine Region. Man gebraucht von diesem Holz die Beeren, welche als ein die Thätigkeit des Gefässsystems anregendes und die Verdauung beförderndes Mittel officinell sind und als ein Gewürz den Speisen beigesetzt werden; aus ihm macht man auch den Wachholder-Branntwein. Das wohlriechende Holz dient zu Räucherungen.

2. *J. Sabina L. Sevenbaum.* Blätter 4zeilig gestellt, dachziegelartig sich deckend, die ältern abstehend. Beeren auf einem gekrümmten Stiel überhängend. April und Mai. — Ein Strauch, der längs der Central-Alpenkette in der montanen und subalpinen Region stellenweise verbreitet ist und sich an steinige felsige Stellen hält. Man findet ihn hin und wieder in Bünden, im Berner Oberland und Wallis, so wie auch am Süd-Abhange der Alpen. Nicht

selten trifft man ihn auch in Gärten cultivirt an. Seine Zweige sind officinell und wirken sehr erregend auf das Gefässsystem des Unterleibs und namentlich auf den Uterus; bei unvorsichtigem Gebrauch kann sogar der Tod auf den Genuss dieses Arzneimittels erfolgen. Die ganze Pflanze riecht unangenehm und etwas betäubend.

— In Gärten angepflanzt und schon im C. Tessin grosse Stämme bildend, die den Winter im Freien aushalten, ist die *Cypresse* (Cupressus sempervirens L.), die als Sinnbild der Trauer auf Gräber gepflanzt wird.

— Noch häufiger trifft man in den Gärten den sogenannten *Lebensbaum* (Thuja occidentalis und orientalis L.) an, der sehr robust ist und unser Klima gut verträgt. Er ist wie alle Gewächse seiner Familie immergrün und verdankt dieser Eigenschaft die Ehre, die man ihm als Zierbaum erweist.

Monocotyledoneae.

Die Samen keimen mit einem Samenlappen. In den Blüthentheilen herrscht die Dreizahl (3 oder 2 × 3). Die Blätter sind parallel streifig.

XXXVII. Klasse.

Spadiciflorae.

Die Blüthen sind ohne Perigon und sitzen an einem Kolben, wo sie gewöhnlich geschlechterweise von einander getrennt sind. Der Kolben wird von einer Scheide bloss unten umgeben oder ganz eingehüllt. Die Früchte sind ein- bis mehrfächerig, beerenartig oder eine Steinfrucht oder eine Karyopsis.

CVI. Familie.

Typhaceen (Typhaceae).

Blüthen in dichte Aehren oder Kugeln zusammengestellt, getrennten Geschlechts, allein beide Geschlechter auf einem Individuum, die männlichen über den weiblichen. **Perigon** bei den männlichen 0 oder an dessen Stelle einfache Fäden oder häutige Schüppchen, die zwischen den Staubgefässen zerstreut stehen; bei den weiblichen sind es 3 Schüppchen oder in andern Fällen keulenförmige Borsten. **Staubgefässe** in grosser Anzahl, mit dünnen, einfachen oder auch an der Spitze 2—3ästigen Fäden und 2fächerigen, durch Längsspalten aufspringenden Beuteln, deren Fächer durch ein oben in eine bisweilen vorstehende Spitze verlängertes Connectiv verbunden sind. **Stempel** aus einem freien Ovarium, einem Griffel und einer einseitigen zungenförmigen Narbe bestehend. **Frucht** eine etwas harte Karyopsis. **Samen** mit geradem Keim in der Mitte eines Albumen. — Grosse Kräuter, die am oder im Wasser wachsen.

Typha.

Aehren cylindrisch. Staubgefässe von Fäden umgeben. Stempel auch von Fäden umgeben. Frucht ein gestielter mit dem bleibenden Griffel gekrönter Schlauch (aufgeblasene Karyopsis).

1. *T. latifolia L.* Blätter flach, länger als der blühende Stengel. Männliche und weibliche Aehren an einander stossend. 4—6'. ♃ Um Teiche herum, durch die ganze ebene und montane Region der Schweiz zerstreut. Blüht im Sommer. Die Blätter werden von den Küfern zum Verstopfen der Fassfugen gebraucht.

2. *T. angustifolia L.* Blätter länger als der blühende

Stengel. Weibliche Aehre von der männlichen entfernt. ♃ Sommer. An ähnlichen Stellen, aber seltener und bis dahin bloss in Unter-Wallis und bei Bex beobachtet.

3. *T. minima L.* Blätter viel kürzer als der blühende Stengel, die der unfruchtbaren Wurzelschosse schmal lineal. Weibliche Aehre von der männlichen entfernt, später elliptisch. 1—1½'. ♃ Sommer. Auf überschwemmten, lettigen Stellen, immer an grossen Flüssen. Am Rhein bei Chur nnd am Bodensee; an der Aare bei Bodenacker und am Einfluss der Kander; an der Rhone bei Siders, St. Leonhard, am Einfluss in den Genfer-See und bei Genf zwischen der Arve und Rhone, so wie auch weiter oben an der Arve.

Sparganium.

Blüthen kugelig zusammengestellt, durch Spreublättchen (die Schüppchen, die im Familiencharakter als Perigontheile bezeichnet wurden) von einander getrennt. Frucht eine harte 1—2fächerige, ein- bis 2sämige, trockene Steinfrucht.

1. *S. ramosum Huds.* Blätter unterhalb 3kantig mit concaven Seitenflächen. Stengel oberhalb im Blüthenstand ästig. Narbe lineal. 1½—3'. ♃ In oder an stehendem oder langsam fliessendem Wasser durch die ganze ebene Schweiz. Blüht im Sommer.

2. *S. simplex Huds.* Blätter unterhalb 3kantig mit concaven Seitenflächen. Stengel einfach. Narbe lineal. 1'. ♃ Ebenfalls an und in stehendem Wasser, jedoch seltener. Bei Ins, in Unter-Wallis bei Econaz und du Guerset, bei Neuss, Grangettes, Confignon und wohl noch andern Orten in den Cantonen Waadt und Genf. Sodann auch bei Clefen. Sommer.

3. *S. natans L.* Blätter flach, schwimmend. Stengel einfach, ½—1½' lang. Narbe länglich. ♃ Sommer. Findet sich in tiefern stehenden Wassern, sowohl in den alpinen Thälern (bei Calveisen im C. St. Gallen, Malöja und Münsterthal in Bünden, auf der Grimsel, Chamouny in Savojen) als in der Ebene (bei Lachen, Zürich, Dübendorf, Landern, Roche, Noville, Villeneuve, Neuss, Lossy).

CVII. Familie.

Aroideen (Aroideae).

Blüthen meist ohne Perigon, ringsum an dem obern Theil des Schafts, der von einer tutenförmigen Scheide eingeschlossen ist, sitzend, gewöhnlich die weiblichen unten, die männlichen oben und zwischen beiden verkümmerte unfruchtbare Blüthen. Frucht beerenartig, ein- bis mehrfächerig, ein- bis mehrsamig. Samen mit fleischigem oder mehligem Albumen, in dessen Axe ein kleiner Keim ist. — Kräuter mit wurzelständigen Blättern, bis auf die Scheide nacktem, einfachem Schafte und knolligen Wurzeln. Die meisten finden sich in den heissen Ländern.

Erste Unter-Familie. Acoroideae.

Perigon regelmässig. Blätter degenförmig. Habitus der Rohrkolben (Typha).

Acorus.

Scheide 0. Perigon 6blätterig, bleibend. Staubgefässe 6, fadenförmig. Narbe stumpf, sitzend. Kapsel 3fächerig, nicht aufspringend.

1. *A. Calamus L. Kalmus.* Schaft über den Blüthenkolben hinaus in eine blattartige Scheide verlängert. 4—5'. ♃ Sommer. An Seen, Wassergräben und Sümpfen der ebenen Schweiz. Wurde bisher bemerkt bei Wallenstadt, Wesen, bei Pfäffikon am Zürcher-See, am Pfäffiker-See, am Clönthaler-See, bei Holligen im C. Bern, hin und wieder im C. Basel, am Murtner-See, Thuner-See, bei Lausanne und Vouvry im untern Rhonethal. Von dieser Pflanze hält man in den Apotheken die Wurzeln, die einen durchdringenden aromatischen Geruch besitzen und ein sehr wirksames reizend-tonisches Heilmittel sind, das namentlich bei schlechter Verdauung gute Dienste leistet.

Zweite Unter-Familie. Callaceae.

Staubgefässe und Stempel vermischt, ohne oder mit einem Perigon, auf einem kolbenartigen von einer Scheide eingehüllten Stiele stehend.

Calla.

Scheide ausgebreitet (nicht geschlossen). Frucht eine Beere.

1. *C. palustris L.* Blätter herzförmig. Scheide flach, oben weiss. 3—5″. ♃ Sommer. Auf Sümpfen im Joux-Thal. Es muss jedoch bemerkt werden, dass Rapin diese Pflanze in seinem Guide du botaniste dans le Canton de Vaud nicht mehr anführt; ob aus Vergessenheit oder absichtlich, wissen wir nicht.

Dritte Unter-Familie. Dracunculineae.

Staubgefässe und Stempel ohne Perigon, jedoch gesöndert, an einem kolbenartigen Stiel, der von einer Scheide umgeben ist.

Arum.

Kolben oberhalb nackt, darunter sitzende Staubbeutel und an der Spitze fädige Drüsen und zuunterst die Stempel. Beere 1—∞ samig.

1. *A. maculatum L. Aron.* Scheide länger als der Kolben, ausserhalb grün. Blätter länglich-eirund, nach hinten in spiessförmige Lappen ausgehend. 1′. ♃ Frühling. Findet sich an Hecken und in Gebüschen durch die ganze ebene Schweiz, geht bis an den Fuss der Alpen, steigt aber nicht auf die Berge und auch nicht einmal in die innern Thäler; so fehlt der A. z. B. in Bünden, Glarus und im eigentlichen Berner Oberland. Die Wurzel ist im frischen Zustand brennend scharf und ein wahres Gift; durchs Trocknen und Auskochen im Wasser verliert sie das scharfe Princip und wird geniessbar, eine Erscheinung, die man auch beim Maniok (Jatropha Manihot) wahrnimmt.

XXXVIII. Klasse.

Fluviales.

Blüthen ohne Perigon; selten mit einem rudimentären und noch seltener mit einem vollkommenen Perigon; die Geschlechter sind getrennt. Stempel einer oder mehrere in den Blattachseln, frei. Frucht meist einsamig, nicht aufspringend. Samen ohne Eiweiss. — Kleine Wasserpflanzen mit abwechselnd stehenden Blättern, kleinen, achselständigen Blüthen, in denen man verkümmerte Blüthenkolben wie bei den Aroideen erkennen will.

CVIII. Familie.

Lemnaceen (Lemnaceae).

Perigon (Scheide?) einblätterig, zusammengedrückt, ganz oder gezähnelt. Staubgefässe 2, die sich nach einander entwickeln und 2fächerige, der Länge nach aufspringende Staubbeutel tragen. Stempel sitzend, mit einfächerigem Ovarium, kurzem Griffel und stumpfer Narbe. Frucht ein ein- oder vielsamiger Schlauch oder eine ringsum aufspringende Kapsel. — Sehr kleine Kräuter, die schwimmend in stehendem Wasser leben. Sie bestehen aus mehrern blattartigen, linsenförmigen, an einander gereihten Theilen; aus den Articulationen schicken sie feine Wurzeln nach unten und nach oben entwickeln sie die Blüthentheile.

Lemna.

Wasserlinsen. Charakter wie oben.

1. *L. trisulca L.* Blätter (erweiterte Stengeltheile) lanzett, später gestielt. Wurzeln einzeln. ⊙ Mai und Juni. Nach Haller bei Basel, Friedlingen, Herzogenbuchsee, Aigle. Nach Hegetschweiler und Heer im Katzensee. Nach Gaudin bei Neuss.

2. *L. polyrhiza L.* Blätter rundlich-eirund, ungestielt. Wurzelfasern gebüschelt. ⊙ Bei Noville nach Haller, bei Neuss nach Gaudin, im Rheinthal nach Hegetschweiler, bei Genf nach Reuter.

3. *L. minor L.* Blätter umgekehrt-eirund, auf beiden Seiten flach, ungestielt. Wurzelfasern einzeln. ⊙ Gemein auf allen stehenden Wassern der Schweiz.

4. *L. gibba L.* Blätter umgekehrt-eirund, auf der untern Seite schwammig-convex, ungestielt. Wurzelfasern einzeln. Nach Gaudin bei Neuss, nach Vaucher bei Genf in Gesellschaft der L. minor.

CIX. Familie.

Najaden (Najadeae).

B l ü t h e n mit getrennten Geschlechtern oder Zwitter. P e r i g o n scheidenartig, 4theilig oder 0. S t a u b g e f ä s s e 1—4. S t e m p e l aus 1 bis 4 sitzenden Ovarien bestehend. F r u c h t aus 1—4 einfächerigen, einsamigen, freien, harten oder ausserhalb etwas fleischigen Karpellen (welche also hier im Grunde Nüsschen oder kleine Steinfrüchte sind) bestehend. Wasserpflanzen mit gewöhnlichen Stengeln und Blättern.

Najas.

Blüthen getrennten Geschlechts. Männliche Blüthen in einer 2spitzigen Scheide, die einen 4fächerigen Staubbeutel eng umgibt, bestehend. Weibliche Blüthen ohne Perigon oder Scheide. Stempel mit einem sitzenden Ovarium, einem kurzen Griffel und 2—3 Narben.

1. *N. major Roth.* Blätter lineal, geschweift-gezähnt: Zähne mit einer Spitze. Scheiden ganzrandig. ⊙ Sommer. In Seen und kleinern stehenden Wassern. Im Zürcher-See bei Stäfa, der Insel Ufnau und andern Stellen, bei Basel.

2. *N. minor All.* Blätter schmal lineal, geschweiftgezähnt: Zähne mit einer Spitze. Scheiden wimperiggezähnt. ⊙ Sommer. In stehenden Wassern. Bei Neuss am Ausfluss des Boirons in den Genfer-See und bei Vidy. Wurde auch in neuerer Zeit bei Basel durch H. Preiswerk entdeckt.

Zanichellia.

Blüthen achselständig, mit getrenntem Geschlecht, jedoch beide Geschlechter in einer und derselben Blattscheide. Männliche Blüthen ohne Perigon und mit einem Staubgefäss. Weibliche Blüthen mit glockenförmigem Perigon und 3 bis 6 Stempel mit bleibendem Griffel und schiefer schildförmiger Narbe. Frucht 3—6 Nüsschen.

1. *Z. palustris L.* Griffel halb so gross oder grösser als die Frucht. ♃ In allen stehenden oder langsam fliessenden Wassern der Ebene und montanen Region der Schweiz.

Potamogeton.

Blüthen Zwitter. Perigon viertheilig. Staubgefässe 4, auf der Basis der Perigontheile. Stempel 4, ohne Griffel. Frucht aus 4 sitzenden Nüsschen bestehend. Wasserpflanzen, deren Blüthen eine Aehre bilden.

1. *P. natans L.* Alle Blätter lang gestielt: die untergetauchten schmäler, lanzett oder länglich, die schwimmenden lederig, eirund oder länglich, hinten schwach herzförmig ausgeschnitten. Blattstiele oberhalb, flachconcav. Nüsschen (im frischen Zustand) zusammengedrückt mit stumpfem Rande. ♃ Sehr gemein durch die ganze ebene Schweiz. Er steigt auch in die höhern Seen der montanen Region der Alpen, z. B. den Laxer-See in Bünden. Sommer.

2. *P. fluitans Roth.* Alle Blätter lang gestielt: die untergetauchten verlängert-lanzett, die schwimmenden länglich-lanzett oder eirund. Blattstiele oberhalb convex.

Nüsschen zusammengedrückt mit ziemlich scharfem Rande. ♃ Bei Neuss am Ausfluss des Boiron.

3. *P. Hornemanni Mey. P. plantagineus Ducr.* et *Gaud.* Alle Blätter gestielt, am Rande glatt: die untern länglich-elliptisch, die obern eirund oder fast rundlich. Blattstiele halb so lang als das Blatt. Nüsschen zusammengedrückt, am Rande stumpf. ♃ Sommer. Bei Neuss in der Waadt und Dübendorf im C. Zürich, in nicht tiefen Wassergräben.

4. *P. lucens L.* Alle Blätter untergetaucht*) und kurz gestielt, eirund bis lanzett, am Rande fein gezähnt. ♃ In Wassergräben und Seen. Ich habe ihn von Genf und Neuss. Hegetschweiler gibt ihn bei Stäfa an. Nach dem Catalogue des pl. vas. du C. de Vaud an vielen Orten dieses Cantons.

5. *P. rufescens Schrad. P. obtusus Ducros.* Alle Blätter lanzett, am Rande ungezähnt, sitzend, bisweilen die obern gestielt. ♃ In Wassergräben und Teichen durch die ganze Schweiz. In der Ebene zwischen Wallenstadt und Sargans, nach Hegetschweiler bei der Ziegelbrücke am Linthcanal und in der Jonen bei Rifferschwyl. Im Jura bei St. Cergues und les Rousses. In den Alpen auf dem Fouly, Vallée d'Ormond in hoch gelegenen Teichen oder kleinen Seen. Hieher ziehe ich auch ohne Bedenken *P. praelongus* von Gaudin, der vielleicht von Wulfens und Kochs Art verschieden ist. Nach Schleicher kommt unser P. praelongus in den alpinen Seen vor.

6. *P. gramineus L. P. heterophyllus Schreb.* Untergetauchte Blätter lineal-lanzett, nach hinten verschmälert, sitzend, am Rande etwas rauh. Die obern Blätter gestielt, kürzer und breiter; die schwimmenden lanzett bis eirund, langgestielt, lederig. Diese letztern sollen auch bisweilen ganz fehlen. ♃ Sommer. In Wassergräben bei Neuss, nach Custor im Rheinthal, nach Leiner bei Constanz, nach Thomas im Murtner-See. Rapin gibt noch andere Standorte in der Waadt für diese Pflanze an, die sich jedoch vielleicht eher auf P. rufescens oder gar natans beziehen

---

*) Sie können auch über das Wasser herausstehen, allein sie schwimmen nicht.

dürften, mit welchen beiden Arten diese Pflanze viel Verwandtschaft zu besitzen scheint.

7. *P. perfoliatus L.* Blätter herzförmig umfassend, eirund oder eirund-lanzett, alle untergetaucht. ♃ Sommer. In allen unsern Seen und Teichen, manchmal ganze unter dem Wasser stehende Wälder bildend.

8. *P. crispus L.* Blätter sitzend, länglich, mit wellig-krausem Rande, alle untergetaucht. ♃ Sommer. In Seen und langsam fliessenden Bächen, sowohl in der montanen Region (z. B. Laxer-See) als in der Ebene, nicht selten.

9. *P. densus L.* Blätter aus eirunder Basis zugespitzt, sitzend, entgegengesetzt. Aehrchen wenigblumig. ♃ Sommer. Ungemein häufig in Bächen, Teichen und Wassergräben durch die ganze Schweiz bis in die subalpine Region.

10. *P. compressus L.* Blätter alle untergetaucht, lineal, stumpf, bespitzt, mit vielen feinen Rippen, wovon 3—5 stärker sind. Aehren walzig, 10—15blumig. Stengel geflügelt-verflacht. ♃ Sommer. In Sümpfen und langsam fliessenden Wassern. Bei Bern in den Sümpfen von Muri und Gümlingen, bei Fridlingen im Baseler-Gebiet, beim Hörnli im C. Zürich.

?11. *P. obtusifolius M.* et *K.* Wie voriger, doch ist die Aehre 6—8blumig und der Stengel zusammengedrückt, aber nicht geflügelt. ♃ Sommer. In Teichen und Pfützen. Gaudin und Haller führen diese Art ohne nähere Bezeichnung der Standorte an. Ich habe ein Exemplar aus der Umgegend von Sargans, das ich, obwohl ihm die Blüthen fehlen, nach der Beschaffenheit des Stengels mit einigem Zweifel hieher ziehe. *P. gramineus Gaud.*

12. *P. pusillus L.* Blätter alle untergetaucht, lineal, ziemlich spitzig und dazu bespitzt. Aehre meist ununterbrochen, zwei- bis dreimal kürzer als ihr Stiel. ♃ Sommer. In Pfützen und Wassergräben, wahrscheinlich durch die ganze Schweiz. Wurde bisher beobachtet bei Neuss, à la tour de Gourze, carrière de Founex, bei Martinach, Genf, am Katzensee, im Gürbenmoos, Schwarzenegg, am Neuenburger See und bei Chur.

13. *P. pectinatus L.* Blätter alle untergetaucht, lineal, quer-aderig. Aehren unterbrochen, langgestielt. ♃ Sommer. In Seen, Sümpfen und langsam fliessenden Wassern,

nicht selten. Wurde beobachtet bei Genf und in der Waadt, am Zuger-See, bei Fläsch und Flims in Graubünden. Steigt bis in die subalpine Region, wo er z. B. im Lauinen-See gefunden wird.

14. *P. trichodes Ch.* et *Sch.* Blätter sehr schmal lineal, spitzig, einnervig. Blüthenstiele 2—6mal so lang als die länglich-walzige, 4—8blumige Aehre. Frucht zusammengedrückt, die eine seitliche Kante abgerundet, die andere schärflich, quadratisch-kreisrund, stumpf mit gestutztem Schnäbelchen. Sommer. In stehendem Gewässer. Im Kuhmoos bei Constanz von H. Leiner entdeckt. (Aus Dölls Rheinisch. Flora.)

XXXIX. Klasse.

Gynandrae.

Blüthen mit unregelmässigem Perigon und mit Staubgefässen, die mit dem Stempel verwachsen.

CX. Familie.

Orchideen (Orchideae).

Perigon 6theilig, obenständig; die 3 äussern Perigontheile sind gewöhnlich unter sich gleich, die 3 innern ungleich. Von diesen letztern ist namentlich eines sehr abweichend gestaltet; man heisst es das *Labellum*. Staubgefässe gewöhnlich 1 (selten 2), aus 2 Fächern gebildet, die vorn am Griffel angewachsen sind und den Blumenstaub als zusammenhängende Massen enthalten. Stempel aus einem gewöhnlich etwas gewundenen unterständigen Ovarium und einem durch die Verwachsung etwas unkenntlichen Griffel und Narbe gebildet. Frucht eine einfächerige, dreiklappige Kapsel mit wandständigen Placenten. Samen ∞, ohne Albumen. — Fast alle O. haben schöne, wohlriechende, mitunter sonderbar gestaltete Blumen. Viele leben auf Baumstämmen, so namentlich die der südlichen Länder; die unsrigen hingegen wachsen in der Erde und treiben häufig neben den feinern Wurzelfasern gröbere bandförmig gestaltete oder eigentliche Knollen. Die *Vanille* wird aus den Früchten einer Orchidee gewonnen.

Cypripedium.

Zwei Staubgefässe seitlich am Griffel. Labellum bauchig-aufgeblasen. Ovarium nicht gewunden. Wurzeln faserig.

1. *C. Calceolus L. Frauenschuh.* Stengel blätterig, 1—1½', 1—2blumig. Labellum gelb von oben gedrückt, kürzer als die braunen Perigontheile. ♃ Mai. In montanen Wäldern zerstreut durch alle Gebirgssysteme der Schweiz. In den Alpen (Ormonds, Niesen, Pilatus, Glarus, Graubünden); im Jura (Randen, Pertuis, Waldenburg, Salève); auf der Molasse (Uetli, Kempten, Herliberg, bei Bern). Auch im Gebiet von Basel.

Liparis.

Perigon abstehend. Griffel (hier das sogenannte Gynostenium) oberhalb flügelig gerandet. Schnäbelchen stumpf. Staubbeutel endständig, bald abfällig. Labellum einfach. Pollen (Blüthenstaub) wachsartig, 2 Doppelkügelchen bildend. Frucht nicht gewunden. Wurzel faserig. Basis der Stengel etwas zwiebelartig verdickt.

1. *L. Loeselii Rich. Malaxis Loeselii Sw.* Schaft dreikantig, unten 2blätterig. Aehre 3—11blumig, grünlichweissgelb. Labellum so lang als die andern Krontheile. 3—8''. ♃ Juni. In Torfsümpfen. Bei Genf im Marais de Lossy, bei Jogny und Vivis in der Waadt, bei Sitten, Einsiedeln, Aeschi im C. Solothurn, Rifferschwyl, Thun, am Hallwyler-See im C. Luzern, am Katzensee und bei Rheineck.

Malaxis.

Perigon abstehend. Griffel sehr kurz, oben ungeflügelt. Staubbeutel endständig. Pollen wachsartig, zu 4 länglichen Massen zusammengeballt. Frucht nicht gewunden. Stengel an der Basis zwiebelartig verdickt. Wurzel faserig.

1. *M. monophyllos Swartz.* Stengel einblätterig, dreikantig. Labellum concav, zugespitzt. 6—9''. ♃ Juli. In Wäldern von der montanen bis in die alpine Region, jedoch selten und nur einzeln. Im C. Glarus bei Matt, über Mollis, im Linththal im Gebüsch längs der Linth; bei St. Moritz im Ober-Engadin, auf dem Brünig nach Lungern zu, im Lauterbrunnen-Thal beim Staubbach und zwischen Trachsellauinen und dem Schmadribach.

Corallorhiza.

Perigon durch das Zusammentreten des untern Perigonlappen mit dem Labellum 2lippig. Labellum ungetheilt, ungespornt. Pollen aus vier wachsartigen Kügelchen bestehend. Wurzeln corallenartig.

1. *C. Halleri Rich.* Ein 3—9'' hohes schwaches Pflänzchen mit gelbgrünen Blümchen, welches in montanen und subalpinen Wäldern auf steinigem wohl mit Humus versehenem Boden wächst. In den Alpen von Glarus, der Waadt und des Berner Oberlands hin und wieder; im Jura der Cantone Waadt, Neuenburg, Solothurn, Basel und wahrscheinlich auch Bern, nicht selten; sodann auch zwischen Bern und Rüggisberg. Sommer. ♃

Spiranthes.

Perigon 2lippig. Labellum ungetheilt, ungespornt, hinten nach oben gekrümmt und rinnenartig ausgehöhlt. Schnäbelchen mit eirunder Lamelle, an der Spitze gespalten. Frucht nicht gewunden. Wurzeln aus 2—4 verdickten oder knollenartigen Fasern gebildet. Blumentraube gedreht, weiss.

1. *S. aestivalis Rich.* Blätter lineal-lanzett. 4—10''. ♃ Sommer. Wächst in sumpfigen Wiesen der ebenen Schweiz und wurde schon beobachtet bei Genf, Neuss,

Roche, Iferten, Lausanne, Peterlingen, Neuenburg, Seedorf, am Thuner-See, zwischen Meiringen und der Wyler-Brücke, am Katzensee, bei Rifferschwyl.

2. S. *autumnalis Rich.* Blätter eirund. 6—9''. ♃ Herbst. Auf unfruchtbaren, dürren Stellen. Nicht selten bei Genf und durchs Waadtland bis nach Unter-Wallis; seltener bei Peterlingen, Orbe, um den Thuner-See, Bodensee, Basel und Zürich herum.

Goodyera.

Perigon 2lippig. Labellum ungetheilt, breit gesackt, hinten nach oben gekrümmt. Schnäbelchen lamellenartig, gespalten. Frucht nicht gewunden. Wurzeln ästig mit Wurzelschossen. Blumentraube weiss, spiralartig gewunden.

1. G. *repens R. Br.* Wurzel ästig, kriechend. Stengel unterhalb blätterig, 4—7''. Blätter eirund, gestielt, netzaderig. ♃ Sommer. In Tannenwäldern der Ebene und montanen Region, sowohl im Jura (Ferrière, Moutier-Granval, Cortebert, Valengin etc.) als in den Alpen (Aigle, Seimbranchier, Grüsisberg bei Thun, Chur) und den Molassenbergen (Bern, Freiburg, Zürich etc.).

Neottia.

Perigon helmförmig. Labellum ungespornt, vorn erweitert, 2lappig. Schnäbelchen zungenförmig, ganz. Pollen mehlartig. Frucht nicht gewunden. Wurzel dicht und dick faserig.

1. *N. Nidus-avis Rich. Ophrys Nidus-avis L.* Eine fusshohe, holzfarbige, blattlose Pflanze vom Aussehen der Sommerwurzen, deren Blumen von der gleichen Farbe sind. Sie wächst in dunkeln Wäldern parasitisch auf Baumwurzeln, am liebsten in Buchenwäldern, und findet sich in der ganzen Schweiz bis in die subalpine Region. Mai und Juni.

Listera.

Perigontheile helmartig zusammenneigend. Labellum ungespornt, zweilappig. Pollen mehlartig. Frucht nicht gewunden. Wurzeln faserig. Blüthen unansehnlich, grünlich.

1. *L. ovata R. Br.* Stengel 2blätterig. Blätter eirund, entgegengesetzt. Labellum lineal, 2lappig. 1'. ♃ Mai. Auf etwas schattigen Grasplätzen der ganzen ebenen Schweiz bis in die montane Region.

2. *L. cordata R. Br.* Stengel 2blätterig, 3—6". Blätter entgegengesetzt, herzförmig. Labellum vorn zweilappig, hinterhalb jederseits einzähnig. ♃ Sommer. Im Moose der dunkelsten Tannenwälder der subalpinen Region. In den Alpen von Waadt und Unter-Wallis, auf dem Gurnigel und Schwarzenegg im C. Bern, im Brättigau und Oberland von Graubünden, bei Bregenz; im Jura über Biel, Arzier, Creux-du-Van, aux Pontins, Dôle etc.; auf den höhern Molassenbergen (Voirons bei Genf).

Epipactis.

Perigon glockenförmig zusammenneigend. Labellum ungespornt, ungetheilt. Pollen mehlartig. Ovarium gestielt. Frucht nicht gewunden. Wurzel faserig.

1. *E. latifolia All.* Untere Blätter eirund, die obern lanzett oder lineal-lanzett. Traube vielblumig. Blumen grünlich oder schmutzig rothbraun. 1—2'. ♃ Sommer. In Laubholzwäldern und Gebüsch, gemein durch die ganze Schweiz bis gegen die subalpine Region.

α. Blumen grünlich. Die 2 Höcker des Labellums glatt. Auf dem Jura bei Solothurn und wahrscheinlich noch vielfach anderwärts.

β. Blumen schmutzig rothbraun. Auf den 2 Höckern des Labellums hahnenkammartige Auswüchse. Ebenfalls bei Solothurn, in Gesellschaft des vorigen. In den Alpen sind die rothblühenden Exemplare häufiger; allein ich kann nicht sagen, ob die kammartigen Auswüchse immer daran zu bemerken sind. Nach Koch sollen auch an grünblühenden solche sein und nach meiner Erfahrung gibt es auch Exemplare, wo diese Auswüchse nur schwach angedeutet sind. Eine Altersverschiedenheit ist es aber sicher nicht.

2. *E. palustris Crantz.* Unterste Blätter länglich, obere lanzett. Traube 4—10blumig. Blumen weiss und schmutzigroth geschäckt, doppelt grösser als bei voriger. 10—16". ♃ Auf sumpfigen Wiesen der Ebene und

montanen Region, zerstreut durch die ganze Schweiz. Blüht auch erst im Sommer und bis in den September hinein.

Cephalanthera.

Perigontheile aufrecht, zusammenneigend. Labellum ungespornt, 3lappig: mittlerer Lappen articulirt-angewachsen mit erhabenen Rippen auf der obern Fläche. Narbe schüsselförmig. Staubbeutel endständig. Pollen mehlartig. Wurzel faserig.

1. *C. pallens Reich. Epipactus pallens Willd.* Blätter eirund oder lanzett-eirund. Bracteen 1/2'' und darüber. Blumen weiss. 1—2'. ♃ Juni. In Laubholzwäldern der Ebene und montanen Region, durch die ganze Schweiz zerstreut, im Jura wie in den Alpen und der Molasse.

2. *C. ensifolia Rich. Epipactis ensifolia Sw.* Blätter schwertförmig. Bracteen mit Ausnahme der untersten 2—3'' lang. Blumen weiss. 1 1/2'. ♃ Sommer. In Laubholzwäldern der montanen Region, ohne Unterschied des Gebirgs, jedoch zerstreut und nirgends häufig.

3. *C. rubra Rich.* Blätter lineal-lanzett, die untersten bisweilen etwas breiter. Bracteen so lang oder länger als das Ovarium. Blumen fleischroth. 1 1/2—2'. ♃ Ebenfalls in Laubholzwäldern und Gebüsch der Ebene und montanen Region durch die ganze Schweiz, allein auch nirgends in grosser Menge.

Limodorum.

Labellum ungetheilt, gespornt. Staubbeutel endständig, frei. Pollen staubartig.

1. *L. abortivum Sw.* Blätter scheidenartig. Sporn pfriemförmig, so lang als das Ovarium. Die ganze Pflanze ist blau und bis 2' hoch. ♃ Mai und Juni. In Wäldern der Ebene und montanen Region. In der westlichen Schweiz hin und wieder; von Genf längs dem Genfer-See bis ins untere Rhonethal, so wie auch im Waadtländer, Neuenburger und Baseler Jura; auch in Graubünden, aber selten. Im Ganzen gehört diese Art zu den seltenern Schweizerpflanzen.

Epipogium.

Perigon umgekehrt, d. h. aufwärts gedreht, so

dass das Labellum nach oben gekehrt ist. Labellum sackartig gespornt. Staubbeutel kurz gestielt. Pollenmassen vermittelst kleiner Stielchen zusammenhängend. Wurzeln corallenartig.

1. *E. Gmelini Rich.* Eine bis 1/2' grosse, blattlose, holzfarbige Pflanze, die auf faulen Baumstämmen in dunkeln Buchen- und Tannenwäldern der Ebene und montanen Region wächst und im Sommer blüht. Hin und wieder in den Waadtländer Alpen, im benachbarten Savojen, bei Rüggisderg und Thun, bei Zofingen und Marschlins in Graubünden. Im Ganzen selten. ♃

Serapias.

Perigonlappen mehr oder weniger verwachsen. Labellum frei, ungespornt, 3lappig: mittlerer Lappen lang abwärts hängend. Bracteen gross, wie die Blumen gefärbt. Wurzel knollig.

1. *S. Lingua L.* Blätter lineal-lanzett, die obern bisweilen scheidenartig. Mittlerer Lappen des Labellums zugespitzt. 9—12''. ♃ Auf Hügeln von Ober-Italien. In der Schweiz zuerst zwischen Melide und Marcote im Canton Tessin von H. Diny beobachtet. Mai. Nach trocknen Exemplaren zu urtheilen, ist diese Pflanze vielen Veränderungen unterworfen, die ohne Zweifel die grosse Verschiedenheit der Ansichten und die Verwirrung in der Synonymie hervorgerufen haben, die in Bezug auf diese Pflanzengruppe herrscht. Gewiss ist, dass die Verwachsung der Perigontheile an einer und derselben Pflanze nur bis zur Mitte oder bis gegen die Spitze geht, dass die Länge der Bracteen wechselt. Die Behaarung auf der Basis des Labellums scheint von vorn angesehen kurz zu sein, genauer untersucht aber besteht sie aus langen niedergedrückten und verworrenen Haaren. Ich vermuthe daher, dass *S. oxyglottis Willd.* und *S. cordigera L.* nicht wesentlich von dieser verschieden sind.

Herminium.

Labellum gesackt, 3theilig: Theile lineal. Die 2 innern Perigontheile jederseits mit einem Läppchen. Wurzeln knollig.

1. *H. Monorchis R. Br. Ophrys Monorchis L.* Stengel

unterhalb 2—3blätterig. Blumen grünlich-gelb, wohlriechend. 4—8". ♃ Mai bis Juli. Auf Weiden der Ebene und montanen Region, zerstreut durch die ganze Schweiz. Ziemlich häufig längs dem Fuss der Alpen. Auf der Molasse bei Neuss, Bern, Herliberg. Sodann bei Birseck. Ob im Jura, ist zweifelhaft.

Aceras.

Labellum ungespornt, 3theilig: mittlerer Theil 2lappig: Lappen lineal. Pollenmassen gestielt. Ovarium nicht gewunden. Perigontheile helmartig zusammenneigend.

1. *A. anthropophora R. Br.* Blätter lanzett. Wurzel 2knollig. Blumen gelbgrün. 1'. ♃ Mai und Juni. Auf dürren Triften und Halden der westlichen und mittlern Schweiz in der Ebene (Genf, Waadt, Neuenburg, am Bieler-See); seltener bei Solothurn, Thun, Basel, Aarau, Olten, auf dem Jura und bei Zürich.

Chamorchis.

Perigon helmartig zusammenneigend. Labellum ungetheilt, ohne Sack oder Sporn, so gross als die äussern Perigontheile, die um etwas grösser als die zwei innern sind. Pollenmassen gestielt. Wurzeln knollig.

1. *C. alpina Rich. Ophrys alpina L.* Labellum stumpf, an der Basis auf beiden Seiten mit einem kleinen Zahn. Blätter lineal. Blumen grüngelb. 2—3". ♃ Sommer. Auf alpinen Weiden der ganzen Alpenkette, ohne Unterschied der Formation, stellenweise häufig, jedoch lange nicht überall.

Ophrys.

Perigon abstehend. Labellum ungespornt, verschieden geformt und gezeichnet. Pollenmasse gestielt. An der Wurzel 2 Knollen. Frucht nicht gewunden.

1. *O. muscifloru Hall. O. myodes Jacq.* Labellum 3theilig: mittlerer Theil 2lappig. Die 2 innern Perigontheile fadenartig. (Sie sind gewissermassen die Fühlhörner am Insekt, das die ganze Blume darstellt). 1—1 1/2'. ♃ Mai. Wächst auf magern dürren Halden und in lichten

Wäldern durch die ganze ebene und montane Schweiz, ohne Unterschied des Gebirgs, jedoch, wie alle Ophrys-Arten, etwas zerstreut und nirgends in Menge.

2. *O. aranifera Huds.* Labellum länglich-eirund, ganz und ohne Anhängsel an der Spitze. Die äussern Lappen des Perigons fast so lang als das Labellum. 8—15". ♃ April und Mai. Auf unfruchtbaren Triften und Weiden. Bei Genf, Neuss, Bex, Thun, Chur und Basel.

3. *O. arachnitis Reichard.* Labellum ganz, convex, breiter als lang, unten mit einem aufwärts gebogenen grünen kahlen Anhängsel. Griffel (gynostemium) kurz geschnabelt. ♃ 1' und darüber. Mai und Juni. Auf magern Triften und in lichten Wäldern (Genf, Waadt, Unter-Wallis, Bern, Solothurn, Zürich, Basel).

4. *O. apifera Huds.* Labellum convex, 5lappig: die Lappen alle nach unten eingebogen (nicht bloss abwärts gebogen). Griffel gebogen-geschnabelt. 1'. ♃ Juni. Ebenfalls auf unfruchtbaren Triften und in lichten Wäldern. Bisher mit Sicherheit nur bei Genf, Neuss, Lausanne und Solothurn gefunden. Brown gibt sie auch als bei Thun, Custer bei Rheineck und Constanz wachsend an. Die *Ophrys Trollii* von Hegetschweiler gehört vermöge des gebogenen Schnabels hieher; allein das Labellum weicht so sehr von allen unsern Ophrys-Arten ab, dass man nicht einmal ein hybrides Gebilde in dieser Pflanze anzunehmen wagt. Wahrscheinlich bestand sie bloss in der Phantasie des Künstlers und auf einen solchen Grund sollen die Naturforscher keine neue Species bauen.

Habenaria.

Labellum 3lappig oder 3zähnig, nach hinten in ein Säckchen oder einen kurzen Sporn ausgehend. Frucht gewunden. Wurzeln faserig oder handförmig.

1. *H. viridis R. Br.* Labellum an der Spitze 3zähnig: der mittlere Zahn kürzer als die seitlichen; nach hinten geht es in ein Säckchen aus. Wurzeln handförmig. Blumen grünlich oder bräunlichgrün. 3—12'. ♃ Auf Weiden durch die ganze Alpenkette und den Jura von Genf bis Solothurn und Basel, immer in der subalpinen und alpinen Region; häufiger jedoch auf dem Jura als in den Alpen.

In der Ebene findet sie sich bei Basel, Genf, Neuss, Roche etc. Auch auf den Molassenbergen (Rigi, Ezel).

2. *H. albida R. Br.* Labellum 3lappig: mittlerer Lappen länger. Sporn dreimal kürzer als das Ovarium. Wurzeln dick faserig. Blümchen weisslich, klein. 1'. ♃ Sommer. Auf Weiden der montanen, subalpinen und alpinen Region sowohl im Jura als auf den Alpen, jedoch zerstreut. Auch auf den Voirons bei Genf.

Platanthera.

Labellum ungetheilt, gespornt. Frucht gewunden. Staubbeutel vorn am Griffel. Knollen an den Wurzeln.

1. *P. bifolia Rich. Orchis bifolia L.* Sporn länger als das Ovarium, fadenförmig. Fächer der Staubbeutel parallel. Blumen weiss, wohlriechend. $1\frac{1}{2}$—2'. ♃ Juni und Juli. In Wäldern durch die ganze ebene Schweiz und in der montanen und subalpinen Region häufig.

2. *P. chlorantha Custor. Orchis virescens Zollikofer.* Sporn länger als das Ovarium, keulen-fadenförmig. Staubbeutelfächer nach unten divergirend. Blumen weisslichgrün. 2'. ♃ Juni und Juli. Wahrscheinlich überall, wo vorige. Wurde bemerkt in St. Gallen, Genf, Waadt, Solothurn und bei Thun.

Orchis.

Labellum gespornt, 3lappig, selten ganz. Perigontheile alle, oder wenigstens 3, zusammenneigend. Pollenmassen gestielt. Wurzeln mit Knollen oder handförmig verwachsenen dicken Fibern.

Sect. I. Perigon umgekehrt. Labellum ganz oder schwach 3lappig. Wurzeln handförmig. *Nigritella.* Wir vereinigen diese Gruppe mit dem Geschlecht Orchis, weil sie untereinander Bastarde zeugen.

1. *O. nigra Scop. Choccoladenblümchen. Vanillenblümchen.* Labellum eirund, zugespitzt. Sporn umgekehrteirund, dreimal kürzer als das Ovarium. Blumen braunschwarz, stark und wohlriechend, eirunde Aehrchen bildend. Blätter lineal. 4—6". ♃ Sommer. Auf Weiden der subalpinen und alpinen Region, häufig in den

Alpen, seltener auf den höhern Spitzen des Jura, von Genf bis zur Röthi bei Solothurn. Steigt zufällig auch in die Ebene herab.

2. *O. suaveolens Vill.* Labellum eirund, zu beiden Seiten mit einem schwachen Einschnitt, so dass es dreilappig erscheint. Sporn walzig, halb so lang als das Ovarium oder walzig-pfriemförmig und so lang als dasselbe. Blumen roth, eine walzige Achre bildend. Blätter lineal. 6". ♃ Sommer. Auf subalpinen und alpinen Weiden, äusserst selten. Fast ohne Zweifel ein Bastard der O. nigra und conopsea.

α. Sporn so lang als das Ovarium. Blumen dunkelroth. Im Jura auf der Dôle, wo auch O. conopsea und odoratissima wachsen.

β. Sporn halb so lang als das Ovarium. Blumen hellroth. In Bünden auf dem Joch bei Chur.

3. *O. nigro-conopsea Moritzi* Pfl. Graub. Labellum breit eirund-rautenförmig. Sporn fast so lang als das Ovarium, dünn walzig. Blumen dunkel violett-roth, eine zugespitzte Aehre bildend (was übrigens bei der vorigen im Aufblühen wahrscheinlich auch der Fall ist). Blätter lineal. Wurzeln handförmig. 8". ♃ Sommer. Auf alpinen Weiden. Bisher bloss vom Verfasser auf dem Joch bei Chur gefunden, wo sie in Gesellschaft der O. nigra und conopsea wächst, von denen sie fast ohne allen Zweifel abstammt. *) Ich besitze hievon bloss ein Exemplar, das nicht von der nämlichen Stelle des Jochbergs kommt, wo die O. suaveolens wuchs.

Sect. II. Labellum 3lappig, lang gespornt. Wurzeln handförmig. Blätter lanzett oder lineal-lanzett. *Gymnadenia.*

4. *O. conopsea L.* Blätter verlängert-lanzett. Labellum 3lappig: Lappen stumpf, eirund. Blumen hellviolett,

---

*) Letztere scheint auf erstere befruchtend eingewirkt zu haben, indem die Grösse und Farbe der Blumen der O. conopsea entsprechen und hingegen die Blätter an die O. nigra erinnern. Ich würde diesen Bastard mit dem vorigen vereint haben, wenn nicht das Labellum abweichend gestaltet wäre. Sind vielleicht beide einem verschiedenen Verhältniss in der Fecundation zuzuschreiben?

wohlriechend. Sporn fast doppelt länger als das Ovarium. 1—2'. ♃ Juni und Juli. Auf Weiden, Wiesen und in Wäldern, häufig durch die ganze Schweiz bis in die alpine Region ohne Unterschied des Gebirgs.

5. *O. odoratissima L.* Blätter lineal-lanzett oder lineal. Sporn so lang als das Ovarium. Labellum 3lappig: Lappen stumpf. Blumen wohlriechend. 1'. ♃ Auf sumpfigen Weiden der Ebene (Sarganser-Ried, bei Vivis, Trelex, Burtigny), wo die Pflanze violett ist, noch häufiger auf trocknen, haldigen Weiden der alpinen und subalpinen Region der Alpen und der höhern Spitzen des westlichen Jura bis Basel; in diesen Höhen sind die Blumen rosenroth oder weisslich.

Sect. III. Perigontheile an der Spitze etweitert. Wurzeln knollig.

6. *O. globosa L.* Blumen lilafarben, dicht in eine breit kegelförmige oder halbkugelige Aehre gestellt. Perigontheile an der Spitze erweitert (verdickt). Labellum halb 3spaltig. Sporn doppelt oder dreimal kleiner als das Ovarium. 1—1½'. ♃ Juni und Juli. Auf Wiesen und Weiden von der montanen Region an bis in die alpine, nicht selten. Geht durch den ganzen Jura von Genf bis auf die Lägern und auch durch das ganze Alpengebirge. Findet sich auch auf dem Albis.

Sect. IV. Hinten am Labellum zu jeder Seite eine kleine Lamelle. Wurzeln knollig.

7. *O. pyramidalis L.* Blumen hellroth, breit kegelförmige oder länglich-eirunde Aehrchen bildend. Labellum halb 3spaltig, hinten mit kleinen Lamellen. Blätter lineal-lanzett. Wurzelknollen eirund oder rundlich. 14—18''. ♃ Mai und Juni. Auf Wiesen und Weiden der montanen Region. Durch den ganzen Jura von Genf bis auf die Lägern und nach Schaffhausen, jedoch zerstreut; sodann von Genf an durch das Waadtland bis nach Unter-Wallis, auch sehr zerstreut. Auch auf dem Albis und Rigi. Fehlt der östlichen Schweiz und den innern Cantonen.

Sect. V. Labellum 3spaltig oder 3theilig. Wurzeln knollig oder handförmig.

8. *O. maculata L.* Blumen lilafarben, eine erst kegel-

förmige, dann verlängerte Aehre bildend. Labellum dreispaltig. Sporn kürzer als das Ovarium. Bracteen nicht länger als die Blumen. Stengel nicht hohl. Blätter mehr oder weniger lanzett. Wurzeln handförmig. 1' und etwas darüber. Ist im Ganzen schmächtiger als die folgende Art, mit der sie die gefleckten Blätter gemein hat. Juni. Findet sich auf montanen und subalpinen Wiesen und in lichten Wäldern, gern wo fliessendes Wasser ist. Ihre Verbreitung erstreckt sich durch die ganze Alpenkette und den Jura.

9. *O. latifolia L.* Blumen roth, violett, eine Aehre bildend. Sporn kürzer als das Ovarium. Bracten (wenigstens die untern und mittlern) länger als die Blumen. Blätter breit lanzett. Stengel hohl. Wurzeln handförmig. 1—1½'. Mai und Juni. Auf feuchten Wiesen sowohl der Ebene als bis ans Ende der montanen Region auf den Bergen durch die ganze Schweiz sehr häufig.

10. *O. sambucina L.* Blumen roth oder gelb, eine kurze Aehre bildend. Bracteen länger als die Blumen. Sporn so lang als das Ovarium. Labellum schwach dreilappig. Wurzelknollen ganz oder in 2—3 dicke Fibern ausgehend. Blätter lanzett, vorn breiter. 10—12". Juni. Auf Weiden der montanen und subalpinen Region. In der Schweiz selten. Ueber Château-d'OEx, bei Branson, im Salvan-Thal und andern Orten des untern Rhonethals; sodann auf der Dôle im Jura, wo die roth- und gelbblühende Varietät vorkommt. Auch in Glarus und unweit Chur, wo eine Varietät mit kürzern Bracteen, die nur so lang als die Blumen sind, einmal gefunden wurde. *O. pallens* Mor. Pfl. Graub.

11. *O. pallens L.* Blumen ochergelb, eine Aehre bildend. Bracteen nicht ganz so lang als die Blumen. Labellum schwach 3lappig. Sporn kürzer als das Ovarium. Blätter elliptisch-lanzett. Zwei eirunde Wurzelknollen. 1'. Juni. Auf montanen und subalpinen Weiden. Ebenfalls an mehrern Stellen im untern Rhonethal, bei Grindelwald, auf dem Thalberg und Sigriswylgrath in den Berner Alpen und von mir auf dem Monte Generoso gefunden.

12. *O. Morio L.* Blumen dunkel violett-roth (bisweilen auch fleischrothe und weisse Abänderungen). Labellum schwach 3lappig. Sporn horizontal oder aufsteigend,

kürzer als das Ovarium. Perigontheile helmartig zusammenneigend. Blätter länglich-lanzett. Zwei fast runde Knollen. 4—8″, selten darüber. April und Mai. In Wiesen gemein durch die ganze ebene Schweiz.

13. *O. palustris Jacq.* *O. laxiflora Lam. Gaud. Reut.* etc. Blumen dunkel violett-roth, eine sehr laxe Aehre bildend. Labellum schwach 3lappig: mittlerer Lappen kürzer oder so lang als die seitlichen oder auch um ein Unmerkliches länger. Sporn horizontal oder ansteigend, halb so lang als das Ovarium. Blätter lineal-lanzett. Zwei fast runde Knollen. 14—18″. Juni. Auf Sümpfen der Ebene, jedoch selten und mit Sicherheit nur bei Genf und Neuss. Wahrscheinlich sind jedoch mehrere von Rapin citirte Localitäten der Waadt hieher zu ziehen; vielleicht sogar alle. Bei Genf ist sie ziemlich häufig.

14. *O. Germanorum.* Blumen lila, eine sehr laxe Aehre bildend. Sporn fast so lang als das Ovarium. Labellum tief 3lappig: mittlerer Lappen bedeutend länger als die beiden seitlichen und gespalten oder tief ausgerandet. Blätter lineal-lanzett. Zwei eirunde Wurzelknollen. 15″. Juli. ♃ Auf sumpfigen Wiesen bei Villeneuve, wo ich im Sommer 1834 2 Exemplare gesammelt habe. Diese Pflanze ist in Dietrichs Flora regni Borussici v. I. t. 2 unter dem Namen O. palustris abgebildet und da auch Bluff und Fingerhut ihrer O. laxiflora das oben bezeichnete Labellum geben, so scheint daraus hervorzugehen, dass diese Art in Deutschland nicht selten ist, wesshalb ich ihr auch obigen Namen gebe. Lamarck's O. laxiflora ist, wie sich aus der Beschreibung und der citirten Figur (Vaillaut Botanicon Parisiense t. 131) ergibt, mit Jacquin's O. palustris identisch. In der Dietrich'schen Figur haben die Blumen eine rothe Farbe, während sie bei meinen Schweizer-Exemplaren wirklich lila ist.

15. *O. mascula L.* Blumen roth-violett oder roth, eine ziemlich laxe Aehre bildend. Sporn fast so lang als das Ovarium. Labellum tief 3lappig: mittlerer Lappen länger als die seitlichen, tief ausgerandet mit einem Zähnchen in der Ausrandung. Die äussern Perigonlappen zurückgeschlagen. Blätter breit und verlängert-lanzett. Zwei

länglich-eirunde Knollen. 9—15". ♃ Mai und Juni. Auf Wiesen und in Gebüsch und lichten Wäldern durch die ganze ebene Schweiz und sowohl auf dem Jura als auf den Alpen bis in die subalpine Region. Von dieser und fast allen andern knollentreibenden *Ragwurz*-Arten können die Knollen für die Apotheken benützt werden. Sie geben den nährenden einhüllenden und reizmildernden *Salep*, der bei Lungenschwindsuchten und entzündlichen Krankheiten gebraucht wird.

16. *O. coriophora L.* Blumen braun, eine ziemlich laxe Aehre bildend: mittlerer Lappen länger und breiter als die seitlichen, ganz. Sporn etwas gebogen, kegelförmig, kürzer als das Ovarium. Blätter schmal lanzett. Zwei eirunde Knollen. 1'. ♃ Mai und Juni. Auf etwas nassen Wiesen der Ebene. Durch die ebene Schweiz zerstreut, jedoch ziemlich selten. Bei Genf, Neuss, Orbe, Basel, Peterlingen, Outre-Rhône, Freiburg, Reichenau in Bünden. Die Blumen riechen stark nach Wanzen.

17. *O. ustulata L.* Blumen mit braunschwarzem Helm und weiss mit braunen Punkten besprengtem Labellum, eine dichte Aehre bildend. Labellum 3theilig: mittlerer Lappen gespalten mit einem Zähnchen in der Mitte des Spaltes. Sporn gebogen, viel kürzer als das Ovarium. Blätter eirund-lanzett, die obern lanzett. Zwei längliche Knollen. 9—12". ♃ April und Mai. Auf magern Weiden vom Fuss der Berge an bis in die subalpine Region, sowohl im Jura als auf den Alpen, ziemlich häufig.

18. *O. fusca Jacq.* Perigontheile helmartig zusammenneigend, unten verwachsen, gegen die Spitze braun. Labellum dreitheilig: Seitenlappen lineal; mittlerer Lappen umgekehrt-herzförmig mit einem Zähnchen in der Ausrandung und eirunden unregelmässig gekerbten Seitenläppchen. Sporn nicht ganz von der halben Länge des Ovariums. Zwei längliche Knollen. 1—3'. ♃ Mai und Juni. In Hecken und Gebüschen der Ebene. Zerstreut durch fast die ganze Schweiz, stellenweise häufig. Genf, Neuss, Aelen, Unter-Wallis, Basel, Bern, Zürich, Altstätten. Uebergänge zur folgenden kommen nicht selten vor.

19. *O. militaris L.* Perigontheile helmartig zusammenneigend, unten verwachsen, blasslila oder roth. Labellum

3theilig: Seitenlappen lineal; mittlerer Lappen mit zwei divergirenden länglichen Läppchen und einem Zähnchen zwischen denselben. Sporn nicht ganz von der halben Länge des Ovariums. Zwei längliche Knollen. 1—1½'. ♃ Mai. Auf Wiesen. Findet sich häufig sowohl in der Ebene als auch auf den Bergen bis in die subalpine Region, ohne Unterschied des Gebirgs.

20. *O. Simia Lam.* Perigontheile helmartig zusammenneigend, unten verwachsen, blass lilafarben. Labellum 3theilig: Seitentheile fadenförmig; mittlerer aus 2 fadenförmigen Schenkeln bestehend, zwischen denen ein Zähnchen steht. Sporn nicht ganz von der halben Länge des Ovariums. Zwei längliche Knollen. 1—1½'. ♃ Mai und Juni. In Hecken und Gebüsch der Ebene, jedoch bloss bei Genf und Neuss mit Bestimmtheit nachgewiesen.

21. *O. hircina Crantz.* Perigontheile nicht verwachsen, grünlich-weiss. Labellum 3theilig: Seitentheile lineal; mittlerer Theil ausserordentlich lang, lineal, an der Spitze 2lappig. Sporn sehr kurz kegelförmig. Blätter länglich. Zwei längliche Knollen. 1½'. ♃ Juni. In Wiesen und an Hecken und Zäunen der westlichen ebenen Schweiz. Längs dem Genfer-See, von Roche nach Genf; von Gex dem Jura nach bis Neuenburg, jedoch hier viel seltener. Wird auch als bei Basel, Schaffhausen und Constanz wachsend angegeben. Die Blumen verbreiten einen so starken Bocksgeruch, dass eine einzige ein ganzes Zimmer verpestet.

XL. Klasse.

Ensatae.

Die Blüthen bestehen aus einem ansehnlichen Perigon von verschiedener Farbe, das mit dem Ovarium verwachsen und daher obenständig ist, 3—6 Staubgefässen und einem Stempel mit einfachen oder dreizähligen Narben. — Kräuter mit Zwiebeln oder verdickten Wurzelstöcken.

CXI. Familie.

Amaryllideen (Amaryllideae).

Perigon regelmässig, 6theilig oder 6spaltig, obenständig, blumenblattartig gefärbt. Staubgefässe 6, auf der Basis der Perigontheile. Ovarium untenständig. Frucht eine dreifächerige Kapsel. Samen ∞, mit fleischigem oder hartem Albumen. — Zwiebelpflanzen mit wurzelständigen Blättern und meist schönen und auch wohlriechenden Blumen. Sie besitzen keine ausgezeichneten Heilkräfte und sind auch in andern Beziehungen von keinem besondern Nutzen für den Menschen.

Galanthus.

Perigon 6theilig: die 3 innern Perigontheile kürzer als die äussern und vorn schwach herzförmig eingeschnitten.

1. *G. nivalis L. Schneeglöckchen.* Ein $1/2$—1' hohes Pflänzchen mit einer weissen geruchlosen Blume. Es erscheint schon im Februar und März, so dass es noch von frischgefallenem Schnee zugedeckt wird und denselben zu durchbrechen scheint. Man findet es auf Wiesen bei Aubonne, Morsee, Lausanne, Trelex, Peterlingen, Bex und andern Orten in der Waadt, bei Bern und Hilterfingen, im Jura bei La Chaux-de-Fonds, am Fusse des Jura bei Solothurn, bei Forsteck im Rheinthal. Steigt nicht über die montane Region hinauf und findet sich in den Alpen nicht.

Leuconium.

Perigon glockenförmig, 6theilig, mit gleichgrossen an der Spitze verdickten und grünen Perigontheilen.

1. *L. vernum L.* Stengel einblumig (sehr selten zweiblumig), 1'. Griffel keulenförmig. Blume weiss, wohlriechend. Dieses liebliche Pflänzchen, das wohl auch

Schneeglöckchen genannt wird, blüht ebenfalls schon im Februar und März und ist über die ganze ebene Schweiz vom Fusse des Jura bis an den Fuss der Alpen verbreitet; es fehlt jedoch den östlichen und mehr gegen das Innere der Alpen gelegenen Cantonen Graubünden, Glarus, Uri. Er wächst in Gebüsch und auf Wiesen.

Narcissus.

Perigon tellerförmig mit langer Röhre und 6theiliger Platte. Im Schlunde eine Nebenkrone. Staubgefässe in der Röhre.

1. *N. poëticus L. Narcisse.* Schaft einblumig. Blume schneeweiss, wohlriechend, mit radförmiger hochroth gesäumter Nebenkrone. $^1/_2$—$1^1/_2$'. Mai und Juni. Wächst auf Wiesen und Weiden durch das ganze Alpengebirge, wo sie sich an die montane und subalpine Region hält und daselbst manchmal die Wiesen ganz weiss macht. Tiefer findet man die Narcisse nur zufällig und stockweise wie sie in den Gärten wächst. Ferner findet sie sich auch auf dem Jura von der Dôle an bis ins Neuenburgische.

2. *N. biflorus Curt.* Schaft meist 2blumig. Blumen weiss, wohlriechend, mit gelbgesäumter, radförmiger Nebenkrone. 1—$1^1/_2$'. In Wiesen, jedoch selten. Hin und wieder in der Ebene bei Genf, dann bei Neuss, wo er aber von Garten-Pflanzen herstammt, und endlich auch bei Sitten. Bei Genf ist er in einigen Landgütern in ziemlicher Anzahl vorhanden; dennoch könnte er aber auch dort nur verwildert sein.

3. *N. Pseudo-Narcissus L.* Schaft einblumig, 1'. Blume gelb. Nebenkrone glockenförmig, am Rande wellig und ungleich gekerbt, so lang als die Perigonlappen. März bis Mai. Auf Wiesen und Weiden. In der Ebene von Genf bis Zürich, stellenweise häufig. Auf den höhern Spitzen des westlichen Jura (also in der subalpinen Region) ebenfalls in Menge, so auf dem Réculet und der Dôle. Fehlt den Alpen, geht jedoch bis in die Umgegend von Thun.

CXII. Familie.

Irideen (Irideae).

Perigon obenständig, regelmässig oder etwas

unregelmässig, 6theilig, blumenblattartig gefärbt. Drei Staubgefässe. Stempel mit unten-ständigem, vielsamigem Ovarium und 3 einfachen oder blumenblattartigen Narben. Frucht eine 3fächerige Kapsel. Samen mit einem in der Mitte eines Albumen gelegenen Keims. — Kräuter mit schwertförmigen oder linealen Blättern und ansehnlichen Blumen. Sie halten sich an die gemässigt warmen Länder der beiden Erdhälften.

Crocus.

Perigon regelmässig, mit sehr langer Röhre. Narbe 3theilig: die Theile gegen die Spitze erweitert. — Kleine Zwiebelpflanzen.

1. *C. vernus L.* Scheide einblätterig. Narben doppelt kürzer als das Perigon. Blumen violett oder weiss oder aus beiden Farben geschäckt. 3''. Frühling. Eine Bergpflanze, die sich bis an den Fuss der Berge herablässt, aber die weiten Ebenen flieht. Sie findet sich durch das ganze Alpengebirge bis in die alpine Region; ebenso im Jura von Genf bis wenigstens nach Solothurn und Basel, auf den höhern Spitzen. Auch auf den Molassenbergen (Voirons, Jorat etc.) kommt sie vor, fehlt aber in der mittlern Schweiz.

— Der *Safran* (C. sativus L.), der sich durch die 2blätterige Scheide und die längern Narben von der vorigen Art unterscheidet, wird in Wallis cultivirt. Man braucht von ihm in der Medecin die rothgelben Narben, die krampfstillende und das Nervensystem belebende Kräfte besitzen. Sie sind auch eine Würze, die manchen Speisen beigesetzt und von den Orientalen auch dazu gebraucht wird, verschiedene Getränke berauschend zu machen.

Gladiolus.

Perigon unregelmässig, etwas zweilippig, tief 6spaltig. Narben 3, nach der Spitze zu erweitert. Mittlere oder grosse Zwiebelpflanzen mit mehrblumigen Stengeln. Die unsrigen haben rothe Blumen.

1. *G. communis L. Siegwurz.* Zwiebel mit einer Hülle umgeben, die aus vielen netzartig geflochtenen (also durchlöcherten), über einander liegenden Hautschichten gebildet ist. Die beiden Bracteen (Scheide) bei den wildwachsenden nicht so lang als die Internodien. Blätter schmal schwertförmig. 1—3'. Juli. Der Urtypus der in den Gärten gehaltenen Pflanze (G. communis auct.) scheint mir die in der Schweiz seltene Art zu sein, welche v. Schlechtendahl *G. Boucheanus* genannt hat und die sich bei uns auf sumpfigen Wiesen findet. Dr. Custor hat sie im benachbarten Vorarlberg bei Getzis und zwischen der Rheinmündung und Fussach und H. Pfarrer Leresche im Thal Vigezza bei Domo d'Osola beobachtet. Sie wurde früher auch am Fuss der Voirons bei Genf gefunden. Ich habe sie in bedeutender Menge auf dem Sarganser-Ried beobachtet. Vielleicht gehört die bei Roche, Noville und Vouvry angegebene Pflanze auch hieher. *G. palustris Gaud.* zum Theil. Die wild wachsende Pflanze ist kleiner als die der Gärten und auch die Blumen sind fast um die Hälfte kleiner.

2. *G. italicus Math.* Zwiebel mit einer ganzen häutigen Hülle umgeben. Die beiden Bracteen so lang oder länger als die Internodien. 2—3'. Im Getreide, jedoch bei uns sehr selten. Nach Schleicher bei Locarno. H. Boissier fand sie einmal in Menge in einem Getreidefeld bei Genf. Vielleicht dürfte auch die bei Roche von Thomas gefundene Pflanze hieher zu zählen sein. *G. segetum Gawler.*

Iris.

Perigon regelmässig. Drei blumenblattartige Narben. — Kräuter mit schwertförmigen, in einander geschobenen Blättern und verdickten Wurzelstöcken. *Schwertlilie.*

1. *I. germanica L.* Perigontheile bartig, die äussern umgekehrt-eirund, flach, die innern eirund, abgebrochen genagelt. Scheiden (Bracteen) trockenhäutig, unten fleischigkrautig. Perigonröhre 2—3mal länger als das Ovarium. Blumen blau. 2'. Auf steinigen Stellen, Felsen, Mauern und dergleichen, durch die weinbauende Schweiz zerstreut. Wirklich wild scheint sie zu sein in der Umgegend von Chur, auf dem Vouache bei Genf, an Felsen des Jura bei

Basel und wahrscheinlich auch an mehrern Orten im untern Rhonethal; sonst findet man sie hin und wieder auf Gartenmauern, Ruinen und in Weinbergen, immer in der Nähe der menschlichen Wohnungen. Mai und Juni.

2. *I. Pseud'Acorus L.* Blumen gelb, unbartig. Die innern Perigonlappen schmal und kürzer als die Narben. 2—3'. Juni. Gemein durch die ganze ebene Schweiz in Sümpfen und an Wassergräben. Sie findet sich jedoch im diesseitigen Graubünden und in Glarus nicht. Die Samen sollen ein gutes Kaffee-Surrogat sein. Die scharfen und stark adstringirenden Wurzeln waren ehemals officinell.

3. *I. sibirica L.* Blumen blau, unbartig. Blätter breit lineal, kürzer als der meist 2blumige, röhrige, walzige Stengel. 2—3'. Juni. Sehr selten auf sumpfigen Wiesen. Im Joux-Thal nach ältern und neuern Angaben, nach H. v. Salis auf dem Sarganser-Ried, bei Basel, am Zürcher-See, Katzensee, Bodensee und an der Reuss bei Maschwanden.

4. *I. lutescens Lam.* Blumen blassgelb, bartig. Stengel meist einblumig, 12". Perigonröhre von der Scheide eingeschlossen. Mai. An Felsen, jedoch bisher bloss in Wallis und auch hier sehr selten bemerkt. Nach den Pflanzenhändlern Schleicher und Thomas bei Sitten und nach einem Exemplar, das man mir noch frisch zugebracht hat, auch bei Martinach. Es ist nicht wahrscheinlich, dass diese Iris, die eine der unansehnlichsten ist, aus Gärten stammt.

Dagegen habe ich keinen Zweifel, dass die *I. variegata L.* bei Altorf und *I. squalens* bei Winterthur bloss verwilderte Exemplare sind. Die *I. sambucina L.*, die ebenfalls bei Altorf von Dr. Lusser bemerkt worden, zeichnet sich von der I. germanica durch die mehr krautigen mit häutigem Rande versehenen Scheidenblätter aus; Koch vereinigt sie mit I. squalens, deren innere Perigontheile eine schmutziggelbe Farbe haben. Die *I. pallida Lam.* unterscheidet sich von I. germanica, sambucina und squalens bloss durch ganz trockenhäutige Scheiden und könnte vielleicht auch noch in der Schweiz gefunden werden. Ich habe in den Gärten, sogar in subalpinen Gegenden, Exemplare angetroffen, die die Charaktere der I. pallida haben. Sollte der angegebene Unterschied bloss ein zufälliger und unwesentlicher sein?

CXIII. Familie.

Hydrocharideen (Hydrocharideae).

Perigon obenständig, 6blätterig, regelmässig, aus 3 äussern kelchartig gefärbten und 3 innern kronartigen Theilen gebildet. Staubgefässe 3, den äussern Perigontheilen gegenüber, oder 6—9. Stempel aus einem unterständigen Ovarium, einem kurzen Griffel und 3—6 meist zweitheiligen Narben gebildet. Frucht eine einfächerige oder durch mehr oder weniger entwickelte Scheidewände mehrfächerige nicht aufspringende, sondern im Wasser faulende mehrsamige Kapsel. Samen ohne Albumen. — Wasserpflanzen.

Hydrocharis.

Geschlechter auf verschiedene Individuen vertheilt. Staubgefässe 9. Griffel 6, 2theilig. Frucht eine 6fächerige vielsamige Kapsel. In den männlichen Blüthen sind 3 rudimentäre Stempel und in den weiblichen 3 fadenförmige unfruchtbare Staubfäden.

1. *H. Morsus-ranae L.* Ein kleines Wasserpflänzchen mit fast runden Blättern und weissen Blüthen. Es findet sich in stehendem Wasser und wird als bei Ins, Nidau, Erlach, Landern, Ivonand am Neuenburger-See, bei Zug und Basel wachsend angegeben. Juni. ♃ Die ganze Pflanze hat das Aussehen einer Nymphaea im Kleinen.

Vallisneria.

Männliche Blüthen zu mehrern auf einem kurzen Schafte und von einer Scheide umschlossen. Staubgefässe 2—3. Perigon 3theilig. Weibliche Blüthen mit röhrigem, oben 6theiligem Perigon; die äussern Perigontheile eirund, die innern lineal. Griffel 0. Narben 3, zweitheilig. Kapsel ziemlich keulenförmig, einfächerig, vielsamig, oben 3zähnig.

1. *V. spiralis L.* Blätter lineal, stumpf, hinten verschmälert. Männliche Schäfte sehr kurz, gerade. Weibliche Schäfte lang spiralförmig aufgewunden. ♃ Sommer. Wurde von E. Thomas in Kanälen und Wassergräben bei Lauis gefunden. Zur Zeit der Befruchtung reissen sich die männlichen Blumen vom Schaft los und schwimmen auf dem Wasser frei herum. Zu gleicher Zeit streckt sich der spiralartig aufgewundene Schaft der weiblichen Blüthe aus, so dass diese an die Oberfläche des Wassers kommt. Nach der Befruchtung rollt sich der Schaft der weiblichen Blüthe wieder auf und zieht diese wieder unter das Wasser, wo die Frucht reift.

XLI. Klasse.

Artorhizae.

Blüthen mit regelmässigem, obenständigem, 6theiligem Perigon und einer 1—3fächerigen Beere oder Kapsel. Der Keim ist zwischen dem Albumen und dem Nabel genähert. — Landpflanzen gewöhnlich mit knollig verdickten Wurzeln und netzaderigen, ganzen oder getheilten Blättern.

CXIV. Familie.

Dioscoreen (Dioscoreae).

Blüthen unansehnlich, aus einem 6theiligen obenständigen Perigon, 6 Staubgefässen und 3 Griffeln mit untenständigem Ovarium gebildet. Frucht eine 3fächerige Kapsel oder Beere. Keim in einer Höhle, die vom fleischigen oder pergamentartigen Albumen gebildet wird, in der Nähe des Nabels gelegen. Schlingpflanzen.

Tamus.

Frucht eine 3fächerige, in jedem Fach 2samige Beere.

1. *T. communis L. Schmeerwurz.* Blätter ganz, eirund, zugespitzt. Beeren roth. Schlingt sich bis zur Höhe eines Menschen in den Gesträuchen empor. ♃ Blüht im Mai und Juni und wächst dusch die ganze ebene Schweiz, jedoch spärlich und sehr zerstreut. Die scharfe faustgrosse Wurzel war ehemals officinell. Die jungen Schosse können gleich Spargeln gegessen werden.

XLII. Klasse.

Coronariae.

Blüthen mit untenständigem, regelmässigem Perigon. Frucht eine 1—3fächerige Kapsel oder Beere. Keim von einem Albumen eingeschlossen. — Verschiedenartige Landpflanzen.

CXV. Familie.

Smilaceen (Smilaceae).

Perigon 6blätterig oder 6spaltig, selten vier- oder 8blätterig. Staubgefässe so viel als Perigontheile und denselben gegenüber. Griffel so viel als Fächer in der Frucht, frei oder mit einander zum Theil verwachsen. Frucht eine 3fächerige (selten 2- oder 4fächerige) Beere. — Kräuter mit kriechenden, fleischig-verdickten Wurzeln, achselständigen oder traubenständigen oder auch einzeln stehenden Blumen und meist breiten Blättern. Diese letztern verkümmern bei einigen Gattungen auf Kosten der Astbildung und erscheinen 'als schuppenähnliche Theile.

Erste Unter-Familie. Parideae.

Griffel frei.

Paris.

Perigon abstehend, 8- (selten 10-) blätterig. Staubgefässe 8 (seltener 10) mit an der Mitte des Fadens befestigten Beuteln. Griffel 4 mit einfachen Narben. Beere 4fächerig, mit 4—8samigen Fächern. An den Wurzelästen dieser Pflanze sollen nicht nur die Blüthen des folgenden Jahres, sondern auch die des zweiten Jahres schon vorläufig entwickelt und erkennbar sein.

1. *P. quadrifolia L. Einbeere.* Ein einfacher, bis 1' hoher Stengel trägt oben 4 (selten 5) quirlständige, ovale Blätter und aus der Mitte derselben eine gelblichgrüne Blume, auf die eine schwarzblaue Beere folgt. ♃ Mai und Juni. Findet sich in der ganzen Schweiz häufig in Gebüschen und Wäldern und steigt im Jura bis in die subalpine Region (z. B. beim Weissenstein). Alle Theile dieser Pflanze besitzen narcotische Eigenschaften; besonders sind Kinder vor den Beeren zu warnen, weil dieselben ein lockendes Aussehen haben.

Zweite Unter-Familie. Convallarieae.

Griffel verwachsen.

Maianthemum.

Perigon 4theilig, abstehend oder zurückgeschlagen. Staubgefässe 4. Griffel 1. Beere 2fächerig: Fächer 2samig. Blüthenstand eine Traube. *Smilacina.*

1. *M. bifolium DC.* Stengel 1—2blätterig. Blätter gestielt, eirund, herzförmig. Blumentraube schneeweiss. 4—5". ♃ In Wäldern durch die ganze Schweiz ohne Unterschied des Gebirgs von der Ebene bis in die subalpine Region, am häufigsten auf der Molasse. Blüht im Mai und Juni. *Smilacina bifolia Desf.*

Convallaria.

Perigon kugelig-glockig, 6spaltig. Staubgefässe auf dem Perigon. Griffel einfach. Beere halb 3fächerig, meist 6samig. Blüthenstand eine Traube.

1. *C. majalis L. Maienriesli. Gallaieli.* Auf einem

6—9'' hohen Schaft befindet sich eine Traube von schneeweissen, wohlriechenden Blümchen. Zwei aus der Wurzel kommende eirund-lanzette Blätter begleiten gewöhnlich den Schaft. ♃ Mai und Juni. In Gebüsch und Wäldern von der Ebene an bis zur Grenze der Buche, also bis in die subalpine Region hinein. Durch die ganze Schweiz ohne Unterschied des Gebirgs. Die ganze Pflanze ist etwas scharf.

Polygonatum.

Perigon röhrig, 6zähnig. Staubgefässe auf der Perigonröhre. Griffel einfach. Beere halb 3fächerig, meist 6samig. Blumen achselständig. Convallaria L. *Salomonssiegel.*

1. **P. *officinale Allioni.*** Blätter abwechselnd, halb umfassend, länglich-eirund oder breit elliptisch. Blumenstiele einblumig. Staubfäden kahl. 1—1½'. ♃ Mai und Juni. Auf steinigen, mit Gebüsch bewachsenen Stellen der ganzen Schweiz, besonders am Fuss der Berge, also hauptsächlich in der montanen Region. Sie kommt jedoch nirgends in grosser Menge vor. *Convallaria Polygonatum L.*

2. **P. *multiflorum All.*** Blätter abwechselnd, halb umfassend, länglich-eirund. Blüthenstiele 3—5blumig. Staubfäden behaart. 1½—3'. Mai und Juni. ♃ An ähnlichen Stellen und noch häufiger als vorige. Von beiden Arten war die Wurzel unter dem Namen *Sigillum Salomonis* officinell; in Schweden und andern nördlichen Ländern mengt man dieselbe unter das Mehl. Auch können von beiden die jungen Sprossen wie Spargel genossen werden. Die Beeren bewirken Erbrechen und Purgiren. *C. multiflora L.*

α. Blüthenstiele mit 1—3 Bracteen besetzt. Bei Bex. *Convallaria bracteata Thom.*

3. **P. *verticillatum All.*** Blätter gequirlt, lineal-lanzett. 2—3'. ♃ Sommer. In montanen und subalpinen Wäldern der Alpen, Molasseberge und des Jura, durch die ganze Schweiz, doch nirgends in grosser Anzahl. Die Beeren sind roth, während sie bei den andern schwarzblau sind. *C. verticillata L.*

Streptopus.

Perigon bis unten 6theilig (weissgrün). Beere 3fächerig, vielsamig. Griffel einfach. Blüthen achselständig. *Uvularia.*

1. S. *amplexifolius DC.* Blätter abwechselnd, eirund, umfassend, sammt dem Stengel kahl. Blumenstiele einblumig. Beere hochroth. 1½—2'. Juni und Juli. In lichten Laubholzwäldern der montanen, subalpinen und alpinen Region. Hin und wieder durch alle Kantone der Alpenkette von Bregenz bis Genf, stellenweise in Menge, häufiger aber zerstreut und einzeln. Auch im Jura von Neuenburg und Bern an mehrern Orten. Fehlt der übrigen Schweiz.

Asparagus.

Blüthen durch Fehlschlagen eingeschlechtig. Perigon ziemlich glockenförmig, 6theilig, unten in ein kleines Röhrchen verschmälert. Beere 3fächerig: Fächer 2samig. — Kräuter oder Halbsträucher mit achselständigem Blüthenstand, kleinen schuppenartigen Blättern und linealen oder borstenartigen, vieläsligen, die Blattstelle- vertretenden Zweigen.

1. *A. officinalis L. Spargel.* Stengel krautig, aufrecht, stielrund, 2—4'. Zweige und Zweigchen kahl. ♃ Sommer. Auf unfruchtbaren steinigen Stellen der wärmern ebenen Schweiz nicht selten, jedoch etwas zerstreut, aber nicht bloss verwildert, wie noch immer einige annehmen, sondern wirklich wild. Von Genf durch die Waadt bis nach Unter-Wallis, und auf der andern Seite bis Neuenburg. Im nördlichen ebenen Theil von Graubünden und bei Basel. Die Spargeln werden bekanntlich auch häufig um der jungen Schosse willen, die ein Gemüse geben, in Gärten gezogen. Sie bewirken reichliche Harnabsonderung. Die Beeren sind roth und waren ehemals so wie auch die Wurzel officinell.

Ruscus.

Blüthen eingeschlechtig. Perigon bis zur Basis 6theilig. Staubfaden zu einer Röhre verwachsen. Griffel 1, kurz, mit ganzer Narbe. Beere 3fächerig:

Fächer 2samig; bisweilen durch Fehlschlagen die ganze Frucht 2samig. — Kleine immergrüne Sträucher mit schuppenartigen Blättern und blattartigen Zweigen. An der Vorderseite dieser Zweige sind die kleinen Blüthen als kleine Büschelchen angewachsen, so dass eine Verwachsung des Blüthenstiels mit der Mittelrippe dieser blattartigen Zweige angenommen werden muss.

1. *R. aculeatus L. Mäusedorn.* Zweige eirund, in eine Spitze endigend. Blüthenbüschelchen meist 2blumig. Beeren roth. 1½—2'. März und April. Auf Felsen und steinigen Stellen, unter Gebüsch, bei uns aber blos in der transalpinen Schweiz (Tessin), in der Umgegend von Aelen und beim Fort-de-l'Ecluse unweit Genf. Die jungen Schosse dienen und schmecken wie Spargel.

CXVI. Familie.

Liliaceen (Liliaceae).

P e r i g o n frei, untenständig, 6blätterig oder 6spaltig, kronartig gefärbt. S t a u b g e f ä s s e 6, den Perigontheilen gegenüber. S t e m p e l aus einem freien Ovarium, einem Griffel und 1—3 Narben bestehend. F r u c h t eine 3fächerige Kapsel. — Kräuter mit blätterigen Stengeln oder mit blattlosen Schäften, mit faserigen Wurzeln oder mit Zwiebeln. Viele darunter sind Zierpflanzen, wie z. B. die Hyacinthen, Tulpen, Kaiserkrone etc. und andere dienen als Gewürz oder Gemüse, wie die meisten Laucharten. Sie finden sich auf der ganzen Erde.

Antherioum.

Perigon 6blätterig, abstehend oder trichterförmig zusammenneigend, weiss. Staubfäden unter dem Ovarium ausgehend. Samen eckig. Wurzeln dickfaserig. Blüthenstand eine Traube.

1. *A. ramosum L.* Blätter breit lineal, rinnenförmig, aufrecht. Perigon abstehend. Stengel ästig. 1—3'. Griffel gerade. Sommer. ♃ Auf unfruchtbaren, nassen und trockenen Stellen der ganzen Schweiz in der Ebene und montanen Region, stellenweise in Menge.

2. *A. Liliago L.* Blätter lineal, aufrecht. Stengel einfach. Griffel umgebogen. 1—2'. Juni. Auf unfruchtbaren steinigen Stellen. In der westlichen Schweiz von Genf bis Basel nicht selten in der Ebene, steigt aber auch in die montane Region des Jura hinauf. In den Alpen immer in der subalpinen Region, jedoch nirgends häufig, obwohl durch das ganze Gebirge verbreitet. Auch auf dem Weihacherberge nach H. Hauser.

3. *A. Liliastrum L. (Czaçkia Liliastrum Andr.)* Blätter lineal. Stengel einfach, 1' und darüber. Perigon trichterförmig. ♃ Juni. Auf alpinen Weiden, subalpinen und montanen Wiesen. Findet sich durch die ganze Alpenkette, stellenweise in Menge; auch im Jura auf dem Réculet und der Dôle, den höchsten Punkten im Westen des Gebirgs. Die ansehnlichen Blumen mahnen an die weissen Lilien.

Asphodelus.

Perigon 6theilig. Staubfäden unten erweitert (breit), gewölbartig das Ovarium deckend. Samen eckig. Kapsel kugelig, etwas fleischig. Wurzeln dick faserig. Blüthenstand eine Traube.

1. *A. ramosus L.* Blätter flach, breit-lineal. Stengel blattlos, ästig, 2—4'. Blumen weiss. Staubfäden plötzlich (nicht allmälig) unten erweitert. ♃ Auf montanen Wiesen der transalpinen Berge. Bisher bloss auf dem Monte Generoso von Thomas und mir beobachtet. Juni. *A. albus Gaudin.*

Hemerocallis.

Perigon trichterförmig, unten zu einer Röhre verwachsen. Staubgefässe von der Basis des Perigons ausgehend, gebogen. Samen kugelig. — Grosse Kräuter mit ansehnlichen Blumen und gebüschelten knolligen Wurzeln.

1. *H. fulva L.* Blätter breit-lineal (degenförmig).

Perigonlappen rippig und aderig, die innern am Rande wellenartig verbogen. Blumen fuchsroth. 1½—3'. Auf steinigen Wiesen und Halden, zerstreut durch die ganze ebene Schweiz. Die Pflanze wächst vermöge der leichten Vermehrung der Wurzelknollen gesellschaftlich, kommt aber nicht immer zur Blüthe. Ihre Verbreitung und ihr häufiges Vorkommen, auch an Orten, wo keine Gärten gewesen sind, lässt annehmen, dass sie in der Schweiz wirklich wild ist.

?2. *H. flava L.* Blätter breitlineal. Perigonlappen rippig. Blumen gelb. 2'. ♃ Juni. Wird als in Unter-Wallis wachsend angegeben, allein neuere und sichere Angaben fehlen.

Allium.

Perigon 6blätterig. Staubgefässe auf der Basis der Perigonblätter. Griffel einfach. Samen eckig. Blüthenstand eine Dolde, die unten von einem oder zwei scheidenartigen Blättern umgeben ist. Zwiebelpflanzen mit nacktem oder blätterigem Stengel und einem eigenthümlichen Geschmack und Geruch.

Sect. I. Blätter breit, flach. Stengel blätterig. Staubfäden einfach. Zwiebel mit einem Rhizom (Wurzelstock).

1. *A. Victorialis L. Allermannsharnisch.* Stengel bis zur Mitte blätterig, 1½'. Blätter lanzett, flach. Scheide einblätterig. Wurzel mit einem netz- oder panzerartigen Gewebe (wie bei Gladiolus communis) überzogen (woher wahrscheinlich der Name). Blumen weisslich-grün. Sommer. Auf Felsen der subalpinen und alpinen Region. Findet sich durch die ganze Alpenkette, jedoch etwas zerstreut und nicht überall. Sodann auch auf den höhern Bergen des westlichen Jura (Dôle, Creux-du-Van, Chasseral). Noch immer gilt die Wurzel dieser Pflanze bei den Alpenbewohnern als ein Präservatif gegen Behexung des Viehes, zu welchem Zwecke man sie über die Thüren legt.

Sect. II. Blätter breit, flach, wurzelständig. Staubfäden einfach.

2. *A. ursinum L. Ramisch. Rams.* Blätter langge-

stielt, elliptisch-lanzett. Schaft nackt, oben eckig, 1′ und darüber. Blumen schneeweiss. Frühling. In Wiesen, Baumgärten und Gebüsch durch die ganze ebene Schweiz, immer gesellschaftlich und in grosser Menge. Auf dem Jura steigt diese Pflanze bis in die subalpine Region, so z. B. auf der Hasenmatt bei Solothurn. Die Milch der Kühe erhält von diesem Kraute einen widrigen Lauchgeschmack, der auch auf den daraus bereiteten Käse und Butter übergehen soll.

Sect. III. Blätter flach bis halbwalzig, mehr oder weniger breitlineal. Staubfäden einfach.

3. *A. angulosum L. Gaud.!* Schaft nackt, oberhalb mit 2 scharfen Kanten, $1/2$—$1 1/2$′. Scheide kurz, 2—3spaltig. Staubgefässe einfach, so lang oder länger als das Perigon. Zwiebel auf einem transversalen Rhizom. Blumen violett-roth. Sommer. Wir unterscheiden zwei durch Habitus und Standort ausgezeichnete Varietäten.

α. Staubgefässe länger als das Perigon. $1/2$—1′. An Felsen von den tiefsten Gegenden an bis in die alpine Region. (Im Jura auf dem Réculet, Colombiers und Creux-du-Van.) In den Alpen in Tessin, Graubünden, Bern, Waadt, Freiburg. Dann auch am alten Schlosse zu Baden. *A. fallax Don.*

β. Staubgefässe ungefähr so lang als das Perigon. $1 1/2$′. Auf sumpfigen Wiesen der Ebene bei Genf, in der Waadt, im C. Bern und Zürich, an vielen Orten. *A. acutangulum Schrad.*

4. *A. suaveolens Jacq.* Schaft walzig, unterhalb blätterig, $1/2$—1′. Blätter lineal. Staubgefässe länger als das Perigon. Blumen blassroth, eine dichte, fast kugelige Dolde bildend. Zwiebel mit netz- oder panzerartigen Blattscheiden (wie bei A. Victorialis) bedeckt. Sommer. Bisher bloss bei Zermatten im Nicolai-Thal in Wallis gefunden. Nach Dölls Rheinischer Flora soll diese Lauchart auf sumpfigen Wiesen bei Constanz wachsen, was zu verificiren wäre.

5. *A. oleraceum L.* Stengel bis zur Mitte blätterig, walzig, $1 1/2$—2′. Blätter lineal, halbwalzig, hohl. Scheide 2blätterig, bleibend: das eine Blatt sehr lang geschnabelt. Blüthen unrein weiss mit braunrothen Kielstreifen an den

Perigontheilen. Staubgefässe einfach, so lang als das Perigon. Dolde mit Zwiebelchen. Sommer. Auf steinigen Stellen der ganzen ebenen Schweiz, nicht selten und stellenweise in Menge.

6. *A. carinatum L.* Stengel bis zur Mitte blätterig, walzig. Blätter lineal, flach, unterhalb vielstreifig, oben mit einer schwachen Rinne. Scheide 2blätterig, bleibend: das eine Blatt sehr lang geschnabelt. Staubgefässe so lang als das violett-rothe Perigon. Dolde mit ungemein vielen Zwiebelchen und sehr wenig Blüthen. 1½—2'. Sommer. In Hecken und an Zäunen der ebenen Schweiz, nicht selten.

7. *A. paniculatum L.* Stengel bis zur Mitte blätterig, walzig, 1—1½'. Blätter lineal, flach. Scheide 2blätterig: das eine Blatt lang geschnabelt. Staubgefässe länger als das hochrosenrothe Perigon. Dolde mit oder ohne Zwiebelchen. Sommer. Findet sich häufig in St. Gallen und Bünden, wo es von der Ebene an bis in die alpine Region hinaufsteigt und auch auf der Südseite der Alpen vorkommt. Sodann am Jura von Romainmotier an durchs Neuenburgische bis Biel. Wird auch im untern Rhone-Thal angegeben, was aber von Rapin in Zweifel gezogen wird.

α. Dolde ohne Zwiebelchen. Nach Haller selbst bei Pfäffers und nach einem Exemplare im DeCandolleschen Herb. auf der Südseite des Splügen. Sodann auch, nach trocknen Exemplaren zu urtheilen, im Jura. Nach Hegetschweiler bei Wesen. *A. pulchellum Don. A. paniculatum Koch?*

β. Dolde mit Zwiebelchen. Ganz gemein in Bünden, allein da beim Trocknen die Zwiebelchen leicht abfallen, so verwechselt man diese Abänderung gern mit der vorigen. *A. flexum W. et K. et Koch. A. violaceum Willd.*

Sect. IV. Blätter flach bis halbwalzig (nicht walzig), mehr oder weniger breit lineal. Drei Staubfäden sind oberhalb 3spitzig, auf der mittlern Spitze den Staubbeutel tragend.

8. *A. Scorodoprasum L.* Stengel bis zur Mitte blätterig. Blätter flach, am Rande rauh. Staubgefässe kürzer als das Perigon. Drei Staubfäden 3spitzig. Dolde mit

Zwiebelchen. Sommer. Einzig um Basel herum, hier aber häufig. E. Thomas schickte mir zwar ein Exemplar, das er bei St. Jakob in Graubünden gefunden haben will, allein es dürfte hier ein Irrthum oder eine Verwechslung mit dem St. Jakob bei Basel statt gefunden haben.

9. *A. vineale L.* Stengel bis zur Mitte blätterig. Blätter oberhalb schmal rinnenförmig, innen hohl. Staubgefässe länger als das Perigon, abwechselnd 3spitzig (wie bei allen Arten dieser Section): die mittlere Spitze länger als der Staubfaden. 2—4'. Auf dürren Stellen der Ebene, in Weinbergen und Aeckern der westlichen Schweiz (Genf, Waadt, Unter-Wallis, Berner-Oberland, Basel, bei Brugg und Zürich).

10. *A. sphaerocephalum L.* Stengel bis zur Mitte blätterig. Blätter halbwalzig, oben tief rinnenförmig. Staubgefässe etwas länger als das Perigon, abwechselnd 3spitzig: die mittlere Spitze um die Hälfte kürzer als der Staubfaden. Blumen blassroth bis dunkelroth. Dolde ohne Zwiebelchen. Sommer. Auf Felsen und steinigen Stellen. Hin und wieder. Bisher bei Basel, Neuenburg, Neuss, St. Moritz im Wallis, Martinach, Sitten, Roche, bei Genf und Airolo im Tessin beobachtet.

Anmerk. Ich habe vom Salève bei Genf ein Exemplar, das am Kiele der Perigonblätter etwas rauh ist und daher zu *A. rotundum L.* gezogen werden könnte; allein die Staubgefässe stehen über das Perigon heraus. Auch H. v. Charpentier versichert, nach Gaudin, das A. rotundum am Salève gefunden zu haben.

?11. *A. Ampeloprasum L.* Stengel bis zur Mitte blätterig. Blätter flach. Staubgefässe wenig länger als das Perigon, 3spitzig: die mittlere Spitze so lang als der Staubfaden, die beiden seitlichen dreimal länger als die mittlere. Perigonblätter aussen rauh. Zwiebel aus wenigen kleinen Zwiebelchen zusammengesetzt, von einer gemeinschaftlichen Haut überzogen. 1'. Sommer. Soll ehedem bei Basel gefunden worden sein. Nach den neuesten Mittheilungen von Dr. Hagenbach und nach dessen Beschreibung scheint aber das A. Ampeloprasum Basels eher ein A. Porrum zu sein.

Sect. V. Blätter hohl, walzig.

12. *A. Schoenoprasum L.* *Schnittlauch.* Schaft nackt oder unten einblätterig. Blätter walzig, pfriemförmig ausgehend, hohl. Scheide 2blätterig. Staubfäden kürzer als

das Perigon, einfach. Blumen roth. Dolde ohne Zwiebelchen. $1/2$—1' und darüber. Sommer. Diese Pflanze wächst auf überschwemmten oder sumpfigen Stellen und zwar entweder ganz in der Ebene (bei Basel, am Bodensee, am Genfersee an vielen Stellen) oder in der alpinen Region der Alpen, wo sie grösser wird. Hier, in den Alpen, findet sie sich fast auf allen wasserreichen Stellen, immer gesellschaftlich, aber nicht rasenweise wie in den Gärten, durch die ganze Kette. Der Schnittlauch ist ein bekanntes Küchenkraut, das zum Würzen der Speisen gebraucht wird.

Wir führen nun noch die in der Schweiz cultivirten Species an.

A. sativum L. Knoblauch. Blätter flach, breit lineal. Stengel bis zur Mitte blätterig. Dolde mit Zwiebelchen. Blüthen schmutzig weiss. Drei Staubgefässe unten jederseits einzähnig. Zwiebel aus mehrern kleinen Zwiebelchen zusammengesetzt. Blüht im Sommer. Er wird nicht nur zum Küchengebrauch, sondern auch zu medicinischen Zwecken angepflanzt.

A. Cepa L. Zwiebeln. Zipollen. Böllen. Schaft und Blätter walzig, hohl, unten etwas stärker angeschwollen. 2—3'. Zwiebel niedergedrückt-rundlich. Blumen weisslich-grün. Die Zwiebeln werden in den wärmern Ländern um das Mittelmeer herum, wo sie einen mildern Geschmack haben sollen, von den Menschen roh, wie Obst, gegessen. Bei uns werden sie mehr als Würze den Speisen beigesetzt.

A. Porrum L. Lauch. Aschlauch. Porre. Zwiebel dünn, einfach. Stengel bis zur Mitte blätterig. Blätter breit lineal. Drei Staubfäden 3spitzig. Blumen roth, eine vielblumige Dolde bildend. 2—4'. Dient ebenfalls in der Küche, jedoch mehr die Stengel und Blätter. Findet sich auch verwildert hie und da.

A. ascalonicum L. Schalotte. Stengel unten beblättert. Blätter walzig, pfriemförmig ausgehend, hohl. Die innern Staubgefässe jederseits unten einzähnig. Zwiebel zusammengesetzt. Dolde ohne oder mit Zwiebelchen. Blumen violettroth. Gelangt bei uns selten zur Blüthe.

A. fistulosum L. Winterzwiebel. Stengel und Blätter walzig, hohl, in der Mitte angeschwollen. Blumen weisslich-grün. 1 — $1 1/2$'. Zwiebel länglich. Ist kleiner als A. Cepa, der sie sonst nahe steht.

Ornithogalum.

Perigon 6blätterig, weiss oder grünlich. Staubgefässe unter dem Ovarium befestigt, mit breiten Staubfäden, und am Rücken angehefteten Staubbeuteln. Samen eckig oder fast kugelig. Blüthen traubenständig von einfachen Bracteen begleitet. Zwiebelpflanzen mit linealen Blättern.

1. *O. nutans L.* Blumen hängend, aussen grünlich. Alle Staubfäden 3spitzig. 1' und darüber. Mai und Juni. In Wiesen und Baumgärten der Ebene, immer gesellschaftlich und manchmal in Menge. So bei Solothurn, Bern, Burgdorf, Thun, Neuss, Rolle, Ouchy, Vivis, Montreux, Genf, Basel. *Myogalum nutans Link.*

2. *O. umbellatum L.* Blumen aufrecht, eine Afterdolde bildend. Staubfäden einfach. $1/2$—1'. Mai. Auf Wiesen und in Baumgärten der Ebene, durch die ganze Schweiz häufig.

3. *O. pyrenaicum L.* Blumen aufrecht, weisslich-grün, eine vielblumige Traube bildend. Staubfäden einfach. Blätter zur Zeit der Blüthe fehlend oder verdorrt. Sommer. $1 1/2$—3'. Auf unfruchtbaren Weiden und Halden der westlichen Schweiz hin und wieder. Von Genf durch die ganze Waadt bis nach Unter-Wallis. Dann bei Orbe am Fusse des Jura, zwischen Olten und Aarau und bei Dorneck und Basel. In Genf isst man die jungen Schosse wie Spargeln, wesswegen man sie dort *Aspergines* heisst. *O. sulphureum R. et Sch.* und *Koch.*

Scilla.

Perigon 6blätterig, etwas abstehend, nicht mit an der Spitze zurückgeschlagenen Blättern, blau. Staubgefässe auf der Basis der Perigonblätter. Blumenstiele nicht articulirt, mit oder ohne Bracteen. Blüthenstand eine Traube. Zwiebelpflanzen.

1. *S. bifolia L.* Zwiebel 2blätterig. Blätter etwas umgebogen, lineal-lanzett, rinnenförmig. Blumenstiele aufrecht. Bracteen fehlend, oder an den aufblühenden Blumen vorhanden und lineal (nach Gaudin sehr klein und abgestutzt), viel kürzer als der Blumenstiel und nur zu einer, nicht zweien. $1/2$' und darüber und darunter. März und April. Findet sich in der Ebene von Genf

durchs ganze Waadtland bis nach Wallis und dem Jura nach bis nach Aarau. Sodann durch den C. Bern an mehrern Orten, im Käferhölzli bei Zürich und im vordern Theil von Graubünden (von Meienfeld bis Igis). Auf den Alpen ist sie nicht beobachtet worden, dagegen findet sie sich im westlichen Jura auf dem Réculet fast auf der Spitze.

Ich lasse hier noch einige Arten folgen, die in der Schweiz zwar nicht wild vorkommen, wohl aber in den benachbarten Ländern wachsen und in unsern Gärten im Freien aushalten:

S. verna Huds. Zwiebel mehr als 2blätterig. Bracteen einzeln, lanzett, so lang als der Blumenstiel. Sonst wie S. bifolia. Bei Klein-Laufenburg in Ober-Baden. Frühling.

S. autumnalis L. Zwiebel mehrblätterig. Blätter lineal, zur Blüthezeit verdorrt. Blumen aufrecht (um die Hälfte kleiner als bei Sc. bifolia). Bracteen 0. 5—9". August und September. Bei Colmar.

S. amoena L. Sternlein. Zwiebel vielblätterig. Schaft eckig, 1' und darüber. Blätter breit lineal, auf dem Boden aufliegend (nicht aufrecht). Bracteen einzeln, breit, abgestutzt. Perigon abstehend. Mai. Häufig in Gärten, von wo sie auch auswandert und sich von selbst in Baumgärten und Hecken erhält. So bei Basel, Neuss etc.

S. italica L. Zwiebel vielblätterig. Perigon sternartig abstehend, hellblau, kleiner als bei vorhergehender und nachfolgender. Zwei Bracteen an jedem Blumenstiel. Schaft 5—6". Mai. In Italien und nach Murith häufig in Gärten bei Sitten, was aber wahrscheinlich ein Irrthum ist.

S. Fontanesii. Hyacinthus patulus Desf.! hort. par. (mit Ausschluss des als synonym citirten H. amethystinus von Lamarck). Zwiebel länglich-eirund, vielblätterig. Blätter breit lineal, flach, nach hinten verschmälert, schlaff, fast so lang als die Blüthentraube. Schaft 1½—2' lang. Zwei ungleich lange Bracteen. Perigon glockenförmig zusammenneigend: dessen Blätter an der Spitze nicht umgebogen, hellblau oder hellgrau-blau. Blumen aufrecht, eine Traube (nicht Doldentraube) bildend. Mai. Diese Pflanze habe ich aus einem Privatgarten von Genf, und da ich sie, nach einer sorgfältigen Untersuchung, mit keiner der beschriebenen Arten, als mit Desfontaines *H. patulus*, von dem H. DeCandolle ein authentisches Exemplar aus dem Parisergarten aufbewahrt, übereinstimmend gefunden habe, so gab ich ihr einen neuen Namen. Die S. patula in Red. lil. repränsentirt eher die S. nutans oder vielleicht S. campanulata.

S. campanulata Ait. Zwiebel vielblätterig. Blätter rinnenförmig, lineal-lanzett, so lang als der Schaft. Zwei ungleiche Bracteen. Perigon dunkelblau mit etwas auswärts neigenden Blattspitzen. 1'. In Gärten. Hieher ist Gaudins *S. patula* v. II. t. XV. zu ziehen.

S. nutans Sm. Hyacinthus non-scriptus L. Endymion nutans Dumortier. Agraphis nutans Link. Blätter mehrere aus einer Zwiebel, lineal-lanzett, kürzer als der Schaft. Traube im Aufblühen überhängend. Perigon cylindrisch-glockenförmig: die Blätter unten etwas mit einander verwachsen mit umgebogenen Spitzen. Zwei ungleiche Bracteen. 1' und darüber. In Gärten. *S. patula* Red. lil.? Im DeCandolle'schen Herbarium kommt unter diesem Namen sowohl diese Art als auch S. Fontanesii vor.

— Die *Hyacinthe* (Hyacinthus orientalis L.), die sich durch ihr zusammengewachsenes, glockenförmig-walziges Perigon von den Scillen auszeichnet, wird bekanntlich als Zierpflanze häufig in Gärten und Töpfen gehalten. Bei Genf habe ich schon verwilderte gefunden, die einfach und blau gefärbt waren.

Muscari.

Perigon kugelig-eirund oder cylindrisch, sechszähnig, mit verengtem Rande. *Hyacinthus L.*

1. *M. comosum Mill.* Blumen eckig-cylindrisch, die untern gelblichbraun, horizontal abstehend, die obern aufrecht, unfruchtbar, blau. Blätter rinnenförmig, auf dem Boden aufliegend. 1—2'. Mai und Juni. An Wegen, in Wiesen und Feldern, ziemlich häufig durch die Cantone Genf, Waadt, Unter-Wallis, Basel und besonders im Tessin, immer in der Ebene oder am Fuss der Berge.

2. *M. racemosum L. Träublein.* Blumen eirund, dunkelblau, von durchdringendem Geruch, die obersten unfruchtbar. Blätter rinnenförmig, schlaff und auf dem

Boden aufliegend, vorn verbogen. $1/2'$. April und Mai. In Wiesen, Baumgärten, Weinbergen und Aeckern, gemein durch die ganze ebene Schweiz. Wächst immer gesellschaftlich und wird an manchen Orten zu einem wahren Unkraut.

3. *M. botryoides Mill.* Blumen kugelig-eirund, geruchlos, schön blau, die obern unfruchtbar. Blätter breit rinnenförmig, aufrecht, nicht länger als der Schaft. $1/2'$. In Wiesen der ebenen Schweiz jedoch weniger häufig als vorige. An verschiedenen Orten in der Waadt, bei Seimbranchier und Volège in Unter-Wallis, bei Thun, Solothurn, Marschlins und Chur. Wächst auch gesellschaftlich.

Gagea.

Perigon 6blätterig, oben abstehend, inwendig gelb, aussen grün. Samen rundlich. Blüthenstand eine verkürzte, einfache oder zusammengesetzte Traube mit einfachen Bracteen oder eine Dolde, die bloss von 2 allgemeinen Bracteen (den Scheiden der Laucharten entsprechend) umgeben ist. Zwiebelpflanzen mit wurzelständigen Blättern. *Ornithogalum L.*

1. *G. minima Schult.* Ein schmal lineales Blatt aus der länglichen Zwiebel. Perigonblätter lineal-pfriemförmig, zugespitzt. Blumenstiele kahl. Traube einfach oder mit einem Anfang zur Verastung und mit mehr Bracteen als Blumen; die unterste scheidenartig schmal-lanzett. 4—6″. Auf montanen Wiesen, sehr selten in der Schweiz. Bei Vättis im C. St. Gallen, oberhalb Unter-Vatz in Bünden und oberhalb Bex in der Waadt.

2. *G. villosa Duby. G. arvensis Schult.* Zwei lineale rinnenförmige, stumpfkielige Blätter aus einer Zwiebel. Perigonblätter schmal lanzett, spitzig. Blumenstiele weichhaarig. Blüthenstand eine einfache oder zusammengesetzte Traube mit mehr Bracteen als Blumen. 2—8″. In Aeckern der ebenen Schweiz. Bei Chur, Basel, Muttenz, Neuss, Genf, Branson, Sitten und im Nicolai-Thal. Hieher ziehe ich Gaudins *Ornith. bohemicum,* das vom ächten durch spitze Perigonblätter sich unterscheidet.

3. *G. fistulosa Duby. G. Liottardi Schult.* Ein oder 2 lineale, halbwalzige, hohle Blätter aus einer Zwiebel.

Perigonblätter ziemlich stumpf. Blumenstiele weichhaarig. Blüthenstand eine Dolde bei der eine und andere Blumenstiel 2blumig ist. Zwei Bracteen grösser als die andern, scheidenartig. 6''. Juni. Auf alpinen Weiden, gern um die Sennhütten herum, durch die ganze Alpenkette.

4. *G. lutea Duby.* Ein flaches, breit lineales, graugrünes Blatt aus der Zwiebel. Blüthenstand eine einfache Dolde mit einblumigen Blüthenstielen und 2 scheidenartigen Bracteen an der Basis. 6—8''. In Wiesen und Gebüsch, sowohl in der Ebene als auf den Bergen bis in die subalpine Region. Bei Chur, im Berner Oberland, auf der Dôle, bei Genf und wahrscheinlich an vielen andern Orten. Blüht im April.

Lloydia.

Perigon 6blätterig: Blätter an der innern Basis ein Honiggrübchen und unten mit einer Querfalte gerandet. Samen flach. Stengel blätterig, oben eine Blume tragend. Zwiebelpflanze.

1. *L. serotina Salisb. Anthericum serotinum L.* Ein 3—5'' hohes Pflänzchen mit pfriemförmig-linealen Blättern und einer kleinen weissen Blume. Es findet sich durch die ganze Alpenkette auf steinigen Weiden der alpinen und nivalen Region und blüht unmittelbar nachdem der Schnee geschmolzen, also im Juni und Juli.

Fritillaria.

Perigon 6blätterig: Blätter an der innern Basis ein Honiggrübchen. Griffel an der Spitze 3spaltig. — Zwiebelpflanzen mit blätterigem Stengel.

1. *F. Meleagris L.* Stengel meist einblumig, oberhalb mit 4—5 breit linealen Blättern besetzt, 1' und darüber. Blumen grünlich und violett-roth gewürfelt, von der Grösse einer kleinen Tulpe. Mai und Anfangs Juni. Auf sumpfigen Wiesen, an einigen Stellen im Jura von Neuenburg und bei Murten, so wie auch an einer Stelle oberhalb Bex, wo sie von Thomas angepflanzt wurde und jetzt in grosser Menge vorkommt. Man sieht sie auch bisweilen in Gärten, wo sie auch auf trocknem Boden vorlieb nimmt.

In den Gärten findet sich fast überall die *Kaiserkrone* (F. imperialis L.)

Lilium.

Perigon 6blätterig, glockenförmig oder umgerollt: Perigonblätter an der Basis mit einer Längsfurche. Samen flach. Zwiebelpflanzen mit blätterigem Stengel und ansehnlichen Blumen.

1. *L. bulbiferum L. Feuerlilie.* Blätter zerstreut. Blumen glockenförmig, safranroth, innerhalb rauch. Stengel 1—2', bei den wildwachsenden ein- oder wenigblumig. Sommer. An Felsen durch die östlichen Alpen zerstreut, von der Ebene an bis in die subalpine Region. In Graubünden, Glarus, St. Gallen, Appenzell, Schwyz, Tessin, Bern auf der Kiley. Nach Haller auch auf dem Enzeindaz in der Waadt.

2. *L. Martagon L. Türkenbund.* Blätter meist gequirlt. Blumen eingerollt, blassröthlich mit braunen Tupfen. Juni und Juli. 2' und darüber. Auf steinigen mit Gebüsch bewachsenen Stellen der Berge ohne Unterschied des Gebirgs und der Formation von der montanen Region bis in die alpine, durch die ganze Schweiz. Wächst mehr einzeln und nirgends in grosser Menge. Man hält diese Lilie auch zur Zierde in Gärten.

Die *weisse Lilie* (L. candidum L.) wird sehr häufig in Gärten angetroffen und mag daher auch hie und da verwildern. Ehemals galt das den Blumenblättern aufgegossene Oel als ein vorzügliches Mittel bei Brandwunden.

Tulipa.

Perigon 6blätterig, glockenförmig. Griffel 0. Narbe dreilappig. Samen flach. Zwiebelpflanzen. *Tulpe.*

1. *T. sylvestris L.* Blume überhängend, gelb mit spitzigen Perigonblättern. Staubgefässe und innere Perigonblätter unten bartig. 1'. Mai. Man findet diese Pflanze bisweilen zu Tausenden auf Wiesen und in Baumgärten, ohne dass manchmal auch nur ein Individuum blüht. An sonnigern Stellen jedoch gelangt sie auch zur Blüthe. Sie scheint aus Gärten zu stammen und wurde schon fast überall in der ebenen Schweiz um die Städte herum bemerkt.

2. *T. Oculus solis Amans.* Stengel einblumig, aufrecht, 1'. Blätter breit lanzett. Aeussere Perigonblätter etwas zugespitzt, die innern stumpf und mit einer Spitze

besetzt, inwendig kahl. Blume roth, in der Mitte mit einem grossen dunkelblauen gelbrandigen Flecken. Mai. Bisher bloss bei Sitten bemerkt, wo sie sich von selbst fortpflanzt.

In Gärten ist ferner in allen möglichen Spielarten die gewöhnliche Tulpe (*T. Gessneriana L.*) anzutreffen, die ehemals ein Gegenstand des Luxus war und oft um ungeheure Summen gekauft wurde.

Erythronium.

Perigon 6blätterig mit vorn umgebogenen Blättern. Griffel 3spaltig. Samen rundlich. Zwiebelpflanzen mit nacktem einblumigem Schaft.

1. *E. Dens-canis L.* Blätter länglich-elliptisch, gefleckt. Perigon rosenroth mit spitzen Blättern. 6—12′. März und April. Auf lehmigen mit Gebüsch oder kleinem Laubholz bewachsenen Halden und Rainen, um Genf herum an vielen Orten und in beträchtlicher Menge.

CXVII. Familie.

Colchicaceen (Colchicaceae).

Perigon 6theilig, mit langer Röhre, unterständig. Staubgefässe 6, auf dem Perigon, mit auswärts gerichteten Staubbeuteln. Stempel mit freiem Ovarium und 3 langen, fadenförmigen, mehr oder weniger verwachsenen Griffeln. Frucht eine dreifächerige, vielsamige Kapsel. Samen rund. — Schaftlose Zwiebelpflanzen, die eine oder mehrere langröhrige Blumen unmittelbar aus der Zwiebel treiben.

Colchicum.

Staubgefässe oben an der Perigonröhre. Griffel 3. Die Blätter entwickeln sich nach der Blüthe.

1. *C. autumnale L. Zeitlose.* Blätter breit lanzett. Staubgefässe alle gleichweit oben eingesetzt. Die Blumen

erscheinen im Herbst und die Frucht reift im nächsten Frühling. — Diese bekannte Pflanze findet sich durch die ganze Schweiz bis in die alpine Region aller unserer Berge (z. B. im Nicolai-Thal und beim Weissensten auf dem Jura) und ist nicht selten leider nur zu häufig, indem sie das Heu, wo sie sich in Menge findet, zu einem gefährlichen Futter macht. Ihre Zwiebel gehört zu den drastisch scharfen Mitteln und wird in kleinen Gaben dei verschiedenen Krankheiten verordnet; in grösserer Menge genossen, wird sie, so wie auch die Früchte und Blätter, tödtlich. Im Frühling trifft man zuweilen verspätete blühende Exemplare an.

2. *C. alpinum DC.* Blätter lineal-lanzett. Staubgefässe abwechselnd höher und tiefer eingesetzt. Blüht im Sommer und reift die Frucht noch in demselben Jahr. Auf alpinen Wiesen der südlichen Gebirgskette von Wallis.

Bulbocodium.

Staubgefässe oben auf den Perigonnägeln. Griffel 3spaltig. Blätter gleichzeitig mit den Blumen.

1. *B. vernum L.* Eine der Zeitlose sehr ähnliche Pflanze, die bloss im C. Wallis bei La Barme und Montorge gefunden wird, schon zu Anfang des Frühlings im Februar und März blüht und 6—8'' hoch wird.

CXVIII. Familie.

Veratreen (Veratreae).

Perigon 6blätterig oder unten eine sehr kurze Röhre bildend, untenständig. Staubgefässe 6, auf der Basis des Perigons, mit auswärts gerichteten Staubbeuteln. Stempel mit kurzen freien Griffeln. Frucht aus 3 vielsamigen Karpellen bestehend. — Stengel- oder schafttreibende Pflanzen mit faserigen Wurzeln.

Veratrum.

Perigon 6blätterig. Staubbeutel in 2 Querklappen aufspringend. Samen flach, geflügelt. — Grosse Kräuter mit blätterigen Stengeln.

1. *V. nigrum L.* Blumen braun mit Perigonblättern, die so lang als die Blumenstiele sind. $1^1/_2$—2'. ♃ Sommer. Ist bei uns bloss auf subalpinen Weiden in der Alpe di Melano im C. Tessin bemerkt worden.

2. *V. album L. Gerbern. Germer.* Blumen weisslich oder gelbgrün mit Perigonblättern, die viel länger als die Blumenstiele sind. 2—3'. ♃ Sommer. Auf allen Bergen der Alpen und des Jura in grosser Menge meist in der subalpinen und alpinen Region. Diese Pflanze gehört unter die scharfen Gifte und wird unter dem Namen weisse Niesswurz (Helleborus albus) in den Apotheken gehalten. Das Vieh rührt dieselbe auf den Weiden nicht an, vermuthlich wegen ihrem brennenden Geschmack. Man unterscheidet eine mehr grün blühende Abart mit quer abgestutzten Blattscheiden *(V. Lobelianum Bernh.)* von der eigentlichen, mehr weiss blühenden, Art, die schief verlaufende Blattscheiden hat.

Tofieldia.

Perigon 6theilig. Staubbeutel 6, schwebend. Unter der Blume eine 2—3lappige, kelchartige Hülle. Frucht aus 3 auseinandergehenden Karpellen gebildet. Karpelle mehrsamig, stumpf. — Kleine Kräuter mit wurzelständigen, schwertlilienartig umfassenden, linealen Blättern und kleinen grünlichen Blumen, an deren Fuss eine Bractee steht.

1. *T. palustris Sm.* Blumen grünlich, eine verlängerte, einfache, ährenartige Traube bildend. Bracteen nicht so lang oder kaum so lang als der Blumenstiel. 6—12". ♃ Juni bis August. Auf allen sumpfigen Bergwiesen von der Ebene an bis in die alpine Region ohne Unterschied des Gebirgs.

2. *T. glacialis Gaud.* Bracteen länger als der Blumenstiel. Aehre einfach oder ästig. 2—5". ♃ Sommer. Auf alpinen Weiden, bisher bloss auf dem Gotthard von Thomas und von H. Muret auf dem Albula in Graubünden bemerkt. Dieses Pflänzchen dürfte sich wohl auch anderwärts finden und durch Mittelformen in vorige Art übergehen. Die stumpfen Perigonblätter und Bracteen, die Gaudin für diese Art angibt, habe ich bei der gemeinen T. palustris gleich beschaffen gefunden. Die Verschiedenheit

dieser beiden Arten beruht hauptsächlich auf der Verastung, die bloss bei der kleinern Art Statt findet, während dies sonst eine Erscheinung ist, die an die Grösse der Exemplare geknüpft ist.

Laggeria.

Perigon gefärbt, weiss oder roth (nicht grün wie bei Tofieldia), 6theilig. Staubgefässe 6 mit schwebenden Beuteln. Ovarium ganz, 3fächerig. Griffel 3, kurz. Narben knopfförmig. Frucht aus 3 auseinander gehenden Karpellen gebildet. Karpelle 2—6samig, stumpf. Ein kelchartiges Involucrum fehlt. — Kleine Pflänzchen vom Aussehen der Tofieldien, von denen sie sich hauptsächlich durch den Mangel der kelchartigen Hülle unterscheiden. Da aber dieses Organ noch zu den Blüthentheilen gezählt werden muss und das Vorhandensein oder der Mangel solcher Theile sehr wesentlich ist, so fand ich mich veranlasst, hier eine neue Gattung aufzustellen. Die Verwandtschaft derselben mit dem Geschlecht Tofieldia geht aus den angeführten Charakteren hervor. Sie nähert sich besonders der *T. glutinosa Pursh*, welche auch ein weisses Perigon hat und durch Vermittlung dieser Species der *Pleea tenuifolia Michaux*, die sich hinwieder durch 9 Staubgefässe auszeichnet. Mit *Narthecium* und *Nolina* hat die Laggeria die Abwesenheit des kelchartigen Involucrums gemein; allein die Frucht geht hier nicht fachweise auseinander, auch ist der Habitus derselben bedeutend verschieden. Dieses neue Geschlecht, das ich zu Ehren unseres wackern Landsmanns, des Herrn Dr. Lagger in Freiburg, Laggeria nenne, enthält nur 2 Species, wovon eine bloss dem hohen Norden angehört.

1. *L. borealis. Tofieldia borealis Wahlenb.* Schaft nackt. Blumen weiss, ein fast kugeliges Köpfchen bildend, äusserst kurz gestielt und an der Basis des Stielchens mit einer trockenhäutigen, meist 3lappigen Bractee. Blätter lineal, wie bei Tofieldia und Iris scheidenartig einander unten umfassend. 2". ♃ Sommer. Findet

sich auf überschwemmten Stellen der höchsten Alpenthäler im Gebiete des Urgebirgs und auch hier noch selten. Im Nicolai-Thale, Ober-Engadin und auf dem Simplon.

— 2. *L. coccinea. Tofieldia coccinea Rich.* in Franklins Journ. Abgebildet in Hook. et Arn. „The botany of Captain Beechey's Voyage t. 29. bis." Schaft meist einblätterig. Blumen entweder ganz roth oder mit rothem Rücken der Perigontheile. Sonst wie vorige. Findet sich im Kotzebue's-Sund, woselbst sie Chamisso zuerst gesammelt hat.

Vielleicht gehört auch noch hieher:

Narthecium pusillum Michaux Fl. Bor. Am. 1. p. 209, dem der Entdecker folgende Charaktere zuschreibt: Blätter sehr kurz. Schaft fadenförmig. Aehre wenigblumig, ziemlich kugelig. Kapsel (wahrscheinlich vor dem Auseinandergehen der einzelnen Karpelle) kugelig. Am Mistassins-See.

CXIX. Familie.

Juncaceen (Juncaceae).

Perigon untenständig, 6blätterig: Perigonblätter spelzenartig, trocken, unansehnlich. Staubgefässe 6, den Perigonblättern gegenüber. Stempel mit freiem Ovarium, einem Griffel und drei fadenförmigen Narben. Frucht entweder eine 3fächerige, 3klappige, vielsamige Kapsel, deren Scheidewände von der Mitte der Klappen ausgehen oder eine einfächerige, 3klappige und 3samige Kapsel. — Die binsenartigen Pflanzen haben lineale, stielrunde (walzige) oder flache Blätter wie die Gräser und einen eigenthümlichen Blüthenstand (anthela) mit spelzenartigen Bracteen.

Juncus.

Kapsel 3fächerig, vielsamig. — Pflanzen mit markigen Blättern und Stengeln.

Sect. I. Mit nackten, unten bloss mit Blattscheiden besetzten Halmen und seitlicher Rispe.

1. *J. Jacquini L.* Halm nackt, unten mit bespitzten Scheiden bedeckt, oben mit einem Blatt endigend. Blüthenköpfchen gestielt (eigentlicher gesagt ist das obere Blatt unter dem Anfang des Blüthenköpfchen befestigt) vier- bis achtblumig, schwärzlich. Perigonblätter lanzett, spitzig, doppelt kürzer als die spitzige Kapsel. Staubfäden kaum von der halben Länge der Staubbeutel. Wurzel kriechend. 9—12''. ♃ Auf Felsen und steinigen Weiden der alpinen Region, jedoch bisher bloss in den Cantonen Graubünden, Uri, Unterwalden, Bern und Wallis bemerkt.

2. *J. conglomeratus L.* Halm nackt, fein gestreift, unten mit blattlosen Scheiden, oben in ein Blatt endigend, das als eine Fortsetzung des Halms erscheint, so dass die Rispe seitenständig wird. Diese ist sehr zusammengesetzt, dichtblumig, im Aufbrechen mehr oder weniger kugelig. Blüthen mit 3 Staubgefässen. Kapseln abgestutzt, ungefähr so lang als das Perigon, mit etwas eingesenkter Griffelbasis. 2—3'. ♃ An Wassergräben und kleinen Teichen der Ebene. Bei Genf hin und wieder, in der Waadt (Rapin und der Catalogue führen ihn an, ohne Standorte anzugeben, Gaudin hält ihn überhaupt für selten), in der Umgegend von Thun, Solothurn, am Katzensee, nach Heer in Glarus und endlich bei Lostallo im Bündnerschen Misoxer-Thal. Sommer und Herbst.

3. *J. effusus L.* Halm nackt, fein gestreift, unten mit blattlosen Scheiden, oben in ein Blatt ausgehend, das als Fortsetzung des Halms erscheint. Rispe sitzend, sehr zusammengesetzt. Perigonblätter sehr spitzig. Kapseln abgestutzt mit sehr kurzer und eingesenkter Griffelbasis. Blüthen mit 3 Staubgefässen. 2'. ♃ An Wassergräben und auf schlammigen Stellen der ganzen ebenen Schweiz. Blüht im Juli.

4. *J. glaucus Ehrh.* Wie voriger, jedoch mit sechs Staubgefässen und einer deutlichen und nicht eingesenkten Griffelbasis an der Spitze der Kapsel. 1—2'. ♃ Sommer. Ebenfalls häufig durch die ganze ebene Schweiz, an ähnlichen Stellen. Diese und die beiden vorigen Arten dienen zum Flechten und Binden; auch werden Stricke daraus

gemacht, die freilich nicht sehr stark sind; ihr Mark kann zu Dochten genommen werden.

α. Mit graugrünen und unterbrochen markigen Halmen. Dies ist die gewöhnliche Form.

β. Mit grasgrünen und ganz markigen Halmen. Bei Chur, Solothurn und nach Koch im Appenzell. *J. diffusus Hoppe.* Wahrscheinlich überall.

5. *J. arcticus Willd.* Halm nackt, gerad aufrecht, 6—9″, unten mit blattlosen Scheiden, oben in ein Blatt ausgehend, das als Fortsetzung des Halms erscheint. Rispe etwa 7blumig. Aeussere Perigonblätter spitzig, innere stumpflich. Kapsel ziemlich stumpf mit einer deutlichen Griffelbasis bespitzt. ♃ Sommer. Auf verschlammten Stellen in der alpinen Region der Alpen, sehr selten. Wurde bisher bloss im Saaser-Thal in Wallis und bei Sils im Ober-Engadin beobachtet.

6. *J. filiformis L.* Halm nackt, übergebogen, unten mit blattlosen Scheiden, oben in ein langes Blatt ausgehend, das als Fortsetzung des Halms erscheint. Rispe an der Mitte des Halms, etwa 7blumig. Perigonblätter spitzig. Kapsel rundlich, stumpf, mit einer kurzen Griffelbasis bespitzt. 6″. ♃ Sommer. Auf sumpfigen Stellen der subalpinen und alpinen Region der Alpen, ziemlich häufig durch die ganze Kette. Auch auf dem Belchen bei Basel nach Dr. Hagenbach.

Sect. II. Mit nacktem, gewöhnlich bloss unterhalb mit Blättern besetztem Halm, der unter der Rispe ein scheiden- oder bracteenartiges Blatt hat.

7. *J. trifidus L.* Halm oberhalb meist 3blätterig, mit 1—3blumiger Rispe, unten 1—2 kurzen borstenartigen Blättern, die beträchtliche Scheiden haben, besetzt. Sterile Blattbüschel aus der kriechenden rasenbildenden Wurzel. 4—10″. ♃ Sommer. Auf Felsen des Urgebirgs. Nicht selten in Bünden, Uri und Wallis, seltener in Bern, immer in der alpinen und nivalen Region.

?8. *J. Hostii Tausch.* Wie voriger, doch soll das untere der drei Endblätter den Halm um die Hälfte an Länge übertreffen. Diese Art soll auf dem Kalkgebirge wachsen und deswegen ziehe ich die von Wahlenberg angegebenen Localitäten (Betzberg, Rossboden, Prosa, Wendistock) und die nach Heer in Glarus vorkommende Art des J. trifidi hieher. Da ich noch nicht Gelegenheit hatte, diese Pflanze zu beobachten, so weiss ich nicht, in wie weit sie von voriger abweicht.

9. *J. castaneus Sm.* Halm unterhalb blätterig, in der Mitte oder etwas unter der Mitte mit einem Blatte: alle Blätter ziemlich flach und lineal. Blüthenköpfchen zu 1 oder 2 endständig, von einem scheidenartigen oder bracteenartigen Blatt begleitet, das über dieselben hinausreicht. Staubfaden doppelt länger als der Staubbeutel. Wurzel stolonentreibend. 8—10''. Auf feuchten alpinen Weiden. In der Schweiz von E. Thomas bei Vrin in Graubünden zuerst aufgefunden.

10. *J. squarrosus L.* Blätter wurzelständig, steif borstenartig. Halm nackt, 1' und darüber. Blüthen kurzgestielt, eine wenigblumige, zur Fruchtreife geknäuelte Rispe bildend. Scheiden (oder Bracteen) kürzer als die Rispe. Staubbeutel 3mal länger als der Staubfaden. Kapsel stumpf, mit der Griffelbasis bespitzt. ♃ Sommer. Auf alpinen, sumpfigen Weiden. Findet sich in der ganzen Alpenkette bloss auf dem Gotthard und zwar, nach einer Angabe von Haller, Sohn, die ich auf dem Conservatoire botanique in Genf gefunden, in der Rodent-Alp im Ursern-Thal. Entdeckt wurde diese Art vom grossen Haller und nach ihm fanden sie auch an jener Stelle Gaudin und Gay. Sie findet sich auch auf dem benachbarten Feldberg im Schwarzwald und in den Vogesen, wo sie aber tiefer vorkömmt.

Sect. III. Mit nackten oder blätterigen Halmen, die oben in ein endständiges Blüthenköpfchen endigen.

11. *J. stygius L.* Halm 1—2blätterig: Blätter borstenartig, oben rinnig. Köpfchen zu 1 oder 2 endständig. Kapseln doppelt länger als die Perigonblätter. Staubfäden viel länger als die Staubbeutel. Wurzel faserig. ♃ 6—12''. Sommer. Auf den Torfsümpfen von Einsiedeln von Burser und Hegetschweiler und nachher auch von andern gefunden. Eine seltene Pflanze.

12. *J. triglumis L.* Halm nackt, 3—6''. Wurzelblätter ziemlich walzig, hinterhalb rinnig. Köpfchen endständig, meist 3blumig. Perigonblätter ziemlich stumpf,

kürzer als die Kapsel. ♃ Sommer. Auf wässerigen oder sumpfigen Weiden der alpinen Region der Alpen. Stellenweise häufig und gesellschaftlich durch das ganze Gebirge. Wird auch auf dem Rigi angegeben. Fehlt dem Jura.

13. *J. capitatus Weigel.* Halm nackt. Wurzelblätter borstenförmig, hinten rinnig. Köpfchen einsam endständig, oder bisweilen zu 2 oder 3 vorhanden. Perigonblätter eirund-lanzett zugespitzt, länger als die Kapsel. 2—3''. ⨀ Sommer. Auf überschwemmtem Sande. Bisher bloss bei Basel, Pfirt, Bonfol im Pruntrut und im Zehnten von Gombs im Wallis bemerkt.

Sect. IV. Mit blätterigem Halm und articulirten Blättern.

14. *J. obtusiflorus Ehrh.* Halm zweiblätterig, sammt Blättern und Scheiden walzig. Blätter unterbrochen hohl, so dass sie beim Trocknen in den Internodien zusammenfallen und articulirt erscheinen. Rispe endständig, ästig, vielblumig. Perigonblätter abgerundet stumpf, ziemlich so lang als die spitzige Kapsel. 2—3'. ♃ Sommer. Auf Sümpfen der ebenen Schweiz nicht selten und durch das ganze Gebiet.

15. *J. sylvaticus Reichard. J. acutiflorus Ehrh.* Halm 2—3blätterig, sammt Scheiden und Blättern zusammengedrückt walzig. Blätter articulirt. Rispe endständig, ästig. Perigonblätter zugespitzt, bespitzt: die innern länger, an der Spitze umgebogen. Kapsel zugespitzt-geschnabelt, länger als das Perigon. 2—3'. Auf schattigen, sumpfigen Stellen, selten. Im Rheinthal, bei Basel und bei Lausanne, Savigny und Châlet-à-Gobet in der Waadt, Amsoldingen in Bern. Sommer.

16. *J. alpinus Vill.* Halm 2—3blätterig. Blätter articulirt. Perigonblätter spitz oder die innern bisweilen etwas stumpf, kürzer als die mit der Griffelbasis bespitzte Kapsel. Diese ist fettglänzend und meist schwarz. 6—12'' und darüber. ♃ Von der Ebene an bis in die alpine Region der Alpen und des Jura, auf wässerigen verschlammten oder sandigen Stellen, nicht selten und gewöhnlich gesellschaftlich. Sommer. *J. ustulatus* und *acutiflorus* Mor. Pfl. Graub.

α. Rispe wenigblumig, einfach. Halm 6—8''. *J. alp. genuinus.* Auf wässerigen Stellen der alpinen Region.

β. Rispe vielblumig, zusammengesetzt. Früchte schwarz. 1—2'. *J. ustulatus Hoppe.* Ueberall in der Ebene.

γ. Halme aufliegend oder ansteigend, 4—6'' lang. Kapseln doppelt grösser als bei den andern Formen. *J. lamprocarpus Ehrh.* Auf periodisch überschwemmtem Sande am Genfer-See bei Grangettes und Genf, nach Dr. Custer auch bei Rheineck.

Wenn diese Pflanzen in fliessendes Wasser gerathen, so verlängern sich die Halme ungemein, verasten sich und treiben an den Gelenken haarförmige Blätter und einen Büschel weisser Wurzelfasern. Auch kommen bei denselben zuweilen an der Stelle der Blüthen monströse Blattbüschel vor.

17. *J. supinus Moench. J. subverticillatus Wulf.* Halm ästig, fadenförmig. Blätter fast borstenartig, oben schmal rinnig, unten convex. Blüthen mit 3 Staubgefässen, zu einer langästigen Rispe zusammengestellt. Perigon kürzer als die Kapsel. Staubfäden so lang als die Staubbeutel. ♃ Sommer. Auf schlammigen Stellen, in der Schweiz sehr selten. Bei Basel und in Unter-Wallis bei Solalex und aux Grangettes. Auch auf dem Feldberg im Schwarzwald.

Sect. V. Mit blätterigem Halm und nicht articulirten Blättern. Blüthen einzeln oder eine Rispe bildend.

18. *J. compressus Jacq.* Nach den meisten Autoren der *J. bulbosus L.* Halm einblätterig. Wurzel- und Stengelblätter lineal, rinnenförmig. Rispe zusammengesetzt. Kapsel sehr stumpf, länger als das Perigon. Wurzel kriechend. ♃ ½—1'. Sommer. Auf etwas nassen Stellen, auf Weiden, an Wegen, Bächen etc.; durch die ganze Schweiz gemein und zwar bis in die alpine Region (z. B. Ober-Engadin).

19. *J. Tenageia Ehrh.* Halm 1—2blätterig. Blätter borstenförmig, hinterhalb rinnig. Rispe langästig. Blüthen einzeln. Kapsel ziemlich rund, etwas kürzer als das Perigon. 8''. ⊙ Sommer. Auf überschwemmtem Sande. Bei Basel nach Lachenal und Hagenbach. Was von Gaudin auf dem M. Cenere angegeben wird, ist, nach der Beschreibung und nach einem Exemplar des H. Prof. Heer mir gütigst von dort mittheilte, eine leichte Modification der folgenden Art. *J. T. intermedius Gaud.*

20. *J. bufonius L.* Halm blätterig. Blätter borstenförmig, hinterhalb rinnig. Rispe langästig. Blüthen einzeln. Kapsel länglich, um ein ziemliches kürzer als das Perigon. 3—9″. ⊙ Sommer. Ueberall auf verschlammten Stellen, bis in die alpine Region.

Luzula.

Kapsel einfächerig, dreisamig. — Grasartige Pflanzen mit behaarten flachen Blättern und hohlem Halm. Sie wachsen in Wäldern oder auf Weiden und sind perennirend.

Sect. I. Samen an der Spitze mit einem hahnenkammartigen Anhängsel.

1. *L. flavescens Gaud.* Rispe doldenartig. Blumenstiele meist einblumig, zur Fruchtzeit aufgerichtet. Die Wurzel treibt Ausläufer und aufrechte unfruchtbare Schosse. ½—1′. In montanen, subalpinen und alpinen Wäldern der höhern Molassenberge (Voirons), des Jura und der Alpen nicht selten. Mai und Juni.

2. *L. Forsteri DC.* Rispe doldenartig. Blumenstiele meist mehrblumig (und nicht so sehr verlängert wie bei folgender Art). Perigon länger, nach Gaudin etwas kürzer als die Kapsel. Wurzel rasenbildend, indem sie viele blühende Halme (und keine unfruchtbaren Schosse und Ausläufer) treibt. Blätter alle lineal. 6—8″. April und Mai. In Laubholzwäldern der Ebene, bisher jedoch bloss in der westlichen Schweiz bemerkt. Bei Basel, Delsberg, Lausanne, Neuss und Genf.

3. *L. pilosa Willd.* Wurzel rasenbildend, indem sie viele blühende Halme treibt. Wurzelblätter lineal-lanzett. Rispe mit einfachen, einblumigen und ästigen mehrblumigen Aesten. Im übrigen wechselt die Grösse der Kapseln wie bei den Binsen. 9—15″. Mai. Durch die ganze ebene und montane Schweiz in Wäldern und auf Waldwiesen, nicht selten.

Sect. II. Samen ohne oder mit kaum bemerkbarem Anhängsel.

4. *L. maxima DC.* Rispe zusammengesetzt: Blümchen zu 3 beisammen. Perigonblätter grannig ausgehend, ungefähr so lang als die Kapsel. Blätter breit lineal. 1½

bis 3'. Gemein in Wäldern durch die ganze Schweiz bis zum Anfang der subalpinen Region.

5. *L. albida DC.* Rispe zusammengesetzt: Blüthen zu 2—4 geknäuelt. Staubbeutel fast sitzend. Perigonblätter spitzig, schmutzigweiss (selten schön weiss), länger als die Kapsel. 2—3'. Mai und Juni. Ungemein häufig in den Wäldern der mittlern Schweiz auf der Molasse.

6. *L. nivea DC.* Rispe zusammengesetzt. Blüthen gebüschelt. Staubfäden von der Länge der Beutel. Perigonblätter spitzig, schneeweiss (bedeutend grösser als bei voriger), länger als die Kapsel. 2—3'. Juni. In Bergwäldern der montanen und subalpinen Region längs der Alpen durch die Cantone St. Gallen, Glarus, Graubünden, Uri und Waadt; sodann in der Ebene bei Neuss, Gingins, Bières, Allamand, Genf.

7. *L. lutea DC.* Rispe zusammengesetzt, kurz: Blüthen gebüschelt, gelb. Staubfäden halb so lang als die Beutel. Blätter lineal-lanzett, sammt den Scheiden kahl. 1'. Auf alpinen Weiden durch die ganze Alpenkette, auf dem Urgebirg und Flysch nicht selten.

8. *L. spadicea DC.* Rispe zusammengesetzt mit meist hin und her gebogenen Aesten. Blüthen zu 2—4 geknäuelt, die kleinsten des Geschlechts. Staubfäden 4mal kürzer als die Beutel: Perigon ungefähr so gross als die Kapsel. Blätter bloss am Scheidenrand behaart. 1—1½'. Auf Wiesen und Weiden der alpinen und subalpinen Region, durch das ganze Granitgebiet der Alpenkette nicht selten. Die Angabe des Creux-du-Van im Jura als Standort dieser Pflanze bedarf der Bestätigung. Dagegen findet sie sich auf dem gleichen Gestein im Schwarzwald und den Vogesen, also viel tiefer als in den Alpen.

Sect. III. Samen unten mit einem conischen Anhängsel.

9. *L. multiflora Lejeune.* Rispe aus eirunden gestielten Aehrchen gebildet. Stiele der Aehrchen aufrecht. Staubfaden ziemlich so lang als der Beutel. 1—1½'. Mai und Juni. In Wäldern bei Genf, Bern und Basel.

10. *L. sudetica DC.* Blüthenköpfchen eirund oder rundlich, kurz gestielt oder sitzend, endständig geknäuelt. Staubfäden fast so lang als der Beutel. ½—1'. Juni und Juli. Auf subalpinen und alpinen Weiden der Alpen

und des westlichen Jura (Dôle, Réculet, Colombiers etc.), gemein.

11. *L. campestris DC. Hasenbrod.* Blüthenköpfchen eirund, gestielt und sitzend, die gestielten später häufig überhängend. Staubfäden 6mal kürzer als der Beutel. 6". In trocknen magern Wiesen der ebenen und montanen Region durch die ganze Schweiz häufig. März und April. Hieher ist die *L. erecta Desv.* und *Mor.* zu ziehen. Die Köpfchen schmecken süsslich und werden von den Kindern gegessen.

12. *L. spicata DG.* Blüthen eine längliche unten zusammengesetzte, später überhängende Aehre bildend. Perigonblätter grannig ausgehend, länger als die Kapsel. 5—12". Auf alpinen Weiden der Alpen, zerstreut durch die ganze Kette. Selten und nur auf dem Réculet und der Dôle im westlichen Jura. Juli.

CXX. Familie.

Alismaceen (Alismaceae).

Perigon regelmässig, untenständig, 6blätterig, ganz oder zum Theil blumenblattartig gefärbt und ansehnlich oder klein und grünlich; die drei innern Perigonblätter sind bisweilen von der äussern verschieden, blumenblattartig und abfällig. Staubgefässe 6 und darüber, frei. Stempel 3—6, mit kurzen Griffeln und einfachen oder bartigen Narben. Frucht aus 3—∞ freien oder unten ein wenig verwachsenen, ein- bis vielsamigen Karpellen bestehend. Samen ohne Albumen. — Sumpf- oder Wasserpflanzen.

Alisma.

Blüthen Zwitter. Aeussere Perigonblätter klein, kelchartig; innere kronartig. Karpelle 6—∞, einsamig, nicht aufspringend.

1. *A. Plantago L.* Schaft mit quirlständigen ästigen Rispen. Blätter eirund bis lanzett. Frucht scheibenartig,

aus vielen am Rücken 1—2furchigen, unbespitzten Karpellen gebildet. 1—3'. ♃ In allen Wassergräben der ebenen Schweiz. Sommer. Diese Pflanze ist im frischen Zustand so scharf, dass sie Blasen zieht. Man hat sie in neuerer Zeit gegen die Hundswuth empfohlen, allein, wie es scheint, mit Unrecht, denn sie ist bald wieder in Vergessenheit gerathen.

2. *A. ranunculoides L.* Schaft ein oder zwei Blüthenquirl tragend. Blätter lineal-lanzett. Frucht kugelig, aus vielen 5kantigen, bespitzten Karpellen bestehend. 6''. Selten. Auf überschwemmtem Sande und in Pfützen an einigen Stellen am Neuenburger- und Murtner-See. Nach Hegetschweiler auch bei Wangen.

— *A. natans L.* Stengel einblätterig, 4'' lang. Blumen einzeln oder zu 3—5 an den Knoten des Stengels. Wurzelblätter elliptisch. Unweit Basel bei Neuweg im Badischen und bei Mümpelgard im Elsass. Wächst in stehendem Wasser.

Sagittaria.

Blüthen eingeschlechtig. Aeussere Perigonblätter kelchartig, innere kronartig. Staubgefässe ∞. Stempel ∞, auf einem kugeligen Blüthenboden.

1. *S. sagittifolia L.* Schaft einfach, 1—2'. Blätter tief pfeilförmig. Blüthen weiss oder blassrosenroth, gequirlt. ♃ Sommer. In Wassergräben, jedoch bei uns selten. Bei Iferten, Nant an der Broie, Nidau, Landern, zwischen Gampeln und der Zihlbrück', bei Basel, beim Hörnli, im Riessbach, Rafz und am Landbach.

Butomus.

Perigon ganz kronartig. Staubgefässe 9. Karpelle 6, unten verwachsen, vielsamig, inwendig aufspringend.

1. *B. umbellatus L.* Eine 2—5' hohe Pflanze mit einer weissen oder rosenrothen Blumendolde auf dem blattlosen Schafte. Sie wächst in tiefen Sümpfen und Wassergräben und ist bis dahin mit Sicherheit bloss bei Michelfelden unweit Basel beobachtet worden. Blüht im Sommer.

Scheuchzeria.

Perigon tief 6theilig, kelchartig, unansehnlich. Staubgefässe 6. Stempel 3—6, ohne Griffel, zweisamig. Karpelle abstehend, angeschwollen, unten verbunden, 2klappig.

1. S. *palustris L.* Ein 4—8" hohes Pflänzchen mit binsenartigen rinnigen Blättern, das auf Torfsümpfen sowohl in der Ebene als auch auf den Bergen in der montanen Region vorkommt. Im Jura bei Les Rousses u. a. Orten, auf dem Pilatus, bei Einsiedeln, Châtel-St.-Denis, zwischen Château-d'Oex und Les Ormonds, bei Constanz und am Katzensee. Mai und Juni.

Triglochin.

Perigon 6blätterig, kelchartig, unansehnlich. Stempel 3—6, verwachsen, ohne Griffel, einsamig. Karpelle unten abspringend, an der innern Seite aufgehend.

1. *T. palustre L.* Früchte lineal, kantig, nach unten verschmälert, in 3 Karpelle sich theilend. 1½'. ♃ Juni. Auf sumpfigen Wiesen und Weiden durch die ganze ebene, montane und subalpine Schweiz nicht selten.

XLIII. Klasse.

Glumaceae.

Perigon 0 oder aus Borsten oder aus 3 ungleichen Spelzen gebildet. Staubgefässe 3. Frucht eine Karyopsis. Samen mit grossem Eiweiss, an dessen Basis ein kleiner Keim steht. — Kräuter mit unansehnlichen Blüthen und linealen Blättern. Gras.

CXXI. Familie.

Cyperaceen (Cyperaceae).

Blüthen Zwitter oder getrennten Geschlechts, gewöhnlich zu Aehrchen zusammengestellt. An der Stelle des Perigons sind Börstchen oder

Haare oder nichts. Staubgefässe meist 3, (bei den Zwitterblüthen) unter dem Ovarium. Die Fächer der Staubbeutel gehen oben nicht aus einander wie bei den Gräsern. Stempel mit einem freien Ovarium und 2—3 Narben. Frucht eine Karyopsis, an der die Borsten (wenn solche da sind) stehen bleiben. Samen mit mehligem Albumen und linsenförmigem Samenlappen. — Grasartige Pflanzen mit markigem, nicht knotigem Halm und ungespaltenen Blattscheiden. Sie wachsen grösstentheils in Sümpfen und auf sumpfigen Weiden, wo sie das sogenannte saure Heu geben und weswegen man sie auch *Riedgräser* heisst. Sie sind auf der ganzen Erde verbreitet. Die Wurzeln der Carex arenaria sind officinell.

Erste Unter-Familie. Cypereae.

Die Blüthen sind Zwitter und liegen unter einfachen in 2zeilige Aehrchen gestellten Spelzen.

Cyperus.

Aehrchen 2zeilig. Blüthen Zwitter mit 3 hinter der Spelze stehenden Staubgefässen. Die Aehrchen bilden einfache oder zusammengesetzte Rispen oder Köpfchen, die am Ende der Halme stehen.

1. *C. flavescens L.* Aehrchen fast sitzend, meist ein einfaches Köpfchen bildend, lineal-lanzett, fahl. Spelzen auch zur Fruchtzeit an einander schmiegend. Narben 2. Hüllblätter meist zu 3, länger als das Köpfchen. Karyopsis rundlich-eirund, etwas zusammengedrückt, mit abgerundeten Seiten. 4''. ⊙ August und September. Auf schlammig-sumpfigen Stellen durch die ganze ebene und montane Schweiz, jedoch sehr zerstreut, wo er aber vorkommt, in Menge.

2. *C. fuscus L.* Aehrchen fast sitzend, meist ein einfaches Köpfchen bildend, braunschwarz oder grün, lineal.

Spelzen zur Fruchtreife vorn abstehend. Narben 3. Hüllblätter meist zu 3, länger als das Köpfchen. Karyopsis scharf 3kantig. 3—6″. ⊙ Herbst. Auf schlammig-sumpfigen Stellen, jedoch seltener als voriger. Bei Bern, Huttwyl, Thun, Basel, Genf etc. An letzterm Orte kommt diese, so wie auch die vorige Art in periodisch überschwemmtem Sande am Seeufer vor und wird da nicht über 1″ hoch, wobei sie eine halb aufliegende Stellung annehmen.

3. *C. longus L.* Rispe ästig. Aehrchen lineal. Narben 3. Hülle mehrblätterig, sehr lang. Karyopsis scharf 3kantig. Spelzen anschmiegend. 2′. ♃ In feuchten Wiesen, an Gräben bei Lausanne, Vivis, Gumoëns, Lauis, am Bodensee, am Vierwaldstätter-See gegen Meggen. Juli bis September.

4. *C. Monti L. f.* Rispe ästig. Aehrchen verlängert lanzett. Narben 2. Karyopsis etwas zusammengedrückt mit abgerundeten Seiten. Hülle mehrblätterig, sehr lang. 2′. ♃ August und September. In Sümpfen der transalpinen Gegenden. Bei Lauis und zwischen Clefen und à la Riva.

Die *Erdmandeln* (C. esculentus L.) werden hie und da angepflanzt.

Zweite Unter-Familie. Scirpeae.

Die Blüthen sind Zwitter und stehen hinter einfachen dachziegelartig über einander gelagerten Spelzen.

Schoenus.

Die Blüthen bilden ein endständiges, breiteres oder schmäleres schwärzliches Köpfchen. In demselben erkennt man viele kleine 6—9spelzige Aehrchen, deren untere Spelzen leer sind. Um den 3narbigen Stempel stehen bisweilen ausser den 3 Staubgefässen noch Börstchen. *Chaetospora.*

1. *Sch. nigricans L.* Halm walzig, nackt, 1′. Köpfchen länglich, aus 5 bis 10 Aehrchen zusammengesetzt. Neben demselben ist ein langspitziges Scheidenblatt, das das Köpfchen weit überragt. Blätter grobborstig, wenigstens halb so lang als der Halm. ♃ Auf sumpfigen

Stellen, wie es scheint fast überall. Am Albis, im Canton Luzern, bei Thun, Genf, Chur, am Bodensee.

2. S. *ferrugineus L.* Halm walzig, nackt, 6—12″. Köpfchen lanzett, aus 2—3 Achrchen gebildet. Scheidenblatt so lang oder etwas länger als das Köpfchen. Die jungen Blätter gewöhnlich nicht halb so lang als der Halm. ♃ Sommer. Auf Sümpfen und kleinern sumpfigen Stellen. In der Ebene bei Genf, Seedorf, St. Blaise, Neuss, Thun, Chur, am Bodensee; sodann in den Jura-Sümpfen von Neuenburg, auf dem Zürichberg und in der subalpinen Region der Churwalder Heuberge in Bünden.

Cladium.

Aehrchen aus meist 6 Spelzen gebildet, wovon die 3 untern kleiner und ohne Blüthen sind. Staubgefässe 2—3. Börstchen keine. Ein Griffel mit 2—3 Narben. Karyopsis mit krustenartiger brüchiger Haut. Blüthenstand eine Rispe wie bei den Binsen.

1. C. *Mariscus R. Br.* Aehrchen köpfchenartig geknäuelt: Knäuel eine binsenartige Rispe bildend. Halm stielrund, 3—4′. Blätter am Rande und Kiel von feinen Stacheln rauh. ♃ Sommer. In Sümpfen der Ebene. Bei Genf, Neuss, Granson, Roche, Sitten, am See von Uebeschi, Katzensee, Sempacher- und Rothsee, beim Kloster Paradies und bei Constanz.

Rhynchospora.

Aehrchen aus 5—7 Spelzen gebildet, wovon die untern kleiner und ohne Blüthen sind. Staubgefässe 3. Karyopsis von Börstchen umgeben, biconvex, mit der kegelförmigen, aber zusammengedrückten Griffelbasis besetzt. Blüthenstand wie bei voriger Gattung. *Schoenus.*

1. R. *alba Vahl.* Aehrchen doldentraubig gebüschelt, weisslich. Büschel ungefähr so lang als das sie begleitende Scheidenblatt. Börstchen ungefähr 10, so lang als die Karyopsis. Wurzel faserig. 1′. ♃ In Torfsümpfen. Bei Genf im Marais de Lossy, bei Salvan in Unter-Wallis, Seedorf, im Löhr, bei Jongny und Gourze in der Waadt, am Katzensee, à la Brevine, bei Ponte Tresa im Tessin.

2. *R. fusca R. et Sch.* Aehrchen doldentraubig gebüschelt, braun. Büschel kürzer als das sie begleitende Scheidenblatt. Börstchen ungefähr 5, doppelt so lang als die Karyopsis. Wurzel kriechend. ♃ Sommer. In Sümpfen, jedoch bei uns selten. Nach Schleicher bei Locarno (Luggaris), auf dem Monte Cenere und bei Luino im Tessin, unweit Basel im Badischen hinter Badenweiler und auf der Sirnitz und nach Dr. Custor am Bodensee im Ried.

Eleocharis.

Aehrchen einzeln, endständig, aus vielen einfachen dachziegelartig gelagerten Schüppchen gebildet, wovon bloss die 2 untersten oder das unterste leer sind. Karyopsis von Börstchen umgeben, mit der bleibenden Griffelbasis besetzt. *Scirpi sp. L. Limnochloa.*

1. *E. palustris R. Br.* Aehre endständig, vielblumig, länglich, mit ziemlich spitzen Spelzen. Narben 2. Karyopsis platt, stark biconvex. Wurzel kriechend. 4'' bis 1' und darüber. ♃ Sommer. Häufig in allen Sümpfen, Wassergräben und überschwemmten Stellen der ebenen Schweiz. Man unterscheidet gewöhnlich bei dieser Art eine Form, wo die unterste Spelze fast um den ganzen Halm herumgeht, und nennt diese *Sc. uniglumis Link.* Viel wichtiger als dieser Unterschied ist der der Grösse, welcher mit dem Standort zusammenhängt, indem diese Pflanze in tiefem Wasser mit schlammigem Boden bedeutend länger wird und grössere Aehrchen bekömmt als wenn sie auf überschwemmtem Lande oder Sand wächst.

2. *E. ovata R. Br.* Aehrchen länglich-eirund oder eirund, mit stumpfen Spelzen. Narben 2. Karyopsis glatt, stark biconvex, fahl, kürzer als die Börstchen. 8'' und darunter. ⊙ Sommer. In Sümpfen, jedoch bei uns sehr selten. Nach Schleicher bei Magadino, Bellenz und Bironico im C. Tessin; nach Fr. Nees bei Seckingen; nach Krauer bei Meggen im C. Luzern.

3. *E. Lereschii Shutlew. Scirpus atropurpureus Retz?* Aehrchen eirund oder rundlich-eirund, schwärzlich, mit stumpfen Spelzen. Narben 2. Karyopsis stark biconvex, im reifen Zustand schwarz, länger als die weissen Börstchen. 2''. ⊙ September, October und November. Auf periodisch

überschwemmtem Sande am Genfer-See, bisher bloss zwischen St. Sulpice und Les Pierettes unweit Lausanne gefunden. Da diese Pflanze auf einem Boden wächst, der an allen Gewächsen namhafte Veränderungen hervorbringt, so ist zu vermuthen, dass sie einer schon bekannten Art beigesellt werden muss. Unter unsern steht sie der E. ovata am nächsten; ob sie aber mit dieser oder einer andern Art identisch ist, lassen wir einstweilen dahingestellt und geben die Beschreibung der Pflanze, wie sie bei uns gefunden wird.

4. *E. acicularis R. Br.* Aehrchen eirund bis schmal lanzett, mit stumpfen Spelzen. Narben 3. Karyopsis länglich, fein längsgestreift. Halm furchig-vierkantig. Wurzel kriechend. 2—6''. ⨀? In Sümpfen und am Rande stehender Wasser, so wie auch auf überschwemmtem Ufersande. Am Genfer-See bei Genf, St. Sulpice, Neuss, aux Grangettes; am Katzensee; in Wallis bei Guerset und Plan-Contey, nach Hegetschweiler am Sempacher- und Wauwyler-See; bei Lautnach unweit dem Bodensee. Mai und Juni. Auf periodisch überschwemmtem Sande wird die Pflanze in allen Dimensionen kleiner und die Aehre kürzer, aber im Verhältniss dicker, gerade wie bei E. Lereschii.

5. *E. Baeothryon Nees. Scirpus Baeothryon Ehrh. S. Halleri Vill.* Halm stielrund, 2—4'', unten von einer blattlosen Scheide eingefasst. Aehrchen 4—6blumig, blühend lanzett, fruchtend eirund. Narben 3. Karyopsis 3kantig, glatt, von Börstchen umgeben. ♃ Sommer. Auf alpinen sumpfigen oder verschlammten Weiden. Der Verfasser fand sie im Ober-Engadin; Andere auf dem Gotthard. Die Pflanzen der Ebene von Thun, Bern, dem Bodensee, Katzensee und Crans können wohl auch hieher gehören; doch dürfte vielleicht auch dort die Art vorkommen, die ich im Marais von Divonne bei Genf gefunden habe, welche nicht 3kantige, sondern biconvexe Früchte und viel stärkere Wurzelsprossen hat. Sie scheint mir wesentlich verschieden zu sein und ich mache daher die Botaniker darauf aufmerksam, damit sie genauer bekannt und verglichen werde. Hieher ist auch wohl der von Dr. Schmid bei Urtenen unweit Bern gefundene *Sc. parvulus R.* et *Sch.* zu ziehen, dem 3kantige Früchte und blattlose Scheiden zugeschrieben werden.

6. *E. alpina. Scirpus alpinus Schleich.* Halm stielrund, 3—6", unten mit blätterigen Scheiden. Aehrchen meist 5blumig. Narben 3. Karyopsis ohne Börstchen, stumpf 3kantig. ♃ Sommer. Sehr selten. Findet sich auf etwas sumpfigen oder verschlammten Stellen der alpinen Region, jedoch bloss in den zwei durch ihre übereinstimmende Vegetation merkwürdigen Thäler von Zermatten und dem Ober-Engadin.

7. *E. caespitosa Nees. Scirpus caespitosus L.* Halm stielrund, unten von Scheiden umgeben. Die obern Scheiden tragen ein kurzes Blatt. Aehrchen 2—5blumig, blühend fast lineal. Die unterste Spelze so lang als das Köpfchen. Narben 3. Karyopsis 3kantig. 2—6". ♃ Juni und Juli. Auf sumpfigen Stellen der montanen, subalpinen und alpinen Region, nicht selten. Sie findet sich im Jura wie in den Alpen.

Scirpus.

Aehrchen meist mehr als eines, am Ende der Halme und von einem Scheidenblatt (das bisweilen wie eine Fortsetzung des Halms erscheint) überragt. Die unterste oder die zwei untersten Spelzen sind leer. Karyopsis meist von Börstchen umgeben.

Sect. I. Mit einem oder mehrern seitenständigen, geknäuelten Aehrchen.

1. *S. setaceus L.* Halm stielrund. Aehrchen zu 1—3 seitenständig. Scheidenblatt (Fortsetzung des Halms) viel kürzer als der Halm. Narben 3. Karyopsis etwas zusammengedrückt, der Länge nach gerippt, ohne Börstchen. 1—3". ⊙ Juli und August. Auf feuchtem Lehmboden der ebenen Schweiz, selten. Bei Basel, Olsberg, Neuss, Lausanne, Roche, Barbarine, Vervey, Thalwyl unweit Zürich, Dierikon und Buchrein im C. Luzern.

2. *S. supinus L.* Halm unten mit kurzblätterigen Scheiden bedeckt, über den Aehrchen länger als unter denselben. Aehrchen zu 3—5, geknäuelt. Narben 3. Karyopsis quer runzlig, ohne Börstchen. 1—6". ⊙ Auf periodisch überschwemmtem Sande, an mehrern Orten am Genfer-See in Menge. September bis November. Die für diese und die vorige Art in Brown's Catalog angege-

benen Standorte der Berner-Alpen sind billig in Zweifel zu ziehen.

3. *S. mucronatus L.* Halm 3kantig, 1—2', unten mit blattlosen Scheiden. Aehrchen zahlreich, am obern Theile des Halms geknäuelt, von einem langen Scheidenblatt, das später horizontal zurückgeschlagen wird, überragt. Narben 3. Karyopsis fein runzlig, von Börstchen umgeben, 3kantig. ♃ In Sümpfen, allein bei uns selten. Gefunden wurde diese Pflanze schon am Bodensee, bei à la Riva am Comer-See und bei Magadino und Locarno am Langensee; bei Aelen und Vervay in der Waadt und an der Linth bei Wesen soll sie ausgegangen sein.

4. *S. triqueter L.* Halm 3kantig, 1—2' und darüber. Das grössere Scheidenblatt aufrecht. Aehrchen eirund, sitzend oder gestielt. Narben 2. Karyopsis glatt, am Rücken convex, mit Börstchen umgeben. ♃ August. In Sümpfen. Bei Noville, Vervay, aux îles de la Tour, Fouly, aux Grangettes, Dorigny unter Lausanne, Aarau, am Rhein zwischen Neudorf und Hüningen und im Rheinthal bei Wydnau.

5. *S. pungens Vahl. S. Rothii Hoppe* und *Gaud.* Halm 3kantig, 1—1½'. Das grössere Scheidenblatt aufrecht. Aehrchen länglich-eirund, sitzend. Narben 2. Karyopsis am Rücken convex, länger als die sie umgebenden Börstchen. ♃ Blüht bei uns im Mai und Juni und im nördlichen Deutschland im Juli und August. Findet sich nach Chaillet an der Zihl. Obwohl im Ganzen kleiner und schmächtiger, steht er dennoch dem vorigen sehr nahe.

Sect. II. Aehrchen meist eine binsenartige Rispe bildend.

6. *S. lacustris L.* Halm stielrund, bis über mannshoch. Aehrchen meist eine Rispe bildend, selten bloss einfach gestielt. Narben meist 3. Karyopsis 3kantig, glatt, mit Börstchen umgeben. ♃ Sommer. In Teichen und um Seen durch die ganze ebene Schweiz, immer gesellschaftlich und in Menge.

a. Mit punktirt-rauhen Spelzen. *S. Tabernaemontani Gmel.* Hin und wieder bei Basel, Genf, im Rheinthal, am Bodensee.

7. *S. trigonus Roth. S. carinatus Sm.* Wie voriger, doch ist der Halm 3kantig-stielrund und nur 2—4'' hoch,

die Früchte linsenförmig und Narben immer nur 2. ♃ Sommer. Zwischen Rheineck und Fussach am Bodensee auf überschwemmten sandigen oder lehmigen Stellen. Ist von S. lacustris abzuleiten.

8. S. *maritimus L.* Halm 3kantig, blätterig, 1—4'. Aehrchen sitzend, zu 3—5 ein einfaches Köpfchen bildend, oder neben den am Halm sitzenden noch andern auf Stielen, von denen 2—3 auf einem Stiele sitzen. Scheidenblatt und Blätter flach. Narben 3. Spelzen vorn mit einer Spitze und 2spaltig. ♃ Juni bis August. In Sümpfen, bei uns selten. Bei Basel, Iferten, Morsee, Roche, Finges in Unter-Wallis, Stäffis und Erlach.

Sect. III. Mit kugeligen, dichten, in eine binsenartige Rispe gestellten Blüthenköpfchen.

9. S. *Holoschoenus L.* Halm walzig, bloss unten blätterig, 1½—3'. Das grössere Scheidenblatt ist aufrecht (wie wenn der Stengel verlängert wäre). Köpfchen dicht, kugelig, sitzend und gestielt: Stiele mit bloss einem oder mit mehrern Köpfchen. Narben 3. Börstchen 0. ♃ Sommer. Auf feuchten sandigen Stellen um den Genfer-See herum, an mehrern Orten (Versoix, St. Sulpice, an der Mündung der Venoge, Dulive und Aubonne).

Sect. IV. Mit eirunden Aehrchen, die eine zusammengesetzte Rispe bilden.

10. S. *sylvaticus L.* Halm dreikantig, blätterig, 2'. Rispe von 2—4 Blättern umgeben, die wie die andern Blätter flach sind. Rispe zusammengesetzt, aus vielen eirunden Aehrchen gebildet. Narben 3. Börstchen vorhanden. ♃ Mai und Juni. An Wassergräben und feuchten Stellen in Gebüschen durch die ganze ebene Schweiz gemein.

Sect. V. Mit länglichen 2zeilig gestellten Aehrchen.

11. S. *compressus Pers.* Halm undeutlich dreikantig, blätterig, 4—8''. Aehrchen 6—8blumig, eine 2zeilige Aehre bildend. Karyopsis eirund, biconvex, von Börstchen umgeben. ♃ Juni und Juli. Auf nassen Weiden mit lehmigem Boden, sowohl auf den Bergen bis in die alpine Region als in der Ebene, ziemlich überall und immer gesellschaftlich.

Fimbristylis.

Wie Scirpus, mit dem Unterschied, dass der Griffel zusammengedrückt ist und mit dem Ovarium durch eine Articulation zusammenhängt. *Scirpi sp. L.*

1. *F. annua R.* et *Sch.* Halm ziemlich 3kantig, blätterig, 6". Blätter flach, kürzer als der Halm. Aehrchen meist zu 3, eirund, eines sitzend, die andern gestielt. Spelzen bespitzt. Narben 2. Karyopsis mit kerbigen Längsstreifen. ⊙ Auf feuchten Stellen; nach Schleicher im C. Tessin.

F. dichotoma Vahl unterscheidet sich bloss durch zahlreichere Aehrchen und Blätter, die so lang als der Halm sind. Könnte wohl auch im Tessin gefunden werden.

Eriophorum.

Aehrchen mit dachziegelartig gelagerten, bleibenden Spelzen. Um das Ovarium feine Börstchen, die später sich verlängern und als Wolle weit über die Aehrchen heraushängen. *Wollgras.*

1. *E. alpinum L.* Halm 3kantig, rauh, 6—12". Aehrchen einzeln. Börstchen 4—6 um jedes Ovarium, die später als krause Wolle heraussteben. ♃ Juni bis August. (Man bemerkt diese Pflanzen gewöhnlich nach der Blüthe, wenn die Haare ausgebildet sind.) Findet sich auf Torfgründen des Jura und der Alpen nicht selten, wo es bis in die alpine Region hinaufsteigt. Kommt auch tiefer vor, wie z. B. bei Rifferschwyl, am Bodensee und Katzensee. Gleicht im blühenden Zustand dem Sc. caepitosus.

2. *E. vaginatum L.* Halm glatt, oberhalb dreikantig. Blätter am Rande rauh. Aehre einzeln, länglich-eirund. Wurzel faserig. 1'. ♃ Auf Torfsümpfen. Bei Genf zuoberst auf dem Salève; im Jura à la Chaux-d'Abella, aux Rousses, à la plaine des Mosses; sodann am Katzensee, bei Rifferschwyl, Einsiedeln, im Löhr, bei Herrenschwanden, Gourze.

3. *E. Scheuchzeri Hoppe.* Halm walzig, glatt. Blätter glatt. Aehre einzeln, fast kugelig. Wurzel Ausläufer treibend. 6—12". ♃ Sommer. Auf sumpfigen Stellen der subalpinen und alpinen Region der Alpen, durch die

Cantone Bünden, Uri, Glarus, Bern, Wallis, Waadt, nicht selten.

4. *E. latifolium Hoppe.* Halm ziemlich 3kantig. Blätter flach, an der Spitze 3kantig. Aehrchen mehrere. Aehrchenstiele rauh. 1—2'. ♃ April und Mai. Ueberall auf Sümpfen der Ebene.

5. *E. angustifolium Roth.* Halm ziemlich stielrund. Blätter rinnenförmig, an der Spitze 3kantig. Aehrchen mehrere. Aehrchenstiele glatt. 1—1½'. ♃ Mai bis Juli. Auf Sümpfen und sumpfigen Stellen der Ebene und bis in die alpine Region der Alpen (Ober-Engadin) häufig.

6. *E. gracile Koch. E. triquetrum Hoppe.* Halm undeutlich 3kantig. Blätter 3kantig. Aehrchen mehrere. Aehrchenstiele filzig-rauh. 12—15''. ♃ Auf Torfsümpfen. Bei Genf, Gümlingen, Schwarzeneck, Einsiedeln, Rifferschwyl, zwischen Dietisberg und Leufelfingen, am Katzensee. Mai und Juni.

Dritte Unter-Familie. Cariceae.

Blüthen mit getrennten Geschlechtern.

Kobresia.

Blüthen einzeln, von getrenntem Geschlecht. Die untern Blüthen der besondern Aehrchen weiblich, mit halbumfassendem, scheidenartig gespaltenem Perigon (Schlauch, utriculus). Zuoberst am Aehrchen eine männliche Blüthe zwischen zwei Spelzen. Karyopsis lanzett, biconvex, mit drei Narben.

1. *K. caricina Willd.* Ein 6—12'' und darüber hohes Gras vom Aussehen einer Carex mit einer zusammengesetzten Aehre und schmal linealen, oben rinnigen und unten convexen Blättern. Es findet sich in der alpinen Region an feuchten Felsen und wurde bisher am Aar- und Rhonegletscher, bei der Schalmeten auf der Gemmi 8000' ü. M. nach H. Apotheker Guthnik, bei Sils, Bevers und Valz in Bünden beobachtet. Auf der Gemmi steigt sie bis 4000' in die Tiefe. ♃ Sommer.

Elyna.

Perigon halbumfassend, scheidenartig gespalten

(der Spalt ist nach vorn gegen die Hüllspelze, Bractee, gerichtet), eine weibliche und daneben gesondert eine männliche Blüthe, die von einer Spelze begleitet ist, einschliessend. Karyopsis 3kantig, mit 3 Narben.

1. *E. spicata Schrad. Kobresia scirpina Willd.* Eine scirpusartige, 6" hohe Pflanze mit einfacher Aehre und borstenartigen Blättern, die überall in den Alpen auf Weiden der alpinen und nivalen Region gefunden wird. ♃ Sommer.

Carex.

Blüthen eingeschlechtig. Die männlichen ohne Perigon, bloss aus 3 Staubgefässen gebildet, die hinter einer Spelze (Bractee, Scheidenblatt) stehen. Die weiblichen in einem schlauchartigen bleibenden Perigon (utriculus, involucrum) steckend und aus einem einfachen Ovarium. einem Griffel und 2 bis 3 Narben gebildet. ♃

Sect. I. Mit einer endständigen Aehre.

1. *C. dioica L.* Aehre endständig, eingeschlechtig. Narben 2. Früchte eirund, vorderhalb am Rande rauh, vielrippig. Blätter und Halme glatt. Wurzel Ausläufer treibend. 6". Auf Sümpfen und versumpften Stellen. In der Ebene im Rheinthal, bei Winterthur, Seedorf, in der Waadt hin und wieder, bei Genf, am Katzensee; häufig in den Sümpfen des westlichen Jura; etwas selten in den Alpen, wo sie in die alpine Region hinaufsteigt (in Wallis, Waadt, Bern, Bünden). April und Mai.

2. *C. Davalliana Sm.* Aehre endständig, eingeschlechtig. Narben 2. Früchte länglich-lanzett, fein gestreift, vorn am Rande etwas rauh. Blätter und Halme rauh. Wurzel faserig. 6". April und Mai. Auf allen etwas nassen Wiesen, besonders gern an kleinen Bächen durch die ganze ebene Schweiz.

3. *C. pulicaris L.* Aehre endständig, oberhalb männliche, unterhalb weibliche Blüthen tragend. Narben 2. Früchte unter einander entfernt, lanzett, glatt, horizontal abstehend oder zurückgeschlagen. 6—12". Auf Sümpfen, nicht überall. Bei Genf, Lausanne, Tour de Gourze, Seedorf, am Katzensee, bei Rafz; sodann im Jura bei

Brevine, auf dem Ober-Gurnigel und im Ursern-Thal in den Alpen.

4. *C. Custoriana Heer.* Wie C. Davalliana, doch mit Ausläufern, lanzetten Früchten und schmälern Blättern. Am Katzensee und bei Heiden im C. Appenzell. Die Pflanze ist mir unbekannt.

* 5. *C. pauciflora Lighf. C. leucoglochin L. f.* Aehre endständig, meist 4blumig, wovon die oberste männlich. Narben 3. Früchte pfriemförmig-lanzett, horizontal abstehend oder zurückgeschlagen. Spelzen der weiblichen Blüthen abfällig. Wurzel kriechend, 3—5″. Sommer. Auf Torfsümpfen von der Ebene (bei Rifferschwyl) an durch die montane und subalpine Region bis in die alpinen Höhen, hin und wieder. Im Jura nicht selten; bei Tour de Gourze, im Entlibuch, auf dem Schneehorn, Pilatus, Rigi, auf der Lenzerheide und bei Pontresina in Bünden.

6. *C. michroglochin Wahlenb.* Aehre endständig, 16—18blumig, oben mit männlichen, unten mit weiblichen Blüthen. Narben 3. Früchte pfriemförmig, zurückgeschlagen, mit einer Granne*) innerhalb des Perigons (Schlauchs), die über dasselbe hinausragt. 4—8″. Auf verschlammten Stellen der alpinen Region. Bei uns selten und bloss im Einfisch-Thale im Wallis und an mehrern Stellen im Ober-Engadin in Bünden.

7. *C. rupestris All. C. petraea Schk.* Aehre endständig, lineal, oben lang männlich, unten weiblich. Narben 3. Früchte umgekehrt eirund, kurz geschnabelt. Spelzen stumpf. Blätter lineal, flach. 1—3″. Auf trocknen Felsen der alpinen Region der Alpen, selten. In Wallis auf dem Mont d'Alesse, Gallen und Räfel, auf dem Bürglen in Bern (H. Guthnick) und auf dem Panixer Berg, Albula und Bernina in Bünden. Sommer.

Sect. II. Mit Aehrchen, die aus männlichen und weiblichen Blüthen bestehen und entweder eine zusammengesetzte Aehre oder eine Rispe bilden.

8. *C. curvula All.* Aehrchen eine längliche oder lanzette Aehre bildend, oben männlich, unten weiblich.

---

*) Wahrscheinlich ein der männlichen Spelze bei Elyna analoges Organ, das auch bei Carex curvula vorkommt.

Narben 3. Früchte stumpf 3kantig, mit einer Granne, die nicht über das Perigon herausragt. 1"—1'. Sommer. Auf berasten Felsen in der alpinen Region der Alpen, nicht selten. Auf dem Urgebirge.

9. C. *incurva Lightf.* C. *juncifolia All.* Aehrchen ein rundlich-eirundes Köpfchen bildend, oben männlich, unten weiblich. Narben 2. Früchte zugespitzt geschnabelt, höckerig convex. Halm glatt, meist etwas eingebogen, 1—3". Wurzel lang, kriechend. Juli. Auf feuchten, glimmerreichen, thonigen oder mergeligen Weiden in den alpinen Thälern des Urgebirgs. Im Nicolai-Thal, auf dem Gotthard, im Rheinwald und Ober-Engadin.

10. C. *foetida All.* Aehrchen eine rundlich-eirunde Aehre bildend, oben männlich, unten weiblich. Narben zwei. Früchte eirund, geschnabelt. Halm von unten an mit rauhen Kanten. Wurzel kriechend. 3—10". Auf nassen Weiden der Alpen in der alpinen Region. Von Savojen an durch Waadt, Wallis, Bern, Unterwalden, Uri bis nach Graubünden. Sommer.

11. C. *lobata Schkuhr.* C. *microstyla Gay.* Aehrchen spitzig, eine geknäuelte Aehre bildend. Narben 2. Früchte kegelförmig, ungerippt, an der Spitze eingeschnitten. Blätter flach. 1' und darüber. Auf alpinen Weiden der Waadt, Wallis und des Berner Oberlands, selten.

12. C. *chordorrhiza L. f.* Aehrchen eine lanzette, später eirunde Aehre bildend, oben männlich. Narben 2. Früchte eirund, geschnabelt. Halm glatt, unten ästig, 1' und darüber. Wurzel kriechend, fadenförmig. Mai bis Juli. In Torfsümpfen, hin und wieder im Jura, so wie auch am Katzensee und Hüttensee im C. Zürich.

13. C. *vulpina L.* Aehrchen eine zusammengesetzte Aehre bildend, oben männlich. Narben 2. Früchte eirund, geschnabelt, flach-convex, 5—7rippig, vorderhalb am Rande rauh. Halm scharf 3kantig, an den Kanten sehr rauh. Blätter rinnenförmig (breit). 1—2'. An Bächen und Teichen durch die ganze ebene Schweiz zerstreut. April und Mai.

14. C. *muricata L.* Aehrchen eine zusammengesetzte, unterhalb bisweilen unterbrochene Aehre bildend, oben männlich. Narben 2. Früchte flach-convex, eirund, geschnabelt, auf der äussern Seite schwach 3—5rippig;

die Ränder des Schnabels rauh. Oberer Theil der Halme rauh. Wurzel faserig. 1—2'. Auf trocknen Stellen, in Wiesen, an Wegen und Hecken gemein durch die ganze ebene Schweiz. Sie steigt auch in die alpinen Höhen der Alpen.

15. C. *divulsa Good.* Aehrchen unter einander entfernt, die untern einzeln oder zu mehrern gestielt. 1½ bis 2'. An ähnlichen Stellen, wahrscheinlich durch die ganze ebene Schweiz, jedoch nicht an Schatten. Bei Genf, Zürich, Bern, Chur. Ist kaum von voriger verschieden.

16. C. *teretiuscula Good.* Aehrchen eine zusammengesetzte dichte Aehre bildend, oben männlich. Narben 2. Früchte eirund, höckerig-convex, glatt, hinten am Rücken ein wenig gestreift, in einen 2zähnigen, am Rande fein gesägten Schnabel verlängert. Halm 3kantig, 1½'. In Sümpfen und um Seen bis in die subalpine Region. Bei Genf, Neuss, Vivis, Bex, Châtel-St.-Denis, Neuenburg, Bern, Katzensee und auf Davos am Schwarzensee.

17. C. *paniculata L.* Aehrchen oben männlich, eine Rispe bildend. Narben 2. Früchte eirund, oben höckerig convex, glatt, in einen am Rande rauhen Schnabel verlängert. Halm oberhalb sehr rauh, 3kantig, 2—3'. Wurzel faserig, rasenbildend. Auf sumpfigen oder wässerigen Stellen durch die ganze Schweiz zerstreut. Bei Genf und durch die Waadt nach Wallis; um Basel herum, bei Thun, durch den C. Zürich, bei Chur etc. Geht auch auf die Berge, wie z. B. im Jura von Neuenburg, auf dem Rigi, bei Parpan in Bünden, bis in die alpine Region.

18. C. *paradoxa Willd.* Aehrchen oben männlich, eine Rispe bildend. Narben 2. Früchte fast rund, hinterhalb gerippt, in einen Schnabel verlängert. Halm oberhalb rauh, 3kantig, 1—1½'. Wurzel faserig, rasenbildend. Auf sumpfigen Wiesen und in Sümpfen. Bei Gümlingen unweit Bern, Thun, Seedorf, Peterlingen, am Greifensee, Katzensee, Bodensee, bei Genf, St. Blaise, Chur und überhaupt im ebenen Theil der Schweiz. Mai.

19. C. *disticha Huds.* C. *intermedia Good.* Aehrchen in der Mitte männlich, eine zusammengesetzte längliche Aehre bildend. Narben 2. Früchte eirund, flach-convex, 9—11streifig, mit einem schmalen, rauhen Saum umgeben,

geschnabelt. Halm 3kantig, an den Kanten rauh. Mai und Juni. Auf Sümpfen der ebenen Schweiz. Bei Genf, Bern, Basel, Zürich, Thun, Lausanne, im Neuenburgischen.

20. *C. bryzoides L. Lischen.* Aehrchen unten männlich, zur Blüthezeit etwas gebogen, eine zusammengesetzte, undeutlich zweizeilige, weisse Aehre bildend. Narben 2. Früchte lanzett, flach-convex, glatt, geschnabelt, von der Basis an am Rande feinwimperig-gesägt. Wurzel kriechend. $1^1/_2$—2'. Gesellschaftlich in Wäldern. In grosser Menge von Seedorf an nach Bern, Solothurn, Herzogenbuchsee und Zofingen, immer auf der Molasse; verliert sich in der Waadt bei Echallens. Findet sich sodann auch bei Basel und im C. Tessin. Flieht den Jura und die Alpen. Aus diesem Gras macht man gute Matrazen, weswegen es auch ziemlich weit verführt wird. In der französischen Schweiz verkauft man es unter dem Namen *Crin végétal.* In der deutschen nennt man es Lischen.

21. *C. Schreberi Schrank.* Aehrchen unten männlich, gerade, meist zu 5 eine zusammengesetzte Aehre bildend. Narben 2. Früchte länglich-eirund, flach-convex, am Rande feinwimperig gesägt, geschnabelt. Wurzel kriechend. 5—9''. Auf sandigen Grasplätzen. Bisher bloss bei Basel und im C. Tessin bemerkt.

22. *C. leporina L. C. ovalis Good.* Aehrchen meist zu 6 eine eirunde oder elliptische Aehre bildend, unten männlich. Narben 2. Früchte aufrecht, eirund, geschnabelt, flach-convex, gestreift, mit einem häutigen, feingesägten Rande. Wurzel faserig, rasenbildend. Mai und Juni. Auf wässerigen oder auch nur feuchten Stellen der Ebene und Berge, auf welchen letztern sie bis in die alpine Region hinauf steigt. Findet sich in der ganzen Schweiz, jedoch zerstreut und mehr auf den Bergen.

23. *C. stellulata Good.* Aehrchen unten männlich, meist zu 4 und etwas von einander entfernt, eirund. Narben 2. Früchte abstehend, flach-convex, eirund, geschnabelt, fein gestreift; Schnabel lang und mit rauhen Rändern. Halm glatt, 3—18''. Wurzel faserig, rasenbildend. Mai und Juni. Auf nassen Wiesen und Weiden, an Teichen etc. In der Ebene bei Basel, Peterlingen, Neuss, am Katzensee, Aeschi-See bei Solothurn. Auf den

Bergen bis in die alpine Region in Bünden, Appenzell, Wallis, Bern, Genf.

24. *C. Grypus Schkuhr.* Aehrchen unten männlich, zu 3 einander genähert, umgekehrt-eirund. Narben 2. Früchte aufrecht, eirund, glatt, doppelt länger als die Spelze, geschnabelt; Schnabel rauh-gesägt, gebogen. Bracteen kürzer als die Aehrchen. Halm rauh. Wurzel faserig, rasenbildend. Auf alpinen Weiden, jedoch bloss über Zermatten und nach Brown auf dem Rötherichsboden zwischen der Handeck und dem Grimselhospiz. Sommer.

25. *C. remota L.* Aehrchen einsam, unten männlich, die untern 3 oder 4 entfernt, von Bracteen begleitet, die den Halm überragen. Narben 2. Früchte aufrecht, zusammengedrückt, eirund, in einen rauh-gesägten Schnabel verlängert, der die Spelze überragt. Halm schwach, überhängend, 10—18″ lang. Wurzel faserig, rasenbildend. An schattigen feuchten Stellen, an Wassergräben, hin und wieder. Bei Genf, Neuss, Noville, Martinach, Basel, Bern, Solothurn, Einsiedeln, Zürich, Chur. Mai und Juni.

26. *C. elongata L.* Aehrchen unten männlich, einander genähert, walzig, eine zusammengesetzte Aehre bildend. Narben 2. Früchte abstehend, lanzett, zusammengedrückt, vielstreifig, mit einem kurzen, fast ganzen Schnabel, viel länger als die Spelzen. $1\frac{1}{2}$′. Auf sumpfigen, schattigen Stellen, selten. Bei Neuss (Nyon), Tour de Gourze, Muri unweit Bern und nach Brown am See von Amsoldingen und auf der Schwarzenegg.

27. *C. approximata Hoppe. C. lagopina Wahlenb.* Aehrchen 3—4, eirund oder elliptisch, unten männlich, einander genähert und eine zusammengesetzte Aehre bildend. Narben 2. Früchte aufrecht, eirund, flach-convex, glatt, mit kurzem, ganzem, am Rande glatten Schnabel. Halm glatt. 6″. An Felsen von granitischem Gestein in der alpinen Region der Alpen. Auf dem Grossen Bernhard, dem Tzermotanaz im Bagne-Thal, im Nicolai-Thal über Zermatten, im Saaser-Thal, auf dem Simplon, auf der Grimsel und mehrern Orten in Bünden.

28. *C. Heleonastes Ehrh.* Aehrchen 3—4, rundlich, unten männlich, einander genähert und eine Aehre bildend. Narben 2. Früchte eirund, zusammengedrückt,

glatt, in einen kurzen und ganzen Schnabel ausgehend, (unter der Loupe) fein gestreift. Halm rauh. 1/2—1'. Juni. In Torfsümpfen, jedoch sehr selten. Zuerst von H. Apotheker Guthnik auf der Schwarzenegg im Berner Oberland in einer Höhe von 3000' ü. M. entdeckt, später auch im Jura bei Brevine, Vraconnaz und bei St. Croix in der Waadt von H. Shuttleworth gefunden.

29. *C. canescens L. C. curta Good.* Aehrchen meist zu 6, untereinander etwas entfernt, eirund oder länglich, unten männlich. Narben 2. Früchte eirund, sehr fein gestreift, zusammengedrückt, unmerklich in einen kurzen, ganzen Schnabel ausgehend. Halm glatt, oberhalb rauh. 1/2—1 1/4'. Auf sumpfigen oder wässerigen Stellen der Berge in der montanen und subalpinen Region. Im Jura hin und wieder, in den Alpen der Waadt, Wallis, Bern und Bünden.

30. *C. Gebhardi Hoppe.* Früchte etwas abgebrochen in den Schnabel übergehend. Aehrchen kürzer als bei voriger und bräunlich. Sonst wie diese, der sie sehr nahe steht. 8''. Juni. Wächst auf trocknen Weiden der alpinen Region der Alpen. In Wallis, Bern, Bünden, Glarus, Tessin.

Sect. III. Mit eingeschlechtigen und zweigeschlechtigen Aehrchen; das obere oder alle sind unten männlich und oben weiblich, die untern sind ganz weiblich.

† Alle Aehrchen sind unten weiblich.

30*. *C. cyperoides L.* Aehrchen zu einem kugeligen Köpfchen, das unten von meist 3 Blättern umgeben ist, gebüschelt, unten männlich. Narben 2. Früchte lanzett, in einen sehr langen vorn 2spitzigen Schnabel ausgehend. Wurzel faserig. Auf ausgetrockneten Sümpfen, wie es scheint nur vorübergehend. Lachenal hat sie bei Basel beobachtet und neuerlich wird sie als unweit Dannmarie im Bernerschen Jura wachsend angegeben. August und September.

†† Bloss das oberste Aehrchen ist unten weiblich.

31. *C. bicolor All.* Aehrchen meist zu 3, gestielt, am Ende des Halms einander genähert; das oberste unten männlich. Spelzen stumpf. Narben 2. Früchte grau-

weiss, umgekehrt-eirund, nach hinten spitzig zugehend, vorn stumpf mit äusserst kurzem Schnabel, der wie eine kleine Spitze aussieht. 3—5''. Auf überschwemmtem Geröllsande der Alpen in der alpinen Region. Bisher bloss im Bagne-, Nicolai- und Saaser-Thal in Wallis und in der Flimser-Alp Segnes in Bünden.

32. *C. Vahlii Schkuhr.* Aehrchen meist zu 3, einander sehr genähert. Das oberste unten männlich, das unterste gestielt, eirund. Narben 3. Spelzen ziemlich spitzig, schwarz. Früchte 3kantig, nach hinten spitzig zugehend, geschnabelt: Schnabel sehr kurz, vorn kaum ausgerandet. Halm oberhalb rauh. 6''. Auf alpinen Weiden sehr selten. H. Gay entdeckte diese Art auf dem Albula in Bünden, wo sie am ersten Abhange auf dem Uebergang ins Engadin wächst. Sommer.

33. *C. nigra All.* Aehrchen zu 3 oder 4, einander sehr genähert, sitzend, eirund; das oberste unten männlich. Narben 3. Spelzen ziemlich spitzig, schwarz. Früchte 3kantig, mit sehr kurzen kaum ausgerandeten Schnäbelchen. Halm glatt. (Ausser diesen Merkmalen unterscheidet sie sich auch durch fast doppelt grössere Aehrchen von der vorigen). 6''. Auf alpinen Weiden und berasten Felsen. In den Alpen von Appenzell, St. Gallen, Graubünden, Wallis und Bern. Sommer.

34. *C. atrata L.* Aehrchen zu 3—5, einander genähert, länglich-elliptisch; das oberste unten männlich; die andern weiblich und gestielt, das unterste lang gestielt. Narben 3. Spelzen spitzig, schwarz. Früchte 3kantig, mit kurzem schwach ausgerandetem Schnabel. Halm glatt oder rauh. $1/2$—1'. Auf alpinen Weiden der ganzen Alpenkette nicht selten. Sommer.

α. Mit rauhem Halm. *C. aterrima Hoppe.* Auf der Grimsel und dem Taveyannaz.

35. *C. Buxbaumii Wahlenb.* Endährchen unten männlich. Weibliche Aehrchen 2—3, aufrecht, sitzend, das unterste meist von den andern entfernt. Narben 3. Früchte länglich-eirund, 3kantig (jung flach). Spelzen grannig ausgehend. $1\,1/2$—2'. In Sümpfen, jedoch bei uns sehr selten und nur bei Orbe in der Waadt. Mai.

Sect. IV. Mit eingeschlechtigen Aehrchen, wovon das oberste oder die obern männlich und die untern weiblich sind.

† Mit entfernt stehenden, langen, weiblichen Aehrchen, graugrünen Blättern und scheidenlosen Blättern an der Basis der Aehrchen.

36. *C. limosa L.* Männliche Aehrchen einzeln; weibliche 1 oder 2, dünn gestielt, schwebend oder hängend, länglich. Scheidenblätter mit sehr kurzer Scheide. Narben 3. Früchte eirund, glatt, vielrippig, biconvex, mit sehr kurzem kaum merklich ausgerandetem Schnabel. Blätter schmal lineal, graugrün, rinnig. $\frac{1}{2}$—1' und darüber. Auf Torfsümpfen von der Ebene an (Katzensee, bei Genf, am Bodensee) bis in die alpine Region, sowohl im Jura als auf den Alpen, hin und wieder. Mai bis Juli.

37. *C. panicea L.* Männliches Aehrchen einzeln. Weibliche meist 2, unter einander entfernt, gestielt, dünn und schlaff. Narben 3. Früchte eirund, stark biconvex, glatt, mit äusserst kurzem, ganzem Schnabel. Blätter lineal, graugrün, ziemlich flach. Wurzel unterirdische Ausläufer treibend. 1'. An kleinen Bächen. Sehr gemein durch die ganze ebene Schweiz. Sie findet sich auch in der alpinen Region der Alpen (z. B. im Ober-Engadin). April bis Juni.

38. *C. glauca Scop.* Männliche Aehrchen zu 2 und 3. Weibliche ebenfalls zu 2 und 3, lang gestielt, später hängend, dichtblumig. Narben 3. Früchte länglich, stark biconvex, stumpf, mit einem bloss punktförmigen Schnabel. Blätter lineal, flach, graugrün. 1', auch darunter und darüber. Die gemeinste Carex, die sich nicht nur in der Ebene auf allen Wiesen und Weiden, wo Wasser ist, findet, sondern auch bis in die alpinen Höhen der Alpen (z. B. im Ober-Engadin) steigt. Blüht vom April bis in den Juni.

39. *C. caespitosa L.* Männliches Aehrchen einzeln; weibliche 3, aufrecht, walzig, sitzend oder kurz gestielt. Narben 2. Früchte eirund, convex, kurz geschnabelt, mit stielrundem ungetheiltem Schnabel. 10—18". Juni und Juli. In der Ebene und auf alpinen und subalpinen Sümpfen und wässerigen Stellen, durch die ganze Schweiz.

Hieher gehört *C. Goodenowii Gay* und *C. stricta Good.* und *Gaud.* Bildet dichte Rasen. Die in den Alpen vorkommende Form ist die *C. caespitosa Good.* und der spätern Autoren.

40. *C. acuta L.* Männliche Aehrchen 1—4; weibliche meist 3, überhängend; beide walzig, dicht blüthig. Narben 2. Früchte glatt, länglich-eirund, flach, sehr kurz geschnabelt, mit stielrundem, ungetheiltem Schnabel. 1½ bis 2'. Bildet in Sümpfen dichte Rasen und findet sich hin und wieder in der niedern Schweiz. Mai.

41. *C. paludosa Good.* Männliche Aehrchen 2—3; weibliche 2—3, aufrecht, walzig, sitzend, oder die untern etwas gestielt, alle von einem scheidenlosen Blatte begleitet, welches beim untersten Aehrchen so lang ist, dass es bis an die Spitze der männlichen Aehren oder darüber hinausragt. Narben 3. Früchte eirund oder länglich-eirund, gerippt, in einen kurzen zweizähnigen Schnabel ausgehend, kahl. Wurzel lang kriechend. 2'. In Sümpfen der ebenen Schweiz, wo sie ebenfalls grosse Rasen bildet, nicht selten. Mai.

42. *C. riparia Curt.* Männliche Aehrchen 3—5; weibliche 3—4, walzig, aufrecht, dichtblüthig, sitzend oder die untern gestielt. Narben 3. Spelzen in eine Granne endigend. Früchte kegelförmig-eirund, biconvex, gestreift, in einen vorn 2zähnigen kurzen Schnabel ausgehend, glatt. Halm an den Kanten rauh, 3—5'. Blätter sehr breit lineal, auf der Rückseite graugrün. In Sümpfen und Wassergräben der Ebene. Bei Genf und durch die Waadt bis nach Sitten und andererseits bis Peterlingen und an die Ufer der Zihl; auch bei Basel. Mai.

43. *C. maxima Scop.* Männliche Aehrchen einzeln; weibliche 4; alle sehr lang und überhängend, dichtblüthig. Narben 3. Früchte kegelförmig-eirund, etwas 3kantig, kahl, in einen kurzen, vorn ausgerandeten Schnabel ausgehend. Blätter sehr breit lineal, auf der Rückseite graugrün. 3—5'. In Wäldern und andern schattigen feuchten Stellen der ebenen Schweiz. Im Rheinthal, hin und wieder im C. Zürich, bei Aarau, Zug, Luzern, Bremgarten, Bern, Bex, Vivis, Lausanne, Neuenburg, Genf, im Jura bei Reigoldswyl. Mai und Juni.

a. Kleiner ($1\frac{1}{2}$—2′) mit scharf 3kantigen Früchten. Bei Basel. *C. strigosa Gaud.* und ?Huds.

43*. *C. Pseudo-Cyperus L.* Männliche Aehrchen einzeln. Weibliche 4—6, lang gestielt, hängend, walzig, dichtblüthig. Untere Aehrchenblätter sehr kurz- (selten lang-) scheidig. Narben 3. Früchte eirund-lanzett, rippig, kahl, in einen 2spitzigen Schnabel verlängert. Spelzen pfriemförmig, rauh. Blätter sehr breit, grün. Halm mit scharfen und rauhen Kanten, 1—2′. In Sümpfen der Ebene, ziemlich selten. Hin und wieder im C. Zürich, im Rheinthal, bei Basel, Aarberg, Seedorf, von Bex nach Villeneuve, bei Ivonand. Juni.

†† Mit langen, entfernt stehenden weiblichen Aehrchen, grünen Blättern, scheidenlosen oder fast scheidenlosen Blättern an der Basis der Aehrchen und blasig aufgetriebenen Früchten.

44. *C. vesicaria L.* Männliche Aehrchen 1—3; weibliche 2—3, entfernt, sitzend oder die untern etwas gestielt. Aehrchenblätter scheidenlos. Narben 3. Früchte conisch-eirund, blasig aufgetrieben, am Rücken meist 7rippig, in einen 2spitzigen Schnabel ausgehend. Halm mit rauhen Kanten. 2′. In Sümpfen durch die ganze ebene Schweiz, häufig.

45. *C. ampullacea Good.* Männliche Aehrchen 1—3; weibliche 2—3, entfernt, sitzend oder die untern gestielt. Aehrchenblätter scheidenlos oder bisweilen kurz scheidig. Narben 3. Früchte fast kugelig, blasig aufgetrieben, am Rücken meist 7rippig, in einen borstendünnen, vorn 2spitzigen Schnabel ausgehend. Halm stumpfkantig, glatt. 1—2′. In Sümpfen, selten in der Ebene (bei Basel, Noville), häufiger in der montanen und subalpinen Region, sowohl im Jura als in den Alpen.

††† Mit langen, entfernt stehenden weiblichen Aehrchen und scheidigen Blättern an der Basis derselben.

46. *C. filiformis L.* Männliche Aehrchen meist einzeln, sehr lang. Weibliche 2—3, entfernt, sitzend oder das unterste kurz gestielt. Aehrchenblätter kurz scheidig oder scheidenlos. Narben 3. Früchte länglich-eirund, dichthaarig, in einen kurzen, vorn 2spitzigen Schnabel

ausgehend. Halm stumpfkantig, glatt oder oberhalb etwas rauh. 1½'. In Torfmooren und tiefen Sümpfen, selten. Trélasse, Rousses, Vallée de Joux im Jura, Schwarzenegg und am Amsoldinger-See im Berner Oberland, Tour de la Gourze, Jongny, Noville, Peterlingen, Seedorf, Katzensee, Wesen.

47. *C. hirta L.* Männliche Aehrchen 1—2; weibliche 2—3, entfernt, gestielt. Aehrchenblätter mit einer Scheide, die den Aehrchenstiel einschliesst. Narben 3. Früchte länglich-eirund, dichthaarig, in einen 2spitzigen Schnabel ausgehend. Scheiden und häufig auch die Blätter behaart. 1'. An feuchten und schlammigen Stellen, gemein durch die ganze ebene Schweiz. Mai bis Juli.

48. *C. pilosa Scop.* Männliche Aehrchen einzeln; weibliche 2—3, gestielt, schlaffblüthig, lineal. Aehrchenblätter mit langer Scheide, über die jedoch die Stiele der Aehrchen herausragen. Narben 3. Früchte kugelig-3kantig, glatt und kahl, abgebrochen geschnabelt. Halm glatt. Blätter sehr breit, lineal, haarig, die vorjährigen länger als der blühende Halm. 6—12'. In Laubholzwäldchen, nicht überall, doch wo sie vorkommt in Menge. Im C. Zürich an verschiedenen Orten, bei Basel, Bern, im Rheinthal, an mehrern Orten in der Waadt, bei Genf; überall in der Ebene. April und Mai.

49. *C. vaginata Tausch.* Männliche Aehrchen einzeln; weibliche 2—3, entfernt, schlaffblüthig. Aehrchenblätter mit langer Scheide, die den Aehrchenstiel einschliesst und etwas kürzer als derselbe ist. Narben 3. Früchte kugelig 3kantig, glatt, geschnabelt. Halm ganz glatt. Blätter breit lineal, kahl, am Rande rauh. 10''. Auf wässerigen Weiden der alpinen Region, äusserst selten in der Schweiz. Wir verdanken die Entdeckung dieser Art H. Guthnick, Apotheker in Bern, der sie auf dem Schwabhorn in den Berner-Alpen in einer Höhe von 7000' fand. Sommer.

— *C. brevicollis DC.* Gleicht gar sehr der vorigen, hat aber dickere weiblichere Aehrchen, bespitzte Spelzen und kugelige Früchte. Sie findet sich im benachbarten französischen Departement de l'Ain.

50. *C. fulva Good.* Männliche Aehrchen einzeln; weibliche meist 3, aufrecht, länglich-eirund, dichtblüthig, gestielt: Stiele meist über die langen Scheiden hervorragend.

Narben 3. Früchte 3kantig-eirund, gerippt, geschnabelt, kahl. Wurzel Blattschosse oder kurze Ausläufer treibend. 1' und darüber. Auf Sümpfen oder auch nur etwas feuchten Wiesen von der Ebene an bis in die subalpine Region der Alpen, gemein. Mai und Juni.

α. Mit glattem Halm und kurze Ausläufer treibend. *C. Hornschuchiana Hoppe.*

51. *C. distans L.* Männliche Aehrchen einzeln; weibliche meist 3, sehr entfernt, walzig, gestielt: Stiele so lang oder etwas länger als die Scheiden. Aehrenblätter 4—5mal so lang als die Aehrchen. Narben 3. Früchte 3kantig, eirund, rippig, in einen vorn 2theiligen Schnabel (wie bei voriger) ausgehend. Halm glatt. 2'. Auf schlammigen oder wässerigen Stellen, zerstreut durch die ebene und montane Schweiz. Mai und Juni.

— *C. laevigata Sm.* mit überhängenden Aehrchen und fein braun punktirten Früchten, sonst wie vorige. Sie soll nach Gaudin in der Schweiz vorkommen, doch konnte er sich des Standorts nicht erinnern.

52. *C. punctata Gaud.* Vom Aussehen der vorigen, doch im Ganzen schmächtiger, mit Aehrchenstielen, die länger als die Scheiden sind, mit weniger dicht gestellten Blüthen und besonders ausgezeichnet durch die glänzenden grünen kaum gestreiften Früchte. 2'. Auf wässerigen Stellen, jedoch bloss in der transalpinen Schweiz. Auf dem Monte Cenere (Oberrichter Muret) und zwischen Roveredo und St. Vittore in Bünden. *C. distans* Mor. Pfl. Graub. Juni.

53. *C. sylvatica Huds.* Männliche Aehrchen einzeln; weibliche 4, entfernt, lang gestielt, hängend, lineal, schlaffblüthig. Narben 3. Früchte elliptisch-3kantig, glatt und kahl, in einen dünnen, vorn 2spaltigen Schnabel ausgehend. Halm glatt. Blätter breit lineal; 1—4'. April und Mai. In Wäldern auf etwas feuchten oder wässerigen Stellen. Gemein durch die ganze ebene und montane Schweiz.

54. *C. frigida All.* Männliche Aehrchen einzeln; weibliche meist 4, länglich oder walzig, braunschwarz, das oberste sitzend, die untern lang gestielt, überhängend. Narben 3. Früchte lanzett, glatt, in einen 2zähnigen, fein gesägten Schnabel ausgehend. Wurzel Ausläufer treibend.

1½'. Auf alpinen und subalpinen Weiden durch die ganze Alpenkette, ohne Unterschied der Felsart, ziemlich häufig. Juni.

55. *C. ustulata Wahlenb.* Männliche Aehrchen einzeln; weibliche 2—3, ziemlich genähert, gestielt, schwarzbraun, hängend, eirund, dichtblüthig. Unterstes Aehrenblatt kürzer als das Aehrchen. Narben drei. Früchte gedrückt-eirund, glatt, in einen 2spitzigen Schnabel ausgehend. Blätter flach. Wurzel faserig. 8". Sommer. Auf alpinen Weiden, sehr selten. In der Schweiz auf dem Gétroz im Bagne-Thal.

56. *C. ferruginea Scop. C. Scopolii Gaud.* Männliche Aehrchen einzeln; weibliche 2 oder 3, entfernt, lineal, zur Fruchtzeit schwebend, schwärzlich. Narben drei. Früchte länglich-elliptisch, 3kantig, in einen am Rande rauh gesägten 2spitzigen Schnabel ausgehend. Blätter lineal, aufrecht. Wurzel Ausläufer treibend. 1—1½'. Auf alpinen und subalpinen Weiden durch die ganze Alpenkette. Im Jura auf dem Réculet und der Dôle und über Günsberg bei Solothurn.

57. *C. sempervirens Vill.* Wie vorige, doch bloss mit faseriger (nicht Ausläufer treibender) Wurzel, aufrechten Aehrchen und steifern Blättern und Stengeln. ½—1'. Auf alpinen, subalpinen und montanen Weiden, durch die ganze Alpenkette, den Jura, so wie auch auf dem Belchen bei Basel, dem Schnebelhorn und Hörnli. Mai und Juni. Ist von voriger kaum verschieden.

58. *C. fimbriata Schkuhr. C. hispidula Gaud.* Männliche Aehrchen einzeln; weibliche 2, aufrecht, das untere gestielt. Narben 3. Früchte 3kantig-eirund, an den Kanten rauh, geschnabelt: Schnabel an der Spitze zweizähnig, am Rande rauh. 6". Sommer. In Felsenspalten der nivalen Region. Bisher bloss im Bagne-Thal und über Zermatten im Nicolai-Thal in Wallis bemerkt.

59. *C. tenuis Host. C. brachystachys Schk.* Männliche Aehrchen einzeln; weibliche 2—3, entfernt, lineal, zur Fruchtzeit schwebend, langgestielt. Narben 3. Früchte lanzett, 3kantig, glatt, in einen Schnabel ausgehend. Blätter borstenförmig. 9—12". Mai und Juni. In der montanen und subalpinen Region des Jura (St. Cergues, Creux-du-Van, Val de Moutier, Passwang, Oensingen,

Wallenburg) und in der subalpinen Region der Alpen (Wallis, zwischen Gsteig und Sanen, über Bex, am Calanda, im Berner Oberland hin und wieder, im Liviner-Thal). *C. setifolia Heer* in Heg. Fl. d. Schw.

60. C. *firma Host.* Männliche Aehrchen einzeln; weibliche meist 2, aufrecht, das obere fast sitzend, das untere gestielt. Aehrchenblätter scheidig, beim obern Aehrchen ziemlich so lang als das Aehrchen. Narben 3. Früchte länglich-lanzett, glatt, in einen am Rande wimperig-gesägten Schnabel verlängert. Blätter lineal-pfriemförmig, steif. 4—6''. An Felsen der subalpinen und alpinen Region der Alpen durch die Cantone Graubünden, Glarus, Bern, Wallis und Waadt, nicht selten. Sommer.

61. *C. capillaris L.* Männliche Aehrchen einzeln; weibliche 2—3, schwebend oder überhängend, 5—7blumig, die obern genähert, so lang oder länger als das männliche. Aehrchenstiele haarfein, länger als die Blattscheiden. Narben 3. Früchte länglich, 3kantig, glatt, geschnäbelt. Blätter flach. 4—6''. Auf magern alpinen Weiden durch alle Cantone der Alpenkette, häufig. Juni.

62. *C. digitata L.* Männliche Aehrchen einzeln; weibliche meist zu 3, lineal, ziemlich entfernt, gestielt, mit einer blattlosen Scheide, die obern zur Fruchtzeit länger als das männliche Aehrchen. Narben 3. Früchte umgekehrt-eirund, 3kantig, kurz geschnabelt, feinhaarig, ungefähr so lang als die Spelze. ½—1'. In Wäldern von der Ebene an bis in die subalpine Region, ohne Unterschied des Gebirgs, gemein. April und Mai.

63. C. *ornithopoda Willd.* Männliche Aehrchen einzeln; weibliche meist zu 3, lineal, genähert und gebüschelt, das männliche überragend. Aehrchenstiele in einer blattlosen Scheide. Narben 3. Früchte umgekehrt-eirund, 3kantig, feinhaarig, sehr kurz geschnabelt, länger als die Spelze. 3—5''. Auf sonnigen Felsen und Weiden der ganzen Schweiz von der Ebene an bis in die alpine Region, ohne Unterschied des Gesteins, ziemlich häufig. April und Mai.

64. C. *alba Scop.* Männliche Aehrchen einzeln; weibliche 2, meist 3blumig. Scheiden blattlos, weisshäutig, die Aehrchenstiele einschliessend. Narben 3. Früchte kugelig-eirund, gestreift, kurz geschnabelt, kahl. Blätter

schmal lineal. 6''. In Wäldern der Ebene, ohne Unterschied des Gesteins, durch die ganze Schweiz häufig. April und Mai.

65. *C. humilis Leyss.* Männliche Aehrchen einzeln; weibliche 2—3, entfernt, meist 3blumig. Scheiden blattlos, weiss, häutig, die Aehrchenstiele einschliessend. Narben drei. Früchte umgekehrt-eirund, 3kantig, kurz geschnabelt, feinhaarig. Blätter lineal-borstenförmig, rinnig. 1—2''. Auf dürren magern Weiden, meist an Abhängen, vom Fuss der Berge an bis in die subalpine Region. Zerstreut durch die Schweiz. Bei Chur, Zürich, Bregenz, Basel, Neuenburg, Neuss, Genf auf dem Salève, Roche. März und April.

66. *C. gynobasis Vill.* Männliche Aehrchen einzeln; weibliche 2—3, meist 3blumig, die obern dem männlichen Aehrchen sehr nahe, das untere aus der Basis des Halms, sehr lang gestielt. Narben 3. Früchte kurz gestielt, stumpf 3kantig, eirund, äusserst kurz behaart, mit kurzem Schnabel. 4—12''. Auf dürren sonnigen Hügeln und Bergabhängen, am Fuss der Berge. April. Im Unter-Wallis, dem Genfer-See nach bis Genf und von dort dem Jura nach bis ins Neuenburgische.

†††† Mit kurzen weiblichen Aehrchen, die dem männlichen sehr nahe stehen.

67. *C. longifolia Host. C. umbrosa Hoppe* et *Gaud.* Weibliche Aehrchen 1—3, genähert, länglich-eirund, das untere gestielt. Aehrchenblätter umfassend, am Rande häutig, das unterste scheidig. Narben 3. Früchte umgekehrt-eirund, 3kantig, kurzhaarig, geschnabelt. Wurzel faserig, rasenbildend. 9—18''. An schattigen Stellen, in Wäldern, der Ebene. Nach Seringe und Haller, Sohn, um Bern herum, nach Brown bei Schwarzenegg, nach Hegetschweiler hin und wieder im C. Zürich, nach Godet am Creux-du-Van und Tête de Rang. April und Mai.

68. *C. praecox Jacq.* Weibliche Aehrchen zu 2—3, genähert, länglich-eirund, das unterste meist gestielt. Aehrchenblätter umfassend oder das unterste scheidig. Narben 3. Früchte umgekehrt-eirund, kurz geschnabelt, kurzhaarig. Wurzel Ausläufer treibend. 6''. Auf Weiden und Wiesen überall, bis in die alpine Region.

69. *C. ericetorum Poll.* Weibliche Aehrchen 1 oder 2, genähert, eirund, sitzend. Aehrchenblätter spelzenartig, umfassend oder kurz scheidig. Narben 3. Früchte umgekehrt-eirund, kurzhaarig, kurz geschnabelt. Wurzel Ausläufer treibend. 3—6''. Auf dürren unfruchtbaren Stellen, sowohl in der Ebene als in der alpinen Region der Alpen, nicht selten.

α. In der Ebene bei Aarau, Cham, St. Gallen, Zürich.

β. In den Alpen in Wallis und Bünden. Dies ist die *C. membranacea Hoppe.*

70. *C. montana L.* Weibliche Aehrchen 1—2, genähert (zur Fruchtzeit) eirund; Aehrchenblätter umfassend (nicht scheidig). Narben 3. Früchte umgekehrt länglich-eirund, 3kantig, kurz geschnabelt, behaart. Wurzel faserig, rasenbildend. 3—6''. Auf Wiesen und Weiden, gemein von der Ebene an bis in die subalpine Region. April und Mai.

71. *C. tomentosa L.* Weibliche Aehrchen 1—2, walzig, stumpf. Aehrchenblätter sehr kurz scheidig, zur Fruchtzeit wagrecht abstehend. Narben 3. Früchte kugelig-eirund, kurz geschnabelt, graufilzig. Wurzel Ausläufer treibend. Halm gerade aufrecht, 6—9''. April und Mai. Auf feuchten Wiesen und in Wäldern durch die ganze ebene Schweiz, ziemlich häufig.

72. *C. flava L.* Weibliche Aehrchen 2—3, die obern sitzend oder fast sitzend, das untere gestielt, aus einem langscheidigen Aehrchenblatt kommend. Die obern Aehrchenblätter kurzscheidig, zur Fruchtzeit abstehend oder zurückgeschlagen. Narben 3. Früchte eirund, rippig, in einen gebogenen Schnabel ausgehend. Wurzel rasenbildend. 1'. Auf Sümpfen oder wässerigen Stellen der Ebene und montanen Region, häufig durch die ganze Schweiz. April und Mai.

α. Mit 5—6 weiblichen Aehrchen. *C. uetliaca Sut.*

73. *C. Oederi Ehrh.* Weibliche Aehrchen 2—3, genähert, rundlich-eirund, die obern meist sitzend, das unterste gestielt mit einem scheidigen Aehrchenblatt. Narben 3. Früchte rundlich, rippig, in einen ziemlich geraden Schnabel ausgehend. Wurzel faserig, rasenbildend. 3—6''. Sommer. Auf feuchten und wässerigen Stellen durch die ganze ebene und montane Schweiz; am aus-

gezeichnetsten sind die Charaktere an solchen Exemplaren, die auf periodisch überschwemmtem Ufersande wachsen.

74. *C. pilulifera L.* Weibliche Aehrchen meist 3, genähert, rundlich, sitzend. Aehrenblätter lineal-pfriemförmig, nicht scheidig. Narben 3. Früchte kugelig-eirund, undeutlich 3kantig, geschnabelt, kurzhaarig. Wurzel faserig. 1'. In Wäldern der Ebene und montanen Region, ziemlich selten. Auf der Molasse bei Bern, Solothurn, auf dem Gurten, Jorat; bei Thun; im Jura zwischen Brévine und La Cornée bei Olsberg, nach Custer im Rheinthal, nach Schleicher bei Luggaris (Locarno) und nach der Rhein. Flora im Schwarzwald bei Basel. Mai und Juni.

75. *C. pallescens L.* Weibliche Aehrchen 2—3, genähert, eirund oder länglich, das oberste sitzend, die untern gestielt. Aehrchenblätter kurz scheidig oder scheidenlos. Früchte elliptisch-länglich, kahl, mit punktartigem Schnabel. Die Scheiden der untern Blätter kurzhaarig. 1/2—1'. In Wäldern und auf feuchten Weiden, sowohl in der Ebene als in der subalpinen Region der Alpen, nicht selten. Mai und Juni.

76. *C. nitida Host.* Weibliche Aehrchen 1—2, länglich oder eirund, das obere sitzend, das untere gestielt. Aehrchenblätter mit gespaltenen Scheiden. Narben drei. Früchte kugelig-eirund, kahl, geschnabelt: Schnabel stielrund, an der Spitze weisshäutig, 2lappig. Wurzel Ausläufer treibend. 4—8''. April und Mai. In der Ebene auf dürren unfruchtbaren Stellen der südwestlichen Schweiz. Bei Branson, Aelen, um den Genfer-See herum, bei Genf.

77. *C. mucronata All.* Weibliche Aehrchen 1—2, genähert, sitzend, kurz. Scheiden spelzenartig, die unterste in eine borstenähnliche Spitze ausgehend. Narben zwei. Früchte länglich, fein rauhhaarig, in einen ausgerandeten Schnabel ausgehend, am Rande rauh wimperig-gesägt, länger als die Spelze. Blätter borstenförmig, rinnig. 1/2—1'. Auf subalpinen und alpinen Weiden, jedoch bloss in den östlichen Alpen (Lützelflüe, Bötzler-Alp, Hohenkasten, Calanda) und im Tessin (M. Generoso). Nach Gagnebin auch im Neuenburger Jura, was aber noch der Bestätigung bedarf. Ich verdanke diese seltene Pflanze der Güte des H. Prof. Heer, der sie auf der Graina in

Bünden fand und mir unter dem Namen *C. approximata Hoppe* mittheilte. Steht der C. Davalliana nahe.

78. *C. Gaudiniana Guthnick. C. microstachya Brown* cat. de Thoune. Männliche Aehrchen lineal, gewöhnlich mit einigen weiblichen Blüthen. Weibliche Aehrchen 2, sitzend, eirund, wenigblumig, genähert. Scheidenblätter spelzenartig. Narben 2. Früchte länglich, kahl, in einen 2lappigen am Rande rauh gesägten Schnabel ausgehend. Halm walzig, glatt. Blätter borstenförmig, rinnig-3kantig. Sommer. Am südlichen Ende des Amsoldinger-Sees im Berner Oberland, wo sie zuerst H. Guthnik in Bern entdeckte, und nach Sauter bei Bregenz. Dass diese Art ein Bastard zwischen C. Davalliana und stellulata sei, wie Sauter vermuthet, ist unwahrscheinlich. Sicher aber ist sie, wie auch C. mucronata, mit den Pflanzen der ersten Gruppe verwandt.

CXXII. Familie.

Gräser (Gramineae).

Blüthen Zwitter, mit einem ungleich dreiblätterigen Perigon. Zwei Blätter dieses Perigons sind sehr klein, schuppenartig, das dritte viel grösser, spelzenartig. Staubgefässe 3, mit langen oben und unten sich spaltenden Staubbeuteln, abwechselnd mit den Perigonblättern. Stempel mit 2 Narben. Frucht eine Karyopsis. Samen aus einem unterständigen kleinen Keim und einem grossen mehligen Eiweiss gebildet. Der Cotyledon oder Samenlappen hat hier die Form eines Schildchens und an ihn angelehnt steht die Keimspitze. — Die Gräser haben schmale lineale Blätter mit gespaltenen Scheiden und hohle, knotige Halme. An der Basis jeder einzelnen Blüthe befindet sich eine Bractee (Spelze), die wie das grössere Perigonblatt aussieht und mit demselben Linnés „Corolla" bildet. Wenn mehrere einzelne Blüthen zusammentreten und ein Aehrchen bilden, so ist dasselbe unten ebenfalls von einem oder zwei Bracteen (auch Spelzen) begleitet und diese bildeten bei Linné den „Kelch". Die Gräser enthalten in allen Theilen viel Stärkestoff, Zucker und Kleber und sind daher für Menschen und Thiere ein wichtiges Nahrungsmittel. Viele werden angepflanzt und diese nennt man, so weit sie für den Menschen bestimmt sind, Getreide oder Cerealien. Aus dem *Zuckerrohr* wird der Zucker bereitet. Man findet auf allen Theilen der Erde Gräser, und fast immer wachsen sie gesellschaftlich, so dass sie in den Wiesen den Hauptbestandtheil des Heus bilden.

Erste Zunft. Andropogoneae.

Mit Aehrchen, die vom Rücken her gedrückt sind, bloss eine Blüthe mit Ansätzen (Rudimenten) zu einer zweiten enthalten und zu 2 oder 3 beisammen stehen. Narben wedelförmig.

Andropogon.

Aehrchen 2blumig, begrannt: das eine Blümchen gestielt, männlich, das andere sitzend, Zwitter. Am Ende der zusammengesetzten Aehren oder Rispenäste 3 Blüthen.

1. *A. Ischaemum L.* Aehrchen traubenständig oder gefingerte zusammengesetzte Aehren bildend. Blätter lineal, rinnig, behaart. 1½—2'. Sommer. Auf dürren Grasstellen und Halden der ebenen und montanen Schweiz, nicht selten. ♃ Dieses Gras soll den Schafen die Blutkrankheit zuziehen.

2. *A. Gryllus L.* Aehrchen zu 3, am Ende der nackten

und einfachen Rispenstiele. Halm einfach aufrecht. 2—5'. ♃ Juni und Juli. In Wiesen der italiänischen Schweiz, nicht selten (Lauis, Bellenz, Clefen, Livinen-Thal, Misox). Sodann auch im untern Rhone-Thal, um Bex herum.

— Sehr zweifelhaft als Schweizerbürger ist *A. distachyus*, der am Ende des Halms 2 zusammengesetzte Aehren hat. Er kann höchstens in der ital. Schweiz zu finden sein.

3. *A. Allionii DC.* Eine einzige zusammengesetzte Aehre am Ende der Zweige. Männliche Blüthen kahl. 2'. ♃ Sommer. An Felsen bei Gandria und Cadenobbio im Tessin.

Zweite Zunft. Paniceae.

Blüthen einzeln, bisweilen mit einem Ansatz (Rudiment) eines zweiten Blümchens, vom Rücken her gedrückt.

Tragus.

Die Reproductionsorgane sind zunächst von 2 häutigen glatten Spelzen umgeben, welche in der Achsel einer mit gebogenen Stacheln besetzten Bractee (Kelchspelze nach Linné) steht. Aehrchen einblumig. Drei solcher Blüthen bilden ein besonderes kurzgestieltes Aehrchen und viele Aehrchen eine ährenähnliche Traube.

1. *T. racemosus Desf.* Ein bis spannelanges, von der Wurzel aus ästiges, gestrecktes Gras, das auf sandigen Stellen der heissen Gegenden von Unter-Wallis vorkommt. ⊙ Juni.

Panicum.

Die Reproduktionsorgane sind von 2 pergamentartigen Spelzen eingeschlossen und diese von zwei andern umgeben, von welchen das innere der Theorie nach als ein Rückstand einer verkümmerten zweiten Blume angesehen wird. Blüthenstand verschieden.

Sect. I. Mehrere zusammengestellte Blümchen (specielle Aehrchen) bilden eine zusammengesetzte Aehre. Die unterste Spelze eines Blümchens (Bractee) ist begrannt. *Oplismenus.*

1. *P. undulatifolium Ard.* Specielle Aehrchen meist

zu 10 eine zusammengesetzte Aehre bildend. Aehrenaxe behaart. Blätter lanzett. 1' und darüber. ⊙ August und September. Auf schattigen Stellen der italiänischen Schweiz (Lauis, Luggaris, Codelago, Clefen).

Sect. II. Die Blüthen bilden einseitige Aehrchen und solcher Aehrchen sind 2—8 am Ende des Halms. Die unterste Spelze ist begrannt. *Echinochloa.*

2. *P. Crus-galli L.* Wie oben. 1/2—2'. ⊙ Auf schlammigen Stellen, wo die Pflanze aufliegt, bisweilen auch in Aeckern, wo sie aber aufrecht und an der Basis fast nicht geastet ist. Ueberall in der ebenen Schweiz. Juli bis Herbst.

Sect. III. Mit gerispetem Blüthenstand.

— *P. miliaceum L. Hirse.* Wird im Grossen bloss in den italiänischen Thälern des Tessins und im Bündnerschen Oberland angepflanzt.

Sect. IV. Die Blüthen bilden lineale Aehrchen, die fingerartig beisammen stehen. Aufliegende oder halbaufliegende Gräser. *Digitaria Scop. Syntherisma R.* et *Sch.*

3. *P. sanguinale L.* Aehrchen meist zu 5 gefingert. Blätter und Scheiden mehr oder weniger behaart. Die zweite Spelze (von unten an gerechnet) ist kahl, am Rande kurzhaarig, an den Seitennerven ohne Wimpern. ⊙ 1—2'. In Aeckern und Gärten, ein Unkraut. Sommer. Fehlt im diesseitigen Graubünden.

4. *P. ciliare Retz.* Die zweite Spelze ist kahl, an den Seitennerven gewimpert. Sonst wie voriges. 1'. ⊙ Sommer und Herbst. An ähnlichen Stellen, bisher aber nur bei Basel, in Solothurn und in der italiänischen Schweiz bemerkt. Ist nicht wesentlich von vorigem verschieden.

5. *P. glabrum Gaud.* Aehrchen zu 3—5 gefingert oder traubenständig, aus eirunden Blüthen gebildet, die kurzhaarige, an den Nerven (Rippen) kahle Spelzen haben. Blätter und Scheiden kahl. 1/2—1'. ⊙ August bis Herbst. Gewöhnlich auf überschwemmten Feldern und Aeckern, durch die ganze ebene Schweiz zerstreut.

Setaria.

Die Blüthen sind mit borstenartigen Grannen

hüllartig umgeben. Der Blüthenstand ist eine Aehre. Die Blüthen selbst wie bei Panicum. *Panicum L.*

1. *S. verticillata Beauv.* Aehre unterhalb häufig unterbrochen. Hüllborsten mit rückwärts gerichteten Stächelchen besetzt (daher die Aehren klettenartig anzurühren sind). ½—2'. ⊙ In Gärten und andern angebauten Stellen der ebenen Schweiz, durch das ganze Gebiet zerstreut, aber überall ziemlich selten.

2. *S. viridis Beauv.* Aehren ununterbrochen. Hüllborsten mit aufwärts gerichteten Stächelchen besetzt. Die beiden innern Spelzen glatt und ziemlich so gross als die zunächst stehende äussere. ½—1'. ⊙ In Aeckern, an Wegen, auf Schutt und dergleichen Stellen, gemein durch die ganze ebene und montane Schweiz. August bis October.

3. *S. glauca Beauv.* Die beiden innern Spelzen sind quer runzlig und doppelt länger als die zunächst stehende äussere. Auch sind die Hüllborsten fuchsroth. Im übrigen wie vorige. 1—2'. ⊙ Auf Aeckern nicht überall. Bei Basel, durch die Waadt und Neuenburg, nach Genf und Unter-Wallis, in Graubünden und nach Brown bei Thun. August bis October.

— *S. italica Beauv.* mit grossen kolbenartigen Aehren, wird gewöhnlich im Kleinen in Gärten cultivirt, um die Körner als Vogelfutter zu gebrauchen. In Italien wird diese Hirse wie die andere *(Panicum miliaceum)* für den Menschen angebaut.

Dritte Zunft. Phalarideae.

Blüthen einzeln, von 2 Bracteenspelzen (Kelch) umgeben, von der Seite her gedrückt, mit schuppenartigen Rückständen eines zweiten und dritten Blümchens.

Phalaris.

Bracteenspelzen gekielt, ziemlich gleich gross, unbegrannt. Eine fruchtbare Blüthe mit einer oder zwei rudimentären Spelzen, die aus 2 sehr kleinen behaarten Schüppchen bestehen. Die beiden innern Spelzen der fruchtbaren Blüthe pergamentartig.

1. *P. arundinacea L.* Blüthenstand eine Rispe. Blüthen gebüschelt. Bracteenspelzen am Kiel nicht geflügelt. ♃ Ein rohrartiges Gras, das an Wassergräben und andern nassen Stellen durch die ganze ebene Schweiz vorkömmt und im Sommer blüht. In Gärten trifft man bisweilen eine Abart davon an, welche weiss und grün bandirte Blätter hat.

— *P. canariensis L.* mit kolbenartigem Blüthenstand und am Kiel geflügelten Bracteenspelzen. Dieses Gras wird wie die Setaria italica für die Singvögel in Gärten angepflanzt.

Anthoxanthum.

Drei Blüthen beisammen. Mittlere fruchtbar, mit 2 Staubgefässen, 2 fadenförmigen, fiederigen Griffeln und unbegrannten Spelzen; die 2 seitlichen ohne Reproduktionsorgane mit begrannter Spelze.

1. *A. odoratum L. Ruchgras.* Blüthenstand eine Aehre. Die begrannten Spelzen sind anschmiegend behaart, stumpf abgerundet. Das ganze Gras, das ½—1' hoch wird, riecht angenehm. ♃ Auf Wiesen und Weiden bis in die alpine Region, ohne Unterschied des Gebirgs und des Gesteins. Frühling.

Vierte Zunft. Alopecuroideae.

Blüthen einzeln, bisweilen mit einem verkümmerten Ansatz einer zweiten Blüthe, von der Seite gedrückt. Griffel lang, fadenförmig, haarig, von der Spitze des Ovariums ausgehend.

Alopecurus.

Blüthen einzeln, von einer begrannten Spelze umgeben und von 2 unbegrannten Bracteenspelzen eingeschlossen. Blüthenstand eine Aehre (im Grunde eher eine ährenförmige Rispe).

1. *A. pratensis L.* Halm aufrecht, kahl, 1—2'. Aeste der ährenförmigen Rispe 4—6blumig. Bracteenspelzen unten verwachsen, weichhaarig gewimpert. ♃ Juni. In Wiesen, jedoch selten. Bisher bloss im Neuenburger und Waadtländer Jura, bei Basel und am Fuss

des Dent de Jaman in der Waadt, am Genfer-See, beobachtet. Bei Solothurn kommt es in einer etwas sumpfigen Wiese in Menge vor, ob wild oder angepflanzt, weiss ich nicht. Dieser A. gilt als eines der besten Futtergräser und wird daher in England häufig angepflanzt.

2. *A. agrestis L.* Halm aufrecht, etwas rauh. Aeste der ährenförmigen Rispe 1—2blumig. Bracteenspelzen bis zur Mitte verwachsen, zugespitzt, mit schmal geflügeltem Kiel, sehr kurz gewimpert. ☉ 1'. Sommer. In Aeckern, Weinbergen, an Wegen, durch die ganze ebene mittlere Schweiz zerstreut. Scheint sich von den Alpen entfernt zu halten, denn wir finden ihn weder in Graubünden, noch Glarus, noch im Berner Oberland angegeben.

3. *A. geniculatus L.* Halm unten aufliegend, kahl, 2' und darüber. Bracteenspelzen bloss an der Basis verwachsen. Granne unter der Mitte der Spelze angeheftet. Staubbeutel violett. ♃ Mai und Juni. Auf wässerigen und verschlammten Stellen der mittlern niedern Schweiz (Zürich, Basel, Solothurn, Thun, in der Waadt, bei Genf), im Ganzen viel seltener als die folgende Art.

4. *A. fulvus L.* Graugrün. Halm unten aufliegend, kahl, meist 1' lang. Bracteenspelzen bloss an der Basis verwachsen. Granne von der Mitte der Spelzen ausgehend. Staubbeutel gelb. ♃ Sommer. In Sümpfen und Wassergräben durch die ganze Schweiz bis in die alpine Region der Alpen (so z. B. in Bünden), nicht selten. Man erkennt dieses Gras schon von weitem an seinen gelben Staubbeuteln.

— *A. utriculatus Pers.* Oberste Blattscheide blasig angeschwollen. Aehrchen eirund oder länglich-eirund. 1—2'. Kommt im benachbarten Veltlin vor.

Phleum.

Blüthen einzeln, ohne oder mit einer verkümmerten stielchenartigen zweiten Blüthe, von zwei begrannten oder unbegrannten Spelzen umgeben und von 2 Bracteenspelzen eingeschlossen. Blüthenstand wie bei vorigem Geschlecht eine ährenförmige Rispe.

1. *Ph. Michelii All. P. trigynum Host. Chilochloa cuspidata Beauv.* Bracteenspelzen lanzett, in eine kurze

Granne zugespitzt, am Rücken gewimpert. Die Wurzeln treiben Halme und unfruchtbare Blattbüschel und daher bildet die Pflanze Rasen. 1½—2'. ♃ Um und an Felsen, auf Grasplätzen, jedoch bloss in der alpinen und subalpinen Region der Alpen (Waadt, Bern, Wallis, Graubünden) und der höhern Berge des westlichen Jura (Dôle, Creux-du-Van, Chasseron). Sommer.

2. *P. Boehmeri Wibel. P. phalaroides Koel.* Spelzen länglich-lineal, schief abgestutzt, bespitzt, am Rücken rauhhaarig gewimpert oder rauh. Wurzel rasenbildend. 1' und darüber. ♃ Sommer. Auf magern Triften. Häufig in den westlichen Cantonen (Basel, Neuenburg, Waadt, Genf, Wallis), so wie auch im Tessin und Graubünden. In der übrigen Schweiz selten (Zürich).

3. *P. asperum Vill.* Spelzen keilförmig, abgestutzt, an der Spitze aufgeblasen eckig, bespitzt, rauh. ½—1'. ♃? ☉? Mai und Juni. Auf angebauten Stellen der wärmern Schweiz (Tessin, Waadt, Unter-Wallis). Dieses Gras riecht frisch wie das Ruchgras (Anthoxanthum).

4. *P. pratense L.* Spelzen länglich, gerade abgestutzt, in eine Granne ausgehend, mit rauhhaarig gewimpertem Kiel. Grannen kürzer als die Spelzen. 1—3'. ♃ Auf unfruchtbaren Weiden, wie auch in gedüngten Wiesen, sehr gemein durch die ganze ebene Schweiz und bis in die subalpine Region. Hieher gehört auch das *P. nodosum L.*, eine kleinere auf magern Boden vorkommende Form.

5. *P. alpinum L.* Spelzen länglich, gerade abgestutzt, in eine Granne ausgehend, mit rauhhaarig gewimpertem Kiel. Grannen so lang als die Spelzen. ½—1½'. ♃ Auf subalpinen und alpinen Weiden durch die ganze Alpenkette und den Jura, häufig. Die Aehren sehen dunkelviolett aus.

α. Mit eirunder oder rundlicher Aehre. Auf sumpfigen Stellen. *P. commutatum Gaudin.*

Cynodon.

Blüthen einzeln, mit 2 Spelzen und mit einer verkümmerten stielchenartigen zweiten Blüthe, unten von 2 Bracteenspelzen umgeben. Blüthenstand: gefingerte Aehrchen wie bei Digitaria.

1. *C. Dactylon Pers.* Aehrchen zu 3—5 gefingert. Blätter unterhalb behaart. Die Wurzel treibt zahlreiche Ausläufer. 4—9''. ♃ Sommer. An Wegen und auf dürren Triften der westlichen Schweiz (Basel, Neuenburg, Waadt, Genf, Unter-Wallis) nicht selten. Auch bei Zürich. Die Wurzel dieses Grases wird in den südlichen Ländern wie die der Quecken (Triticum repens) gebraucht.

Fünfte Zunft. Oryzeae.

Blüthen einzeln, von der Seite gedrückt, ohne äussere Bracteenspelzen oder mit sehr kleinen.

Leersia.

Blüthen einzeln, mit 2 bleibenden, pergamentartigen, unbegrannten Spelzen. Karyopsis in den bleibenden Spelzen eingeschlossen.

1. *L. oryzoides Sw.* Rispe von der Blattscheide eingeschlossen. Rispenäste verbogen. Blüthen mit 3 Staubgefässen, halb eirund, gewimpert. 2'. ♃ August und Herbst. In Wassergräben, nicht überall. In den Cantonen Genf, Waadt, Basel, Zürich, St. Gallen, Glarus.

† Oryza.

Blüthen einzeln, mit 2 bleibenden, pergamentartigen, begrannten oder unbegrannten Spelzen und 2 sehr kleinen Bracteenspelzen.

— *O. sativa L. Reis.* Ein sehr nützliches, auf periodisch überschwemmten Stellen wachsendes Gras, das im benachbarten Piemont und in der Lombardei im Grossen angepflanzt wird.

Sechste Zunft. Agrostideae.

Blüthen einzeln, mehr oder weniger von der Seite gedrückt, bisweilen mit einem Rudiment einer zweiten obern Blüthe, unten von 2 Bracteenspelzen umgeben. Karyopsis von den bleibenden innern Spelzen eingeschlossen. Narben fiederig, an der Basis der Spelzen zu beiden Seiten heraushängend.

† Polypogon.

Bracteenspelzen in eine die innern Spelzen weit überragende Granne ausgehend.

— *P. monspeliensis Desf.* Ein einjähriges, 1—2' hohes Gras mit ährenartiger lang granniger Rispe. Es wächst am Strande des Mittelmeers und wurde schon in mehrern Jahrgängen an einer Stelle in der Stadt Freiburg beobachtet, wo es ohne Zweifel absichtlich oder zufällig ausgesäet worden ist. Es kann nicht als inländisch angesehen werden. Sommer.

Agrostis.

Die beiden innern Spelzen (Kronspelzen nach L.) sind häutig, begrannt oder unbegrannt, und an ihrer Basis befinden sich sehr kleine Haarbüschel. Keine rudimentäre Blüthe. Blüthen gerispet.

1. *A. alba Schrad.* Blätter flach, lineal. Blüthenäste und Stiele rauh. Züngchen länglich. Blüthen doppelt grösser als bei folgender. ♃ 1—2'. Auf Wiesen und Weiden, in Gebüschen, gerne am Wasser, durch die ganze Schweiz bis in die alpine Region, sehr häufig. Sommer.

2. *A. vulgaris With.* Blätter flach, lineal. Blüthenäste und Stiele glatt oder sehr schwach rauh (obwohl immer kleine Stachelhaare daran sind). Blüthen kleiner und Blätter schmäler als bei voriger. ½—3'. ♃ Mai und Juni. Auf Wiesen und Weiden, oft in solcher Menge, dass es den Hauptbestandtheil des Heus ausmacht. Man findet dieses Gras von der Ebene an bis in die alpinen Höhen der Berge durch die ganze Schweiz.

3. *A. canina L.* Blätter eingerollt, borstenartig. Blüthenäste rauh. Von den beiden innern (Kron-) Spelzen fehlt die obere oder sie ist sehr klein und bei der untern steht die Granne (wenn sie nicht fehlt) unter der Mitte des Rückens. ½—1'. ♃ Sommer. Auf dürren und nassen Stellen durch die ganze ebene Schweiz.

4. *A. alpina Scop. Koch.* Blätter eingerollt, borstenartig. Blüthenäste und Stiele rauh. Von den beiden innern Spelzen ist die obere sehr klein, 3zähnig, und bei der untern steht die lange und vorragende Granne an der Basis. Diese letztere ist an der Spitze bald 2spaltig,

bald 2borstig oder wie ausgenagt. $\frac{1}{2}$—1'. ♃ Sommer. Ungemein häufig auf subalpinen und alpinen Weiden der Alpen und der höhern Juraberge. Hieher gehört als schlankere Form mit grössern Blüthen *A. filiformis Willd. A. rupestris Gaud.*

5. *A. rupestris All. Koch.* Zeichnet sich von voriger bloss durch glatte Rispenäste und Stiele aus; indessen bemerkt man an vielen ein allmähliges Verschwinden der Stachelhaare (welche die Stiele rauh machen), wodurch Uebergänge entstehen. Am Rücken der Bracteenspelzen verschwinden diese Stachelhaare nie. $\frac{1}{2}$—1'. ♃ Sommer. Ist seltener als vorige, kommt aber an den nämlichen Stellen und in der nämlichen Höhe durch das ganze Alpengebirge vor. Auf dem Jura ist sie noch nicht gefunden worden. *A. alpina Gaud.*

Apera.

Wie Agrostis, mit dem Unterschied, dass an der Basis der obern Bracteenspelze eine rudimentäre Blüthe in der Form eines Stielchens vorhanden ist. *Agrostis L.*

1. *A. Spica-venti Beauv.* Rispe weitschweifig. Grannen länger als die Spelzen. Staubbeutel länglich-lineal. 2—3'. ⊙ Sommer. Im Getreide durch die ganze ebene Schweiz und bis in die subalpinen Thäler, bisweilen in erstaunlicher Menge.

α. Mit röthlicher Rispe. In Aeckern der subalpinen Thäler. *Agrostis purpurea Gaud.*

2. *A. interrupta Beauv.* Rispe schmächtig, unten unterbrochen. Grannen länger als die Spelzen. Staubbeutel rundlich-eirund. 1$\frac{1}{2}$'. ⊙ Auf unfruchtbaren Stellen. Bei Genf, Neuss, Peterlingen, Villeneuve und in Unter-Wallis. Sommer.

Calamagrostis.

An der Basis der innern Spelzen stehen viele Haare. Sonst wie bei Agrostis. Bisweilen auch eine stielchenartige rudimentäre Blüthe an der obern Bracteenspelze. Blüthenstand eine Rispe. *Arundo L.*

1. *C. lanceolata Roth. Arundo Calamagrostis L.*

Bracteenspelzen pfriemförmig. Haare länger als die innern (Kron-) Spelzen. Granne endständig, sehr kurz, nicht über die Ausrandung hervorragend. 3'. ♃ Juli und August. Bisher bloss am Katzensee, unweit Lausanne im Walde vom Suabelin und von Dr. Custer am Bodensee bemerkt.

2. *C. littorea Schrad. DC. Arundo Pseudophragmites Hall. f.* Bracteenspelzen pfriemförmig. Haare länger als die innern Spelzen. Granne endständig, so lang oder fast so lang als die Spelzen. 2—3'. ♃ Sommer. An Flüssen und auf steinigen Stellen, hin und wieder. Bei Bern, Basel, Lausanne, Vidy, im Rheinthal, in Bünden, in Unter-Wallis, Genf.

3. *C. Epigeios Roth. Ar. Epigeios L.* Bracteenspelzen pfriemförmig. Haare länger als die innern Spelzen. Granne von der Mitte der Spelzen ausgehend. 2—3'. ♃ Sommer. Gemein auf Flüssen und auf steinigen Stellen durch die ganze schweizerische Ebene.

4. *C. Halleriana DC. Ar. Halleriana Gaud.* Wie vorige, doch steht die Granne unter der Mitte des Spelzenrückens. 2—3'. ♃ Sommer. Meist in Bergwäldern bis in die alpine Region hinein; so in Wallis, Waadt und Graubünden nicht selten. Auch in der Tiefe, wie z. B. bei Gümlingen unweit Bern. Weitere Beobachtungen müssen zeigen, in wie weit die Anheftungsstelle der Grannen bei diesem Geschlecht constant und also die vorgehenden Species gut unterschieden sind.

5. *C. tenella Host. Agrostis pilosa Schleich.* Bracteenspelzen pfriemförmig. Haare um die Hälfte kürzer als die Spelzen. Innere Spelzen unbegrannt oder an der Mitte des Spelzenrückens eine Granne. 1½—2'. ♃ Auf alpinen Weiden der Waadt und am Rande des Aargletschers im C. Bern. Sommer.

Deyeuxia.

Haare um die innern Spelzen wie bei Calamagrostis, allein in der Achsel der obern Bracteenspelze ist ein behaartes Stielchen, das als eine rudimentäre Blüthe gedeutet wird. Habitus und Blüthenstand wie bei Calamagrostis. *Arundo L.*

1. *D. varia Kunth. Ar. montana Gaud.* Haare so

lang als die innern (Kron-) Spelzen. Granne genickt, vom Rücken ausgehend. 2'. ♃ Sommer. In Bergwäldern der montanen und subalpinen Region. Nicht selten sowohl auf den Molassenbergen als im Jura und auf den Alpen.

2. *D. acutiflora Kunth.* Mit schmälern pfriemförmigen Spelzen und von höherm Wuchs als D. varia. Sonst wie dieselbe. Auf Felsenschutt über Schwarrenbach auf der Gemmi nach Brown.

3. *D. sylvatica Kunth. Arundo sylvatica Schrad. Agrostis arundinacea L.* Haare um das vierfache kürzer als die innern Spelzen. Granne genickt, vom Rücken ausgehend. 2—3'. ♃ Sommer. In den Bergen von Aelen und bei Vivis in der Waadt; nach Verda in den Bergen um Lauis und nach Chaillet im Jura von Neuenburg.

Gastridium.

Blüthen einzeln, mit 2 bleibenden häutigen innern Spelzen; die 2 äussern oder Bracteenspelzen sind an ihrer Basis pergamentartig und convex, so dass die ährenartigen Rispen wie mit Nissen bedeckt ercheinen. Die äussere der beiden innern Spelzen trägt unter der Spite eine Granne, die jedoch auch bisweilen fehlt, und die Bracteenspelzen gehen grannenartig aus.

1. *G. lendigerum Gaud. Milium lendigerum L.* Ein ½—1' hohes einjähriges Gras, das nach der Erndte (August bis October) in den Aeckern des C. Genf hin und wieder gefunden wird. Es ist eine für uns seltene, dem Süden angehörige Pflanze.

Milium.

Zwei etwas bauchige concave Bracteenspelzen. Die beiden innern (Kron-) Spelzen pergamentartig, bleibend, glänzend, später die Karyopsis einhüllend. Blüthenstand eine Rispe.

1. *M. effusum L.* Rispe weitschweifig. Bracteenspelzen spitzig. Halm kahl. Blätter breit linear. 2—3'. ♃ Sommer. Wächst in dunkeln Wäldern durch die ganze ebene Schweiz zerstreut vom Fuss der Berge bis hoch in die montane Region hinauf.

Stipa.

Perigon aus 3 gleich grossen Schüppchen gebildet; die äussere der beiden innern Spelzen geht in eine lange unten articulirte, aber dennoch bleibende Granne aus. Die beiden äussern Spelzen sind spitzig oder grannenartig zugespitzt. Karyopsis von den innern pergamentartigen Spelzen eingeschlossen.

1. *S. pennata L.* Grannen sehr lang, fiederig behaart. Der untere Theil der Rispe eingeschlossen. 1—2'. ♃ Mai und Juni. An Felsen vom Fuss der Berge an bis in die alpine Region. Bei Genf am Salève und Wuache; durch das ganze untere Rhone-Thal bis nach Zermatten im Nicolai-Thal; am Calanda bei Chur, am Scaletta und bei Samaden (in der alpinen Region) im Engadin.

2. *S. capillata L.* Grannen sehr lang, kahl. Der untere Theil der Rispe eingeschlossen. 1½—2'. ♃ Sommer. An Felsen und Halden der montanen Region, nicht überall. Bei Montreux und durch das untere Rhonethal bis Sitten; bei Rothenbrunnen in Bünden.

Lasiagrostis.

Perigon aus 3 gleich grossen Schüppchen gebildet. Die äussere der beiden innern Spelzen am Rücken behaart, in eine mässige Granne ausgehend. Die äussern Spelzen grannig zugespitzt. Karyopsis von den innern Spelzen eingeschlossen.

1. *L. Calamagrostis Link. Stipa Calamagrostis Wahl. Calamagrostis argentea DC. Arundo speciosa Schrad.* Granne 3mal länger als ihre Spelzen. 2—3'. ♃ Sommer. An Felsen und auf Flussgeschiebe von der Ebene an bis in die subalpine Region. Längs dem Fuss der Alpen durch St. Gallen, Bünden, Schwyz, Bern, Waadt, Wallis und am Salève bei Genf.

Siebente Zunft. Arundinaceae.

Aehrchen zwei- bis mehrblumig. Griffel lang, mit wedelartigen Narben, die an der Mitte oder am obern Theil der Spelzen herausragen.

Phragmites.

Aehrchen 3—7blumig, von 2 Spelzen unten umgeben. Die unterste Blüthe ist männlich, die übrigen Zwitter und mit langen Haaren umgeben. Die besondern Spelzen sind zu zwei vorhanden, unbegrannt. Griffel lang, mit wedelartigen Narben. *Arundo L.*

1. *P. communis Trin. Schilf. Rohr.* Rispe weitschweifig. Aehrchen 4—5blumig. ♃ Sommer. Wird über mannshoch und findet sich an Flüssen, Teichen und Seen durch die ganze ebene Schweiz in Menge. Diese Pflanze wird als Streue benutzt; auch kann im Nothfall aus der Wurzel mit Zusatz von etwas Mehl Brod gemacht werden.

— *Arundo Donax L.* Ein 2 Mann hohes Gras, das im C. Tessin im Aosta-Thal und bei Ollon unweit Aelen angepflanzt angetroffen wird. Es dient zu Fischerruthen und andern Geräthschaften.

Achte Zunft. Seslerieae.

Aehrchen zwei- bis mehrblumig. Unterste Bracteenspelze gross, die Blüthen fast ganz deckend. Griffel 0 oder sehr kurz, mit fadenförmigen, kurzhaarigen oder gezähnelten Narben, die an der Spitze der Spelzen herausragen.

Sesleria.

Die untere der beiden besondern Spelzen ist ganz und in eine Spitze ausgehend oder sie hat vorn 3—5 kurz begrannte Zähnchen. Aehrchen 2—6blumig. Blüthenstand eine Achre.

1. *S. coerulea Ard. Cynosurus coeruleus L.* Aehrchen 2—3blumig, eine längliche oder walzige Achre bildend. Die untere der besondern Spelzen hat an der Spitze 2—4 Börstchen sammt einer in der Mitte stehenden Granne, die nicht die Hälfte der Spelzenlänge erreichen. Blätter lineal, flach, vorn mit einer kurzen Spitze. Wurzel rasenbildend. 4—15". ♃ An Felsen, Halden, auf Gerölle, in Wäldern ungemein häufig durch die ganze

Schweiz. Sie steigt bis in die alpine Region. Blüht vom März bis in den Juni. An schattigen Stellen nimmt diese Art eine verlängerte Gestalt an und nähert sich dann der S. elongata Host.

2. S. *disticha Pers.* Aehre eirund oder länglich-eirund, 2zeilig. Aehrchen 3—6blumig. Die untere der besondern Spelzen ist unbegrannt oder kurz begrannt. Blätter borstenförmig. 4—12″. ♃ Auf alpinen Weiden des Ur- und Flyschgebirgs. Nicht selten in Graubünden, seltener in Glarus, Tessin und Wallis. Sommer.

— *S. sphaerocephala Ard.* Aehre kugelig. Aehrchen meist 3blumig. Die untern der besondern Spelzen vorn ausgerandet, mit einer kleinen Granne in der Ausrandung. Blätter schmal lineal. 4—6″. ♃ An Felsen von Oberitalien; so um den Comer-See herum. Mai und Juni.

Neunte Zunft. Avenaceae.

Aehrchen 2- bis mehrblumig, das Endblümchen oft verkümmernd. Bracteenspelzen gross, fast das ganze Aehrchen einschliessend. Griffel sehr kurz oder 0, mit fiederigen Narben, die seitlich zwischen den Spelzen heraushängen.

Koeleria.

Aehrchen 2- bis mehrblumig. Blüthen Zwitter. Allgemeine Spelzen 2, zusammengedrückt, gekielt. Die untern der besondern Spelzen vorn mit einer Spitze oder Granne. Blüthenstand eine dichtere oder lockere Aehre.

1. *K. cristata Pers.* Aehre ziemlich locker, unten oft unterbrochen. Blätter flach, gewimpert. 1—2′. ♃ Mai und Juni. Auf magern Weiden durch die ganze ebene Schweiz, gemein.

2. *K. valesiaca Gaud.* Aehre ziemlich dicht. Blätter eingerollt, kahl, die der unfruchtbaren Wurzelschosse borstenartig. 1—1½′. ♃ Mai bis Juli. Auf dürren Hügeln in Unter-Wallis, gemein. Ebenso im Neuenburgischen bei Cressier (Schuttleworth), auf den höhern Weiden des Creux-du-Van (Godet) und bei Neuenburg (Rapin).

3. *K. hirsuta Gaud.* Aehre ziemlich dicht. Blätter flach, lineal, äusserst fein behaart. Aehrchen 2—3blumig, meist mit behaarten allgemeinen Spelzen. Halm oberhalb schwach filzig behaart. ½—1'. ♃ Sommer. Auf magern Weiden der alpinen Region, jedoch bloss in Ober-Wallis, im Rheinwald und Ober-Engadin in Bünden und im benachbarten Veltlin, im Gebiete des Urgebirgs, hier aber häufig.

Aira.

Aehrchen 2blumig, selten 3blumig, das dritte Blümchen bisweilen bloss rudimentär. Blüthen Zwitter. Vom Rücken der untern der beiden besondern Spelzen geht eine in der Mitte geknickte oder ziemlich gerade Spelze aus. Besondere Spelzen an der Basis behaart. Blüthenstand eine Rispe.

1. *A. caespitosa L.* Blätter flach. Rispe weitschweifig. Aehrchenstiele rauh. Grannen kaum eingebogen, unten nicht gewunden, meist so lang als die Spelze. 2—3'. ♃ April bis Juli. Auf wässerigen Stellen durch die ganze Schweiz bis in die alpine Region, gemein. Die Aehrchen sind gewöhnlich dunkelviolett, ausnahmsweise aber auch grünlichgelb oder weisslich.

α. Granne doppelt länger als die Spelze. Auf periodisch überschwemmtem Sande am Genfer-See. *A. c. littoralis Gaud.*

2. *A. flexuosa L.* Blätter borstenartig; die des Stengels mit sehr kurzem abgestutztem Züngchen (ein häutiger Ansatz oben an der Blattscheide). Grannen geknickt und unten gewunden, länger als die Spelzen. Rispenäste verbogen. 1½'. ♃ Auf Weiden und in Wäldern. In Menge durch die alpine Region der Alpen, wo sie auch bis gegen die Ebene herabsteigt. Sodann auch bei Basel, nach Chaillet auf dem Chasseron im Jura und auf den Voirons bei Genf. Sommer.

3. *A. caryophyllea L.* Blätter borstenförmig. Granne etwas geknickt, länger als die an der Basis kaum merklich behaarten Spelzen. Rispe aufrecht, mit dreitheiligen Aesten. 2—8". ⊙ Mai und Juni. Auf Aeckern und Sandstellen der Ebene, selten. In der Umgegend von Genf, Neuss, Lausanne, Peterlingen, bei Basel und im untern Theil des Misoxer-Thals in Bünden. Ich muss

jedoch bemerken, dass die Bündner Pflanze nicht so ausserordentlich lange und weite Scheiden am obersten Blatt hat wie die von Genf und Neuss; die Scheiden umgeben den Halm ganz enge. Da meine Exemplare die Blüthentheile verloren haben, so kann ich nicht bestimmen, ob sie zu Host's A. capillaris gehören.

4. *A. praecox L.* Rispe länglich, gedrängt ährenartig. Sonst wie vorige. Nach Murith zwischen Sitten und St. Leonhard in Wallis. 2—4″. April und Mai.

Holcus.

Aehrchen 2blumig. Unteres Blümchen männlich mit einer geknickt-eingebogenen Granne an der äussern Spelze. Oberes Zwitter, grannenlos oder unter der Spitze kurz begrannt. Blüthenstand eine Rispe.

1. *H. lanatus L. Honiggras. Schmaalen.* *) Rispe abstehend. Granne der männlichen Blüthe nicht über die allgemeinen Spelzen hinausragend. Wurzel faserig. 2′. ♃ Mai bis Juli. Stellenweise ungemein häufig in Wiesen, lieber in wässerigen oder feuchten als in trocknen. Durch die ganze ebene Schweiz. Ein einträgliches Futtergras.

2. *H. mollis L.* Rispe abstehend. Granne der männlichen Blümchen über die allgemeinen Spelzen hinausragend. Wurzel kriechend. 2′. ♃ Sommer. In Wäldern, Aeckern, an Hecken, in aufgelockertem Boden; ziemlich selten. Bei Genf und in der Waadt hin und wieder, ebenso im C. Zürich, dann bei Luzern, im Rheinthal und im Bündnerschen Oberland innert der subalpinen Region.

Arrhenatherum.

Aehrchen 2blumig. Unteres Blümchen männlich, mit einer geknickt-gebogenen Granne am Rücken der äussern Spelze. Oberes Blümchen Zwitter, unbegrannt oder unter der Spitze kurz begrannt. Blüthenstand eine Rispe.

1. *A. elatius Mert et K. Avena elatior L. Französisches Raygras.* Blätter flach. Halm 2—3′. Rispe weitschweifig. ♃ Juni. In Wiesen, nicht selten in vor-

---

*) Unter dem Ausdruck Schmaalen werden in der Schweiz viele Futtergräser verstanden.

herrschender Menge, durch die ganze ebene und montane Schweiz. Gehört zu den besten Futtergräsern. Bisweilen findet man unten am Stengel knollige, übereinander stehende Anschwellungen; dies ist die *Avena bulbosa Willd.*

Avena.

Aehrchen 2- bis mehrblumig (selten einblumig). Blüthen alle Zwitter. Vom Rücken der äussern der beiden besondern Spelzen geht eine geknicktgebogene Granne aus. Ovarium an der Spitze behaart oder kahl. Blüthenstand eine Rispe.

Sect. I. Mit überhängenden, 1—4blumigen Aehrchen und an der Spitze behaarten Ovarien.

1. *A. fatua L. Flughafer.* Aehrchen meist 3blumig; bei allen Blümchen die äussern Spelze begrannt und bis zur Mitte langhaarig. 2—3'. ⊙ Sommer. Im Getreide als Unkraut, jedoch selten. Wurde bemerkt bei Genf, Montreux, Martinach, Gonthey, Basel, Zürich.

— *A. sativa L. Hafer.* Aehrchen 1—2blumig; die äussere Spelze der Blümchen unbegrannt oder begrannt. 3'. ⊙ Juni. Der H. wird bei uns hauptsächlich als Pferdefutter angebaut. Anderwärts dient er dem Menschen zur täglichen Nahrung und in Russland wird das *Quas*, eine Art Bier, daraus bereitet. Bekannt ist ferner sein Gebrauch in der Medecin als einhüllendes, nährendes Mittel in Ruhren und andern Krankheiten.

— *A. orientalis Schreb. Ungrischer* oder *Türkischer Hafer.* Rispe einseitig, zusammengezogen. Aehrchen meist 2blumig. Die äussere Spelze der Blümchen begrannt oder unbegrannt. 3'. Sommer. ⊙ Ebenfalls angepflanzt. Gibt mehr Körner, wird aber nicht so gerne von den Pferden gefressen.

— *A. strigosa Schreb.* Rispe ziemlich einseitig. Aehrchen meist 2blumig. Die äussern der besondern Spelzen begrannt, kahl. An der Basis des obern Blümchens hat die Axe einen kurzen Haarbüschel. Ebenfalls angebaut.

— *A. nuda L. Tartarischer Hafer. Grützhafer.* Rispe allseitig. Aehrchen meist 3blumig mit kahler Axe. Die äussere der besondern Spelzen ist krautartig-häutig, mit starken Rippen durchzogen. Ebenfalls angebaut. Eignet sich für den medicinischen Gebrauch am besten und soll besonders in Oestreich und England gebaut werden.

Sect. II. Mit aufrechten, 2—5blumigen Aehrchen und an der Spitze behaarten Ovarien.

2. *A. pubescens L.* Rispe traubig, d. i. auf einem Stiele bloss ein Aehrchen (selten 2 oder mehr) tragend. Aehrchen meist 3blumig mit langhaariger Axe. Blätter flach, weichhaarig. 1—3'. ♃ Juni. In Wiesen durch die ganze ebene Schweiz. Steigt auch bis in die subalpinen Höhen in die Alpen und den Jura, wo dann bisweilen die Behaarung verschwindet.

3. *A. pratensis L.* Rispe traubig, zusammengezogen, die untern Aehrchen zu zwei auf einem Stiel. Aehrchen meist 5blumig mit haariger Axe. Blätter lineal, auf der Oberseite sehr rauh. 1½—2'. ♃ Juni und Juli. Auf trockenen Wiesen, an Wegen und Halden von der Ebene an bis in die subalpine Region. Nicht überall. In den Cantonen längs dem Fuss der Alpen von Graubünden nach Genf. Nach Hegetschweiler bei Wollishofen unweit Zürich und gegen den Katzensee hin und nach Dr. Hagenbach bei Basel.

4. *A. versicolor Vill.* Rispe traubig, kurz. Aehrchen meist 5blumig mit behaarter Axe (gewöhnlich etwas metallisch glänzend). Blätter lineal, auf der Oberseite ziemlich glatt. 1', auch etwas darunter und darüber. ♃ Auf alpinen Weiden durch die ganze Alpenkette, häufig.

Sect. III. Mit zahlreichen, kleinen, 3—8blumigen Aehrchen und ganz kahlen Ovarien. *Trisetium Pers.*

5. *A. flavescens L.* Rispe ästig, weitschweifig. Aehrchen 3blumig mit haariger Axe. Die untere Spelze an der Spitze 2borstig. Blätter flach. Aendert mit gelben und geschäckten Aehrchen und kahlen und behaarten Blättern. 2'. ♃ Auf Wiesen, sehr gemein. Steigt in die alpine Region der Alpen.

6. *A. distichophylla Vill.* Rispe spärlich, zusammengezogen, ästig. Aehrchen meist 3blumig mit behaarter Axe; die Haare sind von der halben Länge der Blüthen. Der Halm ist unten ästig und die Blätter desselben, so wie auch die der unfruchtbaren Wurzelschosse zweizeilig gestellt, flach und graugrün. 3—6—9". ♃ Sommer. In der alpinen Region der ganzen Alpenkette auf steinigen Halden, Felsenschutt und Flussgerölle, hin und wieder.

7. *A. subspicata Clairv.* Rispe ährenförmig. Aehrchen meist 5blumig, mit behaarter Axe; die Haare sind viel kürzer als die Blüthen. Halm oben filzig, 2—6". ♃ Sommer. In der alpinen und nivalen Region der Alpen, auf Weiden. Hält sich an das Urgebirg der südlichen Kette; ausser derselben findet sie sich bloss in der Flimser-Alp Segnes und auf dem Rothstock auf kieselreichem Flysch.

8. *A. Cavallinesii Koch. A. Loefflingiana Gaud.* Rispe ährenförmig. Aehrchen 2blumig. Blätter kurz grauhaarig. 2—6". ⊙ April. An Wegen und Zäunen, sehr selten. Bloss im heissen Wallis bei St. Leonhard und Montorge.

Danthonia.

Aehrchen 2—5blumig, mit weiten bauchig-convexen allgemeinen Spelzen. Die untere der besondern Spelzen ist an der Spitze gespalten und hat in der Spalte eine Granne. Blüthenstand eine traubenartige Rispe. *Triodia R. Br.* et *Beauv.*

1. *D. decumbens DC. Festuca decumbens L.* Rispe traubig mit einährig oder unterhalb 2—3ährigen Stielchen. Aehrchen länglich-eirund, 3—5blumig. Blattscheiden behaart. Halm niedergebogen, später aufrecht, ½—1'. ♃ Sommer. Auf magern Weiden und in Wäldern durch die ganze Schweiz, jedoch zerstreut. Geht bis auf die Spitze des Napfs und bei Chur auf dem Mittenberg bis an die untere Grenze der alpinen Region.

Melica.

Aehrchen eirund, 1—2blumig, mit einem Ansatze einer dritten unfruchtbaren Blume über den fruchtbaren. Die besondern Spelzen sind unbegrannt und zur Fruchtreife pergamentartig. Blüthenstand eine traubenartige Rispe.

1. *M. ciliata L.* Rispe ährenartig zusammengezogen. Die untere der besondere Spelzen dicht weichhaarig gewimpert. Unfruchtbare Blüthe länglich. 1½—2'. ♃ Mai bis Juli. An Felsen und auf steinigen sonnigen Stellen, ziemlich durch die ganze Schweiz, ohne Unterschied des Gebirgs.

2. *M. uniflora Retz.* Rispe schlaff, einseitig; die untern Stiele meist 2 Aehrchen tragend. Blüthen einzeln mit ungewimperten Spelzen. Zängchen zugespitzt. 1' und

darüber. ♃ April und Mai. In Wäldern der westlichen Schweiz (Genf, Waadt, Unter-Wallis, Neuenburg, Basel).

3. *M. nutans L.* Rispe schlaff, eine einfache, einseitige Traube bildend. Aehrchen eirund, hängend. Blüthen 2, mit ungewimperten Spelzen. Züngchen sehr kurz, abgestutzt. 1—2'. Mai und Juni. In und um Wälder, gemein durch die ganze Schweiz.

Zehnte Zunft. Festucaceae.

Aehrchen 2- bis vielblumig: das Endblümchen häufig verkümmert. Die allgemeinen Spelzen reichen nicht über die besondern des nächsten Blümchens hinaus. Griffel sehr kurz oder 0, mit Narben, die unten zwischen den besondern Spelzen herausragen. Blüthenstand eine Rispe.

Briza.

Aehrchen mehrblumig, bauchig, 2zeilig, mit herzförmigen Spelzen. Griffel kurz, mit langen fiederigen Narben. Wegen der fortwährenden Bewegung der an langen und dünnen Stielen hängenden zierlichen Aehrchen heisst man diese Pflanzen *Zittergras.*

1. *B. media L.* Rispe aufrecht, abstehend. Aehrchen etwas herzförmig eirund, 5—9blumig. Züngchen sehr kurz, abgestutzt. 1—2'. ♃ Mai bis Juli. Auf Wiesen und Weiden der Ebene und Berge, bis in die alpine Region gemein.

— Die *B. minor L.* mit kleinern Aehrchen, die einmal bei Vivis gefunden wurde, ist dort ausgegangen. — Zuweilen ereignet es sich auch, dass die *B. major L.* in Blumentöpfen aufwächst, ohne dass man sie absichtlich angesäet hat.

Eragrostis.

Blüthen eirund oder lanzett mit kielförmig gedrücktem Rücken und bauchigem Vordertheil. Von den besondern Spelzen ist die untere abfällig und die obere bleibend. Aehrchen 5- bis vielblumig, lanzett, mit nicht gliederweise sich ablösender Axe. Blüthenstand eine Rispe. *Poa* und *Briza L.*

1. *E. Megastachya Link. Briza Eragrostis L.* Aehrchen 15—20blumig, kurz und gedrängt gerispet. Blattscheiden kahl und nur am obern Rande langhaarig. ½—1'. ⊙ August und September. An Wegen und in sandigen Aeckern. In der Schweiz ist diese Pflanze sehr selten und erscheint bloss periodisch hin und wieder im C. Waadt. Nach Hegetschweiler bei Como.

2. *E. poaeoides Beauv. Poa Eragrostis L.* Aehrchen 8—15blumig, kurz und gedrängt gerispet. Blätter am obern Rande der Scheide und an der Scheide behaart. Gleicht der vorigen, von der sie sich durch kleine Aehrchen hauptsächlich unterscheidet. 4—12". ⊙ Auf Aeckern und an Wegen. Bisher bei Genf, in der Waadt an mehrern Orten, in Unter-Wallis, bei Zürich und Rapperschwyl bemerkt.

3. *E. pilosa Beauv.* Aehrchen 5—12blumig, schlaff gerispet. Die untern Rispenäste zu 4 und 5 gequirlt. Blattscheiden am obern Rande langhaarig. ½—1' und darüber. ⊙ An Wegen und bebauten Stellen der ebenen Schweiz, ziemlich selten. Bei Basel, durch die ganze französische Schweiz, im C. Tessin und bei Ilanz in Graubünden. August und September.

α. Mit ganz unbehaarten Blattscheiden. Bei Genf. *Poa verticillata Cav.*

Sclerochloa.

Blüthen lanzett, stumpf, mit kielförmig gedrücktem Rücken und mit den Articulationen der Axe später abfallend. Aehrchen 3—5blumig, eine einseitige Aehre bildend.

1. *S. dura Beauv. Cynosurus durus L. Festuca dura Vill. Sesleria dura Kunth.* Aehrchen 3—5blumig, sitzend oder kurz gestielt, eine längliche einseitige Aehre bildend. Die untere der besondern Spelzen ist gestreift-rippig. Viele kahle, 2—6" hohe Halme aus einer einjährigen faserigen Wurzel. April und Mai. An Ackerrändern im heissen Unter-Wallis, hin und wieder.

Poa.

Blüthen eirund oder lanzett, mit kielförmig

gedrücktem Rücken und mit den Articulationen später abfallend. (Häufig haben diese Blüthen an der Basis baumwollenartige Haare).

Sect. I. Die Rispenäste stehen einzeln oder zu 2 in einem Quirl.

1. *P. annua L.* Rispe ziemlich einseitig, auseinander stehend, mit einzeln oder paarweise stehenden Aesten. Aehrchen länglich, 3—7blumig. Blümchen kahl. Halm etwas zusammengedrückt, schief ansteigend, 4—8" lang. ⊙ Ist das gemeinste Gras in der Schweiz, das überall und in erstaunlicher Menge an Wegen, in Aeckern und Wiesen vorkommt und das ganze Jahr hindurch, besonders aber im Frühling, blüht. Es steigt bis in die alpine Region, wo dann, wie gewöhnlich, die Aehrchen eine schmutzigviolett und weisslich geschäckte Farbe annehmen. Dies ist dann die *P. supina Schrad.*

2. *P. laxa Haenke.* Rispe länglich, an der Spitze oft überhängend, mit fadenförmigen, einzeln oder paarweise stehenden glatten Aesten. Aehrchen eirund, meist dreiblumig, mit kurzhaarigen, freien oder unten durch Baumwollenhaare verstrickten Blüthen. Blätter schmal lineal, mit länglichen, spitzigen Züngchen. Wurzel faserig. 3—5". ♃ Sommer. Auf alpinen Weiden, durch alle Cantone der Alpenkette, doch nicht häufig.

3. *P. minor Gaud.* Rispe länglich, bisweilen überhängend, ziemlich zusammengezogen, mit einzeln oder paarweise stehenden Aesten. Aehrchen länglich-eirund, 4—6blumig (doppelt grösser als bei voriger), mit kurzhaarigen, unten durch Baumwollenhaare verstrickten Blüthen. Blätter schmal lineal, mit länglichen, spitzigen Züngchen. Wurzel faserig. 3—6—9". ♃ Sommer. Auf alpinen Weiden, jedoch etwas selten. Wird in den Cantonen Waadt, Wallis und Bern angegeben, dürfte sich aber auch in den übrigen Cantonen, die in der Alpenkette liegen, finden.

4. *P. concinna Gaud.* Rispe aufrecht, eirund, mit kurzen, einzeln oder paarweise gestellten, rauhen Aesten. Aehrchen zierlich 2zeilig, 6—10blumig, mit Blümchen, die am Rücken seidenhaarig und unten frei, d. i. nicht durch Baumwollenhaare verstrickt, sind. Blätter schmal

lineal, mit länglichen, spitzigen Züngchen. Wurzel faserig. 3—6''. ♃ April und Mai. Auf sandigen Stellen von Unter-Wallis, selten.

5. *P. bulbosa L.* Rispe aufrecht, mit einzeln oder paarweise stehenden rauhen Aesten. Aehrchen eirund, 4—6blumig, mit kurzhaarigen, unten durch Baumwollenhaare verstrickten Blüthen. Blätter schmal lineal mit länglichen, spitzigen Züngchen. Wurzel faserig. Halm an der Basis oft zwiebelartig verdickt. Blüthen häufig keimtreibend. 1'. ♃ April bis Juni. Gemein auf trocknen Wiesen, Wegrändern etc. durch die ganze ebene Schweiz.

6. *P. alpina L. Romejen.* Zeichnet sich in dieser Gruppe leicht durch die breitern Blätter aus. Rispe aufrecht mit meist paarweise stehenden, glatten oder rauhen Aesten. Aehrchen eirund, 4—10blumig, mit kurzhaarigen, unten freien oder durch wenige Haare verstrickten Blüthen. Untere Züngchen kurz abgestutzt, obere länglich, spitzig. 3—18''. ♃ Sommer. Auf alpinen und subalpinen Weiden der Alpen, des Jura und der höhern Molassenberge in grosser Menge. Aendert wie alle gemeinen Pflanzen vielfach in Bezug auf Grösse etc. ab und zeigt auch die bei P. bulbosa erwähnte Erscheinung des sog. Lebendiggebährens.

Sect. II. Die Rispenäste stehen zu 5, bei magern Exemplaren zu 2 oder 3, in einem Quirl.

7. *P. caesia Sm.* Rispe ziemlich zusammengezogen, mit rauhen, zu 2 bis 5 in einen Quirl gestellten Aesten. Aehrchen 2—5blumig, mit kurzhaarigen, unten durch Baumwollenhaare verstrickten Blüthen. Blätter steif, grob borstenförmig, etwas rauh. Scheiden über den nächsten Knoten hinausreichend. ½—1'. ♃ Sommer. An Felsen und dürren steinigen Halden der subalpinen und alpinen Region. Bis jetzt bloss in den westlichen Kantonen (Waadt, Wallis, Bern, Genf und Neuenburg), also im Jura wie in den Alpen, bemerkt. *P. aspera Gaud. Agr.*

8. *P. nemoralis L.* Rispe abstehend oder zusammengezogen, mit rauhen, zu 2 bis 5 in einem Quirl stehenden Aesten. Aehrchen 2—5blumig, mit behaarten, unten freien oder bloss wenig verstrickten Blüthen. Scheiden nicht bis zum nächsten Knoten reichend. Blätter schmal

lineal. Züngchen sehr kurz, fast 0. 1—2'. ♃ Sommer. Ein sehr gemeines und vielförmiges Gras, das auf magern, unfruchtbaren und beschatteten Stellen wächst und nicht nur in der Ebene überall vorkommt, sondern auch bis in die alpine Region auf die Berge steigt. Unter den vielen Varietäten zeichnet sich die an dürren Felsen der subalpinen Region vorkommende graugrüne Form, die *P. glauca Poir.*, aus.

9. *P. fertilis Host. P. serotina Gaud.* Rispe abstehend, mit rauhen, meist zu 5 gequirlten Aesten. Aehrchen 2—3blumig, mit behaarten, unten verstrickten Blüthen. Blätter schmal lineal. Züngchen länglich, spitzig. Wurzel faserig. 1 1/2—2'. ♃ Sommer. An langsam fliessenden Wassern und in sumpfigen Wiesen, bei uns selten. Beim Hörnli, am Zürchersee, bei Morsee und Vidy am Genfersee und bei Peterlingen nach Rapin.

10. *P. sudetica Haenke.* Rispe abstehend oder zusammengezogen, mit rauhen Aesten, die gewöhnlich zu 5 gequirlt sind. Aehrchen länglich-eirund, 3—5blumig. Blüthenspelzen 5rippig, ganz kahl. Die untern Blattscheiden zweischneidig, so dass die Blattbüschel das flache Aussehen der Irisblätter haben. Blätter breit lineal. 2'. ♃ Sommer. Auf subalpinen Weiden der westlichen Alpen (Savojen, Waadt und Wallis) des Jura (Creux-du-Van) und des benachbarten Schwarzwalds und der Vogesen. Auch in der Ebene um Basel.

11. *P. hybrida Gaud.* Halm und Scheiden zusammengedrückt. Rispe verlängert. Blüthen unten durch Baumwollenhaare verstrickt. Blätter breit lineal. 2'. ♃ Sommer. Am Fusse von Felswänden im Jura (Dôle, Chasseron, Creux-du-Van, Weissenstein) und der westlichen Alpen (Savojische Berge bei Genf) in der subalpinen Region. Schliesst sich eng an vorige an.

12. *P. trivialis L.* Rispe abstehend oder zusammengezogen mit rauhen Aesten, die meist zu 5 gequirlt sind. Aehrchen meist 3blumig, mit 5rippigen, unten verstrickten Blüthenspelzen. Scheiden etwas zusammengedrückt, rauh. Züngchen länglich, spitzig. Wurzel faserig. 1—2'. ♃ Mai—August. An Wegen, in Aeckern, besonders gern an feuchten oder etwas nassen Stellen. Durch die ganze Schweiz bis in die subalpine Region gemein.

13. *P. pratensis L.* Rispe abstehend, mit rauhen, meist zu 5 gequirlten Blättern. Aehrchen 3—5blumig. Blüthenspelzen am Rande und Rücken kurzhaarig, unten durch Baumwollenhaare verstrickt. Halm und Scheiden glatt. Wurzel unterirdische Ausläufer treibend. Blätter der unfruchtbaren Schosse borstenartig, die übrigen lineal, flach. 2'. ♃ Mai bis Juli. In grosser Menge in allen Wiesen bis in die alpine Region. Sie bildet mit Bromus erectus an vielen Orten den Hauptbestandtheil des Heus.

14. *P. distichophylla Gaud.* Rispe zusammengezogen oder abstehend mit rauhen oder glatten Aesten, die zu 2 bis 4 gequirlt sind. Blüthenspelzen am Rande und Rücken kurzhaarig, unten durch Baumwollenhaare verstrickt. Wurzel überirdische Ausläufer treibend, an denen die Blätter in zwei Zeilen gestellt sind. ½—1½'. ♃ Sommer. An Bächen in der alpinen und subalpinen Region der Alpen. In Graubünden, Glarus, Bern, Wallis, Waadt, hin und wieder.

15. *P. Halleridis R. et Sch.* Rispe an der Spitze überhängend, abstehend. Aehrchen breit eirund. Blüthenspelzen kurzhaarig, unten durch Baumwollenhaare verstrickt. Wurzel unterirdische Ausläufer treibend. 3''. ♃ Sommer. Auf felsigen Stellen und Felsenschutt der alpinen und subalpinen Region. Bisher auf dem Vergy in Savojen, auf dem Stockhorn, über Château-d'OEx und in Ober-Wallis bemerkt.

16. *P. compressa L.* Wurzel unterirdische Ausläufer treibend. Halm zweischneidig-zusammengedrückt, unterhalb aufliegend. Rispenäste zu 2—5 gequirlt, rauh. Aehrchen 5—9blumig. Blüthenspelzen kurzhaarig, unten frei oder mit wenigen Baumwollenhaaren. 1—1½'. ♃ Sommer. In Aeckern, an Mauern, auf Sandstellen etc. der westlichen Schweiz (Basel, Neuenburg, Waadt, Genf, Wallis, Thun, Basel, Solothurn). Aus der übrigen Schweiz kenne ich keine bestimmten Angaben.

Glyceria.

Blüthenspelzen stumpf mit halbwalzigem Rücken, inwendig etwas bauchig. Sonst wie Poa.

1. *G. spectabilis M. et K. Poa aquatica L.* Rispe sehr ästig, weitschweifig. Aehrchen 5—9blumig. Blüthenspelzen stumpf, 7rippig. Wurzel kriechend. 3—6'. ♃

Sommer. An langsam fliessendem oder stehendem Wasser bloss in der ebenen Schweiz. Hin und wieder in der Waadt, bei Nidau, bei Stein am Rhein und im Thurgau, im C. Luzern und bei Basel.

2. *G. fluitans R. Br. Festuca fluitans L. Mannagrütze. Schwaden.* Rispe einseitig mit zur Blüthezeit rechtwinkelig abstehenden Aesten. Aehrchen 7—11blumig, an den Ast anschmiegend. Besondere (der einzelnen Blüthen) Spelzen 7rippig. Wurzel kriechend. 2—3'. In und an Wassergräben durch die ganze ebene Schweiz häufig. Die Samen dieser Grasart werden an manchen Orten (z. B. in Polen) gegessen und das Gras selber ist ein gutes Pferdefutter. Juni.

3. *G. distans Wahlenb.* Rispe allseitig ausgebreitet mit zur Fruchtzeit zurückgeschlagenen Aesten. Aehrchen 4—6blumig. Besondere Spelzen verwischt 5rippig. Wurzel faserig. 2'. ♃ Mai und Juni. An feuchten Stellen, besonders gern um Salinen. Bisher bloss bei Visp und Sitten in Wallis bemerkt.

4. *G. aquatica Presl. Aira aquatica L. Catabrosa aquatica Beauv.* Rispe allseitig ausgebreitet. Aehrchen meist 2blumig. Besondere Blüthenspelzen 3rippig. Wurzel unterirdische Ausläufer treibend. 1—2½', auch darunter. ♃ Sommer. In Wassergräben, auf verschlammten und versumpften Stellen durch die ganze Schweiz bis in die alpine Region der Berge, allein zerstreut.

5. *G. rigida Sm. Festuca rigida Kunth. Sclerochloa rigida Link.* Rispenäste sehr kurz gestielt, einseitig gestellt. Aehrchen 6—12blumig. Besondere Blüthenspelzen ungerippt. Wurzel faserig, neben den blühenden steifen Halmen unfruchtbare Blattbüschel mit borstenartigen Blättern treibend. 6''. ♃ Mai—Juli. Auf Grasstellen, gern in der Nähe von Wasser. Bei uns bloss um den Genfer-See herum, bei Aelen und am Luganersee bei Gandria.

Molinia.

Blüthenspelzen aus bauchiger Basis kegelförmig, mit abgerundetem, halbwalzigem Rücken. Sonst wie Poa.

1. *M. coerulea Koel.* Halm bloss unten mit einem Knoten, oben lang nackt, 1—3'. Aehrchen meist 3blumig.

Blüthenspelzen unbegrannt, 3rippig. ♃ Auf sumpfigen Wiesen durch die ganze Schweiz bis in die alpine Region. Blüht vom August an bis in den Herbst. Die knotenlosen Halme werden an einigen Orten zum Reinigen der Tabakpfeifenröhren zu Markt gebracht.

2. *M. serotina M. et K.* Halm bis oben mit Blättern besetzt, 1—2½'. Aehrchen 2—5blumig. Blüthenspelzen begrannt, 5rippig. ♃ August und Sept. Auf steinigen Hügeln in Unter-Wallis und dem daran gelegenen Theil des C. Waadt, so wie auch am Luganer-See.

Dactylis.

Blüthenspelzen kielartig zusammengedrückt, in eine kurze Borste ausgehend. Aehrchen mehrblumig, geknäuelt; Knäuel gerispet.

1. *D. glomerata L.* Untere Blüthenspelze 3rippig. Wurzel rasenbildend, ohne Ausläufer. 2—3'. ♃ Mai bis Juli. Auf Wiesen und Weiden durch die ganze Schweiz, selbst bis in die alpine Region, häufig. Es liefert ein hartes, rauhes Futter.

Cynosurus.

An der Basis jedes Aehrchens ist ein aus vielen zweizeilig gestellten Spelzen bestehendes Bracteenblatt (ein verkümmertes Aehrchen?). Sonst wie bei Festuca.

1. *C. cristatus L.* Rispe ährenförmig. Spelzen des grossen Bracteenblatts in eine Spitze ausgehend. 1—2'. ♃ Juni und Juli. Auf Wiesen und lichten Waldstellen von der Ebene bis in die subalpine Region ziemlich gemein.

2. *C. echinatus L.* Rispe ährenartig zusammengezogen, eirund. Spelzen des grossen Bracteenblatts sehr lang begrannt. 1'. ⊙ Sommer. In Aeckern des C. Wallis, hin und wieder bis in die höhern Thäler.

Festuca.

Blüthen lanzett oder pfriemförmig-lanzett, am Rücken abgerundet. Blüthenspelzen gewöhnlich mit einem Rückennerven, der in ein Börstchen ausgeht. Aehrchen mehrblumig. Blüthenstand eine Rispe.

Sect. I. Mit schmalen, häufig borstenförmigen Blättern und rispigem Blüthenstand.

1. *F. Halleri All.* Rispe ährenartig zusammengezogen. Aehrchenstiele kürzer als die 4—5blumigen Aehrchen. Blüthenspelzen begrannt: Borste so lang oder fast so lang als die Spelze. Alle Blätter borstenförmig der Länge nach gefaltet. 4—6''. Sommer. ♃ Auf magern Weiden der alpinen und nivalen Region der Alpen, durch das ganze Gebirge ohne Unterschied der Formation.

2. *F. alpina Sut.* Aehrchen kürzer als die Aehrchenstiele. Borste kaum halb so lang als die Spelze. 1'. Sonst wie vorige. Ebenfalls auf allen magern, alpinen Weiden. ♃ Sommer.

3. *F. violacea Gaud.* Rispe schlaff, zusammengezogen. Aehrchenstiele gewöhnlich länger als die 5blumigen Aehrchen. Diese sind doppelt grösser als bei den beiden vorigen Arten. Borsten so lang oder kürzer als die Spelzen. Blätter borstenförmig. 1'. ♃ Sommer. Auch in der alpinen Region der Alpen. Zeichnet sich besonders durch grössere Aehrchen und weiche borstenförmige Blätter aus.

4. *F. ovina L.* Rispe zusammengezogen. Aehrchen meist 4blumig. Blätter borstenförmig. ½—1'. ♃ Mai und Juni. Gemein auf dürren Triften der ebenen Schweiz. Von dieser Pflanze leiten viele Botaniker die 3 vorhergehenden Arten ab. Von andern werden auch noch die folgenden dazu gerechnet und zu einer einzigen Art verschmolzen.

5. *F. duriuscula L.* Halm aufrecht, 1½'. Blätter dick borstenförmig, ziemlich steif, etwas rauh. Rispe zusammengezogen. Aehrchen 4—5blumig. Borsten ziemlich so lang als die Spelzen. ♃ Juni und Juli. Auf dürren Triften und an Felsen der ebenen Schweiz, so wie auch der Berge bis in die alpine Region. Hat die Pflanze graugrüne Blätter, so entsteht daraus die *Festuca glauca Lam.*

6. *F. vallesiaca Gaud.* Blätter graugrün, sehr rauh. 1'. Sonst wie vorige. In der Ebene und auf den Bergen bis in die alpine Region, an dürren Stellen. Durch die ganze Alpenkette. Mai und Juni.

7. *F. vaginata W. et K.* Aehrchen 5—8blumig und

daher grösser als bei der vorangegangenen. 1'. ♃ Auf steinigen Stellen in Wallis. Verhält sich sonst wie *F. duriuscula L.*

8. *F. heterophylla Lam.* Rispe schlaff, zusammengezogen. Aehrchen 4—5blumig. Borsten so lang oder kürzer als die Spelzen. Wurzelblätter weich, grasgrün, borstenförmig, die des Stengels flach (wenigstens an der Basis). Nähert sich stark der *F. ovina*, von der sie als Schattenform angesehen werden kann. 1½—2'. Sommer. ♃ In Wäldern. Bei Basel, Genf und in der Waadt; wohl auch noch an andern Orten.

9. *F. rubra L.* Rispe schlaff, zusammengezogen. Aehrchen meist 5blumig. Borsten kurz oder so lang als die Spelzen. Wurzelblätter (vielmehr die Blätter der unfruchtbaren Blattbüschel) borstenförmig, (wie alle vorgehenden) der Länge nach gefaltet. Halmblätter flach. Von der Wurzel gehen Ausläufer aus, die schlaffe Rasen bilden. 1½—2'. ♃ Mai und Juni. In Wiesen, auf grasreichen Weiden, an Waldrändern durch die ganze ebene Schweiz. Von dieser Art ist die vorige kaum zu unterscheiden. Hieher ist auch die *F. nigrescens Lam.* als alpine Form zu ziehen, die sich durch violett und gelblich geschäckte Aehrchen auszeichnet und im Jura wie in den Alpen gefunden wird.

10. *F. varia Haenke.* Rispe zusammengezogen, mit einzeln oder paarweise stehenden Aesten. Aehrchen 5—8blumig, mit kurz borstigen oder unbewehrten Spelzen. Alle Blätter borstenartig, ziemlich steif. Züngchen länglich. Wurzel faserig, rasenbildend. 1—2'. ♃ Sommer. Auf alpinen Weiden, jedoch selten. Im Bagne- und Nicolai-Thal in Wallis und oberhalb Andermatt im Ursern-Thal. Hält sich in der Schweiz an das Urgebirge.

11. *F. pumila Vill.* Rispe etwas abstehend, aufrecht, mit einzeln oder paarweise stehenden Aesten. Aehrchen 3—4blumig, mit kurzen Börstchen und fast immer violett und gelblich geschäckt mit Metallglanz (was übrigens auch bei andern Gräsern in der alpinen Region statt findet). Ovarium oberhalb behaart. Blätter steif, borstenförmig. Wurzel oben getheilt, viele Blattbüschel und Halme treibend. 8''. ♃ Sommer. Auf subalpinen und alpinen

Weiden. Durch die ganze Alpenkette und den westlichen Jura.

12. *F. pilosa Hall. f. F. rhaetica Sut.* Rispe schlaff, aufrecht. Untere Rispenäste meist zu 5 gequirlt. Aehrchen meist 3blumig mit Spelzen, die in eine kleine Borste auslaufen. Ovarium kahl. Alle Blätter ziemlich steif, borstenförmig. Farbe der Aehrchen wie bei voriger, der sie auch in anderer Beziehung sehr nahe steht. 9—12". ♃ Sommer. Auf alpinen Weiden selten. Auf den Bergen der südlichen Kette des Wallis und im Ober-Engadin und Davos in Graubünden.

13. *F. spadicea L.* Rispenäste einzeln oder paarweise gestellt, glatt. Aehrchen meist 3blumig, ohne oder mit einer kurzen Spitze. Die untere Blüthenspelze sehr fein punktirt, 3—5rippig. Ovarium an der Spitze behaart. Blätter schmal lineal, flach, glatt, die der halmlosen Wurzelschosse später eingerollt. 2—3'. ♃ Sommer. Auf alpinen und subalpinen Weiden im C. Tessin.

14. *F. Scheuchzeri Gaud.* Rispenäste einzeln oder paarweise stehend, glatt. Aehrchen 4—5blumig. Die untere oder äussere Blüthenspelze 5rippig. Ovarium kahl. Blätter lineal, flach, glatt, die der halmlosen Schosse nicht eingerollt, aber (wie immer) schmäler als die übrigen. Wurzel kriechend. 1' und darüber. ♃ Auf alpinen Weiden der Alpenkette, überall. Sommer.

15. *F. decolorans M. et K.* Rispe abstehend, schwebend, mit rauhen, zu 3 oder 4 gequirlten Aesten. Aehrchen 3blumig. Untere Blüthenspelze sehr fein punktirt, mit einer kurzen oder grannenartigen Spitze, 5rippig. Ovarium kahl. Blätter lineal, flach, am Rande ziemlich rau. Züngchen fast 0. 1—2'. ♃ Sommer. Bisher bloss im Lauterbrunnenthal im Berner Oberland. Steht der *F. elatior* sehr nahe.

Sect. II. Mit breit linealen Blättern und rispigem Blüthenstand.

16. *F. elatior L. F. pratensis Huds.* Rispe aufrecht, mit rauhen, zu 2—4 in einen Quirl gestellten Aesten. Aehrchen 5—10blumig. Blüthenspelzen unbewehrt oder mit einer sehr kurzen, etwas hinter der Spitze entspringenden Granne. Ovarium kahl. Blätter breit lineal.

2—4'. ♃ Juni und Juli. Ungemein häufig auf Wiesen, von der Ebene an bis in die subalpine Region.

17. *F. sylvatica Vill.* Rispe aufrecht, ausgebreitet, mit rauhen, zu 2—4 in einen Quirl gestellten Aesten. Aeussere Blüthenspelzen sehr spitzig, 3rippig. Ovarium an der Spitze behaart. Blätter breit lineal (fast degenförmig), am Rande rauh. Wurzel faserig. 3' und darüber. ♃ Sommer. In der montanen und subalpinen Region der Alpen und des Jura, in Wäldern.

18. *F. gigantea Vill. Bromus giganteus L.* Rispe weitschweifig, abstehend. Aehrchen 5—8blumig, auf übergebogenen Rispenästen hängend. Blüthenspelzen etwas hinter der Spitze (wie bei Bromus) eine Granne treibend, die länger als die Spelzen ist. Blätter breit lineal, glatt, 3—5'. ♃ Juli und August. In Wäldern und Gebüsch, durch die ganze ebene Schweiz nicht selten.

19. *F. arundinacea L.* Rispe sehr ästig, mit rauhen, meist paarweise gestellten Aesten. Aehrchen 4—5blumig. Untere Blüthenspelze etwas hinter der Spitze eine sehr kurze Granne oder keine. Blätter flach, breit lineal. 2—4'. ♃ Sommer. An Flussufern, an feuchten und schattigen Orten. Bei Genf, in der Waadt, im Neuenburgischen, bei Basel, Bern, Zürich. Immer in der Ebene.

Sect. III. Mit sitzenden oder kurz gestielten Aehrchen.

20. *F. loliacea Huds.* Aehrchen sitzend oder kurz gestielt, abwechselnd, entfernt. Halm oben etwas überhängend. Blätter flach, breit lineal. Blüthenspelzen unbewahrt oder mit einer kaum merklichen Spitze. 1'. ♃ Mai und Juni. Auf feuchten Wiesen bei Basel, Orbe, Rovéréaz, Rheineck.

21. *F. Lachenalii Spenn. Triticum Halleri Viv.* Aehrchen kurz gestielt, abwechselnd, etwas entfernt, eirundlanzett, unbegrannt. Blätter borstenförmig. 1' und darüber. ⊙ Juni und Juli. Auf trockenen Sandplätzen bei Basel, Luggaris und Mendris im Tessin und nach Haller aux Ferrières d'Ergüel.

22. *F. tenuifolia Schrad. Triticum Nardus DC.* Aehrchen fast sitzend, begrannt, einander ziemlich genähert und somit eine zusammengesetzte Aehre bildend, die hier einseitig ist. Blätter borstenförmig. 3—6''. ⊙ Juni. Auf

trockenen, steinigen Stellen der wärmern Schweiz. Selten und bisher nur bei Sitten und Genf beobachtet. Dürfte sich wohl auch noch anderwärts finden, wird aber leicht wegen seiner Kleinheit übersehen.

Vulpia.

Aehrchen gestielt, mit pfriemförmig-lanzetten, kielförmigen, lang begrannten, am Rande gewimperten oder bloss rauhen Blüthenspelzen. (Dies gilt von der äussern Spelze, welche wir im Familiencharakter als besondere Bractee bezeichnet haben.) Blüthen häufig mit einem Staubgefäss. Blüthenstand eine ährenartige Rispe. *Festuca L.*

1. *V. Myurus Gmel. V. ciliata Link.* Untere Blüthenspelzen am Rande dicht und lang gewimpert. 6—12''. ⊙ Mai. Auf versandeten und unbebauten Stellen. Sehr selten und bisher bloss bei Genf an der Arve unter Sanddornsträuchern.

2. *V. Pseudo-Myurus Reich. Festuca Myurus Gaud.* Untere Blüthenspelzen am Rande rauh. Halm bis an die Rispe mit Blattscheiden bedeckt. 1' und darüber. ⊙ Mai und Juni. Auf unfruchtbaren dürren Stellen der Ebene, nicht überall. In der italiänischen Schweiz bei Bellenz, in Unter-Wallis, bei Neuss, Peterlingen und andern Orten in der Waadt, bei Genf und Basel.

3. *V. sciuroides Reich. Festuca bromoides Gaud.* Halm oben nackt, sonst wie vorige, von der sie einige bloss als Varietät unterscheiden. 2—10''. ⊙ Mai und Juni. An ähnlichen Stellen bei Basel, Genf und in Unter-Wallis.

Brachypodium.

Aehrchen vielblumig, sitzend oder kurz gestielt. Aeussere Blüthenspelzen am Rücken abgerundet, in eine Granne ausgehend. Schliesst sich an die dritte Gruppe der Festuca an.

1. *B. sylvaticum R. et Sch.* Allgemeine Aehre überhängend. Grannen länger als die Spelzen. 2'. ♃ Sommer. An schattigen Stellen durch die ganze ebene Schweiz zerstreut. Ist seltener als die folgende Art.

2. *B. pinnatum Beauv. Bromus pinnatus L.* Allgemeine Aehre aufrecht oder schwach gebogen. Grannen

kürzer als die Spelzen. 2—3'. ♃ Juni. Gemein in Wiesen, an Zäunen und Hecken, durch die ganze ebene Schweiz.

Bromus.

Aehrchen gestielt, vielblumig. Aeussere Blüthenspelze (besondere Bractee) am Rücken abgerundet, mit einer Granne, die etwas hinter der Spitze ihren Anfang nimmt. Blüthenstand eine Rispe.

Sect. I. Obere (oder innere) Blüthenspelze kammartig gewimpert.

1. *B. secalinus L.* Rispe abstehend, verblüht schwebend. Grannen ungefähr von der Länge der Spelzen etwas verbogen. Blätter weichhaarig mit kahlen Scheiden. 3'. ⨀ Sommer. In Aeckern durch die ganze ebene Schweiz. Hieher ist zu ziehen *B. velutinus Schrad.* und *B. multiflorus Sm.* mit weichhaarigen Aehrchen, so wie auch *B. grossus M.* et *K.*

α. Die untern Scheiden behaart. *B. commutatus Schrad.*

2. *B. arvensis L.* Wie voriger, doch im Ganzen etwas kleiner und besonders durch die weichhaarigen Scheiden verschieden. 2—3'. ⨀ Sommer. In Aeckern der ganzen ebenen Schweiz, gemein.

3. *B. racemosus L.* Rispe aufrecht, mit kurzen, meist einährigen Aesten. Grannen ungefähr von der Grösse der Spelzen. Blätter behaart und bei den untern auch die Scheiden. 1—2'. ⨀ Sommer. In Aeckern und an Wegen. Durch die ganze ebene und montane Schweiz.

4. *B. mollis L.* Rispe aufrecht, zusammengezogen, mit kurzen mehrährigen Aesten. Aehrchen gewöhnlich weichhaarig (selten kahl). Grannen von der Länge der Spelzen. Blätter und Scheiden behaart. 2—3'. ⊙ Sommer. In Wiesen und an Feldwegen durch die ganze ebene Schweiz, manchmal in erstaunlicher Menge.

5. *B. squarrosus L.* Rispe einfach, mit kurzen einährigen Aesten. Aehrchen sehr gross, kahl oder kurz weichhaarig, mit abstehenden Grannen. Blätter und Blattscheiden weichhaarig. 1' und darunter. ⊙ Mai und Juni. Auf Ufersand und dürren magern Stellen der wärmern Schweiz. (Bei Genf, Neuss, in Unter-Wallis und nach Hegetschweiler im C. Tessin). Im Ganzen selten.

6. *B. sterilis L.* Rispe weitschweifig, schwebend, mit langen hängenden Aesten. Aehrchen flach gedrückt mit lineal-pfriemförmigen Blüthenspelzen, deren Grannen länger als die Spelzen sind. Halm kahl. Blätter und Scheiden behaart. 2—3'. ⊙ Sommer. An Wegen und Hecken, überaus gemein durch die ganze ebene Schweiz.

7. *B. tectorum L.* Rispe einseitig, überhängend, mit kurzen (nicht über 2'' langen) Aesten. Aehrchen flach gedrückt, mit lineal-pfriemförmigen Spelzen. Grannen ungefähr so lang als die Spelzen. Halm oberhalb kurzhaarig. Gewöhnlich 1'. ⊙ Sommer. Auf Mauern, Felsen, an Wegen etc. fast durch die ganze ebene Schweiz. (Bei Genf, in der Waadt, Wallis, Bern, bei Ballstall, Basel, am Irchel, in Graubünden.)

Sect. II. Obere Blüthenspelze am Rande sehr kurzhaarig.

8. *B.* *inermis Leys.* Rispe aufrecht: die untern Aeste zu 3—6 gequirlt. Aehrchen lineal-lanzett. Untere oder äussere Blüthenspelze an der Spitze 2zähnig, mit einer Spitze zwischen den beiden Zähnchen. Obere Spelze am Rande feinhaarig gewimpert. Blätter kahl, bei der Knospung gerollt. (Bei der folgenden sind sie gefalzt.) 2—3'. ♃ Sommer. In Wiesen, jedoch selten. Bei Basel und in Unter-Wallis. Ist vielleicht eher als eine Varietät der folgenden Art anzusehen.

9. *B. erectus Huds.* Rispe aufrecht: die untern Aeste zu 3—6 gequirlt. Aehrchen lineal-lanzett. Untere Blüthenspelze an der Spitze 2zähnig, mit einer Granne zwischen den beiden Zähnchen; bisweilen sind auch diese Zähnchen oder eines derselben an die Granne angewachsen. Obere Blüthenspelze am Rande feinhaarig gewimpert. Wurzelblätter gewimpert. 2—3'. ♃ Juni und Juli. In Wiesen durch die ganze Schweiz, häufig in so vorherrschender Menge, dass er den Hauptbestandtheil des Heus bildet.

10. *B. asper Murr.* Rispe ästig, schlaff hängend. Aehrchen lineal-lanzett, 7—9blumig. Untere Blüthenspelze an der Spitze 2zähnig; obere am Rande feinhaarig. Granne kürzer als die Spelze. Blätter und die untern Scheiden langhaarig. 3—4'. ♃ Sommer. In Wäldern und andern etwas schattigen mit Gebüsch bewachsenen

Stellen, häufig durch die ganze Schweiz sowohl in der Ebene als auf den Bergen bis in die subalpine Region. Nähert sich mehr der Festuca gigantea als den andern Bromus-Arten.

Zehnte Zunft. Hordeaceae.

Aehrchen 2- bis mehrblumig, das Endblümchen verkümmert. Blüthen ungestielt. Griffel sehr kurz oder 0. Narben fiederig, unten zur Seite zwischen den Spelzen herausragend.

Gaudinia.

Aehrchen eine zusammengesetzte schlanke Aehre bildend, in den Ausbiegungen der allgemeinen Axe sitzend und anschmiegend, vier- bis 7blumig. Untere Blüthenspelze am Rücken eine Granne tragend, die unten gewunden ist (wie Avena).

1. *G. fragilis Beauv. Avena fragilis L.* Aehrchen meist 5blumig. Allgemeine Aehre mit articulirter Axe, an den Articulationen brüchig. 1—1 1/2'. ⊙ Sommer. Auf angebauten Stellen, an Wegen etc. hin und wieder in der Waadt (Middes, Neuss, Peterlingen etc.) und bei Genf.

Triticum.

Aehrchen 3- bis mehrblumig, in den Ausbiegungen der allgemeinen Aehrenaxe sitzend. Aeussere Bracteenspelzen (Kelch) gekielt. Die untere der besondern Blüthenspelzen von der Spitze aus begrannt oder unbewehrt. Blüthenstand eine Aehre.

1. *T. repens. Quecken.* Aehre zweizeilig. Aehrchen meist 5blumig. Untere Blüthenspelze begrannt oder unbegrannt: Granne gewöhnlich kürzer als die Spelze. Wurzel kriechend. 2—3'. ♃ Sommer. In Hecken, an Ackerrändern und dergleichen Stellen durch die ganze ebene Schweiz. Die lange, articulirte Wurzel dieser Pflanze ist die viel gebrauchte Radix Graminis der Apotheken; sie

wird aber auch durch die grosse Vermehrung dieser Ausläufer zu einem lästigen Unkraut.

α. Mit graugrünen Blättern und Halmen und etwas stumpfern Blüthenspelzen. *T. glaucum Desf.* Ist nicht mit dem T. junceum L. zu verwechseln, wie zuweilen geschieht.

2. *T. caninum Schreb.* Aehre 2zeilig, schlaff, sehr lang. Grannen etwas länger als die Spelzen. Wurzel faserig (nicht kriechend). 2—3'. ♃ Sommer. An Hecken und in Wäldern durch die ganze Schweiz bis in die subalpine Region.

Cultivirte Arten.

— *T. vulgare Vill.* *Sommer-* und *Winterweizen.* Karyopsis (Frucht, uneigentlich Samen genannt) aus den Spelzen fallend. Aehre 4seitig. Aehrchen 4blumig. Spelzen abgestutzt, begrannt oder unbegrannt. Allgemeine Axe an den Articulationen nicht brüchig. Im Herbst angesäet gibt er den Winter-Weizen, sonst den Sommerweizen. Aus der Frucht dieses Cereals erhält man das schönste Mehl, das nicht nur ein weisses, sondern auch ein leicht verdauliches und nahrhaftes Brod gibt, weil es am meisten Kleber enthält, welcher es beim Backen aufgehen macht. Wird besonders in der östlichen Schweiz angebaut.

— *T. turgidum L.* Karyopsis aus den Spelzen fallend. Allgemeine Axe an den Articulationen nicht brüchig. Aehre 4seitig. Aehrchen meist 4blumig. Kiel der Spelzen stark vortretend. Wenn die Aehren unterhalb zusammengesetzt sind, so entsteht das *T. compositum L.* daraus. Wird seltener angebaut. Man heisst ihn *Wunderweizen, Englischer Weizen* oder *Arabischer Weizen.*

— *T. durum Desf.* *Bartweizen.* Karyopsis aus den Spelzen fallend. Aehre 4seitig, gebogen, mit nicht brüchiger Axe. Aehrchen meist 4blumig. Spelzen mit scharfem Kiel. Grannen sehr lang. Im C. Bern hie und da angebaut.

— *T. polonicum L.* *Polnischer Weizen.* Karyopsis aus den Spelzen fallend. Aehre undeutlich 4seitig. Aehrchen 3—5blumig. Spelzen gekielt, an der Spitze kurz 2zähnig, deutlich vielrippig. Wird selten angebaut.

— *T. Spelta L.* *Korn. Spelz. Dinkel.* Karyopsis

von den Blüthenspelzen (auch gedroschen) eingeschlossen. Axe an den Articulationen brüchig (so dass, wenn man ein Aehrchen abreissen will, der ganze obere Theil der Aehre mitkommt). Aehre parallel zusammengedrückt. Spelzen abgestutzt, 2zähnig. In der mittlern und östlichen Schweiz die am häufigsten angebaute Getreideart.

— *T. dicoccum Schrank. Amerkorn. Emmer.* Karyopsis und Aehrenaxe wie oben. Aehre von der Seite oder entgegengesetzt zusammengedrückt, d. h. die breitern Aehrenseiten sind nach der Schneide der Aehrenaxe gerichtet. Allgemeine oder äussere Spelzen schief abgestutzt, in eine Spitze ausgehend. Wird bei uns nicht selten, besonders in bergigen Gegenden angebaut. Gedeiht bis 5500′ ü. M., besonders auf der Südseite der Berge.

— *T. monococcum L. Einkorn.* Karyopsis und Aehrenaxe wie beim Spelt. Aehre entgegengesetzt zusammengedrückt. Allgemeine Spelzen an der Spitze zweizähnig. Ebenfalls hie und da in Berggegenden angebaut. Bei Basel, Zürich, Bern, in Wallis. Ist die schlechteste Weizenart.

Lolium.

Aehrchen in den Ausbiegungen der allgemeinen Aehrenaxe sitzend, nicht breiter als dieselbe, weil sie ihr die eine Seite und nicht wie beim Weizen die breite Fläche zukehren. Nur e i n e allgemeine Spelze.

1. *L. perenne L. Englisch Raygras.* Aehrchen gewöhnlich länger als ihre allgemeine Bracteenspelze, unbegrannt oder mit kurzen Spitzchen. Aus der Wurzel Halme und unfruchtbare Blattbüschel. 1—2′. ♃ Sommer. In Wiesen und an Wegen ungemein häufig durch das ganze Land. Ist ein gutes Futtergras und gibt schöne Rasen.

2. *L. multiflorum Lam. Italiänisches Raygras.* Aehrchen 15—20blumig, 2—3mal länger als die Bracteenspelze, begrannt. Aus der Wurzel Halm und unfruchtbare Blattbüschel. ♃ 2′. Sommer. In Wiesen, Aeckern, an Wegen und dergleichen Stellen durch die ganze ebene Schweiz, manchmal in Menge. Ebenfalls ein gutes Futtergras. Bald sind alle Blüthen begrannt, bald bloss die obern. Steht dem vorigen sehr nahe, mit dem es auch

den deutschen Namen zuweilen theilt. Es ist perennirend, und daher gehört auch das *L. Bucheanum Kunth* hieher.

3. *L. arvense With.* Aehrchen 4—8blumig, meist etwas kürzer als die Bracteenspelze, unbegrannt oder begrannt. 1½—2'. ⊙ Sommer. In Aeckern, im Getreide, nicht selten durch die ganze Schweiz.

4. *L. temulentum L. Trümmel. Lolch.* Aehrchen 5—7blumig, so lang als die Bracteenspelze. Granne länger als die Spelze. 2'. ⊙ Sommer. In Aeckern und im Getreide durch die ganze Schweiz hin und wieder, aber nicht in allen Jahrgängen und stellenweise gar nicht. Wurde bis auf die neueste Zeit allgemein für narcotisch giftig ausgegeben; allein die Analogie mit den andern Gräsern und angestellte Versuche scheinen dies jetzt in Zweifel zu stellen. Einstweilen ist noch Vorsicht nöthig.

Elymus.

Zwei, drei bis vier 2- bis mehrblumige Aehrchen in den Ausbiegungen der allgemeinee Aehrenaxe sitzend. Zwei Bracteenspelzen vor jedem Aehrchen, so dass 3 Aehrchen eine sechsspaltige Hülle haben.

1. *E. europaeus L.* Aehre aufrecht. Aehrchen meist 2blumig, begrannt, rauh, in der Mitte der Aehre zu 3 bei einander. Bracteenspelzen lineal-pfriemförmig, begrannt, so lang als die Aehrchen. Blätter kahl, flach. 2'. ♃ Sommer. In Wäldern der montanen und subalpinen Region, sowohl im Jura als in den Alpen und den Molassenbergen.

Hordeum.

Aehrchen einblumig oder neben dem fruchtbaren Blümchen ein rudimentäres grannenartiges. Im übrigen wie Elymus.

1. *H. murinum L.* Bracteenspelzen des mittlern Aehrchens lineal-lanzett, gewimpert; die seitlichen borstenförmig, ungewimpert, rauh. 1' und darüber. ⊙ Sommer und Herbst. An Wegen und Mauern, überall sehr häufig.

2. *H. nodosum L. H. secalinum Schreb.* Die Bracteenspelzen aller Aehrchen borstenförmig rauh. Grannen der seitlichen Blüthen kürzer. 2'. ⊙ Sommer. In Wiesen,

sehr selten. Bisher bloss bei Basel, Orbe, Iferten, Morsee und Genf bemerkt.

Cultivirte Arten.

— *H. vulgare L. Gerste.* Aehre 6zeilig: 2 Zeilen stärker vortretend als die übrigen. Alle Aehrchen sind Zwitter. — Bei uns wird die Gerste hauptsächlich in solchen Gegenden angebaut, wo Weizen und Roggen nicht mehr fortkommen, nämlich in der montanen und subalpinen Region der Berge. Ihr Nutzen ist sehr wichtig. Sie gibt ein etwas rauhes Brod, liefert das Malz zur Bierbereitung, gibt, wenn sie von den anhaftenden Spelzen befreit ist, die *Perlengerste* für Suppen und ist in vielen Fällen ein ausgezeichnetes Arzneimittel. Sie stammt wahrscheinlich aus Mittelasien.

α. Mit unbeschalten Früchten. *H. v. coeleste. Himmelsgerste.*

— *H. hexastichon L. Knopfgerste.* Aehre mit sechs gleich stark hervortretenden Zeilen. — Diese Gerste wird auch noch ziemlich häufig bei uns angebaut, reift aber erst im August.

— *H. distichum L. Futtergerste.* Aehre zusammengedrückt-2zeilig. Seitliche Aehrchen männlich, unbegrannt. Reift schon Anfangs Juli und lässt daher noch eine zweite Erndte von Buchweizen oder weissen Rüben zu. Ausserdem ist diese Art zur Bier-, Branntwein- und Essigbereitung brauchbarer als die gemeine Gerste, uud daher wird sie in vielen Gegenden sehr häufig angepflanzt.

— *H. Zeocriton L. Bartgerste. Reisgerste.* Aehre zusammengedrückt-2zeilig. Seitliche Aehrchen männlich, unbegrannt; die mittlern Zwitter, begrannt: Grannen fächerförmig auseinander gehend. Wird selten angebaut.

† Secale.

Aehrchen 2blumig, mit einem gestielten Rudiment einer dritten Blüthe. Allgemeiue Spelzen pfriemförmig. Im übrigen wie Triticum.

— 1. *S. cereale L. Roggen.* Diese Getreideart, die man an ihren 4—8' hohen Halmen und begrannten Aehren leicht unterscheidet, wird früher als der Weizen reif und lässt daher eine zweite Erndte von Feldfrüchten zu. Sie gibt ein schmackhaftes und gesundes, wenn auch etwas schwarzes, Brod; ihr Stroh dient zu Strohgeflechten, zu welchem Zwecke es während der Blüthe abgeschnitten wird. Als Arzneimittel braucht man das Mehl und die Kleien. Wird gewöhnlich im Herbst angesäet.

Eilfte Zunft. Olyreae.

Männliche Blüthen oben am Halm eine Rispe bildend, weibliche unten am Kolben stehend.

† Zea.

Wie oben.

— 1. *Z. Mays L. Mays Zea Gaertn. Türkenkorn.* Diese Getreideart hat ihre nördliche Grenze mit der des Weinstocks gemein; im Süden hingegen gedeiht sie bis in die Tropenländer und ist dort sogar eines der wichtigsten Nahrungsmittel für den Menschen. Bei uns folgt sie dem Weinstock. Sie stammt aus dem südlichen Amerika, kam um das Jahr 1520 nach Spanien und verbreitete sich von dort aus über das ganze südliche Europa. Den oben angegebenen deutschen Namen soll sie nach Einigen davon haben, dass sie zuerst aus der Türkei nach Deutschland gekommen ist, nach Andern wegen der bartartigen Fäden (Griffel), die aus den weiblichen Zapfen heraushängen. Man heisst sie jedoch auch hie und da *Wälschkorn*, was vermuthen liesse, dass sie auch aus Italien nach Deutschland gekommen ist. Das Mehl kann nicht zu Brod gebacken werden, wenigstens nicht ohne Zuthat von anderm Mehl; dagegen wird es auf andere Art gegessen. Der Italiäner rührt es mit Wasser an und erhält so seine *Polenta*, von der er sich Jahr aus Jahr ein nährt. Die unreifen, noch in der Milch stehenden Kolben werden geröstet eine sehr schmackhafte Speise. In Amerika bereitet man aus dem Mays ein berauschendes Getränk. Die Blätter braucht man hie und da in der Schweiz zu Strohsäcken oder Matrazen.

Zwölfte Zunft. Nardoideae.

Aehrchen Zwitter, in den Ausbiegungen der

allgemeinen Aehrenaxe sitzend. Narben fadenförmig, kurzhaarig, an der Spitze der Spelzen hervortretend.

Nardus.

Achrchen einblumig, ohne Bracteenspelze. Die untere Blüthenspelze etwas hart, pfriemförmig, 3kantig, die obere häutige einschliessend. Griffel 1. Narbe einfach, fadenförmig, lang.

1. *N. stricta L.* Ein steifes, 6—10'' hohes Gras mit borstenförmigen Blättern, das sich auf dürren Weiden der alpinen und subalpinen Region der Alpen, der Molassenberge (z. B. Napf) und des Jura in Menge findet und sich auch bisweilen bis in die Ebene verliert, wie z. B. bei Basel, Genf, Middes, Peterlingen etc. Das Vieh reisst es wegen seiner Zähigkeit mit der Wurzel aus und kann es dann nicht fressen. Blüht vom Mai bis in den Juli. ♃

Verbesserungen und Zusätze.

Auf p. 315 beizufügen:

Betonica Alopecurus L. Blätter aus herzförmiger Basis breit eirund, gekerbt, behaart. Kelch oberhalb netzaderig. Krone kahl, weisslich-gelb, mit ausserhalb behaarten Lippen. 1—1½'. ♃ Auf alpinen und subalpinen Weiden. Bei uns bloss auf dem Monte Calbege im Tessin. Sommer.

Auf p. 430 einzuschieben:

XCIII. a. Familie.

Amaranthaceen (Amaranthaceae).

Perigon 3—5theilig, trockenhäutig. **Staubgefässe** 3—5, auf der Basis der Perigontheile und ihnen gegenüber. **Ovarium** einsamig mit mehrern Griffeln und Narben. **Frucht** eine glänzende Karyopsis. **Samen** mit mehligem Albumen. — Kräuter mit abwechselnden, einfachen Blättern und ohne Afterblättchen und Blattscheiden.

Amaranthus.

Blüthen getrennten Geschlechts, beiderlei auf einer Pflanze. Griffel 3. Kapsel (Karyopsis) ringsum aufspringend.

1. *A. sylvestris Desf.* Blüthen grün, 5männig, geknäuelt, alle achselständig. Blätter mehr oder weniger eirund. 1' und darüber. ⊙ Selten. Bei Genf ziemlich häufig; auch bei Vivis und wahrscheinlich durch die ganze Waadt.

2. *A. Blitum L.* Blüthen grün, 5männig, geknäuelt, achselständig, die obersten eine ziemlich lange endständige Aehre bildend. Blätter eirund, sehr stumpf. Stengel aufliegend, ästig, 1' lang. ⊙ Sommer und Herbst. Ein Unkraut in Aeckern und Gärten, das über die ganze ebene Schweiz verbreitet ist.

3. *A. retroflexus L.* Blüthen grün, 5männig, geknäuelt, die obersten endständige Aehren bildend. Stengel aufrecht, behaart, 2—5'. Blätter eirund. ⊙ Sommer. Findet sich sehr häufig in den transalpinen Thälern; sodann im untern Rhone-Thal, bei Fernex unweit Genf, bei Basel und bei Ilanz in Graubünden. Dürfte sich wohl noch an vielen andern Orten zeigen.

Auf p. 512 *Leucojum* statt *Leuconium*.

Register.

Molasse

Jura

Flysch u. Kalk

Granit u. Gneis

Keuper

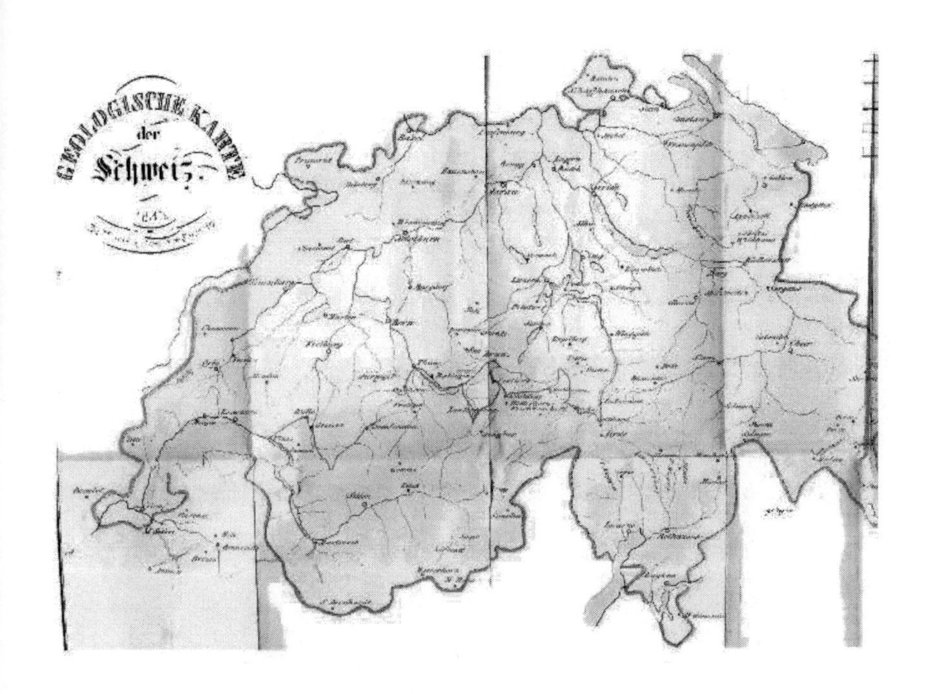
GEOLOGISCHE KARTE
der
Schweiz.

FSC
www.fsc.org
MIX
Papier aus verantwortungsvollen Quellen
Paper from responsible sources
FSC® C141904

Druck:
Customized Business Services GmbH
im Auftrag der KNV-Gruppe
Ferdinand-Jühlke-Str. 7
99095 Erfurt